Grimmelshausen als Kalenderschriftsteller und die zeitgenössische Kalenderliteratur

BEIHEFTE ZU SIMPLICIANA

In Verbindung mit dem Vorstand der
Grimmelshausen-Gesellschaft
herausgegeben von
Peter Heßelmann

Beiheft 5

PETER LANG
Bern · Berlin · Bruxelles · Frankfurt am Main · New York · Oxford · Wien

Grimmelshausen als Kalenderschriftsteller und die zeitgenössische Kalenderliteratur

Herausgegeben von
Peter Heßelmann

PETER LANG
Bern · Berlin · Bruxelles · Frankfurt am Main · New York · Oxford · Wien

ISSN 1660-9298
ISBN 978-3-0343-0493-1

Textherstellung: Svenja Kroh, Daniel Langner, Nadine Lenuweit

Abbildungsnachweis (Umschlagvorderseite):
Schreib-Kalender, Molsheim 1675, Titelblatt (Sammlungen des Berlinischen Gymnasiums zum Grauen Kloster, Streitsche Stiftung, Leihgabe in der Zentral- und Landesbibliothek Berlin)

Hochfeldstrasse 32, CH-3012 Bern
info@peterlang.com, www.peterlang.com, www.peterlang.net

Printed in Germany

Inhalt

Vorwort 7

BEITRÄGE DER TAGUNG „GRIMMELSHAUSEN ALS KALENDERSCHRIFTSTELLER UND DIE ZEITGENÖSSISCHE KALENDERLITERATUR"

HOLGER BÖNING
Der Kalender im Mediensystem des 17. Jahrhunderts 13

KLAUS-DIETER HERBST
Die Schreibkalender für das Jahr 1670 33

TIMOTHY SODMANN
Der *Europäische Wunder-Geschichten-Calender* 75

KLAUS MATTHÄUS
Die *Europäischen Wundergeschichten Calender* des Simplicius Simplicissimus für 1670 bis 1672 und der *Schreib-Kalender des jungen ehelich gebohrnen Simplicissimi* für 1675 89

KLAUS MATTHÄUS
Die *Warhaffte Relation* über die Schlacht bei Entzheim/Ensheim im Molsheimer *Schreib-Kalender* (1675) 153

DIETER BREUER
Zur Frage der Autorschaft Grimmelshausens an den simplicianischen Jahreskalendern Felßeckers, Hoffmanns und Straubhaars 159

LOUIS SCHLAEFLI
Der Druckort Molsheim und der Drucker Johann Heinrich Straubhaar 185

LOUIS SCHLAEFLI
Nouvelle liste des imprimés de Johann Heinrich Straubhaar (1667–1680) 195

KLAUS HABERKAMM
Eucharius Rößlins *Kalender mit allen Astronomischen haltungen* (1533) und Johann Jakob Christoffel von Grimmelshausens *Ewig-währender Calender* (1670 [?]). Immergültige gegen jährliche Kalender 211

NORBERT D. WERNICKE
Die Schweizer Kalenderlandschaft 1650–1700. Mit einem Blick auf Grimmelshausen 251

HELGA MEISE
Textformen und Literarizität in Marx Friedrich Rosencreutzers *Neuem Wurtz und Kräuter-Calender* (1649–1672) 275

ROSMARIE ZELLER
Wissensvermittlung in Kalendern der Frühen Neuzeit am Beispiel der Kalender von Marcus Freund 291

HANS GAAB
Das Leben des zwielichtigen Kalenderschreibers Israel Hiebner (1619–1668) 307

JÜRGEN HAMEL
Norddeutsche Schreibkalender um 1700 und das Kalenderedikt des Herzogs von Mecklenburg-Güstrow von 1682 345

WEITERE BEITRÄGE

KLAUS HABERKAMM
„Eine erschröckliche Saturnische Historia"; „Exempel Christlicher Tugend eines Jovialischen Fürsten"; „Beschreibung einer Martialischen Histori" etc. Zum astrologisch signifikativen Erzählen bei ‚Rosencreutzer' und Grimmelshausen 379

KLAUS MATTHÄUS
Simplicianische Kalender in Krakau. Die „Calender Sammlung" der Johann Andreä Endterischen Handlung in der „Biblioteka Czartoryskich" 407

KLAUS-DIETER HERBST
Der Kalendermacher Johannes Vulpius und seine Kritik am *Ewig-währenden Calender* Grimmelshausens im Jahr 1696 421

Personenregister 431

Vorwort

Im Rahmen einer von der Grimmelshausen-Gesellschaft vom 20. bis zum 22. März 2009 in Oberkirch veranstalteten Tagung ging es um das Thema „Grimmelshausen als Kalenderschriftsteller und die zeitgenössische Kalenderliteratur". Um Grimmelshausens Bedeutung und Position als Kalenderautor angemessen beurteilen zu können, erschien es sinnvoll, den Kontext der zeitgenössischen Kalenderproduktion vergleichend zu berücksichtigen. Ältere Forschungsergebnisse wurden kritisch geprüft und in Anbetracht neuerer Forschungen aktualisiert. Nicht zuletzt konnten neue Perspektiven und Arbeitsfelder der Kalender- und Grimmelshausen-Forschung eröffnet und Desiderate benannt werden. Das Kolloquium widmete sich unter anderem folgenden Themenaspekten: Beteiligung und Mitarbeit Grimmelshausens an den simplicianischen Jahreskalendern, Authentizität und Autorisation in der zeitgenössischen Kalenderproduktion, mediengeschichtliche Rahmenbedingungen der Kalenderherstellung, -distribution und -rezeption, Literarizität der Textsorte Kalender, Textformen des Kalendergesprächs und der Kalendererzählung, Integration von literarischen, historischen und naturwissenschaftlichen Quellen, Ewigwährende Kalender in der Frühen Neuzeit, Manifestationen satirischer Kalender- und Astrologiekritik.

Die interdisziplinär ausgerichtete Konzeption des Kolloquiums erwies sich im Hinblick auf die Diskussion und die erzielten Ergebnisse als sehr fruchtbar. Es nahmen nicht nur kalenderkundige Literaturwissenschaftler teil, sondern auch Medienwissenschaftler und -historiker, Historiker sowie Naturwissenschaftler verschiedener Disziplinen – aus Astrophysik, Astronomie und Mathematik.

Zuletzt hatte sich die Grimmelshausen-Gesellschaft 1994 im Rahmen eines Kolloquiums mit Grimmelshausen als Kalenderautor befaßt und die Beiträge in *Simpliciana* XVI (1994) publiziert. Damals stand sein *Ewig-währender Calender* im Mittelpunkt der kritischen Auseinandersetzung. Anlaß für die erneute intensive Beschäftigung mit der simplicianischen Kalenderproduktion waren jüngste Kalenderfunde von Klaus-Dieter Herbst. Im Stadtarchiv Altenburg entdeckte er im Rahmen eines durch die Deutsche Forschungsgemeinschaft (DFG) geförderten Forschungsprojekts unter anderem den bisher verschollenen ersten Jahrgang des *Europäischen Wundergeschichten-Calenders* auf 1670. Die Verfasserfrage und mögliche Beteiligung Grimmelshausens an den im Verlag Felßecker in Nürnberg erschienenen *Wundergeschichten-*

Calendern wurden auf der Grundlage der Entdeckung während der Tagung kontrovers diskutiert. Zu den offenen Problemen der Grimmelshausen-Forschung gehört immer noch die Frage, ob Grimmelshausen als Verfasser des *Ewig-währenden Calenders* auch mit dem *Europäischen Wundergeschichten-Calender* des Simplicius Simplicissimus in Verbindung gebracht werden kann. Gegen die entschiedene Ablehnung dieser Annahme durch Manfred Koschlig wurde zwar mitunter vorsichtiger Widerspruch laut, doch ließ die fragmentarische Überlieferung der ersten Kalenderjahrgänge bislang weder Textanalysen noch eine eindeutige Antwort zu.

Einen bisher völlig unbekannten simplicianischen Schreibkalender für 1675 aus dem elsässischen Druckort Molsheim fand Herbst in der Zentral- und Landesbibliothek Berlin, wo die Leihgabe der Sammlungen des Berlinischen Gymnasiums zum Grauen Kloster (Streitsche Stiftung) aufbewahrt wird. Auch dieser Kalender wurde zusammen mit den ersten drei Jahrgängen des *Europäischen Wundergeschichten-Calenders* (1670–1672) in der im Januar 2009 erschienenen, für die Grimmelshausen-Forschung überaus wichtigen Edition von Klaus-Dieter Herbst und Klaus Matthäus als Faksimile veröffentlicht und kommentiert: *Simplicianische Jahreskalender. Europäischer Wundergeschichten Calender 1660 bis 1672 (Nürnberg) – Schreib-Kalender 1675 (Molsheim)*. Faksimiledruck der vier Kalenderjahrgänge erstmals neu hrsg. und kommentiert von Klaus Matthäus und Klaus-Dieter Herbst. Erlangen, Jena 2009. Der in Molsheim von Johann Heinrich Straubhaar seit 1673 gedruckte Kalender enthält im Kalendarium die Textspalte „Fernere Continuation, Deren 1673. angefangenen Simplicianischen Erzehlung“ und im zweiten Teil „Simplicianische Historien vom alten Simplicissimo“. Es stellte sich auf der Tagung als sehr wahrscheinlich heraus, daß im Molsheimer Kalender befindliche Texte von Grimmelshausen stammen. Damit wäre bislang Unbekanntes aus der Feder des simplicianischen Erzählers aufgetaucht.

Dementsprechend groß war das Echo in den heutigen Medien. Beispielsweise hat die *Frankfurter Allgemeine Sonntagszeitung* in einem umfangreichen Artikel mit der Überschrift „Das Grimmelshausen-Rätsel“ ausführlich über die sensationellen Kalenderfunde berichtet (Nr. 6, 8. Februar 2009, S. 61). Eine längere Kalendergeschichte wurde komplett ebenfalls in der *Frankfurter Allgemeinen Sonntagszeitung* gedruckt (Nr. 14, 5. April 2009, S. 31).

Die zwölf Vorträge der Tagung „Grimmelshausen als Kalenderschriftsteller und die zeitgenössische Kalenderliteratur“ und weitere

Beiträge werden nun als Beiheft zu den *Simpliciana – Schriften der Grimmelshausen-Gesellschaft* veröffentlicht. In den Vorträgen wurden zahlreiche neue Ergebnisse in der Erforschung der Kalender der Frühen Neuzeit erzielt. Auch für die Grimmelshausen-Forschung gab es reiche Erträge. Wenn sich die insbesondere von Klaus Matthäus und Dieter Breuer vorgetragenen Argumente zur Echtheit von *Deß jungen ehelich gebohrnen Simplicissimi Neu und alter Schreib-Kalender* bestätigen, dann dürften die Teilnehmer des Arbeitsgesprächs am 21. März 2009 eine historische Stunde für die Grimmelshausen-Forschung erlebt haben, denn mit dem Molsheimer Jahreskalender lägen nun bisher nicht bekannte Texte Grimmelshausens vor.

Neuerdings haben Untersuchungen von Italo Michele Battafarano und Hildegard Eilert die Annahme der Autorschaft Grimmelshausens bestätigt. Auf der Basis von Vergleichen der Drucktypographie und der Zierleisten glauben sie, den Kalenderdrucker Johann Heinrich Straubhaar erstmals als Drucker von Werken Grimmelshausens identifizieren zu können. Denn die Erstausgabe von Grimmelshausens Flugschrift *Der stoltze Melcher* (1672), des Gesprächspiels *Rathstübel Plutonis* (1672) und des Legendenromans *Proximus und Lympida* (1672) weisen markante typographische Übereinstimmungen mit dem Molsheimer Kalender auf. Battafarano und Eilert gelangen zu dem Fazit, daß der Kalender in typographischer, inhaltlicher und stilistischer Hinsicht eng mit Werken des simplicianischen Autors verknüpft ist (Italo Michele Battafarano und Hildegard Eilert: *Probleme der Grimmelshausen-Bibliographie. Mit Beispielen der Rezeption.* Trento 2008 [Labirinti 113. Testi e Ricerche di Germanistica 3], S. 51–52, 67–80). Die „Echtheit" oder „Unechtheit" der ersten Jahrgänge des *Europäischen Wundergeschichten-Calenders* wird auf der neuen Editionsbasis nochmals zu diskutieren sein.

Das Kolloquium „Grimmelshausen als Kalenderschriftsteller und die zeitgenössische Kalenderliteratur" wurde dankenswerterweise durch die Städte Oberkirch und Renchen sowie die Sparkasse Offenburg/Ortenau gefördert.

Peter Heßelmann

Beiträge der Tagung
„Grimmelshausen als Kalenderschriftsteller
und die zeitgenössische Kalenderliteratur“

HOLGER BÖNING (Bremen)

Der Kalender im Mediensystem des 17. Jahrhunderts

I

Im Jahre 1609 bezeichnet der Markgräflich-Badische Leibarzt Philipp Feselius in seinem *Gründtlichen Discurs Von der Astrologia Judiciaria* alle Wahrsagungskunst als „ein Ehrgeitziges übel". Radikal stellt er das astrologische Weltbild in Frage, wie es Jahr für Jahr in der reichhaltigen Kalenderliteratur seinen Ausdruck fand und bei den Gelehrten ebenso vorherrschend war wie beim einfachen Volk. In der Widmungszuschrift an den Markgrafen Georg Friedrich führt Feselius aus, das von ihm benannte Übel erweise sich sonderlich an denjenigen Astrologen,

> [...] welche sich auß dem lauff vnd stand der Planeten/ vnd andern gestirns vermessentlich vnderstehn allerhand zukünfftige ding/ nicht allein von witterung/ theürung/ krieg: sonder auch von glück vnd vnglück/ auff vnnd abnehmmen/ gantzer Königreich/ Länder vnd Stätt [...] von langer hand hero zuverkündigen.[1]

Es wird nicht schwerfallen, dem Autor beizustimmen, doch ist es nicht ohne Reiz, auf die Begründung für diese, heute eingängig erscheinende Haltung zu schauen. Feselius argumentiert nicht damit, dass Kriege Menschenwerk seien, gänzlich unabhängig vom Gang der Planeten. Auch verweist er nicht auf eigene, mit ganz anderen Mitteln zu ergründende Gesetzmäßigkeiten des politischen Geschäfts. Er gibt vor zu wissen, die himmlischen Leuchten seien von Gott allein als Zeichen der Zeitbestimmung gesetzt, die Lehre des Kopernikus widerspreche ebenso der Vernunft wie der Heiligen Schrift.

Die Schrift des Feselius ist Teil einer Kontroverse, in der die Bestreitung von „Aberglauben" und die Behauptung von Vernunft merk-

---

1 Philipp Feselius: *Gründtlicher Discurs Von der Astrologia Judiciaria. Ausz den fürnemsten Authoribus zusammen gezogen/ vnd den Vorreden zweyer Prognosticorum Herren M. Melchior Schärers Pfarherren zu Mentzingen/ von Anno 1608. vndd 1609. entgegen gesetzt/ durch Philippum Feselium. Getruckt zu Straßburg/ In Verlegung/ Lazari Zetzneri 1609*, Widmung.

würdig verkehrt sind. In sie greift auch ein Kalendermacher und großer Naturforscher ein,[2] Johannes Kepler, der im darauffolgenden Jahr in einem ebenfalls dem badischen Markgrafen gewidmeten Traktat warnt, „bey billicher Verwerffung der Sternguckerichen Aberglauben/ nicht das Kindt mit dem Badt“ auszuschütten. Die Verteidigung astrologischer Vorstellungen bei Kepler ist einem modernen Wissenschaftsverständnis viel näher als deren Bestreitung durch Feselius. Kepler begreift die Berufung auf die Heilige Schrift als Missbrauch: „Das ist halt der Handel/ so offt D. Feselius vnd andere nit mehr wissen/ wo auß/ so kommen sie mit der H. Schrifft daher gezogen. Gleich als wann der H. Geist in der Schrifft die Astronomiam oder Physicam lehrete“.[3] An die Stelle des „magischen [...] Affenspiels“, das die Astrologie auch in seinen Augen in vielen Fällen sei, müssten Wissenschaft und Erfahrung gesetzt werden.[4]

Die Auseinandersetzungen, die im 17. Jahrhundert um die Berechtigung kalendarischer, astrologisch begründeter Prognosen geführt werden, sind hochinteressant; sie begleiten die Herausbildung eines die Aufklärung vorbereitenden Wissenschaftsverständnisses. Dies geht allerdings weniger vom Kalender aus, der daran zwar nicht völlig unbeteiligt ist, sondern von den anderen, im 17. Jahrhundert neu entstehenden Medien, die neben dem Buch zu den Säulen des modernen Mediensystems werden.

Die radikalen Veränderungen während des Zeitraumes nur eines Jahrhunderts bemerken an der Wende zum aufgeklärten Säkulum auch die Kalenderautoren selbst.[5] 1686 erscheint für das darauffolgende Jahr in einer der Nürnberger Kalenderreihen, die uns Klaus Matthäus mit seiner Arbeit zum Kalenderwesen dieser Stadt nahegebracht hat, der

---

2 Siehe dazu Claudia Brosseder: *Im Bann der Sterne. Caspar Peucer, Philipp Melanchthon und andere Wittenberger Astrologen.* Berlin 2004.

3 Johannes Kepler: *TERTIVS INTERVENIENS. Das ist/ Warnung an etliche Theologos, Medicos vnd Philosophos, sonderlich D. Philippum Feselium, daß sie bey billicher Verwerffung der Sternguckerichen Aberglauben/ nicht das Kindt mit dem Badt ausschütten vnd hiermit ihrer Profession vnwissendt zuwider handlen.* Frankfurt a. M. 1610. Auch in: ders.: *Gesammelte Werke.* Bd. 4. Hrsg. von Walter van Dyck und Max Caspar. München 1941, S. 196–197.

4 Kepler, *TERTIVS INTERVENIENS* (wie Anm. 3), S. 217.

5 Klaus Matthäus: Zur Geschichte des Nürnberger Kalenderwesens. Die Entwicklung der in Nürnberg gedruckten Jahreskalender in Buchform. In: *Archiv für Geschichte des Buchwesens* IX (1969), Sp. 965–1396, spricht in Sp. 1299 für die letzten Jahrzehnte des 17. Jahrhunderts von einer allgemeinen Regressionsbewegung auf dem Kalendermarkt.

Titel *Wahrhafftiger Himmels-Bothe/ Oder Astronomischer Wahr-Sager*, verlegt von Johann Andreas Endter, verfasst von Georgius Fabricius, eine Latinisierung des Namens Georg Schmidt, Sohn des gelehrten Bauern und berühmten Kalenderautors Nikolaus Schmidt.

Jedoch ist es wie in so vielen Fällen, in denen Verleger auf den eingeführten guten Namen eines Kalendermannes nicht verzichten wollen, denn tatsächlich hat Gottfried Kirch ihn geschrieben, wie wir aus der von Klaus-Dieter Herbst edierten dreibändigen Briefausgabe dieses neben Johann Christoph Sturm wohl aufgeklärtesten Kalenderverfassers am Ende des 17. Jahrhunderts wissen.[6]

Auch Kirch kann auf das in den Kalendern gewöhnlich zu findende Kapitel „Vom Krieg und Frieden“ nicht verzichten. Sollte der Verleger nicht um den Absatz beraubt werden, war Jahr für Jahr aufs Neue die Frage zu erwägen:

„Haben wir auch heuer Krieg zu befürchten?“

Eine einleuchtende Begründung für diese Neugierde wird in der folgenden gesprächsweisen Erörterung genannt: „Ich fürchte mich alle Jahre davor: dann ich weiß was der Krieg vor ein grausam böse Ding ist.“

Und Jahr für Jahr lautet die Antwort des Kalenderschreibers: „Ich frage die Sternseher/ ob sie auch aus dem Gestirne ersehen haben/ ob wir in diesem Jahre Krieg haben sollen/ oder nicht.“

In diesem 1687. Jahr jedoch erfährt der Leser eine Zurechtweisung ob solchen Ansinnens: „Ihr Leute wollet solche Dinge aus dem Gestirn verkündiget haben/ die doch mehrentheils bey denen Menschen selbst stehen. Ihr höret es alle Jahre in sehr vielen Kalendern/ daß die Sterndeutung sehr ungewiß in diesem Falle ist: Gleichwol wollet ihr euch nicht lencken und sagen lassen.“

Sozial- und kulturgeschichtlich so wichtig wie dieser Tadel des noch weitverbreiteten Sternglaubens ist die angebotene Alternative:

> Wollet ihr wissen, wie es mit dem Kriege ablauffen werde/ so leset fleissig die ordentliche Zeitungen/ und höret verständiger Politicorum Judicia drüber. Ich will euch versichern/ ihr werdet mehr daraus erfahren/ oder errathen können/ als wann ihr deswegen alle Kalender durchstanckertet.[7]

---

6 *Die Korrespondenz des Astronomen und Kalendermachers Gottfried Kirch*. 3 Bde. Hrsg. von Klaus-Dieter Herbst. Jena 2006.

7 *Warhafftiger Himmels-Bothe oder astronomischer Wahr-Sager, welcher anzeiget die* [...] *Himmels-Begebenheiten* [...] *in dem Jahre* [...] *1687* [...]. *Calenderischer Anhang* [...] *1687/ von Georgio Fabricio* [latinisiert von Georg Schmidt, der Sohn des gelehr-

Einige Jahre später, 1691, muss sich der Kalenderleser gar sagen lassen, es wäre gut, wollten die Obrigkeiten der gesamten Christenheit die Prognostiken über Krieg und Frieden in den Kalendern ganz verbieten.[8]

II

Einige kurze Anmerkungen zur Geschichte des Kalenderwesens während seiner ersten anderthalb Jahrhunderte haben Bedeutung für dessen Ort im Mediensystem auch noch des 17. Jahrhunderts.[9] Am Anfang des

ten Bauern Nikolaus Schmidt]. Nürnberg: J. A. Endter Söhne [1686], 4. Gespräch, 1. Seite. Hier der oben kurz zitierte Dialog, der vollständig wie folgt lautet:

„Simpl.	Haben wir auch heuer Krieg zu befürchten?
Adam.	Ich fürchte mich alle Jahre davor: dann ich weiß was der Krieg vor ein grausam böse Ding ist.
Simp.	Ich frage die Sternseher/ ob sie auch aus dem Gestirne ersehen haben/ ob wir in diesem Jahre Krieg haben sollen/ oder nicht.
Cop.	Ihr Leute wollet solche Dinge aus dem Gestirn verkündiget haben/ die doch mehrentheils bey denen Menschen selbst stehen. Ihr höret es alle Jahre in sehr vielen Kalendern/ daß die Sterndeutung sehr ungewiß in diesem Falle ist: Gleichwol wollet ihr euch nicht lencken und sagen lassen. Wollet ihr wissen wie es mit dem Kriege ablauffen werde / so leset fleissig die ordentliche Zeitungen/ und höret verständiger Politicorum Judicia drüber. Ich will euch versichern/ ihr werdet mehr daraus erfahren/ oder errathen können/ als wann ihr deswegen alle Kalender durchstanckertet.
Adam.	So vernichtet der Herr seine Kunst selbst.
Cop.	Gantz nicht.“

Klaus-Dieter Herbst verdanke ich den Hinweis, dass trotz dessen Namen auf dem Titel nicht Fabricius der Kalenderautor ist, sondern Gottfried Kirch. Siehe dazu neben dem Beitrag von Klaus-Dieter Herbst in diesem Band zu dieser Kalenderreihe ders.: Die Kalender von Gottfried Kirch. [Eine Bibliographie. Erstellt unter Einbeziehung seiner Korrespondenz.]. In: *Beiträge zur Astronomiegeschichte* 7 (2004), S. 115–159 (Acta Historica Astronomiae 23), besonders S. 135–136. Kirch als Autor Endters ab 1684 behandelt auch bereits Matthäus, Geschichte des Nürnberger Kalenderwesens (wie Anm. 5), Sp. 1260.

8 Matthäus, Geschichte des Nürnberger Kalenderwesens (wie Anm. 5), Sp. 1259.

9 Es ist hier nicht möglich, die umfangreiche Forschungsliteratur zum Kalenderwesen zu benennen. Unter den älteren Arbeiten bietet einen überaus quellenkundigen Einblick: Matthäus, Geschichte des Nürnberger Kalenderwesens (wie Anm. 5)

Kalenderdrucks stand im 15. Jahrhundert der Einblattkalender, nicht etwa zur Befriedigung des zeitlichen Orientierungsbedürfnisses – Kalender zu *diesem* Zweck gab es längst vor dem Druck –, sondern zur medizinisch-astrologischen Unterrichtung, wurden doch so zentrale Behandlungsmethoden wie das Aderlassen – nach Auffassung von Ärzten und Bevölkerung das wichtigste Heilmittel zur Erhaltung der Gesundheit und Behandlung von Krankheiten –, das Schröpfen und Purgieren nach Vorgaben durchgeführt, die sich durch die unterschiedlichen Längen von Mond- und Sonnenjahr von Jahr zu Jahr änderten. Das Bedürfnis, den jährlichen Himmelsablauf zu wissen, war groß. Hier konnte nicht genutzt werden, was wie ein immerwährender Kalender oder ein Stab- und Holzkalender für die Information über Wochentag und Datum vollständig ausreichend war. Allenfalls ein handgeschriebener oder ein durch Holzschnittdruck vervielfältigter Kalender für ein spezielles Jahr hätte es mit dem Druckkalender aufnehmen können, der diesen alten Vervielfältigungsmethoden aber in fast jeder Beziehung überlegen war.

Die Inkunabelkalender waren also Aderlasskalender. Sie enthielten detaillierte, astrologisch begründete Aderlassvorschriften, die bald ergänzt wurden durch Informationen zu den richtigen Tagen für die Arzneieinnahme, das Säen und Pflanzen, ja selbst zum Haareschneiden

---

sowie Hartmut Sührig: Die Entwicklung der niedersächsischen Kalender im 17. Jahrhundert. In: *Archiv für Geschichte des Buchwesens* 20 (1979), Sp. 329–794, und für Österreich Josef Seethaler: Das Wiener Kalenderwesen des 15. bis 17. Jahrhunderts. In: *Jahrbuch des Vereins für Geschichte der Stadt Wien* 41 (1985), S. 62–112. Hinzuweisen ist weiter auf Gerhardt Petrat: *Einem besseren Dasein zu Diensten. Die Spur der Aufklärung im Medium Kalender zwischen 1700 und 1919.* München [u. a.] 1991. Unter den neueren Darstellungen bieten die folgenden Studien einen guten Überblick: Klaus-Dieter Herbst: Das Neueste im Jahresrhythmus. Zur Professionalisierung des Kalenderwesens im 17. Jahrhundert. In: *Presse und Geschichte. Leistungen und Perspektiven der historischen Presseforschung.* Hrsg. von Astrid Blome und Holger Böning. Bremen 2008, S. 97–124; *Kommunikation in der Frühen Neuzeit.* Hrsg. von Klaus-Dieter Herbst und Stefan Kratochwil. Frankfurt a. M. [u. a.] 2008, sowie: Johann Jakob Christoffel von Grimmelshausen: *Simplicianische Jahreskalender. Europäischer Wundergeschichten Calender 1670 bis 1672 (Nürnberg). Schreib-Kalender 1675 (Molsheim).* Faksimiledruck der vier Kalenderjahrgänge erstmals neu hrsg. und kommentiert von Klaus Matthäus und Klaus-Dieter Herbst. Erlangen, Jena 2009; *Populäre Kalender im vorindustriellen Europa: Der „Hinkende Bote"/„Messager boiteux". Kulturwissenschaftliche Analysen und bibliographisches Repertorium. Ein Handbuch.* Hrsg. von Susanne Greilich und York-Gothart Mix. Berlin, New York 2006.

oder Baden – Ausdruck des astrologischen Weltbildes.[10] Bald erschienen dann im 16. Jahrhundert Kalender, die *alle* Tage eines Jahres verzeichneten und somit nun auch der allgemeinen zeitlichen Orientierung dienten. Der Umfang wuchs, aus einem Bogen, aus dem die ersten Kalender bestanden und die nicht zuletzt auch als Raumschmuck galten, wurden zwei Bogen. Erst hieraus entwickelte sich der Jahreskalender in Buchform.[11]

Daneben existierten selbstständig sehr beliebte, zumeist vierzehn bis sechzehn Blätter im Quartformat umfassende Drucke, die ebenfalls zur Kalenderliteratur gezählt werden müssen, da in ihnen die wichtigen astronomischen Daten für den Jahreslauf geboten wurden und sich die Vorhersagen politischen, religiösen und meteorologischen Charakters auf ein bestimmtes Jahr bezogen, die – oft auch von den Kalenderautoren – in gleicher Weise berechnet wurden wie die Aderlasstage.

Die Prophezeiungen erfreuten sich ganz außerordentlicher Beliebtheit, bezogen sie sich doch auf die wichtigsten Bereiche des Alltagslebens, vom Wetter über Medizin und Hygiene bis zu den Prophezeiungen über Krieg und Frieden, herausgelesen aus den Finsternissen und Planetenkonstellationen, gegeben oft durchaus nicht ohne Augenzwinkern, indem man darauf hinwies, dass in der Astrologie nichts Ungewisseres sei als das Wetter, oder indem die Formulierungen – wie bei Prophezeiungen bis heute üblich – so allgemein blieben, dass bei gutem Willen und entsprechenden Interpretationskünsten Vorhersagen und Ereignisse in Deckung gebracht werden konnten.

Im Folgenden soll der Blick weniger auf die Entwicklung des Kalenders gerichtet werden als auf dessen Platz in der Entwicklung des frühneuzeitlichen Mediensystems, einem Mediensystem, das sich im 17. Jahrhundert in einem großen, die Aufklärung vorbereitenden Wandel befindet. Ich stütze mich dabei besonders auf die Ergebnisse eines biobibliographischen Projekts des Bremer Presseforschungsinstituts, in dem nach und nach, Ort für Ort, Land für Land, sämtliche periodischen Schriften von den Anfängen des Druckes bis zum Jahre 1815 bibliographisch und inhaltlich beschrieben werden, angefangen beim Kalender, von der Messrelation bis zur Zeitschrift, von der Zeitung bis zum Intel-

10 Siehe: *Hundert Kalender Inkunabeln*. Hrsg. von Paul Heitz und Konrad Haebler. Straßburg 1905.

11 Ein interessanter Aspekt des Kalenders ist dessen Bildlichkeit. Siehe dazu: Teresa Tschui: *Wie solche Figur zeiget. Der schweizerische Volkskalender als Bildmedium vom 17. bis zum 19. Jahrhundert*. Bremen 2009 (Presse und Geschichte – Neue Beiträge 40).

ligenzblatt, vom Zeitungsextrakt bis zu den Schulprogrammen, von den wöchentlich erscheinenden Predigtentwürfen bis zu den Jahrbüchern gelehrter Gesellschaften und den Adressbüchern.

Erschienen sind bisher sechs Bände zu Hamburg und den dänischen Nachbarstädten, darunter Altona, sowie zur historischen Landschaft Braunschweig-Wolfenbüttel,[12] in Planung sind Projekte zu Bayern und Thüringen, bearbeitet wird zur Zeit mit Leipzig der größte deutsche Verlagsort. Hier erschienen bis 1815 etwa zweieinhalbtausend Periodika. Die größten Probleme bei der Recherche macht der so schlecht überlieferte Kalender, da nur selten solche quellenorientierten Vorarbeiten vorhanden sind wie die von Klaus Matthäus oder Klaus-Dieter Herbst.

Im 15. und fast noch das gesamte Reformationsjahrhundert ist der Kalender das einzige regelmäßig periodisch erscheinende Druckmedium. Erst in den letzten Jahrzehnten des 16. Jahrhunderts treten die Messrelationen hinzu, das erste Druckwerk, das regelmäßig über das wichtigste Zeitgeschehen informiert, allerdings in halbjährlichen Abständen. Der Kalender ist von den Anfängen der Druckkunst an und während deren rasanter Entwicklung im 16. Jahrhundert von größter Bedeutung für die Entwicklung des Druckwesens insgesamt. Nahezu alle wichtigeren Druckereien im deutschen Sprachraum hatten dieses Druckwerk in ihrem Programm, oft mit mehreren unterschiedlichen Kalendern. Viele Drucker begannen ihre Tätigkeit mit Herstellung und Verlag eines Kalenders, der zum wirtschaftlichen Fundament ihres gesamten Unternehmens wurde. 1610 behauptet Johannes Kepler, der als Kalenderautor wusste, wovon er sprach, vom Kalenderdruck, dass „viel gantze Truckereyen dardurch erhalten" würden.[13]

---

12 *Deutsche Presse. Biobibliographische Handbücher zur Geschichte der deutschsprachigen periodischen Presse von den Anfängen bis 1815. Kommentierte Bibliographie der Zeitungen, Zeitschriften, Intelligenzblätter, Kalender und Almanache sowie biographische Hinweise zu Herausgebern, Verlegern und Druckern periodischer Schriften.* Hrsg. von Holger Böning. Bd. 1.1, 1.2, 1.3: Holger Böning, Emmy Moepps (Bearb.): *Hamburg.* Stuttgart, Bad Cannstatt 1996; Bd. 2: Holger Böning, Emmy Moepps (Bearb.): *Altona, Bergedorf, Harburg, Schiffbek, Wandsbek.* Stuttgart, Bad Cannstatt 1997; Bde. 3.1 und 3.2: Britta Berg, Peter Albrecht (Bearb.): *Regionen Braunschweig / Wolfenbüttel – Hildesheim – Goslar – Blankenburg – Braunschweig – Clausthal – Goslar – Helmstedt – Hildesheim – Holzminden – Schöningen – Wolfenbüttel.* Stuttgart, Bad Cannstatt 1996, 1996, 1996, 1997, 2003, 2003.

13 Kepler, *TERTIVS INTERVENIENS* (wie Anm. 3), S. 150.

Ökonomisch bot der Kalender Druckern und Verlegern wichtige Vorteile: Auch eine weniger gut eingerichtete Presse konnte ohne allzu großes wirtschaftliches Risiko einen Einblattkalender oder eine wenige Seiten umfassende Praktik produzieren und in einem vorausschaubaren Zeitraum umsetzen. Der Kalender ermöglichte es so auch kleineren Druckern, als Verleger aufzutreten, den größeren verschaffte er dauerhaft eine kalkulierbare Einnahmequelle und Auslastung ihres Betriebes.

Im Mediensystem dieser Zeit stellt der Kalender das Medium mit der deutlich größten Adressatenreichweite dar.[14] Wichtig, dass sich in ihm zuerst und praktisch von Beginn an mehrheitlich der Gebrauch der Volkssprache durchsetzte,[15] ja, in Norddeutschland erschienen sogar einzelne Kalender in niederdeutscher Sprache, die in anderen periodischen Medien nahezu vollständig unüblich ist.[16]

Früh sind Hinweise auf Kalenderkäufer in allen Bevölkerungsschichten zu finden. Schon 1596 schreibt Maximilian Tripet in seinem in Augsburg erscheinenden *Prognosticon*:

14 Dazu zuletzt Holger Böning: Volksaufklärung und Kalender. Zu den Anfängen der Diskussion über die Nutzung traditioneller Volkslesestoffe zur Aufklärung und zu ersten praktischen Versuchen bis 1780. In: *Archiv für Geschichte des Buchwesens* 56 (2002), S. 79–108. Siehe auch Petrat, *Einem besseren Dasein zu Diensten* (wie Anm. 9) sowie Matthäus, Geschichte des Nürnberger Kalenderwesens (wie Anm. 5), Sp. 970–971. 1784 plante der Nürnberger Geistliche Johann Ferdinand Roth eine umfassende Geschichte des deutschen Kalenderwesens und bat in Johann Georg Meusels Journal *Historische Literatur* die Leser um Übersendung von Nachrichten und ihm fehlender Kalenderjahrgänge. Es handelt sich um das historisch ambitionierteste und systematischste Projekt zur Erforschung der Kalender, die in der Druck-, Verlags-, Buch- und Lesergeschichte trotz der durchaus als zentral zu charakterisierenden Bedeutung dieses Mediums insgesamt eine stiefmütterliche Behandlung erfahren haben. Roth wusste 1784 mehr als mancher spätere Forscher. Die Kalendergeschichte, so erfahren wir bei ihm, liefere Beiträge zur Geschichte der Astrologie und Meteorologie, zur Geschichte der menschlichen Narrheit ebenso wie zu der des deutschen Buchdruckes und Buchhandels, auch schließlich zur Gelehrtengeschichte. Auf eine umfassende Geschichte des deutschen Kalenders, die bei der so zufälligen Überlieferung dieses Mediums mit größten Schwierigkeiten verbunden ist, warten wir bis heute.

15 Schon 1578 galt die Produktion eines lateinischen Kalenders für Sachsen als „ein etwas ausgefallenes Vorhaben“, für das sich, wie ein Kalenderautor meinte, allenfalls mit kaiserlichem Privileg ein Verleger finden lassen würde. – Matthäus, Geschichte des Nürnberger Kalenderwesens (wie Anm. 5), Sp. 1110.

16 Siehe *Deutsche Presse* (wie Anm. 12), Titel Nr. 2: [Practica, niederdeutsch, auf das Jahr 1503]. Die Schlussschrift der Practica lautet: „Hijr endiget syk de Prenosticacie va/ desseme Jare. M. CCCCC. vn[d] iij.“.

> Wie nöttig/ uns die Allmanach seyen [...] kundte auch mit dem gemainen Baur und Hauers leuten/ welche den nutz teglich erfaren/ dargethan werden: Eben vmb solches des gemainen Manns/ darauß entspringenden nutzens willen/ hab auch ich [...] von Jar zu Jar continuando ein schlechten Almanach in publicum komen lassen.[17]

Indem der Kalender von Beginn an größte Benutzerkreise ansprach, hatte er das Potential zur Dynamisierung des Druckwesens und zur Ausweitung der Adressaten- und Käuferschaft für Druckwerke auch über den Kalender hinaus;[18] er ist so mit ausschlaggebend für die Entwicklung des gesamten Buchmarktes.[19]

Als deutschsprachiges Druckwerk stand der Kalender nicht allein, sondern er hatte seinen Platz in einer höchst buntscheckigen Welt der Druckmedien, der Bücher zunächst, die zu einem festen Bestandteil des gelehrten, mehr und mehr auch des bürgerlichen Lebens geworden

---

17 Maximilian Tripet: *Prognosticon 1596, Augsburg: Valentin Schönigk für Erhart Hiller* [1595]. Zitiert nach Seethaler, Das Wiener Kalenderwesen (wie Anm. 9), S. 100. Der große Naturforscher und Naturphilosoph Johannes Kepler sprach Anfang des 17. Jahrhunderts davon, dass „kein Buch vnter der Sonnen ist/ dessen soviel Exemplaria verkaufft/ vnnd alle Jahr wider erneuwert werden/ als eben die Calendaria vnd Prognostica eines beschreyeten Astrologi." Siehe Kepler, *TERTIVS INTERVENIENS* (wie Anm. 3), S. 150. Die Mutmaßung, dass bereits zu dieser Zeit in wohl jedem Haus ein Kalenderblatt – ein Wandkalender – hing und bald, spätestens im 17. Jahrhundert, auch ein Schreibkalender hinzukam, der durch einen Praktikhalter ebenfalls als Wandkalender genutzt werden konnte, lässt sich mit zahlreichen Indizien, aber auch mit handfesten Auflagenzahlen belegen. Im Toggenburger Museum in Lichtensteig ist ein „Praktikhalter" ausgestellt, in dem der Kalender wie ein Bild an die Wand gehängt wurde und so im Wohnzimmer einen repräsentativen Platz erhielt. Siehe dazu die Abbildung bei Holger Böning: Ländliches Kulturleben im Toggenburg des 18. Jahrhunderts. In: *St. Galler Kantonsgeschichte*. Bd. 4. St. Gallen 2003, S. 209–228.

18 Ein Jahrhundert später bestätigt uns ein Kenner des Kalenderwesens, Gottfried Wilhelm Leibniz, dass die Nutzung des Kalenders durch einfache Leser kein bloßer Wunschtraum von Kalenderverfassern war. Der Philosoph beobachtet in seinen „Neuen Abhandlungen über den menschlichen Verstand", dass jene Drucke, die durch ihre – wie es heißt – „Figuren" „zu den Augen" sprächen, dem „gemeinen Mann" besonders angenehm seien, „wie in der Tat das Landvolk schon gewisse Kalender hat, die ihm ohne Worte einen großen Teil dessen, wonach es fragt, sagen". – Gottfried Wilhelm Leibniz: Neue Abhandlungen über den menschlichen Verstand. In: *Philosophie von Platon bis Nietzsche. Ungekürzte Werke von 84 Philosophen.* Mit Biographien und Portraits. Ausgewählt und eingeleitet von Frank-Peter Hansen. Digitale Bibliothek. Bd. 2. Berlin 2007, S. 18888.

19 Siehe für die zweite Hälfte des 17. Jahrhunderts Seethaler, Das Wiener Kalenderwesen (wie Anm. 9), S. 91.

waren. Daneben existierte im 17. Jahrhundert eine kaum übersehbare Menge an Kleinschriften, ein erheblicher Teil in deutscher Sprache, ein, wie Kapp und Goldfriedrich sagen, „Gestöber der Lieder, der Kometenschriften, der Blätter und Blättchen über Wundererscheinungen, Unglücksfälle, Kriegsereignisse; das ganze Gebiet der uralten ‚Neuen Zeitung' [...] Schriftchen in ganzen und halben Bogen, sogar Viertelbogen; Einblattdrucke; vielfach mit Holzschnitten und Kupferstichen".[20] Hinzu kamen Pestschriften, medizinische Belehrungen, Kräuterbücher, Sachbücher jeder Art, landwirtschaftliche Anleitungen, die Hausväterliteratur usw. Je volkstümlicher, oder besser gesagt: je verbreiteter und preiswerter diese Schriften waren, desto ausgeprägter lag ihr Vertrieb außerhalb des gewöhnlichen Buchhandels, bei Buchbindern und Kolporteuren, Krämern auf ländlichen Märkten und von Dorf zu Dorf laufenden Hausierern.[21]

III

Die für den Charakter des Mediensystems entscheidenden Entwicklungen des 17. Jahrhunderts bleiben verborgen, wenn der Blick allein auf den Kalender beschränkt bleibt. Auch hier geschieht Bemerkenswertes, das nur mit einigen Stichworten angedeutet werden kann: der Schreibkalender erobert das Feld,[22] aus dem Jahresweiser wird durch neue

20 Friedrich Kapp, Johann Goldfriedrich: *Geschichte des Deutschen Buchhandels.* Bd. 2. 1648–1740. Leipzig 1908, S. 1679.

21 Der Begründer der Nürnberger Verlegerdynastie begann als Buchbinder, der Kalender vertrieb und dann zum Nachdrucker und Verleger von Kalendern wurde. Siehe Matthäus, Geschichte des Nürnberger Kalenderwesens (wie Anm. 5), Sp. 1141–1142.

22 Für die Geschichte des Kalenderwesens ist das Aufkommen der Schreibkalender von besonderer Bedeutung. Der Kalender, wie die Praktiken Massenliteratur, oft Jahr für Jahr parallel von denselben Autoren verfasst und von denselben Druckern oder Verlegern vertrieben, spielten als Wegweiser in den Ungewissheiten des Alltagslebens breiter Bevölkerungskreise eine erhebliche Rolle, gemeinsam prägten sie, was als astrologisches Weltbild bei den Gelehrten ebenso vorhanden war wie beim einfachen Landmann. Genau hier liegt für die heutige Forschung ihre überragende Bedeutung als sozial- und kulturgeschichtliche Quelle, spiegeln sie doch bei ihrer Auseinandersetzung mit der Zukunft alles das wider, was die Gegenwart ihrer Zeit in ihren Ängsten und Nöten ebenso prägte wie in ihren Erwartungen und Hoffnungen. Nicht zuletzt bilden Kalender und Praktiken wie die seit der Mit-

Inhalte zusätzlich ein Auskunftsbuch,[23] so dass Leibniz auch deshalb vom Kalender als „Bibliothek des gemeinen Mannes“[24] sprechen kann, und – nicht zuletzt – die Kalenderliteratur erhält im Laufe des Jahrhunderts eine Vielfalt und Buntheit, dass sie an der Wende zum aufgeklärten Säkulum kaum mehr wiederzuerkennen ist.

Dies hat auch mit der vollständigen Neuformierung des Mediensystems im 17. Jahrhundert zu tun. Zweieinhalb Jahrhunderte nach Gutenberg entstand 1605 in Straßburg aus einem handgeschriebenen, mühsam vervielfältigten und wöchentlich im Rhythmus des Postverkehrs versandten Nachrichtenblatt die erste gedruckte Zeitung der Welt, wie der Kalender auch sie selbstverständlich in der Volkssprache verfasst. Was anfänglich als Übergang von der handschriftlichen zur typographischen Vervielfältigung von Nachrichtenbriefen mit keinerlei journalistischen Gedanken verbunden war, gedacht vom Straßburger Johann Carolus ausschließlich als Akt betriebswirtschaftlicher Rationalisierung, nämlich, wie er schreibt, „Allein zu befürderung und gewinnung der Zeit“, erweist sich im Nachhinein als epochaler Schritt in der Geschichte der politischen Medien.[25]

---

te des 16. Jahrhunderts den Kalendermarkt mehr und mehr dominierenden Schreibkalender den Informationsstand von Autoren wie Lesern in den unterschiedlichsten Wissensbereichen ab, unter anderem auch in Politik und Zeitgeschehen. Das als Schreibkalender aus dem Wandkalender entstandene Kalenderbuch in Quart entwickelte sich zur im 17. Jahrhundert beliebtesten und dominierenden Kalenderform. Es konnte, da die Rectoseiten des Kalendariums unbedruckt blieben und schon bald zusätzliche Blätter eingeschossen wurden, deren Zahl den Preis mitbestimmte, als Notizbuch benutzt werden und wurde dadurch in Zeiten zunehmender Verschriftlichung aller Lebensbereiche zusätzlich zu seiner Funktion als Zeitweiser durch das Jahr im Alltag unentbehrlich. Entsprechend als Tagebuch oder für Aufzeichnungen über die häusliche Wirtschaft oder zur Rechnung genutzte Kalender stellen für die mit Selbstzeugnissen arbeitende Forschung eine wichtige Quelle dar.

23 Mit Verzeichnissen der Märkte und Messen, Währungstabellen, Listen der Ankunft und des Abgangs von Boten und Postkutschen, Aufstellungen zu den Zeiten des Torschlusses oder der Stadtbeleuchtung, den Daten von Sonnenauf- und -untergang, der Tag- und Nachtlänge, im Norden der Fluten und Ebben, der Predigten in verschiedenen Stadtkirchen, der Gerichtstage usw. gewann er zusätzlichen Nutzen. Selbst das „Verzeichniß der Städt/ Länder und Königreich/ so den zwölff Himmlischen Zeichen unterworffen sind“ könnte man dazu zählen.

24 Dazu Adolf Harnack: *Geschichte der Königlich Preußischen Akademie der Wissenschaften zu Berlin.* Im Auftrage der Akademie bearbeitet. Bd. 1.1. Berlin 1900, S. 124.

25 Zu Forschungsstand und weiterführender Literatur siehe: *400 Jahre Zeitungen. Die Entwicklung der Tagespresse im internationalen Kontext.* Hrsg. von Martin Welke und Jürgen Wilke. Bremen 2007 (Presse und Geschichte – Neue Beiträge

Die technische Innovation des Druckes hatte Folgen, an die der Erfinder der gedruckten Zeitung nicht im Traum denken konnte. Erfasste das traditionelle, sich mit der Entstehung der Post herausbildende Nachrichtensystem lediglich jene kleinen Gruppen, die unmittelbar mit den politischen, diplomatischen, militärischen und wissenschaftlichen Geschäften befasst waren, so bedurfte es lediglich weniger Jahrzehnte, bis die Zeitung in Deutschland – befördert durch den vom Dreißigjährigen Krieg ausgelösten Nachrichtenhunger – flächendeckend zur Verfügung stand. In mehreren Städten konkurrierten schon in den 1630er Jahren Zeitungsunternehmen um die Gunst der Leser, 1690 suchten allein in Hamburg acht Zeitungen ihre Leser. Erhebliche Teile der gebildeten Stände bedienten sich ganz selbstverständlich des neuen Informationsmittels, selbst erste Lese- und Abonnementsgemeinschaften hatten sich gebildet. Bereits in der zweiten Hälfte des 17. Jahrhunderts galt Zeitgenossen – entsprechend dem berühmten Schlözer-Wort – als stumpf, wer auf die Lektüre der Gazetten verzichtete.

Automatisch war durch den Druck die soziale Exklusivität des Nachrichtenmediums, von Johannes Weber für die Frühzeit als „Herrenmedium“ bezeichnet, gesprengt.[26] Hatte es ein Zeitungsschreiber auf 15 bis 20 wöchentliche Kopien gebracht, so konnten spielend 250 bis 400 Ausgaben einer gedruckten Zeitung auf den Markt geworfen werden. Die Stückkosten sanken dramatisch, die veränderte Quantität schlug in Qualität um.

Auch wenn die journalistische Qualität der frühen Zeitungen nach heutigen Maßstäben bescheiden war, stellten sie doch etwas unerhört Neues dar und ging von ihnen eine solche Faszination aus, dass sie schnell zum wichtigsten weltlichen Lesestoff wurden. Ein mit und durch die Zeitungen entstehendes Lesepublikum nutzte die neue Möglichkeit der regelmäßigen Information über die Staatsgeschäfte und Zeitläufte, es eroberte sich die Welt des Politischen. Die Zeitung veränderte die Mentalität der zeitgenössischen Leser. Hier fand das laienhafte Publikum der Untertanen einen „unmittelbaren Zugang zur Welt der

---

23). Zur ersten Zeitung siehe besonders Johannes Weber: „Unterthenige Supplication Johann Caroli / Buchtruckers“. Der Beginn gedruckter politischer Wochenzeitungen im Jahre 1605. In: *Archiv für Geschichte des Buchwesens* 38 (1992), S. 257–265, sowie Johannes Weber: Der große Krieg und die frühe Zeitung. Gestalt und Entwicklung der deutschen Nachrichtenpresse in der ersten Hälfte des 17. Jahrhunderts. In: *Jahrbuch für Kommunikationsgeschichte* 1 (1999), S. 23–61.

26 Weber, „Unterthenige Supplication Johann Caroli“ (wie Anm. 25).

Großen und Mächtigen. Das war brandneu und fesselnd, auch wenn manches Detail dunkel und unbegreiflich blieb".[27]

Woche für Woche, Tag für Tag, konnten die kleinen und kleinsten Schritte und Rückschritte der Politik und der Heere mitverfolgt werden, und zwar in internationaler Dimension. Die Aktionen der Staaten gegensätzlicher Kultur, Konfession und Religion glichen sich unverkennbar in hohem Maße. Der Blick über den Tellerrand des eigenen Landes nivellierte unwillkürlich den Vorrang und die besondere Dignität der lokalen Herrschaft, die ja stets beansprucht hatte, von nicht bloß menschlichem Rang, sondern „von Gottes Gnaden" zu sein. In der sich hinschleppenden kleinteiligen Tagesberichterstattung erscheint das Treiben der Herren nun als mühevolles Alltagsgeschäft wie jedes andere, stets von Rückschlägen und Unwägbarkeiten bedroht, chaotischen Einflüssen und moralischen Unverträglichkeiten jeder Art ausgesetzt. Das neue Medium verändert schleichend, doch unaufhaltsam die Wahrnehmung des Lesers und seine mentale Einstellung zur Sphäre der Herrschaft. Wenn die Politik und ihre Akteure nicht mehr im höheren Glanz des Ungewöhnlichen, sondern als durchaus irdisch erscheinen, werden sie auch für die Untertanen zu diskussionsbedürftigen Objekten. Das aber ist eine fundamentale Voraussetzung für Aufklärung und politische Moderne.[28]

Im Schoße vorbürgerlicher Ordnungen entwickelt sich also, was wir als eine Grundlage moderner demokratischer Staaten betrachten: das Zeitungswesen als öffentliches System umfassender politischer Information. Und die modernisierende Wirkung der frühen Nachrichtenblätter hängt wesentlich mit einem formalen Strukturmerkmal zusammen: mit der kurzfristigen Periodizität ihrer Erscheinungsweise, die den Mikrokosmos des Politischen darbietet und zur Kritik freigibt. Über den Zeitraum fast eines Jahrhunderts schafft die Zeitung durch Information maßgeblich Grundlagen für eine Urteilsfähigkeit, ohne die Aufklärung nicht denkbar ist.

---

27 So Johannes Weber: Deutsche Presse im Zeitalter des Barock. Zur Vorgeschichte öffentlichen politischen Räsonnements. In: *„Öffentlichkeit" im 18. Jahrhundert.* Hrsg. von Hans-Wolf Jäger. Göttingen 1997 (Das achtzehnte Jahrhundert. Supplementa 4), S. 137–149, sowie in weiteren Aufsätzen desselben Autors. Siehe auch Holger Böning: *Welteroberung durch ein neues Publikum. Die deutsche Presse und der Weg zur Aufklärung. Hamburg und Altona als Beispiel.* Bremen 2002 (Presse und Geschichte – Neue Beiträge 5).

28 Böning, *Welteroberung* (wie Anm. 27).

Und die Zeitung leistet noch weit mehr in jenem Jahrhundert vor der Aufklärung. Sie bahnt maßgebend den Weg zu jeder anderen weltlichen Lektüre. Sie schafft neben den Gelehrten ein Lesepublikum für nichtreligiöse Literatur in der Muttersprache und ist hauptverantwortlich für die Entstehung weiterer Gattungen der periodischen und nichtperiodischen Literatur, die auf der Zeitungsberichterstattung aufbauen, sie vertiefen und erste Foren der Debatte über das Politische bereitstellen. Fast täglich bieten Zeitungsverleger nach Tausenden zählende Flugschriften, politische Traktate und Polemiken an. Allein aus der Presse, mit der auch der *Relations-Courier* des Hamburger Verlegers Thomas von Wiering als einer der wichtigsten Zeitungen produziert wird, sind dies von 1674 bis ins erste Drittel des 18. Jahrhunderts knapp tausend.[29]

Zahlreiche chronikartige Periodika und Zeitungsextrakte ermöglichen die Darstellung von Zusammenhängen und Entwicklungen. Hier sind die Wurzeln des Zeitschriftenwesens in Deutschland zu entdecken. Mit dem Nürnberger *Verkleideten Götter-Both Mercurius* erscheint 1674 die erste politische Zeitschrift.[30] 1675 will der *Historische Tagweiser* des Zeitungsredakteurs Johann Frisch in einer Monatsschrift zu einer kritischen Zeitungslektüre befähigen. 1676 nutzen die wöchentlich erscheinenden *Erbaulichen Ruh-Stunden* Zeitungsmeldungen zu Reflexionen über moralische Implikationen der tagespolitischen Ereignisse.[31] Politische Kleinschriften und die ersten deutschen Zeitschriften, alles „Kinder und Früchte der Zeitungen", wie uns ein Zeitgenosse verrät.[32] Durchweg kommen sie aus den Pressen der Zeitungsverleger, die für eine nie zuvor erreichte Informationsdichte sorgen. Uns verraten sie den Wunsch nach tieferem Verständnis und nach Räsonnement über die Staatsangelegenheiten.

29 Dazu Werner Kayser: Thomas von Wiering und Erben. Ein bedeutendes Kapitel hamburgischer Druckgeschichte. In: *Auskunft. Mitteilungsblatt Hamburger Bibliotheken* 10 (1990), S. 343–371.

30 Dazu Johannes Weber: *Götter-Both Mercurius. Die Urgeschichte der politischen Zeitschrift in Deutschland.* Bremen 1994.

31 Dazu im Detail: Böning, *Welteroberung* (wie Anm. 27).

32 Kaspar Stieler: *Zeitungs Lust und Nutz.* Neudruck der Ausgabe Hamburg 1695. Hrsg. von Gert Hagelweide. Bremen 1969 (Sammlung Dieterich 324), S. 54.

IV

Selbstverständlich lässt alles dies den Kalender nicht unberührt, wie durch das einleitende Zitat von Gottfried Kirch bereits angedeutet wurde. Die zunehmende Bedeutung zeitgeschichtlicher Themen schlägt sich ebenso im Kalender nieder wie die Entstehung einer Literatur für ein Publikum, das über die Gegenstände mehr wissen möchte, von denen es in den Zeitungen erfährt: Schlachten, exotische Reisen, Herrscher in fremden Reichen, Land- und Kriegsbeschreibungen, Entdeckungen und Erfindungen – alles dies findet in der zweiten Hälfte des 17. Jahrhunderts Eingang in die Kalender.

Ein *Alter und Neuer Hamburgischer Curiositäten-Calender* enthält am Ende des 17. Jahrhunderts Beiträge, wie sie ebenso gut in einer der frühen populärwissenschaftlichen, kompilierenden Zeitschriften hätten stehen können. „Der eingebildete Pabst oder das wunderbare Merckmahl", so ein Titel, „Die Riesen-Gräber" oder „Der wunderbahre Americanische Fisch Turckle", „Die grosse Schild-Kröten" oder „Wunderbahre Gestalt und Eigenschafften etlicher Edelgesteine".[33] Die Kalenderbeiträge Gottfried Kirchs oder die Johann Christoph Sturms in seinen im Titel sogenannten, „von allen Aberglaubischen Waarsagereyen und Ungewißheiten gesäuberten" Kalendern, hätten auch in den gerade aufkommenden gelehrten Zeitschriften stehen können, die den Kalender als Medium gelehrter Kommunikation abzulösen begannen.[34]

Aber auch die unmittelbare Zeitgeschichte und das aktuelle Weltgeschehen kommen nun, am Ende des 17. Jahrhunderts, in manchen Kalendern nicht zu kurz. Zahlreich sind die Fälle, in denen Kalenderschreiber die Zeitungen so schamlos ausschreiben, dass, wie Klaus Matthäus für Nürnberg gezeigt hat, sich die Zeitungsherausgeber mit einem kaiserlichen Privileg dagegen zur Wehr setzen müssen.[35] Auf das unmittelbare Vorjahresgeschehen konzentrieren sich im letzten Drittel des 17. Jahr-

---

33 *Alter und Neuer Hamburgischer Curiositäten-Calender auf das 1696. Christ-Jahr*. Hrsg./Verf.: Wolfgang Heinrich Adelungk; ab 1712: Paul Halcke; später Hermann Wahn. Jg. 1696–mind. 1744. 4°, Hamburg: „Gedruckt bey Conrad Neumann" [1695–mind. 1743]. Zu den Details und Titelwechseln siehe *Deutsche Presse* (wie Anm. 12), Titel Nr. 63. Die zitierten Titel im Jg. 1700.

34 Matthäus, Geschichte des Nürnberger Kalenderwesens (wie Anm. 5), Sp. 1266–1267, und Herbst, Das Neueste im Jahresrhythmus (wie Anm. 9).

35 Matthäus, Geschichte des Nürnberger Kalenderwesens (wie Anm. 5), Sp. 1282.

hunderts sogenannte Relationskalender,[36] auch als „Zeitungskalender", als „Journal- und Tages Calender" oder als „Avisen-Calender"[37] bezeichnet, in der Darbietung den Messrelationen oder den Zeitungsextrakten[38] verwandt, sich wie die Zeitungen begrenzend auf die bloße, unkommentierte Mitteilung des Zeitgeschehens.[39] Gerne nutzen Zeitungsverleger die ohnehin zu beschaffenden Nachrichten, um die von ihnen ebenfalls verantworteten Kalender zu füllen. 1647 gestaltet der Leipziger Verleger Ritzsch – er bringt drei Jahre später die erste deutsche Tageszeitung heraus – die Praktik des „Grossen Alt vnd Newen Schreib-Calenders" nach der Art einer Zeitung,[40] gefüllt mit den „Monath- und wöchentlich einkommenden OrdinarZeitungen".[41] In den Kalendern des Henrich Voigt findet sich ab 1683 ein Kapitel „Aus den Relationibus", wobei es sich hier noch um eine Art Chronik handelt, die erst nach und nach die Gegenwart erreicht. 1684 übt Voigt im Kalender sogar Kritik an den „Wochentlichen Zeitungen", selbst die Quelle der Nachrichten wird in einem *Historien-Calender* für 1699 mit den *Franckfurter Relationes*

---

36 In Nürnberg erstmals überliefert 1673, aber Nachweise schon vorher bei Matthäus, Geschichte des Nürnberger Kalenderwesens (wie Anm. 5), Sp. 1247–1248.

37 Matthäus, Geschichte des Nürnberger Kalenderwesens (wie Anm. 5), Sp. 1310.

38 Dazu Esther-Beate Körber: *Zeitungsextrakte. Aufgaben und Geschichte einer funktionellen Gruppe frühneuzeitlicher Publizistik*. Bremen 2009 (Presse und Geschichte – Neue Beiträge 46).

39 Matthäus, Geschichte des Nürnberger Kalenderwesens (wie Anm. 5), Sp. 1248–1249.

40 *Newes Prognosticon, Auff das Jahr Christi M. DC. XLVII. gerichtet In welchem dargethan wird/ in was für Harmonia die Irdischen Planeten befunden werden/ Mit besonderm Fleiß* […] *calculirt/ und gestellet in einer Newen JahrsPredigt/ von Augustino Limmero, Pfarrern zu Wahren/* […]. Hrsg./Red.: Augustinus Limmerus. 1647: 11 Bl. in 4, Leipzig: Timotheus Ritzsch. Dessen 3. Teil trägt den Titel: „Dritter Theil/ In welchem Monath- und wöchentliche einkommende OrdinarZeitungen durch alle 12. Monaten insonderheit zu lesen sind."

41 Matthäus, Geschichte des Nürnberger Kalenderwesens (wie Anm. 5), Sp. 1310–1311. Endter wiederum nahm aus Felseckers Zeitung Stoff, worüber es zu Beschwerden kam. Nach langem Streit erhielt Felsecker ein kaiserliches Privileg für seine Zeitung, das sich darauf erstreckte, „dass niemand von denen Buchführern/ Buchhaendlern und Buchdruckern in Nürnberg dergleichen Sachen/ welche zu dem Zeitungs-Druck gehören/ in forma Patenti oder auch in einem andern Format, weder in Druck noch in Kupfer heraus zu geben erlaubt/ weniger ihre Calender mit dergleichen aus denen Zeitungen erborgten und gezogenen Kupfern und Materien auszuzieren und zu schmücken befugt". Siehe dazu: Walter Zimmermann: *Entwicklungsgeschichte des Nürnberger „Friedens- und Kriegskuriers" („Nürnberger Kurier") von seinen ersten Anfängen bis zum Übergang an den „Fränkischen Kurier" 1663–1865. Ein Beitrag zur Geschichte des deutschen Zeitungswesens*. Nürnberg 1930 [Diss. rer. pol. Erlangen], S. 347.

ausdrücklich genannt.[42] Der *Alt und Neue Historischer Hauß- Kunst- und Wunder-Calender* des Leipziger Druckers und Verlegers Justus Reinhold fragt 1694 „Was gibsts[!] neues von zeitungen", um sodann einen Zeitungsbericht über „Das erschreckliche Erdbeben" 1693 in Sizilien abzudrucken.[43]

Bald sollte der Kalender zu dem Medium werden, das den „gemeinen Mann", bevor dieser selbst in größerer Zahl zum Zeitungsleser wurde, vom wichtigsten Geschehen des jeweils verflossenen Jahres unterrichtete. Die gezielte Beteiligung des Kalenderlesers am Zeitgeschehen mag, da der Kalender stets besonders sensibel und schnell auf die Bedürfnisse seiner Leser reagierte, ein weiteres Indiz dafür sein, dass das Interesse an den politischen Ereignissen und Entwicklungen sich in der Bevölkerung stark verankert hatte.[44]

Mit der zur Jahrhundertwende einem bereits recht breiten Publikum zugänglichen Zeitung – in den großen Städten wird bereits der sogenannte „Mittelmann" von den etwa hundert im deutschen Sprachraum zumeist mehrmals wöchentlich, in Einzelfällen bereits täglich

---

42 Petrat, *Einem besseren Dasein zu Diensten* (wie Anm. 9), S. 35. Der Zeitungsverleger Felßecker benutzte seine Zeitung, um daraus Stoff in die Kalender zu übernehmen. Matthäus, Geschichte des Nürnberger Kalenderwesens (wie Anm. 5), Sp. 1310.

43 *Alt und Neuer Historischer Hauß- Kunst- und Wunder-Calender/ Auf das Jahr nach der seligmachenden Geburt unsers HErrn und Heylandes JEsu Christi M. DC. XCIV. In welchem nebenst nützlicher Haußhaltungs-Lehre/ anmuthigen Geheimnissen der Natur und Kunst-Stücken/ die richtige Beschaffenheit des Jahrs mit angehörigen Planeten-Lauff/ Aufgang und Niedergang der Sonnen/ ordentliche Erwehlung/ Gewitter und Planeten-Strahlen auf 51. Grad gerechnet/ zu befinden. Alles wohlmeinentlich jederman/ insonderheit Hauß-Vätern zu Nutz und dienlicher Nachricht mit Fleiß beschrieben und heraus gegeben Von George Borman/ Der Mathematischen Künste Liebhabern. [dazu:] Astrologische Gedancken/ Auf das Jahr nach der Gnadenreichen Geburt unsers HErrn und Heylandes JEsu Christi M. DC. XCIV. Darinnen nebenst zwischen gesetzten Historien und etlichen wunderbaren natürlichen Geheimnissen/ satsamer Bericht von den vier Jahr-Zeiten und ihrer Witterung/ Beschreibung der Finsternisse/ Wie auch Was von Krieg/ Kranckheiten/ Fruchtbarkeit des Jahres und andern Contingentien aus dem Gestirn zu vermuthen/ Nachricht von Säen und Pflantzen/ sampt einer Zugabe etlicher so wohl annehmlichen als auch sehr nützlichen Kunst-Stücklein zu befinden. Alles umb leichtes Verstandes willen Frag- und Beantwortungsweise jedermann zu Nutz auf die Lande Sachsen und Meissen und andere umbliegende Oerter mit Fleiß gestellet und beschrieben Von George Borman/ der Mathematischen Künste Liebhabern.* Hrsg./Red.: Georg Bormann, *Leipzig/ gedruckt und verlegt von Justus Reinholden/ im Durchgange des Rathhauses zu bekommen.*

44 Dazu auch Petrat, *Einem besseren Dasein zu Diensten* (wie Anm. 9), S. 34–35.

erscheinenden Avisen erreicht[45] – dürfte auch die nun immer häufiger anzutreffende Zurückweisung von Kalendermutmaßungen zusammenhängen.[46] „Daß einer mit Eyngehung eines neuwen Jahrs in einen Calender schauwet/ was es für ein Jahr werden werde/", so schreibt 1610 Johannes Kepler für sein gelehrtes Publikum, „halt ich für einen solchen Fürwitz/ wie mit den neuwen Zeittungen vnd discursibus vom Außgang schwebender kriege vnd dergleichen."[47]

Eine solche Auffassung wird während nur eines Jahrhunderts – unterstützt auch durch die Entwicklung der Naturwissenschaften – in den oberen Ständen allgemein. Zunächst erschüttert der Dreißigjährige Krieg die Glaubwürdigkeit der Praktiken,[48] nutzen doch nicht nur einzelne Kalendermacher die Prognosen, um die jeweiligen Kriegsparteien zu stärken,[49] sondern zeigen sich vor allem Prognosen und reale Entwicklungen als nicht deckungsgleich, erstmals wie in einem Geschichtsbuch dokumentiert und nachzulesen in den Zeitungen.[50] Deutlich ist erkennbar, dass in der Folge die Praktikenschreiber mit ihren Prognosen[51] zum Kriegsgeschehen zurückhaltender werden.[52]

---

45 *Die deutschen Zeitungen des 17. Jahrhunderts*. Ein Bestandsverzeichnis mit historischen und bibliographischen Angaben zusammengestellt von Else Bogel und Elger Blühm. Bd. 1–2. Bremen 1971. Bd. 3. Nachtrag. München [u. a.] 1985 (Studien zur Publizistik. Bremer Reihe. Deutsche Presseforschung 17).

46 Dazu auch Matthäus, Geschichte des Nürnberger Kalenderwesens (wie Anm. 5), Sp.1264–1265.

47 Kepler, *TERTIVS INTERVENIENS* (wie Anm. 3), S. 243: „Daß einer mit Eyngehung eines neuwen Jahrs in einen Calender schauwet/ was es für ein Jahr werden werde/ halt ich für einen solchen Fürwitz/ wie mit den neuwen Zeittungen vnd discursibus vom Außgang schwebender kriege vnd derlgeichen." Weiter heißt es, Johannes Kepler meine 1610, „daß es eine vermessenheit sey/ von Glück vnnd Vnglück der gantzen Welt/ eines Landts/ einer Statt & c. zu sagen".

48 Matthäus, Geschichte des Nürnberger Kalenderwesens (wie Anm. 5), Sp. 1006.

49 Matthäus, Geschichte des Nürnberger Kalenderwesens (wie Anm. 5), Sp. 1218.

50 1623 schrieb ein Kalendermacher: „Es ist gar gefährlich jetzigen stand deß Teutschen Lands etwas zu Prognosticiren, vnnd verbrennet einem am heissen Brey gern das Maul". – Matthäus, Geschichte des Nürnberger Kalenderwesens (wie Anm. 5), Sp. 1218.

51 Mit Zeitverzögerung ist eine ähnliche Entwicklung auch in den Kalendern für ein breiteres Publikum zu beobachten. so beispielsweise im *Königlichen Schleßwig-Holsteinischen Stamm- und HistorienCalender Auf das 1732. Jahr Christi*. Hrsg.: Johann Halcke, mind. Jg. 1732, wahrscheinlich längerer Erscheinungszeitraum, Altona: „gedruckt bei Heinrich Christian Hülle" [1731]. Dort ist die folgende Erörterung interessant: „Ob es böse und zu verwerffen/ daß man im Calender Astrologische Prognostica stelle". Es heißt dazu: „So ferne eine Prognosticon, ohne verbohtene Künste/ aus der Natur hergeleitet wird/ ist es nicht böse/ eben so wenig

V

Einige Bemerkungen zum Schluss: Im 18. Jahrhundert entwickeln sich die Quartkalender, einst in allen Bevölkerungsschichten verbreitet, zu Land- und Volkskalendern.[53] Gottfried Kirch spricht 1700 davon, dass es mehr der Bauer als der Bürger sei, der den Kalender kaufe.[54] Das gebildete Publikum liest Zeitungen und Zeitschriften. Was dort geboten wird, findet sich – nicht nur in kleiner Münze – ebenso in den Kalendern wie die altbekannten Debatten über abergläubische Vorhersagen,

---

als wenn ich sage: Feuer und Pulver ist gefährlich; Der Krancke wird schwerlich aufkommen/ weil er sehr schwach; es wird sich ein Donner-Wetter erheben/ denn der Himmel ist sehr heiß; Oder es wird Regen kommen/ denn die Wolcken sind dick und wässericht. Solche Natürliche Prognostica verwirfft der Heyland bey ... nicht. [!] Ob es nun gleich allemahl nicht eintrifft/ was man prognosticiret/ ist es darum doch keine Missethat; So ist es auch unsere Vernunfft deswegen nicht zu beschuldigen/ als judicirte sie fälschlich/ sondern die Unvollkommenheit der Wissenschafft und mangelhafte Erkenntniß derselben ist Schuld daran. Denn GOtt hat dem Menschen Vernunfft und Sinnen gegeben/ daß er alles was in der Natur gegründet betrachten/ und davon judiciren möge/ nicht dasselbe ansehen als die Vernunfft-losen Thiere. Doch wenn man etwas aus natürlichen Ursachen verkündiget und prognosticiret/ muß ein Christlicher Astrologus nicht sagen/ daß es absolut so geschehen müsse; sondern nach dem willen GOttes/ und so der HErr haben will/ kan es geschehen: Gleichwie ich nicht sagen kan/ ich will künfftig dieses oder jenes thun; sondern so der HErr will/ und wir leben/ (per Coditionem) [!] kan es geschehen. Denn GOtt ist Herrscher über die Natur: Feuer/ Dampff/ Hagel/ Sturm Wind/ etc. müssen seinen Willen ausrichten. Aber darum ist es an sich nicht böse/ daß wir Menschen nach unser wenigen Vernunfft/ aus natürlichen Begebenheiten vom Zukünfftigen judiciren/ wenn wir nur dem lieben GOtt den Vorzug lassen/ daß ohne seinen heiligen Willen nichts geschehen kan/ und alles von ihm dependiret." Entsprechend heißt es unter „Von Welt-Händeln": „Nach GOttes Will und Vorersehn/ Muß alles in der Welt ergehn./ Was GOtt haben will/ und nach seiner Providentz beschlossen hat/ muß alles geschehen; Ob wohl die Natur mit dazu wircket/ so regulirt sie sich doch nach Ihm: denn er ist Ober-Directeur und Regierer über die gantze Welt/ von ihm dependiret alles/ alle Veränderungen kommen von ihm her/ und erfolgen nach seinem heiligen Willen: Was er haben will/ muß geschehen/ und geschicht nicht ohne Ursache/ sondern alles zu unsern Besten/ es sey Krieg oder Fried/ Leben oder Todt. Derowegen haben wir Ursach uns gelassen zu erzeigen/ und in GOttes Willen zu ergeben/ es geschehe was da will".

52 Matthäus, Geschichte des Nürnberger Kalenderwesens (wie Anm. 5), Sp. 1223.

53 Matthäus, Geschichte des Nürnberger Kalenderwesens (wie Anm. 5), Sp. 1287.

54 So Kirch in seinem *Himmelsboten für 1701*, Tl. 3 Kap. 1. – Matthäus, Geschichte des Nürnberger Kalenderwesens (wie Anm. 5), Sp. 1285.

geführt nun vor einem Publikum, das mit dem Gedankengut der Aufklärung vertraut gemacht werden sollte.[55]

In die Vorstellungswelt der Bevölkerung, dies zum Abschluss, hat sich der Kalender eingegraben wie kein anderes weltliches Druckmedium. Begreift man Sprichwörter als „lebendig sprudelnden Quell des Volksmundes",[56] wie dies die volkskundliche Forschung tut, Sagen, Märchen und Spruchweisheiten als Verdichtung der Erfahrungen breiter Bevölkerungsschichten, dann wird man nicht erstaunen, dass sich in den Sprichwörterlexika ein halbes Hundert auf den Kalender Bezug nehmende Nachweise finden, im *Handwörterbuch des deutschen Aberglaubens* gar 250.[57]

„Es ist keine Kunst, den Kalender zu machen, wenn's Jahr vorbei ist" spiegelt, um ein Beispiel zu nennen, den Respekt, den ein guter Kalender genoss, zugleich aber auch – fast spielerisch – das Wissen, dass seine Prophezeiungen nicht gar zu ernst genommen werden durften. Gleiches gilt trotz des vom Menschen verantworteten Klimawandels für das Wort: „In der Druckerei macht man Kalender und der Herrgott schafft das Wetter."[58]

---

55 Dazu sind die Quellen dokumentiert bei Holger Böning, Reinhart Siegert: *Volksaufklärung. Biobibliographisches Handbuch zur Popularisierung aufklärerischen Denkens im deutschen Sprachraum von den Anfängen bis 1850.* Angelegt auf 5 Bde. Bisher erschienen: Bd. 1: Holger Böning: *Die Genese der Volksaufklärung und ihre Entwicklung bis 1780.* Stuttgart, Bad Cannstatt 1990; Bd. 2, Tl. 1 und 2: Reinhart Siegert und Holger Böning: *Die Volksaufklärung auf ihrem Höhepunkt 1781–1800.* Mit Essays zum volksaufklärerischen Schrifttum der Mainzer Republik von Heinrich Scheel und dem der Helvetischen Republik von Holger Böning. Stuttgart, Bad Cannstatt 2001. Zum Forschungstand siehe weiter: *Volksaufklärung. Eine praktische Reformbewegung des 18. und 19. Jahrhunderts.* Hrsg. von Holger Böning, Hanno Schmitt und Reinhart Siegert. Bremen 2007 (Presse und Geschichte – Neue Beiträge 27).

56 *Deutsches Sprichwörter-Lexikon. Ein Hausschatz für das deutsche Volk.* Hrsg. von Carl Friedrich Wilhelm Wander. Bd. 1. Leipzig 1867, Vorrede: „Die Literatur ist nicht nur aus den einschlägigen Sammelwerken geschöpft, es sind auch die Schriftsteller seit dem 16. Jahrhundert in steigender Ausdehnung durchsucht; Kalender, Zeitungen, Flugschriften sind als der lebendig sprudelnde Quell des Volksmundes benutzt."

57 *Handwörterbuch des deutschen Aberglaubens.* Hrsg. von Eduard Hoffmann-Krayer und Hanns Bächtold-Stäubli, 10 Bde. Berlin 1927–1942.

58 *Deutsches Sprichwörterlexikon* (wie Anm. 56), Bd. 1, S. 700. Siehe auch die weiteren Beispiele: „Der Mond ist der Bauern Kalender", „Ein Müssiggänger hat nur rothe Tage im Kalender". – *Deutsches Sprichwörterlexikon* (wie Anm. 56), Bd. 3, S. 713, Bd. 3, S. 794.

KLAUS-DIETER HERBST (Jena)

Die Schreibkalender für das Jahr 1670

Als der erste Jahrgang des *Europäischen Wundergeschichten Calenders* erschien, war die mengenmäßige Ausweitung und inhaltliche Ausdifferenzierung der Schreibkalender in Quart bereits in vollem Gange. Ziel dieses Beitrages ist es, diese Entwicklung im Kalenderwesen des 17. Jahrhunderts an einem Jahrgang, dem des ersten Simplicianischen Jahreskalenders, exemplarisch aufzuzeigen. Basis dafür ist das jetzt gedruckt vorliegende „Verzeichnis der Schreibkalender des 17. Jahrhunderts", das den Stand der Recherchen vom September 2008 widerspiegelt.[1]

1. Zur Anzahl der jährlich erschienenen Kalenderreihen

In einem in Erfurt gedruckten Schreibkalender für 1673 gibt der Verfasser mit Bezug auf andere erschienene Kalender an, dass von ihm „im vorigen Jahre fast 100 autores gesehen und gelesen worden".[2] Für die Glaubwürdigkeit dieser Aussage spielen Erkenntnisse über den Kalendermacher als historische Person und bzw. oder Nachweise ähnlich lautender Aussagen in anderen Quellen eine wesentliche Rolle. Hier soll zunächst ein biographischer Exkurs über den Kalendermacher fol-

---

1 Klaus-Dieter Herbst: *Verzeichnis der Schreibkalender des 17. Jahrhunderts*. Jena 2008 (Acta Calendariographica. Forschungsberichte 1). Das Verzeichnis entstand im Rahmen eines von der Deutschen Forschungsgemeinschaft von Oktober 2006 bis September 2008 geförderten und am Institut für Deutsche Presseforschung der Universität Bremen angesiedelten Projektes.

2 Johannes Stilsovius: *Alt und Newer Medicinischer und Historischer Schreibkalender*. Jg. 1673, gedruckt in Erfurt, zweiter Teil (Prognostikum), S. A 2^v. Zum Vergleich sei auf ein Zitat verwiesen, das Barbara Bauer anführt. Danach meinte ein Anonymus 1665, „daß nunmehr über die 30. oder wol 40. Calender- oder Wetterschreiber" nach seiner Kenntnis vorhanden seien. Zitiert nach Barbara Bauer: „Es bleibt doch bey dem alten Brauch: M(undus) V(ult) D(ecipi)." Veraltete Astrologie in Grimmelshausens „Ewig-währendem Calender". In: *Simpliciana* XVI (1994), S. 81–115, hier S. 100.

gen, der den Erkenntniszuwachs in bewusst chronologischer Abfolge des Recherchierens wiedergibt.

Auf dem Titelblatt des zitierten Kalenders wird als Verfasser der Name Johannes Stilsovius mit dem Herkunftsort Erfurt genannt. Ein Johannes Stilsovius taucht zwar in keinem der gängigen biographischen Nachschlagewerke auf,[3] konnte aber als historische Person nachgewiesen werden. Eine erste Spur lieferte eine astronomisch-astrologische Schrift von 1631. Diese wurde von „Johanne Stilsovio Erffurtino SS. Theologiae Studioso" verfasst.[4] Der Hinweis auf ein absolviertes Studium führte zum zielgerichteten Suchen in den Matrikeln verschiedener Universitäten. Statt „Stilsovius" ist in zwei Universitätsmatrikeln ein Johannes Stiltzfuß aus Erfurt verzeichnet. Demnach studierte dieser seit 1621 in Rostock.[5] Bereits zwischen Michaelis 1613 und 1614 war er an der Universität immatrikuliert worden. In der Erfurter Matrikel heißt es: „In gratiam rectoris et gratis inscripti: [...] 5. Ioannes Stiltzefus Erphordensis, juravit 4. Octobr. 1624 et 8 gr. solvit."[6] Es liegt nahe, anzunehmen, dass Stilsovius ein vom lateinischen „stilus" (Spitziges, spitziger Pfahl, Stelze = Stiltze) abgeleiteter Name für Stiltzfuß ist und somit die Erfurter Studenten von 1613/14 bzw. 1624 (Matrikel) und von 1631 (Druckschrift) identisch sind. Für eine solche Annahme spricht ebenfalls der Umstand, dass 1624 wie Stiltzfuß auch Georg Hertz an der Universität in Erfurt eingeschrieben war.[7] Hertz war der Drucker und Verleger sowohl der Druckschrift von 1631 als auch der Kalender von Stilsovius. Eine weitere Spur, zu Stilsovius zu recherchieren, bot Joachim Cnape, Rektor der Schulen in Weimar.[8] Ein von ihm verfasstes Gedicht mit der Eingangsformel „Ad Virum Clarissimum et

3 Beispielsweise im *Deutschen Biographischen Archiv*.

4 Johannes Stilsovius: *Ο Υ Ρ Α Ν Ο Π Ι Π Τ Ι Α. [Uranopiptia.] Das ist: Kurtze Erörterung deß Zweiffels/ ob der Himmel von Ptolomaei Zeit an biß hieher sich in die 2266. Meilen gesencket haben könne/ vnd ob er sich allgemachsam zum Einfall neige/ schicke vnd bereite? Mit gewissen Gründen vnd nachsinlichen Rationibus besichtiget. Im Jahr/ Nach der Gnadenreichen Geburt vnsers HErrn vnd Heilandes JEsu Christi. M. DC. XXXI. Von Johanne Stilsovio Erffurtino SS. Theologiae Studioso. Erffurdt/ Bey Georg Hertzen.* [Thüringer Universitäts- und Landesbibliothek Jena, HZ 4 Bud. Jus. publ. 372(44)]

5 *Die Matrikel der Universität Rostock.* Bd. 3. Ostern 1611 – Michaelis 1694. Hrsg. von Adolph Hofmeister. Rostock 1895, S. 44.

6 Hermann Weissenborn: *Acten der Erfurter Universität.* Tl. 2. Allgemeine und Facultätsstatuten von 1390–1636. Allgemeine Studentenmatrikel. 2. Hälfte (1492–1636). Halle 1884, S. 518, vgl. S. 536.

7 Weissenborn, *Matrikel Erfurt* (wie Anm. 6), S. 536.

8 Vgl. *Deutsches Biographisches Archiv* I 195, 218.

Doctissimum Dn. Johannem Stilsovium Erfurtinum Astronomum celeberr." steht in zahlreichen Schreibkalendern von Stilsovius.[9] Der Umstand, dass hier ein Schulrektor in einem Gedicht einen Kalendermacher rühmt, wurde verständlich, als im Jahrgang 1648 des Schreibkalenders von Stilsovius ein Widmungsschreiben an Herrn Christoph Langen, Oberbürgermeister zu Naumburg, und an Caspar Eckarden, Amtsverwalter zu Zeitz, gefunden wurde, das unterzeichnet ist mit „Johannes Stilsovius, Erffurtinus der Schulen im hohen Stifft zu Naumburg Rector."[10] Damit war der entscheidende Hinweis auf die Wirkungsstätte des Kalendermachers Stilsovius gegeben. In einer Arbeit zu den Rektoren und Lehrern des Naumburger Domgymnasiums heißt es:

> Johann Stilsovius (Stilzefus oder Stilsfus), stammte aus Erfurt, wurde dort 1613/4 immatrikuliert und 1624 Bakkalaureus. Er hatte schon ‚eine geraume Zeit bey Schulen und Kirchen aufgewarttet' und war Rektor in Freyburg, als er am 2. 1. 1643 zum Nachfolger M. Matth. Werners gewählt wurde. Im Juni trat er sein Amt an. 1645 (23. 1.) erhielt er dazu die Vikarie S. Aegidii, später auch eine Lektur im Chor. Nach mancherlei Streitigkeiten wurde er im Herbst 1652 zur Aufgabe des Rektorats genötigt, behielt aber seine Vikarie und blieb auch in seiner Wohnung im Hause ‚zum Schwarzen Mohren' am Domplatz. Er starb am 12. 3. 1659 und wurde als Kanonikus im sog. Unterstift (Kollegiatstift Beatae Mariae Virginis) seinem eigenen Wunsche entsprechend im Kreuzgang begraben.[11]

Danach besteht kein Zweifel daran, dass der Kalendermacher Johannes Stilsovius identisch ist mit dem Erfurter Studenten Johannes Stiltzefus. Da Stilsovius aber bereits 1659 gestorben war, kann der ehemalige Rektor des Naumburger Domgymnasiums nicht der Verfasser des Kalenders für 1673 gewesen sein. Dass bis in die 1680er Jahre in Erfurt ein Schreibkalender mit dem Verfassernamen Stilsovius herauskam,[12] verdeutlicht die in der Mitte des 17. Jahrhunderts einsetzende Tendenz

---

9 Siehe in den Schreibkalendern von Stilsovius jeweils die Rückseite des Titelblattes vom Prognostikum.

10 Johannes Stilsovius: *Alt und Newer Schreibkalender.* Jg. 1648, gedruckt in Erfurt, Kalendarium, S. A 1^{v}.

11 Bruno Kaiser: *Die Lehrer der Naumburger Domschule von 1542–1800.* Naumburg 1925, S. 8–9. Vgl. Dr. Holstein: *Abriss einer Geschichte des Domgymnasiums zu Naumburg.* Tl. 1. Geschichte des Gymnasiums von der Stiftung bis 1771. Naumburg 1859, S. 13. Hier liest man den ergänzenden Hinweis: „Er gab Prognosticon astrologicum heraus." Damit ist der jeweils zweite Teil des Schreibkalenders gemeint.

12 Der letzte bekannte Jahrgang ist der für 1685, überliefert in der Herzogin Anna Amalia Bibliothek Weimar.

des Fortführens einmal erfolgreicher Kalenderreihen auch über den Tod des ersten Kalendermachers hinaus. Wer nun für die im Kalender des Jahres 1673 getroffene Aussage verantwortlich zeichnete, konnte noch nicht ermittelt werden. Ungeachtet dessen erscheint die angegebene Größenordnung mit rund 100 verschiedenen Kalendern (also Kalenderreihen) glaubwürdig, denn es gibt andere damit übereinstimmende Befunde.

Dieselbe Größenordnung gibt der Astronom und Kalendermacher Gottfried Kirch (1639–1710) bezüglich der Ende des 17. Jahrhunderts auf der Leipziger Michaelismesse ausliegenden Kalenderreihen an. Kirch bekennt in einem Brief aus dem Jahr 1691, dass er in solch einer Stadt lebe, wo er „wohl auff die 100terlei Arten Kalender sehen könte".[13] Die in den vergangenen Jahren intensivierte Forschung zu diesem Gelehrten bestätigt die Seriosität dieser Feststellung.

Die im Stadtarchiv von Altenburg aufbewahrte Kalendersammlung[14] belegt für die 1670er Jahre, dass die von Stilsovius und Kirch unabhängig voneinander gegebene Größenordnung von etwa 100 verschiedenen Kalenderreihen pro Jahr die damaligen Verhältnisse realistisch widerspiegelt. Man vergleiche in der nachfolgenden Tabelle den Umfang der Jahresbände 1678 und 1679 mit 69 (von denen heute einer fehlt) und 73 Exemplaren verschiedener Kalenderreihen. Dazu hinzuzurechnen sind die Reihen, die in norddeutschen und vor allem in süddeutschen Städten gedruckt worden sind und keine Aufnahme in den Altenburger Bestand fanden.

13 Klaus-Dieter Herbst: *Die Korrespondenz des Astronomen und Kalendermachers Gottfried Kirch (1639–1710)*. Bd. 2. Jena 2006, S. 110.

14 Eine Auflistung aller Titel der Kalenderreihen für den Zeitraum von 1644 bis 1700 wird gegeben in Klaus-Dieter Herbst: Der Kalenderschatz im Stadtarchiv Altenburg. In: *Jahrbuch für Kommunikationsgeschichte* 9 (2007), S. 211–239.

Tab. 1: Anzahl[15] der pro Jahrgang gebundenen Schreibkalender in der Altenburger Sammlung bis 1710.

Jg.: Anzahl	1651: 23	1661: 33	1671: 49	1681: 0	1691: 7	1701: 8
	1652: 26	1662: 31	1672: 59+1	1682: 0	1692: 8	1702: 10
	1653: 28	1663: 33	1673: 49	1683: 6	1693: 10	1703: 11
1644: 13	1654: 35	1664: 39–1	1674: 59	1684: 0	1694: 6	1704: 0
1645: 0	1655: 36	1665: 39–1	1675: 54 (1)	1685: 6	1695: 0	1705: 10
1646: 0	1656: 37–1	1666: 36	1676: 65–1	1686: 6	1696: 10–2	1706: 10
1647: 24	1657: 33	1667: 39	1677: 50–1	1687: 0	1697: 8–2	1707: 13
1648: 25	1658: 39	1668: 44–1	1678: 69–1(2)	1688: 0	1698: 9	1708: 12
1649: 27	1659: 32	1669: 49	1679: 73	1689: 8	1699: 0; 9*	1709: 13
1650: 24	1660: 33	1670: 51	1680: 0	1690: 7	1700: 11	1710: 20

Anhand der Tabelle wird das stetige Anwachsen der Kalendertitel seit der Mitte des 17. Jahrhunderts deutlich. Der abrupte Rückgang der überlieferten Exemplare seit dem Jahr 1680 kann mit der damals in der mitteldeutschen Gegend um Leipzig und Halle grassierenden Pest erklärt werden, wodurch die Stadttore von Altenburg für die Einfuhr von Waren jeglicher Art, zum Beispiel auch für Bücher und Kalender von der Leipziger Messe, verschlossen blieben. Darüber, warum die Altenburger Sammlung seit den 1680er Jahren nicht mit derselben Intensität vervollständigt worden ist, gibt es bislang nur Spekulationen.[16]

15 Die subtrahierten Ziffern bedeuten, dass in dem Jahrgangsband nachweislich die entsprechende Anzahl Kalender heute fehlt. Teilweise ist aufgrund der Auflistung auf der Deckelinnenseite nachvollziehbar, um welchen Kalender es sich jeweils handelt. Im Jahrgangsband 1672 ist zu den gebundenen 59 Kalendern ein zusätzlicher Kalender nachträglich hineingelegt worden. In den Jahrgangsbänden 1675 und 1678 sind ein bzw. zwei Kalender doppelt überliefert und eingebunden (Ziffer in Klammer).
* Der Band für 1699 befindet sich heute im Thüringischen Staatsarchiv Altenburg (Bibl. GAGO 513–513/8).

16 Vgl. Herbst, *Verzeichnis* (wie Anm. 1), S. 207.

Können allein in der Altenburger Sammlung für das Jahr 1670 schon 51 verschiedene Kalender gezählt werden, so ergibt die Auswertung des „Verzeichnisses der Schreibkalender des 17. Jahrhunderts" bereits 87 Reihen.

Tab. 2: Die Kalenderreihen des Jahres 1670.
Darin bedeuten:
* = nicht im Stadtarchiv Altenburg überliefert, aber in einer anderen Institution
° = vermutlich nicht überliefert
? = nicht sicher, ob diese Kalenderreihe noch/schon 1670 erschienen war (sicher aber 1669 oder 1671 bzw. 1672)

Verfasser (auf dem Titelblatt)	**Druckort**[17]	**Kalenderreihe** im Stadtarchiv Altenburg * in anderer Institution ° vermutlich nicht überliefert
01 Gräuf, Jesaias	Altenburg	*Der rechte Altenburgische Haußhaltungs- und Kunst-Calender*
02 Grünthal, Peter	Altenburg	*?Hauß- Artzney und Kunst-Kalender (1672)*
03 Gütner, Raphael	Altenburg	*°Historien- und Gesprächs/ Calender*
04 Hebestreit, Christoph	Altenburg	**Natur- Hauß- und Schreibe-Calender*
05 Hermann, Severus	Augsburg	**Jahrs-Zeiger vnd Jahr-Buch Schreib-Calender*
06 Rosenthal, Johann Heinrich	Augsburg	*°Hauß- und Artzney-Calender*
07 Rosenthal, Johann Heinrich	Augsburg	*°Allmanach Schreib-Calender*
08 Sperber, Johann Gabriel	Augsburg	**SchreibCalender*
09 Welper, Eberhard	Augsburg	*°Schreibcalender*
10 Goldmayer, Andreas	Bamberg	*°Bambergischer Schreib-Calender*
11 Meyer, Johann	Braunschweig	*Schreib- und Hauß-Calender*
12 Neubarth, Christoph	Breslau	*°SchreibCalender*
13 Büthner, Friedrich	Danzig	*°Schreib-Calender*
14 Vulpius, Johannes	Eisleben	*?Schreib- und Haußhaltungs-Calender (1671)*

17 Der Druckort bedeutet nicht automatisch, dass der jeweilige Kalender auch für diesen Ort bzw. für die Region um diesen Ort gilt. Um diese Frage zu klären, sind die astronomischen Angaben zu analysieren, falls der Bezugsort nicht auf dem Titelblatt oder an anderer Stelle genannt wird. Als Beispiel seien die Schreibkalender von Michael Krügener genannt, die zwar alle in Goslar gedruckt, aber ebenso alle für Dresden berechnet wurden.

Verfasser (auf dem Titelblatt)	**Druckort**[17]	**Kalenderreihe** im Stadtarchiv Altenburg * in anderer Institution ° vermutlich nicht überliefert
15 Ackermann, Anthonius	Erfurt	*°SchreibKalender*
16 Gärtner, Johann Georg	Erfurt	*°Schreib-Calender*
17 Haas, Caspar Melchior	Erfurt	*Kriegs- Relations und Schreib-Kalender*
18 Stilsovius, Johannes	Erfurt	*Historischer Schreibkalender*
19 N. N.	Feldkirch	*°Schreib-Kalender*
20 Fuhrmann, Stephan	Frankfurt/Main	*Zeit- Schreib- Hauß- und Kunst-Kalender*
21 Möller, Friedrich	Frankfurt/Oder	**SchreibCalender*
22 Pancovius, Thomas	Frankfurt/Oder	*°Historien- Haus- Kräuter- und Schreib-Calender*
23 Kirch, Gottfried	Gera	*Christen- Jüden- und Türcken-Kalender*
24 Hagenauer, Johann Christian	Goslar	*Gedänck-Buch*
25 Hahn, Johann Philipp	Goslar	*Schreib-Calender*
26 Hahn, Johann Philipp	Goslar	*Nachdencklicher Schreibe-Calender*
27 Krügener, Michael	Goslar	*Grosser Schreib-Calender*
28 Krügener, Michael	Goslar	*Schreib-Calender/ Darinnen auff jeden Monat*
29 Krügener, Michael	Goslar	*°Schreib- und Historien-Calender auff jeden Tag*
30 Krügener, Michael	Goslar	*°Schreib- Hauß- Artzney und Gesundheit-Calender*
21 Mercurius, Theophilus	Goslar	*Ephemeris, Das ist: Tag- Zeit- Bergwerck- und WunderUhr*
32 Aventinus, Petrus	Gotha	*?Historischer Schreib- und Hauß-Calender (1672)*
33 Hintzsch, Paul	Halle	*Schreib Calender*
34 Keyser, Johann	Halle	*SchreibCalender*
35 Voigt, Johann He[i]nrich	Hamburg	**ChristenCalender*
36 Prauedan, Lucretius de	Innsbruck	*°SchreibCalender*
37 F. C. K.	Kassel	*?Hessischer Schreib- Zeit- Hauß- und Historischer Calender (1671)*
38 Concius, Andreas	Königsberg	*°Schreib Calender*
39 Bauer, Johann Melchior	Leipzig	*Leicht-verständiger Kalender vor den gemeinen Mann*

Verfasser (auf dem Titelblatt)	**Druckort**[17]	**Kalenderreihe** im Stadtarchiv Altenburg * in anderer Institution ° vermutlich nicht überliefert
40 Graf, Jeremias	Leipzig	**Haußhaltungs Kalender*
41 Neubarth, Johann	Leipzig	*Schreib-Calender*
42 Praetorius, Michael	Leipzig	°*noch: Eine andere Art eines GesprächKalenders vor den gemeinen Mann (1669)* *oder: Sehr nützlicher Schreib-Kalender (1676)*
43 Richter, Christoph	Leipzig	*Jahres-Zeiger Schreib-Kalender*
44 Richter, Christoph	Leipzig	*Gesprächs-Kalender*
45 Schneider, Bartholomaeus	Leipzig	*Schreib- und Haushaltungs-Calender*
46 N. N.	München	**SchreibCalender*
47 Rodorphius, Johannes	Münster	°*Schreib-Kalender*
48 Adelsheim, Philomusus	Nürnberg	*Natur- und Planeten-Calender*
49 Alethophilus von Uranien	Nürnberg	*Eitelkeiten-Calender*
50 Altstäd, Carl	Nürnberg	*Dännemärckischer Reichs-Calender*
51 Francke, Georg Wilhelm	Nürnberg	*Wetter- und Wunder- Geschichts-Calender*
52 Freund, Marcus	Nürnberg	*Schreibcalender*
53 Freund, Marcus	Nürnberg	*Astrologischer Friedens- vnd Kriegs Calender*
54 Freund, Marcus	Nürnberg	*Haubt-Calender*
55 Freund, Marcus	Nürnberg	*Historischer Calender*
56 Freund, Marcus	Nürnberg	*Zeit- vnd WunderCalender*
57 Freymund, Wilhelm Ernst	Nürnberg	*Historischer Zeit- Welt- Lauff-Friedens- und Geschichts-Calender*
58 Holderbusch, Jacob	Nürnberg	*Schutz- und Siegs-Calender*
59 Horky, Martin	Nürnberg	*SchreibKalender*
60 Juhrmann, Johann Friederich	Nürnberg	*Trachten/ Haus- und Ehe-Calender*
61 Juhrmann, Johann Friederich	Nürnberg	*Kunst- und Hand-Wercks-Kalender*
62 Länä, Georg Heinrich von	Nürnberg	*Welt-Calender*
63 Magirus, Johannes	Nürnberg	*Schreib-Calender*

Verfasser (auf dem Titelblatt)	**Druckort**[17]	**Kalenderreihe** im Stadtarchiv Altenburg * in anderer Institution ° vermutlich nicht überliefert
64 Magirus, Johannes	Nürnberg	*Pest- und ansteckender Kranckheiten Cuhr-Calender*
65 Rosenkreutzer, Marx Friede-rich	Nürnberg	*Wurtz- vnd Kräuter Calender*
66 Sattler, Georg Christian	Nürnberg	*Schreib-Calender*
67 Schmidt, Nicolaus	Nürnberg	*Almanach SchreibCalender*
68 Schönfeld, Victor	Nürnberg	*Des Königreichs Polen Historisches Jahrbuch*
69 Seidel, Abraham	Nürnberg	*Tisch- und Küchen-Calender*
70 Seidel, Abraham	Nürnberg	*Der neuen Welt Historien-Calender*
71 Simplicissimus	Nürnberg	*Europäischer Wundergeschichten Calender*
72 Wagner, Johann Christoph	Nürnberg	*Teutscher und Ausländischer Helden: Kriegs- und Siegs-Calender*
73 Werner, Nicolaus Severinus	Nürnberg	*Des Heiligen Römischen Reichs Chur- und Fürsten-Calender*
74 Werve, Hermann de	Nürnberg	*Schreib Kalender*
75 Wolter, Hieronymus	Nürnberg	*Schwedischer Reiche Geschichts-Calender*
76 Wolter, Hieronymus	Nürnberg	*Des Böhmischen Königreichs Historien-Calender*
77 Barthelmaeus, Jacob	Rostock	**Zeitbuch oder Calender*
78 Stöer, Johann Adam	Salzburg	**Saltzburger Schreib-Calender*
79 Voglmar, Ferdinand Andreas	Salzburg	*°Diarium Catholicum Schreib Calender*
80 Limprecht, Andreas	Schmalkalden	*Historischer Schreib-Calender*
81 Grüneberg, Christian	Stettin	**Schreib-Kalender*
82 Schmidberger, Ulrich	Stuttgart	**Schreib- Samaritanischer Artzney- und Traum-beschreibungs-Calender*
83 Hudler, Peter Carl	Sulzbach	*Europaeischer Jährlicher Kunst- und Kauffmanns-Calender*
84 Schindler, Wolfgang Erich	Sulzbach	*Speis- und Keller-Calender*
85 Schorer, Christoph	Ulm	*°Schreib-Calender*

Verfasser (auf dem Titelblatt)	**Druckort**[17]	**Kalenderreihe** im Stadtarchiv Altenburg * in anderer Institution ° vermutlich nicht überliefert
86 Schorer, Christoph	Ulm	**Absonderlicher Schreib-Calender*
87 Schorer, Christoph	Ulm	**Calendarium Juliano-Gregorianum Curiosum [in Latein]*
88 Grosse, Johann Gottfried	Weimar	*°Historischer Kunst- Hauß-Artzney und GesundheitsCalender*
89 Kürner, Leopold Matthaeus	Wien	*°SchreibCalender*
90 Zorawsky, Nicolaus	Wien	**Crackawer Schreib Calender*
91 Amling, Jacob	Würzburg	*°Historischer SchreibCalender*

Aus Tabelle 2 ist zu ersehen, dass für 1670 wenigstens 87 Kalenderreihen mit einem Jahrgangsexemplar veröffentlicht worden waren. Bei vier weiteren Reihen (02 Grünthal, 14 Vulpius, 32 Aventinus, 37 F. C. K.) ist nicht sicher, ob sie tatsächlich erschienen waren. Von 65 Reihen (51 im Stadtarchiv Altenburg, davon 21 ausschließlich dort) sind die Exemplare für 1670 vollständig überliefert. Für 1672 können sogar 98 Stück als sicher erschienen nachgewiesen werden (vgl. Tab. 3), also beinahe die Einhundert, von denen Stilsovius und Kirch schreiben.

Tab. 3: Anzahl der Kalenderreihen für die Jahre 1670, 1671 und 1672.

	1670	**1671**	**1672**
nachgewiesene Kalenderreihen insgesamt (ohne: nicht erschienen?, vgl. Tab. 2)	87 (4?)	90 (3?)	98 (1?)
Reihen mit überliefertem Jahrgang (in %)	65 (75 %)	63 (70 %)	70 (71 %)
Reihen im StA Altenburg (ausschließlich dort)	51 (21)	49 (21)	60 (25)

Die hier gelieferten Reihentitel und Zahlen basieren auf dem Kenntnisstand, der bis September 2008 erreicht und im „Verzeichnis der Schreibkalender des 17. Jahrhunderts“ niedergeschrieben worden ist. Es gilt als sicher, dass noch vereinzelt neue Kalenderreihen auftauchen werden, da die Bibliotheken und Archive in der Schweiz[18] überhaupt nicht und die in Österreich nur zum Teil mit einbezogen worden sind.

18 Man vergleiche jetzt die Ausführungen von Norbert D. Wernicke in diesem Band.

2. Zu den Inhalten der Schreibkalender für 1670

Die wesentlichen Inhalte der bisher eingesehenen Schreibkalender, die für das Jahr 1670 erschienen waren, werden stichpunktartig in Tabelle 4 charakterisiert; von den 65 überlieferten Kalendern wurde nur ein einziger noch nicht ausgewertet (90 Zorawsky). Diesen damit 64 durchgesehenen Exemplaren wurden sechs weitere hinzugefügt, die zwar nicht auf 1670 gerichtet sind, aber auf 1669 (42 Praetorius), 1671 (14 Vulpius, 88 Grosse) bzw. 1672 (02 Grünthal, 03 Gütner, 32 Aventinus). Denn es kann davon ausgegangen werden, dass die inhaltliche Struktur dieser sechs Kalender für 1669, 1671 bzw. 1672 mit hoher Wahrscheinlichkeit auch im Jahrgang 1670 anzutreffen wäre, wenn man ein Exemplar auffinden könnte.

Die erste Spalte liefert neben dem Namen (hier nur der Nachname) des auf dem Titelblatt genannten vermeintlichen Verfassers zusätzlich die Institution, die das Exemplar einer bezeichneten Reihe besitzt,[19] wenn von dieser Reihe kein Exemplar in der Altenburger Kalendersammlung vorhanden ist. Ferner wird das Vorhandensein eines Kupferstiches notiert.

In der zweiten Spalte wird die Nummer des jeweiligen Kalenderexemplars in dem Sammelband der Altenburger Sammlung für das Jahr 1670 (bzw. 1669, 1671, 1672) angegeben. So bedeutet die Angabe „A41" bei 01 Gräuf, dass dieser Kalender der 41. von insgesamt 51 in dem Sammelband für 1670 ist.

Spalte drei liefert die Kurzcharakteristik der in den Textspalten des Kalendariums (K) und in den Textabschnitten des zweiten Teils (ZT), des Prognostikums, enthaltenen Inhalte. Gegebenenfalls wird eine Bemerkung zu einer Besonderheit des Exemplars vorangestellt. Sind in einem Kalendarium mehrere Textspalten vorhanden, so werden diese mit römischen Ziffern unterschieden.

Mit der vierten Spalte wird eine Differenzierung der Historien, die dem Kalendarium oder/und dem zweiten Teil beigegeben sind, versucht. Dabei wird unterschieden nach kurzen, der Unterhaltung des Lesers dienenden Historien (U), nach chronikartigen Darstellungen (C),

19 Zu den Siglen vergleiche Herbst, *Verzeichnis* (wie Anm. 1), S. 53–56.

nach längeren Berichten über ein bestimmtes Thema (B) und nach relativ aktuellen Meldungen aus den vergangenen ein bis zwei Jahren (A).[20]

In Spalte fünf wird vermerkt, ob die Texte neben den historischen Bezügen (den Historien) auch andere Inhalte bringen. Diese werden in Tabelle 5 den verschiedenen Gebieten zugeordnet.

Tab. 4: Inhalte der Schreibkalender für 1670.

Name (Titelblatt)	**1670**	**Inhalte** im Kalendarium K (Textspalten) und im zweiten Teil ZT (Texte)	**Historien** **U**nter-haltung **C**hronik **B**ericht **A**ktuelles	**Andere Themen**
01 Gräuf	A41	K: in der Spalte mit der „Witterung der Monds Viertel" unten nützliche Tips und Kunststücke, z. B. „Schneckenöhl zu machen", „Milben zu vertreiben" usw. ZT: astronomische Daten (Planetenbedeckungen durch den Mond) (A1^{v}); bei den Monaten Haushaltungs- und Gesundheits-Ratschläge; Kunststücke (C3^{r}–4^{r}); von der Viehzucht (C4^{r}–D1^{v})	Nein	ja
02 Grünthal	1672 A59	es erfolgt kein ausdrücklicher Hinweis auf einen vorangegangenen Jahrgang, den es aber gegeben haben könnte, weil die für einen ersten Jahrgang typische Vorrede fehlt K: I Kunststücke für den Haushalt u. a.; II Ratschläge zur Wahl der Arzneien ZT: bei den Monaten nützliche Ratschläge für den Ackerbau	Nein	ja
03 Gütner	1672 A22	lose eingelegtes Exemplar; mit handschriftlichen Eintragungen; es erfolgt kein ausdrücklicher Hinweis auf einen vorangegangenen Jahrgang, den es aber gegeben		

20 Zur Auseinandersetzung über die verschiedenen Formen von Historien in den Kalendern vgl. Helga Meise: „...bey einem jeden Monat eine wunderbare denckwürdige Historia". Die Freundschen Kalender des ausgehenden 17. Jahrhunderts. In: *Simpliciana* XVI (1994), S. 167–185.

		haben könnte, weil die für einen ersten Jahrgang typische Vorrede fehlt K: chronologisch von den 12 Kurfürsten des Hauses Sachsen ZT: komplett als Gespräch zwischen Ecclesiastes (einem Geistlichen), Astronomus, Astrologus, Mercator (einem Handelsmann), Cives (einem Bürger), Miles (einem Soldat) und Rusticus (einem Bauer): über den günstigsten Punkt für den Anfang des Jahres (A2^{r-v}), zum Aberglauben bei den Himmelsfiguren u. a. (A2^{v}–4^{v}); der Soldat berichtet von einer früheren Mondfinsternis, die er beobachtet hatte (erst hatte er sich verwundert, doch später erklärten ihm Freunde den natürlichen Vorgang), dann die Erläuterung durch den Astronomen (B1^{r}); astronomische Angaben zu Planetenbedeckungen durch den Mond und Konjunktionen (B1^{v}–2^{r}); im Kriegskapitel Kritik an derartigen Vorhersagen und Verweis auf die „Advisen" (B2^{v}); bei den Krankheiten Kritik an den astrologischen Vorhersagen als „solche Lügenden" (B3^{r}), nur Mutmaßungen zum Wetter seien zulässig (B3^{v}); historischer Vergleich zu früheren Aspekten	C	ja
04 Hebestreit (UB Leipzig)		K: 0 ZT: in der Vorrede zu den Maßen der Zeiteinteilung (A1^{v}–2^{v}); monatstypische Arbeiten im Haushalt (B3^{r})	nein	ja
05 Hermann (HAB Wolfenbüttel)		K: unterhaltsame und moralisierende Historien ZT: bei den Jahreszeiten kurze historische Geschichten; im Finsterniskapitel Angaben zu früheren Finsternissen	U C	nein

08 Sperber (HAB Wolfenbüttel)		K: Chronik der römischen Kaiser ZT: 0	C	nein
11 Meyer	A02	K: I Haus-Regeln; II unterhaltsame historische Geschichte ZT: vom Nutzen der Astrologie; politische Nachrichten („Aus Lus. bekommen wir neue Advisen“, $B3^{v}$); historischer Bericht: Verurteilung 43 böhmischer Herren, die sich 1619 gegen den Kaiser aufgelehnt hatten ($B4^{r}$–$C1^{r}$)	U A B	ja
14 Vulpius	1671 A19	es erfolgt kein ausdrücklicher Hinweis auf einen vorangegangenen Jahrgang, den es aber gegeben haben könnte, weil die für einen ersten Jahrgang typische Vorrede fehlt K: Bericht von der Zerstörung Magdeburgs 1631 ZT: Anführen extremen Wetters in früheren Jahren; bei den Monaten Ratschläge für die Haushaltsführung und für den Ackerbau; ausführliche Darstellung der Finsternisse (Bezug auf Eichstädt und Kepler), dazu Beschreibungen anderer Länder und Völker, z. B. der Insel Ceylon ($C1^{r}$); im Kriegskapitel politische Ereignisse in früheren Jahren bei gleichen Aspekten; analog im Kapitel zu den Krankheiten; alles mit zahlreichen Quellen belegt	 B C	 ja
17 Haas	A11	K: Bericht über den Krieg zwischen Schweden und Dänemark im Jahr 1658 ZT: 0	B	nein
18 Stilsovius	A15	K: chronologische Beschreibung „Der Fürstl. Residentz-Stadt Gotha“ ZT: eine „Trochaische Ode“ ($B1^{r}$); astronomische Gründe der Finsternisse ($C2^{r-v}$); historischer Vergleich bei den Kriegsaspekten ($C3^{r}$); Historie über „die Indianer“ aus Abraham Roger ($C3^{v}$–4^{r})	C	ja

20 Fuhrmann	A01	K: I vom Wachen und Schlafen; II religiöse Erbauung zum tugendhaften Leben ZT: zur Astrologiekritik (zitiert Astronomen, Kalendermacher); „Zugabe an den Leser“ zum Streit mit Christian Grüneberg ($C4^{r-v}$)	nein	ja
21 Möller (BSB München)		K: unterhaltsame historische Geschichten aus Harsdörffers Schriften, auch über gewinnsüchtige Spiele ZT: bei den Jahreszeiten Erörterung der Frage nach der rechtmäßigen Vaterschaft eines Kindes ($A3^{r}$–$B1^{r}$); astronomische Sichtbarkeit der Planeten ($B2^{r}$–4^{r})	U	ja
23 Kirch	A51	K: I Hebräischer und Arabischer Kalender; II unterhaltsame historische Geschichten; III zusätzliches Blatt: „Planeten-Lauff in Länge und Breite/ von 5. zu 5. Tagen“ (Vorstufe für das spätere Ephemeridenwerk von Kirch) ZT: ausführliche Diskussion der astronomischen Finsterrechnungen anderer Autoren ($A1^{v}$–3^{r}); Nachsatz in Frage-Antwort-Form zu naturwissenschaftlichen Fragen ($C1^{r-v}$); Tafel der Sichtbarkeit der Plejaden ($C2^{r}$)	U	Ja
24 Hagenauer	A13	K: I zu früheren Versuchen der Ermittlung der Jahreszahl für das Jüngste Gericht; II „Bericht vom EvangelienBuche“ ZT: über frühere Voraussagen des Jüngsten Gerichts ($A1^{v}$–4^{v}); über die Fruchtbarkeit des Bodens in anderen Ländern aus Reiseberichten und Chroniken ($C3^{r}$); über besondere Krankheiten an anderen Orten zu früheren Zeiten ($C3^{v}$–4^{r})	C	ja
25 Hahn	A14	K: Beschreibung der Schifffahrt der Portugiesen unter König Emanuel (1501) ZT: über besondere astronomische Ereignisse und den Jüngsten Tag, vorausgesagt für 1670 ($A2^{r-v}$); von	C	ja

		den natürlichen Ursachen des Donners und Wetters (A3^{r-v}), aber auch Donner als Zeichen Gottes (A3^{v}–4^{v}); von früheren Tyrannen (C1^{r-v})		
26 Hahn	A16	K: I Bericht vom Krieg der Ungarn gegen die Türken (1596); II Beschreibung der Stadt Alexandria in Ägypten ZT: vom Weissagen (Ursachen); zum „Wunder-Jahr" 1670 (Jüngstes Gericht, nach Nicolai); Bedenken gegen die Soldatenwerbung (A4^{v}–B2^{v}); Aberglaubenkritik am Beispiel der tanzenden Sonne am Ostertag (B2^{v}); eingestreut: chronologisch die Taten der Kaiser und andere Begebenheiten	B C	ja
27 Krügener	A27	K: über die Geschichte der Sicambern bzw. der späteren Franken ZT: über Edelsteine (A2^{r}), Blumen (A2^{v}), extreme Lobpreisung Gottes (A2^{v}–3^{r}); bei den Monaten kurze religiöse Erläutertung der kirchlichen Sonntagsbezeichnungen; im Kriegskapitel Zitierung mehrerer „HistorienSchreiber" (C1^{r-v}); über das unterschiedliche Äußere der Menschen verschiedener Nationen (C2^{r}); über seine Medizin „Materia Perlata", Aufforderung zur Korrespondenz und Möglichkeit des Versandhandels (C2^{v}–3^{v})	C	ja
28 Krügener	A23	K: 0 ZT: über Jubeljahre, Alter der Menschen und der Welt, päpstliche Jubelfeiern (A2^{r-v}); astronomische Finsternisrechnung (B2^{v}–4^{r}); über seine Medizin „Materia Perlata", Aufforderung zur Korrespondenz und Möglichkeit des Versandhandels (C2^{r}-4^{r})	 C	 ja
31 Mercurius (Kupferstich)	A26	K: ein „Compendium Chiromanticum" (bis E4 sic) ZT: Ratschläge zum Schminken, gegen faule Zähne u. a.; im	nein	ja

		Kriegskapitel ein Text über ein innermenschliches Reich unter dem Titel „Bellum Intestinum Microcosmi, [...] Von einem wunderlich-innerlichem Krieg" ($F4^r$–$G3^r$ und $G3^v$–$H2^r$), in dem der Verfasser in Anlehnung an Aristoteles und Plato die Glieder und Organe des menschlichen Körpers philosophischen Kategorien zuordnet und diese mit den politischen Instrumenten eines gegliederten Staatswesens vergleicht, ferner wird der Text als literarische Erzählung konstruiert, in der als Rahmenhandlung der Kampf des „Beelzebub" und seiner untergebenen „Höllischen Geister" gegen den großen Monarchen (das ist die Seele des Menschen) und sein Reich (das ist der Mensch) dient; im Kapitel zu den Krankheiten wird „eine Universal Medicin, wider den Todt" beschrieben ($H2^{r-v}$); Übersetzung eines Briefes „ex appendice, in Anton Guevari" aus dem Spanischen ($H2^v$–3^v); vom Goldmachen ($H4^{r-v}$) [alles in extrem kleiner Schrift]		
32 Aventinus	1672 A41	es erfolgt kein ausdrücklicher Hinweis auf einen vorangegangenen Jahrgang, den es aber gegeben haben könnte, weil die für einen ersten Jahrgang typische Vorrede fehlt K: Bericht über das Blutbad in Paris 1572 gegen die Protestanten (Hugenotten); am Ende Ankündigung des Inhalts im nächsten Jahrgang: über den neuen Stern von 1572 (Supernova) ZT: 0	B	nein
33 Hintzsch	A07	K: 0 ZT: Reisebericht über die „Teufels-Insel" von 1534 und von einem Liebespaar, das darauf ausgesetzt wurde, nach „Tevet" ($C2^v$–3^r)	U	nein

34 Keyser	A44	K: zu den Türkenkriegen ZT: über wundersame Dinge auf der Insel Irland (B3^{r-v}); über den Ackerbau in Asien (B4^{r}); unterhaltsame Geschichte vom Prinzen von Conde (C2^{r-v})	C U	ja
35 Voigt (STA Hamburg)		K : I historische Ereignisse in der Stadt Stade; II „Gespräch-Calender über mathematische Raritäten" (die Gesprächsform ist aber nicht realisiert), hier über die „Influentzen" der Himmelskörper; III Haus- und Arzneimittel (verso, unten quer); IV astronomische Sichtbarkeit der Planeten (recto, unten quer) ZT: „Höchst-nützbahre Zugabe oder Anhang": Vorschlag zu einer Kalenderreform (F2^{r}–G2^{v})	C	ja
39 Bauer	A08	K: 0 ZT: in Frage-Antwort-Form zu den Maßen der Zeiteinteilung; Kunststücke	nein	ja
40 Graf (SchB Delitzsch)		K: Ratschläge für die Hauswirtschaft, z. B. Holz vor Fäulnis zu bewahren ZT: zur Festsetzung des Tagesanfangs bei verschiedenen Völkern (A1^{r}); Haushaltsregeln für jeden Monat (A2^{v}–3^{r}); zur Ankündigung des Jüngsten Tages 1670 bei Nicolai (C1^{r})	nein	ja
41 Neubarth	A48	K: 0 ZT: nützliche mathematische Rechnungen; Problematisierung des Scheintodes	nein	ja
42 Praetorius	1669 A05	K: 0 ZT: in Frage-Antwort-Form; Grundlagen der Zeiteinteilung; Kunststücke als „Zugabe" (B4^{v}–C1^{r})	nein	ja
43 Richter	A43	K: I schon vor den Monatstafeln „Secular-Historien"; II von dem Tyrannen Johannes Basilides in Moskau, von Richter aus dem Französischen übersetzt ZT: im Finsterniskapitel Kritik an	U	ja

		Marcus Freund ($B3^{v}$); im Kriegskapitel Astrologiekritik ($B4^{r}$–$C1^{r}$); astronomische Beobachtungsmöglichkeiten ($C2^{r}$–3^{r})		
44 Richter	A06	K: 0 ZT: komplett als Gespräch zwischen Atlas und Bruno (zwei Sternsehern), Corydon (einem Bauer), Daniel (einem Bürger), Ernestus (einem Soldaten) und Florianus (einem Arzt); zur Astrologiekritik, zur Endzeitvorstellung (z. B. bei David Nicolai), zur Kriegsgefahr durch die Türken u. a., eingestreut sind „Secular-Historien“ und „Schertze“	U	ja
45 Schneider	A37	K: Ratschläge für den „Land-Manne“ ZT: unterhaltsame historische Geschichten mit abschließender Wertung Schneiders	U	ja
46 N. N. (UB München)		K: 0 (1 Seite für 1 Woche; Größe 16 cm x 20 cm, aber die Bogenzählung erfolgt in Oktav) ZT: 0	nein	nein
48 Adelsheim (Kupferstich)	A18	K: I medizinisches Wissen und unterhaltsame historische Geschichten „Vom Magen“; II kalendarische und astronomische Grundlagen der Kalenderherstellung ZT: Fortsetzung der II. Textspalte des Kalendariums, auch mit Tafeln zu den Epakten ($A2^{r}$–$B1^{v}$)	U	ja
49 Alethophilus (Kupferstich)	A03	K: I Rechtfertigung seiner Astrologiekritik des Vorjahres und Erneuerung der Kritik; II kalendarische und astronomische Grundlagen der Kalenderrechnung ZT: über die Heiligennamen und kirchlichen Festtage	nein	ja
50 Altstäd (Kupferstich)	A19	K: I Flut und Ebbe (sic); II Chronik des Königreichs Dänemark; III Gesundheitsregeln, Arzneigebrauch (Kräuter) ZT: Chronik der dänischen Könige; in Frage-Antwort-Form zu	C	ja

		besonderen Naturphänomenen; Bericht vom Angriff der Türken auf Zypern 1570/71 (D2^{v}); am Schluss: „Zu mercken“ über die Zeiten der Flut in Hamburg und anderen Orten	B	
51 Francke (Kupferstich)	A47	K: über die Wettererscheinungen aus natürlichen und biblischen Gründen ZT: Verteidigung der Astrologie (C1^{r}–3^{r})	nein	ja
52 Freund	A50	K: Schwedische Kriegs-Chronik ZT: bei den Monaten teilweise historische Rückbezüge bei denselben Aspekten; von den Sitten der Venezianer und dem geistlichen Staat der Republik Venedig (C1^{r}–3^{r})	C	ja
53 Freund (Holzschnitt „G. Strauch In et Fecit. P. Creutzberger. Scul.“)	A34	K: „Continuation deß Englischen Verlauffs“, jetzt die letzte Rede des zum Tode verurteilten Erzbischoffs „von Cantelberg“ ZT: Beschreibung des Lebens und der Hinrichtung des englischen Königs Carls I. (B4^{r}–C3^{v})	B	nein
54 Freund	A31	K: I lustige und kluge Sprüche; II Beschreibung der Schlacht zu Lützen 1633; III medizinische Ratschläge ZT: Verteidigung der Astrologie und der Kalendermacher (A2^{r}–4^{r}); historische Bezüge bei den Finsternissen (A4^{v}–B1^{r}); im Kriegskapitel über die Revolte in Neapel unter dem General Mas Aniello (B1^{r}–2^{v}); zum Jüngsten Tag im Jahr 1670 nach Nicolai (B3^{r-v})	B C	ja
55 Freund	A33	K: von den Greueltaten des Großfürsten Basilides in Moskau ZT: Beschreibung der Belagerung und Eroberung der Stadt Breisach im Elsaß 1638/39 (A3^{r}–4^{v}, C1^{r}–2^{r}, C3^{r}–4^{v}) sowie der Schlacht vor Wittenweyher (B1^{v}–3^{v})	U B	nein
56 Freund (Kupferstich)	A32	K: I kluge Sprüche; II Beschreibung der Schlacht vor Neuport in Flandern 1600; III Beschreibung	B C	ja

		der Stadt Kempten ab 1646 (bis Monatstafel März), dann Beschreibung der Stadt Nürnberg ZT: Verteidigung seiner Art des Kalenderschreibens in „unserm disputir-Seculo“ (A2^{r}); bei jedem Monat eine unterhaltsame Historia; im Kriegskapitel Beschreibung der Bräuche und Sitten der Einwohner von Kreta bzw. Candia (C3^{r-v}); im Krankheitenkapitel eine Erzählung über den Neapolitaner „Herr Convillo“	U	
57 Freymund	A05	K: I kluge Sprüche und christliche Lehren; II „Historia Universalis“; III unterhaltsame historische Geschichten ZT: Auflistung aller Kaiser; historische Details zu den Heiligennamen; Bericht über die Seeschlacht um Zypern 1571	C U B	ja
58 Holderbusch (Kupferstich)	A24	K: I kluge Sprüche mit Bezug auf die Türkengefahr; II „Moscowittische und Persianische Reise-Beschreibung“ von 1634 ZT: moralisierend über die Gesundheit als „unser bestes Kleinod und edelster Schatz“ (B2^{v}–3^{r}); historische Beispiele für extreme Witterung (B4r); berichtet aus dem Buch „deß Herrn Des Hayes“ über die Verwüstungen anderer Länder durch die Türken (B4^{r}–C1^{r})	B C	ja
59 Horky	A40	K: I Türkische Chronik 1594 und 1595 ZT: zur Fehlerhaftigkeit des Julianischen Kalenders und über die Reform des Kalenders 1582 (A2^{r}–4^{r}); im Kriegskapitel Begründung des Kriegsstandes aus der Bibel und Klage über die Gottlosigkeit der Zeit (C1^{r}–4^{r})	C	ja
60 Juhrmann	A45	K: I Scherz-Reden; II Regeln für ein christliches, tugendhaftes Leben (hier: Regeln für den Jüngling); III Gespräch zwischen Meister Niclas und seiner Base Martha	nein	ja

		über Frauen und Männer in der Ehe ZT: Tugend-Lehren über die Frauen		
61 Juhrmann (Kupferstich)	A36	K: I kluge Sprüche und monatsbezogene kurze Historien aus Chroniken; II Gespräch zwischen Theophilus, Sophronius, Prudentia und Aretinus über die „Regeln, denen sich in den Ehestand begebenden löblichen Kunst- und Handwercks-Leuten" ZT: über einzelne Gewerke (Baumeister, Bildschnitzer, Brillenmacher, Drechsler, Dachdecker usw.)	C U	ja
62 Länä (Kupferstich „Hipschman sc:")	A25	K: I Schreiben des Papstes an den König von Polen vom 22. Juli (bis Monatstafel April), weitere Begebenheiten in Polen; bei Monat Januar doppelseitiger Kupferstich „Candia" eingeklebt (Beschreibung auf S. D2^{v}), dazu II Verlauf der Belagerung von Candia 1669 bis 1670, am Schluss (Dezember) über die Krönung des polnischen Königs am 9./19.6.1669; Druckervignette: Fliege ZT: Bericht über die Belagerung von Candia von August 1668 bis April 1669 (A4^{r}–B2^{r} und C1^{v}–4^{r})	A B	nein
63 Magirus	A29	K: I kluge Sprüche; II über die Monate und ihre Namen sowie besondere Ereignisse bezüglich des historischen Kalenderwesens ZT: Magirus über seinen Vorschlag (von 1664, vgl. Kalender für 1665) zur Kalenderreform in einem öffentlichen Schreiben an den Kaiser (A2^{r}–3^{r}); Astrologiekritik zu den „Loßtagen" (A3^{v}–4^{r}) und allgemein (B3^{v}–C3^{v})	U	ja
64 Magirus (Kupferstich)	A04	K: I Rat zur Krankheitserkennung und -vermeidung aus seinem Buch von 1666; II „Tugend-Calender", darin Dina und Anna im Gespräch über das Verliebtsein		ja

		ZT: Kritik an übertriebener Prognostik; unterhaltsame Geschichten, teils mit historischen Bezügen	U	
65 Rosenkreutzer	A42	K: in der Spalte „Stand der Planeten" in der unteren Hälfte die im Monat zu sammelnden Kräuter und Wurzeln ZT: für jeden Planeten je eine Abhandlung über Krankheiten und deren medizinische Behandlungen, eine unterhaltsame religiöse Geschichte und eine Historia, teils als Bericht über ein jüngstes Ereignis, z. B. „von dem Beylager Christian V. mit der Chursäxsischen Princessin Magdalena Sibylla" in Kopenhagen 1669 ($A4^v$–$B1^v$) NB: dieser Kalender unterscheidet sich grundsätzlich im Aufbau von den anderen, denn es fehlt im ZT die traditionelle Gliederung in Jahreszeiten, Monate (Witterung), Finsternisse, Krieg, Krankheiten, Fruchtbarkeit; nur zum Kriegsgeschehen wird im Kapitel über den Mars eingegangen; die Finsternisse werden nur im Kalendarium angezeigt	U B	ja
66 Sattler (Kupferstich)	A39	K: etwas „anmuthigers" als von Dieben und Räubern, deshalb: „Warumb die Weiber ihren Männern gehorsam seyn sollen" ZT: historischer Vergleich der Aspekte, teils mit ausführlichen Berichten, z. B. über die Vertreibung der Calvinisten aus der Ober-Lausitz 1592/93 ($A2^r$–3^r); bei den Monaten unterhaltsame und kluge historische Geschichten	C B U	ja
67 Schmidt	A17	K: Chronik der Kaiser ZT: astronomische Beobachtungsmöglichkeiten	C	ja
68 Schönfeld (Kupferstich)	A21	K: I kluge Sprüche; II geographische Beschreibung des Königreichs Polen und der Städte; III historische Analyse der Kriegskunst und ihrer Helden		ja

		ZT: Chronik der polnischen Könige und Kriege	C	
69 Seidel (Kupferstich)	A30	K: I Sitten und unterhaltsam-historisches zu Tische; II zum Begriff „Krieg“ bei den Deutschen, Lateinern, Griechen, in der Bibel ZT: extreme Witterung in früheren Zeiten; besondere Krankheiten, in unterhaltsamen Historien beschrieben; „Historische Zugabe. 1. Von grossen Fressern und Verschlingern“ (C2^{r}–3^{r}), „2. Von unnöhtigen Kriegen“ (C3^{r-v})	U C	ja
70 Seidel (Kupferstich)	A28	K: I „Geschicht-Spiegel. Was bey dergleichen Himmels-Gestalt hiebevor erfolget“ (NB: das demonstriert die Ursache für das Aufkommen der Historien in den Kalendern); II „Historien der neuen Welt“ mit wunderlichen Sachen ZT: von dem Jahr bei den Chinesen und den Römern (A2^{r-v}); bei den Jahreszeiten Ausführungen zu besonderen Pflanzen in der neuen Welt, z. B. Muskatnuss-Baum, Zuckerrohr, oder über Bräuche in der neuen Welt, z. B. Hochzeit auf Java, bei den Monaten folgt die Beschreibung der „Ost-Indianisch Reise“ der Holländer im Jahr 1608 und später	C U B	ja
71 Simplicissimus (Kupferstich „Hipschman fecit.“)	A35	K: I kurzweilige Scherz-Reden; II simplicianische Erzählung; am Schluss Bericht über bemerkenswerte Ereignisse der Jahre 1668 und 1669 ZT: unterhaltsame historische Geschichten; Bericht von der Tat des Obristen zu Ziseck von 1592	U A B	ja
72 Wagner (Kupferstich)	A10	K: I unterhaltsame historische Geschichten, lustige kluge Sprüche; II Lebensbeschreibungen der Kaiser; III „Scharff sinnige Reden“ (das sind Sprüche) ZT: Bericht über die Heldentaten des „Kaiserl. General Wilhelm	U C B	nein

		Verdugo“ und anderer Helden, Bezüge zum Kriegsgeschehen 1618/19 (Berichte über Schlachten); kurze Historie über den Tyrannen Johann Basilonitz aus dem Jahr 1563		
73 Werner (Kupferstich)	A09	K: I Wunderbegebenheiten in Chronikform; II Geschichte des Römischen Reichs; III „Natur- und Gesundheit-Calender“ mit Ratschlägen zur gesunden Lebensweise ZT: Fortsetzung der II. Spalte aus dem Kalendarium, ausführlich über Carolus Magnus	C	ja
74 Werve (Kupferstich)	A38	K : 0 ZT : Sonne, Jesus, Lobpreisung Gottes (A2^{r}–4^{v}); über das Jahr 1670 mit dem Jüngsten Tag nach Nicolai (C1^{v}–2^{r})	 nein	 ja
75 Wolter (Kupferstich)	A46	K: I Natur und Eigenschaften der Tiere; II Beschreibung des Königreichs Böhmen; III Beschreibung „des Persischen Käyserthums/ und Ost-Indianischen Reiche“ ZT: chronologische Erzählung über die böhmischen Fürsten und Könige	C	ja
76 Wolter (Kupferstich)	A20	K: I Regeln des „Hauß- Artzney- und Gesundheit-Calenders“; II chronologische Beschreibung des Königreichs Schweden ZT: unterhaltsame historische Begebenheiten in nördlichen Reichen; im Kapitel „Von Kriegs-Händeln“ statt der astrologischen Prognosen lediglich über das Soldatenleben „aus dem Hochgelehrten und Sinnreichen so genandten Philander von Sittewald“ (C1^{v}–3^{r})	C U	ja
77 Barthelmaeus (LBMV Schwerin)		K: Hausmittel bei Krankheiten ZT: 0	nein	ja

78 Stöer (StB Wien)		K: „Continuatio Der verteutschten Salernitanischen Schul“, das sind medizinische Ratschläge ZT: 0	nein	ja
80 Limprecht	A12	K: I Jahrmärkte (sic); II „Lustbringende Historien“ (Chronik) ZT: historische Begebenheiten zum Beweis der Wirkung der Sterne (hier: Prophezeihung der Kaiserkrönung des Grafen Rudolph); je Monat eine historische Geschichte zur Unterhaltung	C B U	nein
81 Grüneberg (UB Greifswald)		K: 0 ZT: ausführliche astronomische Darstellung; ohne astrologische Kapitel; Kritik an den Kalendern von Stephan Fuhrmann	nein	ja
82 Schmidberger (WLB Stuttgart)		K: I lexikonartig zur Auslegung von Träumen; II medizinische Ratschläge ZT: über die Kleidermoden und deren Überbewertung (A4^{v}); über verschiedene Berufsstände (Buchdrucker, Kalendermacher, Komödienspieler usw.); Erläuterung der astronomischen Ursachen von Finsternissen (C2^{v}–3^{v})	nein	ja
83 Hudler (Kupferstich)	A22	K: I Hausmittel und Kunststücke; II „Von der Edlen Kauffmannschafft Ursprung/ Aufnehmen/ Lob und Nutzen“; III Beschreibung der Hanse-Städte, zuerst „Antorff oder Antwerpen“ ZT: Haus- und Gesundheits-Regeln, dazu Kunststücke; im Kriegskapitel über das Leid des Krieges, dazu aus alten Chroniken	C	ja
84 Schindler (Kupferstich)	A49	K: I Vernunft-Regeln oder Tugend-Lehren zum christlichen Leben; II „Küchen-Calender“ mit Rezepten; III „Keller-Calender“, darin über die Weinherstellung ZT: unterhaltsame historische Geschichten; im Kriegskapitel Bericht vom Kampf um Zypern zwischen Venetianern und Türken 1571	U B	ja

86 Schorer (StA Ulm)		K: Auszüge aus der „Kleinen Schwäbischen Chronic“ ZT: Ratschläge und unterhaltsame historische Beispiele zu gesundem Leben	C U	ja
87 Schorer (UB Augsburg)		komplett in Latein ohne astrologische Aspekte, Erwählungen, Witterung K: I Nennung historischer Ereignisse; II „Epitome Rerum Germanicarum ab Anno M.DC.XVII. ad Annum M.DC.XLIII. gestarum“; III nach den Spalten kurzer medizinischer Traktat (E1^{r-v}) ZT: zwischen den Monaten (mit Planetenpositionen) Texte über medizinische Besonderheiten mit Quellenangaben (Traktate anderer Mediziner); am Schluss „Extractum ex Epistola P. Ferdinandi Verbist, ex Pequino ad P. Gruberum data“ (G2^{r-v}) mit Zeichnung der Glocken in Erfurt und Peking nach Athanasius Kircher	C	ja
88 Grosse (HAAB Weimar)	1671	K: Ratschläge zur Arzneibereitung ZT: Hausarbeits- und Gesundheits-Regeln; Bericht von den Greueltaten des Türkischen Heeres bei der Eroberung Zyperns (C3^{v}–4^{r}); „Fortsetzung der Viehe und Roß Artzney“ (D1^{r}–2^{v})	B	ja
90 Zorawsky (HHSA Wien, VA Wien, StiftsA Klosterneuburg, StiftsA Rein)		[dieser überlieferte Jahrgang wurde noch nicht eingesehen]	?	?

Die hier nach ihren Grundinhalten ausgewerteten 70 Schreibkalender (davon 64 des Jahrgangs 1670) liefern das Bild von einer thematisch breitgefächerten Füllung der Textspalten in den Kalendarien und der in den zweiten Teilen eingeflossenen Texte. Zwar sind in 52 von diesen 70 Schreibkalendern historische Inhalte anzutreffen, doch dominieren bei diesen 52 in 19 Exemplaren andere Themen (vgl. Tab. 5). In 18 der 70 Stücke fehlen die Historien gänzlich. Als Ergebnis dieser Analyse kann festgehalten werden, dass in (19+18=) 37 der 70 Schreibkalender, also rund der Hälfte, unhistorische Themen den Schwerpunkt der inhaltlichen Gestaltung, die über die kalendarischen Basiselemente hinausgeht, bilden. Es zielt somit am Kern der Entwicklungsstränge im Kalenderwesen des 17. Jahrhunderts vorbei, wenn man hier von einem eigenen Kalendertyp des „Historischen Kalenders" sprechen würde, wie es unter Einbeziehung der großen Schreibkalender in der Literatur zum Teil geschieht.[21] Stattdessen belegt der Befund das schon an anderen Stellen vorgetragene Plädoyer dafür, die Jahreskalender des 17. Jahrhunderts wie die des 16. Jahrhunderts als „Schreibkalender" zu typisieren.[22]

21 Siehe die dazu angeführten Beispiele in Herbst, Kalenderschatz (wie Anm. 14), S. 214–216.

22 Vgl. Herbst, Kalenderschatz (wie Anm. 14), S. 216–217 und Herbst, *Verzeichnis* (wie Anm. 1), S. 44–46.

Tab. 5: Die dominierenden Themen in den Schreibkalendern für 1670.

Kalenderreihen für 1670	**Anzahl**	**Bemerkung**
insgesamt mit Titel ermittelt[23]	91	mit den 4 unsicheren
überliefert	65	ohne die 4 unsicheren
ausgewertet	70	ohne den überlieferten Kalender 90 Zorawsky, aber mit einem aus 1669, zwei aus 1671 und drei aus 1672
historische Inhalte bieten	52 von 70	daneben werden auch unhistorische Themen behandelt
von diesen 52 dominieren unhistorische Themen in	19	21 Möller (Medizin, Astronomie) 23 Kirch (Astronomie) 24 Hagenauer (Theologie) 27 Krügener (Naturobjekte, Medizin) 35 Voigt (Kalenderreform) 43 Richter (Astronomie, Kalendermacher) 48 Adelsheim (Kalendariographie) 58 Horky (Kalenderreform, Theologie) 61 Juhrmann (Tugend-Regeln, Gewerke) 63 Magirus (Kalenderreform) 64 Magirus (Medizin, Tugend-Regeln) 65 Rosenkreutzer (Medizin) 67 Schmidt (Astronomie) 70 Seidel (Botanik) 71 Simplicissimus (Erzählung) 83 Hudler (Hauswirtschaft) 84 Schindler (Tugend-Regeln, Hauswirtschaft) 87 Schorer (Medizin) 88 Grosse (Medizin, Hauswirtschaft)
vollkommen ohne historische Inhalte sind	18 von 70	01 Gräuf (Hauswirtschaft, Astronomie) 02 Grünthal (Hauswirtschaft) 04 Hebestreit (Zeitmaße, Hauswirtschaft) 20 Fuhrmann (Theologie, Kalendermacher) 31 Mercurius (Chiromantie, Erzählung) 39 Bauer (Zeitmaße, Kunststücke) 40 Graf (Hauswirtschaft) 41 Neubarth (Mathematik, Medizin) 42 Praetorius (Zeitmaße, Kunststücke) 46 N. N. 49 Alethophilus (Kalendariographie) 51 Francke (Wettererscheinungen, Astrologie) 60 Juhrmann (Tugend-Regeln) 74 Werve (Theologie) 77 Barthelmaeus (Medizin) 78 Stöer (Medizin) 81 Grüneberg (Astronomie, Kalendermacher) 82 Schmidberger (Medizin, Berufe, Astronomie)

23 Stand vom September 2008.

Neben der Vielfalt bei den behandelten Themen bieten die Schreibkalender auch eine breite Palette der literarischen Formen, in denen die Inhalte dargeboten werden. So findet man Sprüche, Reime, kurze und lange Geschichten, dokumentarische Berichte, anzeigenähnliche Werbetexte und anderes. Mitunter greifen die Texte des Kalendariums auf das Prognostikum über. Erzählungen im Sinne literarischer Neuschöpfungen findet man (in den Kalendern von 31 Mercurius und 71 Simplicissimus) ebenso wie die kreative Einkleidung der kalendarischen und anderen Inhalte in die Gesprächsform, entweder in einer Textspalte des Kalendariums (in den Kalendern von 60 Juhrmann, 61 Juhrmann, 64 Magirus) oder in dem kompletten zweiten Teil (in den Kalendern von 03 Gütner und 44 Richter).

3. Das Kalendergespräch bei Christoph Richter

Im Kalenderwesen der Frühen Neuzeit wurde die Form des Kalendergesprächs erstmals von Christoph Richter[24] in seinem *Gesprächs-Kalender*, dessen Erscheinen mit dem Exemplar für das Jahr 1658 einsetzte, angewandt.[25] Hierbei bildet eine Handlung den äußeren Rahmen, bei der zunächst zwei Personen einen Dialog über ein nicht vordergründig kalendarisches Thema führen, wobei der Beginn auch ein Monolog einer der beiden sein kann. Sie befinden sich entweder in einer Stadt oder sie spazieren vor den Toren dieser Stadt. Nach und nach treten weitere Personen hinzu, die mit den ersten beiden bereits bekannt

---

24 Richter wurde 1618 in Görlitz geboren, besuchte ab 1641 die Universität Leipzig, ist seit 1648 als Diakon in Kohren nachweisbar und wurde 1661 Pfarrer in Gnandstein bei Altenburg. Nach Richters Tod 1680 übernahm Gottfried Kirch, mit dem er bereits im Briefwechsel stand, die Kalenderreihen unter Beibehaltung von Richters Namen auf dem Titelblatt. Neben dem *Gesprächs-Kalender* gab Richter seit 1655 auch den *Jahres-Zeiger Schreib-Kalender* und unter dem Pseudonym Jeremias Graf den *Haußhaltungs-Kalender* heraus.

25 Christoph Richter: *Alter und Neuer Gesprächs-Kalender*. Jg. 1658, gedruckt in Leipzig. Dieser Kalenderjahrgang ist bereits vollständig im „Portal historischer Kalender" einsehbar. Der Aufbau dieses Internetportals wird seit Oktober 2008 durch die Deutsche Forschungsgemeinschaft gefördert und an der Thüringer Universitäts- und Landesbibliothek Jena (ThULB) als Gemeinschaftsprojekt mit dem Institut für Deutsche Presseforschung der Universität Bremen und dem Stadtarchiv Altenburg realisiert.

waren und sich nun am Gespräch beteiligen. Am Ende lädt einer der Gesprächspartner die anderen zum Essen zu sich nach Hause ein.

Um die Bandbreite der behandelten Themen und die Art der Gesprächsführung zu demonstrieren, wird der zweite Teil des ersten Jahrgangs ausführlich wiedergegeben. Das geschieht auch deshalb, um darauf hinzuweisen, dass für die Bewertung des Kalendergesprächs in den Simplicianischen Kalendern Vergleiche mit anderen Schreibkalendern angestellt werden können.

Dem Titelblatt des Prognostikums („Dialogus Astrologicus") [A1^{r}][26] folgt auf dem zweiten Blatt das Kalendergespräch mit der Überschrift: „Atlas. Bruno. Corydon. Daniel. Ernestus. Florianus." Die traditionelle Gliederung in einzelne Kapitel ist aufgehoben.[27] Der zweite Teil ist durchweg in der Form des Gesprächs gehalten. Am Rand sind stichpunktartig die im Gespräch behandelten Themen angemerkt. Das Gespräch eröffnen im Jahrgang 1658 der Bürger Daniel und der Sternseher Atlas. Beide gehen ein wenig spazieren und setzen sich später unter eine Linde zum Gespräch. Letzterer beginnt damit, die Erkenntnis der unendlichen Weisheit und Allmacht Gottes aus den astronomischen Betrachtungen hervorzuheben. Daniel, der Atlas beim Nachsinnen über die scheinbar unterschiedliche Geschwindigkeit der Sonne am morgendlichen und mittäglichen Himmel gestört hatte, bittet diesen, seine Meinung darüber zu äußern. Atlas verweist darauf, dass das nur ein optischer Effekt sei. Danach lenkt Daniel das Gespräch auf die Jahreszeiten und wünscht etwas von den Prophezeiungen zu hören.

[A2^{v}] Es kommt Bruno, der zweite Sternseher, hinzu, der gerne von zukünftigen Dingen prophezeit. Über ihn urteilt Atlas:

> Ja er hat viel Tonnen Witz bey sich/ nur daß die Boden sehr außgefallen sind: er ist gut gnug/ wenn er nur Philosophian besser hätte studieret: er kan deßwegen unter den Astrologischen Vanitäten keinen Vnterscheid halten: sondern nimbt flugs alles an/ was er etwan in Büchern geschmieret findet. DAN. Ich wil ihn bald ein wenig schellig machen/ wegen seiner Astrologiae.

26 Um eine entsprechende Passage des Gesprächs relativ einfach aufzufinden, werden hier im fortlaufenden Text die Bogenzählungen in eckiger Klammer genannt. Vgl. Christoph Richter: *Alter und Neuer Gesprächs-Kalender*. Jg. 1658, gedruckt in Leipzig, zweiter Teil (Prognostikum), fol. A1^{r}–C4^{v} [Stadtarchiv Altenburg, Sign.: HK 1658]; siehe das Digitalisat im „Portal historischer Kalender" (ThULB Jena) mit der Kalenderreihe unter <http://zs.thulb.uni-jena.de/content/main/journals/jzsk_176.xml>, Abruf 20.04.2009.

27 In den Folgejahrgängen werden die Kapitelüberschriften wieder eingeführt.

Daniel provoziert Bruno mit den Worten, dass dieser mit seinen „Propheceyungen die Leute bey der Nase umbführet“. Bruno verteidigt sich und die Astrologie als eine „uhralte/ Fürstliche Wissenschafft“ und ereifert sich dabei, woraufhin Daniel beschwichtigt: „Seyd zu frieden/ Herr Bruno, ich treibe Scherz: habe ich doch perdonnez gesagt: ich wil diese Kunst ehren/ weil ich lebe: so weit sie es verdienet. ATL. Sehet/ Herr Bruno, es sind Worte auff Schrauben: Herr Daniel ist immer so ein Spötter/ bald wie Diogenes.“ Daniel führt an, was Diogenes über die Astrologen sagte: „es sey kein närrischer Thier/ als eben dieselben.“ Bruno weist das zurück und beurteilt Diogenes als „leichtfertigen Griechischen Eulenspiegel“ und unwissenden Esel. Er könne „wol tausend Zeugnisse vornehmer Potentaten und gelehrter Leute vorbringen“, die die Astrologie rühmen. „DAN. Tausent ist der Auffschneider Zahl. ATL. Ey Diogenes redet von dem Mißbrauch der Kunst/ der sich iederzeit sehr eingemenget hat.“ Schließlich lenkt Daniel zurück auf den Wunsch, [A3^{r}] „auß den Ephemeridibus über das künfftige 1658. Jahr etwas [zu] discurriren.“

Eingestreut wird jetzt von Daniel die Anekdote über den astrologieungläubigen Frischlin, der letztendlich doch so umkam, wie es vorausgesagt worden war. Darauf Atlas: „Was wollen wir hievon viel Worte machen: verständige Leute wissen wol/ was sie sollen davon halten: wir wollen vielmehr den Discurs vom künfftigen Jahre anfangen.“ Atlas führt verschiedene Historien an (die im *Jahres-Zeiger Schreib-Kalender* für 1658 auf der Rückseite des Titelblattes zusammengefasst sind!). [A3^{v}] Bei der Frage nach den grausamen Chasmata, Feuer- und Wunderzeichen, die nach einem der starken astrologischen Aspekte erscheinen sollen, antwortet Atlas: „Dieses ist nichts unmügliches/ doch kan man nichts gewisses davon verkündigen.“ Anschließend stellt Daniel Fragen zur Jahreseinteilung, die Atlas beantwortet.

[A4^{r}] Dann „kömt ein kluger Baur/ Corydon von Sorgenau/ der hat einen anschlägigen Kopff.“ Atlas: „Etliche Bauersleute auff dem Lande wissen bißweilen mehr ex Mathematicis, und von der Sternen Lauff/ als mancher/ der sich Magister Noster schelten lässet.“ Nachdem Corydon zu den anderen hinzugetreten ist, klagt er über die schlechten Lebensbedingungen der Bauern (Zeit- und Geldmangel, geringe Verkaufspreise für das Getreide) im Gegensatz zu den Menschen in der Stadt; „COR. Ey ich habe nicht Zeit/ wie ihr Müssiggänger in Städten.“ [A4^{v}] Die Gruppe diskutiert jetzt die Frage, wann die Jahreszeiten (zunächst der Winter) anfangen. Dabei wird deutlich, dass man diese Frage verschieden beantworten kann: nach den bäuerlichen Regeln (der Praktik), nach den astrologischen Regeln und nach den astronomischen Festlegungen. Atlas fügt hinzu, dass die Kalender nicht in jedem Detail zutreffen können. Nach der Angabe des astronomischen Beginns [„den 11. (21) Dec. umb 7. uhr/ 50. min.“] durch Atlas will Bruno eine Himmelsfigur (Introitalfigur, Thema Coeli) auf einer Schreibtafel entwerfen.

> ATL. Ja/ Herr Bruno, meynet ihr denn/ daß die obgesetzte Zeit des Eintritts gar just und genau getroffen sey? BR. Ich hoffe es. ATL. Ja es ist nicht gnug hoffen: man muß es gewiß wissen/ wenn ein Thema soll erigiret werden. Vnd gesetzt/ aber nicht gestanden/ daß es die genaue Zeit wäre/ so ist doch nicht gnugsam bewiesen/ daß auß der Himmelsfigur was richtiges zu propheceyen sey.

Sodann wird die Figur, die die Tierkreiszeichen in den Kardinalpunkten des Himmels zum Zeitpunkt des Winterbeginns bilden, errichtet [B1^r] und kurz erläutert. Dann wechselt das Gesprächsthema und es wird aus dem Planetenlauf und den Aspekten (vorgetragen von Atlas) auf das Wetter geschlossen (vorgetragen von Bruno). Schließlich [B1^v] prophezeit Bruno aus der Himmelsfigur von Glück, Unglück, Krieg, Zank, [B2^r] Liebespaaren und Hindernissen für Kaufleute. Danach fordert Daniel den Bauern Corydon auf, alte Bauern-Regeln zu nennen. Diese werden als allgemeine Aussagen, die auf Naturbeobachtung beruhen, bewertet.

Anschließend wird zur Behandlung des Frühlings übergegangen [Beginn: „den 10. (20) Mart. umb 8 Vhr/ 8 Minut. Vormitt“]. [B2^v] Daniel streut eine kurze Geschichte von zwei Brüdern ein. Sodann erfolgen die Schilderung des Planetenlaufs [B3^r] und die Mutmaßung des Wetters, gefolgert aus dem Planetenlauf, aus den Aspekten und aus den Mondvierteln. [B3^v] Daraufhin mutmaßt Bruno wieder die „Zufälle“ aus der Introitalfigur. Zu den Bauern-Regeln folgt:

> COR. Wenn der Mertz trocken gaht: und der Aprill Feuchte hat: der Mäy ist kühle/ Brachmon naß: so wird voll der Boden und Faß. ATL. Corydon, könnet ihr denn auch Vrsach geben/ warumb ein gut Jahr auff solche Witterung folge? COR. Etlicher massen ja. Wenn der Mertz trocken ist/ so trocknet das Erdreich fein auß von der Winternässe/ daß man das Feld beyzeiten kan bestellen. Darauff im Aprill/ wenn die Erde gebären wil/ sind fruchtbare Regen vonnöthen. Wenn nicht Aprillwetter strauset/ ist es nicht gut. Wenn der Mäy küle/ aber nicht gar zu kalt ist/ dienet es dazu/ daß das Vngeziefer nicht so sehr überhand nehme: und im Junio/ da alles vollkommen soll werden/ damit nicht wegen der Sonne Höhe alles zu sehr auß – [B4^r] dorre/ ist Feuchtigkeit vonnöthen.

Nach weiteren Regeln wird zum Sommer übergegangen, bei dessen Erörterung sich der Bürger Daniel und der Bauer Corydon über eine ihnen noch unbekannte Tatsache belehren lassen.

> ATL. Den 11. (21) Jun. umb 11. uhr/ 34. min. Vorm. da die ☉ [Sonne] in den ♋ [Krebs] tritt/ unserm Scheitelpunct am nechsten kömt/ und den lengsten Tag macht bey uns. DAN. Ist denn damals nicht in der gantzen Welt der längste Tag? ATL. Nein: denn die Völcker/ welche über die AEqvinoctial oder Mittellinie der Welt gegen Mittag wohnen/ haben damals den kürtzesten Tag und des Winters Anfang. COR. Das kömt mit wunderlich vor. DAN. Wisset ihr nicht/ daß Gott wunderbar ist in seinen Geschöpffen? ATL. Die ☉ [Sonne] gehet ihnen damals am niedrigsten/ drumb haben sie Winter. COR. So werden sie Sommer haben/ wenns bey uns Winter ist? ATL. Ja/ sie haben alles umgekehrt. COR. Nun hab ich wider was gelernet/ das ich vor[her] nicht wuste.

Anschließend beginnen Atlas und Bruno wieder aus der Himmelsfigur, den Planetenläufen, den Aspekten und den Mondvierteln zu mutmaßen. [C1^r] Es folgen erneut die Bauern-Regeln.

Bei der Behandlung der Jahreszeit Herbst [beginnt „Den 13. (23) Sept. umb 2. ur 37. min. Vorm.“] treten zwei weitere Personen auf: „DAN. Sehet/ dorr kömt ein Lebendigmacher und ein Todtmacher. CO. Wie versteht ihr das? DAN. Es ist Herr Florianus, ein Artzt/ und ist Herr Ernestus, der Rittmeister.“ Daniel meint das „poetisch“. Atlas begrüßt beide auf Französisch mit „Grand mercy.“ Corydon bezeichnet auch die beiden neuen als „Müssiggänger“. [C1^v] Es folgen die Mutmaßungen und Bauern-Regeln zum Herbst.

[C2^r] Nach der Besprechung der Jahreszeiten wechselt das Gespräch über zur Kriegsproblematik. „DAN. Herr Ernst/ was geben die Zeitungen guts vom Kriege.“ Ernestus meint, dass es nichts Gutes gebe, und klagt stattdessen über das Schlechte am Krieg. Daniel noch einmal: „Was hört man denn von Kriegszeitungen?“. Ernestus berichtet von den aufziehenden Gefahren: die Türken gegen Venedig, Siebenbürgen und Schweden gegen Polen und Preußen, Moskau, Dänemark, Spanien und Frankreich gegen die Niederlande und das Welschland, England gegen Spanien um die Kolonien. „FLO. Also stehet das liebe Deutschland mitten/ umringt mit lauter Martialischen Donnerwettern. ERN. Ja freylich/ Gott helffe/ daß es nicht etwa einschlage: es hat vorhin seine Wunden noch nicht überwunden.“ [C2^v] In diesem Kontext baut der theologisch ausgebildete Richter eine Passage über die Erwartung des Jüngsten Tages, dem das Tausendjährige Reich vorangehe (Chiliasmus), in den Text ein.

> DAN. Es ist wol die letzte Zeit/ von welcher der HErr Jesus propheceyet: daß sich ein Königreich und Volck wider das ander werde empören/ und man allenthalben von Krieg und Kriegsgeschrey werde hören. COR. So meynet ihr/ daß der Jüngste Tag bald werde kommen? DAN. Das kan man nicht wissen: vieler gelehrter Leute Gedancken gehn dahin. FLO. Es sagt aber der HErr Jesus: wenn es also gehen werde/ so sey doch das Ende noch nicht da: und es müsse zuvor das Evangelium vom Reich in der gantzen Welt geprediget werden/ zu einen Zeugnis über alle Völcker/ und alsdenn werde das Ende kommen. DAN. Dieses ist schon erfüllet/ wie es unsere Theologen außlegen: es scheinet/ der Herr habe Beliebung an den Chiliastischen Grillen. FLOR. Ich habe etwas davon gelesen: ich lasse es an seinem Orte beruhen.

Anschließend werden aus den Aspekten große politische Veränderungen in Europa prognostiziert und ein Vergleich mit den Ereignissen im Jahr 1629 vorgenommen.

[C3^{r}] Über Finsternisse ist nichts zu berichten, da sich 1658 keine in Europa sichtbaren ereignen werden. Es wird von der drohenden Gefahr durch das türkische Heer erzählt. [C3^{v}] Dabei erfolgt ein Verweis auf die Prophezeiungen des „Joh. Wolfius. Tom. 2. Lect. Memor." vom Ende des Türkenreiches. Schließlich fragt Florianus, der Arzt, die Sternseher, was hinsichtlich der Krankheiten zu erwarten sei. Zunächst wird über die Wirksamkeit der Arzneien gestritten, denn Corydon hält nichts davon. [C4^{r}] Nach den Mutmaßungen zu den Krankheiten folgt der Übergang zur Thematik des Säens. [C4^{v}] Am Ende der Mutmaßungen zum Ackerbau lädt Daniel alle Teilnehmer des Gesprächs zu einer Mahlzeit zu sich nach Hause ein. Am Schluss wird noch einmal auf die Finsternisse eingegangen:

> ATL. Wir bekommen kein Finsternis zu Gesichte: denn es geschehen ihrer zwey an der ⊙ [Sonne]/ aber in der Nacht/ da die ⊙ [Sonne] unter unserm Horizont stehet. Das erste geschicht den 22. Maji (1. Jun.) umb 3. uhr/ 45. min. Vormitt. und wird in OstIndien am grösten gesehen. Das andere geschicht den 14. (24) Nov. zu Mitternacht: und wird gesehen von denen Leuten/ die uns die Füsse zukehren. COR. Das Ding kömt mir wunderlich vor: wie können denn die Leute gehen/ daß sie nicht weg fallen? ATL. Lieber Freund/ es ist wol vornehmen und gelehrten Leuten vorzeiten ungläublich vorkommen/ aber es ist nunmehr so gewiß/ daß im geringsten nicht daran zu zweiffeln. DAN. Corydon, wenn ihr eure Sache außgerichtet/ komt auch zu uns/ so werden euch diese Herren hiervon weitläufftiger berichten. COR. Ich bedancke mich eures guten Willens: kann es doch wol geschehen: unterdessen Gott befohlen. ENDE.

Schon dieser erste Jahrgang offenbart typische inhaltliche Elemente, die auch in den anderen Jahrgängen dieses *Gesprächs-Kalenders* wiederkehren:

- Neben den kalendertypischen werden auch andere Themen diskutiert, die eigentlich in einem Schreibkalender traditioneller Prägung nicht zu erwarten wären (hier z. B. zu Beginn über einen optischen Effekt bei der täglichen scheinbaren Bewegung der Sonne; im Jahrgang 1670 ausführlich über das Buch „von dem Reiche Christi“ des lutherischen Theologen Philipp Nicolai und die Frage nach dem Eintreffen des Jüngsten Tages).
- Die Gesprächsteilnehmer provozieren einander mit eindeutigen Beschuldigungen und derber Satire (vgl. z. B. S. A2^{v}: Atlas und Daniel über Bruno).
- Historien und Abergläubisches werden eingebunden mit dem Hinweis, dass der verständige Leser schon wisse, was davon zu halten sei (vgl. z. B. S. A3^{r}: Atlas auf die von Daniel eingestreute Anekdote).
- Bei astrologischen Problemen wird die Gewissheit der astronomischen Grundlagen hinterfragt und damit auch die Gültigkeit astrologischer Mutmaßungen (vgl. z. B. S. A4^{v} zum Zusammenhang der astrologischen Introitalfigur mit dem astronomischen Beginn einer Jahreszeit).
- Mutmaßungen zum Wetter und die Bauern-Regeln werden mit Naturbeobachtungen gestützt (vgl. z. B. S. B3^{v} zu den Bauern-Regeln).
- Es fließen Äußerungen über die realen Lebenssituationen der Menschen ein (vgl. z. B. S. A4^{r} die Klage des Bauern).
- Die aktuelle politische Lage in Europa wird skizziert, wobei auf das Nachrichtenmedium „Zeitung“ verwiesen wird (vgl. z. B. S. C2^{r}).
- Die auf eine gestellte Frage gegebene Antwort wird manchmal mit Erstaunen zur Kenntnis genommen, dem indirekt ein Ausdruck des Dankes für diese Belehrung folgt (vgl. z. B. S. B4^{r} die Worte des Bauern nach der Erörterung der Gegensätzlichkeit der Jahreszeiten auf der Nord- und der Südhalbkugel der Erde).

Die hier skizzierte inhaltliche Struktur zieht sich durch alle Exemplare des *Gesprächs-Kalenders* von Christoph Richter.[28] Dabei ist ein feines

28 Zu weiteren bereits publizierten Textbeispielen aus Richters Schreibkalendern siehe Klaus-Dieter Herbst: Das Neueste im Jahresrhythmus. Zur Professionalisierung des Kalenderwesens im 17. Jahrhundert. In: *Presse und Geschichte. Leistungen und Perspektiven der historischen Presseforschung*. Hrsg. von Astrid Blome und Holger Böning. Bremen 2008, S. 97–124, hier S. 107–111.

Wechselspiel von Kritik und Beibehaltung des Alten, bei dem der Leser selbst entscheiden soll und auch muss, was von jeder der dargebotenen Meinungen zu halten sei, festzustellen. Dadurch, dass Richter die unsäglichen und der Vernunft widersprechenden Mutmaßungen nicht einfach wegließ, konnte er sicher sein, dass seine Kalender gekauft wurden. Indem er dann aber die Thematik problematisierte, wozu die Form des Gespräches für das Vorbringen gegensätzlicher Meinungen besonders geeignet ist, nahm er den Leser in die Pflicht, selbst mitzudenken und sich ein eigenes Urteil zu bilden. Nach dieser Methode verfuhr Richter auch bei zahlreichen anderen Themen aus Naturwissenschaft, Politik und Religion, denen er sich in seinen Kalendern zuwandte (im *Jahres-Zeiger Schreib-Kalender* ohne die Gesprächsform). Mit dichterischer Phantasie, gepaart mit Ironie und Satire, gestaltete er so den *Gesprächs-Kalender* zu einem Podium der öffentlichen Auseinandersetzung mit verschiedenen Themen, wie es für das Massenmedium „Schreibkalender" um 1660/70 nicht selbstverständlich war. Hier kündigt sich bereits – so eine zentrale These – die Frühaufklärung an.[29]

4. Die Schreibkalender und ihre Käufer

Eine immer wieder gestellte Frage ist die nach den Menschen, die einen Schreibkalender erwarben. Ihr soll hier unabhängig von dem Gesichtspunkt der Verbreitung der Lesefähigkeit in der Frühen Neuzeit nachgegangen werden. Ausgangspunkte bei der Suche nach einer Antwort sind

29 Vgl. Herbst, Das Neueste im Jahresrhythmus (wie Anm. 28), S. 111–113, wo ein Bogen gespannt wird von den *Gesprächs-Kalendern* Richters zu den *Monats-Gesprächen* von Christian Thomasius. Siehe auch Herbst, *Verzeichnis* (wie Anm. 1), S. 30–33, wo unter dem Aspekt der Frühaufklärung nicht nur auf Richter und dessen Kalender, sondern erstmals auch auf das 1682 erlassene Kalenderedikt des Herzogs von Mecklenburg-Güstrow, Gustav Adolph (1633–1695), und den daraus resultierenden *Schreib-Calender* des Pfarrers Johann Moritz Poltz (1638–1708) hingewiesen wird. Im ältesten überlieferten Exemplar, dem für das Jahr 1685, fehlen jegliche astrologischen Bezüge! Aufgrund der enormen Bedeutung dieses Fundes für den Blick auf frühaufklärerische Momente in den Schreibkalendern wurde dieses Exemplar Ende 2009 im Faksimiledruck als weiterer Band der Schriftenreihe *Acta Calendariographica – Kalenderreihen* neu herausgegeben. Vgl. auch den Beitrag von Jürgen Hamel in diesem Band.

einerseits die Angaben auf den Titelblättern und andererseits die von den Nutzern hinterlassenen Spuren auf den Schreibseiten.

Über das gesamte Jahrhundert hinweg findet man gelegentlich auf einem Titelblatt die Menschengruppen, an die sich der Kalendermacher mit seinem Produkt vorzugsweise wendete. So notierte Johannes Remus Quietanus, Arzt am kaiserlichen Hof in Wien, auf seinem Schreibkalender für 1627, daß dieser allen „Reisenden/ Protocollisten/ Officiren/ vnd Handelsleuthen zum besten“ gereichen solle.[30] Für 1644 verfertigte Georg Schultz, Professor der Mathematik an der Universität Erfurt, einen großen Schreibkalender, der allen „Haußvätern/ Theologen/ Juristen/ Aertzten/ Reisenden/ vnd HandelsLeuten sehr dienlich“ sei.[31] Stephan Fuhrmann, Pfarrer in Lippstadt, betonte auf dem Titelblatt seines Schreibkalenders für 1662, dass er diesen so gestaltet habe, „daß Jedermänniglich/ Gelahrte/ Ungelahrte: Sonderlich aber hohe Potentaten/ und deren Officirer/ Studenten/ Soldaten/ Kauffleute/ und Haußväter/ sich dessen/ zu ihrer Lust und Nutzbarkeit/ vielfältig bedienen können.“[32] Der in Lansberg bei Halle tätige Bartholomaeus Schneider legte seinen Schreibkalender allen „Hausvätern/ Kauff- Handwercks- und Ackerleuten zu Nutze“ vor.[33] Ende des Jahrhunderts heißt es bei einem Schreibkalender von Johannes Vulpius, Schulrektor in Großkorbetha bei Weißenfels, dass er ihn für die „Gelehrten/ Cantzeleyen/ Schreibern/ Kauff- und Handels-Leuten/ und andern/ welche alles fleißig aufzuschreiben gewohnet/ Zu sonderbaren Nutzen also verfasset“ habe.[34]

Mit dem Einbinden von zusätzlichen Texten ab dem zweiten Drittel des 17. Jahrhunderts wird auch anhand der um die Anzeige dieser neuen Texte vermehrten Titelgebung die Zielgruppe sichtbar. Zum

---

30 Johannes Remus Quietanus: *Newer Schreibkalender*. Jg. 1627, gedruckt in Basel, Titelblatt [Exemplar der Österreichischen Nationalbibliothek Wien, Handschriftenabteilung, Sign.: Cod. 8262].

31 Georg Schultz: *Der grosse Alt vnd Newe SchreibCalender*. Jg. 1644, gedruckt in Erfurt, Titelblatt [Exemplar der Sächsischen Landesbibliothek Staats- und Universitätsbibliothek Dresden, Sign.: Chron. 744, Nr. 4].

32 Stephan Fuhrmann: *Jahr-Buch*. Jg. 1662, gedruckt in Lüneburg, Titelblatt [Exemplar des Stadtarchivs Altenburg, Sign.: HK 1662, 1. Stück].

33 Bartholomaeus Schneider: *Alt- und Neuer Schreib- und Haushaltungs-Calender*. Jg. 1670, gedruckt in Leipzig [Exemplar des Stadtarchivs Altenburg, Sign.: HK 1670, 37. Stück].

34 Johannes Vulpius: *Alt- und Neuer Schreib-Calender*. Jg. 1698, gedruckt in Leipzig, Titelblatt [Exemplar der Sächsischen Landesbibliothek Staats- und Universitätsbibliothek Dresden, Sign.: 1.A.550 R.S. (Rara)]. Dieses Exemplar ist ein kleiner Schreibkalender (in Oktav).

Beispiel verfasste Rudolph Buchbach, Arzt in Dresden, für das Jahr 1638 einen „KriegsCalender [...] Darbey die abbildung der bishero in R. Reich geschehenen 12. HaubtSchlachten, in Kupffer gebracht nebenst einem Summarischen Bericht Zufinden: Männiglichen, bevorab Kriegs-Officiren vnd Soldaten zum gedechtnus gefertiget".[35] An die Bauern wendete sich die „Rechte Bauer-Practica; Oder Haußhaltungs- Ackerbau- Fruchtwart- Viehzuchts- Bienen- und Gesundheits Calender", die Johannes Vulpius unter dem Pseudonym Matthaeus (bzw. Matthias) Damerwald ab 1688 herausbrachte.[36] Auch die intellektuelle Spannbreite der Kalenderkäufer wird in einigen Titeln deutlich. So verfasste Johann Melchior Bauer ab 1670 einen Kalender, den er „Leicht-verständiger Kalender vor den gemeinen Mann" nannte.[37] Auf das Gegenteil zielte Christoph Schorer, Arzt in Memmingen, mit einem komplett in lateinischer Sprache gehaltenen Schreibkalender, den er „In usum et oblectamentum Eruditorum", also ausdrücklich für die Gelehrten verfertigte.[38] Dass bei weitem nicht nur die männlichen Personen gemeint gewesen sein werden, verdeutlicht schließlich schon die „Zuschrifft" im ersten Jahrgang des *Europäischen Wundergeschichten Calenders* von Simplicissimus, die sich ausdrücklich an „So wol Manns- als Weibspersonen/ So wol Jünglingen als Jungfrauen/ So wol Hohen als Niedern/ Wie auch Burgern und Bauern" richtete. Die Beispiele ließen sich beliebig erweitern.

Die in den Titeleien der Schreibkalender hervorgehobenen Käuferschichten werden durch die handschriftlichen Spuren in zahlreichen Exemplaren bestätigt. Sowohl die großen (4°) als auch die kleinen (8°) Schreibkalender bieten tagebuchartige Einträge über die persönlichen Umstände (z. B. eines Studenten, eines Angehörigen des Adels, eines Stadtbürgers usw.) und über die beruflichen Ereignisse (z. B. eines Pfarrers, eines Jägers, eines Kaufmanns, eines Kanzleischreibers, eines Ortschronisten usw.). Eine systematische Analyse aller überlieferten Schrift-

---

35 Rudolph Buchbach: *Alt vnd Newer KriegsCalender*. Jg. 1638, gedruckt in Dresden, Titelblatt [Exemplar der Sächsischen Landesbibliothek Staats- und Universitätsbibliothek Dresden, Sign.: 39.8.5130 R.S. (Rara)].

36 Matthaeus Damerwald: *Rechte Bauer-Practica*. Jg. 1688, gedruckt in Leipzig, Titelblatt [Exemplar der Bibliothek der Sammlungen des Berlinischen Gymnasiums zum Grauen Kloster (Streitsche Stiftung), Sign.: GKl 4908/6-20].

37 Johann Melchior Bauer: *Leicht-verständiger Kalender vor den gemeinen Mann*. Jg. 1670, gedruckt in Leipzig, Titelblatt [Exemplar des Stadtarchivs Altenburg, Sign.: HK 1670, 8. Stück].

38 Christoph Schorer: *Calendarium Juliano-Gregorianum Curiosum*. Jg. 1670, gedruckt in Ulm, Titelblatt [Exemplar der UB Augsburg, Sign.: 02/IV.5.4.18-4,2].

träger und damit einhergehende Erfassung aller Schreiber steht noch aus. Die verdienstvollen Arbeiten von Roswitha Jacobsen, Helga Meise, Harald Tersch und anderen[39] sollten Ansporn sein, sich der Auswertung weiterer Handschriften in den Schreibkalendern zuzuwenden.

5. Ein Nachtrag

In dem gemeinsam mit Klaus Matthäus herausgegebenen Buch mit den Faksimiledrucken von vier Simplicianischen Jahreskalendern gebe ich auch den Wortlaut der Dedikation an, die im ersten Jahrgang des *Geschichts-Calenders* von Wilhelm Ernst Freymund zu finden ist.[40] Sie endet mit der Schlussformel „In tieffster Demut/ W. E. F.“. Die Initialen können einerseits mit Wilhelm Ernst Freymund und andererseits mit Wolf Eberhard Felsecker aufgelöst werden. Beides macht Sinn, zumal wenn Freymund als Pseudonym für den eigentlichen Verfasser Felsecker angesehen wird. Dass dann ein Buchdrucker als Kalenderautor in Erscheinung tritt, ist zwar nicht die Regel, aber auch kein Einzelfall. So verfasste der Drucker David Hautt in Luzern für die Jahre ab 1662 ebenfalls einen Schreibkalender.[41]

Die im genannten Buch zitierte Dedikation folgt dem Wortlaut des Exemplars für 1661, das sich in der Altenburger Kalendersammlung befindet.[42] Ein zweites Exemplar desselben Jahrgangs wird in der Württembergischen Landesbibliothek Stuttgart aufbewahrt.[43] Erst nach Drucklegung des Bandes mit den Simplicianischen Jahreskalendern fiel mir auf, dass die Dedikation in dem zweiten Exemplar einen anderen Wortlaut hat. Dieser befindet sich auf zwei gegenüberliegenden Seiten und sei hier nachgetragen.

---

39 Vgl. Herbst, *Verzeichnis* (wie Anm. 1), S. 24, 214–218.

40 Johann Jakob Christoffel von Grimmelshausen: *Simplicianische Jahreskalender. Europäischer Wundergeschichten Calender 1670 bis 1672 (Nürnberg), Schreib-Kalender 1675 (Molsheim).* Faksimiledruck der vier Kalenderjahrgänge erstmals neu hrsg. und kommentiert von Klaus Matthäus und Klaus-Dieter Herbst. Erlangen, Jena 2009, S. 293.

41 Siehe den Beitrag von Norbert D. Wernicke in diesem Band.

42 Siehe das Digitalisat unter <http://zs.thulb.uni-jena.de/content/main/journals/jzsk_163.xml>, Abruf 28.05.2009.

43 Sign.: HBF 3757.

Zu sonderbaren Ehren-Ruhm/ mit Anwünschung glücklichster Regierung!
Dem Durchleuchtigsten Hochgebornen Fürsten und Der Durchleuchtigsten/ Hochgebornen Fürstinnen
Herrn/ Herrn und Frauen/ Frauen
Wie auch
ALBRECHT, SOPHIA-MARGARETHA,
Marggrafen zu Brandenburg/ [...]. Marggräfin zu Brandenburg/ [...].

Ihr. Ihr. Fürstl. Fürstl. Durchl. Durchl.

Hat diese seine Erste Calender-Arbeit demüthigst zueignen wollen

Nürnberg den 4. Augusti des nochlauffenden 1660sten Jahrs Dero Fürstl. Fürstl. Durchl. Durchl.

unterthänig-unterthänigster Diener und Knecht

Wolff Eberhard Felßecker/ Burger und Buchdrucker in Nürnberg.

Die in der zweiten Dedikation vorgefundene Unterzeichnung mit ausgeschriebenem Namen und die ausdrückliche Charakterisierung des Schreibkalenders als „seine Erste Calender-Arbeit" erheben die an anderer Stelle[44] getroffene Vermutung, dass sich hinter Freymund der Drucker und nunmehr auch Kalendermacher Felsecker verbirgt, zur Gewissheit.

44 Vgl. Anm. 40.

TIMOTHY SODMANN (Südlohn-Oeding)

Der *Europäische Wunder-Geschichten-Calender*

Zur Gattung der Jahreskalender gehört der im Felßeckerschen Verlag von 1670–1747, ab 1748–1807 bei den Endters erschienene *Glücklicher und unglücklicher/ selzamer und notabler/ ganz neuer Europäischer Wunder-Geschichten-Calender* [...] *von dem wegen seiner wunderlichen Glückes- und Unglücksfall weit und breit bekannten Simplicio Simplicissimo.* Wolf Eberhard Felßecker hatte bereits in den Jahren 1661–1669 vier Kalenderautoren mit insgesamt fünf Quartkalendern in Verlegung: Wilhelm Ernst Freymund, *Friedens- und Geschichts-Calender* (1661–1686), Johann Friedrich Juhrmann, *Haus- und Ehe-Calender* (1662–1692) sowie *Kunst- und Handwercks-Calender* (1668–1681), Johann Christoph Wagner, *Kriegs- und Siegs-Calender* (1664–1699), Gottfried Achatius Bielstädt, *Zeit- und Regierungs-Calender* (1669, 1673 [2. Jg.]–1675).[1] Nach dem *Europäischen Wunder-Geschichten-Calender* folgten bis 1738 sogar achtzehn weitere Kalendertitel im Verlagsprogramm der Felßecker.

1795 „nunmehro zum 124ten mal zur lustigen Zeit-Vertreibung" und noch 1807 als „verbesserter, neuer, alter und jüdischer Wunder-Geschicht-Calender [...] von [...] Simplicio Simplicissimo von Simplexhausen[!]" war der simplicianische Jahreskalender neben gleichartigen Werken von Philomusus Adelsheim [Abraham Seidel], Marcus Freund und Jacob Holderbusch eines der langlebigsten und so wohl weitaus erfolgreichsten Produkte der Nürnberger Kalenderverlage. Der *Europäische Wunder-Geschichten-Calender* unterscheidet sich vorteilhaft von

1 Bisher hat man nur einen der vier Autoren, nämlich Johann Christoph Wagner, als wirklich existierende Person verifizieren können. Inwieweit die anderen drei (Freymund, Juhrmann und Bielstädt) lediglich Schöpfungen des wohl phantasiereichen Verlegers waren, steht noch nicht völlig fest. Vgl. Klaus Matthäus: Grimmelshausen – ein Autor von Jahreskalendern. In: *Johann Jakob Christoffel von Grimmelshausen: Simplicianische Jahreskalender. Europäischer Wundergeschichten Calender 1670 bis 1672 (Nürnberg). Schreib-Kalender 1675 (Molsheim).* Faksimiledruck der vier Kalenderjahrgänge erstmals neu hrsg. und kommentiert von Klaus Matthäus und Klaus-Dieter Herbst. Erlangen, Jena 2009, S. 217–277, hier S. 226–227.

vielen anderen Kalendern seiner Zeit durch die geschickte, ansprechende Form der Materialausbreitung. Die Beiträge zur Praktik (Prognosen und Monatsgeschichten) stammen ab dem zweiten Jahrgang von fiktiven Mitgliedern einer simplicianisch-pikaresken Gesprächsrunde, ähnlich wie sie Grimmelshausen im *Springinsfeld* und im *Rathstübel Plutonis* zusammengeführt hat. Ohne gelehrte Dialoge lässt eine humorvolle Unterhaltung in schlagfertiger Rede und Gegenrede das *Astrologische Jahrbuch* im Gespräch vor den Augen des Lesers entstehen. Dieses ist jedoch beim ersten Jahrgang auf 1670 noch nicht der Fall. Dort werden die einzelnen Kapitel, wie vielfach auch sonst bei den Kalendern aus dieser Zeit, in Form recht steifer Monologe abgehandelt und durch holprige Verse teils ausgesprochen tristen Inhalts abgeschlossen („Ihr schwangern Weiber habt wohl acht/ vom Tod wird euch eins angemacht/ wann euch das Leben wird geschencket/ so seyd bereit, an Gott gedencket/ Ey ey ich dencke schier/ ein tapfer Cavalier/ büst hier sein Leben ein/ es muß gestorben seyn").[2]

Von den Jahrgängen bis 1675 sind nur die für 1670–1672 und 1674/1675 vollständig erhalten geblieben. Vom Jahrgang auf 1673 fehlt der Kalenderteil. Der vollständige Jahrgang besteht jeweils aus zwei Teilen: Kalendarium (Kalenderteil) und Praktik (Astrologisches Jahrbuch). Der Kalenderteil beginnt mit einem Titelkupfer: 1670–1673 eine kleinere, geringfügig anders gestaltete Version des Kupfers zum *Ewigwährenden Calender*, vermutlich ab 1675 völlig umgestaltet mit nur noch dem Bildnis des Simplicissimus.[3] Es folgen dann das Titelblatt und 25 unpaginierte Seiten. Je zwei gegenüberliegende Seiten entfallen auf einen Monat. Eine genaue Beschreibung dieses Teils wird bei ei-

2 *Grosses Astrologisches Jahrbuch* [...] *Auf das Jahr* [...] *M.DC.LXX*, fol. A1r.

3 Klaus Matthäus, Grimmelshausen – ein Autor von Jahreskalendern (wie Anm. 1), S. 248–252, sieht im Titelkupfer des Jahreskalenders die Originalausfertigung; der Stich im größeren Format sei dann für den *Ewig-währenden Calender* von einer weniger geübten Hand nachgestochen. Es gibt jedoch auch einige Indizien, die für den umgekehrten Weg sprechen. So fehlen beispielsweise im Kupfer des Jahreskalenders das Vergil-Zitat im oberen Bogen des Uroboros, der auch im Text des *Ewig-währenden Calenders* (S. 95, 1. Spalte) vorkommt, und die simplicianischen Wappen (Dreschflegel, Degen, Rosenkranz, Narrenkappe, Feder und Tintenfass). Auch die unterschiedlichen Lesarten im Text der Schriftbänder („samt den frommen Ursele" anstelle von „Samt dem frommen Ursele", „Du bist mit Calender" / „Du bist mit Calendern", „hinbackt" / „hinpackt"), wobei der *Ewig-währende Calender* die bessere, der Jahreskalender die weniger geglückte Formulierung enthält, lassen eine umgekehrte Reihenfolge denkbar erscheinen.

nem Vergleich mehrerer Kalender aus der Felßeckerschen Offizin unten nachgeholt.

Die Praktiken zum simplicianischen Jahreskalender bestehen aus einem Titelblatt, auf das gewöhnlich 25 unpaginierte Seiten folgen; lediglich der Jahrgang auf 1671 hat nur 21 Seiten. Die Praktik ist in neun Kapitel eingeteilt: Die Kapitel I–IV bringen die Jahreszeiten Winter, Frühling, Sommer und Herbst mit einem jeweils passenden Holzschnitt; Kapitel V enthält die Monate Januar bis Dezember mit dem dazugehörigen Tierkreiszeichen. Die Witterung des Monats wird vorausgesagt und anschließend wird zu den einzelnen Monaten von einem Mitglied der simplicianischen Kalendergesellschaft eine „possierliche“ Geschichte erzählt; Kapitel VI gibt die zu erwartenden Finsternisse an; Kapitel VII erzählt vom „Krieg und Welthändel“, berichtet also u. a. von den historisch-politischen Ereignissen des kommenden Jahres; Kapitel VIII beschäftigt sich mit den Krankheitsgefahren; das abschließende IX. Kapitel setzt sich mit der zu erwartenden „Fruchtbarkeit der Erdgewächse“ auseinander.

Im Gegensatz zum *Ewig-währenden Calender* ist die Echtheit der noch zu Grimmelshausens Lebzeiten erschienenen Hefte des Jahreskalenders weiterhin eine offene Frage. Die Auseinandersetzung in der Forschung beginnt bereits in den ersten Dezennien des 20. Jahrhunderts und setzt sich, vielfach von längeren Pausen unterbrochen, bis in die Gegenwart fort.[4]

Hertha von Ziegesar, die 1924 im Anschluss an den Fund des Kalenderjahrgangs auf 1672 durch Julius Petersen eine ausführliche Beschreibung der damals bekannten Teile des Kalenderwerks lieferte, versuchte in demselben Aufsatz auch die Verfasserschaft Grimmelshausens nachzuweisen.

In ihrem Beitrag „Grimmelshausen als Kalenderschriftsteller und die Felßeckerschen Verlagsunternehmungen“[5] geht sie davon aus, dass

4 Eine sehr gute Zusammenfassung der bisherigen Diskussion bietet Jörg Jochen Berns: Kalenderprobleme der Grimmelshausenforschung. Ein Überblick. In: *Simpliciana* XVI (1994), S. 15–32. Kurz, da fast alles Wesentliche in einer einzigen Anmerkung untergebracht ist – aber dafür auch ungemein kurzweilig – ist der sehr empfehlenswerte Beitrag von Peter Michelsen: Der Wahn vergnügt. Grimmelshausen als Kalendermacher. In: *Simpliciana* XIII (1991), S. 443–476, vor allem die Anmerkung 4 (S. 464–465).

5 Hertha von Ziegesar: Grimmelshausen als Kalenderschriftsteller und die Felßeckerschen Verlagsunternehmungen. In: *Euphorion.* Ergänzungsheft 17 (1924), S. 50–79. Zum Teil wiederabgedruckt in: *Der Simplicissimusdichter und sein*

die Autorschaft Grimmelshausens für die Jahrgänge 1–3 gewiss sei. Die wichtigste Rolle bei diesen Überlegungen spielt wohl die Tatsache, dass die drei zusätzlichen *Continuationen* in die für von Ziegesar zweifelsfrei autorisierte Ausgabe E^5 aufgenommen wurden.[6] Man müsste nur feststellen, ob Grimmelshausen bereits zu seinen Lebzeiten einem Nachfolger die Kalenderarbeit überlassen haben könnte. Als Echtheitsbeweis für den Jahrgang für 1673 deutet sie den Hinweis „[...] dabey auch künfftig in einem kleinen Jahrbuch oder Calender in Quarto die Continuatio, meiner wunderlichen Begebnüß/ so ich und mein junger Simpli[cius] leben werden/ folgen soll [...]“ aus der am Anfang der Ausgabe E^5 abgedruckten „Wolgemeinten Vorerinnerung“.[7] Hinzu kommt für von Ziegesar die Bedeutung des Schlusssatzes in der dritten *Continuatio*: „Was ich nun ferner außgestanden/ und was mir zu Händen kommen/ soll ins künfftig fleissig notificirt werden“, den sie mit der regelmäßigen Kalenderarbeit in Verbindung bringt. Auch Aufbau, Diktion und Stoffauswahl stimmten mit denen der ersten drei Jahrgänge überein. Schließlich sei Grimmelshausen zur Zeit der Niederschrift des Jahrgangs für 1673 (im Sommer 1672) literarisch noch sehr aktiv gewesen. Einen einzigen festen Beweis für die Authentizität des Kalenders für 1675 kann sie allerdings nicht bringen; man dürfe aber auch diesen sechsten Jahrgang „als einen echten Grimmelshäuser“ ansehen.[8] Sowohl Jan Hendrik Scholte, der die drei *Continuationen* in seine Ausgabe der *Simpliciana in Auswahl* aufnahm,[9] als auch Leo Domagalla,[10] der die simplicianischen Erzählungen überhaupt aus dem Kalenderwerk Grimmelshausens abzuleiten versuchte, waren ebenfalls von der Echtheit der Jahreskalender überzeugt.

Werk. Hrsg. von Günther Weydt. Darmstadt 1969 (Wege der Forschung 153), S. 89–102. Hier nach der Originalausgabe zitiert.

6 Die *Continuationen* 1–3 in den Jahreskalendern sind nicht völlig identisch mit dem Abdruck in der „Barockausgabe“ (orthographische Abweichungen, fehlende Wörter, sinnentstellende Änderungen, weggelassene Schlusssätze).

7 Hier zitiert nach dem Abdruck bei Scholte: *Grimmelshausens Simpliciana in Auswahl. Weitere Continuationen des abentheurlichen Simplicissimi, Rathstübel Plutonis, Bart-Krieg, Teutscher Michel*. Hrsg. von Jan Hendrik Scholte. Halle/Saale 1943 (Neudrucke deutscher Literaturwerke des XVI. und XVII. Jahrhunderts 315–321), S. 251.

8 Von Ziegesar, Grimmelshausen als Kalenderschriftsteller (wie Anm. 5), S. 77.

9 Scholte, *Grimmelshausens Simpliciana in Auswahl* (wie Anm. 7), S. 4–44 (Abdruck der drei *Continuationen* nach der Ausgabe E^5).

10 Leo Domagalla: *Der Kalendermann Grimmelshausen und sein „Simplicissimus“*. Würzburg 1942.

Fünfzehn Jahre nach der Arbeit von Ziegesars hat Manfred Koschlig in seiner Dissertation *Grimmelshausen und seine Verleger* auf Grund der Annahme eines 1672 erfolgten Bruches Grimmelshausens mit seinem Verleger (vgl. S. 247–259) festgestellt, es könne kein Zweifel bestehen, „daß die von Felßecker über dieses Jahr hinaus fortgeführten *Simplicianischen Wundergeschichten-Kalender*, insonderheit die Jahrgänge 1673–75 [...] unecht sind".[11] In seinem 1965 erschienen Aufsatz „Der Mythos vom ‚Bauernpoeten' Grimmelshausen" ging Koschlig noch einen Schritt weiter und bestritt vorwiegend aus stilistischen Gründen, aber auch wegen der nachgewiesenen Plünderung fremder Quellen, die Verfasserschaft Grimmelshausens ebenfalls für die Jahreskalender auf 1670 bis 1672: „Die Harsdörffer-Atmosphäre in den entscheidenden Partien der *Wundergeschichten-Kalender* mit der völlig fremden und klischeehaften Art der Übernahme aus einer denkbar unsimplicianischen Vorlage lässt es als ausgeschlossen erscheinen, dass Grimmelshausen diese Kalender gemacht oder seine Einwilligung zu solchem Missbrauch des Simplicissimus-Namens gegeben hat".[12] Koschligs These von einem „Bruch" Grimmelshausens mit seinem Verleger ist schon durch einen 1960 publizierten, aber in diesem Zusammenhang erst 1968 herangezogenen Brief Quirinus Moscheroschs an Sigmund von Birken vom Januar 1674 sehr unwahrscheinlich geworden,[13] obgleich Koschlig den Zeugniswert der Briefnotiz in Frage zu stellen versuchte.[14] Zweifelhaft wird aber Koschligs Bruch-These

11 Manfred Koschlig: *Grimmelshausen und seine Verleger. Untersuchungen über die Chronologie seiner Schriften und den Echtheitscharakter der frühen Ausgaben.* Diss. Berlin 1939. Buchhandelsausgabe: Leipzig 1939 (Palaestra 218), S. 308.

12 Manfred Koschlig: Der Mythos vom „Bauernpoeten" Grimmelshausen. In: *Jahrbuch der Deutschen Schillergesellschaft* 9 (1965), S. 33–105; wieder abgedruckt mit einem Nachwort in: Manfred Koschlig: *Das Ingenium Grimmelshausens und das „Kollektiv". Studien zur Entstehungs- und Wirkungsgeschichte des Werkes.* München 1977, S. 117–192. Hier zitiert nach der Neuausgabe, S. 177–178.

13 Vgl. Günther Weydt: *Nachahmung und Schöpfung im Barock. Studien um Grimmelshausen.* Bern, München 1968, S. 305–307; Rolf Tarot: Notwendigkeit und Grenzen der Hypothese in der Grimmelshausen-Forschung. Zur Echtheitsfrage des Barock-Simplicissimus. In: *Orbis Litterarum* 25 (1970), S. 71–101, hier S. 100–101; Theodor Verweyen: *Apophthegma und Scherzrede. Die Geschichte einer einfachen Gattungsform und ihrer Entfaltung im 17. Jahrhundert.* Bad Homburg v. d. H., Berlin, Zürich 1970 (Linguistica et Litteraria 5), S. 189–192.

14 Manfred Koschlig: Dokumente zur Grimmelshausen-Bibliographie. In: *Jahrbuch der Deutschen Schillergesellschaft* 16 (1972), S. 71–125 und S. 735–738; wieder abgedruckt und mit einem Nachwort versehen in: Koschlig, *Das Ingenium*

vollends durch ein anderes Dokument, das schon 1969 von Klaus Matthäus mitgeteilt wurde,[15] aus dem hervorgeht, dass am 16. Dezember 1672 Felßecker beim Rat der Stadt Nürnberg eine Klage gegen Georg Andreas Dollhopff einreichte. Der Straßburger Drucker habe unberechtigterweise Nachdrucke von verschiedenen *tractätlein* aus dem Hause, nämlich das *Wunderbarliche Vogel-Nest* und der *Stolze Melcher* veranstaltet. Obwohl diese Nachricht inhaltlich den Brief Moscheroschs voll bestätigt, versuchte Koschlig sie durch „abentheurliche" Hypothesen verschiedener Art unglaubwürdig zu machen.[16]

Überhaupt fehlen über weite Strecken in der Diskussion überzeugende Beweise, sowohl für als auch gegen die Echtheit des *Europäischen Wunder-Geschichten-Calenders*. Die schlichte Aufmachung der Jahreskalender sowie die darin enthaltenen „platten" Übernahmen aus verschiedenen Quellen sprechen nicht unbedingt gegen die Echtheit; man darf nicht vergessen, dass der simplicianische Jahreskalender, wie alle Jahreskalender, zu einem relativ niedrigen Preis eine möglichst große Verbreitung finden sollte; die extreme Kurzlebigkeit solcher Schriften war dem Verfasser bzw. dem Bearbeiter sicherlich bewusst. Auch die zahlreichen Erklärungsversuche anhand vielfach frei erfundener, weder beleg- noch falsifizierbarer Hypothesen taten ein Übriges, das Fortkommen in der Angelegenheit „echt oder unecht" zu verhindern.[17]

Im Rahmen meiner Vorbereitungen für den Beitrag „Die Kalenderschriften Grimmelshausens", der 1976 in dem von Günther Weydt und Peter Berghaus herausgegebenen Ausstellungskatalog *Simplicius Sim-*

Grimmelshausens (wie Anm. 12), S. 238–296. Hier zitiert nach der Neuausgabe, S. 241–260, sowie S. 293–294.

15 Klaus Matthäus: Zur Geschichte des Nürnberger Kalenderwesens. Die Entwicklung der in Nürnberg gedruckten Jahreskalender in Buchform. In: *Archiv für Geschichte des Buchwesens* IX (1969), Sp. 965–1396, hier Sp. 1254, Anm. 1642.

16 Manfred Koschlig, *Das Ingenium Grimmelshausens* (wie Anm. 12), S. 256–260.

17 In der empirischen Wissenschaft hat die Hypothese gewöhnlich den Status einer Annahme, die überprüft werden kann. Je mehr die beobachteten Tatsachen mit der Hypothese übereinstimmen, desto wahrscheinlicher wird sie. In der Grimmelshausen-Forschung scheinen jedoch manchmal andere Gesetze zu gelten. Es würde hier zu weit führen, neben Koschligs „Bruch-Hypothese" auch die zahlreichen sonstigen Hypothesen anzuführen, die im Laufe des letzten Jahrhunderts Grimmelshausens Person und Werk so stark umranken, dass sie einen freien, unvoreingenommenen Blick inzwischen völlig verstellen. Eine kleine Auswahl soll hier genügen: „Grimmelshausen als Volksschriftsteller", „Der Calender-Simplicissimus" (E^4), „Grimmelshausen, der Kalender-Schreiber aus finanzieller Not", „Grimmelshausens Alter Ego: Johann Christoph Beer".

plicissimus. Grimmelshausen und seine Zeit erschienen ist, nahm ich mir vor, den *Europäischen Wunder-Geschichten-Calender* mit den anderen bei Felßecker verlegten Kalendern etwas genauer zu vergleichen.[18] Dieser Vergleich wurde allerdings insofern erschwert, als nach dem damaligen Kenntnisstand erst ab Jahrgang 1675 alle Kalender vollständig erhalten und somit in allen Einzelheiten vergleichbar waren.[19] Trotzdem traten dadurch neue Tatsachen ans Licht, die man bei einer weiteren Behandlung des Echtheitsproblems berücksichtigen sollte.

Die Titelkupfer der Felßeckerschen Kalender fallen durchweg unterschiedlich aus, doch schon die Titelblätter der Jahrgänge auf 1675 enthalten Gemeinsamkeiten. Während die „Erklärung der Zeichen" vom Wortlaut her bei allen sechs Kalendern übereinstimmt, weisen drei (der simplicianische Jahreskalender sowie die Kalender von Bielstädt und Wagner) sogar die gleichen Druckfehler und Unregelmäßigkeiten im Satz auf; die Einteilung des eigentlichen Kalenders ist ebenfalls bei allen sechs Werken ähnlich. Auf der linken Seite sind jeweils fünf Spalten: vier kalendarischen und eine erbaulichen oder unterhaltenden Inhalts, auf der gegenüberliegenden Seite ein bis zwei Spalten Text mit einem deutlichen Bezug zum Kalendertitel sowie eine unbedruckte Spalte für Notizen, fast immer nummeriert von oben nach unten, in gleicher Höhe wie die Anzahl der Tage im entsprechenden Monat. Über dieser freien Spalte haben fünf Kalender ein kleines Bild, das die Attribute des Monats wiedergibt. Die Monatsbilder im simplicianischen Jahreskalender und in Juhrmanns *Kunst- und Handwercks-Calender* sind identisch. Sie gehen auf Originale Sebald Behams (1500–1550) zurück, die zu Luthers *Betbüchlein* von 1527 angefertigt wurden und hier, seitengleich, aber durch Hinzufügung des jeweiligen Tierkreiszeichens ergänzt, Verwendung fanden. Wie wir inzwischen anhand der vor kurzem erschienenen Faksimile-Ausgabe der ersten drei Jahrgänge des *Europäischen Wunder-Geschichten-Calenders* durch Klaus

---

18 Timothy Sodmann: Die Kalenderschriften Grimmelshausens. In: *Simplicius Simplicissimus. Grimmelshausen und seine Zeit.* Westfälisches Landesmuseum für Kunst und Kulturgeschichte Münster in Zusammenarbeit mit dem Germanistischen Institut der Westfälischen Wilhelms-Universität Münster. Hrsg. von Peter Berghaus und Günther Weydt. Münster 1976, S. 129–139. [Ausstellungskatalog]

19 Nach der Tabelle bei Klaus-Dieter Herbst: Die Kalender des Verlages Felsecker – Eine Bestandsaufnahme der Jahrgänge 1661 bis 1675 In: *Simplicianische Jahreskalender* (wie Anm. 1), S. 279–354, hier S. 285, wäre anhand der von Herbst erfassten Kalendersammlung des Stadtarchivs Altenburg eine ähnliche Untersuchung jetzt auch für die Kalender auf 1674 denkbar.

Matthäus und Klaus-Dieter Herbst wissen, werden diese Holzschnitte ebenfalls in den Jahrgängen 1670–1672 verwendet.

Vergleicht man die fünfspaltige linke Seite aller sechs Kalendarien des Jahrgangs 1675 sorgfältig miteinander, so kann man feststellen, dass alle – bis auf Freymunds *Friedens- und Geschichts-Calender* – in den Spalten zwei, drei und fünf bis auf die letzte typographische Kleinigkeit identisch sind, also vom gleichen Satz stammen. Die Kalender von „Simplicissimus" und Juhrmanns *Kunst- und Handwerks-Calender* sind darüber hinaus auch in der ersten Spalte typographisch identisch. Besonders bemerkenswert ist die Übereinstimmung dieser fünf Kalender in der dritten Spalte mit den meteorologischen Angaben (Wettervorhersagen), da so etwas, wie Matthäus noch 1969 meinte, „nie vorkam". Dass diese Feststellung allerdings für die Jahrgänge bis 1672 nicht in gleichem Maße zutrifft, hat Klaus-Dieter Herbst in seinem Beitrag zur eben erwähnten Faksimile-Ausgabe festgestellt.[20] Diese wohl erst ab 1675 deutlich erkennbare Tendenz zur Vereinheitlichung der Reihenfolge der Spalten und des allgemeineren, allen Kalendern gemeinsamen Inhalts im kalendarischen Teil stellt wohl eine Rationalisierungsmaßnahme seitens des Verlages dar, die dadurch eine Senkung der Satzkosten erreichen wollte. Ob das Ergebnis auf die Reduktion des Verkaufspreises oder die Maximierung des Gewinns abzielte, vermag ich nicht zu sagen.

Auf dieser Seite bleiben noch die Monatsverse am Fuße der Seite – „Ich dörr mein Fleisch in Jenners-Zeit/ Eß wol und trinck mit Frölichkeit [...]" (*Europäischer Wunder-Geschichten-Calender* Januar 1672/1675) – und die vierte Spalte. Die Monatsverse in den Kalendern von Bielstädt, Wagner, Freymund und in Juhrmanns *Haus- und Ehe-Calender* (bis auf die Verse für April und Oktober) sind die gleichen. Die Verse im *Europäischen Wunder-Geschichten-Calender* (identisch mit denen von 1671 und 1672, aber zum Teil mit gestörter Reihenfolge) gehen auf die in früheren Kalendern zurück. Die oben zitierten Zeilen für Januar finden sich schon fast wörtlich in einem Kalender von Georg Caesius für 1572. Dazu sei noch nachgeholt, dass der abweichende Oktobervers in Juhrmanns *Haus- und Ehe-Calender* mit dem des simplicianischen Jahreskalenders identisch ist.

20 Herbst, Die Kalender des Verlages Felsecker (wie Anm. 19), S. 289. Für die frühen Jahrgänge ließen sich anhand einer Analyse der astronomischen Angaben jedoch sehr wohl Parallelen aufzeigen (Herbst spricht hier von zwei „Händen"). In den Kalendern für 1673 bis 1675 erfolge dann eine schrittweise Angleichung der Formulierungen und Zahlenwerte bei den astronomischen Daten (S. 348).

Die Natur der vierten Spalte entspricht der allgemeinen Intention des Kalenders. Die historischen Kalender, zum Beispiel die von Bielstädt und Wagner, enthalten Geschichtserzählungen, meist in fast anekdotischer Form. Die vierte Spalte des *Europäischen Wunder-Geschichten-Calenders* enthält im Jahrgang für 1675 Scherzreden. Theodor Verweyen stellte in seiner von Günther Weydt angeregten Dissertation aus dem Jahre 1970 fest, dass sie bis auf „verschwindend geringe Reste“ wörtlich aus kompendiösen Sammlungen des 17. Jahrhunderts, wie Georg Philipp Harsdörffers *Ars Apophthegmatica* (1655) und Samuel Gerlachs *Eutrapeliarum libri III* (1656), entlehnt wurden.[21] Diese Methode der Kalenderschreiberei werden auch andere praktiziert haben. Juhrmanns *Haus- und Ehe-Calender* für 1675 hat als Nummer 1 der neunten Fortsetzung seiner „V. Hundert annehmlicher Schertz-Reden das Frauen-Volck betreffend“ das gleiche Apophthegma wie im simplicianischen Jahreskalender für 1672 (Aprilscherzrede). Zu den Scherzreden in der vierten Spalte kommt in den *Europäischen Wunder-Geschichten-Calendern* auf der rechten Seite neben dem Monatsbild auch eine Monatsscherzrede, die bei allen übrigen Felßeckerschen Kalendern fehlt. Auch sie sind – bis auf eine, die noch nicht nachgewiesen ist – fast wörtliche Entlehnungen. Die Jahrgänge des „simplicianischen“ Jahreskalenders bis 1672 haben übrigens die Inhalte der Spalten vier und fünf ausgetauscht: In den ersten drei Jahrgängen werden die Monatstage des „neuen Calenders“ in der vierten, während „Simplicissimi kurzweilige Scherz-Reden“ in der fünften Spalte erscheinen. Im Jahrgang auf 1675 ist die Reihenfolge der Inhalte der der übrigen Felßeckerschen Jahreskalender angeglichen.

Es bleibt nunmehr nur noch die Spalte auf der rechten Seite. Im *Europäischen Wunder-Geschichten-Calender* auf 1675 hat sie die Überschrift „Simplicianischer Wunder-Geschichten sechste Vorstellung“. Fast der ganze Text dieser Spalte besteht aus abgeschriebenen Kapiteln aus Aegidius Albertinus' Übersetzung des *Guzman de Alfarache* von Mateo Alemán (1615). Neu sind allein die verbindenden Sätze und das sporadisch auftretende Adjektiv „simplicianisch“.

Auch die dritte „Wunder-Geschichten Vorstellung“ im Jahrgang für 1672 enthält zumindest eine unechte Partie. In einer Wirtshausepisode sprechen die Pflegeeltern des Simplicissimus eine Mundart, die mit den üblichen Mundartstellen im Werk Grimmelshausens nicht übereinstimmt: Statt des zu erwartenden Oberhessischen wie im Simpli-

21 Verweyen, *Apophthegma und Scherzrede* (wie Anm. 13), S. 235.

cissimus sprechen sie einen Dialekt aus dem Raum um Nürnberg, was die Verfasserschaft Grimmelshausens zumindest bei dieser Geschichte unwahrscheinlich macht. Der gereimte Bericht „an statt einer simplexen Zugab" ist dem *Europäischen Wunder-Geschichten-Calender* eigen.

Die beiden neuentdeckten Jahrgänge auf 1670 und 1671 enthalten, wie von der bisherigen Forschung postuliert, die erste bzw. zweite Vorstellung der „Wundergeschichten", wobei sie im Jahrgang auf 1670 noch als „europäisch" (wie auf dem Titelkupfer), aber bereits ab 1671 als „simplicianisch" beschrieben werden. Diese sind dann später in die sogenannte „Barock-Ausgabe" des *Simplicissimus* (E^5) als die *Continuationen* 1–3 übernommen worden. Dem Schluss der ersten „Vorstellung" im Jahrgang auf 1670 folgt ein gereimter Bericht über das, „was sich in dem jüngst-verflossenen und zurückgelegten 1668. und 1669. Jahr [...] zugetragen [hat], aus selbsteigner Erfahrung aufgezeichnet und in diese zierliche Reimart gebracht von Simplicio Simplicissimo". Die letzte halbe Seite des Jahrbuchs ist einem Lob auf den Verleger und dessen andere Jahreskalender, dem Versprechen des „Simplicissimus", im folgenden Jahr wieder einen Jahreskalender zu liefern, und der Vorankündigung des *Ewig-währenden Calenders* gewidmet. 1671 folgt der zweiten „Vorstellung" – anstatt einer „Simplexen Zugab" – erneut ein gereimter Bericht, dieses Mal über das, was sich in den Jahren 1669 und 1670 an Merkwürdigem und Notablem ereignet hat. Das ist dann auch der Fall am Ende des Jahrgangs auf 1672.

Zusammenfassend kann man sagen, dass der Kalenderteil des Europäischen *Wunder-Geschichten-Calenders* für 1675 fast gänzlich aus Kompilation und Abgeschriebenem besteht. Auch der Jahrgang für 1672 erlaubt dort, wo er überprüft wurde, nur den gleichen Schluss. Das ist insofern verwunderlich, als Grimmelshausens *Ewig-währender Calender* auf einen recht erfahrenen Kalenderautor schließen lässt. Wie es mit den jüngst entdeckten Jahrgängen auf 1670 und 1671 aussieht, vermag ich im Augenblick nicht zu sagen. Es ist aber sehr gut vorstellbar, dass auch hier sehr viel Material heterogenster Herkunft eine Zweitverwendung gefunden hat.

Der zweite Teil des simplicianischen Kalenders entspricht im Aufbau mehr oder weniger den Praktiken der anderen Felßeckerschen Kalender, neu sind lediglich die sich stets ändernde simplicianische Tischrunde und die bereits erwähnte gesprächsweise Entstehung des Kalenders. Den Titel „Großes Astrologisches Jahrbuch" hat er unter allen Nürnberger Kalendern des 17. Jahrhunderts nur mit Bielstädts *Zeit- und Regierungs-Calender* (erster Jg. 1669) gemeinsam. Die Illustrationen (Jahreszeiten und Tierkreiszeichen) treten mehrfach in anderen Kalendern auf. Die simplicianische „Aderlaß-Tafel" (schon im Jahrgang für 1672) stimmt in allen Einzelheiten mit den Tafeln bei Bielstädt, Freymund und Juhrmanns *Kunst- und Handwercks-Calender* überein. Zu diesem Punkt soll Grimmelshausen selbst sprechen.

In der sechsten Materie seines *Ewig-währenden Calenders* macht sich der alte Simplicissimus über die Unvernunft vieler Aderlasstabellen lustig. Nach einer kurzen Erklärung bringt er unter den Nummern 1–30 ein Verzeichnis der zu empfehlenden bzw. abzulehnenden Tage, aus dem hier ein paar Beispiele genügen mögen:

> Lieber Simplice mein Sohn/ ich bin von Erwöhlungen zum Aderlassen auch auff andere Sachen kommen/ und hab bey nahe vergessen/ zu erinnern/ was etliche vor ein sonderbahr Art haben einen Tag zum Aderlassen zuerkiesen/ und hingegen den anderen zuverwerffen: daß will ich dir nun auch hieher setzen/ und folgends meine Meinung andeuten was ich nemblich darvon halte/ sintemahlen ichs weder loben noch schelten: gleichwohl aber auch deßwegen das lachen nit verschworen haben will: die Calenderschreiber zwar nit alle/ bringen es also vor [...]
>
> 16. Ist böß und der gefährlichst Tag im gantzen Jahr. Nota. Dieser Tag kombt 12. oder 13. mahl in einem Jahr/ welcher ist nun der allergefährlichste under jhnen?
> 17. Ist gut unnd der beste jhm Jahr. Hier hat einer ursach sich zu verwundern/ daß in 24. Stunden die Zeit sich so mercklich verändert.
> 18. Ist gut und dienet zur Gesundheit. Wann es nicht zur gesundheit taugen solte/ wer wolt Lassen?
> 22. Ist gut/ fliehen alle Kranckheiten von jhm/ Ach warzu hat man dann die Medicos und Artzneyen vonnöthen?
> 28. Ist gar gut/ ich kan aber nicht wissen/ warumb? [...]
> Schaue mein lieber Simplice, dieses schewen sich unsere Calenderschreiber nicht in ihre Calender zu setzen/ auß was Grund sie aber solches haben/ kan ich dir nicht sagen/ und ich glaub/ sie wissens auch selber nicht.[22]

Diese Aderlasstabelle – bis auf Grimmelshausens humorvolle und zugleich ironische Bemerkungen – entspricht fast wörtlich der Tabelle in den Felßeckerschen Jahreskalendern. Die kritische Einstellung gegenüber solchen Tabellen ist im *Ewig-währenden Calender* deutlich.

Der *Europäische Wunder-Geschichten-Calender* ist insgesamt gesehen den übrigen fünf Felßeckerschen Jahreskalendern in den meisten Punkten zum Verwechseln ähnlich, ja er ist sogar im Falle des Jahr-

---

22 Johann Jakob Christoffel von Grimmelshausen: *Des Abenteurlichen Simplicissimi Ewig-währender Calender*. Faksimile-Druck der Erstausgabe Nürnberg 1671. Mit einem erklärenden Beiheft hrsg. von Klaus Haberkamm. Konstanz 1967, S. 157–163.

gangs auf 1675 in einigen Spalten mit einem Teil der übrigen Kalender völlig identisch. Nur wenige Abschnitte dieses Kalenders können überhaupt als „simplicianisch“ bezeichnet werden. Aber auch diese (Scherzreden, „Wundergeschichts-Vorstellung“ und die Geschichten des „Astrologischen Jahrbuchs“) wurden schon in Beispielen aus den Jahrgängen für 1672 und 1675 vielfach als einfache Plagiate nachgewiesen. Und einerlei, was andere davon halten mögen: Der völlig missratene Mundartpassus in der dritten „Wunder-Geschichten-Vorstellung“ des Jahrgangs auf 1672 ist für mich nach wie vor ein deutliches Signal, dass hier irgendetwas nicht in Ordnung ist. Wer auch immer an der Zusammenstellung dieser Jahrgänge des Kalenders beteiligt war, bei so wenig Originalität kann man bestenfalls von einem Herausgeber oder Bearbeiter sprechen. Ob es sich allerdings um Johann Christoph Beer, den Verlagskorrektor Felßeckers, für den sich Koschlig so sehr einsetzte, einen anderen Kalenderautor (etwa Wagner, Juhrmann, Bielstädt, sofern es sie überhaupt gab) oder gar Vater bzw. Sohn Felßecker handelt, kann man – so möchte ich zumindest behaupten – beim gegenwärtigen Stand der Forschung immer noch nicht mit Sicherheit sagen. Trotz der vielen Erklärungsversuche kann ich mir persönlich immer noch schwer vorstellen, dass auch nur Teile der simplicianischen Jahreskalender aus dem Hause Felßecker wirklich aus der Feder Grimmelshausens stammen. Der neuentdeckte Molsheimer Kalender dagegen weist zumindest im erzählenden Teil stilistische Qualitäten auf, die denen der verbürgten Werke Grimmelshausens kaum nachstehen, die des *Europäischen Wunder-Geschichten-Calenders* jedoch völlig in den Schatten stellen.[23]

Wenn ich jetzt abschließend noch ein paar Vorschläge zum weiteren Verfahren mache, dann nur deswegen, weil ich davon überzeugt bin, dass mit Hilfe eines erweiterten Untersuchungsinventars philologischer Art die Frage „echt“ oder „unecht“ ohne viel Hypothese – von der es in der Geschichte der Grimmelshausen-Forschung mehr als genug gibt – am ehesten beizukommen ist.

Als erstes sollte man sich mit den gleichen sorgfältigen Methoden, wie sie seinerzeit Theodor Verweyen aufgewandt hat, an die Scherz-

23 Bei der stilistischen Beurteilung der bei Felßecker erschienen simplicianischen Jahreskalendern kann ich mich ohne jeden Vorbehalt dem Urteil von Dieter Breuer: *Grimmelshausen-Handbuch.* München 1999, S. 246, anschließen: „[...] die sprachlichen, stilistischen und kompositorischen Qualitätsunterschiede sind nicht zu übersehen [...] Der *Europäische Wundergeschichten-Calender* bietet in seinen ‚simplicianischen‘ Teilen nur dürftige Nachahmungen Grimmelshausenschen Erzählens.“

reden in den neu aufgefundenen Jahrgängen 1670 und 1671 heranmachen. Sie entstammen vermutlich denselben Quellen, wie er sie damals für die Scherzreden in den Jahrgängen auf 1672 und 1675 ermittelt hat. Für einen Hochschullehrer, der noch Examensthemen vergeben kann, sicherlich keine allzu schwere Aufgabe. Hier würde sich sogar Münster besonders gut anbieten, denn dort ist vermutlich noch vieles an Literatur vorhanden, die Verweyen damals für seine eigene Dissertation benutzte.

Zweitens ist seit Jahrzehnten immer wieder der Ruf nach einem Grimmelshausen-Wörterbuch laut geworden. Einzelne Ansätze, was zumindest den Fremdwortbestand betrifft, hat es zu Beginn und dann wieder zum Ende des letzten Jahrhunderts gegeben. Wichtig wäre allein schon ein *Index Verborum* anhand der Ausgaben von Scholte bzw. Tarot/Bender/Sieveke oder von Breuer, wie Frau Belkin ihn damals vor ihrem Tode plante. In diesem Fall könnte die Grimmelshausen-Gesellschaft, vor allem der Vorstand, aktiv werden. In der Mediävistik spielen Unterschiede sprachlicher Art (Wortschatz, Grammatik, Orthographie) eine naturgemäß große Rolle, wenn es darum geht, in der Überlieferung einer Dichtung Echtes von Unechtem, den „Urtext" von den Interpolationen späterer Bearbeiter zu trennen. Wäre man endlich einmal in der Lage, anhand einer Sprachanalyse der autorisierten Ausgaben Grimmelshausens, den ureigenen „Simplicianischen Stylus" zu erkennen, könnten die Ergebnisse auch bei der Beantwortung der Frage „echt" oder „unecht" im Falle der Jahreskalender angewendet werden.[24]

24 Neue Erwägungen zu einem Grimmelshausen-Wörterbuch bei Timothy Sodmann: Überlegungen zur Erfassung des Grimmelshausen'schen Wortschatzes. In: *Simpliciana* XXXI (2009).

Klaus Matthäus (Erlangen)

Die *Europäischen Wundergeschichten Calender* des Simplicius Simplicissimus für 1670 bis 1672 und der *Schreib-Kalender des jungen ehelich gebohrnen Simplicissimi* für 1675*

Dass Grimmelshausen auch Kalender im Genre der Jahreskalender der zweiten Hälfte des 17. Jahrhunderts verfasst hat, stand nach der eingehenden Untersuchung von Hertha von Ziegesar zunächst ohne Zweifel fest.[1] Ausgangspunkt war, dass die letzte der drei *Continuationen* der

---

* Der folgende Beitrag fußt auf meiner Kommentierung „Grimmelshausen – ein Autor von Jahreskalendern". In: Johann Jakob Christoffel von Grimmelshausen: *Simplicianische Jahreskalender. Europäischer Wundergeschichten Calender 1670 bis 1672 (Nürnberg). Schreib-Kalender 1675 (Molsheim).* Faksimiledruck der vier Kalenderjahrgänge erstmals neu hrsg. und kommentiert von Klaus Matthäus und Klaus–Dieter Herbst. Erlangen, Jena 2009. S. 217–277. Er wiederholt das korrigierte zweite Kapitel und bringt gekürzt das dritte. Das erste Kapitel skizziert die Geschichte des Schreibkalenders und charakterisiert den Kalenderverlag Felsecker, der ein prägnantes Beispiel für die Neuausrichtung des Kalenderwesens in der zweiten Hälfte des 17. Jahrhunderts bietet.
Wie in der Edition der *Simplicianischen Jahreskalender* werden im Text folgende Abkürzungen benutzt:

Altenburg	Stadtarchiv Altenburg, Kalendersammlung
GNM	Germanisches Nationalmuseum Nürnberg
EwC	*Ewig-währender Calender*
EWGC	*Europäischer Wundergeschichten Calender* 1670–1672
SWGC	*Simplicianischer Wunder Geschichts Calender* 1673–1809
ST	*Der Abentheurliche Simplicissimus Teutsch*
(*ST*) E[4]	Neuauflage Herbst 1669 („*Calender-Simplicissimus*")
(*ST*) E[5]	Neuauflage Herbst 1671 („*Barock-Simplicissimus*" mit erster bis dritter *Continuatio*)
ZT	Zweiter Teil des Jahreskalenders; Unter verschiedenen Namen wie: Practica, Prognosticon, Astrologisches Jahrbuch u. ä.

1 Hertha von Ziegesar: Grimmelshausen als Kalenderschriftsteller und die Felßeckerschen Verlagsunternehmungen. In: *Euphorion.* Ergänzungsheft 17 (1924), S. 50–79. Der Aufsatz ist bis heute der Ausgangspunkt aller Überlegungen

Ausgabe E[5] des *Simplicissimus Teutsch*, des *„Barock-Simplicissimus"*, als Kalendergeschichte nachgewiesen werden konnte. Sie war mit gleichem Text auch in dem damals wieder aufgefundenen dritten Jahrgang des bei Felsecker in Nürnberg verlegten *Europäischen Wundergeschichten Calenders* für 1672 des *Simplicius Simplicissimus* enthalten. Man konnte davon ausgehen, dass die erste und die zweite *Continuatio* der E[5] den Kalendergeschichten der vorangegangenen, nicht erhaltenen Kalenderjahrgänge entsprachen.[2] Die Autorschaft Grimmelshausens an den *EWGC* für 1670 bis 1672 schien damit eindeutig festzustehen. Eine Fortsetzung der weiteren vorliegenden Jahrgänge 1673 und 1675 durch Grimmelshausen hielt von Ziegesar trotz eingeräumter Bedenken für möglich, was Manfred Koschlig dann 1939 nach dem von ihm postulierten Bruch zwischen Grimmelshausen und Felsecker ausschloss.[3] Die von ihm zunächst akzeptierte Autorschaft Grimmelshausens an den *Continuationen* und damit am *EWGC* lehnte Koschlig später in seinen bekannten weiteren Veröffentlichungen allerdings strikt ab.[4] Die Grim-

zur Autorschaft Grimmelshausens am *EWGC*. Dazu neuerdings Klaus Matthäus: Grimmelshausen – ein Autor von Jahreskalendern. In: Johann Jakob Christoffel von Grimmelshausen: *Simplicianische Jahreskalender. Europäischer Wundergeschichten Calender 1670 bis 1672 (Nürnberg). Schreib-Kalender 1675 (Molsheim)*. Faksimiledruck der vier Kalenderjahrgänge erstmals neu hrsg. und kommentiert von Klaus Matthäus und Klaus-Dieter Herbst. Erlangen, Jena 2009. S. 217–277.

2 Vom *EWGC* waren bislang zwei komplette Jahrgänge mit Kalendarium und *Astrologischem Jahrbuch* bekannt: Der für 1672 in der Universitätsbibliothek Frankfurt a. M. (Bibliothek Hirzel) und der Universitätsbibliothek Augsburg (unvollständig, ehemals Schloss Harburg, Fürstl. Oettingen-Wallerstein'sche Bibliothek) und der für 1675 im Germanischen Nationalmuseum Nürnberg, vom zweiten Teil des Kalender, dem *Astrologischen Jahrbuch* die Jahrgänge 1671 und 1673 im GNM. Vgl. nun den Zensus bei Italo Michele Battafarano, Hildegard Eilert: *Probleme der Grimmelshausen-Bibliographie. Mit Beispielen der Rezeption.* Trento 2008 (Testi e Ricerche di Germanistica 3. Texte und Forschungen zur Germanistik 3. Labirinti 113), S. 83. Was ich früher übersehen hatte: Für das Jahr 1809 ist der letzte Jahrgang des *Simplicianischen Wundergeschichten Kalenders* erschienen. Dazu in diesem Band Klaus Matthäus: Simplicianische Kalender in Krakau.

3 Manfred Koschlig: *Grimmelshausen und seine Verleger. Untersuchungen über die Chronologie seiner Schriften und den Echtheitscharakter der frühen Ausgaben.* Diss. Berlin 1939 (Palaestra 218), S. 308.

4 Seine Untersuchungen hierzu sind zusammengefasst unter dem programmatischen Titel *Das Ingenium Grimmelshausens und das „Kollektiv"*. Vgl.: Manfred Koschlig: *Das Ingenium Grimmelshausens und das „Kollektiv". Studien zur Entstehungs- und Wirkungsgeschichte des Werkes.* München 1977.

melshausen-Forschung folgte weitgehend seiner mit Entschiedenheit vorgebrachten Einschätzung.[5] – Vorbehalte wurden allerdings immer wieder angemeldet.[6] Das bisher vorliegende Quellenmaterial ließ allerdings auch keine eindeutigen Schlüsse zu. Diese Situation hat sich seit kurzem verändert. Klaus-Dieter Herbst hat den bislang von der Forschung übersehenen „Kalenderschatz im Stadtarchiv Altenburg" wieder aufgefunden und ihn sogleich bekannt gemacht. Im Altenburger Bestand konnten die als verschollen eingeschätzten Jahrgänge 1670 und 1671 des *EWGC* festgestellt werden.[7] Durch die in Altenburg überlieferten Kalenderjahrgänge ist auch der Kalenderverlag Felsecker transparenter geworden. Der kurz darauf von Klaus-Dieter Herbst entdeckte in Molsheim gedruckte Schreib-Kalender „deß jungen ehelich gebohrnen Simplicissimi" für 1675 brachte eine weitere Überraschung.[8] Diese

5 Volker Meid: *Grimmelshausen. Epoche-Werk-Wirkung.* München 1984, S. 172: „recht zweifelhaft"; Dieter Breuer: *Grimmelshausen-Handbuch.* München 1999, S. 245–246: „dürftige Nachahmungen".

6 Vgl. die Anmerkungen von Günther Weydt: *Nachahmung und Schöpfung im Barock. Studien um Grimmelshausen.* Bern, München 1968, S. 305–307; Rolf Tarot: Zum Problem der „Echtheit" barocker Texte: Grimmelshausen und Anton Ulrich. In: Monarchus Poeta. Studien zum Leben und Werk Anton Ulrichs von Braunschweig-Lüneburg. Akten des Anton-Ulrich-Symposions in Nancy, 2.–3. Dezember 1983. Hrsg. von Jean-Marie Valentin. Amsterdam 1985 (Chloë 4), S. 31–45, hier S. 41–45; Theodor Verweyen: *Apophthegma und Scherzrede. Die Geschichte einer einfachen Gattungsform und ihrer Entfaltung im 17. Jahrhundert.* Bad Homburg v. d. H., Berlin, Zürich 1970 (Linguistica et Litteraria 5), S 189–192, 237–239; Timothy Sodmann: Die Kalenderschriften Grimmelshausens. In: *Simplicius Simplicissimus, Grimmelshausen und seine Zeit.* Westfälisches Landesmuseum für Kunst und Kulturgeschichte Münster in Zusammenarbeit mit dem Germanistischen Institut der Westfälischen Wilhelms-Universität Münster. Münster 1976, S. 132–137, hier S. 137 (vorsichtig); Jörg Jochen Berns: Kalenderprobleme der Grimmelshausen-Forschung. Ein Überblick. In: *Simpliciana* XVI (1994), S. 19–26. Zur Diskussion vgl. ferner Battafarano/Eilert, *Probleme* (wie Anm. 2) , S. 86–90.

7 Klaus-Dieter Herbst: Der Kalenderschatz im Stadtarchiv Altenburg. In: *Jahrbuch für Kommunikationsgeschichte* 9 (2007), S. 211–239, hier S. 231. In Altenburg sind außer den vollständigen Jahrgängen für 1670 bis 1672 auch die für 1674 bis 1676 sowie für 1678 und 1679 erhalten.

8 Sammlungen des Berlinischen Gymnasiums zum Grauen Kloster (Streitsche Stiftung), Leihgabe in der Zentral- und Landesbibliothek Berlin, GKI 4908/4–27. Klaus-Dieter Herbst hat diesen Kalender erstmals in seinem Aufsatz „Das Neueste im Jahresrhythmus. Zur Professionalisierung des Kalenderwesens im 17. Jahrhundert" vorgestellt. (In: *Presse und Geschichte. Leistungen und Perspektiven der historischen Presseforschung.* Hrsg. von Astrid Blome und Holger Böning. Bremen 2008, S. 97–124, hier S. 104–105).

Funde gaben den Anlass, diese für die Grimmelshausen-Forschung relevanten und nun auch vollständigen Kalenderjahrgänge in einer kommentierten Faksimileausgabe zugänglich zu machen.[9] Die kommentierenden Aufsätze von Herrn Herbst und mir suchten erste Antworten darauf zu finden, zu welchen Überlegungen die neuen Funde Anlass geben.

1. Bemerkungen zu den neu aufgefundenen Jahrgängen 1670 und 1671 des *Europäischen Wundergeschichten Calenders*

Das äußere Erscheinungsbild des Jahrgangs 1670 entspricht auf den ersten Blick dem des bisher bekannten Jahrgangs 1672. Das Titelblatt unterscheidet sich nur geringfügig von dem der späteren Jahrgänge (Abb. 1).[10] Die Kalendergeschichte des Kalendariums bringt, wie zu erwarten, den Text der ersten *Continuatio*, allerdings mit der „Vorrede" (Abb. 2) und neben den Kalenderspalten der Verso-Seiten beginnt die Spalte „Erstes hundert [...] Schertz-Reden" mit der ersten Nummer. Im folgenden *Astrologischen Jahrbuch* tritt jedoch noch keine simplicianische Gesellschaft auf, welche die Praktiken-Materie gesprächsweise entwickelt. Es schließt nicht mit der bekannten „Aderlaß-Tafel" der Jahrgänge 1672 und 1675 ab, sondern mit „Deß Verlegers nohtwendiger Bericht an die geneigten Leser" in Versen, die, wie bei Felsecker gewohnt, in Klagen über seine „Neider" übergehen.

9 Eine von Rolf Tarot geplante Ausgabe der damals zugänglichen Kalender bzw. Kalenderteile, der ersten sechs Jahrgänge des *EWGC*, ist nicht zustande gekommen. Vgl. Rolf Tarot: Notwendigkeit und Grenzen der Hypothese in der Grimmelshausen-Forschung. Zur Echtheitsfrage des Barock-Simplicissimus. In: *Orbis Litterarum* 25 (1970), S. 71–101, hier S. 99. Die für die *Nachdrucke Deutscher Literatur des 17. Jahrhunderts* (Hrsg. von John D. Lindberg) als Band 43 angekündigte Edition von Timothy Sodmann ist ebenfalls nicht erschienen.

10 Ab Jahrgang 1671 fehlt das Impressum Felseckers. Eine genaue Beschreibung der Titelblätter wird die demnächst erscheinende Neuauflage der Grimmelshausen-Bibliographie von Italo Michele Battafarano und Hildegard Eilert bringen.

Weder im Kalender für 1670, noch in dem für 1671 ist die simplicianische „Arzt-Zugabe“ der Ausgabe E^5 des *ST* enthalten.[11] Nach der Kalendergeschichte der ersten *Continuatio* folgt auf der vorletzten und letzten Seite des Kalenderteils in 24 Bänkelversen wie 1672 ein „Außführlicher Bericht, was sich in dem jüngst-verflossenen und zuruckgelegten 1668. und 1669. Jahr merckwürdiges und notables in ganz Europa hin und wider zugetragen [...]“. Zwei redaktionelle Hinweise des Autors oder Verlegers geben dann Anlass zu neuen Überlegungen: Am Ende des Kalenderteils die Ankündigung des im Druck befindlichen *Ewig-währenden Calenders* sowie eine abschließende „Zugab“ zum Beschluss des Praktikentextes.

1.1. Die „Vorrede“ zur ersten „Continuatio“

Sie ist vollständig als Vorwort abgedruckt. Die erste *Continuatio* wird hier gemäß dem Kalendertitel als „Europeischer Wundergeschichten erste Vorstellung“ bezeichnet. Der Einschätzung von Ziegesars, dass die Vorrede als nachträglicher Vorspann für den Abdruck der drei *Continuationen* in der Ausgabe E^5 des *ST* anzusehen sei, hatte bereits Koschlig widersprochen.[12] Seine spätere Anmerkung zur Vorrede, dass sie „nur ein Vorwort zum Vorabdruck“ der ersten *Continuatio* sei,[13] trifft insofern zu, als der sogenannte Vorabdruck eindeutig der Erstabdruck des Jahreskalenders ist. Koschligs Datierung der Vorrede auf eher Ende 1669 wäre jedoch zu korrigieren.[14] Kalender mussten recht-

11 *ST*. Hrsg. von Rolf Tarot. Tübingen 1967 (Gesammelte Werke in Einzelausgaben. Unter Mitarbeit von Wolfgang Bender und Franz Günter Sieveke hrsg. von Rolf Tarot), S. XXXII–XXXIII. Von Ziegesar schloss nicht aus, dass sie ursprünglich für den *EWGC* geschrieben sei. – Von Ziegesar, Grimmelshausen (wie Anm. 1), S. 73. Koschlig, *Grimmelshausen* (wie Anm. 3), S. 200, nahm an, dass sie dem Jahrgang 1671 beigefügt war. Der Text *Zugab des wunderbarlichen Weltstreichenden Artzts Simplicissimi* ist abgedruckt in: Grimmelshausen: *Grimmelshausens Simpliciana in Auswahl. Weitere Continuationen des abentheurlichen Simplicissimi, Rathsstübel Plutonis, Bart Krieg, Teutscher Michel.* Hrsg. von Jan Hendrik Scholte. Halle/Saale 1943 (Neudrucke deutscher Literaturwerke des XVI. und XVII. Jahrhunderts 315–321), S. 45–47.

12 Von Ziegesar, Grimmelshausen (wie Anm. 1), S. 71, 73. Dieselbe Auffassung vertrat Jan Hendrik Scholte: *Der Simplicissimus und sein Dichter. Gesammelte Aufsätze.* Tübingen 1950, S. 164. Dagegen Koschlig, *Grimmelshausen* (wie Anm. 3), S. 199–200.

13 Koschlig, *Ingenium* (wie Anm. 4), S. 483.

14 Koschlig, *Grimmelshausen* (wie Anm. 3), S. 235.

zeitig ausgedruckt sein.[15] Der Text der Kalendergeschichte wie der Vorrede dürfte vorgelegen haben, bevor der Druck der Ausgabe E[4] des *ST* angegangen wurde. Im Gegensatz zur abschließenden „Zugab" des *Astrologischen Jahrbuchs* gibt es in der Vorrede keinen Hinweis auf den Frankfurter Nachdruck. Es wird das besondere „Tractätlein" erwähnt, welches noch unter der Presse sei. Damit kann nun sicherlich nicht der Kalender gemeint sein, in dem die Vorrede abgedruckt wird.[16] Auch der *EwC*[17] scheidet gewiss aus, da in diesem der Autor als Disputant und nicht als neuer „Phoenix-Vogel" vorgestellt wird, der im besagten Tractätlein von seinen recht wunderlichen und sehr seltsamen Begebenheiten „vielfältige und sattsame Meldung **gethan**" (hat). Diese Umschreibung passt eigentlich nur auf die *Continuatio* des VI. Buches des *ST*.[18] Der vorliegende Kalender berichtet hingegen „anjetzo und vor dißmal", wie es ihm anschließend über zwei Jahre lang an unterschiedlichen Orten als quasi „fliegender Wandersmann" ergangen ist. Eine Fortsetzung soll folgen, denn „erwarte mit ehistem von gleicher Materia ein mehrers".

---

15 Klaus Matthäus: Zur Geschichte des Nürnberger Kalenderwesens. Die Entwicklung der in Nürnberg gedruckten Jahreskalender in Buchform. In: *Archiv für Geschichte des Buchwesens* IX (1969), Sp. 965–1396, hier Sp. 1157–1163.

16 Koschlig, *Ingenium* (wie Anm. 4), S. 483: „wahrscheinlich". Es bleibt unklar, weshalb sich diese Einschätzung aus dem Befund „Vorabdruck" ergibt.

17 Koschlig, *Ingenium* (wie Anm. 4), S. 483, erwog dies als eine weitere Möglichkeit.

18 Darauf hat bereits Timothy Sodmann aufmerksam gemacht. Vgl. Timothy Sodmann: Randbemerkungen zu einigen Problemen der Grimmelshausen-Bibliographie. In: *Leuvense Bijdragen* 65 (1976), S. 311–318, hier S. 314. Die Ausgabe E[2] des *ST* „mit der continuation" war im Frankfurter und Leipziger Ostermess-Katalog von 1669 angekündigt worden. Der Leipziger Katalog führt sie noch einmal unter den nur nach Leipzig gekommenen Büchern auf. Vgl. *ST* (wie Anm. 11), S. XII. Im Jahr 1669 fand die Leipziger Ostermesse in der ersten Maiwoche statt (Woche vor Sonntag Cantate). Die dem *EWGC* für 1670 eingerückte Werbeanzeige für den *EwC* (Abschnitt 2. 3) stellt diesen als einen demnächst erscheinenden Titel vor (Hervorhebung: K. M.). Battafarano/Eilert, *Probleme* (wie Anm. 2), S. 100 u. Anm. 175, sehen es auch als möglich an, dass mit dem „Tractätlein" der *Springinsfeld* angekündigt werde. Aber das „Tractätlein" will den Simplicissimus als Hauptperson, als „neuen Phoenix-Vogel", vorstellen und nicht als (wichtige) Nebenperson wie im *Springinsfeld*.

1.2. Die „Zugab“

Die letzte Textseite des *Astrologischen Jahrbuchs* schließt eine „Zugab“ ab, welche die Ausführungen der Vorrede aufnimmt. Ihr Text umrahmt auf drei Seiten einen kleinen Holzschnitt, der einen fliegenden Wandersmann darstellt (Abb. 3). Die Vorlage dafür war das Kupferstichfrontispiz der 1667 bei Felsecker erschienenen letzten Ausgabe von *Der fliegende Wandersmann nach dem Mond* von Francis Godwin.[19] Nur diese Felsecker-Ausgabe enthält den „Anhang etlicher wunderlicher Antiquitäten“, der nach Koschligs Analyse Grimmelshausen zugeschrieben wurde.[20] Das Holzschnittzitat ist sicherlich nicht zufällig, ohne jede Absicht, eingefügt.[21]

Der Text der „Zugab“ ist bereits bekannt. Er entspricht wortwörtlich der Vorrede auf der Rückseite des Titelblattes der Ausgabe E^4, des sogenannten *Calender-Simplicissimus*[22] von Herbst 1669, die zur Abwehr des Frankfurter Nachdrucks vom Sommer schnell auf den Büchermarkt geworfen wurde. Beide Drucke sind datiert mit „Rheinecc, den

19 Vgl. Thomas Bürger: Francis Godwin's „The Man in the Moone oder: Der fliegende Wandersmann nach dem Mond“. In: Francis Godwin: *Der Fliegende Wandersmann nach dem Mond.* Faksimiledruck der ersten deutschen Übersetzung Wolfenbüttel 1659. Wolfenbüttel 1993, S. 131–159. Die Wolfenbütteler Ausgabe von 1659 gab die Vorlage für das seitenverkehrte Frontispiz der Nürnberger Ausgaben von 1660 (HAB Wolfenbüttel, Abb. bei Bürger S. 151) und 1667 (UB Frankfurt, Abb. in *Simplicianische Jahreskalender* [wie Anm. 1], S. 1). Als Übersetzer nach der französischen Vorlage wurde bisher Balthasar Venator genannt. Jetzt wird vermutet, dass es der Wolfenbütteler Hofrat Hieronymus Imhof gewesen sei. Vgl. Bürger, Wandersmann, S. 139–140; Johannes Schöndorf: Balthasar Venator und seine deutschen Satiren. In: *Wolfenbütteler Barock Nachrichten* 21 (1994). S. 95–107, hier S. 99–100.

20 Das wird jetzt in Frage gestellt von Italo Michele Battafarano und Hildegard Eilert: Anhang und Extract (1667). Überlegungen zur Autorschaft Grimmelshausens angesichts der Spezification. Mit dem ersten Neudruck der Spezification. In: *Morgen-Glantz* 11 (2001), S. 333–359 und Battafarano/Eilert, *Probleme* (wie Anm. 2), S. 117–120.

21 Abbildung der Holzschnitt-Vignette, die auch für das Titelblatt der unrechtmäßigen Ausgabe der *Centuria Epitaphiorum* von Hofmann von Hofmannswaldau („Vom Fliegenden Wandersmann colligiret und gesammelt“, o. O. u. J. [HAB Wolfenbüttel: 311.1 Quodl.]; Gerhard Dünnhaupt: *Personalbibliographien zu den Drucken des Barock.* Tl. 3. Stuttgart 1991, S. 2145–2146) benutzt wurde, bei Bürger, Wandersmann (wie Anm. 19), S. 158. Dieser Umstand lässt ebenso wie die *Wandersmann*-Ausgabe von 1660 (Anm. 19) Aktivitäten Felseckers als Nachdrucker vermuten.

22 *ST* (wie Anm. 11), S. 4.

7. Septembris. Anno 1669". Für welche Veröffentlichung war der Text geschrieben? Für den Neudruck des *ST* oder für den Kalender? Für beide war das angegebene Datum recht spät. Eine Vordatierung des Textes ist daher nicht auszuschließen. Der umfangreiche Neudruck sollte bis zur Leipziger Michaelis-Messe[23] fertig sein, und Kalender sollten möglichst schon früher vorliegen. Es ist anzunehmen, dass der Kalender bereits vor der neuen Auflage des *ST* erschienen ist.

Diese Neuauflage wird als „*Calender-Simplicissimus*" bezeichnet, da sie nach den Titelangaben auch einen „ewigwehrenden wunderbarlichen Calender" des Simplicissimus sowie weitere „Neben-Historien" zu seinem Lebenslauf enthalten sollte (Abb. 4). Man wollte mit den hier genannten Texten, wie allgemein angenommen wird, den Frankfurter Nachdruck übertrumpfen. Es blieb aber offenbar beim Vorhaben, denn kein Exemplar der Neuauflage enthält die im Titel versprochenen Erweiterungen. Koschlig spricht von einem irreführenden „plumpen Reklametitel"[24] des allzu geschäftstüchtigen Verlegers Felsecker, der auch die Vorrede zu verantworten habe[25] – alles letztlich Machenschaften eines hart an der Grenze zur Kriminalität agierenden Verlegers, der ohne Rücksicht auf den Autor und ohne dessen Einverständnis nur eine weitere gewinnbringende Vermarktung des *Simplicissimus Teutsch* im Auge hatte. Die Ausführungen der kurzen Vorrede erweisen sich daher nach Koschlig als schief, wenn nicht lügnerisch.[26]

Geht man davon aus, dass die Vorrede ursprünglich Zugabe bzw. Nachwort zum zuvor erschienenen Kalender sein sollte, dann relativiert sich eine solche Einschätzung des Textes. Wusste die Kalender-Vorrede noch von keinem Nachdruck, so ist er nun bekannt. Mit seiner „Lebens-Beschreibung", beklagt sich Simplicissimus, sei man umgegangen „wie mit einem Vatterlosen Wäisen, oder wie die Katz mit der Mauß".[27] Doch er habe sich, wie er nach der Kalender-Vorrede wieder-

23 Michaelis: 29. September.

24 Koschlig, *Grimmelshausen* (wie Anm. 3), S. 195.

25 Koschlig, *Ingenium* (wie Anm. 4), S. 208.

26 Koschlig, *Ingenium*, (wie Anm. 4), S. 207; Tarot hat bereits 1970 dieser Einschätzung widersprochen. Vgl. Tarot, Hypothese (wie Anm. 9), S. 96, 99.

27 Wenn auch das Zeitgefüge „neulich, als ich mich in dem äußersten End der Welt befunden" nicht passt, beschwert sich Grimmelshausen hier sicherlich über den Frankfurter Nachdruck. Sonst müsste sein Missfallen der Erstausgabe gelten, was die nachfolgenden Sätze nicht bestätigen. Für die Überlegung von Stefan Trappen, dass die Frankfurter Ausgabe vielleicht doch nicht so unrechtmäßig sei, ist hier kein Ansatzpunkt zu finden. Vgl. Stefan Trappen: Edition und Interpretation von Grimmelshausens „Simplicissimus". Zur ausstehenden Edition der zweiten Fas-

holt, „wie der Phönix selbst erneuert und verjüngert", und damit er „den einen und andern mit lustigem Gespräch ergetzen möchte, dem Vatterland hiemit dargestellt". *Hiemit dargestellt* – das ist die erste Vorstellung der Kalendergeschichten. Was er sonst noch, aus unbekannten Ländern kommend, „viel Neues verwunderliches Dings mitbringe, und kund zu thun wissen werde, wie mirs seithero ergangen, welches mit nächsten in unterschiedlichen Sachen, soll kund gethan werden".[28] Also wieder der Hinweis: Fortsetzung folgt! In seiner Argumentation passt der Text mehr zu einer abschließenden „Zugab" des Jahreskalenders als zu einem Vorwort des Neudrucks. Eine Neuauflage des *ST* war Mitte 1669 in Vorbereitung.[29] Der Druck der Ausgabe E^4 ging dann allerdings, nachdem der Frankfurter Nachdruck bekannt geworden war, offenbar recht überstürzt und hastig vor sich. Die Paginierung überspringt nahezu 30 Seiten, die Zeilenzahl der Seiten schwankt.[30] Die Zeit drängte, wenn man nicht dem Nachdrucker das Feld überlassen wollte. Eine schnelle Konzeption des Titelblattes ist unter solchen Umständen nicht verwunderlich. Die Hektik des plötzlich notwendig gewordenen Neudruckes ließ längeres Zuwarten nicht zu und so wurde kurzerhand der Text der Zugabe, der den letzten Bogen des *Astrologischen Jahrbuchs* abschließt, noch einmal als Vorrede benutzt. Der Bogen A der Neuauflage des *ST* enthält das Titelblatt mit der Vorrede. Dieses war nicht wie beim *EwC* separat gedruckt worden. Es ist möglich, dass die Zugab-Vorrede quasi in letzter Minute in die freigehaltene Titelrückseite eingefügt wurde. Daraus würde wiederum folgen, dass der *EWGC* bereits erschienen war, als die Neuauflage E^4 des *ST*, die bis zur Michaelismesse vorliegen sollte, noch ausgedruckt wurde. Nach der Kalendergeschichte des ersten *EWGC* war es Usus, dass bereits im Juni die Jahreskalender für das nächste Jahr vorlagen, selbst wenn der Verkauf noch nicht begonnen hatte.[31] Von einem Erscheinungstermin des ersten *EWGC* vor der Neuauflage des *ST* kann sicher auch dann ausgegangen werden, wenn die redaktionelle Gestaltung des Kalenderteils mit Komplikationen verbunden war[32] und wenn die Turbulenzen der Neuauflage

sung von 1671. In: *Germanisch-Romanische Monatsschrift* N. F. 39 (1989), S. 403–423, hier S. 420, Anm. 44.

28 *ST* (wie Anm. 11), S. 4. (Hervorhebung K. M.).

29 Koschlig, *Grimmelshausen* (wie Anm. 3), S. 192.

30 *ST* (wie Anm. 11), S. XXII.

31 Vgl. *EWGC* 1670, fol. $B1^r/B2^r$ u. $C1^r$; *Continuatio* 1, in: *Simpliciana* (wie Anm. 11), S. 9–10, 12–13.

32 Vgl. Matthäus, Grimmelshausen (wie Anm. 1), S. 256–257.

des *ST* Verzögerungen beim Ausdruck des abschließenden Astrologischen Jahrbuchs brachten. Dessen Umfang von drei Quartbögen konnte kaum ein größeres Hemmnis sein. Spätestens Ende August/Anfang September 1669 dürfte der erste Jahrgang des *EWGC* vorgelegen haben.

Nun wird im *EWGC* weiterhin ein Hinweis auf den *EwC* gegeben, aus dem sich schließen lässt, dass auch die irritierenden Titelangaben der Neuauflage des *ST* nicht als vorsätzliche Irreführung einzuschätzen sind,[33] dass sie vielmehr einen Stand einer redaktionellen Planung festhalten, die später aufgegeben wurde.

1.3. Die Anzeige des EwC *im* EWGC *für 1670*

Auf der letzten Seite des Kalenderteils erinnert der Autor, der hier seinen ersten Kalender präsentiert hat, auch an die anderen Kalenderausgaben seines Verlegers (Abb. 5). Es fehlt nicht der Hinweis, dass bitte jedermann dem „werthen Verleger, der nun eine gute Zeit hero sein Stücklein Brod redlich und aufrichtig mit saurem Schweiß in Kalendern gesuchet, nicht eingreiffen und ihn um seine ehrliche Nahrung zu bringen, wie von etlichen Neidern bishero geschehen, gelüsten lassen wolle“. Der Autor gibt ferner das feste Versprechen ab, in dieser seiner angefangenen Arbeit, so es Gott gestatten werde, „fleißig fortzufahren, und jährlich etwas neues recht annehmliches mitzutheilen. Wie dann albreit ein herrliches Werck unter der Preß, dessen Titul kürzlich also, lautet:“

> Des abenteurlichen Simplicissimi ewigwehrender Calender, worinnen unterschiedliche curiose discursen von der Astronomie, Astrologie, ingleichen von den Calendern, Nativitäten mit untermischter Bauren Practic, selzamen iedoch warhafftigen Wundergeschichten, und anderen merckwürdigen Begebenheiten enthalten seyn. Welches treffliche Opus vom 60. oder 70. Bögen, dir hochgen[e]igter Leser! von meinem Sohn mitgetheilet, gewißlich nicht mißfallen wird. Lebe indessen wol, und bleibe günstig. Adieu.

Der erste Druck des *EwC* hatte danach bereits begonnen, als der Kalenderteil des *EWGC* ausgedruckt wurde und als man in Nürnberg noch keine Kenntnis vom Frankfurter Nachdruck hatte.

---

33 Koschlig, *Grimmelshausen* (wie Anm. 3), S. 194–195.

Der *EwC*, wie er vorliegt, hat allerdings einen Umfang von exakt 30 Bögen. Für die Erklärung, dass es sich bei dieser Vorankündigung um einen schlichten Druckfehler handle, wirkt die Angabe zur Bogenzahl zu bestimmt. Man sollte annehmen, dass der Drucker wusste wovon er spricht. Eine Nachrechnung macht allerdings bedenklich: Lediglich 60 Bögen ergeben bei einer Quartausgabe 480 Seiten, bei Oktav 1040 Seiten und bei Duodez 1440 Seiten, also bei den bei den letzten Formaten recht voluminöse Buchausgaben. Etwas Umfangreiches sollte es wohl werden und ganz abgeschlossen war das Manuskript bei einer Toleranz von zehn Bogen offenbar auch noch nicht. Der Text des *EwC* wird während der Drucklegung sicher nicht um die Hälfte gekürzt worden sein. Es fehlen vielmehr in der Inhaltsangabe der Anzeige der später auf dem Titelblatt an erster Stelle aufgeführte umfangreiche Heiligenkalender, die „wunderbarlichen Wahr- und Vorsagungen" sowie die Rubrik „Künste und Wissenschaften" betreffend. Ein Kalendarium, in welcher Form auch immer, hat nach dem Bericht des „Finders" des *EwC*, Brandsteller, das Kalendermanuskript vorgesehen – sogar mit Rotdruck. Das Gerüst eines Monats- oder Jahreskalendariums konnte bei einem ewigwährenden Kalender unterschiedlich angeordnet sein: Ein Monat auf einer Seite wie beim gewohnten Jahreskalender, ein Monat auf zwei Seiten wie beim *Calendarium oeconomicum & perpetuum* des Johann Coler,[34] ein Monat über mehrere Seiten wie beim *EwC*. Das *Calendarium Historicum* des Paul Eber[35] hatte für jeden Tag des Jahres eine eigene Seite. Nach Brandstellers Angaben war die Anordnung des Manuskripts des *EwC* jedenfalls so, dass der Text bis Mitte Februar genügend halbe Bögen ergab, um ein Quantum Butter für den Marktverkauf, in Pfund und halbe Pfund portioniert, einzupacken. Bei allen Unwägbarkeiten ist es zum Zeitpunkt der Voranzeige nicht zwingend, ein Quartformat für den *EwC* vorauszusetzen. Scholte meinte ja schon einmal, es sei „nicht nötig und wohl auch nicht richtig", dass man sich das Konzept Grimmelshausens für den *EwC* als den Quartband vorstelle, wie wir ihn kennen.[36] Auch die ganzseitige „Tabula

34 Vgl. Neudruck der Erstausgabe Wittenberg 1591. Nachwort von Gotthardt Frühsorge. Leipzig 1988.

35 Erstmals 1550 in Wittenberg erschienen.

36 Vgl. *Simpliciana* (wie Anm. 11), S. 224 und Scholte, *Simplicissimus* (wie Anm. 12), S. 176. Die hier geäußerte Vermutung, dass eventuell an eine Quartausgabe des *ST* gedacht wurde, wird durch die neuen Befunde nicht bestätigt. Auch von Ziegesar hielt ein „anfängliches Schwanken bezüglich des Formates" des *EwC* als gut denkbar. – Von Ziegesar, Grimmelshausen (wie Anm. 1), S. 79.

Intervalli“ zwischen Seite 38 und 39 ist in einem kleineren Format als Faltblatt denkbar, das nachträglich eingebunden werden sollte. Darauf könnte der „Nota“-Hinweis deuten, der bei einer solchen Hantierung die richtige Platzierung sicherstellte.

Bei der Quartausgabe wirkt die Nota-Zeile wie ein versehentlich stehengebliebener Hinweis für den Setzer. Die Tafel ist als Einzelblatt in den Bogendruck übernommen worden, was in der Textabfolge nicht notwendig wäre und hier eine nicht recht professionelle Änderung einer anderen Konzeption vermuten lässt.[37]

Welches Format könnte für den *EwC* ursprünglich vorgesehen gewesen sein: Oktav, Kleinoktav oder gar Duodez? Duodez hätte Möglichkeiten wie bei der soeben erscheinenden oder erschienenen *Continuatio* des VI. Buches gegeben: Man konnte einen solchen Druck als selbstständige Publikation ausweisen und es wäre möglich gewesen, ihn an einen Neudruck des *ST* anzudocken.[38] Eine solche Erwägung lässt das Titelblatt der Ausgabe E^4 des *ST* in einem anderen Licht erscheinen. Die Titelangaben dürfen dann nicht als plumpe Bauernfängerei auf die Seite geschoben werden. Sie dokumentieren das ursprüngliche Konzept für die schnell getroffene Antwort auf den Frankfurter Nachdruck. Dieses konnte auch ad hoc getroffen werden, wenn die Druckvorbereitungen für den *EwC* auf Wunsch des Autors oder nach den Vorstellungen des Verlegers bereits in diese Richtung gegangen waren. Eine derartige kompatible Duodezausgabe des *EwC* hätte allerdings die abzuhandelnden Materien nur in einer kapitelmäßigen Abfolge und nicht spaltenweise bringen können. Die Voranzeige kündigte „curiose Discursen von der Astronomie, Astrologie [...] mit untermischter Bauren Practic“ an. In der „Vorred“ des *EwC* heißt es dann: „aber jedoch mit Fleiß ein und andere Sachen durcheinander gesetzt“.[39] Die eingefügten, unterbrechenden Materien wären nacheinander und nicht nebeneinander präsentiert worden, durcheinander in der Folge, wie es

---

37 Die Tafel ist das erste Blatt des Bogen F. Die Setzeranweisung „in den 14. Hornung“ wäre korrekt ausgeführt, wenn auf fol. $F1^v$ die zweite Texthälfte zum 14. Hornung, also die Seite 40, folgen würde.

38 Eine solche Möglichkeit hat bereits von Ziegsar nicht ausgeschlossen, allerdings bei einem anderen Zeitansatz für die Drucklegung des *EwC*. Vgl. von Ziegesar, Grimmelshausen, (wie Anm. 1), S. 79.

39 *EwC*, Vorred. Im Text der „Sechsten Materia“ wird diese Intention noch einmal aufgenommen. (*EwC* , S. 139 und 141, 145 und 147, Sp. 3). Allerdings steht nun lediglich ein massiver Block unterschiedlicher Wunder- und sonstiger Geschichten am Ende des Diskurses. Die apostrophierte Untereinandermischung hat in der angekündigten Form dann doch nicht stattgefunden.

zuletzt noch am Ende der „sechsten Materia" gemacht wurde. Der spätere Spaltendruck brachte kein Durcheinander sondern ein Nebeneinander der Texte, wie man es von den Jahreskalendern gewohnt war. Das spaltenweise Lesen unterschiedlicher Textkolonnen mit unterschiedlichen Inhalten war hierbei jedenfalls kein Kriterium eines Durcheinanders.[40]

Dies lässt eine weitere Überlegung zu: Beim Titelblatt der Ausgabe E^4 ist neben der sonderbaren, irrigen Anzeige des *EwC* die „unsinnige"[41] Ankündigung der dann fehlenden Vermehrung um weitere zu Simplicissimi Lebenslauf gehörige „Neben-Historien" ein Stein des Anstoßes. Koschlig war überzeugt, dass Felsecker hier erstmals sein Vorhaben, in einem Kalender weitere Fortsetzungen des *ST* auf den Weg zu bringen, angekündigt hat.[42] Doch der dürfte beim Ausdrucken der Neuauflage des *ST* bereits vorgelegen haben.[43] Die andere Lesart ist, dass die Ausgabe E^4 die Kalendergeschichte des gerade erschienenen Kalenders noch einmal als „Neben-Historien" aufnehmen sollte,[44] was dann aber erst bei der Ausgabe E^5 mit den nunmehr drei *Continuationen* geschehen ist. Mit dem unbestimmten Begriff „Neben-Historien" wäre die bereits veröffentlichte erste Vorstellung „Europäischer Wundergeschichten", der Bericht über den Anfang der simplicianischen Kalendermacherei, recht vage umschrieben.[45] Und schließlich: Neben-Historien, das dürfte wohl weniger als eine *Continuatio* sein; Neben-Historien, das könnten Geschichtchen sein, Geschichtchen, die der über den Butterkauf in den Besitz des Manuskripts des *EwC* gekommene „Finder" Brandsteller sich „hin und wider von den Leuthen, so mit Simplicissimo bekandt gewesen", hat erzählen

40 Vgl. Peter Michelsen: Der Wahn vergnügt. Grimmelshausen als Kalendermacher. In: *Simpliciana* XIII (1991), S. 443–476, hier S. 451: „Formal ist also der *EwC* – zumal auch für den zeitgenössischen Benutzer, der sich im Umgang mit Kalendern auskannte – gar nicht so unübersichtlich, wie er auf den ersten Blick den Anschein erweckt".

41 Koschlig, *Ingenium* (wie Anm. 4), S. 472.

42 Koschlig, *Ingenium* (wie Anm. 4), S. 208.

43 Koschligs Einschätzung, dass der *EWGC* zum Zeitpunkt der „Vorred"-Datierung vorbereitet wurde, trifft nicht zu. Er war zumindest im Ausdruck oder kurz vor dem Erscheinen. Vgl. Koschlig, *Ingenium* (wie Anm. 4), S. 482.

44 Dies vermutete von Ziegesar, Grimmelshausen (wie Anm. 1), S. 72; ebenso Scholte, *Simplicissimus* (wie Anm. 12), S. 179–180.

45 Die Vorstellung, die auf der Tagung „Grimmelshausen als Kalenderschriftsteller und die zeitgenössische Kalenderliteratur" angeklungen ist, dass mit der Erwähnung weiterer Nebenhistorien ein Hinweis auf die bevorstehenden Neuerscheinungen *Courasche* und *Springinsfeld* gegeben wird, dürfte für die Usancen bei einem Titelblatt zu ungewöhnlich sein.

lassen.[46] Diese Rubrik der dritten Materia des *EwC* wäre in einer Duodez-Ausgabe gut als ein weiteres Kapitel oder als ein weiterer Annex nach den astrologischen Diskursen vorstellbar. Jedenfalls würde ein solches Kapitel so zur Ankündigung des Titels passen. Der Umstand, dass dessen Angaben nicht zutrafen, resultiert, was bei der Schwarzen Kunst durch alle Zeiten die naheliegendste Vermutung sein dürfte, eher aus einem Betriebsunfall als aus betrügerischer Absicht.[47] Das ist allerdings die unspektakuläre Interpretation. Die bekannten Einschätzungen über die Machenschaften eines „skrupellosen" Verlegers im Umgang mit seinem Autor wären zu relativieren.[48]

Der Grund dafür, dass die Angaben des Titelblattes nicht erfüllt wurden, ist dann darin zu suchen, dass während des Druckes des *EwC* die Reißleine gezogen wurde. Bei einer Bogenzahl von 60 bis 70 Bögen, aber auch bei einem geringeren Umfang, wäre in Duodez ein Buch herausgekommen, das sich an den Neudruck des *ST* nicht besonders günstig hätte anbinden lassen. Warum wollte man aber diesen Weg eingeschlagen? Man darf voraussetzen, dass dem Drucker und Verleger die Problematik einer derartigen Ausgabe als Erstem bewusst gewesen ist,[49] was dann schließen ließe, dass zunächst der Wunsch des Autors ausschlaggebend war.[50] Grimmelshausens Schriften sind überwiegend in Duodez erschienen. Es könnte sein, dass ihm dieses handliche, gefällige Format persönlich zugesagt hat. Nur für den *EwC* hat es sich schließlich als nicht machbar erwiesen. Nach dieser Interpretation wäre das anfangs verfolgte Konzept der Drucklegung kurzfristig umgeworfen worden. Ein Neudruck des Titelbogens der Neuauflage des *ST* unterblieb, um keinen Tag gegen den Frankfurter Nachdruck zu verlieren. Da sich der Verkaufspreis aus dem Bogenumfang ergab und die nur auf dem Titelblatt angekündigten, aber offensichtlich fehlenden Teile gewiss nicht berechnet wurden, konnten Käufer und Leser Felsecker irreführende Schlampigkeit und Unkorrektheit vorwerfen, aber kaum vorsätzlichen Betrug. Zudem wollte der Verleger den peinlichen

46 *EwC*, S. 104, Sp. 3.

47 Diese Einschätzung vertritt auch Klaus Haberkamm. Vgl. *Beiheft* [zu] Johann Jakob Christoffel von Grimmelshausen: *Des Abenteurlichen Simplicissimi Ewig-währender Calender. Faksimile-Druck der Erstausgabe Nürnberg 1671*. Konstanz 1967, S. 14.

48 Koschlig, *Ingenium* (wie Anm. 4), S. 176.

49 Vgl. Scholte, *Simplicissimus* (wie Anm. 12), S. 250.

50 Scholte, *Simplicissimus* (wie Anm. 12), S. 178, hält diese Einschätzung für am plausibelsten, wobei er allerdings von einer Quartausgabe des mit dem *EwC* verbundenen *ST* ausgeht (vgl. Anm. 36).

Mangel wohl umgehend beheben. Der Messkatalog zur Leipziger Michaelismesse 1669[51] zeigte die Neuausgabe des *ST samt* dem *EwC* im Dreispalten-Druck in Quart an.[52] Danach hätte der im Titelblatt versprochene *EwC* noch als Beipack mitgeliefert werden können, was eine eher ungewöhnliche Hantierung darstellte und dann auch nicht klappte. Quart war das Normalformat der Jahreskalender, der Schreibkalender und dieses Format passte auch zu einem diesem Genre verwandten *EwC*. Allerdings erforderte ein verändertes Format einen veränderten Satz. Eine bisherige fortlaufende Druckanordnung des Textes in Kapiteln war unter diesen Umständen in eine Spaltendruckform umzusetzen, die dreigliedrig in Großquart passte. Die bisherigen Texte mussten neu zugerichtet und es mussten unter Umständen Lücken geschlossen werden. Dazu dienten vielleicht die nicht in der Kalenderanzeige erwähnten Rubriken. Das ausufernde, auch in der Vorrede nicht erwähnte Verzeichnis der Heiligen-Tage könnte nachgeschoben sein.[53] Die Wiederholung der Aderlassregeln war eventuell nur Füllmaterial. Wie die letzten Seiten zeigen, die nur noch den Heiligen-Kalender und die Kalenderdaten abhandeln, ist der Dreispaltendruck nicht richtig aufgegangen. Zu einem ausgewogenen Band fehlten Textbeiträge in den Spalten Drei bis Sechs. Auch die wechselnden Schriftgrade der ersten drei Spalten fallen ins Auge.[54] Doch es gelang nicht, den *EwC* rechtzeitig zur Neuauflage des

---

51 Michaelis: 29. September. Am Ende des 18. Jahrhunderts mussten Titelmeldungen zur Herbstmesse bis zum 24. August in Leipzig eingetroffen sein. So ein Hinweis auf dem Außenumschlag der von der Weidmannschen Buchhandlung in Leipzig herausgegebenen Mess-Kataloge. Vgl. *ST* (wie Anm. 11), S. XXI.

52 Hervorhebung K. M.

53 Wie Rosmarie Zeller nachwies, hat Grimmelshausen hier größtenteils die Angaben des von Petrus Canisius herausgegebenen *Martyrologium. Der Kirchenkalender* (erstmals Dillingen, 1583) übernommen. Vgl. Rosmarie Zeller: Die „ordentliche Unordnung" als poetologisches Prinzip in Grimmelshausens „Ewigwährendem Calender". In: *Simpliciana* XVI (1994), S. 117–136, hier S. 124. Die in der Ankündigung des Kalenders nicht genannten Rubriken „wunderbarliche Wahr- und Vorsagungen" sowie die „Beifügung etlicher Künst- und Wissenschaften" führt die Vorrede ebenfalls nicht an. Als die letzten Manuskriptbeiträge zum *EwC* gelten die Texte des Christian Brandsteller. Er spricht selbst von einem „zimmlichen spacium" des Manuskripts, das er für den Druck noch mit den „lächerlichen Stücken" des kurzweiligen „braters Geiger" auffüllte (*EwC*, S. 190). Es bleibt offen, ob eine neue Druckanordnung für Quart das Ordnungsprinzip „Chaos, oder Verworrenes Mischmasch" der Spalten II und III auf die Bahn gebracht hat.

54 Die schlechte Vorbereitung des Druckarrangements betont auch Peter Michelsen. Vgl. Michelsen, Wahn (wie Anm. 40), S. 450, was Jörg Jochen Berns, wohl zu Unrecht, nicht akzeptieren möchte. Vgl. Berns, Kalenderprobleme (wie Anm. 6), S. 25.

ST erscheinen zu lassen. Felsecker hatte offenbar auch keine Kapazitäten in seiner Druckerei frei,[55] denn er vergab den Ausdruck an den Würzburger Drucker Marcus Bloß. Dies geschah gewiss nicht, weil er dem Sechsspalten-Druck nicht gewachsen war – der Ausdruck des *EwC* ist als weniger kompliziert als der eines Jahreskalenders einzuschätzen.[56] Der Umzug von Bloß nach Fulda dürfte dem Auftrag nicht förderlich gewesen sein. Bekanntlich mahnt der „Glückwünschende Zuruff" am Schluss von *Dietwalt und Amelinde* das Erscheinen des *EwC* dezent an.[57] Koschlig vermutete, dass dieser erst Herbst 1671

55 Im *Verzeichnis der im deutschen Sprachraum erschienenen Drucke des 17. Jahrhunderts* werden für 1669 lediglich 15 Felsecker-Titel nachgewiesen (Stand 01.07.2009) – weniger als in den Jahren zuvor und danach, was nicht zuletzt aus dem starken Engagement für Grimmelshausen zu dieser Zeit resultieren dürfte.

56 Aussage der Verlagsdruckerei Schmidt/Neustadt a. d. Aisch, die über 150 Jahre traditionelle Jahreskalender im Handsatz herstellte. Koschlig, *Grimmelshausen* (wie Anm. 3), S. 238–289, ist hier zu korrigieren. Der einfachere Druckvorgang wurde außer Haus gegeben, nicht ins näher gelegene Altdorf oder Sulzbach, sondern an einen nicht weiter arrivierten Würzburger Drucker. Es muss Spekulation bleiben, ob Felsecker eventuell Bloß, der nach Benzing – allerding ohne Beleg – aus dem fürstbischöflich würzburgischen Neustadt an der Saale stammen soll, den Auftrag zukommen ließ, da dieser in Würzburg einen schweren Stand hatte. Sein Umzug ins kleinere Fulda, wo er als Erstdrucker wirkte, lässt eine prekäre Situation vermuten. Vgl. Josef Benzing: *Die Buchdrucker des 16. und 17. Jahrhunderts im deutschen Sprachbereich.* Wiesbaden [2]1982 (Beiträge zum Buch- und Bibliothekswesen 12), S. 516. Beide Drucker stammten aus fürstbischöflichen Territorien Frankens und von beiden ist nicht bekannt, wo sie die Schwarze Kunst erlernten. Nur von Felsecker weiß man, dass er vor seiner Selbstständigkeit in der Endterschen Druckerei arbeitete. Vgl. Matthäus, Grimmelshausen (wie Anm. 1), S. 225. Die neuen Archivrecherchen von Peter Heßelmann zu Bloß konnten die Zusammenarbeit Felseckers mit ihm nicht weiter erhellen. Vgl. Peter Heßelmann: Marcus Bloß – Der Drucker der Erstausgabe von Grimmelshausens „Ewig-währendem Calender". In: *Simpliciana* XXVII (2005), S. 43–56; Ferner: Christoph Reske: *Die Buchdrucker des 16. und 17. Jahrhunderts im deutschen Sprachgebiet. Auf der Grundlage des gleichnamigen Werkes von Josef Benzing.* Wiesbaden 2007 (Beiträge zum Buch- und Bibliothekswesen 51), S. 287, 1029. Die Vorgaben zum Druck kamen aus Nürnberg. Vgl. oben die Satzanweisung zur „Tabula Intervalli". Korrektur wird ebenfalls dort gelesen worden sein, was für die Herstellung ein weiteres Verzögerungsmoment ergab.

57 *Dietwalt und Amelinde* ist nach Koschlig im Frühjahr 1670 erschienen. So Koschlig, *Grimmelshausen* (wie Anm. 3), S. 310. Zum „Zuruff" vgl. Peter Heßelmann: *Simplicissimus Redivivus. Eine kommentierte Dokumentation der Rezeptionsgeschichte Grimmelshausens im 17. und 18. Jahrhundert.* Frankfurt a. M. 1992 (Das Abendland. N. F. 20), S. 60–62.

vorgelegen habe. Da aber Wagners *Heldenkalender* für 1671, der den zutreffenden Umfang von nunmehr 30 Bögen meldete, nicht Ende 1670, sondern wie bei Kalendern üblich sicherlich bereits im Sommer ausgeliefert war,[58] könnte auch ein früherer Erscheinungstermin, wie etwa das zweite Halbjahr 1670, nicht abwegig sein. Die separate Herstellung von Kupfertitel und Titelblatt in Nürnberg dürfte kein Problem gewesen sein.[59] Denn für den Kupfertitel gab es seit langem eine Vorlage:

1.4. *Der Kupfertitel des* EWGC

Bis jetzt wurden redaktionelle Umstände des *EWGC* durchgegangen, die weitere Hinweise zur Editionshistorie des Verlages Felsecker im Jahre 1669 geben und, wie ich meine, bisherige Interpretationen modifizieren können. Zur Frage, ob Grimmelshausen in den *EWGC* involviert gewesen ist, dürfte auch der Kupferstichtitel des *EWGC* für 1670 neue Aspekte bringen. Bislang war lediglich der Kupfertitel des Jahrgangs 1672 bekannt (Abb. 6). Dieser ist von einer stark abgearbeiteten, unsauber nachgestochenen Kupferplatte abgedruckt worden und er zeigt etwas verkleinert nahezu das gleiche Bild wie der Kupfertitel des *EwC* (Abb. 7). Man schätzt ihn als eine „primitive", „entstellende" Nachahmung der Vorlage des *EwCs* ein.[60] Koschlig spricht ebenfalls von einer Nachahmung, räumt aber ein, dass diese „höchstwahrscheinlich" bereits für den Jahrgang 1670 benutzt worden sei.[61] Auf die daraus möglichen Konsequenzen ist er jedoch nicht eingegangen.

---

58 Siehe Matthäus, Grimmelshausen (wie Anm. 1), S. 240–241. Vgl. Sodman, Randbemerkungen (wie Anm. 18), S. 312–314. Sodmanns Argumentation mit dem veränderten Verlagssignet trifft allerdings nicht zu. Auch der *EWGC* für 1670, gedruckt 1669, zeigt auf fol. $D1^v$ ein Verlagssignet wie bei *Dietwald und Amelinde*.

59 Dies hält Breuer, *Handbuch* (wie Anm. 5), S. 120, für möglich. Nach dem Exemplar der UB Erlangen (TREW. O 58) ist ein halber Bogen mit Kupferstichtitel und Titel auf den in der Fadenbindung gehaltenen Halbbogen Aii/Aiij geklebt worden.

60 Vgl. von Ziegesar, Grimmelshausen (wie Anm. 1), S. 52, 75–76. Sie geht daher davon aus, dass 1670 und 1671 ein anderes illustriertes Deckblatt anzusetzen sei. Ferner Sodmann, Kalenderschriften (wie Anm. 6), S. 131: „grobe Nachbildung" und S. 132; Günther Weydt: *Hans Jakob Christoffel von Grimmelshausen.* Stuttgart [2]1979 (Sammlung Metzler 99), S. 122.

61 Koschlig, *Ingenium* (wie Anm. 4), S. 430.

Der gestochen sauber gedruckte Kupfertitel des ersten Jahrgangs für 1670 (Abb. 8) vom Sommer 1669 lässt den Schluss zu, dass dieser sowohl Vorlage für den *EwC* als auch für die erstmals in der Ausgabe E^4 des *ST* gebrachte Darstellung der Simplicianischen Familie war. Die von dem Nürnberger Kupferstecher Sigmund Gabriel Hipschmann[62] verfertigte Titelillustration ist wohl der aufwendigste Kupfertitel des Kalenderverlages Felsecker. Die neuen, mehr auf Unterhaltung ausgerichteten Kalenderausgaben jener Zeit wollten die von ihnen behandelten Themen auch mit zu ihnen passenden Titelillustrationen deutlich machen, welche die überkommenen, mehr schematischen Illustrationen ersetzten. An Stelle der soliden Holzschnitt-Titel traten verstärkt teurere und aufwendigere Kupferstichtitel, die über ihre größere Deutlichkeit und Prägnanz den Leser stärker ansprechen sollten. Damit hatte die Kalenderproduktion lediglich die neuen Modalitäten des Buchmarkts übernommen. Wie Harsdörffer bereits konstatierte, sei „bey dieser Zeit [...] fast kein Buch verkaufflich, ohne einen Kupfertitel, welcher dem Leser desselben Inhalt nicht nur mit Worten, sondern auch mit einem Gemähl vorbildet“.[63]

Felsecker hat dies bei seinem Kalenderverlag berücksichtigt.[64] Seinen ersten Kalender, den *Friedens- und Geschichts-Calender* des Wilhelm Ernst Freymund für 1661 illustrierte ein konventioneller Kupfertitel mit einer übersichtlichen Darstellung des Kurfürstenkollegiums unter dem Präsidium Kaiser Leopolds (Abb. 9). Für die nachfolgenden Jahrgänge griff der Verleger aber auf einen robusteren und kostengünstigeren Holzschnitt-Titel zurück. Der folgende *Haus- und Ehe-Calender* Juhrmanns begnügte sich von Anfang an mit einem Titel-Holzschnitt. Der *Historien-Calender* Wagners (Abb. 10) wie der *Kunst- und Hand-Wercks-Kalender* Juhrmanns (Abb. 11) bringen dann wieder

62 Zu Hipschmann vgl. Manfred H. Grieb: *Nürnberger Künstlerlexikon. Bildende Künstler, Kunsthandwerker, Gelehrte, Sammler, Kulturschaffende und Mäzene vom 12. bis zur Mitte des 20. Jahrhunderts.* Bd. 2. München 2007, S. 661; Matthäus, Geschichte des Nürnberger Kalenderwesens (wie Anm. 15), Sp. 1378–1379, hat Hipschmann als Stecher von zehn Titelkupfern aufgeführt. Er war bereits vorher für Felsecker tätig gewesen. Dazu Koschlig, *Grimmelshausen* (wie Anm. 3), S. 38–39.

63 Zitiert nach John Roger Paas: Deutsche Graphikproduktion in Nürnberg zu Harsdörffers Lebzeiten. In: *Georg Philipp Harsdörffer und die Künste.* Hrsg. von Doris Gerstl. Nürnberg 2005, S 127–157, hier S. 130.

64 Vgl. hierzu die Beschreibung der Kalender von Klaus-Dieter Herbst: Die Kalender des Verlages Felsecker – Eine Bestandsaufnahme der Jahrgänge 1661 bis 1675. In: *Simplicianische Jahreskalender* (wie Anm. 1), S. 279–354, hier S. 279–282.

Kupfertitel, allerdings in einer eher schlichten Ausführung. Der *Zeit- und Regierungs-Calender* Bielstädts für 1669 (Abb. 12) zeigt mit einem Kupfertitel von Hipschmann wieder eine saubere, aber etwas starre Architekturkomposition.

Der Kupfertitel des *EWGCs* fällt aus diesem Rahmen. Die durch den *EwC* bekannte, anspruchsvolle Komposition wird hier noch detaillierter und sorgfältiger dargeboten. Der geschäftstüchtige Verleger Felsecker hat, wie die gängige Floskel sagt, keine Kosten und Mühen gescheut. Er wollte mit dem bestens „ausgezierten" Jahreskalender gewiss den Erfolg des *ST* verlängern und weiterführen. Ein Einwand, dass der ursprüngliche Kupfertitel-Entwurf des *EwC* für den *EWGC* zweckentfremdet worden sei, ist nach allen Umständen wohl nicht möglich.[65]

Horst Kunze konstatiert im Konsens mit der neueren Forschung[66] in seiner *Geschichte der Buchillustration in Deutschland*, dass es „keinen Zweifel" an einer „Einflußnahme Grimmelshausens auf die zu seinen Lebzeiten entstandenen Abbildungen zu seinen Schriften" geben könne.[67] Wenn von einem Einverständnis Grimmelshausen zum Kupfertitel des *EwC* auszugehen ist, dann hatte auch der Kupfertitel des *EWGC* seine Zustimmung gefunden und es darf wohl davon ausgegangen werden, dass er den Kalender gekannt hat.[68] Es ist nicht vorstellbar,

65 Nach der Einschätzung von Herrn Dr. Rainer Schoch und Frau Dr. Yasmin Doosry, Graphische Sammlung des Germanischen Nationalmuseums Nürnberg, spricht nichts gegen die Annahme, dass der Kupfertitel des *EWGC* 1670 die Vorlage für den Kupfertitel des *EwC* gewesen ist. Vielmehr ist die nicht so sorgfältige Ausführung der Personenstaffage im Hintergrund des *EwC* ein Indiz dafür, dass es sich hier um einen Nachstich handelt. So verschwindet die Bischofsdarstellung des *EWGCs*, doch sein Krummstab bleibt als Verzierung auf der Weste des Orientalen erhalten.

66 Vgl. Sibylle Penkert: Grimmelshausens Titelkupfer-Fiktionen. In: *Emblem und Emblematikrezeption. Vergleichende Studien zur Wirkungsgeschichte vom 16. bis 20. Jahrhundert.* Hrsg. von Sibylle Penkert. Darmstadt 1978, S. 257–285; Hubert Gersch: *Literarisches Monstrum und Buch der Welt. Grimmelshausens Titelbild zum „Simplicissimus Teutsch".* Tübingen 2004 (Untersuchungen zur deutschen Literaturgeschichte 119).

67 Horst Kunze: *Geschichte der Buchillustration in Deutschland. Das 16. und 17. Jahrhundert.* Bd. 1. Frankfurt a. M. 1993, S. 552.

68 Im 1670 herausgekommenen *Springinsfeld* verweist Grimmelshausen bekanntlich auf die Darstellung von Knan und Meuder „auff Simpl. ewigem Calender". Vgl. Grimmelshausen: *Der seltzame Springinsfeld.* Hrsg. von Franz Günter Sieveke. Tübingen 1969 (Gesammelte Werke in Einzelausgaben. Unter Mitarbeit von Wolfgang Bender und Franz Günter Sieveke hrsg. von Rolf Tarot), S. 39.

dass er mit der Übernahme einer Vorlage einverstanden war, die mit ihm nichts zu tun hatte, die aus einer Manipulation hinter seinem Rücken resultierte, die ihn übervorteilte. Plausibler bleibt die Einschätzung, dass bereits der Kupfertitel des *EWGC* nach den Vorstellungen Grimmelshausens gestaltet worden ist. Bei einer Ikonographie des Kupfertitels des *EwC*[69] ist dann zu berücksichtigen, dass er nicht für das Werk konzipiert wurde, dem er vorgebunden ist, sondern für einen Jahreskalender.

Die Bildkomposition des Kupfertitels des *EWGCs* ist dem im Titel angekündigten Vorhaben des Jahreskalenders angepasst. Der Schlangenleib des Uroboros als Symbol des Jahres[70] umrahmt das von Knan und Meuder angeführte Kreisrund der Personen hohen und niedrigen Standes, die in den diversesten Geschichten, in „glücklichen und unglücklichen, seltsamen und notablen, ganz neuen Europäischen Wundergeschichten" agieren. Im Mittelpunkt der Szenerie soll der „Simplic. Calender" noch in den Sack gepackt werden, der bereits mit den vier bisher von Felsecker verlegten Jahreskalendern angefüllt ist.[71] Die Portrait-Medaillons der simplicianischen Familie, die die Titeldraperie umrahmen, werden hier erstmals gezeigt. Das Portraitkupfer der Neuauflage des *ST* von Herbst 1669 hat also hier seine Vorlage (Abb. 13). Der Brandsteller'sche Bericht im *EwC* erklärt allerdings, dass diese Portraitfolge als Kupfertitel dem nun in Druck gegebenen *EwC* vorangestellt werden sollte.[72] Als einen Beitrag zum Neudruck der „Simplic.

---

69 Haberkamms knappe Ausführungen im *Beiheft* (wie Anm. 47), S. 5–6; Kunze, *Buchillustration* (wie Anm. 67), S. 586: „[...] dieses kuriose Titelkupfer (ersetzt) ein ganzes Bilderbuch und gibt dem Betrachter wie ein modernes Kreuzworträtsel vieles zu enträtseln".

70 Gemeint ist das Einzeljahr. Vgl. Simplicissimus im *EwC*, S. 95, Sp. 4.

71 Haberkamm, *Beiheft* (wie Anm. 47), S. 6, Anm. 7. Das Einsacken der Kalender mit den Worten „Her, her mit der Thorheit" nimmt sinngemäß die Kalendergeschichte der ersten *Continuatio* auf, als Simplicissimus vom Drucker eine „gute Quantität Kalender". Vgl. *EWGC* 1670, fol. C4^r; *Simpliciana* (wie Anm. 11), S. 17 übernimmt. Das darunter stehende Schriftband verteidigt den neuen Kalender gegen jegliche Kritik.

72 *EwC*, S. 190. Koschlig, *Grimmelshausen* (wie Anm. 3), S. 192, übergeht diese Brandstellersche Intention und sieht den Kupfertitel mit der simplicianischen Familie lediglich als der Ausgabe E^4 zugordnet. Es ist zu bemerken, dass hier „Knans frommes Ursele" erstmals wieder in die Runde eintritt. Von ihr hieß es noch beim Wiederzusammentreffen des Simplicissimus mit seinem Knan im Sauerbrunnen, dass sie nach der Plünderung von dessen Bauernhof im Spessart verschollen sei (*ST* V, 8). Das dem *EwC* vorangestellte Widmungsgedicht des jungen Simplicius nennt sie nun als seine Partnerin. Sodmann, Kalenderschriften (wie

Lebens-Beschreibung", von dem er gerade erfahren hätte, sah er den von ihm konzipierten Kupferstich nicht. Es wäre zu erwägen, ob das neu hinzugekommene Kupferstich-Frontispiz der Ausgabe E^4 mit der Darstellung der simplicianischen Familie nicht ursprünglich für den *EwC* vorgesehen war und dort das Vorab-„Gemähl" zu den „Neben-Historien" abgeben sollte. Dann hätte der ominöse *Calender-Simplicissimus* wenigstens mit einem Blatt das Versprechen des Titelblatts aufgenommen.

Beim *EwC* in (Groß-)Quart ist der Kupfertitel etwas breiter als der des *EWGCs* geraten, was den Portraitmedaillons, die auch nicht mehr von der Titeldraperie eingeengt werden, mehr Platz verschafft.[73] Die etwas modifizierte Personenstaffage im Ring der Schlange wirkt hingegen weniger detailliert, sparsamer gezeichnet.[74] Die Beschriftung des Schlangenleibes wurde deutlicher und auf dessen freien oberen Segment steht nun der Vergil-Vers „Atque in se sua per Vestigia Voluitur annus" aus dem dritten Diskurs mit Zonagrio.[75] Der Kalendersack enthält nur noch Kalender ohne Titelangabe.[76] Der Nachstich ist von keinem Stecher signiert. Der Inhalt des *EwCs* wird durch das übernommene Titelkupfer mehr im Unbestimmten gelassen. Für die nach dessen Titelangabe im Vordergrund stehende Thematik des Diskurses über Astronomie und Astrologie hätte der damalige Fundus der Titelillustrationen auch andere Möglichkeiten geboten (Abb. 14).[77] Die Übernahme der Wundergeschichten-Szenerie wurde gewiss nicht allein vom Verleger für passend und damit für kostengünstig gehalten. Auch Grimmelshausen hat diese Lösung, deren Voraussetzungen ihm sicherlich bekannt waren, offenbar akzeptiert. Wenn er sie mitgetragen hat, dann kann die Herausgabe des *EWGC* an ihm nicht vorbeigegangen sein. Mit dem Einverständnis zur Übernahme des Kupfertitels hat er diesen zu-

---

Anm. 6), S. 131, schreibt vorsichtig, dass die Darstellung der simplicianischen Familie im *EwC* „vermutlich" als Vorlage aller späteren Darstellungen der Familie gedient habe.

73 Beschreibung bei Battafarano/Eilert, *Probleme* (wie Anm. 2), S. 35–36.

74 Die Ordensfrau mutierte in einen Ordensmann, der Papst ist nicht mehr vertreten.

75 Vergil, *Georgica*. Lib. 2, 402; *EwC*, S. 95.

76 Die beiden Schriftbänder lassen sich nun auch als „S" lesen, was bei der Vorlage nicht der Fall war. Vgl. hierzu Haberkamm, *Beiheft* (wie Anm. 47), S. 6.

77 Die Personifikationen von Astronomia und Astrologia waren ein beliebtes Sujet. Der Holzschnitt-Titel des *Schreib-Kalenders* von Nicolaus Schmidt, dem „gelehrten Bauern" aus dem Verlag Endter, zeigte hierzu über Jahrzehnte ein prägnantes Beispiel, das auch an anderen Orten benutzt wurde.

mindest autorisiert.[78] Die Einschätzung, dass der *EWGC* ohne Zustimmung Grimmelshausens oder ohne sein Wissen erschienen ist, kann wohl nicht weiter vertreten werden.

1.5. *Der Kalenderteil des Jahrgangs 1671*

Das Kalendarium des folgenden Jahrgangs 1671 bleibt in dem im Jahr zuvor gegebenen Rahmen. Der Kupfertitel ist nach den vorangegangenen Abdrücken nicht mehr so prägnant, zeigt aber naturgemäß ein besseres Bild als im nächsten Jahr. Der Text der Kalendergeschichte entspricht, wie zu erwarten, dem der zweiten *Continuatio*. Ihm ist wie 1670 und 1672 eine Vorrede vorangestellt, die wie die für 1672 nicht in der E^5 abgedruckt ist. Die Überschrift zur Vorrede lautet, wieder leicht abgewandelt zur E^5, „Simplicianischer Wunder-Geschichten andere Vorstellung". In der Vorrede, die im Gegensatz zu 1670 nicht als solche überschrieben ist, teilt Simplicissimus dem Leser mit, dass auf vielfältiges Begehren eine andere als die vorgesehene „Materi" dargeboten werde. Da seine Lebensbeschreibung, die er einst auf seiner Insel einem Holländer verehrt hatte, veröffentlicht sei, wäre gewünscht worden, „zu wissen, wie und durch was Mittel ich doch wiederumben in die Europäische Länder kommen sein möchte, als worinnen ich meinen ersten Calender geschrieben". Er wolle daher jetzt seine „wunderbarliche Heimreise" erzählen. Die zweite *Continuatio* schließt also ausdrücklich an die *Continuatio*, das sechste Buch des *ST*, an.[79]

Die dem Bericht folgenden Bänkelverse zu Ereignissen der beiden vorangegangenen Jahre in Europa haben wie im folgenden Jahrgang 1672 den Vorspann „An Statt einer Simplexen Zugab [...]", der 1670 nicht gegeben worden war. Es ist dem Kalender für 1670 nicht zu entnehmen, ob damals neben der „Zugab" am Ende des *Astrologischen Jahrbuchs* eine weitere „Zugab" enthalten sein sollte. Die im Kalendarium 1671 mit der Oktober-Rectoseite einsetzenden 25 Bänkelverse sind übersichtlicher als im vorangegangen Jahrgang gedruckt. Redaktionelle Notizen fehlen diesmal.

78 Vgl. die Einschätzung von Tarot, Problem (wie Anm. 6), S. 44.

79 Die Überlegungen bei von Ziegesar, ob in der zweiten *Continuatio* von einer zweiten außereuropäischen Reise die Rede ist, erübrigen sich damit. Vgl. von Ziegesar, Grimmelshausen (wie Anm. 1), S. 71–72.

Das *Astrologische Jahrbuch* 1671 sowie der bekannte Jahrgang 1672 liegen bereits weitgehend in der von Engelbert Hegaur [W. E. Oeftering] 1925 herausgegebenen Ausgabe vor.[80]

2. Grimmelshausen und die Jahreskalender

2.1. *Europäischer Wundergeschichten Calender*

Die Herausgabe des *EWGC* wird nach den Hinweisen, die dem ersten Jahrgang zu entnehmen sind, nicht ohne Wissen und Einverständnis Grimmelshausens geschehen sein. Wäre von Felsecker verfahren worden, wie Koschlig unterstellt, müsste man schon aus praktischen Erwägungen eher zu diesem Zeitpunkt als zu einem anderen mit einer Entfremdung zwischen dem Verleger und seinem erfolgreichen Autor rechnen.

Durch den nun vorliegenden *EWGC* für 1670 ist zumindest die Druck-Chronologie des Hauses Felsecker im Jahre 1669 transparenter geworden. Der Druck des *EwC* und die Herausgabe des *EWGC* sind zeitlich näher aneinander gerückt. Die Manuskriptvorlage des *EwC* ist wohl früher, als bisher angesetzt, nach Nürnberg gelangt.[81] Es wäre demnach möglich, dass dieses Vorhaben auch den Anstoß zur Veröffentlichung des *EWGC* gegeben hat. Wenn im *EwC* Simplicissimus im Gespräch mit Zonagrius „die Calender-Macherey und was deme anhängig, betreffent" erklärt, dass er mit der „Calendermacherey" schwanger gehe,[82] dürfte der Kalenderverleger Felsecker sicher gerne dieses Stichwort aufgegriffen haben.[83] Es war für ihn gewiss verlockend, unter dem zugkräftigen Namen des Simplicissimus als Galionsfigur einen weiteren Kalender in die Welt zu schicken.[84]

80 Johann Jakob Christoffel von Grimmelshausen: *Ewig währender Kalender nebst Stücken aus dem jährlichen Wunder-Geschichts-Kalender.* Hrsg. von Engelbert Hegaur [Wilhelm Engelbert Oeftering]. München 1925.

81 Vgl. oben Kap. 1. 3: Die Anzeige des *EwCs*.

82 *EwC*, S. 59 (2), Sp. 1.

83 Dies nahm auch Anton Pontesegger in seiner Dissertation (masch.) von 1952 an. Vgl. Berns, Kalenderprobleme (wie Anm. 6), S. 31, Anm. 41.

84 Vgl. Matthäus, Grimmelshausen (wie Anm. 1), S. 234.

Für den Verfasser des *EwC* wird ein dahingehender Vorschlag seines Verlegers nicht von vornherein abwegig gewesen sein. In der ersten Anzeige des *EwC* steht das Thema Astronomie und Astrologie im Vordergrund. Man kann sicherlich annehmen, dass Grimmelshausen ein persönliches Interesse an der hier aufgeworfenen Problematik hatte, die in den Prognostiken der Jahreskalender immer noch diskutiert wurde und die in der Welt des Gedruckten durchaus noch präsent war.[85] In der Person des Simplicissimus gibt sich Grimmelshausen als ein passionierter Leser zu erkennen. Dieser sei stets gewohnt gewesen, in müßigen Stunden nach einem Buch zu greifen,[86] heißt es im Molsheimer Schreibkalender. Seine Antwort auf die Vorhaltungen der Meuder: „Ich hab doch sonst kein Frewd in der Welt als lesen“, weist gleichfalls auf reale Vorlieben des Autors.[87] Der dabei angeführte Kauf von sechs Kalenderpraktiken lässt vermuten, dass Grimmelshausen dergleichen Schrifttum recht intensiv wahrgenommen hat.[88] Das Vorhaben des *EwC* setzt eine Beschäftigung damit voraus. In dessen Hauptstück, den Dialogen des anfangs recht unbedarften Simplicissimus mit den beiden Sternkundigen Zonagrius und Johann ab Indagine geht es in den langatmigen Diskursen um die Grundlagen und Voraussetzungen der Kalendermacherei, um die astronomische Begründung und die Anwendungen der Lehren der Astrologie.[89] Die natürliche Astrologie, die sich nicht auf Individualaussagen wie Nativitäten einlässt, wird dabei als eine im menschlichen Leben nützliche und notwendige, legitime Wis-

85 Der Altdorfer Professor und offizielle Nürnberger Kalendermacher Abdias Trew bemühte sich zu dieser Zeit wie einst Kepler um eine ‚astrologia reformata‘. Vgl. Matthäus, Geschichte des Nürnberger Kalenderwesens (wie Anm. 15), Sp. 1063–1067.

86 Schreib-Kalender Molsheim, fol. 4^{v}.

87 *EwC*, S. 42, Sp. 3. Vgl. Breuer, *Handbuch* (wie Anm. 5), S. 18–19.

88 *EwC* und Breuer, *Handbuch* (wie Anm. 5), S. 18–19.

89 Die Grimmelshausen-Forschung zeigte in letzter Zeit ein verstärktes Interesse am *EwC*. Einige notwendige kritische Feststellungen hierzu hat jüngst Klaus Haberkamm, der Herausgeber der Faksimileausgabe des *EwC* von 1967, gegeben: Klaus Haberkamm: „Edle Wissenschafft“ und „freye Kunst“. Zur Begriffsbestimmung der Astronomie/Astrologie bei Grimmelshausen. In: *Simpliciana* XXVI (2004), S. 163–183. Nach den Umständen der Herausgabe zu schließen, kann man meines Erachtens dem *EwC* die Intention eines Sachbuchs nicht absprechen. Bereits Anton Pontesegger betonte, dass der Grundstock des *EwC* „die wissenschaftlichen Diskurse des Simplicissimus mit seinen Lehrern Zonagrius und Indagine“ seien. Zitiert nach Berns, Kalenderprobleme (wie Anm. 6), S. 31, Anm. 41. Grimmelshausen verstand es, „den zum Teil sehr spröden Stoff lebendig zu vermitteln und aufzulockern“. So Michelsen, Wahn (vgl. Anm. 40), S. 457.

senschaft eingeschätzt.[90] Ein Gutteil der Kalenderschreiber bekommt dagegen herbe Zensuren. Als „vermessene Astrologistas" und „leichte Astrologanten" würden sie nur zu oft ihre Kalender und Prognostiken mit lauter Lügen zusammenflicken.[91] Aber genau das erwarten die „vorwitzigen" Leser.[92] Nun, Felsecker hat sich auf solche „Bossen" bekanntlich nicht groß eingelassen.[93] Er bot Gewähr für reelle und doch publikumswirksame Kalenderarbeit. Wenn er nun mit Wissen Grimmelshausens für einen weiteren Kalender den so erfolgreich beim Leser angekommenen Namen des „Simplicius Simplicissimus" weiter nutzen wollte, rechnete er wohl auch mit einer Mitarbeit seines geschätzten Autors. Der Verleger hatte mit seinen bisherigen Kalendern bewiesen, dass er als Herausgeber mit einem System von „Textbausteinen" recht flexibel agieren konnte.[94] Das Kalendergerüst wurde von ihm gestellt. Die Berechnungen der Finsternisse und der täglichen Planetenaspekte lagen ihm vor, darum brauchte sich ein Kalendermacher nicht mehr bemühen.[95] Historien für den zweiten Teil der Praktik, wie Vorlagen zum Ausfüllen von weiteren Kalenderspalten wie die „Schertz-Reden", hatten der erprobte Kalenderredakteur Felsecker und seine Helfer ausreichend zur Hand. Die Zuarbeit des im Titel genannten Autors konnte im gegenseitigen Einverständnis begrenzt bleiben.

Die Betitelung des neuen Kalenders als *Wundergeschichten Calender* nimmt mit dieser Formulierung wohl Bezug auf die diesbezügliche Rubrik des *EwC*. Für einen Kalender bot die Thematik der dort gebrachten Historien einen nahezu unerschöpflichen Fundus an Fortsetzungen.[96] Die Apostrophierung als „Europäische Wunderge-

90 *EwC*, S. 141, Sp. 1.

91 *EwC*, S. 203. Vgl. die Kritik an den Prognostiken in Grimmelshausens *Wunderbarlichem Vogel-Nest* (*Vogel-Nest* II, 11). – Grimmelshausen: *Das wunderbarliche Vogelnest*. Hrsg. von Rolf Tarot. Tübingen 1970 (Gesammelte Werke in Einzelausgaben. Unter Mitarbeit von Wolfgang Bender und Franz Günter Sieveke hrsg. von Rolf Tarot).

92 *EwC*, S. 59 (2), Sp. 1: M.V.D.

93 Vgl. Herbst, Bestandsaufnahme (wie Anm. 64), S. 349–354.

94 Vgl. Matthäus, Grimmelshausen (wie Anm. 1), S. 225–235: Der Kalenderverlag von Wolf Eberhard Felsecker.

95 *EwC*, Vorred des alten Simplicissimus. Für die Berechnung jener Daten konnte dieser keine Hinweise geben. Beim Kalenderverlag Felsecker hat nun Klaus-Dieter Herbst dessen „Astronomischen Köpfe" bestimmt. Vgl. Herbst, Bestandsaufnahme (wie Anm. 64), S. 316–348: Die astronomische Basis.

96 Der Freymund-Kalender Felseckers für 1667 meldet eine Änderung der Texte des ZT mit dem Argument: „in Betrachtung solche unsere vorhabende Materia sehr

schichten“ betont den weitgespannten Bogen.[97] Der volle Titel wird auf dem aufwendigen Kupferstichtitel und auf dem Titelblatt des zweiten Teils, des *Astrologischen Jahrbuchs*, angezeigt. Das eigentliche Titelblatt enthält nur eine ausführliche simplicianische „Zuschrift“. Die oben stehende Nennung als „Alter“ (und) „Neuer“ bleibt ohne Titelangabe des Kalenders, was sich auch in den folgenden Jahren nicht ändert. Der Kupferstichtitel dürfte bald konzipiert und in Auftrag gegeben worden sein.

Der Textbeitrag des Kalenders ist als „Europeischer Wundergeschichten erste Vorstellung“ überschrieben. Die vorangestellte Vorrede bezeichnet, wie bereits erwähnt, die *Continuatio*, das VI. Buch des *ST*, als im Druck befindlich. Sie müsste daher frühzeitig formuliert worden sein. Im Gegensatz zu Überschrift und Kalendertitel soll der Kalendertext jedoch nun nicht über wundersame Ereignisse in Europa berichten. Vielmehr will Simplicissimus, wie die Vorrede ausführt, anzeigen, wie es ihm in den letzten zwei Jahren ergangen ist, was er in Fortsetzung der *Continuatio* gleichsam wie der fliegende Wandersmann an unterschiedlichen Orten „notabeles und merckwürdiges auf der Welt in Augenschein genommen“. Ein solches Vorhaben passt noch halbwegs unter die Titelüberschrift. Doch auch dieses Vorhaben wurde offenbar modifiziert. Die Kalendergeschichte setzt mit einem „verjüngerten“[98] Simplicissimus die Thematik des *EwC* fort. Sie berichtet über die weitere Karriere des dort diskutierenden Simplicissimus, des Aspiranten in der Kalendermacherei, der nun Gelegenheit bekommt, seine neuen Kenntnisse praktisch anzuwenden. Als Eingangstext zu einer neuen Kalenderreihe fügt sich die Geschichte gut ein. Insgesamt sieht es so aus, als ob ein ursprüngliches Kalenderkonzept verändert wurde. Beim Text der Kalendergeschichte scheint deren Autor das letzte Wort gehabt zu haben.

Ab dem nächsten Jahrgang für 1671 sind die Folgen der Kalendergeschichten als Vorstellungen „Simplicianischer Wunder-Geschichten“ überschrieben. Das an dieser Stelle nicht recht zutreffende Attribut

---

reich, also, daß wir ziemlich Jahr [...] damit anhalten können“, was dem Leser sicher willkommen sein werde. (ZT, fol. D2^{v}).

97 Erst nach dem *EWGC* benutzten weitere Kalender aus Nürnberg das Attribut „europäisch“ im Titel. Einen *Zeit- und Wunder Calender* brachte Marcus Freund erstmals für 1658 im Endterschen Verlag heraus. Vgl. Matthäus, Geschichte des Nürnberger Kalenderwesens (wie Anm. 15), Sp. 1342–1367: Verzeichnis der in Nürnberg erschienenen Quartkalender.

98 Vgl. oben 1. 2: Die „Zugab“.

„europäisch" hat man demnach sogleich aufgegeben. Als ein Holzschnitt-Titel die aufgebrauchte Platte des Kupferstichtitels ersetzte, wurde der Kalender auch nach außen nur noch als *Simplicianischer Wunder Geschichts Calender* bezeichnet, wie er jetzt erstmals für 1674 vorliegt[99] und was höchstwahrscheinlich bereits 1673 so gehandhabt wurde (Abb. 15).

Nach der bisher unbekannten Vorrede zum Jahrgang 1671 suchte Simplicissimus diese Geschichten nun in eine ordentliche Folge zu bringen. Die Kalendergeschichte knüpft jetzt formal an das sechste Buch des *ST* an.[100] Da seine Leser wissen wollten, wie er von seiner einsamen Insel wiederum nach Europa gekommen sei, wo er dann seinen ersten Kalender geschrieben habe, erzähle Simplicissimus nun über seine „wunderbarliche", unfreiwillige Heimreise. Dieser Bericht, der auch in den ersten Jahrgang gepasst hätte, war allerdings recht kurz gefasst und schließt mit seinen weiteren Erlebnissen auf der Heimreise in den Schwarzwald, was der folgende Jahrgang für 1672 mit etwas disparaten Geschichten fortsetzte. Beim nächsten bisher bekannten Jahrgang für 1675 konnte bereits früher nachgewiesen werden, dass die dargebotenen simplicianischen Geschichten lediglich ein Arrangement von wortwörtlich übernommenen Passagen aus dem seit 1615 in deutscher Übersetzung vorliegenden spanischen Schelmenroman *Guzmán von Alfarache* des Mateo Alemán brachten.[101] Die Altenburger Kalendersammlung zeigt für die Jahrgänge 1674 und 1676 den gleichen Befund. Da die Geschichte des Jahrgangs 1674 sich als Fortsetzung von 1673 einführt, ist anzunehmen, dass für diesen Jahrgang ebenfalls der *Guzmán* ausgeschrieben wurde. Für die Rubrik der simplicianischen Geschichten hat man sich offenbar ab diesem Zeitpunkt mit einer schlichten Textübernahme, einem Plagiat, begnügt. Danach könnte der Jahrgang 1673 die Bruchlinie einer Veränderung aufzeigen.

Beim zweiten Teil des Kalenders, dem *Astrologischen Jahrbuch*, ist eine vergleichbare Änderung der Redaktionspraxis zu diesem Zeit-

---

99 *SWGC* 1674 (Altenburg). Vermutlich wurde dieser Holzschnitt-Titel bereits für 1673 benutzt. Der Kupferstich-Titel war ja schon 1672 stark abgenutzt. Die Bogensignatur des Kalendariums hatte bereits 1670 die Kennung „Simpl." bzw. „Simplicis". Der Jahrgang 1675 ist sowohl mit Holzschnitt-Titel (GNM) als auch mit einem Kupferstichtitel (Altenburg) erschienen. Der Kupferstichtitel zeigt in dekorativerer Form das gleiche Bild (Abb. 16).

100 Nicht bereits 1670, wie Koschlig ausführt. – Koschlig, *Ingenium* (wie Anm. 4), S. 206, Anm. 21.

101 Matthäus, Geschichte des Nürnberger Kalenderwesens (wie Anm. 15), Sp. 1254; Sodmann, Kalenderschriften (wie Anm. 6), S. 136.

punkt nicht festzustellen. Das bekannte Rahmenkonzept eines simplicianischen Kalendergesprächs, in dem alle Kapitel der Praktik sowie die Unterhaltungsmaterien abgehandelt werden, wird dort allerdings erst ab dem zweiten Jahrgang für 1671 benutzt. Der Jahrgang 1670 hat außer der „Zugab" keine simplicianische Note und beschränkt sich darauf, zwischen den Monatskapiteln in der üblichen Weise „etliche rare und sehr nutzliche Geschichts Erzehlungen" einzureihen, die ebensogut in Felseckers Bielstädt-Kalender[102] hätten stehen können. Auf eine Nürnberger Redaktion weisen Historien aus der protestantischen Exempelliteratur.[103] Die Geschichte vom Hexenbankett ist auch im *ST* zu finden – aber in anderer Diktion.[104] Natürlich wird der im nächsten Jahrgang zitierte „Bratwurst-Mord"[105] abgehandelt – alles „in den Schrancken der Erbarkeit verbleibend".[106] Die ab dem Jahrgang 1671 etablierte Gesprächsrunde, die unter der Anleitung des Simplicissimus die Praktik abhandelt, zeigt, dass der Kalender nun insgesamt auf ein konsequent simplicianisches Erscheinungsbild ausgerichtet ist, dass er „simplicianische Geschichten" bringen will,[107] auch wenn der zweite Teil des *Astrologischen Jahrbuchs* die alte Titelei unverändert weiterführt. Die astrologischen Aussagen der traditionellen Praktikenkapitel

102 Der erste Jahrgang erschien für 1669, der zweite dann erst für 1673. Vielleicht war der zweite Jahrgang wegen des neu hinzugekommenen *EWGCs* zunächst zurückgestellt worden. Vgl. Matthäus, Grimmelshausen, S. 233–234.

103 Für die erste, 1642 in Eßlingen handelnde Historie wird als Quelle zitiert: Tobias Wagner: *Der kohlschwartze Teuffel*. Ulm 1643. Die sechste Geschichte vom Totschläger in der bei Nürnberg gelegenen Reichsstadt Windsheim ist aus Johannes Manlius: *Locorum communium collectanea*, Basel 1562, übernommen (Letztes Exempel zum 5. Gebot). Der Kalendertext ist nicht identisch mit dem der deutschen Ausgabe Frankfurt. a. M. 1565. – Die Sammlung von Manlius enthält zahlreiche von Melanchthon in seine Vorlesungen eingestreute Anekdoten. Vgl. Wilhelm Hammer: *Die Melanchthonforschung im Wandel der Jahrhunderte. Ein beschreibendes Verzeichnis*. Bd. 1. 1519–1799. Gütersloh 1967 (Quellen und Forschungen zur Reformationsgeschichte 35), S. 220–221 und S. 252. Für den Hinweis auf Manlius danke ich Herrn Michael Schlosser, Stadtarchiv Bad Windsheim.

104 *ST* II, 18.

105 Vgl. Matthias Abele von und zu Lilienberg: *Metamorphosis Telae Judiciariae. Das ist: Seltzame Gerichtshändel*. Nürnberg: Johann Georg Endter [6]1684, S. 24: Casus VII. Vgl. Dünnhaupt, *Personalbibliographien* (wie Anm. 21), Tl. 1, Stuttgart 1990, S. 104–105.

106 *EWGC* 1671, fol. D2[v].

107 Die Verlagsanzeige für die Felsecker-Kalender in Wagners *Heldenkalender* für 1671 spricht noch vom *Europäischen Wundergeschichten Kalender*, die in Juhrmanns *Haus- und Ehe-Kalender* für 1672 nur vom *Wundergeschichten Calender*. Vgl. von Ziegesar, Grimmelshausen (wie Anm.1), S. 64.

sind, wie bei Felsecker gewohnt, seit dem ersten Jahrgang äußerst zurückhaltend. Alles spricht dafür, dass die Herstellung dieses Kalenderteils von Anfang an in der Hand des Verlags lag. Die Argumente, die Koschlig bei der Untersuchung der Jahrgänge 1671 bis 1675 in ausführlicher kriminalistischer Spurensuche hierfür vorgelegt hat, lassen diese Einschätzung als plausibel erscheinen. Als den dafür verantwortlichen Verlagsredakteur hat Koschlig den als Korrektor bei Felsecker nachgewiesenen Johann Christoph Beer genannt.[108] Auf ihn sei die gestelzte, „ausgezierte" Diktion des Jahrbuchs zurückzuführen.[109] Er vermutete, dass sich Beer in der Person des Musophilus, der sich in der Gesprächsrunde als Adlatus des Simplicissimus profiliert, in die Gesellschaft eingebracht habe.[110] In den realen Verlagsbeziehungen sei Grimmelshausen allerdings zu Beer in einem recht distanzierten Verhältnis gestanden.[111] Koschlig ging stillschweigend davon aus, dass ein einzelner, festzustellender Urheber den gesamten simplicianischen Kalender verfasst habe. Nach dem Befund beim *Astrologischen Jahrbuch* und dem weiteren Nachweis, dass die Spalte der Scherzreden im Kalenderteil

---

108 Koschlig, *Ingenium* (wie Anm. 4), S. 297–534: Die simplicianische Arbeit des Johann Christoph Beer (1638–1712). Der Theologe Beer hatte wegen einer massiven Gesichtsverletzung kein Pfarramt übernehmen können und war daher als Korrektor für Nürnberger Verlage tätig.

109 Die zu Beginn eingestreuten beiden griechischen Worte „erga" und „parerga" lassen dies sogleich deutlich werden. (*EWGC* 1671, ZT, fol. A1^r).

110 Koschligs Argumentation wird durch den Jahrgang 1678 (Altenburg) gestützt, wo Simplicissimus die Gesprächsrunde auffordert: „Sie nemen Platz, ein jeder wo es ihme beliebet. Monsr. Musophil lasse ihme gefallen, die nechste Stelle bey mir zu besitzen, die andern pflegen ihrer Gelegenheit" (ZT, fol. A1^r). Es ist aber sicher nicht auszuschließen, dass auch Felsecker eigene Vorstellungen eingebracht hat. Vgl. die Ausführungen von Klaus-Dieter Herbst zur Verfasserfrage der Felseckerschen Kalender in Herbst, Bestandsaufnahme (wie Anm. 64), S. 292–315 u. S. 230. Auch Grimmelshausen muss wohl nicht so distanziert zur Gesprächsrunde eingeschätzt werden, wie es Koschlig postuliert. Dazu Matthäus, Grimmelshausen (wie Anm. 1), S. 269–270.

111 Koschlig, *Ingenium* (wie Anm. 4), S. 482–505. Es wirkt sonderbar, dass Simplicissimus bei seinem Entree in die Kalenderrunde mit den Herren Musophilus, Politicus und Schrepffeisen zunächst als ein „ungeheures Monstrum" tituliert wird. Wenn der „höllische Gast" zu Beginn des 5. Kapitels der *Continuatio*, wie Koschlig meint, eine Karikatur von Beer darstellen soll, könnte man dann in dieser Passage, welche die Beschreibung im 2. Kapitel des *Springinsfeld* weiter vergröbert, eine Retourkutsche des Angesprochenen vermuten? Auf eine Diskussion der „Arbeitshypothese Beer" soll hier nicht weiter eingegangen werden. Vgl. Battafarano/Eilert, *Probleme* (wie Anm.2), S. 87–88; S. 112, Anm. 212, u. S. 114, Anm. 217; Heßelmann, *Simplicissimus Redivivus* (wie Anm. 57), S. 131–135.

von 1672 recht wörtlich aus Harsdörffer übernommen war, schied für ihn Grimmelshausen definitiv als Autor des Kalenders und damit der Kalendergeschichten aus. Koschlig sah Beer vom Jahrgang 1670 an als den allein in Frage kommenden Verfasser der Kalender einschließlich der Kalendergeschichten an.[112] Die Aufnahme der drei *Continuationen* in die Ausgabe E[5] sei zu Unrecht und gegen den Willen Grimmelshausens erfolgt.[113] Die Möglichkeit, dass am *EWGC* mehrere Hände tätig gewesen sind, hat Koschlig nicht in Erwägung gezogen.

Im Gegensatz zu seiner höchst ausführlichen Beweisführung über die Textredaktion Beers beim *Astrologischen Jahrbuch* fasste sich Koschlig bei der Beurteilung der drei ersten Kalendergeschichten recht kurz. Es war ein eingestandenermaßen subjektives Moment, das für ihn nach allen Untersuchungen bestätigt wurde: die von ihm empfundene Plattheit der Texte, die in keiner Weise an Grimmelshausen gemahnen.[114] Auf den Umstand, dass für den Jahrgang 1675 augenscheinlich eine veränderte Textredaktion der Kalendergeschichte vorliegt, ist Koschlig nicht weiter eingegangen. Sein Verzicht auf eine vergleichende Betrachtung der Kalendergeschichten führte letztlich zu einer sehr summarischen Einschätzung ohne Differenzierungen. Es war in der Diskussion der Thesen Koschligs auch immer ein Vorbehalt zu spüren, den *EWGC* gänzlich in das Prokrustesbett seiner Vorgaben zu zwängen.[115] Der von ihm beklagte „erschreckende Abstieg“ von der ursprünglichen Kalendergestalt des Simplicissimus im *EwC* zum „flach dahinschwätzenden“ Gesprächsspieler simplicianischer Scherzreden muss nicht zwingend in der von ihm postulierten Form[116] gesehen werden. Er fand wohl eher stufenweise statt. Koschlig charakterisierte die Arbeitsweise von Beer mit der Feststellung, „Erfinden“ sei nicht seine Stärke gewesen.[117] Hauptmerkmal seines Schreibens sei das Ausschreiben von Vorlagen, „die mechanische Arbeitweise und der Hang zur

112 Koschlig, *Ingenium* (wie Anm. 4), abschließend S. 464.
113 Koschlig, *Ingenium* (wie Anm. 4), S. 176–180, S. 195 u. S. 199.
114 Koschlig, *Ingenium* (wie Anm. 4), S. 176–177.
115 Vgl. Matthäus, Grimmelshausen (wie Anm. 1), S. 235, Anm. 71.
116 Koschlig, *Ingenium* (wie Anm. 4), S. 162.
117 Koschlig, *Ingenium* (wie Anm. 4), S. 464, hier allerdings auf die *Continuationen* bezogen.

Continuatio".[118] Eine solche Arbeitsweise wird aber erst in den Jahrgängen (1673/)1674 bis 1676 exemplarisch demonstriert.[119]

Eher widerstrebend gibt Koschlig der ersten *Continuatio* als Produkt aus der Feder Beers etwas bessere Zensuren. Der Anfang sei, „wenn auch ziemlich witzlos [...] doch nicht ungeschickt"[120] und die Figur des Kalendermachers sei (als Selbstdarstellung) „nicht schlecht dargestellt".[121] Eine Vorlage oder eine Übernahme werden bei den Hauptthemen Zeitungssingen und Kalendermachen nicht nachgewiesen. Man darf die erste Kalendergeschichte wohl als die originellste der Folge bezeichnen.[122] In ihrer Schreibweise erinnert nichts an eine Beersche Diktion in den Kalendergesprächen. Die ironische Bemerkung über die Zeitungsschreiber, die sich in größerer Runde mit dem Kopieren so abmühten, als ob daran die Wohlfahrt des ganzen Römischen Reichs gelegen sei, klingt kaum nach der Felseckerschen Kalenderredaktion. Es dürfte insgesamt eine weniger problematische Einschätzung des Vorhabens *EWGC* sein, wenn man unterstellt, dass Grimmelshausen das simplicianische Kalendervorhaben Felseckers in einem abgesprochenen Rahmen akzeptiert hat und ihm beim Start des Unternehmens eine Kalendergeschichte hat zukommen lassen. Wenn dabei ein Motiv aus dem *EwC* weitergesponnen wird, so passt dies in das Beziehungsgefüge, das Autor und Verleger zu jenem Zeitpunkt hatten. Es ist sicher möglich, dass der Verlag die Kalendergeschichte redigierte und Modifikationen nach seinen Vorstellungen vornahm.[123] Allerdings scheint sich der Autor der ‚Wundergeschichte' von 1670 bei den folgenden für 1671 und 1672 nicht mehr besonders engagiert zu

118 Koschlig, *Ingenium* (wie Anm. 4), S. 418.

119 Hier trifft die Einschätzung als „serielle Verlagsprodukte" unzweifelhaft zu. Vgl. Breuer, *Handbuch* (wie Anm. 5), S. 246; nach Sodmann, Kalenderschriften (wie Anm. 6), S. 132–137.

120 Koschlig, *Ingenium* (wie Anm. 4), S. 354.

121 Koschlig, *Ingenium* (wie Anm. 4), S. 343. Koschligs summarische Feststellung, Beer habe als Verfasser der *Wundergeschichten-Calender* „dort einige Male ein bemerkenswertes Geschick gezeigt", dürfte sich vor allem auf die erste *Continuatio* beziehen. – Koschlig, *Ingenium*, S. 350.

122 In gleichzeitigen Kalenderausgaben haben Ausführung und Diktion dieser ersten Kalendergeschichte, soweit ich sehen konnte, kein Pendant. Es bleibt der Eindruck, dass hier erstmals mit Erfolg eine genuin literarische Ausdrucksweise in den Jahreskalender eingeführt wurde. Vgl. Matthäus, Geschichte des Nürnberger Kalenderwesens (wie Anm. 15), Sp. 1253.

123 Was die von Koschlig als Beersche Ausdrucksweise bezeichneten Redewendungen ausweisen. Vgl. Koschlig, *Ingenium* (wie Anm. 4), S. 416–453.

haben.[124] Im Schlusswort von Jahrgang 1672 verweist Simplicissimus noch einmal auf die erste *Continuatio* wie auf seinen *EwC* und seine „vielen andern nachdencklichen Tractätlein", um sich in einer etwas umständlichen Ausdrucksweise gegen die Tadler seiner Kalenderarbeit zu verwahren und deren weitere Fortsetzung anzukündigen – quasi eine Verlautbarung des Verlages.

Mit dem Jahrgang 1673 sind dann, wie bereits erwähnt, die bisherigen Modalitäten der jährlichen Kalendergeschichten umgestellt worden. Nach allen aufgeführten Umständen wäre eine über die bloße Zustimmung hinausgehende Mitarbeit Grimmelshausens am *EWGC* der Jahrgänge 1670 bis 1672 nicht völlig auszuschließen. Diese Aussage geht allerdings kaum über den Status einer „institutionalisierten Ungewißheit"[125] hinaus.

2.2. Der *Molsheimer Schreib-Kalender*

Seit kurzem ist es möglich, eine neu aufgefunden Quelle zu Grimmelshausen in die Diskussion einzubeziehen, die einen Blick von einer bisher nicht vermuteten Seite auf den gesamten Fragenkomplex ermöglicht. Nach dem Nachweis der in Altenburg aufbewahrten simplicianischen Kalender konnte Klaus-Dieter Herbst im Zuge seiner Bestandsaufnahme der Kalenderausgaben des 17. Jahrhunderts auch auf einen bisher völlig unbekannten simplicianischen Schreibkalender aus Molsheim aufmerksam machen (Abb. 17).[126]

Der Kalender ist vom Drucker den Domherren des Hochstifts Straßburg gewidmet. Der Almanach zählt, obwohl die linksrheinischen Territorien des Bistums Straßburg seit dem Westfälischen Frieden der Oberlehnshoheit des französischen Königs unterstanden, nach den Regierungsjahren Kaiser Leopolds.[127]

---

124 Vgl. Matthäus, Grimmelshausen (wie Anm. 1), S. 262–263.

125 „Süddeutsche Zeitung" vom 28.07.2008, S. 57: Zum Artemidor-Papyrus.

126 Vgl. Herbst, Professionalisierung (wie Anm. 8), S. 104–105.

127 Zur damaligen, noch nicht endgültig definierten politischen Situation im Elsass vgl. Klaus Jürgen Matz: Das Elsass als Teil der französischen Monarchie (1648–1789). In: *Das Elsass. Historische Landschaft im Wandel der Zeiten.* Hrsg. von Michael Erbe. Stuttgart 2002, S. 85–89. Die Mitglieder des exklusiven edelfreien Domkapitels wurden zum damaligen Zeitpunkt vom deutschen Hochadel gestellt. Vgl. Peter Hersche: *Die deutschen Domkapitel im 17. und 18. Jahrhundert.* Bd. 1. Bern 1984, S. 170–174: Strassburg.

Das zum Fürstbistum Straßburg gehörige Molsheim, ungefähr 20 km westlich von Straßburg gelegen, war Sitz der von Jesuiten geleiteten Akademie des Bistums. Von 1667 bis 1680 leitete dort Johann Heinrich Straubhaar die fürstbischöfliche Druckerei, nachdem er zuvor in Pruntrut (Porrentruy), die Druckerei des dort residierenden Fürstbischofs von Basel geführt hatte. Er druckte und verlegte pastoraltheologische Literatur, offiziöse Veröffentlichungen des Bistums wie die „Agenda Ecclesiae Argentinensis", Kasualien und Mandate. Der Abt der Zisterzienserabtei Lützel im Oberelsass ließ bei Straubhaar ein Kochbuch drucken.[128] Es waren demnach in erster Linie Auftragsarbeiten, mit denen er als bestallter Drucker beauftragt wurde. In den Messkatalogen wird er 1670 und 1671 jeweils zweimal und 1675 und 1680 jeweils einmal als Verleger aufgeführt. Der Eintrag für 1675 nennt den Straßburger Verleger Dolhopf, den die Messkataloge auch als Verleger Grimmelshausens angeben, als Partner.[129] Mitte 1670 sollte der Entwurf

128 Das Wirken von Straubhaar hat Louis Schlaefli in zwei Aufsätzen detailliert dokumentiert. Ich danke Herrn Schlaefli vielmals für seine freundliche Mitteilung darüber. Vgl. Louis Schlaefli: Imprimeurs, relieurs et libraires à Molsheim du XVIe au XVIIIe siècle. In: *Annuaire de la Société d'Histoire et d'Archéologie de Molsheim et Environs* (1998), S. 72–79, und Recherches sur l'imprimerie à Molsheim au XVIIe siécle. In: *Annuaire de la Société d'Histoire et d'Archéologie de Molsheim et Environs* (1972), S. 65–72, sowie seinen Artikel zu Straubhaar in: *Nouveau Dictionnaire de Biographie alsacienne* 36 (2000), S. 3799. Vgl. ferner Reske: *Buchdrucker* (wie Anm. 56), S. 616, dem diese Aufsätze nicht bekannt waren. Darüber hinaus vgl. nun die Beiträge von Louis Schlaefli in diesem Band.

129 Vgl. Karl Gustav Schwetschke: *Codex Nundinarius Germaniae literatae bisecularis. Meß-Jahrbücher des deutschen Buchhandels* [...] *von 1564* [...] *bis 1765.* Halle 1850, S. 134–135, S. 142 und S. 151. Dolhopf hat bekanntlich *Proximus und Lympida* sowie den zweiten Teil des *Wunderbarlichen Vogelnests* in den Messkatalogen als Verleger angezeigt. Zu der Frage, ob er in dem Umfang als Verleger Grimmelshausen agierte, wie es Koschlig, *Grimmelshausen* (wie Anm. 3), S. 259–302, postulierte, vgl. jetzt die neuen Untersuchungen von Hildegard Eilert in Battafarano/Eilert, *Probleme* (wie Anm. 2), S. 58–66. Über den typographischen Befund des Molsheimer Schreibkalenders konnte Eilert Straubhaar als Drucker weiterer Schriften Grimmelshausens identifizieren, von *Rathstübel Plutonis* und *Proximus und Lympida* sowie einer Ausgabe des *Stoltzen Melcher.* Vgl. Battafarano/Eilert, *Probleme* (wie Anm. 2), S. 67–81. Zu Dolhopf hat Walter Ernst Schäfer den interessanten Nachweis gebracht, dass dieser in seinen beiden erhaltenen Buchhandelskatalogen über die Novitäten der Frankfurter Messen der Jahre 1672/73 und 1673/74 unter der Rubrik „Simplicissimus" ausführlich die einschlägigen Neuerscheinungen Grimmelshausens sowie weitere simplicianische Schriften verzeichnet. Vgl. Walter Ernst Schäfer: Georg Andreas Dolhopf(f), ein Straßburger Verleger. In: *Simpliciana* XXII (2000), S. 351–353. Seiner Schluss-

eines neuen Kalenders, den Straubhaar zu drucken hatte, vom Domkapitel überprüft werden.[130] Es handelt sich dabei sicherlich um einen der dekorativen Wappen-Wandkalender zu Repräsentationszwecken.[131] Seine Offizin war demnach zu einem Kalenderdruck ausgerüstet. Allerdings konnte bisher kein Exemplar eines von Straubhaar gedruckten Kalenders nachgewiesen werden.[132] Nach dem Erscheinungsbild der Straubhaarschen Druckerei zu schließen, dürfte es sich bei dem neu aufgefundenen Schreibkalender eher um eine Auftragsarbeit als um eine verlegerische Initiative von Straubhaar gehandelt haben. Der Molsheimer Kalender war nach dem Vorspann der Kalendergeschichte erstmals für 1673 erschienen. In Gegensatz zu den meist weitschweifig geratenen Kalendertiteln dieser Zeit ist er altmodisch nur als „*Schreib-Kalender*“ überschrieben. Nach der Titelangabe war er vom „jungen ehelich gebohrnen Simplicissimus“ verfasst und es sollten darin auch „kurtzweilige Historien vom alten Simplicissimo“ zu finden sein. Die Hervorhebung der ehelichen Geburt des jungen Simplicissimus überrascht nach dem, was zu seiner Person im *ST* und im *Springinsfeld* berichtet wurde.[133] Mit diesen Worten könnte aber auch betont werden, dass es sich hier um eine rechtmäßige Ausgabe handelt und keine zur linken Hand. Wer sollte es sein, der mit solchen Aussagen in dem kleinen, eher unbedeutenden Druckort Molsheim in die Öffentlichkeit ging? Eine erste Vermutung geht zwangsläufig dahin, dass hier als Ka-

folgerung, dass Grimmelshausen kaum vor der Herbstmesse 1674 mit Dolhopf in persönliche Verbindung getreten ist, kann ich nicht folgen. Aus praktischen „buchhändlerischen Überlegungen“ meine ich, dass Dolhopf als Straßburger Buchhändler Grimmelshausens zum Verlag für dessen Schriften bereit war, was auch in der weniger verbindlichen Form des Kommissionsverlags möglich war, der ja oft aus der Kulanz zu einem Buchhandelskunden resultiert. Ferner: Dieter Breuer: Grimmelshausen und Straßburg. In: *Simpliciana* XXII (2000), S. 313–329, hier S. 322–323.

130 Vgl. Schlaefli, Imprimeurs (wie Anm. 128), S. 6.

131 Vgl. Matthäus, Grimmelshausen (wie Anm. 1), S. 222–223.

132 Freundliche Mitteilung von Herrn Josef H. Biller, München.

133 *ST* V, 9; *Springinsfeld*, Kap. 9. Rosmarie Zeller machte in Oberkirch darauf aufmerksam, dass es sich bei dem „jungen ehelich gebohrnen Simplicissimus“ auch um den Sohn aus der ersten Ehe des Simplicissimus handeln könne, der nach dem Tod der Mutter von deren Schwester aufgezogen wurde. Vgl. *ST* V, 5 (wie Anm. 11), S. 389. Da die beiden vorangegangenen Jahrgänge des Molsheimer Schreib-Kalenders wohl als verschollen gelten müssen, bleibt es offen, wie der „junge eheliche Simplicissimus“ zum Kalendermachen kam und ob hier jener beiläufig erwähnte Sohn aus der ersten Ehe wieder ins simplicianische Geschehen eingeführt worden ist.

lendermacher der bischöfliche Schultheiß im 20 km östlich von Straßburg liegenden Renchen im Spiel sein müsste. Es könnte ja sein, dass es Grimmelshausen war, der in Molsheim eine Möglichkeit zu einer eigenen Publikation gefunden hatte und dort mit einem von ihm redigierten Kalender nach seinen Vorstellungen weitermachen wollte, nachdem er aus dem Nürnberger Kalenderengagement mehr oder weniger ausgestiegen war. Auf Straubhaar könnte er durch die Vermittlung Dolhopfs gekommen sein, der mit seinem mehr wissenschaftlich ausgerichteten Verlag kein Interesse an Kalenderschrifttum hatte.[134] Die erzählenden Kalenderpassagen des Molsheimer Kalenders stützen diese Vermutung. Dies beginnt damit, dass neben dem *Stoltzen Melcher* mehrfach zur besseren Einordnung der Geschichten der *ST* mit genauer Stellenangabe zitiert wird – exakter als bei den entsprechenden beiläufigen Erwähnungen des *EWGC*. Bei den Texten ist durchgehend eine Diktion, ein Stil zu spüren, die der Ausdrucksweise Grimmelshausens adäquat sind, die der *EWGC* aber weitgehend vermissen lässt.

Die auf dem Titelblatt als „Reißerzählung" bezeichnete Kalendergeschichte ist im Kalendarium als „Simplicianische Erzehlung" überschrieben (Abb. 18). Wie die Kalendergeschichten des *EWGC* für 1670 und 1672 wird sie mit einer Sprichwort-Sentenz eröffnet. Sie bringt keine Aneinanderreihung von Episoden, sondern ist wie 1670 eine durchgehende Erzählung. Der junge Simplicissimus tritt darin in Kriegsdienste,[135] da er sich der von seiner „Bas" eingefädelten Hochzeit mit einer reichen Wittib verweigerte und von seiner „Lisel" nicht lassen wollte. Er profilierte sich in der Etappe als ein arroganter und überheblicher Stutzer in „Hoffart und Torheit".[136] Ein erster Zusammenstoß mit bewaffneten Bauern, die sich gegen die plündernde Soldateska zu wehren wussten, endete mit einem Fiasko. „Ellender als der Stoltz Melcher" kehrte er schwerverwundet in die Heimat zurück. Die mit doppelbödiger Ironie erzählte Geschichte endet damit, dass sich der schließlich Genesene egoistisch und selbstgefällig zur reichen Heirat bequemt.

Die Historien vom alten Simplicissimus im zweiten Teil des Kalenders, dem Prognosticon, werden hier ebenfalls im Rahmen einer

134 Vgl. Koschlig, *Grimmelshausen* (wie Anm. 3), S. 259–260; Reske, *Buchdrucker* (wie Anm. 56), S. 906.

135 Offenbar im holländischen Krieg auf kaiserlicher Seite am Mittelrhein (Gerauer Ländchen). Der Kurfürst (von der Pfalz) wird als sein Landesherr bezeichnet. Vgl. *Schreib-Kalender* Molsheim 1675, fol. D2^r.

136 *Schreib-Kalender* Molsheim 1675, fol. B1^r.

Gesprächsrunde präsentiert, die sich unprätentiöser und natürlicher gibt als die bereits bekannte des *EWGC*.[137] Da wegen des Kriegsgeschehens die Geschäfte auf der verwichenen Frankfurter Herbstmesse recht mühselig gingen, traf sich dort in einem Garten auf dem Klapperfeld[138] eine Gesellschaft von vornehmen Kaufleuten, um die aktuelle Situation zu erörtern. Der ebenfalls Geschäfte halber anwesende junge Simplicissimus wurde von Bekannten zu der Runde eingeladen, wobei man „vornemlich aber meine Person [...] vmb meines lieben Vattern wunderbarlichen Begegnussen wegen zusehen verlangt".[139] Während einige nicht glauben konnten, dass es einen Simplicissimus gegeben habe, wie ihn die Lebensbeschreibung vorstelle, behaupteten andere, sie hätten mehr von ihm gehört, als darin zu lesen sei (Abb. 19).[140] Einige Anwesende stellten das sogleich mit Nachträgen hierzu unter Beweis. Deren Historien berichten nicht über neue Erlebnisse des alten Simplicissimus, sondern bringen weitere Geschichten, die ausdrücklich in den durch den *ST* aufgezeichneten Lebenslauf eingeordnet werden. Drei der vier Begebenheiten beziehen sich dabei auf das fünfte Buch des *ST*.[141] Die abschließende Diskussion über verborgene Schätze nimmt die Thematik des Schatzfundes im *ST* III, 12 auf und bringt hierzu ein weiteres Exempel anderer Art.[142] Als zum Schluss gefragt wurde, wo sich gegenwärtig der alte Simplicissmus aufhalte, konnte der Sohn hierzu nichts sagen, da er lange keine Post erhalten habe. Man vermutete nun, er sei bereits verstorben, wieder in fremde Länder verreist oder gar im Mummel-See bei seinen Sylphen. Dagegen wurde eingewendet: „*Er köndte nicht in gar weiten Ländern viel weniger wieder gar auß der Welt seyn, weil man noch alle Jahr Calender von Ihm sehe*" (Abb. 20).[143]

137 Der Vergleich mit der dort präsentierten Runde bestätigt schon auf den ersten Blick die Einschätzung Koschligs (vgl. oben Kap. 2.1) und lässt keine Überlegung mehr aufkommen, dass Grimmelshausen auch dort am Text mitgearbeitet habe.

138 Zuletzt Anschrift des Polizeigewahrsams der Stadt Frankfurt a. M.

139 *Schreib-Kalender* Molsheim 1675, fol. E1[r].

140 *Schreib-Kalender* Molsheim 1675, fol. E1[r].

141 Es wird mit und ohne Kapitelangabe Bezug genommen auf *ST* V, 5–9.

142 *ST* III, 8: „Cavalcada durchs Stifft Münster".

143 *Schreib-Kalender* Molsheim 1675, fol. E4[v] (Hervorhebung K. M.). Auch der *SWGC* für 1675 verbreitet sich in der ihm eigenen ausufernden Diktion im Vortrab des ZT über den angeblichen Tod des alten Simplicissimus. Vgl. *EwC* (wie Anm. 80), S. 531.

Die Texte des Kalenders wirken wie aus der Innensicht des Werkes Grimmelshausens formuliert. Alle Umstände sowie die Konstellation des Druckortes sprechen dafür, dass Grimmelshausen als Autor der Textbeiträge des Molsheimer Kalenders anzusehen ist. Sie gehören dann neben dem zweiten Teil des *Wunderbarlichen Vogel-Nests* zu den letzten Texten Grimmelhausens.[144]

Im Anhang berichtet der Molsheimer Kalender noch über das im damals gegenwärtigen holländischen Krieg bei Entzheim nahe Straßburg stattgefundene Treffen zwischen französischen Streitkräften unter Turenne und kaiserlichen Truppen vom 24. September/4. Oktober (a./n. Kal.) 1674. Da diese „Warhaffte Relation" in den laufenden Bogen eingefügt ist, wurde der Kalender spät im Jahr ausgedruckt. Die Sympathien der detaillierten Schlachtbeschreibung aus der Feder eines offenbar kundigen Militärs gelten der kaiserlichen Seite, die letztlich als Sieger des Treffens gesehen wird. Der Almanach des Kalenders zählt ja auch nach den Regierungsjahren Kaiser Leopolds, und die weitere Epoche sind die Jahre des „Teutschen Friedens", der nun wieder so brüchig geworden ist.[145]

Am Ende der Klapperfelder Gesprächsrunde überrascht der abschließende Hinweis auf die alljährlich unter dem Namen des Simplicissimus erscheinenden Kalender. Er ist wohl so zu interpretieren, dass sich Grimmelshausen weiterhin zu den simplicianischen Kalendern Felseckers bekannte. Er steht für sie mit seinem Namen ein, für die Jahrgänge bis 1672 wie für die folgenden. Das, was Koschlig strikt ausgeschlossen hat, dass Grimmelshausen seinen Namen, das heißt, den des Simplicissimus, für das Felseckersche Kalenderunternehmen hergegeben hat, trifft dann doch zu. Damit wäre aber nicht ausgeschlossen, dass das Vorhaben des *EWGC* aus einer besonderen Übereinkunft Grimmelshausens mit seinem Verleger resultiert, die außerhalb seiner

144 Vgl. den Beitrag Dieter Breuers in diesem Band.

145 Über die Schlacht bei Entzheim berichtet auch ein bei Felsecker erschienener Einblattdruck. Auf die Schlachtdarstellung (Radierung) folgt in der unteren Hälfte des Blattes ein „Ausführlicher Bericht und eigentlich-beygefügter Entwurff deß bei Ensheim [...] am 4ten Weinmonats fürgeloffenen Treffens". Der Text unterscheidet sich deutlich von dem des Molsheimer Kalenders (frdl. Mitteilung von Herrn Dr. Gerd Dethlefs, Westfälisches Landesmuseum für Kunst und Kulturgeschichte Münster, vom 02.12.2008 nach dem dortigen Exemplar, Inv. Nr. K 76–54 LM). Das Exemplar der Zentralbibliothek Zürich, Graphische Sammlung, steht im Internet unter: ZBZ-Vollanzeige (005379841). Vgl. ferner Jutta Schumann: *Die andere Sonne. Kaiserbild und Medienstrategien im Zeitalter Leopolds I.* Berlin 2003, S. 490.

übrigen Verlagsvereinbarungen steht. Auch ein solches Arrangement hat seine Partner und Felsecker wird es wegen der Vorteile, die es ihm bot, honoriert haben. Er hat den Kalender mit Hinweisen in anderen Kalendern seines Verlages werbemäßig herausgestellt und dabei für den *EwC* geworben, wobei weitere Titel des Autors gebührend erwähnt werden.[146] Es würde dazu passen, dass Grimmelshausen zu Beginn des Unternehmens eine Kalendergeschichte lieferte und dann vielleicht nur knappe Entwürfe und Vorschläge beisteuerte.

Aus Gründen, die wir nicht genau kennen, hat Grimmelshausen die *Simplicianischen Wundergeschichten Calender* Felseckers ab dem Jahrgang 1673 als Bankert-Kalender, als nicht eheliche Produkte empfunden. Vielleicht gab ein Dissens über die nunmehrigen Kalendergeschichten den Ausschlag. Der erste Kalender des „jungen ehelich gebohrnen Simplicissimus" für 1673 wäre dann als bewusstes Gegenstück zu jener Ausgabe anzusehen. Bewusst wurde er wohl auch nur schlicht als Schreibkalender tituliert, was eine Distanz zum sonstigen Kalenderbetrieb mit seinem Titelüberschwang spüren lässt. Das nun übliche Angebot „kurzweiliger Historien" war allerdings bei ihm durchaus zu finden. Nach der Titelangabe von 1675 zielte man auf einen Verkauf in der engeren Region des Elsass' und Schwarzwalds um Straßburg.

Trotz dieses neuen eigenen Kalenders hat Grimmelshausen nach der Notiz vom Klapperfeld den simplicianischen Kalender Felseckers weiterhin als *seinen* Kalender angesehen.[147] Bei den ersten drei Jahrgängen darf, was die Kalendergeschichten angeht, sicherlich mit mehr Gewicht von einer Authentizität der Texte, von einer Mitarbeit Grimmelshausens gesprochen werden – allerdings mit abnehmender Tendenz. Von einer weiterhin bestehenden Autorisierung der *Simplicianischen Wundergeschichten Calender* durch ihn darf wohl ausgegangen werden.[148]

Unter diesen Umständen könnte zutreffen, was Koschlig einmal als Möglichkeit angedeutet hat, dass es vielleicht eine mehr oder weniger einvernehmliche Auflösung oder Modifizierung des Vertragsverhältnis-

146 Vgl. von Ziegesar, Grimmelshausen (wie Anm. 1), S. 64: Die Verlagsanzeigen in Wagners *Heldenkalender* für 1671 und Juhrmanns *Haus- und Ehe-Kalender* für 1672.

147 Hervorhebung K. M.

148 Vgl. Battafarano/Eilert, *Probleme* (wie Anm. 2), S. 90–116: Authentizität und/oder Autorisierung; Schlussfolgerung: Autorisierung und Mitarbeit Grimmelshausens.

ses zwischen Grimmelshausen und seinem Nürnberger Verleger gegeben hat.[149] Der aufwendigere Kupferstichtitel für den Jahrgang 1675 des *SWGC* (vgl. Abb. 16), der neben dem seit 1673 benutzten Holzschnitt-Titel verwendet wurde, lässt vielleicht darauf schließen, dass auch Felsecker weiterhin zu größeren Aufwendungen für Grimmelshausen bereit war und dass man noch im Gespräch blieb.[150]

Im Monat November des Kalendariums von 1675 ist nach der Mutmaßung zu den Zeitläuften ein sonderbarer Satz eingerückt: „Gönne mir doch Zeit zu sterben, oder auffs wenigst nur noch ein wenig krank zu seyn" (Abb. 21).

Sollte dies eine weitere, verschlüsselte Prognose zum Kriegsgeschehen sein? Es klingt wie der Hilferuf eines Schwerkranken. Grimmelshausen ist im August 1676 verstorben. Ob in Molsheim noch ein Kalender für das Jahr 1676 erschienen ist, muss offen bleiben. Zumindest wurde in der abschließenden Historie vom alten Simplicissimus über Verstecke und verborgene Schätze ein weiterer Diskurs „von Verberg- und Findung allerhand Sachen", was wegen der gegenwärtigen Kriegszeit aktuell sei, in Aussicht gestellt.[151]

Als Ergebnis bringt der erhaltene Molsheimer Kalender einen überraschenden Beleg dafür, dass Grimmelshausen der Kalenderschreiber-Tätigkeit näher gestanden war, als bisher angenommen werden konnte. Sie war für ihn wie für den *Poeta laureatus* Sigmund von Birken[152] eine legitime literarische Tätigkeit. Die Erwartung eines kleinen Nebenerwerbs braucht dabei nicht ausgeschlossen sein. Das Medium Kalender, das damals ein ungleich größeres Themenspektrum als zuvor und danach hatte, reizte offenbar Grimmelshausen. Ein spielerisches Umsetzen seines dichterischen Werkes in kleinere, aber immer noch werthaltige Münze charakterisiert dabei den „Kalendermann" Grimmelshau-

149 Koschlig, *Ingenium* (wie Anm. 4), S. 247: „[…] im Laufe des Jahres 1672 schrittweise". Zumindest hat sich Felsecker – sicher bona fide – noch Ende 1672 als rechtmäßiger Vertragspartner Grimmelshausens gesehen. Die Argumente, die Koschlig gegen diese Annahme vorbringt, um ihn als unrechtmäßigen Nachdrucker zu bezeichnen, sind, was die Beschwerde beim Rat der Reichsstadt Nürnberg betrifft, m. E. nicht überzeugend. Vgl. Koschlig, *Ingenium* (wie Anm. 4), S. 256–258.

150 Vgl. Anm. 99.

151 *Schreib-Kalender* Molsheim 1675, fol. E4^{v}.

152 Zur Mitarbeit Birkens beim Kalenderverlag Felsecker vgl. Matthäus, Grimmelshausen (wie Anm. 1), S. 231–232.

sen.[153] Beim Molsheimer Kalender konnte er seine Vorstellungen ohne Vorgaben und Eingriffe einer Redaktion einbringen, was diesem eine eindeutige Strukturierung verschaffte, die beim *EWGC* vermisst wird und was die bekannten Irritationen zur Folge hatte. Die Texte des Molsheimer Kalenders sind sicherlich nicht als bloße „Baustellen-Bruchstücke"[154] einzuschätzen. Sie dürften zutreffender, wie auf dem Titelblatt der Ausgabe E[4] geschehen, als „Nebenhistorien" zu charakterisieren sein, die vorhandene Motive weiterspinnen. Der Molsheimer Kalender erweist sich als der authentische Beitrag Grimmelshausens zum Genre Jahreskalender.[155]

Auch Grimmelshausen nutzte – auf seine Art – den Kalender als Medium innerhalb der Kommunikationsmöglichkeiten der frühen Neuzeit. Der Kalender bot ihm die Möglichkeit, sein Werk einer Leserschaft zugänglich zu machen, die er mit seinen Büchern nicht erreichte,[156] und zum andern blieb er über ihn in Kontakt mit seinen Lesern. Das legt die Klapperfelder Gesprächsrunde nahe. Im folgenden Jahrhundert hat der Schreibkalender die Funktion einer Kommunikationsebene weitgehend verloren. Er mutierte auf einem schlichteren Niveau zum „Volkskalender". Die breite Kalenderthematik, die die zweite Hälfte des 17. Jahrhunderts charakterisiert, wurde nun zum größeren Teil von neuen Medien wie Zeitschriften und Intelligenzblättern übernommen.

153 Dies ist, im Gegensatz zu der These von Leo Domagalla, der Ausgangspunkt des „Kalendermanns" Grimmelshausen. Vgl. Leo Domagalla: *Der Kalendermann Grimmelshausen und sein „Simplicissimus"*. Würzburg 1942, S. 29–30, S. 38.

154 Nach Weydt, *Nachahmung* (wie Anm. 6), S. 70.

155 Hier wird noch einmal deutlich, dass der *EwC* neben der Entwicklungsgeschichte der Jahreskalender steht. Die Nichtbeachtung dieses Umstandes führte vor allem bei Jan Knopf zu Thesen, die die Geschichte des Kalenderwesens eher verzeichnet haben. Vgl. Jan Knopf: *Geschichten zur Geschichte. Kritische Tradition des „Volkstümlichen" in den Kalendergeschichten Hebels und Brechts*. Stuttgart 1973; *Alltages-Ordnung. Ein Querschnitt durch den alten Volkskalender. Aus württembergischen und badischen Kalendern des 17. und 18. Jahrhunderts zusammengestellt und erläutert*. Tübingen 1982, S. 12–16, 194–243; *Die deutsche Kalendergeschichte. Ein Arbeitsbuch*. Frankfurt a. M. 1983; Kalender. In: *Von Almanach bis Zeitung. Ein Handbuch der Medien in Deutschland 1700–1800*. Hrsg. von Wilhelm Haefs und York-Gothart Mix. München 1999), S. 121–136.

156 Zum Lesepublikum Grimmelshausens, das mehr den höheren Gesellschaftsschichten angehörte, vgl. Peter Heßelmann: Grimmelshausen – „gesellschaftlich alleingelassen"? Auf den Spuren seiner Gönner und Leser im 17. Jahrhundert. In: *Simpliciana* VIII (1986), S. 51–70, hier S. 57–62; Meid, *Grimmelshausen* (wie Anm. 5), S. 62–65.

2.3. *Offene Fragen*

Die Chronologie der Werke Grimmelshausens, wie sie Koschlig gegeben hat,[157] wäre nach den bisherigen Ergebnissen zu modifizieren. Für die hier behandelten Titel möchte ich den folgenden Zeitrahmen erwägen:

Anfang 1669	Vorlage eines Manuskripts des *EwC* bei Felsecker. Überlegungen zu einem Jahreskalender.
Frühjahr	Druck *Continuatio* (VI. Buch). Satzbeginn *EwC*, Format wohl Duodez (60–70 Bogen). Konzepte zum *EWGC*, Stich des Kupfertitels, Satzbeginn.
Sommer	Vorliegen des Frankfurter Nachdruckes (E^3). Sofortige Vorbereitungen zu einer erweiterten Neuauflage des *ST* (E^4), dadurch Verzögerung beim Ausdruck des *EWGC* möglich. Die angekündigte Erweiterung der Neuauflage wird aufgegeben. Der *EwC* soll nun in Quart im Dreispaltendruck erscheinen. Dadurch redaktionelle Veränderungen.
Spätsommer	Zunächst Erscheinen des *EWGC*, danach wohl noch rechtzeitig zur Leipziger Messe (Michaelis) Neuauflage des *ST* (E^4). Der *EwC* ist bis zur Messe nicht, wie angekündigt, fertig geworden. Sein Erscheinen verzögert sich.
Frühsommer 1670	Der genaue Umfang des *EwC* (30 Bogen) ist bekannt.[158]
Zweites Halbjahr	Erscheinen des *EwC*?

157 Koschlig, *Grimmelshausen* (wie Anm. 3), S. 310–311.

158 Von Ziegesar, Grimmelshausen (wie Anm. 1), S. 64: Wagners *Heldenkalender* für 1671, der in seiner Verlagsanzeige die genaue Bogenzahl nennt, dürfte zur Jahresmitte vorgelegen haben. Der von Koschlig, *Grimmelshausen* (wie Anm. 3), S. 232–239, angesetzte Erscheinungstermin Herbst 1671 erscheint daher trotz aller Schwierigkeiten des Auswärtsdruckes bei Bloß als wohl zu spät angesetzt, zumal das Argument des „komplizierten Sechsspaltensatzes" nicht zutreffend ist. – Koschlig, *Grimmelshausen* (wie Anm. 3), S. 238. Vgl. oben Kap. 1. 3, Anm. 56. Auch sprechen die von Koschlig erwähnte Passagen des ZT des *EWGC* für 1671 wie die Erwähnung des Kupfertitels im 7. Kapitel des *Springinsfeld* für einen früheren Erscheinungstermin. Vgl. Koschlig, *Grimmelshausen,* S. 237.

Was die simplicianischen Jahreskalender aus dem Hause Felsecker anbelangt, dürfte es bei dessen redaktioneller Praxis wohl schwierig sein, weitere Textabgrenzungen und Autorenzuweisungen vorzunehmen. Es bleibt offen, ob es eine Zuordnung der „Arzt-Zugabe“[159] zu einem Kalenderjahrgang gegeben hat. Es könnte sich bei ihr auch um ein völlig eigenständiges Flugblatt handeln. Dies legt die spätere Verwendung des simplicianischen illustrierten Flugblatts „Metzger- und Becker-Streit“[160] im *SWGC* für 1679 (Altenburg) nahe. Die simplicianische Gesprächsrunde des *Astrologischen Jahrbuchs* traf sich dort zum „Metzelfest“ im Dezember, um wieder den künftigen Kalender zu verfertigen. Vorab berichtet der alte Simplex über einen Wettstreit zwischen Metzgern und Bäckern, „wie ich diese schöne Histori meinen geliebten Landsleuten zu lieb vor etlichen Jahren in Kupfer präsentiert habe“.[161] Der Text ist wortwörtlich aus dem Flugblatt übernommen. Ob dieses und das der wohl vorangegangenen Arzt-Zugabe von Felsecker herausgegeben war, ist ungewiss. Zumindest wurden beide vom Felseckerschen Verlag benutzt. Vielleicht ist in diesem Zusammenhang auch die simplicianische Etikettierung des *Viridarium Historicum* des Ansbacher Theologen Gottfried Händel, das 1672 bei Felsecker erschienen war, in einem milderen Licht zu sehen.[162] Es wäre wünschenswert, dessen Verlagsproduktion mit Hilfe des Karlsruher Virtuellen Kataloges (KVK) und des Verzeichnisses der im deutschen Sprachraum erschienenen Drucke des 17. Jahrhunderts (VD 17) genauer darzustellen. Auch die Beziehungen Dolhopfs zu Grimmelshausen sind sicherlich noch einmal zu überprüfen.

Ein großes Desiderat ist und bleibt eine umfassende Würdigung des *Ewig-währenden Calenders*. Die Anzeige im *EWGC* für 1670, die von einem Umfang von 60–70 Bogen ausgeht, erfordert eine weitere Diskussion über Intention und endgültige Ausführung des *EwCs*. Es ist

---

159 *Simpliciana* (wie Anm. 11), S. 45–47.

160 Vgl. Heßelmann, *Simplicissimus Redivivus* (wie Anm. 57), S. 248–252 und Abb. 57; Stefan Trappen: Metzger- und Becker-Streit – eine vergessene Simpliziade. In: *Simpliciana* XI (1989), S. 9–15. Die Datierung des Flugblatts ist nun wohl auf Mitte der siebziger Jahre zu setzen. Das Blatt wird jetzt aufbewahrt im Kupferstichkabinett, Staatliche Museen zu Berlin, Inv. AM 304-1987. (Frdl. Nachricht vom 11.02.2008). Der Erscheinungstermin der *Arzt-Zugabe* wird durch die Aufnahme in die Ausgabe E^5 des *ST* begrenzt.

161 *SWGC* für 1679 (Altenburg), ZT $A1^r$.

162 Vgl. Heßelmann, *Simplicissimus Redivivus* (wie Anm. 57), S. 33–35; Koschlig, *Grimmelshausen* (wie Anm. 3), S. 252–259.

zu vermuten, dass sein Angelpunkt, mehr als es unserer Zeit gefällt, in den „Discursen von der Astronomia, Astrologia“ zu suchen ist.

Abbildungen

Alter Zuschrifft. Neuer

Denen in der weiten und breiten Welt/ Insonderheit in Europa sich allenthalben befindenden und Continuirlich aufhaltenden Simplicissimis oder Allereinfältigsten/ So wol Manns- als Weibspersonen / So wol Jünglingen als Jungfrauen / So wol Hohen als Niedern/ Wie auch Burgern und Bauern/ꝛc. Seinen Hertzgeliebten Brüdern/ Schwestern/ und angenehmsten Freunden und Mitgenossen/ übergibt in Wolmeinender Einfalt und Simplicität; Seine erste einfältige / nach der Astronomi wolapprobirte Calender Arbeit/ Mit wünschung eines von Gott gesegneten Neuen Jahrs/ und aller ersprießlicher Seelen- und Leibeswolfahrt/ der wolbekante doch aufrichtige

Der SIMPLICIo gev. Vogen/ | Kan selig Vn betrogen.

SIMPLICIUS SIMPLICISSIMUS.

Alt Cal. zwischen Weinacht und Fastnacht 7. Wochen 1. tag.

Im Jahr Christi 1670.

Sontags Buchstab Alt B. Neu E.

Neu Cal. zwischen Weinacht und Fasnacht 7. Woch. 4. tag.

In Nürnberg/ Gedruckt und zu finden bei Wolf Eb. Felßecker.

Einfalt hat mir stets beliebt/ und mir allzeit wolgefallen/
Einfalt/ wie ich hab gehört / ist auch angenehm (euch allen.
Drumb kommt Einfalt jetzt zu Einfalt/ und sucht bey Euch einen Platz.
Weil dann Einfalt ist und heisset unser allerliebster Schatz/
So nehmt/ was Ich Euch hier gieb / und aus Einfalt ist ge- (schrieben/
Auch aus Einfalt auf und an/ von der Einfalt angetrieben/
Wünschend daß ihr mögt in Einfalt mit mir leben wol vergnügt/
Biß ihr endlich werdet innen/ daß die Einfalt hat gesiegt.

Erklärung der Character und Zeichen dieses Calenders.

Die 7. Planeten.			
	Der Neumond ●	Stund nachmittag. n.	Gut Artzneyen
	Das erste Viertel ☽	Gerad im Mittag. ○	Gut Kinder entwehnen
Saturnus ♄	Der Vollmond	Zusammenfügung. ☌	Gut Holtz fällen.
Jupiter ♃	Das letzte Viertel ☾	Gegenschein. ☍	Gut Haar abschneiden
Mars ♂	Auserw. Aderl.	Gedritter schein. △	Böser und verworffener
Sonn ☉	Mittelm. Aderl.	Gevierter Schein. □	Tag.
Venus ♀	Gut Schrepffen.	Gesechster schein. ⚹	Gut jagen und reisen..
Mercurius ☿	Gut Säen Pfl.	Drachenkopff ☊	Dir. für sich gehend.
Mond ☽	Stund vormittag v.	Drachenschwantz ☋	Retr. Zuruck gehend.

Abb.1: *EWGC* 1670, Titelblatt.

Jenner hat XXXI. Tage.

Guten Trunck und gute Speiß
Nimm zu dir/ ist mein Geheiß/
Haupt/ Brüst und Füß halte warm/
Laß kein Ader auf dem Arm.

Europeischer Wunderge-
schichten erste Vorstellung.

Nohtwendige Vorrede an den *respective* hochgeehrten Leser.

HOchgeneigter Leser! Ob ich mir gleich gänzlich vorgenommen hatte meinen noch übrigen kurzen Lebens-Rest in dem äussersten Ende der Welt in einer ungeheuren/ Menschen-losen Wildnus mit Betrachtung und fernerer Zusammenschreibung meiner Lebens-Begebenheiten zuzubringen seyn doch solche meine Gedancken in Waarheit nichts anders als blosse Gedancken gewesen/ mit denen mein Fatum und Geschick ganz und gar nicht übereinzustimmen sich bequemen wollen/ also/ daß ich mich wider meinen Willen wieder auf die Reise machen mein altes Vagieren aufs neue anfangen/ und meinen geliebten Herren Landsleuten und nahen Anverwandten zum Besten mich hervor thun müssen. Weil ich nun in einem besondern Tractätlein/ welches noch unter der Presse ist und mit ehistem mich als einen neuen Phoenix-Vogel vorzustellen begierig ist/ von meinen in Waarheit recht wunderlichen und sehr seltzamen Begebenheiten vielfältige und sattsame Meldung gethan/ als will ich anietzo und vor dißmal dir/ mir trefflich-affectionirten und dich um meine Wolfart höchst-bekümmerenden Leser kürzlich iedoch außführlich anzeigen/ wie es mir bey die zwey Jahr hero an unterschiedlichen Orten weil ich bald da bald dorten wie der fliegende Wandersmann herum [illegible]/ ergangen und was ich insonderheit notables und merckwürdiges auf der Welt in Augenschein genommen/ hoffe/ mein Vorhaben werde dir nicht mißfallen/ sondern/ weilen es von Simplicissimo herkommt höchst-annehmlich seyn/ und geneigtwillig aufgenommen werden. Hiermit gehabe dich wol/ und erwarte mit ehistem von gleicher Materia ein mehrers. Adieu.

WEm das Wasser ans Maul gehet/ der lernet bald schwimmen/ heist das alte waare Sprichwort. Ich außgemergelter/ weit und breit herum gereister/ ohne Ruhm zu melden/ in der Welt und Welt-Wesen zimlich erfahrener mehr als zu wol bekanter Simplicissimus kan einem hiervon auch ein wunderseltzames Lied singen. Die mich zum öfftern äusserst plagende Noht lehrte mich allerhand unbekannte Künste/ Griffe/

Den 1. Alt. 11. M. Tagl. 8. st. 20. m. Den 10/20. 8. st. 40. min. Den 20/30. 9. st. 14. min.

Abb. 2: *EWGC* 1670, Vorrede.

Zugab.

HOchgeehrter Großgünstiger lieber Leser demnach man neulich / als ich mich in dem äussersten End der Welt befunden mit meiner Lebens-beschreibung / wie mit einem Vatterlosen Waisen oder wie die Katz mit der Mauß umgangen / gleichsam als ob ich nimmermehr wiederum zu Land kommen würde. Da ich doch beydes zum Vagiren und der Leute unmässigen Geitz / mit andern Lastern zu straffen / geboren worden; Als habe ich / weilē verhoffenelich der meinste Theil meiner hochgeliebten Lands-Leut / meine eigene Gegenward und Conversation lieber leiden mögen / mich wiederumb wie der Phoenix selbst erneuert und verjüngert / und damit ich den einen und andern mit lustigem Gespräch ergezen möchte / dem Vatterland hiemit dargestellt. Und was würde wol der jenige / so meine alte Possen erzähler / und sich damit kützelt / darzu sagen / wann ich schier aus den unbekandten Ländern komme / viel Neues verwunderlichs Dings mitbringe / und kund zu thun wissen werde / wie mirs seithero ergangen / welches mit nechsten in unterschiedlichen Sachen / soll kund gethan werden.

Datum Rheinnec / den 7. Septembris. Anno 1669.
Simplicius Simplicissimus.

Abb. 3: *EWGC* 1670, Zugab.

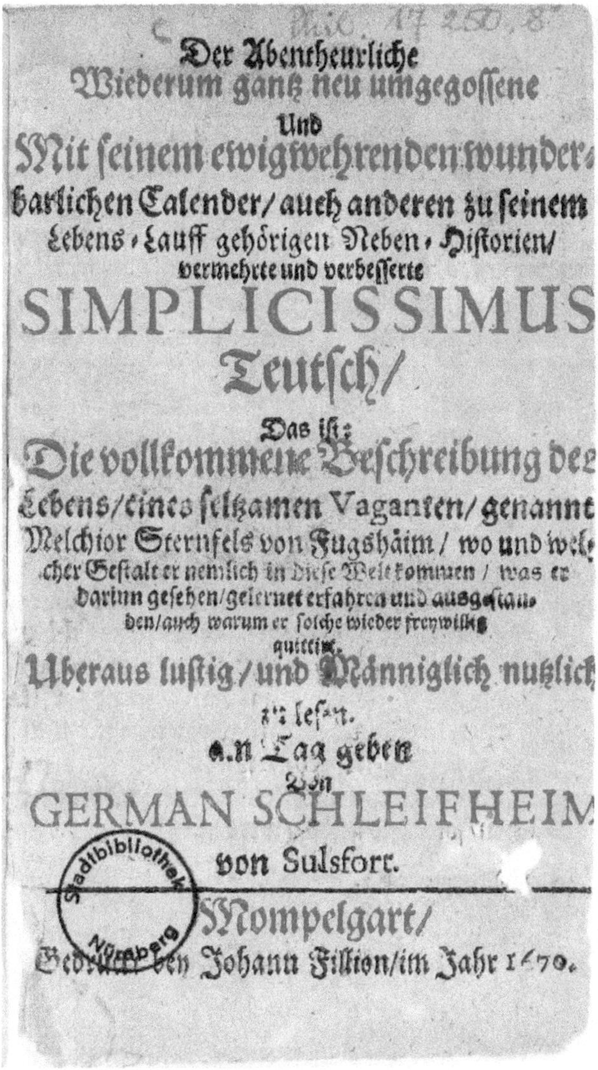

Der Abentheurliche
Wiederum gantz neu umgegossene
Und
Mit seinem ewigwehrenden wunder-
barlichen Calender/ auch anderen zu seinem
Lebens-Lauff gehörigen Neben-Historien/
vermehrte und verbesserte
SIMPLICISSIMUS
Teutsch/
Das ist:
Die vollkommene Beschreibung des
Lebens/eines seltzamen Vaganten/genannt
Melchior Sternfels von Fugshaim/ wo und wel-
cher Gestalt er nemlich in diese Welt kommen / was er
darinn gesehen/gelernet erfahren und ausgestan-
den/auch warum er solche wieder freywillig
quittirt.
Uberaus lustig/und Männiglich nutzlich
zu lesen.
An Tag geben
Von
GERMAN SCHLEIFHEIM
von Sulsfort.
Mompelgart/
Gedruckt bey Johann Fillion/im Jahr 1670.

Abb. 4: „*Calender Simplicissimus*" (E4), Titelblatt.

droht auch Gefahr/ wo man es ihm nicht will geben/ die Frau versagt ihm solches bald/ der Schelm aber gebraucht Gewalt / und tracht ihr nach dem Leben.

15. Endlich nach langem Ernst-Gefecht/ ersieht sie ihren Vortheil recht entspringt ihm aus den Händen/ er schliesset alsobald fest zu / doch läst ihm niemand keine Ruh/ nach Leuten thut man senden.

17. Wie man nun ihme kommt zu nah/ so ist er fix und fertig da/ ergötzen.

21. Den achten des Novembris hat sich zu Harover nur aus Rabt/ deß bösen Feinds erträncket/ ein Koch in voller toller Weis/ mit Vorsatz und mit allem Fleiß/ weiß nicht was ihn gekräncket.

24. Ach hüte dich mein frommer Christ! daß du ja nicht durch Satans List/ mögst hingerücket werden/ Folg Gott allhier zu aller Zeit/ so gibt er dir die Himmels-Freud/ nach vielen Angstbeschwerden.

Diß/ hochgeneigter Leser! war mein treffliches Gesang/ das ich wo ich hinkam / reissend hinweg verkauffte/ welches ich dir auch in meinem ersten Kalender habe wolmeinend präsentiren wollen/ diß darbey freundlich erinnerend/ daß doch ein ieder meinem werthen Verleger/ der nun eine gute Zeit redlich und aufrichtig mit saurem Schweiß in Kalendern gesuchet/ nicht eingreiffen / und ihn um seine ehrliche Nahrung zu bringen/ wie von etlichen Neidern bishero geschehen/ gelüsten lassen wolle. Er hat nebenst meinem noch vier andere gute Kalender/ als den Helden/ Geschichts/ Haus- und Ehe/ Kunst- und Handwercks-Calender / seinem Nechsten zu Nutz dieses Jahr mitgetheilet/ hoffet also deiner gewissen Wolgewogenheit zu geniessen. darum ich gleichfals demütig bitte/ nechst steiffem gewissem Versprechen ins künftige/ so mir Gott meine alte Jahr noch ferner prolongiren wird/ in dieser meiner angefangenen Arbeit fleissig fortzufahren/ und jährlich etwas neues recht annehmliches mitzutheilen. Wie dann albereit ein herrliches Werck unter der Preß/ dessen Titul kürzlich also lautet: Des abenteurlichen Simplicissimi ewigwehrender Calender/ worinnen unterschiedliche curiose discursen von der Astronomie, Astrologie, ingleichem von den Calendern/ Nativitäten mit untermischter Bauren Practic/ seltzamen iedoch warhafftigen Wundergeschichten/ und anderen merckwürdigen Begebenheiten enthalten seyn. Welches treffliche Opus von 60. oder 70. Bögen dir/ hochgeneigter Leser! von meinem Sohn mitgetheilet/ gewißlich nicht mißfallen wird.

Lebe indessen wol/ und bleibe günstig. Adieu.

Abb. 5: *EWGC* 1670, Ankündigung des *EwC*.

Abb. 6: *EWGC* 1672, Kupferstichtitel.

Abb. 7: *EwC*, Kupferstichtitel.

Abb. 8: *EWGC* 1670, Kupferstichtitel.

Abb. 9: Wilhelm Ernst Freymund: *Friedens- und Geschichtskalender* 1661, Kupferstichtitel.

Abb. 10: Johann Christoph Wagner: *Helden- und Historien-Calender* 1669, Kupferstichtitel.

Abb. 11: Johann Friedrich Juhrmann: *Kunst- und Hand-Wercks-Kalender* 1668, Kupferstichtitel.

Abb. 12: Gottfried Achatius Bielstädt: *Zeit- und Regierungs-Kalender* 1669, Kupferstichtitel.

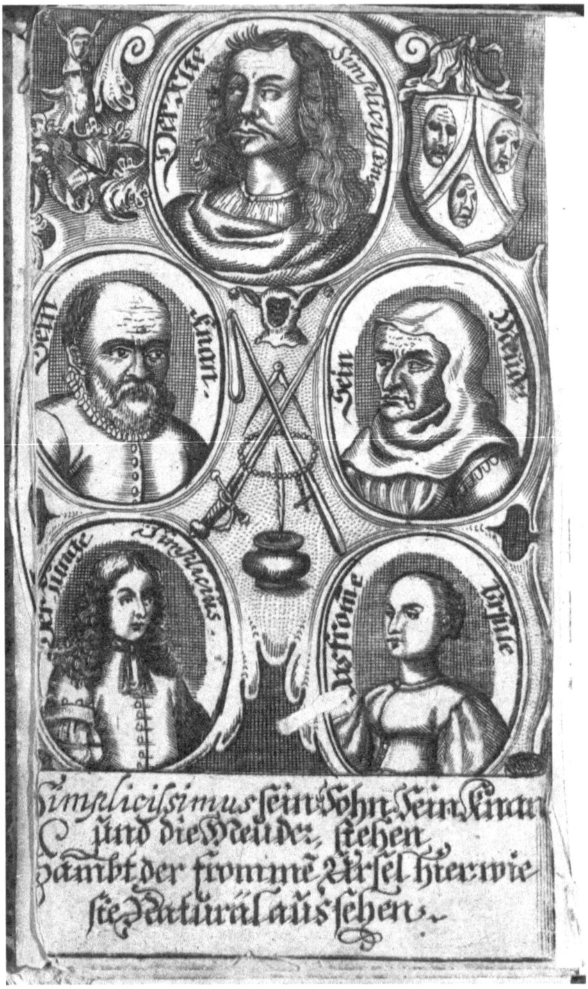

Abb. 13: „*Calender Simplicissimus*“ (E^4),
Kupferstich-Frontispiz mit simplicianischer Familie.

Abb. 14: „Discurs von der Astronomia, Astrologie"
Holzschnitt-Titel von Nicolaus Schmidt: *Schreib-Kalender* 1657.

Abb. 15: *SWGC* 1674, Holzschnitt-Titel.

Abb. 16: *SWGC* 1675, Kupferstichtitel.

Deß jungen ehelich gebohrnen
SIMPLICISSIMI
Neu und alter
Schreib-Kalender/
Mit der Practick/ Jahrmärckten/ Bericht von Aderlassen/ Schrepffen/ Baden/ wie auch gemeiner Witterung/ vnd andern nothwendigen Erklärungen/ auffs neue nach den Festen Straßburger Bistums/ vnd Elsässischen Meridian/ gestellt vnd gericht
Auffs Jahr Christi M.DC.LXXV.
Neben fortsetzung der angefangenen Reißerzählung/ befinden sich vnderschiedlich kurtzweilige Historien vom alten Simplicissimo: wie auch eine warhaffte Relation/ von dem bey Eußheim im Vndern Elsas den 4. Octob. 1674. vorgangenen Treffens.

Zu Molßheim/ Truckts und verlegts Joh. Heinrich Straubhaar.
1675.

Abb. 17: *Schreib-Kalender* Molsheim 1675, Titelblatt.

Jenner hat XXX

Fernere

CONTINUATION,

Deren 1673. angefangenen

Simplicianischen Erzehlung.

WEr gehenckt soll werdē ersaufft nicht/ sagt man im gemeinen Sprichwort: Mein großgünstiger Leser hat vorm Jahr verstanden/ zu was vor einer Entschliessung mich meine Baß getrieben / als ich eine reiche Wittib heurathen solte / solches aber nicht thun: sondern viel lieber eine junge zwar Arme nehmen: oder ehe ein Soldat werden wolte / aber was geschehen soll / geschicht doch! Meine Baß gedachte mich im Krieg besser zeitigen: vnd meine Halsstarrigkeit genug darinnen verzaplen zulassen; vnd wie wol sie saur ankam mich vnder den Kriegsgefahren zuwissen/ da man mit fleiß nach einem scheust/ so war sie doch so hartherzig/ daß Sie lieber zugab/ mich vnder ein Hauffen Martialischer Todte: als in meines Lisels Arme zu legen. Es kostet mich viel Gelt biß ich ein Cornet wurde / Ich überstunde viel Mühe/ Arbeit vnd Gefahr/ den ersten Feldzug hindurch / vnd schadet mir vielleicht künfftig noch vil an meiner Gesundheit/ ja ich will sagen gar an längerer erstreckung meines Lebens! Ich mondirte mich mit Pferdten vnd Dienern Freyherrlich: mein Baß spickt mir den Beutel schier Gräflich/ Madam von Daldorp gab mir so viel seufzen als hertzlicher Seegen auff den Weeg / vnd mein Lisgen verehrte mich mit etwas von ihrem Jungfräul: eigenthum

daß

Abb. 18: *Schreib-Kalender* Molsheim 1675,
Beginn der „Simplicianischen Erzählung“.

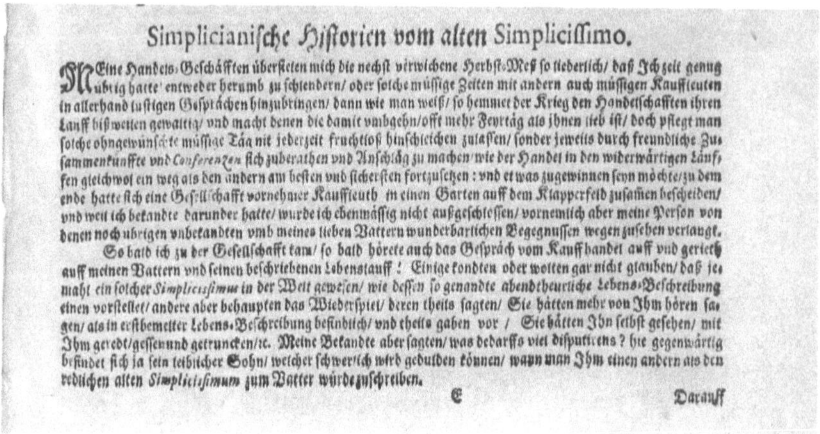

Simplicianische Historien vom alten Simplicissimo.

MEine Handels-Geschäfften überfielen mich die nechst verwichene Herbst-Meß so liederlich/ daß Ich zeit genug übrig hatte entweder herumb zu schlendern/ oder solche müssige Zeiten mit andern auch müssigen Kauffleuten in allerhand lustigen Gespräche hinzubringen/ dann wie man weiß/ so hemmet der Krieg den Handelschafften ihren Lauff bißweilen gewaltig/ und macht denen die damit umbgehn/offt mehr Feyrtäg als jhnen lieb ist/ doch pflegt man solche ohngewünschte müssige Täg nit jederzeit fruchtloß hinschleichen zulassen/ sonder jeweils durch freundliche Zusammenkunffte und *Conferenzen* sich zuberathen und Anschläg zu machen wie der Handel in den widerwärtigen Läuffen gleichwol ein weg als den andern am besten und sichersten fortzusetzen: und etwas zugewinnen seyn möchte/ zu dem ende hatte sich eine Gesellschafft vornehmer Kauffleuth in einen Garten auff dem Klapperfeld zusamen bescheiden/ und weil ich bekandte darunder hatte/ wurde ich ebenmässig nicht außgeschlossen/ vornemlich aber meine Person von denen noch ubrigen unbekandten umb meines lieben Vattern wunderbarlichen Begegnussen wegen zusehen verlangt.

So bald ich zu der Gesellschafft kam/ so bald hörete auch das Gespräch vom Kauffhandel auff und gerieth auff meinen Vattern und seinen beschriebenen Lebenslauff! Einige kondten oder wolten gar nicht glauben/ daß jemahl ein solcher *Simplicissimus* in der Welt gewesen/ wie dessen so genandte abendtheurliche Lebens-Beschreibung einen vorstellet/ andere aber behaupten das Wiederspiel/ deren theils sagten/ Sie hätten mehr von Ihm hören sagen/ als in erstbemelter Lebens-Beschreibung befindlich/ und theils gaben vor / Sie hätten Ihn selbst gesehen/ mit Ihm geredt/ gessen und getruncken/ etc. Meine Bekandte aber sagten/ was bedarffs viel disputirens? hie gegenwärtig befindet sich ja sein leiblicher Sohn/ welcher schwerlich wird gedulden können/ wann man Ihm einen andern als den redlichen alten *Simplicissimum* zum Vatter würde zuschreiben.

E Darauff

Abb. 19: *Schreib-Kalender* Molsheim 1675,
Beginn der „Simplicianischen Historien vom alten Simplicissimo".

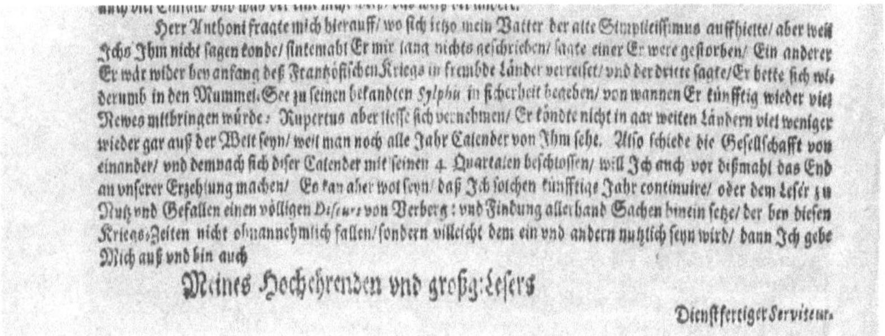

Herr Anthoni fragte mich hierauff/ wo sich ietzo mein Vatter der alte Simplicissimus auffhielte/ aber weil Ichs Ihm nicht sagen konde/ sintemahl Er mir lang nichts geschrieben/ sagte einer Er were gestorben/ Ein anderer Er wär wider bey anfang deß Frantzösischen Kriegs in frembde Länder verreiset/ und der dritte sagte/ Er hette sich widerumb in den Mummel-See zu seinen bekandten *Sylphis* in sicherheit begeben/ von wannen Er künfftig wieder viel Newes mitbringen würde: Rupertus aber liesse sich vernehmen/ Er köndte nicht in gar weiten Ländern viel weniger wieder gar auß der Welt seyn/ weil man noch alle Jahr Calender von Ihm sehe. Also schiede die Gesellschafft von einander/ und demnach sich diser Calender mit seinen 4. Quartalen beschlossen/ will Ich auch vor dißmahl das End an unserer Erzehlung machen/ Es kan aber wol seyn/ daß Ich solchen künfftige Jahr continuire/ oder dem Leser zu Nutz und Gefallen einen völligen *Discurs* von Verberg: und Findung allerhand Sachen hinein setze/ der bey diesen Kriegs-Zeiten nicht ohnannehmlich fallen/ sondern villeicht dem ein und andern nutzlich seyn wird/ dann Ich gebe Mich auß und bin auch

Meines Hochehrenden und großg: Lesers

Dienstfertiger *Serviteur*.

Abb. 20: *Schreib-Kalender* Molsheim 1675,
Schluss der „Simplicianischen Historien vom alten Simplicissimo".

Abb. 21: *Schreib-Kalender* Molsheim 1675,
Kalendarium November, Spalte Erwählungen; Ausschnitt „Gönne mir doch die Zeit“.

Abbildungsnachweise:

Stadtarchiv Altenburg, Kalendersammlung: Abb. 1, 2, 3, 5, 6, 8, 9, 10, 11, 12, 14, 15, 16

Sammlungen des Berlinischen Gymnasiums zum Grauen Kloster (Streitsche Stiftung), Leihgabe in der Zentral- und Landesbibliothek Berlin; GKI 4908/4–27: Abb. 17, 18, 19, 20, 21

Niedersächsische Staats- und Universitätsbibliothek Göttingen: Abb. 13

Stadtbibliothek Nürnberg: Abb. 4

Universitäts- und Landesbibliothek Münster: Abb. 7

KLAUS MATTHÄUS (Erlangen)

Die *Warhaffte Relation* über die Schlacht bei Entzheim/Ensheim im Molsheimer *Schreib-Kalender* (1675)

Der Molsheimer *Schreib-Kalender* für 1675 erschien offenbar recht spät im Herbst des vorausgegangenen Jahres.[1] Dies wird dadurch deutlich, dass ihm noch ein als *Warhaffte Relation* überschriebener Bericht von der am 24./4. September/Oktober 1674 im „Holländischen Krieg" stattgefundenen Schlacht bei Entzheim nahe Straßburg zwischen der kaiserlichen Reichsarmee und den Franzosen unter Turenne beigefügt werden konnte, den auch das Titelblatt des Kalenders ausdrücklich vermerkt (Abb. 1).

Im Gegensatz zu den simplicianischen Geschichten des Kalenders ist der Bericht wie die Passagen des „Prognosticon Astrologicum" in einem größeren und deutlich besser lesbaren Schriftgrad gedruckt und füllt so mit dem Schlussblatt des „Prognosticon" den letzten Bogen „F" vollständig aus. Die *Warhaffte Relation* ist kaiserfreundlich, was bei dem seit dem Westfälischen Frieden unter französischer Oberlehnhoheit stehenden Druckort Molsheim zunächst überrascht. Wie aber bereits erwähnt, zählt der Almanach des Kalenders nach den Regierungsjahren Kaiser Leopolds und Straubhaar durfte seinen Kalender mit eindeutig kaiserfreundlicher Tendenz dem in Molsheim residierenden Domkapitel des Bistums Straßburg widmen.[2] Der mit Ludwig XIV.

---

1 Johann Jakob Christoffel von Grimmelshausen: *Simplicianische Jahreskalender. Europäischer Wundergeschichten Calender 1670 bis 1672 (Nürnberg). Schreib-Kalender 1675 (Molsheim).* Faksimiledruck der vier Kalenderjahrgänge erstmals neu hrsg. und kommentiert von Klaus Matthäus und Klaus-Dieter Herbst. Erlangen, Jena 2009.

2 Vgl. Klaus Matthäus: Die „Europäischen Wundergeschichten-Calender" des Simplicius Simplicissimus für 1670 bis 1672 und der „Schreib-Kalender des jungen ehelich gebornen Simplicissimi" für 1675 [in diesem Band]. Das Straßburger Domkapitel gilt das exklusivste der Reichskirche. Seine Stellen waren dem Hochadel des Reichs vorbehalten. Erst nach 1687 standen auch dem französische Hochadel Domherren-Stellen zu. Vgl. Peter Hersche: *Die deutschen Domkapitel*

verbündete, seit 1663 amtierende Bischof Franz Egon von Fürstenberg war bereits 1673 nach Frankreich geflüchtet.

Da die *Warhaffte Relation* offensichtlich von einem kundigen Militär verfasst war, schloss ich zunächst nicht aus, dass sie eventuell aus der Feder Grimmelshausen stammt oder von ihm redigiert wurde.[3] Dies trifft jedoch nicht zu. Erst nach dem Vorliegen der Faksimileausgabe stieß ich auf die Hallenser Dissertation von Hermann Pastenaci aus dem Jahr 1880, die die Frage der Druckvorlage des Molsheimer Kalenders eindeutig klärt.[4]

Die Schlacht bei Entzheim wird von der Historie als ein durch den kaiserlichen Feldmarschall Alexander de Bournonville (1620–1690) mit wenig Geschick geführtes Treffen eingeschätzt, das ohne Entscheidung blieb und keine positive Veränderung der militärischen Lage für die Reichstruppen brachte.[5] Bournonville sandte allerdings eine für die kaiserliche Seite positivere Darstellung der Schlacht, sein amtliches Siegesbulletin, an den Kaiserhof. Eine Abschrift scheint auch an den Straßburger Magistrat gegangen zu sein, an dessen freundlicher Neutralität Bournonville sehr interessiert sein musste. In den Protokollen des Geheimen Kollegiums der „Herren XIII", der höchsten Behörde der Reichsstadt, wird unter dem 1./11. Oktober 1674 folgende Notiz festgehalten: „Syndicus Frid proponirt: Ob nicht die von denen Keyserlichen verfertigt relation von dem jüngsten Treffen bei Entzheim gedruckt werden solle auf des Verkäufers Kosten. Erkandt. fiat."[6] Die hier angeführte Relation liegt im Straßburger Stadtarchiv in der wohl ursprünglich französischen Fassung wie in deutscher Übersetzung als Konzept und Reinschrift vor, überschrieben als „Veritable Relation" und als *Warhaffte Relation*. Ein Exemplar des französischen Druckes ist erhalten.[7] Nach Pastenaci ist lediglich jeweils der letzte, bei ihm abgedruckte Satz als Straßburger Textzusatz zu betrachten. Dieser letzte Satz der Straßburger Vorlage ist auch der letzte Satz der *Warhafften*

---

im 17. und 18. Jahrhundert. Bd. 1. *Einleitung und Namenslisten*. Bern 1984, S. 171–174.

3 Klaus Matthäus: Der Molsheimer Schreib-Kalender. In: *Simplicianische Jahreskalender* (wie Anm. 1), S. 271–272.

4 Hermann Pastenaci: *Die Schlacht bei Enzheim: den 4. October 1674*. Halle 1880 (Hallesche Abhandlungen zur neueren Geschichte 13).

5 *Lexikon der deutschen Geschichte*. Hrsg. von Gerhard Taddey. Stuttgart ^{3}1998, S. 327.

6 Nach Pastenaci, *Die Schlacht bei Enzheim* (wie Anm. 4), S. 7.

7 Pastenaci, *Die Schlacht bei Enzheim* (wie Anm. 4), S. 7: 4 Blatt in 4°. Danach wird in beiden Fassungen der Ort des Treffen mit ‚Ensisheim' bezeichnet.

Relation (Abb. 2).[8] Herr Louis Schlaefli (Straßburg), dem ich für seine Mithilfe bei dieser Recherche sehr zu Dank verbunden bin, konnte mir freundlicherweise nach Akteneinsicht im Straßburger Stadtarchiv bestätigen, dass die dortige handschriftliche Vorlage, abgesehen von wenigen Wortveränderungen, mit dem Text der *Relation* des Molsheimer Kalenders identisch ist (Abb. 3 und 4).[9]

Nach diesem Befund lag eine gedruckte Vorlage für den Kalendertext erst nach dem 11. Oktober (n. St.) vor. Es bleibt offen, ob sie auf Straubhaars oder Grimmelshausens Initiative hin in den Kalender aufgenommen wurde. Da dessen astrologische Rubriken im „Prognosticon" äußerst knapp gehalten waren, was wohl der Intention Grimmelshausens entsprach, dürfte Straubhaar die aktuelle Relation zur Auffüllung nicht unwillkommen gewesen sein, deren Tendenz der eher kaiserfreundlichen Stimmung im Lande entsprach.[10] Zensurbedenklichkeiten scheint es jedenfalls in Molsheim nicht gegeben zu haben.

8 Pastenaci, *Die Schlacht bei Enzheim* (wie Anm. 4), S. 8.

9 Archives Municipales de Strasbourg: Le registre du conseil des XIII pour 1674: 3 R 33; La relation de la bataille d'Entzheim: AA 1283, fol. 17–23.

10 *Lexikon der deutschen Geschichte* (wie Anm. 5), S. 327.

Abbildungen

Warhaffte
RELATION
Deß
Bey Enßheim zwischen Straßburg und Mols-
heimb im undern Elsaß den 24 Septemb. / 4 Octobr. 1674. vorgan-
genen Treffens.

Abb. 1: Überschrift der *Warhafften Relation* im Molsheimer *Schreib-Kalender* (1675). Sammlungen des Berlinischen Gymnasiums zum Grauen Kloster (Streitsche Stiftung).

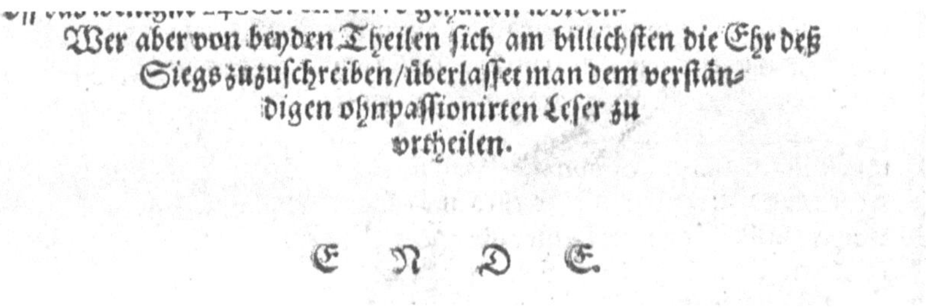

Wer aber von beyden Theilen sich am billichsten die Ehr deß
Siegs zuzuschreiben/überlasset man dem verstän-
digen ohnpassionirten Leser zu
urtheilen.

E N D E.

Abb. 2: Schlusssatz der *Warhafften Relation* im Molsheimer *Schreib-Kalender* (1675). Sammlungen des Berlinischen Gymnasiums zum Grauen Kloster (Streitsche Stiftung).

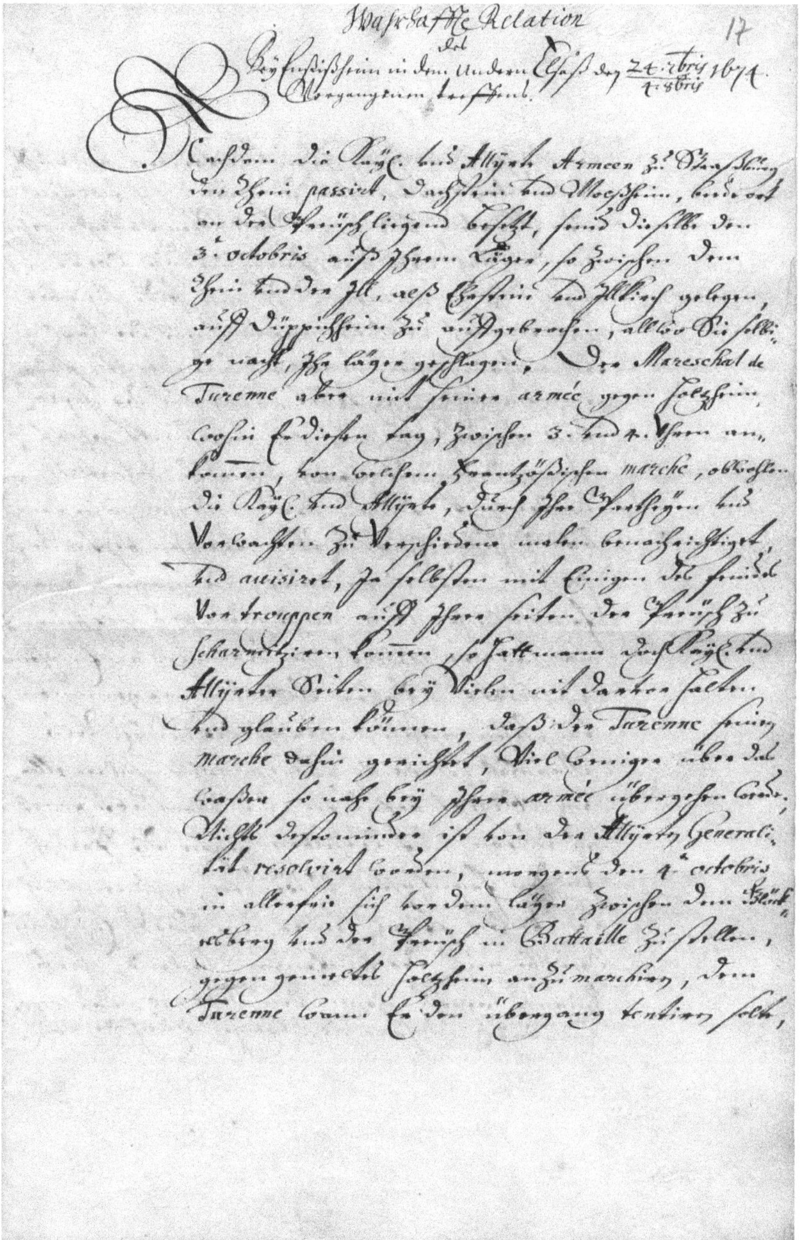

Warhaffte Relation

Abb. 3: Anfang der handschriftlichen *Warhafften Relation* in den Archives Municipales de Strasbourg (vgl. Anm. 9).

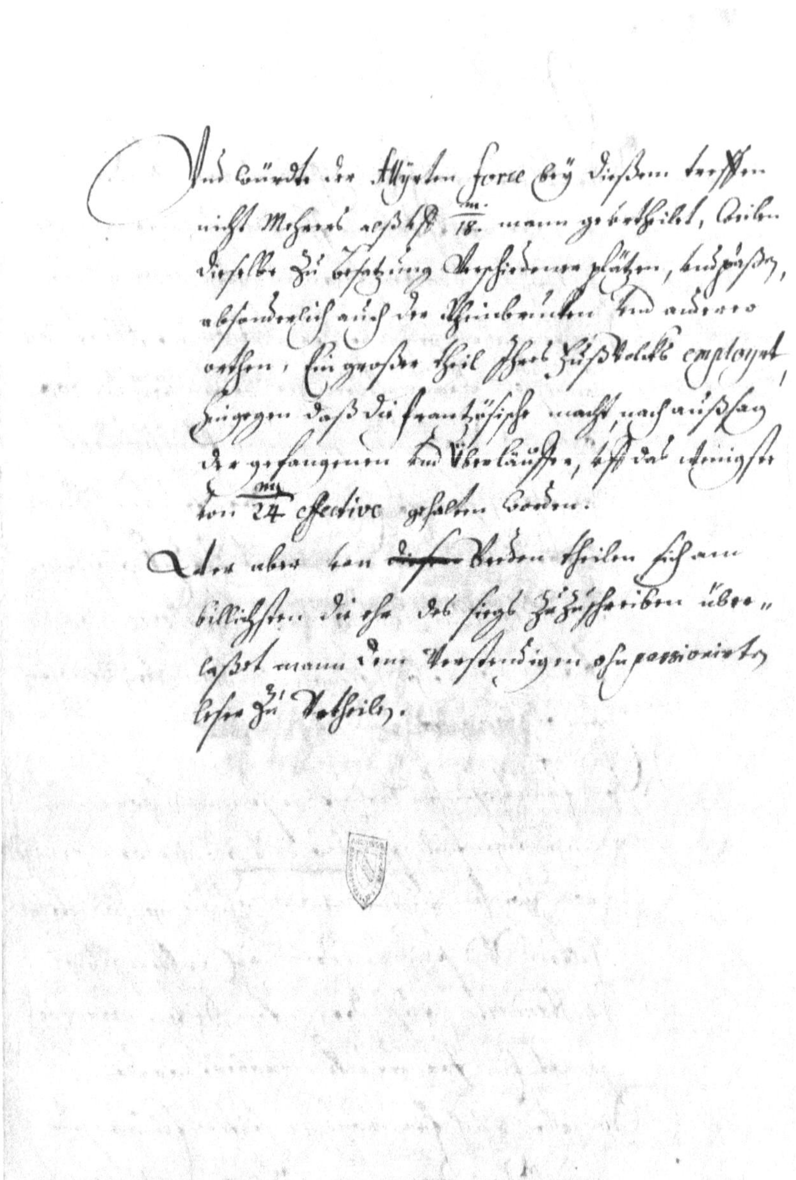
Und würde der Alliirten force bey diesem treffen nicht mehr als 18m mann geurtheilt, weilen dieselbe zu besatzung verschiedener plätze, besonderlich auch der Rheinbrücken und anderer orthen, ein großer theil ihres fußvolcks employrt, zeigen daß die frantzösische macht, nach aussag der gefangenen und überläuffer, biß auf wenigst von 24m effective geschätzt worden.
Was aber von diesen beeden theilen sich am billichsten die ehr des siegs zuzuschreiben, über lasset mann dem verständigen ohnpassionirten leser zu urtheilen.

Abb. 4: Schluss der handschriftlichen *Warhafften Relation* in den Archives Municipales de Strasbourg (vgl. Anm. 9).

DIETER BREUER (Aachen)

Zur Frage der Autorschaft Grimmelshausens an den simplicianischen Jahreskalendern Felßeckers, Hoffmanns und Straubhaars

I. Der *Ewig-währende Calender* als Maßstab

Wer Sicherheit über die Autorschaft Grimmelshausens an den verschiedenen simplicianischen Jahreskalendern der 1670er Jahre gewinnen will, sollte sich zuvor über die notwendigen Kriterien klar werden. Dies ist möglich, wenn man Grimmelshausens eigenen, den *Ewig-währenden Calender* in die Betrachtung einbezieht, in dem Simplicissimus als Kalendermacher vorgestellt und das Leben der simplicianischen Familie auf seinem Bauernhof nahe Griesbach anschaulich beschrieben wird. Wir erfahren, dass der Kalender dort für den Sohn verfasst, als Manuskript von einem Griesbacher Kurgast entdeckt, ergänzt und zum Druck befördert worden sei.[1]

Diese Entstehungsgeschichte ist stimmig in den fiktionalen Werkzusammenhang eingepasst: Nach seiner Rückkehr aus dem Mummelsee

---

1 Johann Jakob Christoffel von Grimmelshausen: *Des Abenteurlichen Simplicissimi Ewig-währender Calender.* Faksimile-Druck der Erstausgabe Nürnberg 1671. Mit einem erklärenden Beiheft hrsg. von Klaus Haberkamm. Konstanz 1967, S. 92 III–104 III, S. 188 III–190 III, S. 204 III. Der *Ewig-währende Calender* wird im Folgenden nach der Edition von Haberkamm im Text dieser Abhandlung mit Sigle *EC* und Angabe der Materia und Seite in runden Klammern zitiert. – Dieser Text mitsamt den sog. Kalendergeschichten ist auch abgedruckt in: Hans Jacob Christoffel von Grimmelshausen: *Werke* II. Hrsg. von Dieter Breuer. Frankfurt a. M. 1997 (Bibliothek der Frühen Neuzeit 5), S. 357–410. – Zur „fiktionalen Vernetzung" von *EC* und *Simplicissimus Teutsch* (*ST)* vgl. Ruprecht Wimmer: Chaos – Mischmasch – Labyrinth. Zur Poetologie des Ewigwährenden Kalenders. In: *Simpliciana* XV (1993), S. 241–251, hier S. 242. – Zu der seit nahezu 100 Jahren geführten, aber eher fruchtlos verbliebenen Diskussion über „Echtheit", „Authentizität" und „Autorisation" der Felßeckerschen Simplicianischen Jahreskalender und des „Barock-Simplicissimus" vgl. den kritisch abwägenden Überblick bei Jörg-Jochen Berns: Kalenderprobleme der Grimmelshausen-Forschung. Ein Überblick. In: *Simpliciana* XVI (1994), S. 15–32, hier S. 19–20.

(*ST* V, 19), in der Phase seiner Studien auf dem Bauernhof, befasst sich Simplicissimus mit verschiedenen Wissenschaften, u. a. mit „Astronomia sampt der Astrologia“ (*ST* 524, 6–11), mit denen er sich „ein Zeitlang [...] delectirt“, bis sie ihm falsch und ungewiss vorkommen und er sich der Theologie zuwendet.[2] In dieser Phase, bevor er sich von dem auf seinem Hof einquartierten schwedischen Oberst bereden lässt, wieder Kriegsdienste anzunehmen, entsteht der *Ewig-währende Calender*, gedacht als eine Art „Monita paterna“ für den nichtehelichen Sohn, den jungen Simplicissimus, der bei Knan und Meuder zurückbleibt.[3] Grimmelshausen schließt also den Kalender genau an die Stelle des 20. Kapitels des V. Buches an, wo es heißt, Simplicissimus habe vor seiner Abreise den Hof an Knan und Meuder, unbeschadet des Erbanspruchs seines Sohnes, des „Bankerts“ Simplicius, überschrieben und wegen dessen Erziehung „Anstalt“ gemacht (*ST* 529).

Auch die Darstellung der Entdeckung des Kalenders nimmt genau Bezug auf die Romanhandlung: Simplicissimus ist nach mehr als drei Jahren, kurz nach Abschluss des „Teutschen Friedens“, von seiner unfreiwilligen Weltreise zurückgekehrt und hat sich nach kurzem Aufenthalt auf seinem Hof als Einsiedel auf die Moos zurückgezogen und dann seine Pilgerreise angetreten, von der er, wie die Meuder dem Kurgast Christian Brandsteller, einem Stadtschreiber, berichtet, noch nicht zurückgekehrt sei. Inzwischen sei es ein halbes Jahr her, dass man ihn im Sauerbrunnen „den offendürlichen Simplicissimus“ nenne (d. h. ein halbes Jahr nach Erscheinen des *ST* im Herbst 1668), und seit Kurgäste behaupteten, so die Meuder weiter, er sei „in die neue Welt gezogen“, was diese erst kurz nach Erscheinen der *Continuatio* (Ostern 1669) wissen können (*EC* 96 III). Zeitpunkt der ‚Entdeckung‘ des Manuskripts

2 Hans Jacob Christoffel von Grimmelshausen: *Simplicissimus Teutsch*. In: *Werke* I. 1. Hrsg. von Dieter Breuer. Frankfurt a. M. 1989 (Bibliothek der Frühen Neuzeit 4. 1), S. 524. – Der Roman wird nach der Edition von Breuer im Text dieser Abhandlung mit Seitenangaben in runden Klammern zitiert (Sigle *ST*).

3 Vgl. *EC*, fol. Aij^{r}: „Simplicissimi des Aeltern Vorred und Erinnerung an seinen Natürlichen Sohn den Jüngsten Simplicium“; vgl. auch *EC* 139–147 VI, 157–161 VI, 163 VI. Als Vorbild für diese Gattung, auf die Grimmelshausen in seiner Kalendersatire allerdings nur anspielt, kommt Johann Michael Moscheroschs Schrift *Insomnis Cura Parentum. Vermächtnusz Oder/ Schuldige Vorsorg Eines Treuen Vatters. Bey jetzigen Hochbetrübtesten gefährlichsten Zeiten den Seinigen zur letzten Nachricht hinterlassen* (Straßburg 1653) in Frage. Vgl. dazu Wilhelm Kühlmann, Walter E. Schäfer: *Frühbarocke Stadtkultur am Oberrhein. Studien zum literarischen Werdegang J. M. Moscheroschs (1601–1669).* Berlin 1983, S. 161–189.

des *Ewig-währenden Calenders* wäre demnach die Hochsaison beim Sauerbrunnen im Juli[4] 1669. Christian Brandsteller ergänzt es nach Ankauf noch während seiner Kur in der dritten Spalte des Kalendariums um Anekdoten von Simplicissimus, die ihm andere Kurgäste erzählen, und schließt es mit Datum „Griesbach den 29. Jul. 1669" ab (*EC* 204 III).

Grimmelshausen versteckt in dieser Erzählung aber noch weitere Informationen über die Beschaffenheit seines Manuskripts. Brandsteller bemerkt beim Sortieren der von der Meuder schon als Einwickelpapier benutzten Blätter, dass das Manuskript mit der Vorrede des alten Simplicissimus an seinen Sohn beginnt und dass dem „gantzen Werck [...] nur noch der Titul darzu mangelte" (*EC* 100 III). Grimmelshausen hat also vorsorglich kenntlich gemacht, was eigener Text ist und was er der Verlagsseite überlassen wollte. Dass diese Vorsichtsmaßnahme nötig war, zeigt tatsächlich das Titelblatt Felßeckers, auf dem – gegen den Text – der junge Simplicius als Herausgeber und Dedikator erscheint, der zu dieser Zeit gar nicht mehr auf dem Hof lebt, sondern, wie die Meuder berichtet, von seinen beiden „Vögten", d. h. den bestellten Vormündern, „zu einem Barbierer verdingt" worden sei, „das Handwerck bey jhm zulernen" (*EC* 100 III). Wir erfahren ferner, dass auf dem Hof ein „Gunterfet" des alten Simplicissimus existiert, das kürzlich ein Maler für den Sauerbrunnen abkopiert habe. Dieses Bild nimmt Brandsteller zur Vorlage für die Titelillustration des Kalenders, als er vernimmt, „daß Simpl. Lebens-Beschreibung wider von newen getruckt werden solle", und sich entschließt, den Kalender zum Druck zu geben; Brandsteller, hinter dem wir wieder den Autor Grimmelshausen erkennen, berichtet (*EC* 190 III):[5]

> [...] und damit ich den Curiosen Leser umb so viel desto mehr contentiere/ habe ich das obgedachte Conterfey Simplicissimi abcopiren und zugleich seinen Knan/ Meuder natürlichen Sohn dem er diesen Calender zugefallen geschrieben/ Knans

4 Vgl. Hans Jakob Christoffel von Grimmelshausen: *Rathstübel Plutonis.* In: *Werke* I. 2. Hrsg. von Dieter Breuer. Frankfurt a. M. 1992 (Bibliothek der Frühen Neuzeit 4. 2), S. 655. Die Erzählung wird im Folgenden nach der Edition von Breuer im Text dieser Abhandlung mit Sigle *RP* und Seitenangabe in runden Klammern zitiert.

5 Vermutlich handelt es sich bei der Neuausgabe des *ST* um die Ausgabe E^4: *Der Abentheurliche Wiederum gantz neu umgegossene Und mit seinem ewigwehrenden wunderbarlichen Calender/ auch anderen zu seinem Lebens-Lauff gehörigen Neben-Historien/ vermehrte und verbesserte SIMPLICISSIMUS Teutsch* [...], vorausdatiert auf 1670, erschienen noch 1669, allerdings ohne *EC* und ohne „Neben-Historien".

frommes Ursule/ abmahlen lassen; umb solches in vorhergehenden Kupffer Titul vorher beyzufügen.

Grimmelshausen hat dem Manuskript demnach eine Vorzeichnung für den Kupferstecher beigefügt, die Felßecker 1669 zunächst für seinen *Europäischen Wunder Geschichten Calender* auf das Jahr 1670 verwendet hat. Auf der letzten Seite dieses Jahreskalenders kündigt der Verleger dem Leser an, ein „herrliches Werck" mit dem Titel *Ewigwährender Calender* „unter der Preß" zu haben.[6] Als dessen Herausgeber bezeichnet er, gegen den Text dieses Werkes, den jungen Simplicissimus, wie schon in der Dedicatio, die auch durch den gleichen penetranten, aufdringlichen Werbestil verrät, dass hier nicht der Autor seine Feder angesetzt hat.[7]

Grimmelshausen hat also sorgfältig auf Stimmigkeit des Erzählten über die Grenze des einzelnen Werkes hinweg geachtet. Daraus ergibt sich als ein Kriterium für die Beurteilung der Autorschaft an den simplicianischen Kalendern Felßeckers und seiner Nachahmer, ob sie inhaltlich mit dem Romanwerk Grimmelshausens übereinstimmen oder sich in Widersprüche verwickeln. Ein weiteres Kriterium ist das hohe und unverwechselbare sprachlich-stilistische Niveau der von Grimmelshausen verantworteten Erzählprosa. Er mag sich „in mancherley Gestalten verändern wie Er will/ so wird Er doch erkandt an seiner Feder hier/ an seiner treuen Hand", heißt es schon im zeitgenössischen

6 Johann Jakob Christoffel von Grimmelshausen: *Simplicianische Jahreskalender. Europäischer Wundergeschichten Calender 1670 bis 1672 (Nürnberg). Schreib-Kalender 1675 (Molsheim).* Faksimiledruck der vier Kalenderjahrgänge erstmals neu hrsg. und kommentiert von Klaus Matthäus und Klaus-Dieter Herbst. Erlangen und Jena 2009, Europäischer Wundergeschichten Calender 1670, fol. D[r].

7 Vgl. *EC*, Dedicatio: „Denen in allen Oertern der weiten und breiten Welt: Jnsonderheit aber Denen in gantz Europa hin und wider wohnenden/ und Sich in guten Wolstand befindenden SIMPLICISSIMIS Als meinen Hochgeehrten Freunden/ Schwägern/ Brüdern und Schwestern [...] Ubergebe ich in tieffster Demut/ zum Zeugniß meiner Dienstwilligen Pflichtschuldigkeit/ und stetsbeharrlichen Wolgewogenheit/ den ehedessen von meinem geliebten und wehrten Vatter Simplicissimo mit grosser Mühe und unverdrossenem Fleiß aufgesetzten/ und mir an statt eines herrlichen Kleinodes hinterlassenen Ewigwehrenden Calender/ nechst freundlicher Anwünschung aller Zeitlichen und ewigen Prosperität und höchstvergnüglichen Wolergehens. [Gedicht] Meiner Hochgeehrten und sehr wehrten Freunde/ Schwäger/ Brüder und Schwestern. Allezeit weil ich lebe/ Dienstwilliger SIMPLICIUS."

Dedikationssonett eingangs des *Dietwalt*-Romans.[8] Durch Ironie, Bildkraft und stets überraschende argute Pointierung hat er seinen Nachahmern die Arbeit nicht wenig erschwert.[9]

II. Felßeckers *Europäischer Wunder Geschichten Calender*

Das ihm 1669 überlassene Manuskript des *Ewig-währenden Calenders* mag Felßecker angeregt haben, auch einen entsprechenden Jahreskalender zu produzieren. Für die unterhaltenden Teile benötigte er dazu nach dem Vorbild der 1669 bei ihm erschienenen *Continuatio des abentheurlichen Simplicissimi* weitere Continuationen des Lebenslaufes, weitere auf die Simplicissimus-Figur ausgerichtete Anekdoten und Apophthegmen. All dies ließ sich umso leichter bewerkstelligen, wenn man Simplicissimus konsequent in seine Vagantenzeit zurückversetzte, seinen am Ende des V. Buches erreichten Bildungsstand sowie seine religiöse Wende in der *Continuatio* nicht weiter berücksichtigte, die Lücke zwischen *Simplicissimus*-Roman und *Springinsfeld* mit Vagantenabenteuern füllte und Simplicissimus im geselligen Kreis Prognosen für das laufende Jahr erörtern ließ. Dazu bedurfte es des Autors Grimmelshausen nicht, sondern einer eingespielten Kalenderredaktion, über die Felßecker verfügte.[10] So ist gerade die Continuatio im *Europäischen*

8 Hans Jacob Christoffel von Grimmelshausen: *Dietwalt und Amelinde.* In: *Werke* II. 2. Hrsg. von Dieter Breuer. Frankfurt a. M. 1997 (Bibliothek der Frühen Neuzeit 5), S. 151.

9 Vgl. Dieter Breuer: Der sinnreiche Poet und sein ungewöhnlicher neuer Stil. Grimmelshausen und die europäische Argutia-Bewegung. In: *Simpliciana* XV (1993), S. 89–103.

10 Vgl. Manfred Koschlig: Dokumente zur Grimmelshausen-Bibliographie. In: ders.: *Das Ingenium Grimmelshausens und das „Kollektiv". Studien zur Entstehungs- und Wirkungsgeschichte des Werkes.* München 1977, S. 238–296, hier S. 260–274. Vgl. auch ders.: Die „simplicianische Arbeit" des Johann Christoph Beer (1638–1712). In: ebd. S. 297–534. – Klaus Matthäus: Grimmelshausen – Ein Autor von Jahreskalendern. In: Grimmelshausen, *Simplicianische Jahreskalender* (wie Anm. 6), S. 217–277, hier S. 227–232. – Italo Michele Battafarano, Hildegard Eilert: *Probleme der Grimmelshausen-Bibliographie. Mit Beispielen der Rezeption.* Trento 2008 (Labirinti 113), S. 81–116. – Nach wie vor unverständlich ist jedoch, wie leichtfertig alle Kontrahenten das moderne verrechtlichte Verhältnis von Autor und Verleger, das sich seit dem ausgehenden 18. Jahrhundert herausgebildet hat, auf die Autor-Verleger-Beziehung der frühen Neuzeit übertragen.

Wunder Geschichten Calender auf das Jahr 1670 mit ihrer genauen Darstellung der Innenansicht einer Offizin kein Argument für Grimmelshausens Autorschaft, sondern ein Argument für das Wirken eines Redakteurs bzw. des Verlegers selbst, der für seine Produkte wirbt. Die Continuationen der Jahrgänge 1671 und 1672 bieten im übrigen mit wenig Kunstverstand nacherzählte Episoden des *Simplicissimus*-Romans.[11]

Was Sprache und Stil betrifft, unterschreiten die Texte im *Europäischen Wunder Geschichten Calender* das Niveau Grimmelshausens beträchtlich, leicht erkennbar an aufdringlicher Selbstdarstellung des Helden und an gesuchten, unwitzigen Pointen. Dieses Stilgebaren findet sich übrigens auch in den Texterweiterungen des sog. „Barock-Simplicissimus" (Ausgabe E^5), die Felßecker 1671 herausbrachte.[12] Die Frage, um die es hier geht, betrifft also nicht nur den Jahreskalender Felßeckers in der Manier des *Simplicissimus*-Romans, sondern auch dessen Prachtausgabe von 1671 mit den drei Kalender-Continuationen. Ob Grimmelshausen dem Verleger deshalb gram war, wie Koschlig annahm,[13] wissen wir nicht. Schon die Kriegsereignisse am Oberrhein schnitten wenig später den Renchener Schultheiß vom weit entfernten Nürnberg ab. So mag Felßecker ungestört seine Geschäfte mit einer verfremdeten Simplicissimus-Figur gemacht haben, ungeachtet der Sicherungen, die Grimmelshausen in seinen Texten angebracht hatte.

Mit der Übereignung seines Manuskripts an Verleger oder Drucker hatte ein Autor wie Grimmelshausen keine Rechte mehr an seinem Werk und der Verleger freie Hand zu dessen Verwertung.

11 Anders Matthäus, der aus der sachkundigen Darstellung von Herstellung und Vertrieb von Jahreskalendern auf Grimmelshausens Autorschaft schließen zu können meint. – Matthäus, Grimmelshausen (wie Anm. 10), S. 261–263.

12 Der Streit zwischen Koschlig und Weydt/Tarot, ob der *Europäische Wundergeschichten Calender* und die Korrekturen der Ausgabe E^5 des *ST* Grimmelshausen zuzuschreiben sind, ist auch in der zweiten Generation nicht ausgestanden. Ich sehe keine sachlichen Gründe, den Argumenten Koschligs (wie Anm. 10) nicht zu folgen.

13 Manfred Koschlig: *Grimmelshausen und seine Verleger. Untersuchungen über die Chronologie seiner Schriften und den Echtheitscharakter der frühen Ausgaben.* Diss. Berlin. Leipzig 1939 (Palaestra 218), S. 250–251, und derselbe in den in Anm. 10 genannten Studien.

III. Hoffmanns *Des jungen Simplicissimi eigner Kurtzweiliger Geschichten-Calender*

Aber auch Felßeckers Nürnberger Konkurrenz im Kalendergeschäft schlief nicht und suchte sich den neugier- und phantasieanregenden Reiz der simplicianischen Figuren Grimmelshausens zunutze zu machen. Sowohl im *Ewig-währenden Calender* als auch im *Springinsfeld* und im *Wunderbarlichen Vogel-Nest* I hatte der Autor Andeutungen zum Lebensweg des jungen Simplicissimus gemacht, die schon Felßecker in der Dedicatio zum *Ewig-währenden Calender* aufgegriffen hatte. Diese Möglichkeit, einen Jahreskalender mit einer (modifizierten) Figur der simplicianischen Familie zu verbinden, ersah auch der Nürnberger Verleger Johann Hoffmann für eine Kalenderreihe, die erstmals 1675 erschien:[14]

> Alter und Neuer Des jungen SIMPLICISSIMI eigner Kurtzweiliger Geschichten Calender/ Darinnen nicht allein befindlich/ was sonst von Rechts- und Gewohnheit wegen/ in einem Calender gehörig; Sondern auch dessen seltzamer Lebens-Lauff/ wie auch Wunderartige hin und wieder ausgeübte Erfindungen beydes zu Nutz und Ergötzung der Leser/ von ihm selbst gantz lustig entworffen. Als sein erstes Meister-Stuck/ gerichtet auf das Kriegerische Jahr nach Christi Geburt M.DC.LXXV. Nürnberg/ Gedruckt bey Christoph Gerhard/ und zu finden bey Johann Hoffmann daselbst.

Dem Titelblatt vorangestellt ist ein ganzseitiges Titelkupfer mit Darstellung der simplicianischen Familie in fünf Portraitmedaillons: zentral das Medaillon des jungen Simplicissimus, um dieses in kreuzförmiger Anordnung Genreszenen der vier Jahreszeiten, diese umwunden von der Zeitschlange Uroboros, in den vier verbleibenden Ecken die Portraitmedaillons des alten Simplicissimus und des Knan (oben) sowie der Meuder und der Ursel (unten).

Johann Hoffmann (1629–1698) aus Frankenberg in Sachsen, der 1655 in Nürnberg einheiratete, hat sich hier zunächst als Kunsthändler

---

14 Für die folgende Untersuchung beschränke ich mich auf die Jahrgänge 1675 (Exemplar des Stadtarchivs Altenburg, das mir Klaus-Dieter Herbst, Universität Jena, zugänglich machte: Internet-Portal der Universitätsbibliothek Halle, „Portal Historischer Kalender", http://www.zs.thulb.uni-jena.de/content/main/calender List. xml?XSL.selected=K, Abruf 19.02.2009) und 1676, der mir in Xerokopie vorliegt. Zur Altenburger Sammlung vgl. Klaus-Dieter Herbst: Der Kalenderschatz im Stadtarchiv Altenburg. In: *Jahrbuch für Kommunikationsgeschichte* 9 (2007), S. 211–239.

betätigt, seit 1663 auch als Verleger und später als Buchhändler. Der Rat der Stadt hat ihn wegen unerlaubten Nachdruckens und Zensurvergehen mehrfach ins Gefängnis gesteckt, seinen Verlag aber auch für anonyme politische Flugschriften benutzt.[15] Seit 1673 verlegte er mehrere Jahreskalender, darunter auch seinen simplicianischen, der bis 1700 fortgesetzt werden konnte. Ob er für diesen Kalender außer auf Felßeckers *Wunder Geschichten Calender* auch auf den Molsheimer Kalender des jungen Simplicissimus zurückgegriffen hat, der ja schon seit Herbst 1672 auf dem Markt war, ist möglich, aber zur Zeit noch nicht abschließend zu klären, da bisher nur der dritte Jahrgang des Molsheimer Kalenders bekannt ist.[16]

Hoffmanns Kalender[17] beginnt wie üblich mit der chronologischen Übersicht („Almanach“) und der Legende der im folgenden Kalendarium verwendeten Zeichen, bringt auf der Verso-Seite wie Felßeckers simplicianischer Kalender das monatliche Kalendarium im Vier-Spalten-Druck, aufgeteilt in die Spalten „Neuer Calender“, „Gewitter und Planetenschein auff beyde Calender“, „Alter Calender“. Zwischen die astrologischen und Wetterzeichen der zweiten Spalte ist in Rotdruck in vorhandene Lücken ein durchlaufender Text, moralische Sentenzen, eingerückt (bei Felßecker sind es Sprichwörter). Die vierte Spalte enthält in jährlichen Fortsetzungen „Wunderartige Erfindungen welche Der junge Simplicius theils bey seinem Vatter erlernet/ theils selbst auf seiner Reiß ersonnen und practiciret“. Die dem Monatskalendarium gegenüberliegende (Recto-)Seite ist in zwei Spalten geteilt und bringt in

15 Vgl. Gerti Deneke: Johann Hoffmann. Ein Beitrag zur Geschichte des Buch- und Kunsthandels in Nürnberg. In: *Archiv für Geschichte des Buchwesens* I (1956/58), S. 337–364. – Klaus Matthäus: Zur Geschichte des Nürnberger Kalenderwesens. Die Entwicklung der in Nürnberg gedruckten Jahreskalender in Buchform. In: *Archiv für Geschichte des Buchwesens* IX (1969), Sp. 965–1396, hier S. 1162–1163 und S. 1196–1197.

16 Zu dem von Klaus-Dieter Herbst jüngst in der Bibliothek des Grauen Klosters in Berlin aufgefundenen Exemplar des Molsheimer *Schreib-Kalenders* auf das Jahr 1675 vgl. Klaus Matthäus, Simplicianische Jahreskalender (wie Anm. 6), S. 264–274. Reprographischer Abdruck des Kalenders S. 165–214.

17 Hinzuweisen ist auf die unterschiedliche Adressierung der beiden Jahrgangsexemplare: Das Exemplar für 1675 titelt „Alter vnd Neuer [...] Calender“, ist also vornehmlich für protestantische Leser bestimmt, während das Exemplar für 1676 („Neuer und Alter [...] Calender“) vornehmlich katholische Leser ansprechen will. Die Nürnberger Kalendermacher bedienten beide Konfessionen, so wird es von jedem Jahrgang der Simplicianischen Kalender jeweils zwei Versionen gegeben haben. Die Kalender sind wie üblich im Quartformat gedruckt. Der Kalenderteil umfasst die Bögen A bis Dij.

der ersten Spalte in jährlichen Fortsetzungen „Deß jungen Simplicissimi Lebenslauffs/ Erzehlung". Die zweite Spalte mit Datumsleiste ist frei für Einträge und Notizen zum Tage. Die letzte Verso-Seite enthält eine Aderlasstafel für das ganze Jahr mit Hinweisen zur Blutanalyse.

Auf den eigentlichen Kalender folgt wie üblich mit eigener Titelseite die Praktik:[18]

> Astrologisches Bedencken oder Grosse Practica über des jungen SIMPLICII Allmanach/ darinnen Nebenst der ausführlichen Beschreibung der vier Jahreszeiten und 12. Monaten Samt derselben Witterung/ Sonn- und Monds-Finsternüssen/ Kriegs-Muhtmassungen/ etc. zugleich auch unterschiedliche Auf jedes Monat gerichtete nutzerweckende Historische Zusätze befindlich Auf das Jahr Christi M.DC.LXXV. gerichtet und zum Druck befördert von Simplicio. Nürnberg / Gedruckt bey Christoph Gerhard.

Dieser Teil beginnt mit einer „Kurtzen Vor-Ansprach" des jungen Simplicius, in der dieser als der „rechte und wahrhafftige Simplex" verspricht, „sich jährlich mit der Contination auf das fleissigste einzufinden". Die Praktik selbst ist in acht Kapitel unterteilt. Kap. I–IV behandeln die astronomischen Konstellationen der vier Jahreszeiten Winter, Frühling, Sommer, Herbst mit jeweiligen Wetterprognosen, jeweils anschließend die zugehörigen Monate mit den Mondphasen und daraus resultierender Witterung. Auf den Monatsbericht folgt ein „Nutzerweckender Historischer auf diesen Monat zugerichteter Zusatz":

> Im Jahrgang 1675 für Januar über die Bratwurstprozession der Königsberger Fleischhauer; für Februar über eine Bauernhochzeit, aufgeführt durch Standespersonen einer berühmten deutschen Stadt an Fastnacht 1639; für März über die Rückkehr der Störche und über die Reiseziele der Zugvögel; für April über die rituelle Verwendung von Flaschenkürbissen bei den Tapuyern in Brasilien; für Mai über Fälle von Rosenduft-Allergie; für Juni über eine einfallende Mondfinsternis, die dem römischen Feldherrn Drusus Gelegenheit gab, eine Meuterei seiner Truppen friedlich zu beenden; für Juli über ein fröhliches Leichenbegängnis; für August über den bestraften Geiz eines persischen Kalifen; für September über die Heilung einer gelähmten Frau durch Theophrastus Paracelsus; für Oktober über die Hochwasserkatastrophe 1530 in Rom; für November über den indischen Mogul, der in betrunkenem Zustand seinem Hofstaat das Weintrinken erlaubte und sie nüchtern dafür strafte; für Dezember über die Gebräuche der Chinesen bei einer Mondfinsternis. Im Jahr 1676 für Januar über Geschenkbräuche verschiedener Völker; für Februar über Podagra-Heilungen (nach Wilhelm Faber); für März über einen hartherzigen Gutsherrn, der nach einem Viehsterben Gott verfluchte und in

18 Mit eigener Bogenzählung A–C.

einen schwarzen Hund verwandelt wurde; für April und Mai über österliche Schaukelvergnügen auf türkischen Volksfesten (nach der Reisebeschreibung von Pietro della Valle); für Juni (als Fortsetzung) über türkische Riesenradvergnügen; für Juli über schreckliche Gewitter (u.a. nach Zeiller); für August über den Untergang des lusitanischen Schiffes „St. Jacob" vor Madagaskar 1583 und die Todesarten der Schiffbrüchigen; für September über den Freitod einer geschändeten japanischen Ehefrau, datiert auf den 15. 9. 1646; für Oktober über die Explosion des Pulverturms der Stadt Delft am 12. 10. 1654; für November über die Tapferkeit Schweizer Soldaten; für Dezember über den Quäker James Nayor aus Bristol, der sich im Dezember 1656 als Messias ausgegeben hatte und grausam bestraft wurde.

Die folgenden Kapitel informieren über zu erwartende Sonnen- und Mondfinsternisse (Kap. V), stellen Prognosen über zu erwartende Kriegsereignisse (Kap. VI), mit der Warnung vor der „Frantzösischen Tyranney": „Holland hat es leyder vergangene Jahre zur Genüge und mit äusserstem Hertzenleyd erfahren. [...] GOtt bewahre unser liebes Teutschland vor fernerem Frantzösischem Uberfall [...]."),[19] und über Seuchen und Krankheiten (Kap. VII, mit dem Schluss: „Simplex macht sich auch bereit | hier in dieser Sterblichkeit | sich dem Tod zur Beut zu geben/| weil hier nur ein Lasterleben.").[20] Das VIII. und letzte Kapitel („Von der Fruchtbarkeit") bringt im Jahrgang 1676 eine längere, auf Bibelstellen gestützte Ermahnung, Gott zu vertrauen: Es sei „noch alles Gutes von des Höchsten Allmachts-Hand zu hoffen/ eine gute wolfeile Zeit/ wo nicht anders die Soldaten eine Theurung ins Land bringen". Diese aber komme „nicht eben von diesem oder jenem Planeten/ diesem oder jenem Gewitter/ auch nicht von dem Lucifer [...]/ auch nicht von den Soldaten" her. „Ach nein." Letztere seien nur „Werckzeuge" des Zornes Gottes, die Teuerung Sündenstrafe, doch könne in diesem Falle das Gebet helfen.[21] Auch die Praktik schließt mit einer „nützlichen" Tafel der Aderlass-Termine und einer Tabelle zur Diagnose von Krankheiten anhand von Farbe und Konsistenz des Blutes.

In der Anlage entspricht Hoffmanns Kalender im ersten Teil Felßeckers *Wunder Geschichten Calender*, auch in der Anordnung der simplicianischen Erzählmaterien; auf ein abschließendes Zeitungslied des alten Simplicissimus und die werblichen Nachworte hat Hoffmann allerdings verzichtet. Im ersten Teil, in der vierten Spalte neben dem Kalendarium finden wir bei Hoffmann simplicianische Kunststückchen in Anlehnung an die Liste in Grimmelshausens *Continuatio*, bei

19 fol. Civ^r.
20 fol. Civ^r.
21 fol. Ciij^r–Civ^r.

Felßecker simplicianische Apophthegmen und „Stückchen“ nach dem Vorbild des *Ewig-währenden Calenders*, auf der Recto-Seite den jeweiligen Lebenslauf in jährlichen Fortsetzungen, hier des jungen, dort des alten Simplicissimus.

Im zweiten Teil, der Praktik, bringen beide als Monatserzählungen Historien aus unterschiedlichen Quellen, meist Chroniken ohne simplicianischem Bezug. Felßecker spart auch nicht an illustrierendem Bildmaterial: Auf der Recto-Seite des Kalenderteils ist über der freien Spalte ein kleiner monatstypischer Holzschnitt angebracht, die Praktik mit Jahreszeiten- und Monatsbildchen illustriert. Hoffmann veranschaulicht stattdessen die Fortsetzung des Lebenslaufs 1676 mit zwei ganzseitigen Kupferstichen.

Was Hoffmanns simplicianische Kalendererzählung betrifft, so folgt er auch darin dem Beispiel Felßeckers, dass er (bzw. sein Redakteur) den Helden, hier den jungen Simplicius, ebenfalls zu einer picarischen Figur umgestaltet hat, um so jeden Jahrgang mit neuen abenteuerlichen Episoden füllen zu können. Zunächst aber ist er bemüht, den von ihm ersonnenen Lebenslauf möglichst genau an Grimmelshausens Werk anzuschließen, um Irritationen der Leser zu verhindern und den Eindruck der Authentizität zu erwecken. Darin verfährt er umsichtiger als Felßeckers Redaktion.

Der junge Simplicius beginnt seine Geschichte mit einem Raisonnement über die sein Leben belastende nichteheliche Abkunft: Sein Vater habe lange geglaubt, dass die „allerleichtfertigste Vettel Courage“ die leibliche Mutter seines Sohnes sei, doch habe diese im 24. Kapitel ihrer Lebensbeschreibung ihre Magd als dessen Mutter benannt, was seinen Vater, laut *Springinsfeld,* Kap. 5, gefreut habe. Doch habe das nichts daran geändert, dass er ein Bankert sei, und das ist sein Problem: „Ich bin einmal da! Was kan ich darvor/ das ich nicht ehelich geboren bin? Mein gröster Trost muß seyn/ daß ich gleichwol auch ein Mensch sey/ daß ich noch viel Brüder habe/ und daß die Hurenkinder (wer weiß was noch aus mir wird) je und allweg tapffere Leute gewesen“.[22] Sie seien in der Regel auch schöner, stärker, verständiger, „hartbeissiger“ und kommunikativer als ehelich Geborene. Sein Verhältnis zum Vater ist zwiespältig. Einerseits liebt er ihn, andererseits hasst er dessen Laster, durch das er, der Sohn, existiere und als „verachtes Scheusahl“ angesehen werde. Ähnlich dürfte es, so Simplicius,

22 fol. Aiv^{r}–Aiv^{v}.

auch seinen Brüdern zu Lippstadt ergehen, die der Vater samt ihren Müttern habe sitzen lassen und die nun „Rach" über ihn schrien.[23]

Wer auch immer der Verfasser dieses Textes ist, er nutzt konsequent Grimmelshausens Vorgaben und schildert anschaulich die missliche Situation eines außerhalb der Ehe geborenen Kindes, das unter der bigotten Moral seiner Umwelt zu leiden hat.

Seine junge Stiefmutter, so erzählt Simplicius weiter, habe er bewusst nicht erlebt,[24] erinnern könne er sich erst an die Zeit, als der Vater allein mit Knan und Meuder auf dem Hof gehaust und angefangen habe zu „melancholisieren" und „seine begangene Thorheiten zu bereuen".[25] Von rascher Auffassungsgabe, habe er dann beim Vater schon früh Lesen, Rechnen und Schreiben, sodann Zeichnen („Reissen") gelernt, Latein nur recht und schlecht:[26]

> Er hätte mich auch gern in der Lateinischen Sprach unterrichtet/ so hatte er aber GOtt erbarms selbst nicht viel darvon hinweg zu werffen; Dann noch schaffte er ein Grammaticam, ein Bachanten Tröster/ und andere dergleichen Bücher mehr/ und unterstunde sich/ mich daraus zu lernen/ was er wußte und nicht wußte." (Bl. B3^r)

Die ironische Bemerkung über des alten Simplicii (und Grimmelshausens) dürftige Lateinkenntnisse setzt wiederum eine intime Kenntnis des Werkes voraus, ebenso wie die folgenden Ausführungen über den Weggang des Vaters:[27]

> Ich gieng ungefehrlich ins zehende Jahr/ als Krieger ins Land kamen/ mit denen mein Vater wieder fort zog/ und wider seinem Willen seine Moscowitische Reiß auf deren er mehr als die halbe Welt durchstrichen/ angehen muste/ vor deren er mir zween Vögt ordnete/ mich und seinem Hoff sambt Knan und Meuder der Obrigkeit recommendirte/ und die Anstalt also machte/ daß Knan und Meuder den Hoff bewohnen/ Nutzen niesen: Mich als ihr eigen Kind und künfftigen rechten Erben des Hoffs auferziehen: Und wann noch ein Jahr erreicht/ durch meine Vögt oder Vormünder nach Straßburg thun lassen solten/ daselbst zu studiren oder

---

23 fol. Bij^r. Anspielung auf *ST* V, 5 (465–466).

24 Anspielung auf *ST* V, 9–10 (481–486).

25 Vgl. *ST* V, 10 (484: „ich aber gieng darbey spazieren/ und wartet allerhand Contemplationen ab") sowie die beiden letzten Kapitel des V. Buches.

26 fol. Biij^r. – Zur Frage der Lateinkenntnisse vgl. Gustav Könnecke: *Quellen und Forschungen zur Lebensgeschichte Grimmelshausens.* 2 Bde. in einem Bd. Reprograph. Nachdruck Hildesheim 1977, Bd. 1, S. 137–139. – Dagegen Günther Weydt: *Nachahmung und Schöpfung im Barock. Studien um Grimmelshausen.* Bern, München 1968, S. 20–27.

27 fol. Biv^r.

> sonst zu lernen worzu ich Lust hätte/ worzu sie dann vor etlichen Capitalien die er angelegt/ und von dem Hoff Mittel genug hatten/ mir meine Kleider und den Unterhalt zu verschaffen.

Was der Vater angeordnet, sei aber nach dessen Abreise vom Knan hintertrieben worden, zumal kurz darauf zu seinem „Unstern" Knans Tochter Ursel nach Hause gekommen sei, „welche seither sie die Soldaten mitgenommen/ im Krieg herumb gestrolcht" sei.[28] Als eigenes Kind wird sie von den Eltern vorgezogen, und als sich der Junge weigert, die Schweine zu hüten, erhält er weniger zu essen und muss in Lumpen gehen: „In Summa/ ich wurde auf die Letzt so veracht/ daß mich die Hund anzupissen nicht würdig genug schätzten."[29]

Nun hat der Verfasser den Punkt erreicht, an dem er nach dem Erzählmodell des picarischen Auf und Ab frei fortfahren kann: Anderthalb Jahre habe der junge Simplicius beim Knan sein „Creutz [...] tragen" müssen, dann hätten ihn die auf dem Hof einquartierten Weymarischen Offiziere „erlöst". Deren einer engagiert ihn als Page; gegen den Willen von Knan und Meuder zieht er mit den Soldaten, doch fällt sein Herr schon bald bei den Kämpfen um Freiburg, Simplicius wird von einem kurbayerischen Dragoner gefangen und seiner goldverbrämten Livrée beraubt. Mit anderen Bettelbuben folgt er der siegreichen Kurbayerischen Armee, kann sich bei einer Rast in der Generalsküche als Bratenwender nützlich machen und „bekröpfen", verbringt eine Nacht in einem leerstehendem Haus in der Streu neben einer Leiche, fängt sich Läuse ein, findet eine Zwergpfeife, auf der er mit einem „Frantzösischen neuen Stücklein/ welche noch niemalen in Teutschland gehöret",[30] bei den Soldaten großen Eindruck macht. Mit List wird er als Pfeifer bei der Armee angeworben, sein Hauptmann verschafft ihm sogar seine prächtige Livrée wieder.

Der Jahrgang 1676 setzt die Abfolge von kurzatmig erzählten Episoden fort: Simplicius liegt mit seiner militärischen Einheit, der er als Pfeifer dient, im Winterquartier vor Freiburg. Er trifft dort auf dem Markt unversehens Fuhrleute aus seiner Heimat, die ihm berichten, dass seine Vormünder dem Knan Vorhaltungen wegen seines Weggangs machten und ihn zurückholen wollten. Dem Jungen ist dies gar nicht recht, doch seine militärische Karriere ist ohnedies rasch zu Ende. Über

---

28 fol. Biv^{r}. („Unstern").

29 fol. Biv^{r}–C^{r}. Vgl. *ST* IV, 7, 375: „jetzt aber so ohnwerth/ das mich die Hund anpißten".

30 fol. Dij^{r}.

die Fuhrleute wird bekannt, dass er ein „Hurenkind“ sei, was ihm auch hier Spott einträgt. Ernstere Folgen hat, dass er die Frau seines Hauptmanns zufällig beim Ehebruch antrifft. Durch üble Nachrede und möglicherweise durch Gift sucht diese den Mitwisser zu verderben; er erkrankt schwer. Nur sein Hauswirt, ein Barbier, sorgt noch für ihn, bis seine Vormünder kommen, für den Knan zwei Mastochsen für 120 Reichstaler verkaufen, den Kranken für 20 Reichstaler freikaufen und den Rest für Reisekosten einstreichen. Doch Simplicius weigert sich, zum Knan, diesem „groben Knollfinken“, bei dem er doch „nichts rechtschaffnes“ lernen könne, zurückzukehren. So geben sie ihn bei dem Barbier, seinem bisherigen Hauswirt, in die Lehre.[31] Dieser bedient sich seiner u. a. beim Kartenspiel im Wirtshaus als Spion und lässt sich von ihm bei Nacht heimleuchten. Als der Barbier eines Nachts „in dichtem Rausch“ in den Bach am Rand der Gasse fällt und den Jungen prügelt, flüchtet dieser und malt sich aus, wie sein Wirt, tropfend „wie ein zottiger Wasserhund“, wohl von seiner „Hirnschelligen Xantippe“ empfangen worden sei. Die Nacht verbringt er in einem unbewohnten Gemäuer und verlässt bei Tagesanbruch die Stadt. Schon nach kurzer Zeit nähert sich eine wappengeschmückte Kutsche mit einem Herrn in geckenhafter Kleidung, ein Arzt, dem Simplicius seine Dienste anbietet. Er wird angenommen und betrügt schon bald selbst als Marktschreier „Edelleute und Bauern“ mit seinem Theriak, mit Antidota gegen Schlangenbiss, „Wurmsamen“ für die Kinder und Mittel gegen Zahnweh und Ohrensausen. Nach guten Geschäften reist er mit seinem Herrn in die Türkei nach Tripoli, wo er bei einem Seifensieder die dortige Seifenherstellung kennenlernt, die er wie auch allerlei gewinnbringende Betrügerei genauestens beschreibt und damit die Recto-Seiten von November und Dezember ausfüllt.

Man sieht: dieser „wunderbare Lebenslauff“ verflacht zusehends, er unterschreitet im Niveau zunehmend noch die „Continuationen“ in Felßeckers simplicianischem Jahreskalender. Gemessen an Grimmelshausens Erzählkunst, sind die Kriegsepisoden und die darauf folgenden „ohne Safft und Krafft“, zusammengestoppelt aus dem *Simplicissimus*-Roman, aus *Springinsfeld* und anderen Quellen, dürftig dekoriert mit bei Grimmelshausen geborgten Ausdrücken.[32] Solange der Verfasser

31 fol. Biv^r. Vgl. dazu *EC* 100 III: „vom jungen Simplicio aber [sagte sie]/ daß jhn seine Vögt zu einem Barbierer verdingt hätten/ das Handtwerck bey jhm zulernen.“

32 So die Ausdrücke „Unstern“, „seltzame Postur“, „Hurenkind“, „pritsch“, „in Ducas“, „grober Knollfincken“, „Musterschreiber“, „die Gurgel schmieren“, „die Schantz versehen“, „Wasserhund“, „Hirnschellig“, „Mastochsen“, „köstlicher Theriack“ u. a.

sich auf dem sicheren Grund der von Grimmelshausen vorgegebenen Daten bewegt wie teilweise im Jahrgang 1675, erzählt er anschaulich und bei allem Ausmalen der Umstände pointiert. Er ist aber offensichtlich überfordert, das picarische Erzählmodell auf gleichem Niveau umzusetzen, und gerät zudem, wie schon Felßeckers Redaktion, in Widerspruch zum simplicianischen Zyklus.

Denn Grimmelshausen hatte dem jungen Simplicius eine ganz andere Biographie zugeschrieben. Im *Springinsfeld*-Roman begegnet er uns bereits als Student in der Stadt (wohl Straßburg), „ein Risemässiger langer Kerl allerdings wie sein Vatter". Der Erzähler ist angetan von dem überaus freundlichen Umgangston in der simplicianischen Familie:

> da sahe und verspürte man nichts als Lieb und Treu/ und ob zwar ein Theil das ander aufs höchste respectirte/ so merckte man doch bey keinem einige Forcht/ sonder bey iedem blickte ein aufrichtige Vertreulichkeit herfür; der junge Simplicius wuste sich gegen allen am artlichsten zu schicken [...].[33]

Als wohlerzogener bescheidener junger Mann begegnet er uns auch im *Wunderbarlichen Vogel-Nest* I: Hier hat er einen Dienst beim Abt eines Klosters angetreten; der Erzähler berichtet, dass er an der Abtstafel aufwartet: „[...] er war eine schöne junge Person/ ja so wol gebildet und zart/ auch von wohlständigen Geberden so anmüthig/ als ich jemals ein Manns-Mensch gesehen."[34] Der Abt gibt seinem erstaunten Tischgast bereitwillig Auskunft über diesen Diener:

> [...] daß er deß Weltberuffenen Simplicissimi Sohn sey/ den ihm sein Vatter vor einen Cämmerling recommendirt, daß er beneben mehrers studire/ und außgeholet werden solte/ ob er sich nicht in den geistlichen Stand schickte [...]. (*WV* I 395)

Auch als er durch eine böse Intrige wieder weggeschickt und seine Bewerbung bei einer Gräflichen Hofhaltung in der Stadt durch Verleumdung hintertrieben wird, er obendrein unter falscher Beschuldigung an-

---

33 Hans Jakob Christoffel von Grimmelshausen: *Der Seltzame Springinsfeld.* In: *Werke* I. 2. Hrsg. von Dieter Breuer. Frankfurt a. M. 1992 (Bibliothek der Frühen Neuzeit 4. 2), S. 207. Der Roman wird im Folgenden nach der Edition von Breuer im Text dieser Abhandlung mit Sigle *Spr* und Seitenangabe in runden Klammern zitiert.

34 Hans Jakob Christoffel von Grimmelshausen: *Das Wunderbarliche Vogel-Nest* I. In: *Werke* I. 2. Hrsg. von Dieter Breuer. Frankfurt a. M. 1992 (Bibliothek der Frühen Neuzeit 4. 2), S. 395. Der Roman wird im Folgenden nach der Edition von Breuer im Text dieser Abhandlung mit Sigle *WV* I und Seitenangabe in runden Klammern zitiert.

geklagt und nur mit viel Glück freigesprochen wird, bleibt er wie sein Vater ruhigen Gemüts (*WV* I 410).

Grimmelshausen hat also auch die Figur des jungen Simplicissimus sehr sorgfältig und über mehrere Werke hinweg konsistent angelegt. Daraus ergibt sich: Wenn ein „simplicianischer" Kalender in der Charakterisierung des alten oder jungen Simplicissimus und in der Motivierung ihres Verhaltens abweichend oder willkürlich verfährt, kann ein solcher Kalender nicht von Grimmelshausen stammen oder von ihm autorisiert sein, auch wenn eifriger Gebrauch von sprachlichen und motivlichen Versatzstücken eine solche Autorschaft vortäuscht. Hoffmanns simplicianischer Kalender erfüllt dieses inhaltliche Kriterium nicht.

IV. Straubhaars *Deß jungen ehelich gebohrnen Simplicissimi Neu und alter Schreib-Kalender*

Auf den ersten Blick scheint auch der neuaufgefundene Molsheimer Jahreskalender des jungen Simplicissimus ein Werk fremder Hand zu sein, da schon das Attribut „ehelich geboren" nicht auf den jungen Simplicius zu passen scheint, wie wir ihn aus dem *Ewig-währenden Calender* und den simplicianischen Jahreskalendern Felßeckers und Hoffmanns kennen:[35]

> Deß jungen ehelich gebohrnen SIMPLICISSIMI Neu und alter Schreib-Kalender/ Mit der Practick/ Jahrmärckten/ Bericht von Aderlassen/ Schrepffen/ Baden/ wie auch gemeiner Witterung/ vnd andern nothwendigen Erklärungen/ auffs neue nach den Festen Straßburger Bistums/ vnd Elsässischen Meridian/ gestellet vnd gericht Auffs Jahr Christi M.DC.LXXV. Neben fortsetzung der angefangenen Reißerzählung/ befinden sich vnderschiedlich kurtzweilige Historien vom alten Simplicissimo: wie auch eine warhaffte Relation/ von dem bey Enßheim im Vndern Elsas den 4. Octob. 1674 vorgangenen Treffens. [Holzschnitt mit Ansicht von Molsheim]. Zu Molßheim/ Truckts und verlegts Joh. Heinrich Straubhaar.

Zwar könnte man argumentieren, dass bei Grimmelshausen oft mit alter, weiter Wortbedeutung zu rechnen ist; „ehelich" kann auch „echt",

35 Titelseite im reprograph. Nachdruck in Grimmelshausen, *Simplicianische Jahreskalender* (wie Anm. 6), S. 165.

legitim" bedeuten,[36] „ehelich geboren" würde sich dann auf den Kalender beziehen in Abgrenzung von den „Hurenkindern" unter den „simplicianischen" Kalendern. Doch besteht gar keine Notwendigkeit, den Titel des Molsheimer Kalenders in Analogie zu den Nürnberger simplicianischen Kalendern auf den Bankert Simplicius zu beziehen. Denn der alte Simplicissimus hat tatsächlich auch einen „ehelich gebohrnen" Sohn von seiner ihm unter dramatischen Umständen angetrauten ersten Ehefrau, die er in ihrer Schwangerschaft in Lippstadt zurückgelassen hatte (vgl. *ST* 324–335, Buch III, Kap. 21–22). Im V. Buch (Kap. 5) erfahren wir Näheres über diesen Sohn. Simplicissimus, der sich nach langem Zögern *incognito* nach Lippstadt begibt, erfährt dort von seiner Schwägerin, dass seine Frau im Kindbett gestorben sei, dass sie, die Schwägerin, mit ihrem Mann sich des jungen Simplicius an Kindes statt angenommen habe und dass auch für die Zukunft des jungen Simplicius gesorgt sei, da er dereinst auch über das inzwischen von Köln nach Lippstadt transferierte Vermögen des Simplicissimus verfügen werde. Nur mit Mühe kann Simplicissimus seine „Affecten" verbergen, als er zum Abschied den Sohn küsst und beiden die Nase zu bluten beginnt. Immerhin weiß er den Sohn in guter Obhut bei Schwägerin und Schwager; sein *Incognito* hält er aufrecht, da er wegen seiner „übrigen Hurenkinder" in Lippstadt Nachstellungen befürchten muss (*ST* 464–467). An diese Episode aus dem V. Buch des Romans knüpft der Molsheimer Kalender an, erzählt den Werdegang dieses Sohnes und grenzt sich damit zugleich von Felßeckers Titelei und Dedicatio des *Ewig-währenden Calenders* ab.

Ein weiteres Argument, das für Grimmelshausen als Autor spricht, ist in der Kriegssituation von 1674/75 die Nähe Molsheims zu Renchen. Grimmelshausen stand als fürstbischöflich-straßburgischer Schultheiß stets mit den Verwaltungsorganen des Bistums in Zabern und Molsheim, dem Sitz des Hohen-Stifts, in dienstlicher Verbindung,[37]

---

36 Vgl. Jacob und Wilhelm Grimm: *Deutsches Wörterbuch*. Bd. 3. Leipzig 1862, Sp. 39.

37 Vgl. Arthur Bechtold: *Johann Jacob Christoph von Grimmelshausen und seine Zeit*. München 1919, S. 119–122, S. 124–151, S. 167–189; Könnecke, *Quellen und Forschungen* (wie Anm. 26), Bd. 2, S. 185–198; *Vom Fürstbischof zu Straßburg zum Markgraf von Baden. Herrschaft Oberkirch. Begleitbuch zur Ausstellung. Redaktion Carl Heinz Ciz*. Oberkirch 2003, S. 15–20; Sibylle Penkert: Dreihundert Jahre danach: Unbekannte Grimmelshausen-Handschriften. Das Schreiben des Renchener Schultheißen von 1673 an Bischof Franz Egon von Fürstenberg und andere Quellen des Straßburger Archivs. In: *Jahrbuch der Deutschen Schillergesellschaft* 17 (1973), S. 3–20.

von verwandtschaftlichen Bindungen einmal abgesehen.[38] Gerade in den Jahren seit 1672, als das Elsass und die Ortenau Kriegsschauplatz wurden, war die Nähe zu Straßburg und den linksrheinischen Städten des Bistums auch für seine schriftstellerischen Unternehmungen hilfreich: Der von ihm redigierte *Teutsche Friedens-Raht* erschien bei Tidemann in Straßburg, *Rathstübel Plutonis*, *Proximus und Lympida*, *Wunderbarliches Vogel-Nest* II bei Dollhopf in Straßburg.[39] Ob die Flugschrift *Stoltzer Melcher* (im Quartformat wie der Molsheimer Kalender) bei Dollhopf gedruckt wurde, wie Koschlig vermutet,[40] oder auch schon bei Straubhaar in Molsheim, möglicherweise ebenfalls mit Unterstützung des Domkapitels, das die frankreichfreundliche Politik des Bischofs nicht billigte und seit dessen Absetzung durch Kaiser Leopold I. im Herbst 1674 die Regierungsgewalt im Bistum innehatte,[41] muss offen bleiben. Der Druckort Molsheim spricht jedenfalls nicht gegen eine Verfasserschaft oder Mitverfasserschaft Grimmelshausens am Kalender Straubhaars.

Näheren Aufschluss in dieser Frage muss aber vor allem die Kalendergeschichte geben, die „Fernere Continuation, Deren 1673. angefangenen Simplicianischen Erzehlung".[42] Der junge Simplicius erzählt, dass er von seiner „Baß" gedrängt wird, eine reiche Witwe, Madame von Daeldorp, zu heiraten, während er, der zu seiner armen, aber attraktiven Lisel hält, durchaus als Soldat zu Ruhm und Reichtum kommen will. Die Base finanziert ihm schließlich die Ausrüstung und lässt ihn gewähren. Auf dem Feldzug ins „Gerauer Ländchen", bei der ersten

38 Die Familie von Grimmelshausens Ehefrau Katharina Henninger stammte aus Zabern; ihr Vater, Wachtmeisterleutnant im Regiment des Reinhard von Schauenburg, kehrte nach dem Krieg 1649 nach Zabern zurück, wurde dort Ratsherr und Spitalschaffner. Vgl. Könnecke, *Quellen und Forschungen* (wie Anm. 26), Bd. 1, S. 383–385.

39 Vgl. Koschlig, *Grimmelshausen und seine Verleger* (wie Anm. 13), S. 239–246, S. 259–261.

40 Koschlig, *Grimmelshausen und seine Verleger* (wie Anm. 13), S. 289–290. Mit Koschligs Methode des Typenvergleichs haben Battafarano und Eilert *Rathstübel Plutonis*, *Proximus und Lympida* und *Stoltzer Melcher* mit dem neu aufgefundenen Molsheimer Jahreskalender verglichen und diese Schriften Grimmelshausens aus dem Jahr 1672 dem Molsheimer Drucker Straubhaar zugeordnet, was Grimmelshausens Autorschaft am Molsheimer Jahreskalender noch plausibler erscheinen lässt. Vgl. Battafarano/Eilert, *Probleme der Grimmelshausen-Bibliographie* (wie Anm. 10), S. 67–80.

41 Vgl. Könnecke, *Quellen und Forschungen* (wie Anm. 26), Bd. 2, S. 197.

42 Die Erzählung beginnt auf der Recto-Seite des Januars und endet auf der Verso-Seite des Christmonats (Bogen A–D2^{v}).

Einquartierung, lässt er prahlerisch seine neue Machtfülle an seinem Hauswirt aus, doch bleibt ihm, als es auf einem Fouragezug im Odenwald gegenüber wehrhaften Bauern Ernst wird, schon bald die Erfahrung nicht erspart, dass der Kriegsdienst ihm statt Ruhm und Reichtum nur rote Ruhr, Verlust seiner Ausrüstung und eine Verwundung eingebracht hat, die ihn fast ein Bein kostet. Er erinnert sich an das Geschick des Stoltzen Melcher, über den er nun nicht mehr lachen kann. Sein Oberst erbarmt sich schließlich und entlässt den Kranken nach Hause, wo er von der Base und Madame von Daeldorp mit großen Kosten gesund gepflegt wird. Während des langen Krankenlagers reift in ihm der Entschluss, nach dem Willen der Base die Witwe zu ehelichen und die Lisel zu verabschieden. Dies gelingt sogar ohne Abfindung für die Lisel, und nach einem Jahr ist ein „junger Erb" geboren.

Auch hier ist zu fragen, ob sich diese Erzählung an die Vorgeschichte der simplicianischen Familie anschließen lässt. Dies ist der Fall, wenn man „Base" in der alten Wortbedeutung als „Vaters Schwester", „Tante" versteht.[43] Der Bankert Simplicius hat zwar in Knans frommem Ursele auch eine (Stief-)Tante, von der sich der Hoffmannsche Simplicius nichts Gutes verspricht. Aber näher liegt der Bezug auf die Lippstädter Episode im 5. Kap. des V. Buches. Die „Base" ist die Schwägerin des alten Simplicissimus, die nach dem Tod ihrer Schwester die Mutterstelle am jungen Simplicius vertritt. Dass der junge Simplicius als Soldat die gleichen schlimmen Erfahrungen macht wie der Stoltze Melcher, wiederholt aus gegebenem Anlass Grimmelshausens Kritik an der „Fridens-satten- und gern-kriegenden teutschen Jugend".[44] Zu vermuten ist, dass die vorausgehenden Teile der Erzählung in den Jahrgängen 1673 und 1674, die noch nicht aufgefunden wurden, die Lücke zwischen Roman und dem Beginn der Kalendererzählung füllen. Das Kriterium der Konsistenz ist damit erfüllt. Dass der junge Simplicius im zweiten Teil des Kalenders, dem „Prognosticon Astrologicum", sich als junger Händler auf der Frankfurter Messe einfindet und dort auf eine Runde von Kaufleuten trifft, die seinen Vater kennen und von ihm Anekdoten und Schwänke zu erzählen wissen, bereitet er-

43 Vgl. Jacob und Wilhelm Grimm: *Deutsches Wörterbuch.* Bd. 1. Leipzig 1854, Sp. 1147–1148.

44 Hans Jacob Christoffel von Grimmelshausen: *Der Stoltze Melcher*. In: *Werke* II. 2. Hrsg. von Dieter Breuer. Frankfurt a. M. 1997 (Bibliothek der Frühen Neuzeit 5), S. 681: „Der Stoltze Melcher/ Samt einer Besprecknuß Von das Frantzoß-Krieg Mit der Holland. Welches Durch Veranlassung eines Saphoyers der Fridens-satten- vnd gern-kriegenden teutschen Jugend zum Meßkram verehret wird."

zähllogisch keine Schwierigkeiten, da der wohlhabende Ehemann einer Madame von Daeldorp durchaus als Kaufmann vorstellbar ist, auch wenn die Umstände, wie es dazu gekommen ist, ausgespart sind.

Auch die Erzählungen der Kaufleute[45] schließen sich überaus sachkundig an Episoden des Simplicianischen Zyklus an. So wird in der Winter-Historie auf „deß alten Simplicissimi Bauren-Hoff" und dortige Besuche von Gästen der „Saurbrunnen-Chur" verwiesen, also auf *Simplicissimus Teutsch, Ewig-währenden Calender* und *Rahtstübel Plutonis*. Die provokanten Stichelreden des Besuchers gegenüber dem Knan über das Verhältnis von Soldat und Bauer finden sich wörtlich im *Springinsfeld* (*Spr* 230–231). Auch die verwunderte Kritik an einem anonym bleibenden Autor, der den Knan zum Verfasser einer „Höllischen Reichs-Versamblung" (*Höllischer Landtag*, 1673) gemacht habe, obgleich dieser doch weder lesen noch schreiben könne,[46] spricht für Grimmelshausen, der stets auf Konsistenz achtet und auch sonst die Bezugnahmen zeitgenössischer Autoren auf sein Werk aufmerksam registriert hat.

Die Frühlings-Historie über die Überlistung der auf dem Bauernhof einquartierten Soldaten und deren Zerstörungswut knüpft an Kapitel 20 des V. Buches des *Simplicissimus*-Romans an (*ST* 527), und auch die Sommer-Historie nimmt ausdrücklichen Bezug auf das V. Buch (*ST* 461):

> Denen/ welche Simplicissimi Lebens-Beschreibung gelesen haben/ (sagte er) ist genug bekandt/ daß derselbige auß Oesterreich die Thonau herauff mit seinem Freund Hertz-Brudern auff den Schwartzwald kommen/ alwo beyde den Saurbrunnen getruncken/ Hertzbruder gestorben/ Jener aber den Narren an einem Baurn Gretel gefressen/ vnd sich mit ihr verheurath/ massen das fünffte Buch hiervon weitläuffige Nachricht gibt [...].

---

45 Im *Prognosticon Astrologicum* im Anschluss an die Jahreszeitenprognostiken (Bogen E).

46 Zu dieser Schrift vgl. Peter Heßelmann: *Simplicissimus Redivivus. Eine kommentierte Dokumentation der Rezeptionsgeschichte Grimmelshausens im 17. und 18. Jahrhundert (1667–1800).* Frankfurt a. M. 1992 (Das Abendland. N. F. 20), S. 39–40. und S. 300: „*Höllischer Landtag/ Oder Jubel Jahr/ darinnen sich Lucifer berathschlagt/ was Ursach jetzt wenig Jahren hero/ nit sovil Seelen in die Höll fahren/ wie zuvor. Allen Melancholischen/ vnd Podagramischen/ auß Lieb zusammen gebracht: Durch deß Satyrice gesinnten Abentheurlichen Simplicissimi Alten KNAN. Gedruckt Jm Jahr 1673.*"

Der nun folgende Schwank wird vom Erzähler, wie wir es von Grimmelshausen kennen, in den Verlauf der Donaureise eingepasst,[47] das vorsichtige Verhalten des Simplicissimus mit Hinweis auf seine im 9. Kapitel des V. Buches geschilderten Erfahrungen begründet.[48] Die „gesottene Eyer" für die Mahlzeit des vermeintlichen Juden kennen wir aus dem Schluss des *Rahtstübel Plutonis* (vgl. *RP* 741), den erwähnten Pferdekauf aus überlieferten Urkunden Grimmelshausens.[49] Dass Simplicius sich von seinen Leuten „Herr Hauptmann" und „Junker" nennen lässt, wird ebenfalls im V. Buch (Kap. 7) erzählt.[50]

In der Herbst-Historie verweist sogar die Quellenangabe für Schatzfindungsgeschichten (Johannes Praetorius: *Gazophylaci Gaudium [...] Historien Von wunderseltzamen Erfindungen der Schätze*, Leipzig 1667) auf einen Gewährsmann Grimmelshausens.[51] Dass „bißweilen der böse Geist das Gold vnd Silber in Erde [...] zuverändern pflege/ die man hernach ins Feur setze vnd dardurch wieder mit gutem Gewissen in ihr voriges wesen bringe", hat Grimmelshausen schon in der

47 Simplicissimus reist als Knecht verkleidet nach Ulm mit Zwischenübernachtung in Freudenstadt bei einem leichtgläubigen Gastwirt, der ihn für einen Juden hält, und macht diesem weis, dass wegen einer Mäuseplage im Elsass die Katzen rar und teuer geworden seien, überredet ihn, für ihn Katzen aufzukaufen und bis zu seiner Rückkunft von Ulm in seinem Zimmer in Käfigen zu horten. In Ulm sendet er seine und Herzbruders Bagage per Fuhrwerk nach Hause, kauft für sich selbst ein schönes Pferd und montiert sich „Freyherrlich", so dass ihn der Wirt in Freudenstadt nicht wiedererkennt. Dieser hat inzwischen 40 Katzen zusammengebracht, die mit einem „abscheulich Katzengeschrey" für Aufsehen und Kopfschütteln sorgen, dieweil der Wirt geduldig auf die Wiederkunft des Juden wartet, um diesem die Katzen zu verkaufen.

48 Molsheimer *Schreib-Kalender 1675*, fol. E3^{r}: „Er wolte nicht stattlich hinreiten/ weil es noch Schnapper auff der Straß gab/ die anpackten was sie vnbeschriehen hinweg zwacken könden/ dann er sorgte nicht ohnbillich/ es möchte Jhm wider gehn wie damahl/ als Er mit dem Knan/ lauth deß 9. Capitels im 5. Buch in Spessert reisete [...]." – Vgl. *ST* 480–481.

49 Vgl. Könnecke, *Quellen und Forschungen* (wie Anm. 26), Bd. 1, S. 93, Bd. 2, S. 151.

50 Molsheimer *Schreib-Kalender* 1675, fol. E3^{v}: „[...] kame eben Simplicissimus [...]/ dessen bey sich habende Leuthe Jhne bißweilen Herr Hauptmann/ bißweilen aber schlecht hinweg Juncker nenneten." – Vgl. *ST* 470 (*ST* V, 7).

51 Vgl. Helmut Waibler: Johannes Praetorius (1630–1680). Ein Barockautor und seine Werke. In: *Archiv für Geschichte des Buchwesens* XX (1979), Sp. 951–1151, hier Sp. 964 und 1050–1051 – Vgl. auch Wilhelm Kühlmann: Grimmelshausen und Praetorius. Alltagsmagie zwischen Verlockung und Verbot. Anmerkungen zu Simplicissimi *Galgen-Männlin* (1673). In: *Simpliciana* XXVI (2004), S. 61–75.

Continuatio (Kap. 15–16) ausführlich dargestellt,[52] die schatzhütenden Gespenster schon in *ST* III, 12 (*ST* 289–293) und in *Continuatio* 15 und 23 (*Cont* 640–646, 674–676). Ausdrücklich nimmt der Erzähler für seinen Schwank Bezug auf *ST* II, 8,[53] verweist auf Simplicii ständige Lektüre in Mußestunden, und die Bemerkung, dass dieser seinem Sohn lange nicht geschrieben habe, kann als Anspielung auf den Brief im *Galgen-Männlin* verstanden werden.[54] Selbst die Mutmaßungen der Runde über den derzeitigen Aufenthalt des Simplicissimus passen ins Bild, da dieser im Roman ständig Mutmaßungen über sich ergehen lassen muss.[55] Die ironische Bemerkung, dass er noch am Leben sein müsse, da es jedes Jahr Kalender von ihm gebe, dürfte auf Felßeckers simplicianische Kalendermacherei zielen.[56]

Sprachlich-stilistisch bewegen sich die simplicianische Kalendererzählung und die vier Historien mit einer solchen Sicherheit auf dem Niveau der Schriften Grimmelshausens, dass eigentlich nur er als Urheber in Frage kommen kann. Eine Wortkonkordanz, die sich schon Koschlig gewünscht hat, leider vergeblich, würde zeigen, dass das Sprachmaterial weitgehend identisch ist. Ich kann nur wenige Abwei-

---

52 Hans Jacob Christoffel von Grimmelshausen: *Continuatio des abentheurlichen Simplicissimi*. In: *Werke* I. 1. Hrsg. von Dieter Breuer. Frankfurt a. M. 1989 (Bibliothek der Frühen Neuzeit 4. 1), S. 640–646. Der Roman wird im Folgenden nach der Edition von Breuer im Text dieser Abhandlung mit Sigle *Cont* und Seitenangabe in runden Klammern zitiert.

53 Molsheimer *Schreib-Kalender* 1675, fol. E4^{v}: „Auff der Cavalcada davon Simpl: im 3. Buch am 8. vnd folgenden Capituln seiner Lebens-Beschreibung meldet/ kam Er ein par Tag in ein Stättl mit einem Schloß zu ligen/ darinn vor Menschen vnd Pferdt wenig zubeissen vorhanden [...].“ – Vgl. *ST* 271–274.

54 Hans Jacob Christoffel von Grimmelshausen: *Galgen-Männlin*. In: *Werke* II. 2. Hrsg. von Dieter Breuer. Frankfurt a. M. 1997 (Bibliothek der Frühen Neuzeit 5), S. 735–776: Brief des Simplicissimus an den „lieben Sohn“ mit Annotationen des Herausgebers Israel Fromschmidt von Hugenfelß.

55 Vgl. Friedrich Gaede: *Substanzverlust. Grimmelshausens Kritik der Moderne*. Tübingen 1989, S. 101–102: „Verhinderte Festlegung“. – Die Romanfigur Simplicissimus ist im gesamten simplicianischen Zyklus Gegenstand von Mutmaßungen und Fehldeutungen.

56 Vgl. Molsheimer *Schreib-Kalender* 1675, fol. E4^{v}: Die Gesprächsrunde des jungen Simplicius rätselt über den Verbleib des alten Simplicissimus, bis Rupertus meint, „Er köndte nicht in gar weiten Ländern viel weniger wieder gar auß der Welt seyn/ weil man noch alle Jahr Calender von Jhm sehe.“ – Matthäus, Grimmelshausen (wie Anm. 10), S. 269, übersieht die Ironie, wenn er folgert: „Die Notiz bedeutet, daß sich Grimmelshausen weiterhin zu den simplicianischen Kalendern Felseckers [!] bekannte.“

chungen bzw. Ergänzungen feststellen.[57] Vorstellbar als Autor wäre natürlich auch ein begeisterter Grimmelshausen-Leser, der dessen Sprache und Stil verinnerlicht hat, dazu schriftstellerisch begabt ist und zu einer solchen Stilparodie fähig wäre. (Man kennt dieses Phänomen unter Thomas-Mann-Liebhabern.) Dann bliebe aber zu klären, welcher Autor im Umkreis Straßburgs und der Ortenau überhaupt das Zeug zu einem Grimmelshausen-Imitator hätte. Schon Quirin Moscherosch, sein Nachbar, beklagte, dass niemand an dieses „Daus Eß" heranreiche.[58]

Ob man auch die Standard-Teile von Kalender und Prognosticon Grimmelshausen zuschreiben kann, ist weniger eindeutig zu beantworten. Seine Autorschaft an der angehängten *Relation* über die Schlacht bei Entzheim/Ensheim halte ich für unwahrscheinlich; hier liegt die Verwendung eines Straßburger Flugblatts nahe.[59]

Aber eine Eigentümlichkeit des Kalendariums scheint ebenfalls für Grimmelshausen zu sprechen: In der zweiten Spalte („Witterung des Monats") findet sich wie bei Felßecker und Hoffmann, in Lücken versteckt und doch durch Rotdruck hervorgehoben, ein durch alle zwölf Monate durchlaufender Text. Doch anders als bei Felßecker und Hoffmann ist es hier ein subversiver politischer Text, der die Kriegspolitik des Straßburger Fürstbischofs verurteilt: zwei Reimstrophen im Ton des Liedes vom sehr verachteten Bauernstand (Buch I, Kap. 3, *ST* 24–25), gefolgt von einem zwischen Anklage und Verzweiflung schwankenden verrätselten Kommentar in Prosa.

---

57 Im simplicianischen Werk Grimmelshausens, soweit ich sehe, nicht gebräuchlich: „Logement" (statt „Losament"); „Kappes"; „strapezirt"; „Capriz"; „Klapperfeld" (in Frankfurt).

58 So in dem seit der Publizierung 1960 durch Blake Lee Spahr vieldiskutierten Brief Quirin Moscheroschs an Sigmund von Birken, reprographiert bei Koschlig, *Das Ingenium Grimmelshausens* (wie Anm. 10), Abb. Nr. 19.

59 Meine Vermutung wird bestätigt durch eine ältere Dissertation, auf die mich im Nachgang Klaus Matthäus freundlicherweise aufmerksam machte: Hermann Pastenaci: *Die Schlacht bei Enzheim: den 4. October 1674.* Diss. Halle 1880 (Hallesche Abhandlungen zur neueren Geschichte 13). Nach Pastenaci entspricht die *Relation* dem Siegesbulletin des kaiserlichen Feldmarschalls Alexander von Bournonville an den Wiener Hof. Der Straßburger Magistrat erhielt davon eine Abschrift und genehmigte am 11. Oktober 1674 den Druck mit dem bezeichnenden Zusatz: „Wer aber von beyden Theilen sich am billichsten die Ehr deß Siegs zuzuschreiben/ überlasset man dem verständigen ohnpassionirten Leser zu vrtheilen." – So im Molsheimer *Schreib-Kalender* 1675. Zur *Relation* vgl. in diesem Band den Beitrag von Klaus Matthäus: Die *Warhaffte Relation* über die Schlacht bei Entzheim/Ensheim im Molsheimer *Schreib-Kalender* (1675).

(1) O GOTT Jn diesem grossen Jubel-Jahr/
Vor fernern Kriegs-Gfahr vns bewahr,
Erhalt die gantze Christenheit/
Vor Pest/ Krieg vnd Hungers-Zeit.
So lobt Sie dich in Ewigkeit.

Ach! du sonst schön vnd Edler Sitz/
wie ligst so arm darnieder jetzt/
Ursächer seynd die Freunde dein/
So frembde Gäst geladen herein.

(2) Wegen dieses seines Freunds/ eines andern Phaetonis selbigen Fahls wird sich Cignus der Ligurier König nicht unbillich in einen Schwanen verändern müssen.

(3) Theurung vnd Hunger am teutschen Haupt-Strohm. Untrew/ Falschheit/ hinderwertliche Verkleinerung durch verleumbdungen vnd vnwahrhaffte Nachreden brechen auß. In den Ländern B. L. vnd E. ist viel Klagens vnd schreyt man Ach vnd Wehe!

(4) Wie? wolt Jhr dann alle nach einander einschlaffen? Gedenck an deß Aesopi Hund/ Es ist ein Unterscheid zwischen einem grossen Schatten vnd kleinen stück Fleisch/ in natura; Ein Spatz in der Hand ist besser als zehen auff dem Tach.

(5) Euch zu gefallen schlagen wir einander nicht mit fleiß zu tod/ wann gleich Jhrs gern sehet. So lustig ist die Meyens zeit nicht/ sie krönet auch an statt der lieblichen Blumen-Kräntz mit schwartzen Hut-Binden vnd weissen Schleyern.

(6) Wann gleich der Krieg an ein Orth kombt/ da er lang nicht gewesen/ so wird er doch wenig zu kriegen finden. Ach schaltet alle/ damit wir den edlen Frieden erhalten/ Es würde sich wol reymen/ wann ein guter Poet darüber wär.

(7) Die Mühe scheint viel zu groß zuseyn/ als daß sie dir rechtschaffen bezahlt werden könde. Thue dein Töchterlein auß den Füssen. Jch hoffte auf die Ernd/ nun schneidet ein anderer.

(8) Es soll einer Statt gelten/ vnd dieselbe wird frölich gesegne GOtt sagen. Viel Kranckheiten vnd Todtsfäll sein zubesorgen/ So haben auch die Weiber kein überhäufftes Glück.

(9) Jch sehe wol/ daß der Todt auch keiner grosser Herren achtet/ wann Sie gleich angelegener Geschäfften halber nicht wol abkommen mögen. Komb Cammerath gehe mit/ wir wollen bey Nacht Herbatim, vnd bey Tag Gassatim, oder gar Stellatim gehen.

(10) Es will zwar ein angenehme Zeit scheinen/ Aber wo seynd so viel Menschen vnd Thierer hinkommen/ solche wie vorm Jahr zu beleben? Hab ich nicht zuvor gesagt/ du werdest das Pferdt beym hindern auffzämen!

(11) Der Anfang dieser Freundschafft ist wie die Lieb zwischen Jasoni und Medeae/ GOtt gebe daß sich deren End nicht auch mit jener vergleiche. Gönne mir doch Zeit zu sterben/ oder auffs wenigst nur noch ein wenig kranck zuseyn.

(12) Es gehet schmal her/ vnd allgemach auff die Höffen loß/ Nix Fleisch/ Nix Saltz/ Nix Wein/ Nix Schmaltz/ vnd wo wollen wir Haber/ Häu/ vnd Brod nehmen? GOTT helffe vns allen/ Amen.

Die Anspielung auf den Mythos von Phaeton, der mit dem Sonnenwagen abstürzt und von seinem Freund Cycnus so sehr betrauert wird, dass dieser, wie Ovid in den *Metamorphosen* (II v. 367) erzählt, in einen Schwan verwandelt wird, zielt auf die abenteuerliche Kriegspolitik König Ludwigs XIV. von Frankreich, die für diesen wie für seinen Bündnispartner, den Straßburger Bischof Franz Egon von Fürstenberg, schmählich enden könnte. Die Buchstaben B. L. und E. stehen vermutlich für die vom französischen Krieg besonders schlimm heimgesuchten Länder Baden, Lothringen und Elsass. Die angezogene äsopische Fabel vom gierigen Hund, der nach dem Schatten des Fleisches schnappt und das Fleisch „in natura" verliert, prangert die Politik des Landesherrn an, der, statt sich mit seinem reichen Land zufrieden zu geben, einem Phantom von Macht und Ruhm nachjagt. Möglicherweise sind die ‚zehn Spatzen auf dem Dach' ein Bild für die elsässische Dekapolis, die sich Frankreich bereits einverleibt hatte. Die Weigerung, „Euch zugefallen" sich nicht gegenseitig totzuschlagen, hat ebenfalls einen realen politischen Hintergrund: Im November 1673 hatten sich die Schultheißen der rechtsrheinischen Gebiete des Bistums geweigert, 50 Bewaffnete zum Schutz der Zaberner Residenz zu stellen.[60] Auf die Verarmung des Landes würde „ein guter Poet", sprich Herrscher, den „edlen Frieden" reimen, heißt es weiter, dazu aber sei dieser Regent nicht fähig. Offenbar ahnt der Verfasser schon, dass es dem französischen König und auch dem Bischof um die Freie Reichsstadt Straßburg geht und letzterer dafür auch den Triumph des Todes in Kauf nimmt.[61] Der Bischof habe das Pferd „beym hindern" aufgezäumt. Dem Bündnis prophezeit er, indem er auf die Liebe von Jason und Medea anspielt, ein ähnlich schreckliches Ende. Angesichts von Hungersnot und Verwüs-

60 Vgl. Könnecke, *Quellen und Forschungen* (wie Anm. 26), Bd. 2, S. 195.

61 Dieses politische Ziel wurde allerdings erst 1681 erreicht, als König Ludwig XIV. mit militärischer Gewalt Straßburg unter französische Souveränität brachte und das Münster dem Domkapitel und dem Bischof zurückgab. Allerdings verlor der Bischof die bisherigen fürstbischöflichen Hoheitsrechte im linksrheinischen Teil des Bistums. Vgl. *Vom Fürstbischof zu Straßburg* (wie Anm. 37), S. 21.

tung bleibt dem Verfasser nur die verzweifelte Bitte an den Landesherrn, ihm doch wenigstens Zeit zu sterben oder doch wenigstens Zeit für ein Krankenlager zu gönnen. – In dieser Weise ließen sich die Rätsel, die der Text aufgibt, lösen.

Der Kommentar entspricht übrigens im Tenor den von Grimmelshausen verfassten Eingaben an die Zaberner Regierung und schließlich an den Landesherrn persönlich seit 1673, seinem im Ton immer schärferen Protest gegen die Überlast an Kontributionen, Steuern und Abgaben.[62] Aber letzte Sicherheit für die Autorschaft Grimmelshausens an dem Kommentar ist auch mit dieser Parallele noch nicht gewonnen. Für die unterhaltenden Teile des Molsheimer Kalenders halte ich jedoch die Beweislage für erdrückend. Von allen simplicianischen Jahreskalendern steht der Molsheimer Grimmelshausen am nächsten. So werden wir seinen Werken ein weiteres, ganz spätes hinzufügen können. Nun gilt es, nach den Jahrgängen 1673 und 1674 des Molsheimer Kalenders Umschau zu halten.

62 Text dieses Schreibens bei Penkert, Dreihundert Jahre danach (wie Anm. 37), S. 18–20.

Louis Schlaefli (Strasbourg)

Der Druckort Molsheim und der Drucker Johann Heinrich Straubhaar

Folgende Ausführungen werden für Sie, die hier versammelten Grimmelshausen-Spezialisten oder wenigstens -Freunde, von geringem Interesse sein, da ich besonders vom Molsheimer Drucker Johann Heinrich Straubhaar, dessen Beziehungen zu Grimmelshausen unbekannt sind, sprechen werde. Seit kurzem weiß man jedoch, dass er der Drucker des jüngst entdeckten simplicianischen Kalenders war. So mag es akzeptabel sein, dass ich hier den Druckort Molsheim im Elsass in Kürze vorstelle, bevor ich einiges über Straubhaars Leben und seine Druckertätigkeit erwähne.

I. Die Bischofsstadt Molsheim

Ab 1308 bis zur Revolution gehörte Molsheim den Bischöfen von Straßburg, welche die Stadt befestigten und darin ein Schloss erbauten, von dem kein Stein mehr übrig ist. Mehr noch: Von 1605 bis 1681 wurde die Molsheimer Pfarrkirche zur Kathedrale erhoben, da das Straßburger Münster der Reform zugefallen war. Während der Bischof gewöhnlich seinen Sitz in Saverne (Zabern) hatte, so residierte der Weihbischof hier. Domstift und hoher Chor zogen im Jahr 1605 nach Molsheim. Wie früher im Straßburger Münster wurde, zum Beispiel, der junge Leopold von Österreich in Molsheim „auf den Altar gesetzt", um die Besitznahme des Bistums zu symbolisieren.

Einer seiner Vorgänger, Johann von Manderscheid, hatte im Jahr 1580 die Jesuiten dorthin gerufen, um zuerst ein Gymnasium zu errichten, aber mit der Idee, ein Priesterseminar zu gründen, was auch im Jahr 1607 geschah. Anno 1617 – also im Jubeljahr der Reformation – wurde die Molsheimer Akademie errichtet, als Gegenstück zu der „*Academia Argentoratensium*". Unter diesen Umständen wurde die Druckerei von

Molsheim gegründet, damit man nicht mehr auf die protestantischen Drucker von Straßburg angewiesen sei.

Alles schien prachtvoll voranzugehen. Leider begann gleich danach der Dreißigjährige Krieg mit all den bekannten Gräueln: Einfall von Mansfelds im Jahr 1622 und, noch schlimmer, der Schweden anno 1632, von den Pestepidemien ganz zu schweigen. Gymnasium, Seminar, Akademie und auch die Druckerei konnten unter solchen Umständen nicht gedeihen, wie man es gehofft hatte.

Zu den Jesuiten gesellten sich bald auch die seit 1333 in Straßburg ansässigen Kartäuser, die in Folge der intoleranten Einstellung des Magistrats von dort vertrieben wurden, nachdem ihre Kartause im Jahr 1591 bis auf den Grund systematisch vernichtet worden war. Aus Furcht nahmen sie Zuflucht hinter den Stadtmauern der Bischofsstadt Molsheim, in welcher sie zwischen 1610 und 1662 ihr Kloster wieder erbauten, wie es früher in Straßburg gewesen war. Für ihren Kreuzgang ließen sie zwischen 1621 bis 1631 wunderbare Kabinettscheiben durch die Gebrüder Linck herstellen: Der junge Goethe zog nicht nur nach Sesenheim, sondern auch in die Molsheimer Kartause, um diese Prachtstücke zu bewundern, deren Mehrzahl der Bombardierung der Straßburger Bibliothek im Jahr 1870 zum Opfer fiel. Auf mysteriöse Weise befinden sich jedoch noch vier Scheiben hier in der Gegend, im Schloss Eberstein.

Die Kartäuser lebten zurückgezogen in ihren Einsiedeleien, bis sie die Revolution vertrieb. Nach dem Dreißigjährigen Krieg kamen auch die Kapuziner nach Molsheim und errichteten von 1657 bis 1659 ein Kloster, von dem auch kein Stein mehr übrig ist. Trotz aller Schwierigkeiten der Zeit hat Molsheim, welches das wichtigste Zentrum der Diözese geworden war, sein goldenes Zeitalter erlebt, „son grand siècle", wir Roger Lehni nicht ganz zu Unrecht sagte, obschon das Jahrhundert ein Jahr zuviel zählte; es begann anno 1580 mit der Eröffnung des Gymnasiums und endete 1681 als das Straßburger Münster wieder durch Ludwig den XIV. den Katholiken zurückgegeben wurde. Das Hochstift und der Hohe Chor zogen alsbald wieder dorthin. Schon im Jahr 1683 errichtete der „Roi Soleil" in Straßburg ein neues Seminar und im Jahr 1702 wurde die Akademie nach Straßburg verlegt, wo sie nun als „Université Episcopale" fungierte. So verlor Molsheim viel von seiner Würde. Jedoch kann der Besucher in Molsheim die großartigen Zeichen dieser Blütezeit heute noch sehen, nicht nur die Jesuitenkirche und die ehemalige Kartause, sondern auch einige Residenzen, welche die Domherren errichten ließen, und die alte Metzig.

Die Revolution verjagte die Mönche, ihre Güter wurden versteigert, später verändert, teilweise abgerissen. Nie mehr fand Molsheim zu seinem ehemaligen Glanz zurück. Die Stadt zeichnete sich im 19. Jahrhundert als industrielles und handwerkliches Zentrum – besonders mit der Firma Coulaux – aus. Jedoch gelangte es auf den Höhepunkt seiner Berühmtheit mit der Ankunft von Ettore Bugatti im Jahre 1909, der eine Werkstatt errichtete, in welcher nicht nur der Rennwagen Typ 35, sondern auch die bekannte Royale hergestellt wurde. Nicht weit von seiner ehemaligen Werkstatt wird heute die teure Bugatti Vayron produziert.

Kehren wir jedoch wieder in das 17. Jahrhundert zurück, um von der Druckerei und von Straubhaar zu sprechen.

II. Die Druckerei in Molsheim unter Johann Heinrich Straubhaar

Seit Gutenberg, Mentelin, Eggestein, Prüss, Grüninger und anderen war Straßburg eine Hochburg der Druckerei und blieb es auch lange Zeit. Es hätte keinen Sinn gehabt, im nahen Molsheim auch eine solche Werkstatt zu errichten, wenn nicht Straßburg dem Protestantismus zugefallen wäre. Inzwischen ließ das Bistum in Freiburg, Mainz oder anderswo drucken; andere wieder waren auf Straßburger Drucker angewiesen: der Schaffner des Odilienbergs ließ Odilienbildchen zuerst bei Diebolt Burger, dann 10000 Stück bei Nicolaus Wald im Jahr 1585 herstellen.

Es muss hervorgehoben werden, dass bis 1897 nur zwei Drucker in Molsheim gewirkt haben,[1] und zwar im 17. Jahrhundert, eben in dem „Goldenen Zeitalter" Molsheims, von dem die Rede war. Als erster Molsheimer Drucker ist Johann Hartmann zu erwähnen.[2] Zur Zeit der Errichtung der Akademie wurde er nach Molsheim berufen und wirkte

1 Zur Zeit des Reichslands wirkten Schultheiss, Goertzen und Kraemer als solche in Molsheim.

2 Louis Schlaefli: Recherches sur l'imprimerie et la librairie à Molsheim au XVIIe siècle. In: *Annuaire de la Société d'Histoire et d'Archéologie de Molsheim et Environs (ASHAME)* 1971, S. 87–98; 1972, S. 62 ; Louis Schlaefli: Imprimeurs, relieurs et libraires à Molsheim du XVIe au XVIIIe siècle. In: *ASHAME* 1998, S. 68–71.

von 1618 bis 1631. Nur etwa 40 Drucke konnte ich ihm zuschreiben, meistens Bestellungen der Jesuiten, aber auch der Kartäuser. Wahrscheinlich wurde er auch mit dem Druck der Formulare für das Ordinariat und andere religiöse Anstalten oder Instanzen beauftragt.

In den schlimmsten Zeiten des Dreißigjährigen Krieges fand er natürlich keinen Nachfolger, bis um 1654 ein gewisser Hartmann Bär (1590–1664),[3] dem einige Drucke bis 1661 zugewiesen werden können, erschien. Es handelt sich um den Decknamen eines Straßburger Mathematiklehrers und Druckers, welcher besonders Kalender edierte, zum Beispiel den *Schreib-Kalender Durch Eberhard Welpern, Philomatem.*[4] Im September 1654 reichte er eine Bittschrift ein, um in Molsheim angenommen zu werden, eine Bittschrift, in der er angibt:

> Damit man aber in der Zeit wissen möge, wer die Sachen trucke, und wo eines und das andere zu finden seyen, weil alhiesiger Stattnamen darauff zu setzen mir nicht zugelassen wirdt: als solte ich setzen: Getruckt zu Molßheim bey Hartmann Bären: nomen Hartmanni ab Eberhardo, und nomen Bären à Welpero, quasi Welt-Bären derivando. Danach dan lautlich kund und offenbar werden könte, wer die Sachen gedruckt hatte und wo die zu finden wären, nemlich zu Straßburg bey Eberhard Wellper, genant Hartmann Bär.

Einige Werke, die unter diesem Decknamen erschienen, konnten ihm zugeschrieben werden. Am 17. Mai 1658 verlangte er vom Bistum vier Reichstaler, „so Ime wegen praesentirter Calender assignirt worden“.[5] Wir vermuten, dass es sich um den Druck des Kalenders des Hohen Stifts Straßburg handelt. Vielleicht hat sein Sohn Johann (1642–1720), der die Publikation des Kalenders seines Vaters weitertrieb, seine Nachfolge in Molsheim bis zur Ankunft Straubhaars angetreten.

Johann Heinrich Straubhaar,[6] Drucker *Deß jungen ehelich gebohrnen Simplicissimi Neu und alter Schreib-Kalender* [...], ist also

3 Schlaefli, Recherches sur l’imprimerie (wie Anm. 2), S. 63–65; Schlaefli, Imprimeurs, relieurs et libraires (wie Anm. 2), S. 71–72.

4 Josef Benzing: *Die Buchdrucker des 16. und 17. Jahrhunderts im deutschen Sprachgebiet.* Wiesbaden 1963, S. 425; *Nouveau Dictionnaire de Biographie Alsacienne*, S. 4163: „La popularité de E. Welper fut grandement due à l’almanach qu’il éditait chaque année avec des prédictions astrologiques“. Vgl. Jean-Marie Le Minor: Eberhard Welper, père et fils, astronomes et astrologues strasbourgeois du XVIIe siècle. Répertoire bibliographique de leurs publications. In: *Annuaire de la Société des Amis du Vieux Strasbourg* 28 (2001), S. 37–68.

5 Archives Départementales du Bas-Rhin (ABR) : BR G 6353, 278 vo.

6 Schlaefli, Recherches sur l’imprimerie (wie Anm. 2), S. 65–72; Schlaefli: Imprimeurs, relieurs et libraires (wie Anm. 2), S. 72–79.

der zweite wirkliche Molsheimer Drucker. Kann man annehmen, dass er von Welper die Idee, Kalender zu drucken, ‚geerbt' hat? Aus Laufenburg in Schwaben gebürtig, war er zuerst, von 1656 bis 1667, angestellter Drucker in der bischöflichen Druckerei der Diözese Basel in Porrentruy. Im Juni 1667 gab er dort seine Stellung auf, um nach Molsheim zu ziehen.

Offenbar hatte sich die ökonomische Lage in Molsheim in den Nachkriegsjahren verbessert, da man wieder einen Drucker anstellen konnte. Schon im Jahr 1665 befand der bischöfliche Rat, dass es Zeit sei, die bischöfliche Druckerei wieder herzurichten, da man darauf angewiesen war, die Thesen der Molsheimer Akademie in Straßburg „cum scandalo" zu drucken. Seit Jahren war man mit der Idee, ein neues *Rituale* für die Pfarreien zu drucken, beschäftigt, da es in vielen Pfarreien fehlte und der Klerus reklamierte; schon im selben Jahr 1665 hatte Straubhaar aus Porrentruy vorgeschlagen, es zu drucken; er wird es auch in Molsheim, im Jahr 1670, unter dem Namen „Agenda Ecclesiae Argentinensis" herstellen, eine kostspielige Sache für ihn, wie wir sehen werden.

Unter diesen Umständen kam also Straubhaar mit Frau und Tochter nach Molsheim. Die erste, Maria Margaretha Taubheim, starb am 14. August 1678. Die Tochter, Anna Maria, vermählte sich nach dem Tod der Eltern im Januar 1681 mit Johann Adam Deppe aus Würzburg, Apotheker in Hagenau. Unser Drucker ist auch in Molsheim gestorben und wurde am 30. April 1680 begraben.

Das Material der Molsheimer Druckerei gehörte dem Bistum und wurde bei der Besitznahme durch Straubhaar inventarisiert, der offenbar auch hier nur Angestellter war, obschon der Bischof nie richtig einverstanden war, ihm einen echten Lohn zuzusichern, wahrscheinlich aus Geldmangel. Der bischöfliche Rat hingegen drang darauf. Im Jahr 1677 lieferte ihm, zum Beispiel, das Amt Dachstein sechs Ohmen Wein als Besoldung.

Seine Tätigkeit als Drucker reichte jedoch nicht aus: Im Jahr 1669 beklagt sich der Buchbinder Caspar Rössler, der öfters als Verleger vorkommt, dass Straubhaar sich erlaubt habe, den Katechismus der Diözese zu drucken, obschon Rössler ein Privileg für dessen Ausgabe besaß; mehr noch: Straubhaar wirkte auch als Buchbinder, was den Druckern nicht erlaubt war.

Die Drucke

68 Drucke konnten wir – bis jetzt – Straubhaar zuschreiben, wovon mehrere nur durch archivalische oder gedruckte Angaben bekannt sind, wie zum Beispiel die Kalender für 1673 und 1674.

Religiosa

Meist handelt es sich um kleine Werke, wie die Andachtsbüchlein, welche er für den „Pactum Marianum" herrichtete. Dieses war eine Abzweigung der Bruderschaft der Molsheimer Akademiker – die „Grande Congrégation Académique" –, welche sich jedes Jahr in Molsheim feierlich versammelte. In diesem „Pactum" traf man nur „bessere" Leute: Kleriker mit Beneficium und Laien aus dem Adel oder Akademiker. Diesen Mitgliedern – etwa 400 an der Zahl – wurde jedes Jahr ein kleines Andachtsbuch (die sogenannten *Etrennes*) überreicht. Die ersten Exemplare wurden eben von Straubhaar gedruckt, aber die Tradition dauerte weiter bis 1792.[7]

In großem Format druckte er im Jahr 1675 eine Totenmesse (*MISSAE in agenda defunctorum* [...] *ex Missali Romano* [...]), welche ihm wahrscheinlich etwas Geld einbringen konnte, da sie gewiss in allen Pfarreien Absatz fand. Anders ging es mit dem schon erwähnten *Rituale* (oder *Agenda Ecclesiae Argentinensis*), ein In-quarto von 340 Seiten, gedruckt im Jahr 1670. Dieses Werk war für alle Pfarrer unentbehrlich, da es alle Anweisungen zur Spendung der Sakramente enthielt. Seit 1500 wurde keines mehr für die Diözese Straßburg gedruckt. So hat man im Jahr 1663 festgestellt, dass etliche Pfarrer Exemplare aus den Bistümern Basel, Konstanz oder Mainz benutzten. Es war höchste Zeit, ein neues zu drucken. Am 5. Juni 1663 erhielt Straubhaar die Anweisung, 350 Exemplare für das Bistum und zwölf für den Bischof herzustellen. Jedoch war das für unseren Drucker kein gutes Geschäft, da viele Exemplare nie abgeholt wurden, andere aber nicht bezahlt wurden und er auf einen Zuschuss des Bistums von anderthalb Talern pro Exemplar gehofft hatte. Die Sache endete mit einem Prozess, den Straubhaar nicht vor einem geistlichen Gericht – wie er es hätte tun sollen –, sondern „apud Gallos" (bei den Franzosen, das heißt vor dem

7 Louis Schlaefli: Les publications de la Grande Congrégation Académique de Molsheim. In: *Marian Library Studies* 7 (1975), S. 303–324. Die Bibliothek des Grand Séminaire de Strasbourg besitzt eine fast vollständige Sammlung.

Conseil Souverain d'Alsace) eingereicht hatte. Natürlich war man gegen ihn verstimmt, und offenbar wollte man ihm den Laufpass geben, als man das Inventar der Druckerei im Jahr 1679 nachprüfte. Ein Jahr später starb er.

Nebenbei druckte er allerhand Plakate für das Bistum, die Stadtverwaltung und die „Ambtschaffnei", von denen einige Exemplare per Zufall erst kürzlich von mir in den Archives Départementales de Strasbourg aufgefunden wurden. Aber damit hat er gewiss nicht viel Geld verdient.

Profana

Straubhaar hatte offenbar das Recht, für Privatpersonen zu drucken. So hat er das berühmte Kochbuch von Christian Buchinger, Abt von Lucelle im Sundgau, für den er schon in Porrentruy gedruckt hatte, herausgegeben. Von dieser ersten Ausgabe scheinen nur noch zwei Exemplare zu existieren: eines in der Bibliothèque Nationale et Universitaire de Strasbourg und das andere im Staatsarchiv des Kantons Basel-Stadt – eine dritte Ausgabe sollte im Jahr 1700 erscheinen.

Verhängnisvoller für Straubhaar war seine Zusammenarbeit mit Johann Georg Zierling, Prokurator am Konsistorium in Molsheim (1661–1682). Dieser wurde am 7. Dezember 1672 angeklagt, er habe ohne Erlaubnis seiner Oberen eine Zeitung (oder mehrere?) („nova, vulgo Zeittung"; „impressio(ne) quarundam Novellarum") drucken lassen; die Sache war umso schlimmer, als sich darin falsche Nachrichten über die Stadt Straßburg befanden. Drucker und Prokurator wurden für eine Zeit entlassen.

Einiges über die Kalender

Dass Straubhaar der Nachfolger von Welper, Verleger eines Schreib-Kalenders, war, haben wir schon angedeutet. Im Jahr 1670 druckte er seltsamerweise für den „Pactum Marianum" eine kleines Werk mit dem Titel *Calendarium trecentes sexaginta sex S.S. exemplis foecundum* [...] *ad bene moriendum perquam utile*, welches wahrscheinlich nicht viel mit einem Kalender zu tun hatte und wohl nur für jeden Tag des Jahres einen Sinnspruch zum Thema „um gut zu sterben" enthielt.

Wenigstens für das Jahr 1671 war er, wie schon Welper, der Drucker des Kalenders des Hohen Stifts Straßburg, womöglich auch in den vorhergehenden und folgenden Jahren. Wir wissen es durch eine Archivangabe, konnten aber leider kein Exemplar ausfindig machen. Um ihn herzustellen, benötigte er spezifische Schriftzeichen, um den Mondwechsel, die Tierkreiszeichen, die Planetenstellung und anderes mehr anzuzeigen. Als er sie angeschafft hatte, war er im Stande, auch andere Kalender zu drucken, wie *Deß jungen ehelich gebohrnen Simplicissimi Neu und alter Schreib-Kalender.*

Der Kalender von 1675

Einiges darüber muss hervorgehoben werden, aber nicht die Schilderung der Schlacht bei Entzheim: Das überlassen wir den Kriegsspezialisten; auf dem Titelblatt wird sie mit dem Datum von 4. Oktober angegeben, was dem Gregorianischen Kalender entspricht, der in Molsheim, aber noch nicht in Straßburg benutzt wurde. Obschon Molsheim seit 1648 zu Frankreich gehört, datiert er den Kalender im protestantischen Stil. Der gute Mann hat unseren „Roi Soleil", nun Herrscher in Molsheim, ganz vergessen! Reagiert Straubhaar als Molsheimer Drucker oder gebürtiger Schwabe? Soll das heißen, dass dieser Kalender eher in Deutschland als im Elsass, wo doch fast alle noch elsässisch sprachen, verbreitet werden sollte?

Da zu dieser Zeit das Straßburger Domkapitel immer noch in Molsheim seinen Sitz hatte, kannte Straubhaar gewiss einige dieser Domherren, alle vom besten Adel Europas, die gewiss mehr verdient hätten, als nur durch den Satz „Denen [...] Hoch und Wolgebornen Herren/ Herren N.N. Domb-Dechant und Capitul Hohen Stiffts Strasburg [...]" in der Widmung erwähnt zu werden. Man muss jedoch zugeben, dass er so kein neues Mitglied vergessen konnte. Gleich nach dieser Widmung kommt eine Angabe, welche uns in der Formulierung seltsam erscheint: „Als man zahlt [...] Von Regierung deß 48. Teutschen Römischen Keysers LEOPOLDI, das 17. Das 26. Jahr deß Teutschen Friedens". Seit 1648, also fast einer Generation, gehört das Elsass zu Frankreich. Ich glaube kaum, dass ein Elsässer es gewagt hätte, Ludwig XIV. hier nicht zu erwähnen, ja sogar durch den Kaiser zu ersetzen. Darum denke ich, dass der Text ab dieser Stelle jemandem aus dem Reich zuzuschreiben ist: Könnte es Grimmelshausen sein?

Das Wichtigste für uns ist jedoch der Holzschnitt auf der Titelseite. Bis jetzt besitzen wir wenige alte Stadtansichten von Molsheim. Vor fünfzehn Jahren hatte ich das Glück, eine Zeichnung des bekannten Architekten Johann Jakob Arhardt aus dem Jahre 1644 ausfindig zu machen, welche im Molsheimer Jahrbuch „ausgebeutet" wurde.[8] Die folgende stammt nun aus dem Jahre 1675. Leider ist der Holzschnitt nicht unterschrieben und wenigstens unbeholfen. Man erkennt jedoch hinter der Stadtbefestigung mit dem „Schmidthor" links oben die romanische St.-Georgskirche mit ihren Türmen und dem hohen Chor, von Frauler für das Domkapitel errichtet. Da die große Jesuitenkirche in besserem Zustand war, versetzte man nach der Revolution die Pfarrkirche dorthin; die alte Pfarrkirche wurde am Anfang des 19. Jahrhunderts abgebrochen. So besitzen wir eine zweite Ansicht dieser verschwundenen Kirche. Vor der Pfarrkirche kann man den Komplex der Kartause erkennen, mit seiner Kirche, welche zur Zeit der Revolution abgebrannt ist. Im Vordergrund der große Hof der Jesuiten, mit den Gebäuden des Gymnasiums und der Akademie, und rechts davon die Jesuitenkirche, die größte Kirche des Elsass nach dem Straßburger Münster. So kann man verstehen, dass dieser Kalender für Molsheim eine wahre Rärität darstellt.

Nun sollte ich von den Beziehungen zwischen Straubhaar und Grimmelshausen sprechen. Kam dieser je nach Molsheim, etwa zu den bischöflichen Behörden, oder jener nach Renchen? War Pfarrer Neumetzler der Vermittler zwischen beiden? Dieser war zuerst Kaplan in Offenburg (1653), dann Pfarrer in Osthoffen (1655), Mutzig (1659) und Dachstein (1659), bevor er nach Renchen strafversetzt wurde. Er wirkte dort von 1667 bis 1675. Hatte er Beziehungen zu Straubhaar und Grimmelshausen? Diese Problematik überlasse ich den hier anwesenden Grimmelshausen-Spezialisten.

8 Une vue inédite de Molsheim en 1644 par Jean-Jacques Arhardt. In: *ASHAME* 1994, S. 5–6.

LOUIS SCHLAEFLI (Strasbourg)

Nouvelle liste des imprimés de Johann Heinrich Straubhaar (1667–1680)

* 1667

1. *Evangelischer Wandersmann, Auffzeichnend, Was Rechtgläubige Wanders-Leuth Auß der Irrglaubigen Predigen zu lehrnen haben so wol zu Hauß, als drauß* [...].
   – Molsheim, Johann Heinrich Straubhaar, 1667.
   – In-12°.

Nous ne connaissions ce titre que par la mention de Weislinger (p. 262). Nous en savons davantage aujourd'hui. Le 17 mars 1667, le jésuite Ohneberger vient demander au Conseil Ecclésiastique, pour l'archiprêtre de Sélestat, l'autorisation de faire imprimer le libelle intitulé *Evangelischer Wandersmann*; le Conseil lui répond fort poliment qu'il ne doute pas que cet ouvrage vise le plus grand bien de l'Eglise, mais qu'il veut en voir le manuscrit, car, en vertu des canons du Concile de Trente, aucun ouvrage ne peut être imprimé sans l'approbation de l'ordinaire (G 6312, 275 vo), approbation qui ne tarda pas à venir, puisque l'ouvrage parut la même année. Nous ignorons malheureusement le nom de l'archiprêtre de Sélestat pour l'époque.

2. OHNEBERGER Johann, S. J.
   Guther Tag [...].
   – (Molsheim, Straubhaar, 1667). (Etrennes de la Congrég. Acad.?)

Le 17 mars 1667, le P. Ohneberger sollicite l'octroi de 12 *Reichsthaler* pour l'ouvrage *Guther Tag*, dédié à l'abbé Blaise, de Schuttern. Comme les droits de sceau sont encore très réduits, il n'obtiendra pas les fonds demandés (G 6312, 275 vo). Nous ne connaissons aucun exemplaire de cet ouvrage.

Il n'est pas exclu qu'il s'agisse du premier volume d'étrennes du *Pactum Marianum* de la Congrégation Académique de Molsheim[1]. D'une part, il s'agit d'un ouvrage de spiritualité sorti de la plume d'un jésuite qui a été à l'oeuvre à Molsheim; d'autre part, l'opuscule porte, comme les autres, le nom d'un dédicataire.

3. CLEMENS IX,
Jubilaeum universale Ad implorandum Divinum auxilium initio sui Pontificatus pro salutari Sanctae Ecclesiae Catholicae Regimine (18.7.1667)
– Placard 62,5 x 39,5 cm; sceau plaqué de François Egon de Furstenberg. Déchirures dans la marge de gauche.
– Molshemii, Typis Episcopalibus apud Joannem Henricum Straubhaar, die 5. Septembris, Anno 1667. (Photos 9 et 10) (ABR H 1368)

4. KOPP(IUS) Paulus,
Directorium [...]. (1667).

Le 16. 11. 1667, le jeune doyen de Saverne (Il est né en 1650 à Erstein!) demande à pouvoir éditer un *Directorium* rédigé par lui-même et l'imprimeur sollicite l'autorisation de le diffuser dans le diocèse. Elle est accordée, y compris le droit d'ajouter les offices de St Wolffgang, de l'archange St Michel et de St Raphaël (G 5312, 334). Aucun exemplaire connu.

Sans doute s'agit-il d'un manuel de pastorale imposé à tout le clergé, comme notre *ordo*.

Le 12. 12. 1668, les archiprêtres seront sommés (à nouveau) d'envoyer leurs bedeaux en chercher les exemplaires nécessaires à Molsheim, sous peine d'une amende de deux livres.

---

1 Louis Schlaefli: Les publications de la „Grande Congrégation Académique" de Molsheim. In: *Marian Library Studies* 7 (1975), pp. 303–324.

* 1668

5. *OCTIDUANA spiritus exercitia e Veritatibus Evangelicis eruta.*
   – Molshemii, Ex Typographie Episcopali. Apud Joann. Henricum Straubhaar, Anno MDCLXVIII.
   – In -24°, 72 p. (Attesté par de Backer-Sommervogel)

6. *ORDENTLICHE Ausbildung der schmerzlichen Klag-Prozession des leydenden u. am Creutz sterbenden Sohnes Gottes.*
   – Molsheim, In der Fürstl. Bischoffl. Straßb. Truckerey/ Bey Johann Heinrich Straubhaar, Anno 1668.
   – In-16°, 12,5 cm, 24 p., gravure (ABR G 1467)

7. *MEERFRÄULEIN (Keusches), oder Geistliche Gesäng Christi Jesu unsers Seligmachers und seiner gebenedeyten Mutter Mariä.*
   – Molsheim, 1668.
   – In-12° (D'après VOGELEIS[2], p. 529)

8. *SUMMARIUM legum communium et Indulgentiarum congregationis B.V. Annuntiatae Molshemii.*
   – Molsheim, 1668.
   – Petit in-12°, XXVI-114 p. (D'après BNUS, Ms. Als. 1118[3]) (Etrennes de la Congrég. Acad.)

9. KOPP(IUS) Paulus
   Directorium [...]. (1668) (Voir N° 4)

10. *Institutiones, sive Alphabetum Sacerdotum.*
    (1668?).

Le 11 juillet 1668, Straubhaar demande et obtient l'autorisation d'éditer l'ouvrage en question (G 6312, 396 vo). Aucun exemplaire connu.

11. FURSTENBERG François Egon de, Mandement relatif aux droits d'étole, à l'habit ecclésiastique, aux églises mères et à leurs filiales,

---

2 Martin Vogeleis: *Quellen und Bausteine zu einer Geschichte der Musik und des Theaters im Elsass. 500–1800.* Straßburg 1911.

3 Bibliographie d'ouvrages de théologie catholique publiés au XVIIe et au XVIIIe s., principalement en Alsace, à Molsheim, Strasbourg, Colmar.

à la communion pascale, à la visite des presbytères lors des changements de titulaires. Saverne, 15.11.1668.
– In 8°, 20 cm, 11 p.
– S. l. n. d. (Molsheim, Straubhaar?) (ABR H 1368)

12. CANISIUS Petrus, S. J.
Catechismus [...]
– Molshemii, Straubhaar, 1668. (Internet)

Nous l'avons vu: le relieur Roessler avait obtenu le privilège d'éditer le catéchisme pour le diocèse. Le 30 janvier 1669, il se plaint de Straubhaar qui s'est permis d'en publier un, malgré ce privilège (G 6312, 441 vo).

* 1669

13. OHNEBERGER Johann, S.J.
Bestätigter Evangelischer Wandersmann auffzeichnend, wie sich H. Johann Stiegler von Straßburg, der Zeit Pfarrherr in Dorlisheim, in seinem (also genannten) Evangelischen Wegweiser allu hoch verstiegen [...].
– Molsheim in der Fürstl. Bischoffl. Straßburgischen Truckerey/ Bey Johann Heinrich Straubhaar, in Verlegung Caspar Rösslers [...] (1669).

(Attesté dans: de Backer-Sommervogel[4], V, 1877; annoncé à la *Herbst-Messe* de 1669 à Francfort pour la foire suivante)

14. NEUNHEUSER Jacobus
(*Ouvrage anonyme*), 1669.

Official depuis 1648, chanoine à St-Pierre-le-Jeune, prébendier à la cathédrale, Neunheuser s'était permis de publier un ouvrage, sans l'avoir soumis à l'approbation du vicaire général. Le 11 septembre 1669, interdiction lui est faite par l'évêque de donner à imprimer un texte sans l'avoir soumis au vicaire général. Aucun exemplaire de cet

4 Aloys de Backer, Carlos Sommervogel: *Bibliothèque de la Compagnie de Jésus*. Bruxelles, Paris 1890.

ouvrage – dont nous ignorerons sans doute à jamais le titre – ne doit être livré et les exemplaires existants doivent être supprimés (G 6312).

15. *Manuale parochorum Siue Instructiones & Praxes Tum vitae tum Officii Pastoralis... redactae* [...].
– (Molshemii editae), Sumptibus Caspari Rösler, Bibliop. Molshemii 1669.
– In-16°, 12 cm, XXIV-383 p., grav., dépliant BGS

S'agit-il d'une publication de Straubhaar ou de Dolhopf à Strasbourg?

* 1670

16. *Ordnung und Tax hiesiger Statt Molssheim vor die Rebleuth und Taglöhner/ wie auch die Mäder und Schnitter in der Ernd: decretirt in vollem Raht den 14. Februarii/ Anno 1670.*

Nous imaginons que, pour éditer ce placard, le magistrat s'adressa à l'imprimeur local (ABR H 1340, colophon).

17. *HYGIASTICON, das ist Wahrhaffte Weisz und eigentlicher Bericht, das leben in völliger Gesundheit zugleich in bester Behetzlichkeit der leiblichen Sinn, Urtheils und Gedächtniss biss aufs hoechste Alter zu bringen.*
– Molshemii, Apud Ioann. Henr. Straubhaar. Sumptibus Caspari Rösler Bibliop. MDCLXX
– In-16°, 224 p. (D'après: de Backer-Sommervogel, IV, 1737)

18. *VADE MECUM sive Viatoris Christiani Raphael, collectore Tobias Christianus.*
– Molsheim, in Typographia Episcopali, [...] Imprimebat Ioan: Henricus Straubhaar. Anno M. DC. LXX.
– In-16, 13,5 cm, VI-208 p. (BGS; n'a pas été donné en étrennes de la Congrég. Acad.)

19. *MANUALE devotionis ad S. Antonium de Padua per Horulas Canonicas distinctum* [...] *a fratribus Minoribus S. Francisci Conventualibus Offenburgi.*

– Molsheim, apud Io. Henr. Straubhaar, 1670
– In-24°, 10,5 cm 108 p. BGS

20. *CALENDARIUM trecentes sexaginta sex S.S. exemplis foecundum* […] *ad bene moriendum perquam utile.*
– Molsheim, Straubhaar, 1670. (BGS; étrennes de la Congrég. Acad.)
(Attesté dans la préface [p. 8] de „*PRAXES et exempla* […].“ (Voir infra)

21. MARIOPHILUS
Himmliches Welt- und Meer-Wunder oder alles in sich schliessende Maria […].
– Molsheim, in der Hochfürstl. Bischofflichen Straßburg. Truckerey, [...] bey Johan Heinrich Straubhaar. Anno 1670.
– In-24°, 13,5 cm, 252 p. BGS

22. *Agenda Ecclesiae Argentinensis* […] per Franciscum Egonem, episc. Argent. [...] in gratiam Pastorum suae Dioecesis.
– Molsheim, Straubhaar, 1670.
– In-4°, 21,5 cm, 340 p. -index BGS

23. Calendrier du Grand Chapitre pour 1671.
– (Molsheim, Straubhaar, 1670).
Le 18 juin 1670, l’évêque demande à son Conseil de soumettre aux membres du Grand Chapitre la maquette ou l’épreuve (*delineationem*) du nouveau calendrier à imprimer par le typographe de Molsheim (G 6313, 68 vo). Il ne peut s’agir, à cette date, que du calendrier de 1671. Aucun exemplaire connu.

24. CLEMENS X
Jubilaeum universale Ad implorandum Divinum auxilium initio sui Pontificatus pro salutari S. Ecclesiae Catholicae Redimine. (16.6.1670)
– Placard 62 x 39 cm; sceau plaqué de François Egon de Furstenberg.
– Molshemii, ex Typographia Episcopali Argentin., apud Joan: Henricum Straubhaar. Die XVIII. Aug. Anno 1670. (ABR H 1368) 2 exemplaires

* 1671

25. *EPITOME Vitae et Virtutum Divi Confessoris Francisci Borgiae* [...] *ex R. P. Sacchino S. J. historico collecta.*
– Molsheim, Apud Ioannem Henricum Straubhaar, (1671)
– In-24°, 12,5 cm, VIII-26 p. BGS

26. LYRA S. J.
Historia de antiqua sancta & miraculosa cruce, quae in templo Societatis Jesu Molshemii pro Veneratione devote asservatur.
– Molshemii, Typis Episc. Arg. apud Ho. Henric. Straubhaar, sumpt. Caspari Rösler, Bibliop., (1671) (BNUS, 2 éd. différentes M 18.160; M 18163)

27. (LYRA S. J.)
Historia deß uhralt-heilig-und wunderthätigen Creutzes, welches in der Kirchen der Societät Jesu zu Molsheim auffgehalten, und andächtig verehret wird, Erstlich in lateinischer Sprach von einem Priester gemelter Societät beschrieben, jetzo aber in das teutsch übersetzt.
– Molsheim, Getruckt bey Joh. Straubhaar, (1671)
– In-24°, 13 cm, 179-3 p., grav. BGS

28. (SARASA Antonius Alphonsus, S. J.)
Ars semper gaudendi ad veram animi quietem [...].
– Molshemii, ex Typographia Episcopali Argent. apud Joannem Henricum Straubhaar, (1671).
– In-24°, 13 cm, XIV-176 p., grav. (BGS; étrennes de la Congrég. Acad.)

29. OTTEN Christoff
Hohe Schul der lieben Eltern/ darinen die christliche Kinderzucht/ als eine der grössten Künsten gelehret wird.
– Molsheim, bey Joh. Henr. Straubhaar, (1671)
– In-8°. (Figure à la Oster-Messe de Francfort en 1671)

30. MARIOPHILIUS
Blutsmonats. Himmliches Welt-und Meer-Wunder Maria in vier und vierzig Ehren-Nahmen/ nach Inhalt der Lauretanischen Litaney zweyter Thei.l
– Molsheim, bey Joh. Henr. Straubhaar, (1671)
– In-12°. (Figure à la Oster-Messe de Francfort en 1671)

31. (BUCHINGER Christianus)
Koch-Buch/ So wol/ Für Geistliche als auch Welt-/ liche grosse und geringe Haußhaltungen/ wie bey denen täglich viel Leut am füg- /lichsten abgespeiset werden./ Darinn/ Über die Achthunderterley Fleisch/ Wildprett, Geflügel, Fisch, Eyer und/ Garten-Speißen, auch die manier und Weiß/ selbige zubereiten/ Neben andern nutzlichen Haußhaltung-/ Stücklein, zu finden und begrieffen/ seynd/ Durch/ Einen Geistlichen Kuchen-/ Meister deß Gottshauses Lützel/ beschrieben u. practicirt.
– Molßheimb,/ Getruckt bey Johan-Heinrich Straubhaar/ Im Jahr 1671.
Exemplaires conservés à la BNUS et au Staats-Archiv des Kantons Basel-Stadt.

32. Formulaire pour le bailliage, „*der gülchisch Schulden halber*".
– (Molsheim, Straubhaar, 1671).
Le 6 juillet 1671, Johann Will, receveur du bailliage de Dachstein, précise qu'il a fait imprimer „*durch den Buchtrucker zu Molßheim noch Einhundert exemplar der gülchisch schulden halber*", lequel réclame pour le tout 15 fl. 1 ß 6 d. (G 1152)

* 1672

33. *SAPIENTIA sanctorum in timore et amore Dei radicata.*
– Molsheim, Straubhaar, 1672.
(Livre d'étrennes de la Congrégation Académique, mentionné dans la préface de „*Praxes et exempla*") (Etrennes de la Congrég. Acad.)

34. HOPFF Caspar, S.J.
Directorium […].
– (Molsheim, Straubhaar, 1672).

Recteur à Molsheim depuis le 13 juillet 1672, Hopff obtient l'autorisation, le 28 septembre suivant, d'imprimer un *Directorium* (G 6313, 420). Aucun exemplaire connu.

35. ZIERLING Johann Georg
Zeittung.
– (Molsheim, Straubhaar, 1672).

Le 7 décembre 1672, le procureur au Consistoire, Jean-Georges Zierling, est dénoncé auprès du Conseil Ecclésiastique pour avoir fait paraître *nova, vulgo Zeittung*, sans l'autorisation des supérieurs et au grand détriment du bien public; il y avait, en effet, inséré de fausses nouvelles relatives à la ville de Strasbourg; comme l'imprimeur était complice, il sera suspendu, tout comme Zierling (G 6313, 429). S'agit-il de plusieurs parutions? Dans l'acte, il est question *de impressione quarundam Novellarum.*

36. (SCHREIBKALENDER)
Deß jungen ehelich gebohrnen SIMPLICISSIMI Neu und alter Schreib-Kalender [...] *Auffs Jahr Christi M.DC.LXXIII.*
– Zu Molßheim/ Truckts und verlegts Joh. Heinrich Straubhaar, (1672) (Attesté dans l'exemplaire de 1675)

37. *Politica Davidis Sive Maximae XX.: Quibus in foelici regimine usus est David, & ad imitandum deduxit ex 2. lib. Regum; A.P.F.*
– Molshemii, Johann Heinrich Straubhaar, 1672. (Internet)

* 1673

38. *BREVIARIUM Chronologiae* […] *ab anno 1 ad annum 1673. Adjuncta Argentinensium Episcoporum successione (ex Wimpheling-Guilliman).*
– Molshemii, Ex Typographia Episcop., Opera I. Straubhaar, 1673.
– In-24°, 10,5 cm XVI-242 p., gravure (BGS; étrennes de la Congrég. Acad.)

39. *CURA clericalis, hoc est sacramentorum breve Memoriale* [...].
– Molshemii, Ex Typographia Episcop. Opera et sumptibus Ioann. Henrici Straubhaar, 1673.
– In-24°, 10 cm, 215 p. (BGS)

40. *Catechismus* [...]. 1673.
Dans une supplique du 8.11.1679, Straubhaar demande au Conseil Ecclésiastique – qui lui fait droit – d'interdire aux curés, sous peine arbitraire, d'utiliser tout autre catéchisme que celui qui a été révisé et approuvé en 1673 (G 6314, 47 vo).

41. CLEMENS X, *Jubilaeum universale Ad implorandum Divinam opem contra Turcas.* (5.11.1672)
– Placard 62 x 40 cm; sceau plaqué de François Egon de Furstenberg sur l'adresse typographique.
– Molshemii, ex Typographia Episcopali Argentinensi, apud Joannem Henricum Straubhaar. Die 1ª Ianuarij Anno MDCLXXIII.
(ABR H 1368)

42. MOTIVA *quaedam & salutaria monita De sexus Foeminei cohabitatione Sacerdotibus fugiendâ; è Summorum Pontificis decretis, Sacrorum conciliorum Scitis, Sanctorum Patrum dogmatis, Illustrium Scriptorum sententiis collecta, à Rev.* ^{mo} *ac Celsissimo S. R. I. Principe Francisco Egone Dei gratia Episcopo Argentinensi* [...] *Dilecto & Venerabili Clero suo proposita atque in Xenium oblata.*
Anno M. DC. LXXIII.
Au col.: *Ex speciali Mandato Reverendissimi ac Celsissimi Principis nostri. In Episcopali Typographia Molshemii excusa.* Anno 1673.
– In-16°, 14,2 cm, 25 (+2 p.) (ABR H 1368)

43. (SCHREIBKALENDER)
Deß jungen ehelich gebohrnen SIMPLICISSIMI Neu und alter Schreib-Kalender [...] *Auffs Jahr Christi M.DC.LXXIV.*
– Zu Molßheim/ Truckts und verlegts Joh. Heinrich Straubhaar, (1673) (Attesté dans l'exemplaire de 1675)

* 1674

44– 45. Placards pour les Impériaux, 1674.
Entre autres publications des circonstances, Straubhaar édita deux placards pour les troupes impériales (*vor zweÿen Kaÿserl. Placaten*), pour lesquels il fut payé par la ville de Molsheim à raison de 1# 10 s. (AMM CC 15a, 22).

46. *SPRINGBRUNNEN (Heilsamer) zum ewigen Leben.*
– Molsheim, gedruckt u. verlegt Johann Heinrich Straubhaar, 1674.
(Mentionné par J. Gass)

47. KOLB Gregorius
Schuldigste Klag-Rede über den Hochbetaurlichen tödlichen Fall/ deß Hochwürdigsten [...] *Herrn Philippi Theodori/ Weiland deß H. Röm. Reichs Graffens zu Manderscheid/Blanckenheim* [...] *Beyder* [...] *Dom-Stiffter Cöllen und Straßburg Capitulär-Dom-Herrn* [...] *Bey beschehener hochan-sehlicher Leichbegängnüs zu Molsheim im hohen Chor deß hohen Stiffts Straßburg* [...] *vorgetragen* [...] *den 10ta Septembris Anno 1674* [...].
– S. l. n. d. (Molsheim, Straubhaaar, 1674)
– In-4°, 19,5 cm, (30) p. BGS

48. *THRENODIA, Quâ Reverendissimus & Illustrissimus Dominus DN. Philippus Theodorus S.R. Imperii Comes de Manderscheid Blanckenheim* […], *4. die Septembris praemature è Vivis sublatus, à mitioribus Congregationis Academico-Marianae Camoenis amare deplorabatur.*
– Molshemii, (Straubhaar), Anno M. DC. LXXIV
– In-4°, 19,5 cm, (30) p. BGS

49. *PHIALA aurea orationibus velut odoramentis plena* […].
– (Molsheim, Straubhaar, 1674).
– In-24°, 10,5 cm, 229 p., gravure. (BGS; étrennes de la Congrég. Acad.)

50. GESANGBUCH (?)
(*Catholisch auszerlesene/ alt und neue Gesäng* [...].)
– (Molsheim, Straubhaar, 1674)?

(Edition attestée par le seul catalogue de vente de la bibliothèque Ahlfeld en 1878).

51. (SCHREIBKALENDER)
Deß jungen ehelich gebohrnen SIMPLICISSIMI Neu und alter Schreib-Kalender [...] *Auffs Jahr Christi M.DC.LXXV.*
– Zu Molßheim/ Truckts und verlegts Joh. Heinrich Straubhaar, (1674).
(Seul exemplaire connu: Sammlungen des Berlinischen Gymnasiums zum Grauen Kloster [Streitsche Stiftung] à la Zentral- und Landes-bibliothek Berlin.)

* 1675

52. *PRETIUM (Inestimabile) divinae gratiae.*
– Molsheim, Straubhaar, 1675.
– In-24°, 11 cm, VI-66 p. (BGS; étrennes de la Congrég. Acad.)

53. *MISSAE in agenda defunctorum tantum desserviens ex Missali Romano* [...] *ad usum & commoditatem omnium ecclesiarum.*
– Molshemii, Ex Typogr. Episcopali Argent., sumptibus et expensis Joannis Henrici Straubhaar, 1675.
– In fol., 28 cm, 32 p. (BGS)

54. Placard pour les Français, 1675.
En 1675, Molsheim paie 1# 15 s. à Straubhaar „*von einem frantzösischen Placat zutruckhen*“ (AMM CC 15a, 28).

55. CLEMENS X, *Prorogatio Constitutionis, ut Regularibus Apostatis liceat ad suos Ordines usque ad finem praesentis Anni Iubilaei impunè reverti.* (15.6.1675)
Placard 56 x 42,5 cm; sceau plaqué de François Egon de Furstenberg. Endommagé dans la marge de gauche)
– Molshemii, ex Typographia Episcopali Argentinensi, apud Joannem Henricum Straubhaar. (ABR H 1368)

* 1676

56. *PRAXES et exempla bene conversandi.*
   – (Molsheim, Straubhaar, 1676).
   – In-24°, 11 cm, 54 p. (BGS; étrennes de la Congrég. Acad.)

57. INNOCENTIUS XI,
   Jubilaeum universale Ad implorandum divinum auxilium initio sui Pontificatus pro salutari Sanctae Ecclesiae Catholicae Regimine […]. (4.12.1676)

Placard 62,5 x 38 cm; sceau plaqué de François Egon de Furstenberg.
   – Molshemii, ex Typographia Episcopali Argentinensi, apud Joannem Henricum Straubhaar. Die […] Martii Anno MDCLXXVII. (ABR H 1368)

* 1677

58. *EXERCITIA (Octiduana) Spiritus.*
   – (Molsheim), Ex Typographia Episcopali, apud Joan: Henric. Straubhaar, (1677).
   – In-24°, 10 cm, 72 p. (BGS; étrennes de la Congrég. Acad.)

59. FURSTENBERG, François Egon de,

Mandement relatif à la fête de S. Joseph, proclamé patron de l'Empire par Léopold I. Molsheim, 10.3.1677
   – Placard 30,5 x 20 cm; sceau plaqué de François Egon de Furstenberg.
   – S. l. n. d. (Molsheim, Straubhaar?) (ABR H 1368)

* 1678

60. *Septena lilia.*
– Molshemii, Ex Typographia Episcopali Arg. Apud Ioan. Henricum Straubhaar, M. DC. LXXVIII.
– In-24°, 11 cm, 44 p. (BGS; étrennes de la Congrég. Acad.)

* 1679

61. (Etrennes de la Congrégation Académique)
– Molsheim, Straubhaar, 1679. (Auteur et titre inconnu. Aucun exemplaire recensé; s'agirait-il de l'ouvrage cité ci-dessous?)

62. STANIHURST Guilielmus, S. J.
Geistliche Neu-Geburt/ Oder Wunder-Verstellung Deß Alten Menschen in ein Neuen/ Durch andächtige Behertzigung Dern Vier Letzten Dingen deß Menschen/ Von R. P. Guilielmo Stanihursto Der Societät Jesu Priestern erstens in Latein beschriben.
– Molßheimb, Straubhaar, 1679 (Internet)

63. *Gesangbuch.* 1679.
Le 8 novembre 1679, Straubhaar sollicite le privilège d'éditer le *Gesangbuch* du diocèse; il l'obtient, à la condition d'en confier la reliure à Caspar Roessler (G 6344, 44 vo). Eut-il le temps, avant de mourir, d'exécuter ce projet? Nous en doutons: aucun exemplaire de cette édition n'a pu être répertorié; cela ne constitue toutefois pas une preuve absolue.

64. *Directorium.* 1679.
Sans doute Straubhaar fut-il régulièrement chargé de l'impression de cette publication annuelle: c'était déjà le cas en 1668, 1669, 1671, 1672. Le 8. 11. 1679, Straubhaar demande qu'on avise les chapitres ruraux de faire chercher ces ouvrages, vers la fin de l'avent, par leurs bedeaux, contre de l'argent comptant – comme cela se pratique dans les autres diocèses – et qu'ils règlent, par la même occasion, les extances (G 6314, 47 vo).

* 1680

65. *Mandat wegen Abwürdigung des Gelds.* 1679 ou 1680.
Le receveur du bailliage de Dachstein paie, en 1680, 1# 5 s. à Straubhaar pour la livraison de 40 exemplaires du placard relatif à la dévaluation (G 2237, 58).

66. (Etrennes de la Congrégation Académique)
– Molsheim, Straubhaar, 1679. (Auteur et titre inconnu. Aucun exemplaire recensé)

67. BOSSUET Jacobus Benignus,
[…] *Doctrinae catholicae, De iis Argumentis, de quibus controversiae sunt, Expositio, E Gallico Latina* […].
– (Molsheim), Typis Episcopalibus apud Joann. Henr. Straubhaar, (1680).
– In-16°, 15, 5 cm, (14)-115-(5) p.

68. BOSSUET Jacobus Benignus,
Außlegung christcatholischer Kirchen Lehr, über die strittigen Glaubens-Puncten.
– Molßheimb, Straubhaar, 1680. (Internet)

KLAUS HABERKAMM (Münster)

Eucharius Rößlins *Kalender mit allen Astronomischen haltungen* (1533) und Johann Jakob Christoffel von Grimmelshausens *Ewig-währender Calender* (1670 [?]). Immergültige gegen jährliche Kalender

Saturnus ist der erst vnd öberst Planet/ Ein verderber/ feind der Natur/ gifftig/ von natur kalt vnd trucken [...].
(Rößlin: *Kalender mit allen Astronomischen haltungen)*

Saturnus ist der erste und oberste Planet/ ein Verderber und Feind der Natur/ gifftig/ von Natur kalt und trocken [...].
(Grimmelshausen: *Ewig-währender Calender*)

I

Der Literaturwissenschaftler, der mit einem Vortrag vor astronomisch geschulte Kalender-Spezialisten tritt, ist auf deren Nachsicht angewiesen. Gewissermaßen als Amateur muss er auf gemeinsame Erkenntnisinteressen hoffen. Hinter dieser *captatio benevolentiae* könnte sich indes ein epistemologisches Problem verbergen, das letztlich auf dem klassischen Gegensatz von exakten Naturwissenschaften und interpretierenden Geistes- bzw. Kulturwissenschaften beruht.*

* Für wertvolle Hinweise danke ich Herrn Dr. Klaus-Dieter Herbst (Jena) und Herrn Dr. Klaus Matthäus (Erlangen).

II

Der Germanist Jan Knopf scheint in seinen Studien zur Kalendergeschichte[1] Gattungsgrenzen zu verwischen, wenn er mit Bezug auf Grimmelshausens *Ewig-währenden Calender* schreibt:

> Die traditionellen Muster der Jahreskalender und die des Historischen Kalenders bestimmen neben anderen Vorbildern [...] das Gesicht der ersten drei Spalten des Kalenders: Heiligenkalender und Geschichtskalender, die man zusammen als die „Chronik" der „großen Historie" bezeichnen könnte, und die persönliche Geschichte des Simplicissimus, als die Chronik des „kleinen Mannes" in der 3. Materie. Erste und zweite Materie verbindet die zweifache Kalenderzählung, zweite und dritte Materie finden in der ihnen gemeinsamen Überschrift einen gewissen Zusammenhalt. Diese Überschrift erhält damit eine weitere, über die „Leseanleitung" hinausgehende Begründung: sie verbindet große und kleine Geschichte, wenn auch beide noch in den Materien isoliert sind. (52)

„Ihre Zusammenstellung, die vielfältige Aufnahme und Verwandlung traditioneller Kalenderinhalte und -formen, die individualisierende Übernahme der Apophthegmen und die Aufnahme erzählerischen Inhalts überhaupt" (52), argumentiert Knopf weiter, transzendierten in diesem Falle um der ansatzweisen Ausbildung der spezifischen „Kalendergeschichte" willen die historisch vorgegebene Spezifik eines immergültigen Kalenders. – Mit Knopfs Qualifizierung eines weiteren ewigwährenden Kalenders als eines jährlichen wird tatsächlich die Grenze zwischen den Haupttypen der Kalender unstatthaft überschritten: Eucharius Rößlins *Kalender mit allen Astronomischen haltungen* aus dem Jahre 1533 dient ihm als Quelle eines Belegs für die „Nutzbarkeit des Aderlassens" (44):[2] Sein iatromathematisches Paradigma rubri-

---

1 Jan Knopf: *Geschichten zur Geschichte. Kritische Tradition des „Volkstümlichen" in den Kalendergeschichten Hebels und Brechts*. Stuttgart 1973, S. 50–52. – Zitate aus diesem Text werden mit bloßer Seitenangabe im Grundtext belegt.

2 Der Abschnitt mit der Überschrift „Nutzbarkeyt des Aderlassens." findet sich im 53. Kapitel (fol. O^{v}) des Originals, des um die Beschreibung und Gebrauchsanweisung eines „*ASTROLABIVM TETRAGONON*" ergänzten *Kalender[s] mit allen Astronomischen haltungen. Von natürlichem Jnfluß der Gestirn/ Planeten vnd Zeichen etc.* [...] *Nach meynunge der Alten vnnd Neuwen bestberümptsten ärtzt vnd Astronomen.* [...] *Durch den wolerfarnen D. Eucharium Rößlin/ Statartzt zů Franckfurt am Meyn/ New añ tag geben.* [...] *Gedruckt zů Franckfurt am Meyn bei Christian Egenolphen. 1533.* (Exemplar der Universitätsbibliothek Eichstätt-Ingolstadt, Signatur 203/AV 15000 B792-H1264/H1265). Rößlins Kalender erleb-

ziert Knopf ausdrücklich unter der Überschrift „Die ‚Practica' der Jahreskalender".[3]

Knopfs Verwechslung zeigt, dass nicht alle Kalender nach ihrer Titelgebung oder anderen Merkmalen wie dem Format ohne weiteres einem der Haupttypen zuzuordnen sind. Der *Kalender mit allen Astronomischen haltungen* ist repräsentativ für diesen Befund nach äußeren Merkmalen. Auch unter inhaltlichem Aspekt können Missverständnisse mit teils gravierenden Folgen entstehen. Obwohl sich Rößlins Schrift in ihrer umfangreichen Titelei demonstrativ zu einer astronomischen erklärt, ist sie ausschließlich astrologisch strukturiert. Daher ist die historische Semantik mitzudenken, wurden doch Astronomie und Astrologie bis in Grimmelshausens Zeit begrifflich noch nicht strikt auseinandergehalten.

Überhaupt muss, etwa bei Vergleichen, die Einstufung von Kalendern angemessen vorgenommen werden, tangieren doch methodologische Fehlansätze die Zuverlässigkeit von Ergebnissen. Sieht man beispielsweise „Grimmelshausens [ewigwährenden] Kalender mit dem Blick eines Schreibkalender-Benützers des 17. Jahrhunderts" an, stammen die herangezogenen Schreibkalender überdies aus kulturell-religiösen Traditionen bestimmter, zudem geistig-geistlich ungleicher Regionen und werden dann noch weitere *Calendaria perpetua* in die Untersuchung einbezogen, lässt man sich auf ein gewagtes Manöver ein. Womöglich mitbedingt durch, dem Titel nach, kalendarische Mischgebilde,[4] muss der ‚Ertrag' fast zwangsläufig lauten, dass der

---

te drei Auflagen (1533–1537). – Ich danke Herrn Prof. Dr. Ruprecht Wimmer und Herrn Christian Büchele (beide Eichstätt) für ihre freundliche Unterstützung bei der Beschaffung des Textes. – Zu Eucharius Rößlin d. J. (Rös[s]elin, Roeselin, auch Rhodion) (* um 1470 Freiburg/Br. [?] † September 1554 Frankfurt a. M.) vgl. außer den Suchmaschinen des Internets Johann Heinrich Zedler: *Grosses vollständiges Universal-Lexikon.* Bd. 31. Leipzig, Halle 1741 [Nachdruck Graz 1962], Sp. 1156; F. Winkel: Rösslin, Eucharius. In: *Allgemeine Deutsche Biographie.* Bd. 29. Leipzig 1889, S. 243; Gundolf Keil: Rösslin, Eucharius. In: *Neue Deutsche Biographie.* Bd. 21. Berlin 2003, S. 752–753. Auf Grund seines weitverbreiteten *Rosengartens* (Straßburg 1513), des Plagiats eines spätmittelhochdeutschen Traktats, trug Rößlin den Ehrentitel „Hebammenlehrer Europas" (Keil, Rösslin, S. 753).

3 Jan Knopf: *Die deutsche Kalendergeschichte. Ein Arbeitsbuch.* Frankfurt a. M. 1983, S. 43.

4 Z. B.: [Johann Georg Gross]: *Immerwährend-Järlicher Kalender: auff all vnd jede Jahr gestellt: alßlang die Welt nach Gottes Willen stehen wirdt* [...]. Basel 1629. Zit. nach Rosmarie Zeller: Die „ordentliche Unordnung" als poetologisches Prinzip in Grimmelshausens „Ewig-währendem Calender". In: *Simpliciana* XVI

simplicianische Traktat „nicht einmal in der ersten Materie geschweige in den beiden anderen Materien den Erwartungen eines Lesers an einen Kalender entspricht.“ Die Selbstverständlichkeit, dass man in den eigentlichen Kalendarien der Jahres- bzw. Schreibkalender „im Gegensatz zu Grimmelshausens Anordnung einen ganzen Monat“ (117–118) überblickt, wird ‚folgerichtig‘ kritisch bewertet. Die Vermischung der Gattungen wirkt sich also bestenfalls verunklarend aus. Wenn die „Schreibkalender [...] auf dem Titelblatt immer das Jahr, für das der Kalender gilt“, angeben, wieso enthalten sie „die goldene Zahl, die Zahl für den Sonnen-Zirkel, der Römer Zinszahl, Epactae im alten und im neuen Kalender sowie de[n] Sonntagsbuchstabe[n], ferner die Angabe, wie viele Wochen und Tage zwischen Weihnachten und Fastnacht nach altem und neuem Kalender verstreichen“ (117)? Natürlich bieten die Jahres- bzw. Schreibkalender „alle wesentlichen astronomischen und astrologischen Daten für den *Jahresverlauf*“,[5] doch nur in seltenen Fällen die einem sozusagen allgemein gültigen, d. h. immerwährenden Kalender vorbehaltenen Informationen. Und diese sind dann meist tautologisch, weil beispielsweise die vorausliegende Nennung des Sonntagsbuchstabens das jeweilige Jahreskalendarium hindurch konkret wiederholt wird, zudem durch Rot-Färbung hervorgehoben. Die angestammten Angaben eines Jahreskalenders dagegen betreffen „die Anfänge der Jahreszeiten, die Auf- und Untergangszeiten von Sonne und Mond, die täglichen Positionen des Mondes und teilweise auch die der Sonne, die Zeiträume für die vier Mondphasen („Mondsbrüche“), die Angaben zu den erwarteten Sonnen- und Mondfinsternissen, zur Sichtbarkeit der Planeten und zu besonderen Planetenkonstellationen.“ (212). Insgesamt erstaunt es bei solchem ‚synkretistischem‘ Vorgehen nicht, dass Grimmelshausens *Ewig-währender Calender* „zugleich ein Kalender und kein Kalender ist.“ (129). Zwar trifft es zu, dass historisch betrachtet „Kalender [...] eine sehr stabile Gattung sind“ (117), zumindest eine relativ stabile, doch sie sind keine Einheitsgattung. Allgemeine Feststellungen lassen sich nur eingeschränkt über die Gattungsgrenzen der Haupttypen hinweg treffen.

(1994), S. 117–136, hier S. 133, Anm. 13. – Weitere Zitate aus diesem Text werden mit bloßer Seitenangabe im Grundtext belegt.

5 Klaus-Dieter Herbst: Der Kalenderschatz im Stadtarchiv Altenburg. In: *Jahrbuch für Kommunikationsgeschichte* 9 (2007), S. 211–239, hier S. 212. Betonende Kursivierung von mir, K. H. – Weitere Zitate aus diesem Text werden mit bloßer Seitenangabe im Grundtext belegt.

Wahrscheinlich entspringt auch die Auffassung, Grimmelshausens *Ewig-währender Calender* sei eine „Kalendersatire“,[6] die „in eine Reihe mit fiktiven, aus der poetischen Einbildungskraft entspringenden Texten gestellt“ (126) sei, der Gleichsetzung immerwährender und nur jährlich geltender Kalender. Schon die ein Junktim suggerierende Formulierung, im großen Kalender des Autors gehe es u. a. um die „Anleitung zur Herstellung von Jahreskalendern und Berechnung der beweglichen Feste“ (115–116), lässt darauf schließen. Abgesehen davon, dass solche didaktischen Programme der Klassifizierung des Werks als Satire entgegenstehen, sind die Gattungsbegriffe auch hier nicht strikt getrennt. Gerade als authentischer, ernst gemeinter und ernst zu nehmender ewigwährender Kalender wendet sich Grimmelshausens Traktat gegen die Missstände bei der Produktion von kurzlebigen und teilweise unredlichen Jahreskalendern. Aus diesem Grunde geht es dem simplicianischen Autor auch weniger um das Verhältnis seines *Ewig-währenden Calenders* zum Leser – angeblich soll dieser das „Endurteil“ über die Astrologie „selber finden“ (125) – als um das Verhältnis der Kalendertypen zueinander. Simplicissimus' Bitte an Zonagri, ihn ins Kalendermachen einzuweihen, ist eindeutig:

> [...] die Ursach der Erregung meiner jetzigen Grillen/ die mich ansporen dem Herrn jetztmals *molest* zu seyn/ seynd unterschiedliche Jahr-Bücher sam̃t den jenigen Leuten deren jeder eins oder auch wol mehr kauffen wollte/ welche ich dieser Tage in- und bey einem Buchladen fande; diese rieffen/ langt mir her den Alten: den Newen: den Schreib: den Bawern-Calender; den gelehrten Bawrn-Calender; den Welper/ den Gold: und Galgenmeyer/ den Haupt: Kriegs: Friedens: History: Artzney: Kräuter: Wunder: Hauß: ich vnd weiß als nit was vor Calender! Da stunde einer hier/ der ander dort/ den jenigen zu lesen vnd zubetrachten/ den er vom Verkauffer begehrt hatte; Andere fanden sich kluppenweiß bey einander und *stultirten* in diesen newen Bücheren/ davon der eine sich ich weiß nicht über was verwundert: und der ander ich weiß nicht über was/ er lachte![7]

6 Dieter Breuer: *Grimmelshausen-Handbuch.* München 1999, S. 115–126, hier S. 126. Zuvor schon vertritt Peter Michelsen diese Hypothese. Vgl. Peter Michelsen: Der Wahn vergnügt. Grimmelshausen als Kalendermacher. In: *Simpliciana* XIII (1991), S. 443–476. – Weitere Zitate aus diesem Text werden im Folgenden mit bloßer Seitenangabe im Grundtext belegt.

7 Johann Jacob Christoffel von Grimmelshausen: *Des Abenteurlichen Simplicissimi Ewig-währender Calender*. Faksimile-Druck der Erstausgabe Nürnberg 1671. Mit einem erklärenden Beiheft hrsg. von Klaus Haberkamm. Konstanz 1967, IV, 5 und 7. – Zitate aus diesem Kalender werden im Folgenden nach Materie (römische Ziffer) und Seite (arabische Zahl) im Grundtext belegt.

Simplicissimus ist es demnach exklusiv um Jahreskalender zu tun: Es liegt keineswegs nahe, dass man sich „kluppenweiß“, also in Scharen, zum Erwerb eines immergültigen Kalenders einfindet. Die Interessenten wollen außerdem unter Umständen „auch wol mehr kauffen“ als nur ein Exemplar – was bereits vom Preis her weder für ein und denselben immergültigen Kalender noch für mehrere unterschiedliche Exemplare desselben Typus Sinn macht. Vor allem aber spricht Simplicissimus pauschal von „newen Bücheren“ und zählt ausdrücklich auch „Newe“ und „Schreibkalender“ auf, die er als „Jahr-Bücher“, als Jahreskalender mithin, präzisiert. Tatsächlich handelt es sich bei seinem Katalog ausschließlich um Jahres- bzw. Spezialkalender mit jährlicher Geltungsdauer, wie exemplarisch die Gruppe der „Kriegs: Friedens: History“-Kalender *eo ipso* beweist. Schließlich führt von den hier namentlich identifizierten Kalendern Klaus-Dieter Herbst in seinem Altenburger Verzeichnis (224–239) den „Goldmayer“ als „Schreibkalender im Quartformat“ auf.[8] In seinem umfassenden *Verzeichnis der Schreibkalender des 17. Jahrhunderts*[9] weist er sogar sämtliche namentlich und nach Sachgebieten an dieser Stelle des simplicianischen Kalenders angeführten Schriften als Jahreskalender und damit real existierend nach. Sie sind obendrein überwiegend auch als Nürnberger Produkte belegbar und stammen in solchen Fällen nicht selten aus dem Verlag Endter. Sie konnten demnach Grimmelshausen, nicht zuletzt über seinen Verleger Felßecker, konkret bekannt sein.[10] Indagine benutzt in

8 Andreas Goldmayer: *SchreibCalender.* Nürnberg 1649, 1654–1662. Vgl. Herbst, *Kalenderschatz* (wie Anm. 5), S. 226. Einige der von Herbst verzeichneten Kalender firmieren unter der Bezeichnung „Jahr-Buch“.

9 Klaus-Dieter Herbst: *Verzeichnis der Schreibkalender des 17. Jahrhunderts.* Jena 2008 (Acta Calendariographica. Forschungsberichte 1). – Weitere Zitate aus dieser Publikation werden mit bloßer Seitenangabe im Grundtext belegt.

10 Herbst weist hier nach, dass den von Simplicissimus erwähnten Kalendern allesamt reale Jahreskalender entsprechen: *Gelehrter Bawrn(-Calender)*: Nicolaus Schmidt: *Almanach SchreibCalender* (Nürnberg, Endter); *Welper*: Eberhard Welper: *Schreibcalender* (Straßburg oder Augsburg); *Gold(mayer)*: Andreas Goldmayer: *Schreibcalender* (Nürnberg); *Galgenmeyer*: Georg Galgemayr: *SchreibCalender* (Innsbruck [?], Augsburg [?]); *Haupt(-Calender)*: Marcus Freund: *Haubt-Calender* (Nürnberg, Endter); *Kriegs-Friedens(-Calender)*: Marcus Freund: [...] *Friedens- vnd* [...] *Kriegs-Calender* (Nürnberg, Endter); *History(-Calender)*: Marcus Freund: *Historischer Calender* (Nürnberg, Endter); *Artzney(-Calender)*: Johannes Magirus: [...] *Kranckheiten Cuhr-Calender* (Nürnberg, Endter); *Kräuter(-Calender)*: Marx Friedrich Rosencreutzer: *Wurtz- vnd Kräuter Calender* (Nürnberg, Endter); *Wunder(-Calender)*: Marcus Freund: *Zeit- vnd WunderCalender* (Nürnberg, Endter); *Hauß(-Calender)*: Johann Friedrich

diesem Kontext für diesen Typus zutreffend den Terminus „Allmannach" (IV, 59); und Simplicissimus spricht demgemäß in seiner „Vorred" zum großen Kalender vom „Bauren Allmanach" (fol. AII^{r}). – Alle diese Jahres- bzw. Schreibkalender nun setzt Simplicissimus implizit vom *Ewig-währenden Calender* negativ ab. Die Verballhornung des Verbs „studieren" – paradoxerweise werden Studenten zu „stulti" – spricht für sich.

Peter Michelsen missversteht Simplicissimus' Polemik gegen die Jahreskalender und ihre Käufer gründlich, indem er sie wie folgt kommentiert:

> Die Begierden der Leute, die sich um die Kalender reißen, spiegelt auch die Beschaffenheit des simplicianischen Wissensdurstes wider. Ist der Schreiber des Kalenders seinen Lesern so fern, die diesen „stultieren" und damit, wie das Wortspiel verrät, in die Kategorie derjenigen einzuordnen sind, die betrogen werden wollen? Schlägt der Spott des Verfassers auf seine Leser nicht ein wenig auch auf den Spötter zurück?[11]

Auch in diesem Falle sind die hauptsächlichen Kalendertypen nicht auseinandergehalten, was zu einer geistreichen und wirkmächtigen, doch verfehlten Interpretation verleitet. Noch einmal: Grimmelshausen ist es nicht um eine generelle „Kalendersatire" (461) zu tun, sondern um eine Satire gegen die Jahreskalender mit ihren offensichtlichen Mängeln und deren fahrlässige Verfasser bzw. leichtgläubige Benutzer. Mitnichten spricht Simplicissimus als Verfasser des simplicianisch-seriösen immerwährenden Kalenders von seinen eigenen Lesern, son-

---

Juhrmann: [...] *Haus- und Ehe-Calender* (Nürnberg, Felßecker) (66–201). – Zwei Werke mit dem Titel *Alter vnd Newer Schreibkalender* von Onofridus (!) Callus (Straßburg 1600–1630) verzeichnet Herbst ebenfalls (75). (Vgl. auch 167). – Während auf dem Titelkupfer des *Ewig-währenden Calenders* die Kalender in Simplicissimus' Sack nicht spezifiziert und allenfalls durch den Vergleich ihres Umfangs mit dem des selbstreflexiv abgebildeten *„Simplicissimi Calenders"* als Jahreskalender identifizierbar sind, benennen die Titelgraphiken der *Europäischen Wundergeschichten Calender* die an der entsprechenden Stelle gezeigten Jahreskalender nach deren Inhalt: *HeldenCa(lender)*; *Hauß ũ EheCa(lender*, *Geschichts Cal(ender)*; *Kunst ũ Handwe(rcks Calender).* An Titeln mit ähnlichem Wortlaut finden sich für Grimmelshausens Lebenszeit bei Herbst: Johann Friederich Juhrmann (!): *Trachten/ Haus- und Ehe-Calender* (Nürnberg); Johann Friederich Juhrmann (!): *Kunst- und Hand-Wercks-Kalender* (Nürnberg). Auch Jahreskalender mit dem Titel *Helden-* und *Geschichtskalender* dürften existiert haben, zumal sie in anderen Jahreskalendern erwähnt sind.

11 Michelsen, Der Wahn vergnügt (wie Anm. 6), S. 458.

dern von den törichten Lesern verschiedener Jahreskalender, mit denen er und sein potenzielles Publikum nichts gemein haben. In Simplicius' Widmung zum *Ewig-währenden Calender* sind die anvisierten Adressaten aufgezählt – keineswegs Tölpel. Simplicissimus fragt ausdrücklich, wie Michelsen selbst zitiert: „[...] soll das Warsagen den Geistlichen verbotten seyn/ warumb machen sie dann alle Jahr [!] jhre Calender und Practicken?" (VI, 79)[12]

Die von Zonagri erbetenen Auskünfte sind zunächst unspezifisch, d. h. sie gelten dem Kalender schlechthin. Spätestens aber, wenn er auf „Sonne-Zirkel" (IV, 31), „Sonntagsbuchstaben" (IV, 33) und „Goldene Zahl" (IV, 35) zu sprechen kommt, geht es definitiv um den Typus des immergültigen Kalenders. Der Lehrmeister behandelt demgemäß das Jahr 1670 als Paradigma für seine Berechnungen und möglicherweise als Erscheinungsjahr des *Ewig-währenden Calenders*, nicht aber als das gegenwärtige Bezugsjahr eines Jahreskalenders für 1670. Wenn dann, durchsichtig genug, Simplicissimus praktisch über Nacht einen Kalender konzipiert, „dem nichts anders abgeht/ als eine *Prognostic*, darinnen ich das Wetter und andere künfftige Ding zeigte oder zuvor sagte" (IV, 51), liegt wirklich „Kalendersatire" vor. Diese aber ist gegen den im Allgemeinen relativ schnell, wenn nicht flüchtig und mit Hilfe von Anleihen, zusammengestellten, unzuverlässigen und daher manipulativen Jahreskalender gerichtet. „Poetisch", besser: simplicianisch daran ist, dass der reale Verfasser eines Glaubwürdigkeit beanspruchenden ewigwährenden Kalenders in eben diesem eine fiktive Figur, und zwar ausgerechnet seinen Simplicissimus, als scheinbar naiv insistierenden Advokat des Typus Jahreskalender auftreten lässt, um mit seinen lästigen Konkurrenten abzurechnen. Da ungefähr zur Zeit der Schlussredaktion des großen Traktats gerade erst die Serie der Felßeckerschen *Wundergeschichten Calender* gestartet worden war, richtete sich die bedrohliche Konkurrenz der Wettbewerber, zumal in Nürnberg selbst, nicht allein gegen den immergültigen Kalender des Verlags. Als Verteidiger des *Ewig-währenden Calenders* gegen die Verfasser der aus

12 In der Tat, darin ist Michelsen zuzustimmen, muss man bei der Lektüre des *Ewig-währenden Calenders* zu den „wachen Lesern" (459) zählen, will man nicht „dem alten Brauch M. V. D." (IV, 59/2) („Mundus Vult Decipi", nicht etwa: „Magister Verbi Divini", wie Michelsen die Abkürzung in einem völlig unpassenden Kontext auflöst) zum Opfer fallen. Wer will schon zu den von Michelsen aus dem *Ewig-währenden Calender* zitierten (457) Gelehrten gehören – der Knan spricht exemplarisch von einem „*Dumnus Docter*" (III, 86) –, die „tausenterley Ding [...] wollen wissen und doch im geringsten nichts darvon verstehen." (III, 88)?!

seiner Sicht mehr oder weniger dubiosen Jahreskalender anderer Verlagshäuser verwickelte sich Grimmelshausen keineswegs in Widersprüche, war er doch fast gar nicht auf deren Käufer angewiesen: Nur wenige der fremden Schreibkalender benötigten die Unterstützung eines immergültigen Kalenders zur Ermittlung astronomischer und verwandter Daten, beispielsweise des Sonntagsbuchstabens.

Es hat sich erwiesen, dass die ungenügende Beachtung des kategorialen und kategorischen Unterschiedes zwischen den beiden Hauptkalendertypen in der Grimmelshausen-Forschung Irrtümer mit gewichtigen Konsequenzen zur Folge hatte. Bei derartiger Nivellierung stand brisanterweise sogar die Funktion des *Ewig-währenden Calenders* als solche zur Disposition. Über Kalender unterschiedlicher Provenienz und Klassifizierung generelle, typusübergreifende Aussagen zu treffen sollte jedoch dem Diskurs auf einer abstrakten Ebene vorbehalten bleiben: Gegen die Feststellung etwa, dass sie – in vielfachen Manifestationen – zu den ältesten Errungenschaften des menschlichen Denkens zu rechnen und von der gleichen Signifikanz wie die Schrift und das Zählen sind, ist nichts einzuwenden.

III

Rößlins *Kalender mit allen Astronomischen haltungen* hat Jan Knopf, wie dargelegt, fälschlich für einen Jahreskalender gehalten. Dazu mag beigetragen haben, dass sich das Werk im Titel nicht *expressis verbis* als immergültiges zu erkennen gibt – allerdings als Jahreskalender auch nicht. Hinzu tritt, dass die Jahreskalender mit dem Format ca. 16 cm x 20 cm, dem z. B. die erhaltenen Felßeckerschen *Wundergeschichten Calender* nahe kommen, äußerlich dem Format des rößlinschen Werkes ähneln, was die Vertauschungsgefahr erhöht. Knopf hat sich möglicherweise auch irreführen lassen, weil Rößlin jeder seiner Monatsseiten im Kalendarium einen relativ großen Leerraum belässt, der auf den ersten Blick die Verwandtschaft mit dem Typus Schreibkalender suggeriert: Dieses ‚Spatium' befindet sich, wie bei Jahreskalendern mit einer freien Spalte üblich, für den Leser bzw. Benutzer rechts auf der Seite. Genauer ist es neben der ‚Zentralachse' angeordnet, die von den Namen der Tagesheiligen gebildet wird. (Abb. 1) Es lässt trotz der figürlichen Holzschnitte der jeweiligen Monats-Tierkreiszeichen und der ihnen entsprechenden astronomisch-astrologischen Chiffren, der tautologischen Angabe des individuellen Sonnenstandes und zahlenmäßig wechselnder Asterisken, die „die verworffenen Tag/ inn welchen mañ nichts anfahen soll“ (fol. A^{v}), markieren, Platz für Notizen, wie es scheint. Doch schon die Beigabe kleiner, ungefähr quadratischer Monatsbilder in Form jahreszeitlich passender Genreszenen lässt Zweifel an dieser Auslegung aufkommen.[13] Sie befinden sich nämlich in den linken oberen Ecken der Monatsseiten und verschieben damit alle Rubriken[14] so weit nach rechts, dass für eine knappe Woche der Platz für handschriftliche Eintragungen entfällt. Es kann sich demzufolge nicht um intendierte Schreibspalten handeln. Außerdem hätte Rößlin in einem relativ umfangreichen, also ‚geräumigen‘ Kalenderheft für jeden Monat leicht eine Doppelseite statt einer einfachen vorsehen können, falls es ihm auf genügend Raum für Bemerkungen des Benutzers angekommen wäre.

Der neuzeitliche Kalender-Nutzer bzw. speziell der germanistische Forscher sollte sich also nochmals begrifflich vergewissern, selbst wenn er sich der Differenz zwischen den beiden hauptsächlichen Kalendertypen theoretisch sicher zu sein glaubt. Wie sich zeigt, lauern die Schwierigkeiten in der praktischen Arbeit. Der Literaturwissenschaftler mag annehmen, dass der wesentliche Unterschied zwischen den Kalendergenres auf der Hand liege: Der Jahreskalender habe die begrenzte Geltungsdauer nur eines Jahres und könne und müsse sich daher bei seinen Datierungen und den damit verbundenen Aussagen festlegen, während der immerwährende Kalender, wie es das Attribut ausweist, bei generellen, doch umrechen- und transferierbaren Faktoren über das eine Jahr hinaus benutzbar bleibe, also tendenziell immergültig sei. Es empfiehlt sich indes, wie sich leider erwiesen hat, eine Anleihe bei Naturwissenschaftlern, insbesondere Astrophysikern.

Klaus-Dieter Herbst hat jüngst eine knappe, doch erschöpfende Beschreibung und Funktionsbestimmung der Jahreskalender der frühen

---

13 Die Monatsbilder werden, natürlich in identischer Reihenfolge, im XLVIII. Kapitel, „Regiment Jpocratis der 12. Monat.“, nochmals aufgenommen.

14 „DJser volgend Kalender“, heißt es in Rößlins Vorbemerkung, „zeygt an gegen der lincken hant zum ersten die güldin zal/ Darnach die zal der tag ydes Monats/ Als dañ volgen die heylgentage/ auff welchen tag ein yeder gelegen ist/ Vnd zum letsten die Monbůchstaben/ darauß mañ in welchem Zeychen der Mon sei/ vnd dabei der aderleß sampt andern mehr/ erlernen kann.“ (fol. A^{v}) Übersprungen ist dabei die Rubrik des Sonntagsbuchstabens, mit deren Platzierung und Funktion aber die Zeitgenossen vertraut gewesen sein dürften.

Neuzeit gegeben, die zusätzlich auf ihre massenhafte Verbreitung abhebt und den Begriff des Schreibkalenders ausführt.

> Die jährlich neu verfaßten Kalender besaßen als Massenmedium in der Frühen Neuzeit eine herausragende Bedeutung für das Alltagsleben der Menschen. Sie wurden als große Einblattdrucke (zeitgenössisch als „Tafelkalender" bezeichnet) und ab der zweiten Hälfte des 16. Jahrhunderts auch als kleinere Hefte hergestellt. Die Hefte erschienen in verschiedenen Größen, von den geringformatigen „Taschenkalendern" mit den Maßen ca. 2,5 cm x 4 cm, ca. 5 cm x 7,5 cm oder ca. 7,5 cm x 10 cm bis zu den größeren Kalendern mit Kantenlängen von ca. 9 cm x 14,5 cm oder ca. 16 cm x 20 cm. Kalender der beiden letztgenannten Formate erhielten in der Regel den Titel „Schreibkalender", weil in ihnen ausreichend unbedruckter Platz gelassen wurde, so daß der Nutzer des Kalenders seine persönlichen Notizen einschreiben konnte.[15]

Es klang bereits an: Beim Schreibkalender, dem „Urtyp aller Jahres-Kalenderhefte im Quartformat", blieb als Gemeinsamkeit aller Exemplare solcher Reihen die Recto-Seite des Kalendariums nahezu unbedruckt. In den Schreibkalendern kleineren Formats waren entweder eine ganze Seite für einen einzelnen Tag oder zwei gegenüberliegende Seiten für eine Woche bei entsprechendem Leerraum, aber weitgehendem Verzicht auf sonstige Informationen und Texte vorgesehen.[16] Der Platz für persönliche Eintragungen wurde seit ungefähr 1630 allmählich zugunsten vielfältiger neuer Materien, u. a. Wundergeschichten, aber auch seriöser Stoffe, auf eine Spalte verringert. Bis zu den sogenannten „Volkskalendern" des 19. Jahrhunderts, einer Weiterentwicklung der Schreibkalender, tendiert das Spatium gegen null. Mit Blick auf Grimmelshausens *Ewig-währenden Calender* ist festzuhalten, dass bei dieser Umorientierung, erstmals 1658, die Form des Gesprächs eingeführt wurde. Doch schon in Rößlins *Kalender* findet sich eine schlichte, ‚vorsimplicianische' Form des Dialogs. Bei der Reflexion auf Grimmelshausens Polemik nicht zuletzt gegen Nürnberger Verfasser von Jahreskalendern war zudem die Implikation offenkundig, dass im Allgemeinen die Kalender geringerer Größe natürlich billiger waren. Nur so konnten die fiktiven Interessenten, auf die sich Simplicissimus sarkastisch beruft, erwägen, „auch wol mehr" Exemplare zu erwerben.

---

15 Klaus-Dieter Herbst: Das Neueste im Jahresrhythmus. Zur Professionalisierung des Kalenderwesens im 17. Jahrhundert. In: *Presse und Geschichte. Leistungen und Perspektiven der historischen Presseforschung.* Hrsg. von Astrid Blome und Holger Böning. Bremen 2008 (Presse und Geschichte 36), S. 97–124, hier S. 97. Vgl. auch Herbst, *Kalenderschatz* (wie Anm. 5), S. 211–239.

16 Herbst, *Kalenderschatz* (wie Anm. 5), S. 212–213.

Über die zitierte knappe Charakteristik hinaus, die mit dem Hinweis auf die Funktion als Schreibkalender jedoch ein wesentliches Merkmal der allermeisten Jahreskalenders benennt, hat Klaus-Dieter Herbst zuvor schon eine umfassendere Typisierung des Jahreskalenders – der in der Frühen Neuzeit außer Bibel und Gebetbuch in fast jedem Haushalt vorhandenen Druck-Schrift – geliefert: Demnach waren die Hefte im Format von ca. 16 cm x ca. 20 cm auf Grund ihres Werts als Schreibkalender besonders populär. Ihre Zweiteiligkeit, die wiederum die erst kürzlich vervollständigten Jahrgänge der *Europäischen Wunder Geschichten Calender* sinnfällig demonstrieren,[17] konstituiert ein zweites unverwechselbares Kriterium der Jahreskalender: Sie bestehen aus einem ersten Teil mit dem Kalendarium, also den Monatstafeln mit der Tageszählung in meist beiderlei Stil,[18] im Umfang von in der Regel vierzehn bis sechzehn Blatt, sowie einem zweiten Teil aus acht bis sechzehn oder mehr Blatt, dem astrologischen Prognosticum oder der sogenannten „Practica". Zunächst einzeln verkauft, wurden beide Bestandteile allmählich auch gebunden vertrieben. Die typischen Kennzeichen beider Teile sind nach Herbst – im Einzelfall mehr oder weniger vollständig – die Widmung und Vorrede, Abdruck des herrschaftlichen Privilegs oder gelegentlich obrigkeitlicher Verfügungen, Lobgedichte auf den Verfasser, innerhalb des gegebenen Zeitrahmens bedeutsame Ereignisse, theologische Appelle an den Leser, Heiligen- und Märtyrernamen, Bibelzitate, Monatsverse, Sprichwörter sowie nicht zuletzt praktische Hinweise, etwa auf Markt- und Gerichtstage. Im Ganzen bestätigt sich so die bereits von Klaus Matthäus vornehmlich unter dem Gesichtspunkt verlegerischer Arbeit und Netzwerke in Nürnberg erkannte, von wechselnden Leserbedürfnissen gesteuerte Ausdifferenzierung der Gattung, nicht zuletzt während des Barocks.[19] – Nach der Einsicht in über dreitausend Kalender aller Art aus dem 17.

---

17 Vgl. jetzt: Johann Jakob Christoffel von Grimmelshausen: *Simplicianische Jahreskalender. Europäischer Wundergeschichten Calender 1670 bis 1672 (Nürnberg). Schreib-Kalender 1675 (Molsheim).* Faksimiledruck der vier Kalenderjahrgänge erstmals neu hrsg. und kommentiert von Klaus Matthäus und Klaus-Dieter Herbst. Erlangen, Jena 2009.

18 Einige Jahreskalenderreihen verfügen zusätzlich zum „Julianischen" und „Gregorianischen" Kalender über das „Calendarium Romanum" (Herbst, Kalenderschatz [wie Anm. 5], S. 212), das sich – statt des Julianischen Kalenders – auch in Grimmelshausens immergültigem Kalender findet.

19 Klaus Matthäus: Zur Geschichte des Nürnberger Kalenderwesens. Die Entwicklung der in Nürnberg gedruckten Jahreskalender in Buchform. In: *Archiv für Geschichte des Buchwesens* IX (1969), Sp. 965–1396, hier Sp. 1235–1268.

Jahrhundert plädiert Herbst dafür, „bei den mit einem Kalendarium versehenen Kalendern lediglich von den Typen ‚Wandkalender'" – bis ins 17. Jahrhundert hinein verwendete Einblattdrucke –, „‚Schreibkalender' (in Quart und in Oktav), ‚Taschenkalender' (das sind die im 17. Jahrhundert aufkommenden kleinen Formate, die bequem in eine Jackentasche passen und auf Reisen mitgenommen oder an einem Hofe bei sich getragen wurden), und ‚ewigwährender Kalender' zu sprechen."[20]

Nicht nur aus germanistisch-kulturwissenschaftlicher Perspektive ist darüber hinaus bedeutsam, dass Jahreskalender – wie beispielsweise einmal mehr die simplicianischen *Wundergeschichten Calender* – literarische Einsprengsel verschiedener Art und Länge enthalten können. Die Integration genuiner Literatur, meist narrativer Art, über angestammte Bauernregeln o. ä. in Versen hinaus geschieht zur Steigerung der Popularität des jeweiligen Kalenders, der ja die Konkurrenz innerhalb der Gattung auszustechen hat. Dass diese kalendarisch-literarische ‚Symbiose' zunächst einmal nahezu ausschließlich auf das Genre Jahreskalender beschränkt ist, belegt *ex negativo* Rößlins *Kalender mit allen Astronomischen haltungen* exemplarisch, der immerhin bis zur Bogenzählung fol. P4^r reicht, mithin theoretisch genügend Platz für literarische Einschübe böte. Er begnügt sich jedoch normgerecht mit sozusagen integralen gereimten Einlagen wie Monatssprüchen zur astrologischen Zeitwahl, zwei- bis vierzeiligen Merksprüchen fürs tägliche Landleben und Selbstcharakteristiken der sieben Planetengötter und -göttinnen sowie ihrer jeweiligen „Planetenkinder" in für die voropitzsche Zeit im Ganzen metrisch glatten Versen: „Zů freud vnd lieb stehn all mein siñ/ | Vnd Music/ also auch mein kinnd | Hilff heyrat machen/ Kleyd mich new/ | Vnd spil der lieben zeit on rew." (fol. H4^r), lautet ein solcher astrologischer Text, offensichtlich der „Von dem Planeten Venus." (fol. H4^r) und den ihm unterstellten Menschen.[21] Von autonomen, d. h. nicht kalenderfunktionellen literarischen Beigaben kann dagegen in Rößlins Fall nicht die Rede sein. Seine Schrift versteht sich jenseits des eigentlichen Kalenderteils offenkundig als reines medizinisches Lehrbuch auf astrologischer Basis. Sein Autor ist Spezialist, d. h. primär aber nicht „Nativitäten-Steller", sondern sternkundiger Arzt. Diese quasi-naturwissenschaftliche Ausrichtung des Kalenders in nüchtern-exaktem Dar-

20 Herbst, Kalenderschatz (wie Anm. 5), S. 216.

21 Als Beispiel für einen Monatsspruch in diesem Kalender sei der für den Mai angeführt: „Jm Zwilling sterck die dewend krafft/ | Jn all Metall treib Kauffmanschafft/ | Jm Fewer arbeyten magstu wol/ | Fah an was lang zeit weren soll." (fol. A4^r)

stellungsstil gilt es präsent zu halten, wenn es um die weitere Erörterung potenzieller oder tatsächlicher Literarizität von Kalendern gehen wird. Vorerst ist festzuhalten, dass auch ein relativ umfänglicher immergültiger Kalender anders als Jahreskalender regelmäßig nicht auf eigenständige literarische Zutaten schließen lässt. Die in Ernst Zinners Bibliografie der astronomischen, und das heißt auch und vor allem: astrologischen, Literatur für den Zeitraum von 1448 bis 1633[22] aufgeführten ca. anderthalb Dutzend Titel explizit ewigwährender Kalender, häufig in Quartformat, rangieren umfangmäßig, soweit angegeben, zwischen einem Einblattdruck, vermutlich tabellarischer Anlage, und 48 Blatt.[23] Dieser Sachverhalt dürfte auch ohne Autopsie der konkreten Schriften das Resultat mangelnder literarischer Affinität der Gattung generell bestätigen. – Dass ewigwährende Kalender nach Art der monumentalen Kalenderuhren, z. B. im Straßburger Münster oder im Paulus-Dom zu Münster/Westfalen, oder gar Fiktionen, wie ein in Grimmelshausens *Simplicissimus Teutsch* auf Oliviers Schwert geätzter „gantzer ewigwährender Calender“[24], nicht nur in dieser besonderen Hinsicht keine Rolle spielen, braucht nicht begründet zu werden.

Die astrologischen Jahreskalender waren, wie erwähnt, bis ins 18. Jahrhundert hinein massenhaft verbreitet. Bei allerdings zahlenmäßig

22 Ernst Zinner: *Geschichte und Bibliographie der astronomischen Literatur in Deutschland zur Zeit der Renaissance.* 2., unveränderte Auflage der Erstauflage von 1941 mit einem Nachtrag von 622 Nummern. Stuttgart ^{2}1964. – Zinner führt den Jahrgang 1533 von Rößlins *Kalender mit allen Astronomischen haltungen* nicht konkret auf, beschreibt aber den Jahrgang 1537 unter Nr. 1668 und einen auf der Auflage 1537 fußenden Jahrgang 1547 unter Nr. 1915.

23 Wie Rößlins Kalender lehrt, ist mit einer gewissen Dunkelziffer an Schriften dieses Typus zu rechnen, zumal Zinners Auflistung trotz der Ergänzung in der zweiten Auflage nicht vollständig ist. Hinzu kommen spezielle „ewige“ Kalender, etwa theologischer Provenienz (freundlicher Hinweis von Herrn Dr. Klaus-Dieter Herbst), so: Bartholomaeus Scultetus: *Calendarium Ecclesiasticum & Horoscopvm Perpetvvm. Ein ewigwerender Calender* [...]. Görlitz [1571]. (Scultetus' Kalender ist nicht bei Zinner aufgeführt). Letztere Kategorie dürfte indes für eine Betrachtung unter literarischem Aspekt weniger in Frage kommen.

24 Hans Jacob Christoffel von Grimmelshausen: *Simplicissimus Teutsch.* In: *Werke* I. 1. Hrsg. von Dieter Breuer. Frankfurt a. M. 2005 (Bibliothek der Frühen Neuzeit 4. 1.), S. 438. – Der Roman wird im Folgenden nach der Edition von Breuer im Text dieser Abhandlung mit Seitenangaben in runden Klammern zitiert (Sigle *ST*). – Mit Blick auf die Ausführungen der Kalender zur astrologischen Zeitwahl sei angemerkt, dass im simplicianischen Roman das Schwert Oliviers nach Simplicissimus' Überzeugung *„in Hora Martis“* (*ST* 438) geschmiedet wurde – genau wie nach der Vorstellung des Narren Jupiter das Schwert des Teutschen Helden von „*Vulcanus* [...] in *Hora Martis*“ (*ST* 256) anzufertigen sein wird.

weitaus geringeren Auflagen gilt das auch für die immergültigen Kalender. Von einem Absterben des Interesses an der Astrologie im Barock kann daher, wie es die Grimmelshausen-Forschung gelegentlich behauptet hat, kaum die Rede sein, zumindest nicht mit Bezug auf „Herrn Omne", den der simplicianische Kalenderschreiber durchaus auch im Auge hatte. Simplicissimus widmet den *Ewig-währenden Calender* bekanntlich allen Ständen und Schichten, neben den „Gelehrten [...] So wol Bürgern als Bauern" (fol. A^{v}). Diesen Kalender, gerade in seinen ausführlichen astrologischen Partien, zumindest partiell zum Nicht-Kalender zu erklären oder in der Ernsthaftigkeit seiner kalendarischen Intention zu relativieren, ist abwegig.[25] Im Gegenteil, der Kalender erhebt als solcher einen hohen Wahrheitsanspruch. Daran ändert sich nichts dadurch, dass er Elemente, die genuine Kennzeichen des Typus Jahreskalender sind, sich daher nicht in allen immerwährenden Kalendern finden, integriert. Vielmehr steigert sich so der Grad seiner Souveränität.

25 Dies gilt selbst angesichts des Befundes von Klaus-Dieter Herbst: „Die Intensität dieser astrologischen Praxis ist über das gesamte [17.] Jahrhundert hinweg in den verschiedenen Kalenderreihen äußerst unterschiedlich und erfährt auch eine ungleichmäßige Wandlung in den einzelnen Kapiteln des zweiten Teils, was zu einer differenzierten Betrachtung der Kalender und ihrer Autoren mahnt [...]". (Herbst, Kalenderschatz [wie Anm. 5], S. 212.) Separate erste Teile der Jahreskalender waren zudem keinesfalls astrologiefrei. Selbst bei einem späten Schreibkalender wie dem von Johann Moritz Poltz (1685 etc.), der zunächst als rein astronomisch konzipiert erscheint, finden sich astrologische Relikte (Zeitwahl nach dem Mondstand). Vgl. den Beitrag von Jürgen Hamel in diesem Band.

IV

Was ist andererseits unter dem Typus des immergültigen Kalenders zu verstehen? Die sowjetischen Forscher Adolf Wenjawinowitsch Butkewitsch und Moisei Samoilowitsch Selikson stellen – nach eigener Angabe erstmals – die „Hauptsysteme der ewigen Kalender“ vor, teilen sie ein und unterziehen sie „einer vergleichenden Charakteristik in technischer und historischer Hinsicht.“[26] Sie sind an einem „Weltkalender“, d. h. einem global zu nutzenden „ewigen Kalender“ interessiert, der die Mängel der bislang überwiegend genutzten Gregorianischen Zählung überwindet. Die Bezeichnung des Kalenders als eines ewigen scheint geschichtlich auch für deutschsprachige Kalender dieses Typus verwendet worden zu sein, beispielsweise den Einblattdruck Elias Holweins mit einer Widmung von 1618: *Ewiger Kalender (Calendarium novvm perpetuum).*[27] Daneben existieren in der deutsch- bzw. lateinischsprachigen Frühen Neuzeit für solche Kalender Benennungen mit dem Attribut „ewig-während“ (4014), „immerwerend“ (5016) oder „perpetuum“ (4951). In Einzelfällen schwingt in derartigen Titeln eine eschatologische Konnotation mit, so in der „Ewigen Vorhersage“ des Diakons Christoph Cnoll, *Prognosticon generale perpetuum. Ein allgemeine Practica auff alle vnd jede Jahr biss ans ende der Welt*, Görlitz 1616, oder im „ewigen“ Kalender desselben Autors, *Calendarium generale perpetuum. Ein Allgemeiner Calender, auff alle v. jede Jahr biss ans Ende der Welt jedermann nützlich zu gebrauchen*, Liegnitz 1619.[28] Butkewitsch und Selikson plädieren denn auch von ihrem weltanschaulichen Standpunkt aus dafür, besser vom Typus „unveränderlicher“ oder „Mehrjahreskalender“ zu sprechen, mag auch die Betitelung „ewi-

---

26 Adolf Wenjaminowitsch Butkewitsch, Moisei Samoilowitsch Selikson: *Ewige Kalender.* Leipzig ³1978 (Kleine Naturwissenschaftliche Bibliothek. Reihe Physik 23), S. 3. – Weitere Zitate aus diesem Text erfolgen mit bloßer Seitenzahl im Grundtext.

27 Zinner, *Geschichte und Bibliographie* (wie Anm. 22), S. 372, Nr. 4657; vgl. auch S. 374, Nr. 4698. Es ist aus Zinners Bibliografie nicht zweifelsfrei ersichtlich, ob es sich in diesen Fällen um Originaltitel oder Erläuterungen des Autors handelt. – Weitere Titelnummerierungen aus Zinners Bibliografie erfolgen mit bloßer Zahl im Grundtext.

28 Die *Allgemeine Deutsche Biographie*, Bd. 16, Leipzig 1882, S. 320, verzeichnet für „Knoll“ eine Schrift von 1619 mit dem Titelwortlaut *Calendarium generale perpetuum.*

ger Kalender" „ungeachtet der Bedingtheit des Wortes ‚ewig'" schon üblich sein (13).

Butkewitsch und Selikson bestimmen ewige Kalender als „unterschiedliche Einrichtungen zur Bestimmung des Wochentages nach dem Datum und zur Lösung anderer verschiedenartiger chronologischer Aufgaben [...] Sie sind Hilfsmittel der Astronomen, Historiker, Archäologen, Ökonomen und anderer Spezialisten und haben eine wissenschaftlich-praktische und erkenntnistheoretische Bedeutung." (3) Heutige „ewige" Kalender seien – erst recht seit dem Anbruch des Computer-Zeitalters nach der Publikation der beiden Gelehrten – für sehr große Zeiträume gültig, die sich am sogenannten „Wiederholungszyklus" bemessen, nach dessen Ablauf „alle Kalenderdaten wieder auf die gleichen Wochentage fallen." (17). Dieser Zyklus, in klerikaler Terminologie die „große Indiktion",[29] ist von erheblicher Bedeutung für die Berechnung des Osterfestes und anderer religiöser, d. h. beweglicher Feste und damit für die Funktionsweise des ewigwährenden Kalenders in der Frühen Neuzeit. Allgemein geht es eben um die „Bestimmung des Wochentages nach dem Datum", wobei gelegentlich, wie im Falle von Ostern, zwar der Wochentag, aber nicht das Datum im betreffenden Jahr feststeht. Dies hat historisch gesehen der immergültige Kalender für die Jahreskalender zu leisten, jedenfalls für die Käufer jener „Jahrbücher", die auf eigentlich unabdingbare Informationen verzichteten oder ihre Benutzer zuweilen mit zu sparsamen Angaben überforderten. So konnte schon einmal die Spalte mit den Wochentagsnamen auch in einem Jahreskalender fehlen; und nicht jeder Bauer mochte mit dem Sonntagsbuchstaben, selbst bei rot hervorgehobenem Druck, umgehen können oder wollen. Ob er in einem solchen Fall allerdings mit einem ewigwährenden Kalender zurecht kam, ist fraglich. Die verhältnismäßig geringe Anzahl von Belegen für diesen – übrigens ja kostspieligen – Typus, gemessen an der Fülle von Jahreskalendern, scheint zu signalisieren, dass nicht alle Menschen „ewige" Kalender zu Hilfe nahmen bzw. zu nehmen brauchten, mögen diese in den Familien und Generationen auch dauerhaft in Gebrauch gewesen sein. Und nicht einmal alle Schreiber von Jahreskalendern waren in dieser Materie kompetent. Im Zeitalter der Nachahmungen und Raubdrucke wussten diese sich gerade bei diffizilen Kalkulationen zu helfen.

Der Gregorianische Kalender besitzt heute internationalen Charakter, da sich diesem System die meisten Staaten der Welt angeschlossen

29 Rößlins Kalender enthält ein Kapitel, in dem er den sich von der römischen Steuerperiode ableitenden Begriff ausführlich erläutert: „Wie mann die Römisch Zinß zale (Jnditio zů Latein) finden solle." (fol. B^{v}).

haben. Dass es trotz seiner Verbesserung des Julianischen Kalenders von Anfang an eine Reihe ernsthafter Defizite aufweist, wirkt sich im Zeitalter der wirtschaftlichen, technischen und kulturellen Globalisierung sowie der Raumfahrt zunehmend negativ aus. Butkewitsch und Selikson erinnern nachdrücklich daran,

> [...] daß einer der Hauptmängel des Gregorianischen Kalenders in der Nichtübereinstimmung zwischen der Tagesfolge in einem Monat und den Wochentagen besteht, die monoton und unabhängig von den astronomischen Erscheinungen aufeinanderfolgen. Der religiöse Kult der Sieben-Tage-Woche als unantastbare Zeiteinteilung ist das Hauptkriterium des entstandenen Widerspruches und die Hauptursache der Schwierigkeiten bei der Reform des Kalenders. (13)

Während die Gegenwart diesem Problem mit Hilfe des modernen ewigen Kalenders, durchaus auf der Grundlage des Gregorianischen Kalenders,[30] beizukommen sucht, musste im gesamten Zeitraum davor das Problem der beweglichen Fest- und davon abhängigen kirchlichen Tage gelöst werden, und zwar natürlich ohne religiöses Ressentiment, vielmehr um der Stärkung der Religion willen. Die „Bestimmung der Daten von Ereignissen" (19) als eine der Hauptaufgaben ewiger Kalender geschah konkret vor allem mittels unabdingbarer Größen und Mechanismen, allen voran der Ermittlung des Sonntagsbuchstabens und der Goldenen Zahl.

V

Eigentlich ist durch die Vorbemerkung Rößlins zu seinem Kalender die Frage von dessen Gattungszugehörigkeit beantwortet. Der Kalenderkenner konnte den Charakter des *Kalenders mit allen Astronomischen haltungen* als eines immergültigen freilich schon, zumindest indirekt, von der Titelei ablesen. Sie kündigt unterhalb des fast schon barocken Haupttitels als Zugabe ein „ASTROLABIUM TETRAGONON. Ein gar

30 Auch angesichts des Postulats der „Ausarbeitung des Entwurfs einer Kalenderreform auf wissenschaftlicher Grundlage" wird der Julianisch-Gregorianische Kalender „das ‚Rüstzeug' der Wissenschaften bleiben, die ihrem Charakter nach vielseitige und systematische Verbindungen mit der Vergangenheit haben und haben werden (Geschichte, Astronomie, Archäologie usw.)." (Butkewitsch, Selikson, *Ewige Kalender* [wie Anm. 26], S. 114)

kunstlich Astrolabium/ Alle wirckungen des Firmaments/ in wunderbarer eil zefindenn“, an. Aus dem im Innern beigefügten schnittmusterbogenartigen Diagramm, eben dem Astrolab, ist bereits ersichtlich, dass es sich um ein ständig benutzbares Instrument handelt. Zwar könnte der Wortlaut des Kapitels „Jnhalt vnd gebrauch dises vierecketen Astrolabiums.“ zunächst irritieren, wenn es unter dem ersten von sechs Punkten heißt: „Zu wissen durch das gantz Jar in welchem Zeychen vnd Gradt die Soñ sei.“ (fol. C^{v}), doch ist ein beliebiges Jahr, nicht nur eines, das laufende, gemeint. Die Formulierung des zweiten Punktes stellt denn auch klar, das Astrolab gebe Auskunft darüber, „Welches Zeychen alle zeit vnd alle stundt auffgehe über vnsern Orizonten genant Astendens [!] [...]“ (fol. C^{v}). Der Verfasser eines Jahreskalenders hätte sich gewissermaßen selbst sabotiert, wenn er seiner Schrift hybriderweise ein solches Instrument und eine solche ewiggültige Gebrauchsanweisung mitgegeben hätte.

Der gesamte Kalender bestätigt selbstverständlich die Zuordnung zum immerwährenden Typus. Im systematisch gegliederten Inhaltsverzeichnis des Traktats findet sich die Rubrik „Wañ mañ das Jar anfahet.“ (fol. A2^{r}) In diesem kurzen Abschnitt wird bündig die Problematik des Missverhältnisses von Sonnenjahr und Wochentagsaufteilung dargestellt. Rößlin legt, mutmaßlich eigenständig, mit dem nötigen astrophysikalischen Problembewusstsein dar, dass ausgehend von der Tageslänge das Jahr in der Summe „52. Wochen vñ einen Tag“ (fol. A2^{r}) umfasse. „Seit nun ein ietlich Woch 7. tag hat/ hat mañ 7. Bůchstaben gesetzt/ Abcdefg. die sie bedeutten/ On im Schalt iar/ dariñ zwen bůchstaben den Sontag beteutten [...]“ (fol. A2^{r}). Die Gegenprobe lautet: „Weren aber der wochenn gleich 52. also das keyn tag überblieb/ so bedeutte ein bůchstab den Sonntag alle iar.“ (fol. A2^{r}) Es zeichnet sich hier bereits ab, dass der Kalender seiner wesentlichen Selbstcharakteristik, ein immergültiger Kalender zu sein, voll gerecht wird. Der Kalenderautor weiß, dass ohne die Einrichtung des Schaltjahres nach 732 Jahren, „der Weihnacht tag [...] mitten im Sommer/ vnd S. Johans des Teuffers tag mitten im Winter“ anfiele (fol. A2^{v}). „[...] bey der Ordnung die mann noch in der Christenheyt hat“ (fol. A2^{v}), käme es auf Grund der Schaltjahr-Regelung nach über 20 000 Jahren zur selben Verschiebung – mit den entsprechenden Folgen für die anderen Feste. Offenbar war die eurozentrische Perspektive noch mehr an der West-Ost- als an der Nord-Süd-Achse ausgerichtet; waren die astronomischen Verhältnisse auf der kaum erschlossenen Südhalbkugel der Erde auch kompetenten Astronomen nicht bewusst. Australien beispielsweise feiert

Weihnachten immer im Sommer. „Wöllen wir aber der irrung on werdenn“, führt Rößlin weiter aus, „so müssen wir in ie 120. iaren ein Schalt iar vnderwegen lassen/ so bleiben die Fest vnuerwãdlet in dem Jar/ Aber das ist verboten/ es geschehe dañ durch gmeyne Christenheyt/ müssen wir also diesen irrthumb leiden.“ (fol. A2^{v}) Der antireligiöse Affekt Butkewitschs und Seliksons drückt sich demnach prinzipiell schon in der Kritik des Christen Rößlin an der zu seiner Zeit geltenden Zeitrechnung, wenngleich verhaltener, aus. Sonntagsbuchstabe, Goldene Zahl und andere Hilfsmittel müssen folglich dieser unabänderlichen Lage Herr werden. Zur ihrer Ermittlung bietet der *Kalender* außer einer exakten und eingängigen verbalen Beschreibung noch eine Kreisfigur mit den Buchstaben A bis g an; sowie eine Tabelle, die für alle Jahre seit 1533 „den Sontags Bůchstabenn/ Die guldin Zal/ vnnd Wochen zwischen Weihenachten vnd Herren Faßnacht“ zeigt, dazu die „Vberige tag“ (fol. A3^{v}).

Fast anderthalb Jahrhunderte später bestätigt Grimmelshausens *Ewig-währender Calender* die Klassifikation der Rößlinschen Schrift. Die Berechnung der beweglichen Feste ist in ihm ebenfalls enthalten. Im detaillierten Inhaltsverzeichnis des Worttitels werden auch die „Tag und Zeitwehlungen“ verlässlich aufgezählt – ein Indiz dafür, wie verbindlich das Konzept des Werkes entgegen der relativistischen Auffassung einiger Grimmelshausen-Forscher vom Verfasser gemeint ist. In der Tat werden alle Ankündigungen, seien es etwa die „Wunderbarlichen Wahr- und Vorsagungen“, die „Bauren-Practic“ oder die „*Curiose Discursen* von der *Astronomia, Astrologia*“, eingelöst. Bei den letzteren Begriffen differenziert der simplicianische Autor bereits explizit, ohne indes – wie die Schreibweise zu signalisieren scheint – die überlieferte Einheit des Begriffs zu opfern. Während der Autor der Renaissance selbstverständlich seinen *Kalender mit allen Astronomischen haltungen* anpreist und sich auf die „meynunge der Alten vnnd Neuwen bestberümptsten [...] Astronomen“ beruft, zugleich aber u. a. „Von natürlichem Jnfluß der Gestirn“ handelt, kann erst mit dem Anbruch der Aufklärung, praktisch bald nach Grimmelshausens Tod, der Begriff der Astronomie als nicht mehr schillernder, ausschließlicher verstanden werden.[31]

---

31 Vgl. Klaus Haberkamm: Grimmelshausen am Wendepunkt der astrologischen Tradition. In: *Simplicius Simplicissimus. Grimmelshausen und seine Zeit.* Westfälisches Landesmuseum für Kunst und Kulturgeschichte Münster in Zusammenarbeit mit dem Germanistischen Institut der Universität Münster. Hrsg. von Peter Berghaus und Günther Weydt. Münster 1976, S. 140–159. [Ausstellungskatalog]

Sowohl Rößlin als auch Grimmelshausen kennen die historisch vorgegebene Möglichkeit, die einigermaßen spröde Materie ihrer Kalender durch die Dialogform aufzulockern. So geschickt aber Rößlin mit dem Benutzer seines Kalenders umgeht – Grimmelshausen übertrifft ihn bei der Ausgestaltung dieser didaktisch-literarischen Komponente noch. Ersterer führt sein Lehrgespräch direkt mit dem Leser und kündigt dieses Kommunikationsmodell eigens an: „Zů dem Leser Eucharius Roßlin" (fol. C2^{r}). Der spätere Autor dagegen benutzt das Diskurs-Verfahren nicht in der Funktion des realen Verfassers, sondern überträgt das Gespräch auf jeweils zwei fiktive Figuren, darunter durchgängig Simplicissimus. Man könnte diesen Unterschied im Sinne humanistischen und barocken Geistes begreifen. Die Materie/Spalte IV des *Ewig-währenden Calenders*, „die Calender-Macherey und was deme anhängig/ betreffent", ist als „*Simplicissimi Discurs* mit Zonagio"[32], angekündigt. Angemessen spricht Simplicius, der „Wenigkeit [s]einer Person" (IV, 5) eingedenk, den „HOchgeehrte[n] Herr[n]" (IV, 5) ehrerbietig im Er-Stil an, während jener ihn duzt. Dass dabei auch ein Quäntchen Koketterie auf Seiten des vorgeblichen Schülers im Spiel ist, geht schon aus den ersten Worten des Lehrgesprächs hervor. Es handelt sich hier um einen der zahlreichen simplicianisch-ironischen Züge des Kalenders, die aus der Spannung zwischen dem wissenden, zumindest gezielt ‚plagiierenden' Autor und seiner Rolle des „Dienstwillige[n] SIMPLICIUS" erwachsen. Dies festzuhalten ist nötig, weil Simplicissimus' Raffinesse immer wieder als Begründung für die Verkennung des *Ewig-währenden Calenders* herhalten musste. So versichert der Protagonist scheinbar treuherzig, er habe sich einen Kalender verschafft, sei aber in seiner Erwartung getäuscht worden. Er will damit Kalenderschriften vom Genre des eigenen Traktats wie auch die rößlinsche natürlich nicht treffen, sondern hebt einmal mehr satirisch auf die verpönten Jahreskalender ab, ist doch der *Ewig-währende Calender* frei von den inkriminierten Indizien. Er habe sehen wollen,

> […] was etwann vor Nutzen vor mich darauß zuschöpfen seyn möchte/ aber ich armer Lapp kondte weniger darinn verstehen als der teutsche Michel/ ich fande so seltzame Zeichen darinnen/ als ich etwann bey einem vff einem Zettel gesehen/ der solche vor hawen und stechen beysich trug [der sich also mit magischen Mitteln gegen Kriegseinwirkungen schützen wollte. K. H.]; da stunden rothe unnd schwartze Kuglen/ drey und vier Angel/ halbe Mon-Stern/ Spinnen mit schwartzen Fisch/

32 „Zonagri" ist das Anagramm von „Garzoni"; Thomas Garzoni: *PIAZZA VNIVERSALE, das ist ALlgemeiner Schauwplatz* [...]. Frankfurt a. M. 1619.

> Krebs/[33] spannische und einfach Creutz/ Ringle/ Schären und Fingerhüth; und darbeneben stunden auch so seltzame unteutsche Wörter/ die mir allerdings vorkahmen wie diejenige/ so die Zäuberer brauchen/ wann sie den Teuffel auß der Höllen herauß bannen wollen; derowegen ichs vor nichts anders/ als ein Zauber-Buch halten könde [...]. (IV, 7 und 9)

Bereits der unverwechselbare und daher von allen zeitgenössischen Usurpatoren des simplicianischen Etiketts nicht erreichte Ton[34] wirkt im Sinne der sokratischen Hebammenkunst. Simplicius erfährt, nicht verwunderlich in Übereinstimmung mit Rößlins Informationen, „daß das Schalt-Jahr 366. Tage hält; sintemahl die 3. viertheil eines Tags so von den gemeinen Jahren überig/ in denselben zusammen kommen/ und also einen Tag mehr machen/ welcher dem Hornung zugegeben und einverleibt wird." (IV, 17). Natürlich ist dieser Information alles Notwendige über den Begriff des einfachen Jahres vorausgeschickt und alles an Konsequenzen aus dem Begriff des Schaltjahrs nachgeschoben. Man müsse, fährt Zonagri fort, „auch den Sontags-Buchstaben wissen zufinden" (IV, 31) und gibt dafür folgende transparente „Anweisung" (IV, 33):

> Erstlich muß man in acht nehmen das einem jeden Tag in der Wochen ein sonderlicher Buchstaben zugegeben ist/ von A biß G *inklusivè*, under welchen der so vff den Sontag fält/ der Sontags Buchstab genennt wird; dieser Buchstab wird alle Jahr geändert um zweyerley Ursachen willen/ wie *Joannes Stoflerinus* in seinem Calender meldet. Das gemeine Jahr hat 365. Täg/ die mit 7. *dividiert* 52. Wochen und einen Tag machen. Nun seynd der Buchstaben 7. Nemblich/ a b c d e f g. mit denen alle Tag im gantzen Jahr bezeichnet werden: Gleich wie nun dem ersten Tag deß Jahrs das a wird fürgesetzt/ also fält eben dasselbig a auch widerumb vff den letzten Tag des Jahrs; wie aber dasselbige allzeit umb einen Tag weiter in der Woche hinein rucket/ also muß auch der Sontags Buchstab alle Jahr umb einen Buchstaben hindersich rucken. (IV, 33)

---

33 Günther Weydt hat für die Ermittlung von Grimmelshausens und Simplicissimus' Geburtstagen die Signifikanz der mehrfach im Gesamtwerk des Autors einzeln oder in Kombination exponierten Tierkreiszeichen „Fische" und „Krebs" herausgestellt. Vgl. Günther Weydt: *Nachahmung und Schöpfung im Barock. Studien um Grimmelshausen.* Bern, München 1968, S. 279–298. Die obige Kalenderstelle wäre noch hinzuzufügen.

34 Hierin dürfte eines der entscheidenden Kriterien zu sehen sein, die für die Authentizität des neuentdeckten Molsheimer Jahreskalenders sprechen (vgl. Anm. 8). Es ist jedenfalls schwer vorstellbar, dass irgendjemand, und sei es im Umkreis Grimmelshausens, den simplicianischen Ton so kongenial treffen konnte.

Die zweite Ursache, die Doppelung des Sonntagsbuchstabens in Schaltjahren, folgt ebenso kompakt dargelegt im Anschluss.

Klingt bei Rößlin die Erläuterung nicht nur auf Grund des historischen Sprachunterschiedes zum 17. Jahrhundert noch ziemlich umständlich, so ist Grimmelshausens Diktion an Prägnanz und Klarheit kaum zu übertreffen. In der Sache gleichen sich die Ausführungen beider Kalender völlig, so dass statt des von Grimmelshausen genannten Gewährsmannes, Johann Stoeffler,[35] theoretisch auch Eucharius Rößlins ungefähr zur gleichen Zeit veröffentlichter Kalender erwähnt sein könnte.

VI

Als verifizierter immergültiger hat der simplicianische *Ewig-währende Calender* eine Eigenart, auf die u. a. bereits Jan Knopf hingewiesen hat. Der Traktat verstößt sozusagen gegen die reine Lehre, indem er außerdem sozusagen die simplicianische Variante des Typus Schreibkalender darstellt. So gesehen, kann der Kalender als eine Art Mischform zwischen den beiden Hauptkalendertypen, als Hybridgenre mit Alleinstellungsmerkmal bezeichnet werden.

Ursprünglich habe nämlich, so die Fiktion, der *Ewig-währende Calender* freien Platz enthalten, „ein grosses *Spacium*" (III, 104), dessen Zweck vorerst nicht bekannt ist. Später teilt der ‚Zwischenbesitzer' des Kalenders mit, er hätte in solch „ein zim̃lichs *Spacium*" (III, 190), „etliche Sachen/ wañ ich diesen Kalender allein vor mich behalten/ notirt" (III, 190). An sich war eine solche Gebrauchsbestimmung nicht notwendig, da der zeitgenössische Nutzer diesen leeren Raum habituell für persönliche Einträge aller Art verwendete. Das verraten in manchen überlieferten Fällen – eine noch nicht ausgeschöpfte Quelle der Kulturgeschichte – die handschriftlichen Bemerkungen der zeitgenössischen Besitzer der Exemplare. Dass der simplicianische Sachverhalt so weit den Gegebenheiten bei der Gattung Schreibkalender ähnelt, ist indes nicht mehr erkennbar, weil der Leerraum innerhalb des Kalendertrak-

35 Johannes Stoeffler wird von Günther Weydt in Anlehnung an Wilhelm Engelbert Oeftering über diese Erwähnung hinaus als Vorlage Grimmelshausens erwähnt. Vgl. Weydt, *Nachahmung und Schöpfung* (wie Anm. 33) S. 410. Stoeffler war der Verfasser des *Calendarium Romanvm Magnum* [...]. Oppenheim 1518.

tats zwar durch das besagte Stichwort mehrmals evoziert, doch mit textlicher Auffüllung gewissermaßen wieder kaschiert ist. Größere Lettern als in den umgebenden Spalten fördern das Vorhaben, das „Spatium“ aufzuheben. Neben dem gewohnten Format des typischen Schreibkalenders verändert Grimmelshausens *Ewig-währender Calender* auch den eigentlich für Anmerkungen vorgesehenen Platz: Sosehr das gewählte Großquart mehr leeren Platz als üblich zuließe, sosehr schrumpft dieser paradoxerweise. Nicht mehr ganze Seiten wie zu Beginn der Schreibkalender-Tradition sind reserviert, sondern lediglich eine, die III., von sechs sogenannten „Materien“-Spalten, und noch nicht einmal durchgängig. Darin gleicht der simplicianische immergültige Kalender aber durchaus dem Schreibkalender in einem späten Entwicklungsstadium. Andererseits erstreckt sich die virtuell ehemals freie Schreibspalte im *Ewig-währenden* nicht nur über die zwölf Monatsblätter – über die er naturgemäß auch gar nicht verfügt. Somit umfasst das rekonstruierbare Spatium die III. Rubriken der Seiten 92 bis 204, also ein Seitenvolumen im Großquartformat, das deutlich über den Umfang der den zwölf Monaten zugeordneten Leerseiten eines Urschreibkalenders hinausgeht.

Doch ist eben das Spatium im Endzustand der Kalenderschrift total gefüllt. Der Erwerber des *Ewig-währenden Calenders* kann diesen theoretisch freien Platz nicht für sich selbst nutzen. Gefüllt nämlich ist das immerhin „grosse Spatium“ durch den „Warhaffte[n] Bericht/ von Erfinder dieses Calenders/ sambt etlichen lustigen Erzehlungen/ die er von *Simplicissimo* der diesen Calender geschrieben gesamblet/ und hiemit dem *curio*sen Leser wider mittheilet.“ (III, 92) Der sogenannte „Erfinder“ des Kalenders, der ausdrücklich von Simplicissimus unterschieden ist, meint nach damaligem Sprachgebrauch den „Finder“ des Werks. Dabei schwingt die Konnotation des „Konstituenten“ des Kalenders in dem Wort mit, hat der „Erfinder“ diesem inhaltlich und formal doch erst die endgültige Gestalt gegeben. Die Einleitung zum „Bericht“, die sich inhaltlich weitgehend mit der hier eigens zitierten „Vorred“ des Kalenders deckt, verbietet nachdrücklich jeden Versuch der heutigen Forschung, den Kalender in seiner Funktion und Verbindlichkeit zu relativieren: Er habe den Kalender „seinem jüngsten Sohn *Simplicio*“ (III, 92) zugedacht, versichert Simplicissimus, „umb dessen Verstand darinn zu üben/ und jhn zu höheren Gedancken dardurch zu reitzen“, kurz als Mittel gegen etwaige Melancholie oder drohenden Müßiggang in dessen Witwerstand;

> [...] seynd derowegen weder *Momus, Zoilus, Moscus* noch einige andere Naßweyse Schulfüchse und Magistellen die alles verbessern und so gar das *Magnificat corrigiren* wollen/ befugt/ diesen Calender so wenig zu tadlen und *Simplicissimum* zu verleumbden/ als sonst irgendeinen ehrlichen Mann/ der seiner *Familia per memoriale* in Schrifften hinderläst/ wie sie etwann ins künfftig nach seinem Todt hausen sollen [...] (III, 92 und 94).

Der Berichterstatter fügt hinzu: „dieses ande ich deßwegen/ damit jederman wisse/ zu was End dieser Calender verfertigt worden seye." (III, 94). Die Ernsthaftigkeit dieser Beteuerung des entschiedenen Parteigängers und Wortführers des fiktiven Autors Simplicissimus in Frage zu stellen, mit anderen Worten: sie als Ironie zu interpretieren, ist durch nichts gerechtfertigt. Ironie gibt es sonst im Kalender genug. Wenn das geistige Wohlergehen des jüngsten Simplicius oberster Zweck des Kalenders sein soll, dann schmälert das keineswegs die inhaltliche Authentizität des Traktats. Im Gegenteil: das Eine ist Funktion des Anderen. Diese unumstößliche Objektivität zu betonen ist gerade wichtig, soll die Kalenderschrift der Definition eines ewigwährenden Kalenders genügen.

Wie der *Ewig-währende Calender* „mir und auch euch durch meine Vermittlung/ under die Händ kommen sey", setzt der „Erfinder" mit bezeichnender Wortwahl seine Ansprache fort, „daß schäme ich mich auch nicht zu erzehlen/ dann ich hab jhn ja nicht gestohlen." (III, 94) Dieser „Erfinder" ist gemäß seiner Unterschrift unter dem Bericht ein gewisser Christian Brandsteller, seines Zeichens „Stattschreiber zu Schnackenhausen." Im Juli 1669 sei er als Kurgast in Grießbach am Schwarzwald einer alten Bauersfrau begegnet, die Butter im Ort verkaufen wollte. Jede Portion sei in einen „mit rothen und schwartzen Buchstaben überschrieben[en]" (III, 96) Bogen gewickelt gewesen, „die in eines Bawern Krautgarthen nicht gewachsen" (III, 96) sein konnten. Brandsteller schreibt entsprechend von einem „*Manu-Script*" (III, 98) und erklärt dem Leser noch in der Einleitung zu seinem Bericht, „daß dieser Calender nicht geschrieben oder verfertigt worden/ jhne in offnen Truck zu geben." (III, 92). Wenn dann doch ein Druck, dazu mit roten Lettern lediglich auf der Titelseite vorliegt – von der Unverträglichkeit einer Handschrift mit Butter (!) zu schweigen –, verblasst diese scheinbare Unstimmigkeit gegenüber der Tatsache, dass jemand anderer als Simplicissimus selbst das Werk ausdrücklich als immergültigen Kalender identifiziert: Der Sohn Simplicius bezieht sich respektvoll auf den „ehedessen von meinem geliebten und wehrten Vatter *Simplicissimo* mit grosser Mühe und unverdrossenem Fleiß aufgesetzten/ uñ mir an statt eines herrlichen Kleinodes hinterlassenen Ewigwehrenden Calender [...]“ (fol. A1^{v}).

Brandsteller erkennt sofort „fein ordentlich den *Januarium* dieses Calenders“ (III, 94) und daran offenbar im Gegensatz zu der Bäuerin[36] den Typus eines im Sommer noch immer nützlichen, d. h. gültigen Kalenders. Seine Frage an die Bäuerin nach der Herkunft der Bögen hätte sich erübrigt, wäre er in der Lage gewesen, den Januar gänzlich und genau zu lesen. Gleich zu Beginn des Monats, aus der gemeinsamen Überschrift der Matererien II und III, hätte er sonst erfahren, dass deren vermischter Inhalt „von dem alten *Simplicissimo* schrifftlich verfasset: und also seinem Sohn dem jungen *Simplicio* hinderlassen worden.“ (II/III, 4) Das ist eine erneute Bestätigung der ‚Aufrichtigkeit‘ der Kalenderschrift; das Attribut „simplicianisch“ darf nicht mit „frivol“ gleichgesetzt werden. Eine intellektuelle Spielernatur, die zwangsläufig zum Betrüger an ihren arglosen Käufern geworden wäre, hätte wohl kaum Interesse daran gehabt, ihre Identität immer wieder zu offenbaren. Die Meuder, die Pflegemutter des „offendürlichen *Simplicissimus*“ (III, 96), informiert Brandsteller, ihr einstiger Pflegesohn habe „mit seinem rechten Nahmen Melcher geheissen“ (III, 96). Dementsprechend ist die Vorrede des Traktats sogar vollständig mit „Melchior Sternfels von Fugshaim“ unterschrieben. Und von diesem Namen her hätte der Zeitgenosse, erst Recht ein getäuschter und geschädigter, den „Melchior Sternfels von Fuchshaim“ auf dem Titelblatt des *Simplicissimus Teutsch* und damit in letzter Instanz Grimmelshausen selbst erschließen können. Brandsteller erwirbt nun alle „Butterbriefe“, die Kalenderbögen, komplett, also nicht nur „biß in den halben *Februarium*“ (III, 100). Den vollständigen Kalender

> [...] übersahe ich obenhin/ und weil ich noch ein grosses *Spacium* darinnen lehr fande/ nemblich dieses/ darinn jetzt diese Erzehlung stehet/ und warinn vieleicht *Simplicissimus* noch mehr *Discursen* so zwischen jhm und seinen beyden Alten vorgangen/ oder ich weiß nit was sonsten/ uffzuzeichnen gesinnet gewesen/ als habe ich dahin gesetzt/ was der Leser bereits verstanden vñ noch vernehmen wird/ nemblich daß jenige so hernach folgt/ und ich mir hin und wider von den Leuthen so mit *Simplicissimo* bekandt gewesen/ erzehlen lassen; darauß abzunehmen/ daß er *Simplicissimus* von zimblichẽ *Conversation:* unnd ein gantz *Apophtegmat*ischer Mensch gewesen seyn muß. (III, 104)

Der bereits im Titel des Kalenders erhobene Anspruch, ein ewigwährender zu sein – nicht alle Kalender verfahren nach Ausweis von

36 Sie glaubt, dass „diese Brieff niemand nichts mehr nutzten“ (III, 96).

Rößlins Schrift so –, bestätigt sich nicht nur rechnerisch, d. h. kalendarisch-astronomisch. Brandtsteller erkennt nämlich aus Teilen sofort, dass es sich hier um einen solchen Typ handelt. Er als Leser von „*Simplicissimi* Lebens-Beschreibung“ (III, 98) erwirbt daher den Kalender nicht nur als Andenken an den vielleicht nicht mehr aus der neuen Welt zurückkehrenden Protagonisten. Diese Begründung erfolgt *expressis verbis* erst an zweiter Stelle. Implizit kann Brandsteller im Juli bereits den Blättern des Monats Januar und der ersten Hälfte des Februar entnehmen, dass der Gebrauchswert des Kalenders noch besteht, es sich also um einen weiterhin gültigen, einen immergültigen Kalender handelt. Er kann dies trotz des verfänglichen leeren Spatiums auf den ersten Blick, weil das handschriftliche Exemplar die einzelnen Wochentage weder in der gregorianischen noch in der römischen Zählung mit ihren Namen versieht, dafür aber mit der Buchstaben-Kennung zur Ermittlung des Sonntags. Systemgerecht für einen immergültigen Kalender trägt der 1. Januar, den Brandsteller ja wahrnehmen kann, wie natürlich auch in Rößlins Kalender das A aus der Serie der Sonntagsbuchstaben bis G.

Abgehoben ist dabei immer auf Simplicissimus’ imaginäres Handexemplar als Prototyp für den Druck; die Käufer des Traktats sind ja mit dem Endresultat des ‚Werdegangs‘ des *Ewig-währenden Calenders* konfrontiert. Grimmelshausen thematisiert also durch seinen Mittelsmann nur die Möglichkeit eines bleibenden Spatiums, womit er immerhin die Vorstellung des Schreibkalenders in seinem ewigwährenden aufruft. Er nutzt dieses, ohne dass es real je vorhanden gewesen wäre, für seine Zwecke, mithin für ergänzende Informationen über die Lebensumstände seines simplicianischen Protagonisten und dessen apophthegmatisches Talent, das im Anschluss daran durch zahlreiche Beispiele für diese argute Kleinprosa konkret nachgewiesen wird. Hinter all diesen simplicianischen Manövern darf man natürlich die Selbstcharakteristik des realen Autors zumindest vermuten. Mehr noch: Grimmelshausen tut mit der, der fiktiven Chronologie nach gleichsam in letzter Minute erfolgenden, Aufnahme der Apophthegmata in das vorgebliche Spatium über die bereits berücksichtigten Geschichten aller Art hinaus den entschiedensten Schritt zur Literarisierung seines Kalenders.

Er befriedigt damit sozusagen das Interesse des Literaturwissenschaftlers, für den um dieses Gewinns willen, *salva venia*, das Astronomisch-Kalendarische des *Ewig-währenden Calenders* zurücktritt. Der Germanist ist sich zwar, gemessen an den puristisch definierten

Gattungskriterien der Kalender, der Grenzüberschreitung Grimmelshausens bewusst, betrachtet sie im Ergebnis aber aus seiner Sicht als Vorzug. Grimmelshausen hat zweifellos einen vollgültigen Dauerkalender verfasst, diesen Typus aber in bester Kenntnis der Situation auf dem Kalendermarkt ingeniös transzendiert. Während sein Kalender mehr ist als der angekündigte immergültige, ist Rößlins *Kalender* ein ebensolcher ohne diesbezügliche explizite Ankündigung. Ist Rößlin geradezu asketisch auf die ‚Lauterkeit' des Genres bedacht, ohne sich ein Zugeständnis an die Jahreskalender zu leisten, schwelgt der simplicianische Autor geradezu im – positiv verstandenen – hybriden Charakter seines Traktats, indem er, und zwar gerade mittels des Spiels mit dem Spatium, zahlreiche narrative Elemente von Jahreskalendern in seinen Traktat aufnimmt. Daher wird der *Ewig-währende Calender* gewissermaßen ebenso wie der ungefähr gleichzeitig entstandene *Simplicissimus Teutsch* durch das *mixtum compositum* auf dessen Titelkupfer allegorisch repräsentiert. Das enge Verhältnis beider *opera magna* ergibt sich nicht zuletzt aus ihren mehr als sporadischen, meist wörtlichen astrologischen Übereinstimmungen. In dieser Hinsicht konkurriert naturgemäß der strikte Naturwissenschaftler Rößlin mit dem zugleich und vornehmlich literarisch tätigen Kalenderschriftsteller Grimmelshausen nicht. Literarisch kreativ ist der simplicianische Autor nicht nur parallel zur Verfolgung seiner kalendarischen Interessen, sondern sogar innerhalb seines Kalenders, was dem Arzt Rößlin als striktem Kalenderschreiber nicht offen steht.

Über die Apophthegmen und sonstigen „Stücklein" hinaus ist Grimmelshausen im poetologischen Sinne aktiv: Nicht etwa enthält sein *Ewig-währender Calender* eine eigenständige, in sich geschlossene Poetik nach Art beispielsweise von Martin Opitz' *Buch von der Deutschen Poeterey* (1624). Aber der Autor versteckt in den astrologischen Partien seines Kalenders Hinweise, die das Entschlüsseln des simplicianischen Gesamtœuvres, hauptsächlich des *Simplicissimus*, erleichtern. Die teilweise sogar deckungsgleichen Korrespondenzen zwischen Kalender und Roman gestatteten die Entdeckung der planetarischen Strukturen simplicianischer Schriften, die inhaltliche Präzisierung der ersten derartigen Funde im Laufe der Zeit und die methodologische Differenzierung der einschlägigen Recherche: Es liegt nicht Planeten-Symbolik, sondern astrologische Allegorik vor, die bis in die einschlägige Terminologie – etwa „sensus astrologicus" – historisch belegt ist. Die Poetik des *Ewig-währenden Calenders* ist somit eine indirekte, funktionelle, nichtsdestoweniger in den Kalender integrierte. Es ist zu begrüßen, dass die Forschungsergebnisse Helga Meises zu den Jahreskalendern Marx Friedrich Rosenkreutzers (d. h. Franz Ritter, tatsächlich Marcus Freund) mit ihren erklärtermaßen astrologisch strukturierten Erzähleinlagen indirekt weiteren inhaltlichen und verfahrensmäßigen Aufschluss über das dichterisch-planetarische Schaffen des simplicianischen Autors bieten. Auch von ihrer zu Grimmelshausens Œuvre parallelen Entstehungszeit her sind diese Schriften von Interesse.[37]

Mit Blick auf diesen Gesamtkomplex kann der Literaturwissenschaftler Jan Knopfs Resümee zustimmen, wenn dieser über Grimmelshausen schreibt:

> Das „grosse Spatium" [!] ist nicht seine Erfindung, sondern die Übernahme einer Tradition der Jahreskalender, ihre Anverwandlung und Verwandlung zu neuen Zwecken. [...] Denn der Kalender diente nicht nur als Zeitweiser, sondern auch als Notizbuch des Benutzers. Das „grosse Spatium" ist Anspielung auf den Schreibkalender und zugleich die Rechtfertigung, „persönliche" Geschichten in den *Ewigwährenden Calender* aufzunehmen. (51–52)[38]

37 Vgl. Helga Meise: Diagnose und Therapie von Krankheiten im „Neuen Wurtz-vnd Kräuter-Calender" 1649–1672. In: *Scientiae et Artes. Die Vermittlung alten und neuen Wissens in Literatur, Kunst und Musik. Vorträge und Referate, gehalten anlässlich des 10. Kongresses des Wolfenbütteler Arbeitskreises für Barockforschung in der Herzog August Bibliothek Wolfenbüttel vom 5. bis 8. April 2000.* Hrsg. von Barbara Mahlmann-Bauer. Bd. 2. Wiesbaden 2004 (Wolfenbütteler Arbeiten zur Barockforschung 38), S. 933–949. Vgl. auch den Beitrag von Helga Meise in diesem Band.

38 In einer Fußnote fügt Knopf hinzu: „Spatium hatten auch die Historischen Kalender für ihre Benutzer. An Grimmelshausens ‚Ewig-währendem Calender' ist es gerade auffällig, daß er keinen freien Raum für den Benutzer läßt, was in den Kalendern der Zeit durchaus nicht üblich ist. Gerade dadurch erhält sein Hinweis auf das Spatium Brisanz. Seine Jahreskalender, die freien Raum für den Benutzer lassen, beweisen, daß *Grimmelshausen* dieser Kalenderbrauch bekannt gewesen ist." (Knopf, *Geschichten zur Geschichte* [wie Anm. 1], S. 286, Anm. 160). Klaus-Dieter Herbst betrachtet mit Blick auf Knopf (*Alltages-Ordnung. Ein Querschnitt durch den alten Volkskalender. Aus württembergischen und badischen Kalendern des 17. und 18. Jahrhunderts.* Tübingen 1983, S. 208) die Kategorie „Historischer Kalender" „als nicht hilfreich für eine Abgrenzung der tatsächlich existierenden verschiedenen Kalendertypen voneinander. Auch ist sie nicht zwingend, denn das in der für dessen Deklarierung entscheidenden Arbeit aus dem Jahr 1983 gebrachte Argument trifft nicht zu." Zwar habe sich in der frühen Neuzeit das Ordnungsschema der Menschen für geschichtliche Abläufe durch das Anführen historischer Beispiele verändert, doch hätten die „seit Ende des 16. Jahrhunderts allmählich in die Schreibkalender einfließenden historischen Bezüge [...] vordergründig mit [...] religiös motivierte[r] Gedächtniskultur und später im 17. Jahrhundert einerseits

Nicht das „grosse *Spacium*“ an sich, wohl aber die Dialektik des sich selbst aufhebenden Spatiums ist Grimmelshausens Erfindung. Der Dichter verfährt auf einzigartige Weise literarisch. Sein Spatium ist vorhanden und doch wieder nicht. Seine fiktive Figur Brandsteller, sekundärer Besitzer des *Ewig-währenden Calenders* nach der Meuder, berichtet über eine andere fiktive, zudem abwesende Figur, Simplicissimus, und gibt damit Auskunft über das Zustandekommen der vorliegenden Schrift. Dieses selbstreflexive Verfahren liegt qualitativ weit über dem Niveau der üblichen Nutzung von freien Kalenderspalten. Es hat mit der pragmatischen Verwendung eines realen, ursprünglich leeren Kalenderraums nichts mehr zu tun, zitiert diesen Zweck allenfalls noch im Hinübergleiten in den fiktiven, literarischen Status. Sosehr Grimmelshausen einen vollgültigen immerwährenden Kalender kreiert, so sehr spielt er mit dessen Merkmalen und Grenzen. Der Literat Grimmelshausen ist vergleichsweise weniger Kalendermann als der Arzt Rößlin. Während Letzterer ausschließlich einen astronomisch-astrologischen Kalender vorlegt, in den er seine medizinischen Fachkenntnisse als unverzichtbare einbringt, stattet der simplicianische Autor sein derselben Gattung angehörendes Werk mit eigentlich heterogenem, nämlich literarischem Material zusätzlich aus. Dass es sich nicht zu verselbstständigen droht, verdankt es seiner Nähe zum Typus des Jahreskalenders, der im Laufe seiner Entwicklung eine immer stärkere Affinität zu literarischer Anreicherung erkennen lässt. Als Paradigmen können wieder die *Europäischen Wundergeschichten Calender* dienen, an denen Grimmelshausen wohl irgendwie beteiligt ist. Solche Zutaten, urteilt Knopf, rückten „seinen Kalender bei aller Verpflichtung gegenüber der Tradition von ihr ab und kennzeichnen jene Fülle und Vielfalt, die man heute als verwirrend zu bezeichnen geneigt ist. Sie aber machen Grimmelshausens Kalender für seine Zeit herausragend und untypisch.“ (52) Nicht nur im Horizont seiner Epoche dürfte der *Ewig-währende Calender* unter seinesgleichen ein Unikat sein – „verwir-

mit der Untermauerung astrologischer Vorhersagen durch das Anführen historischer Beispiele bei ähnlichen astronomischen Konstellationen und andererseits mit der gewünschten Unterhaltungsfunktion der Kalender zu tun [...]“. (Herbst, Kalenderschatz [wie Anm. 5], S. 214). Auch gegen die unspezifische Verwendung des Begriffs Volkskalender meldet Herbst Bedenken an, „da jeder Kalender immer auch ein Volkskalender ist und das angeblich typische Merkmal eines belehrend-unterhaltenden Teils inhaltlich keine grundsätzliche Neuheit darstellt, denn die Schreibkalender im Quartformat waren seit der zweiten Hälfte des 17. Jahrhunderts stets unterhaltend und zunehmend auch belehrend, besonders dann im 18. Jahrhundert.“ (Herbst, Kalenderschatz [wie Anm. 5], S. 216)

rend" ist er trotz koketter Selbstkennzeichnung als „*Chaos*, oder Verwornes Mischmasch ohne einige Ordnung" (II./III, 4) darum noch nicht.[39] Er hält nach Bezeichnung und Inhalt ohne Zweifel an seiner Funktion als immergültiger Kalender fest, ist aber – zur Genugtuung der Literaturhistoriker – eine überaus interessante Hybridform.

VII

Über die Gemeinsamkeit der Gattungszugehörigkeit und damit des astrologischen Gehalts hinaus stehen sich Rößlins und Grimmelshausens Kalender unter quellenkundlichem Aspekt nahe. Sie gehören demselben Stemma an. In welcher Weise ist Rößlins *Kalender mit allen Astronomischen haltungen* ‚Prätext' für den simplicianischen *Ewigwährenden Calender*?

Der fast anderthalb Jahrhunderte ältere Text besitzt massive astrologische Partien unvermischten Charakters, mit denen er sich deutlich von seinem iatromathematischen Inhalt abhebt. Ein stichprobenartiger Vergleich ergibt folgendes Bild: Das Kapitel „Der Sieben planeten natur/ lauff/ Jnfluentz in Natiuiteten vnd andern etc." (fol. b4^{v}) weist bis ins Wörtliche reichende Übereinstimmungen mit den entsprechenden Teilen des jüngeren Werkes auf. Diese finden sich im Abschnitt „Der zweyte Tag." der V. Materie, an dem Simplicissimus mit dem anderen seiner beiden großen Lehrmeister, Johannes de Indagine,[40] einen Diskurs führt, „darinnen er unterrichtet wird/ wie vermittelst der *Astrologia Naturali* er einem jeden Menschen ohne Kopfbrechung die Nativität stellen könne." (V, 5) Speziell soll es dabei um die Planeten gehen. Indagine beginnt in der Abfolge der „Chaldäischen Reihe" mit dem Saturn, um bis hin zum Mond fortzufahren: „*Saturnus* ist der erste und oberste Planet/ ein Verderber und Feind der Natur/ gifftig/ von Natur

39 Knopf, *Geschichten zur Geschichte* (wie Anm. 1), S. 52.

40 Alias Johannes Rosenbach oder vom Hayn (ca. 1446–1537). Er verfasste die *Natürliche Stern-Kunst/ Oder Gründlicher Bericht/ wie auß Ansehen deß Gesichts/ der Händ/ vnd gantzer gestalt des Menschen Wahr gesagt werden könne* [...]. Straßburg 1664. Das Buch ist nach der Staatsarbeit Gerhard Singerhoffs (Bonn 1957), eines Schülers Günther Weydts, als eine Quelle für den *Ewigwährenden Calender* anzusehen. Das gilt für den gesamten „Ersten Tag" und teilweise für den „Zweyten Tag" der V. Materie.

kalt und trocken [...]" (V, 99 und 101). Dieser Wortlaut deckt sich – wie das Motto dieser Studie bereits signalisiert – fast völlig mit dem korrespondierenden Text bei Rößlin: „SAturnus ist der erst vnd öberst Planet/ Ein verderber/ feindt der Natur/ gifftig/ von natur kalt vnd trucken [...]" (fol. G4[r]). Ähnliches ist für die weiteren Planeten zu verzeichnen. Gleichermaßen stimmen die astronomisch-astrologischen Informationen über die Tierkreiszeichen im Verhältnis zu Saturn überein. Bei Rößlin heißt es: „Die [Chiffre für:] ‚Waage' ist sein erhöhung/ darinn er grossen gewalt hat/ Der [Chiffre für:] ‚Steinbock' vnd [Chiffre für:] ‚Wassermann' seine heuser. Jm [Chiffre für:] ‚Krebs' vnd [Chiffre für:] ‚Widder' hat er keyn glück. Der [Chiffre für:] ‚Widder' ist sein fall." (fol. G4[r]) Bei Grimmelshausen ist ebenso korrekt zu lesen: „Die Waag ist [s]ein Erhöhung/ dariñ er grosse Gewalt hat/ der Steinbock und Wasserman seynd seine Häuser/ im Krebs und Widder hat er kein Glück/ der Widder ist [s]ein Fall." (V, 101). Ist auch der Wortlaut ziemlich gleich, gibt es doch Indizien dafür, dass Grimmelshausen in der Materie nicht sattelfest ist. Er ist eben von Hause aus Literat und bezieht seine astronomisch-astrologischen Kenntnisse aus zweiter Hand, d. h. er kopiert seine Vorlagen, und das mit geringerem Sachverstand als Rößlin. Dieser dagegen erweckt den Anschein uneingeschränkter Kompetenz und tritt als echter Arzt und Astronom/Astrologe auf, wenn er als Inhalt seiner Kalenderschrift u. a. ankündigt, „Wie alle Artznei nach gebürlichem Lauff des Gestirn sol geben vnd gethon werden. Vnnd wie fern die Medicin angehörig der Astronomei/ on welcher erkantnus kein rechter Artzt genennt mag werden." (fol. a[r]) Die Medizin ist wohl die am engsten mit der Astrologie verbundene Disziplin der Epoche, weswegen zahlreiche Ärzte Interesse für diese entwickeln. Für Rößlins Expertise spricht auch das wohl selbst erdachte „Astrolabium tetragonon".

Weitere Übereinstimmungen der beiden Saturn-Charakteristiken – um bei diesem Paradigma zu bleiben – ergeben sich in Form von Umgruppierungen des Rößlinschen Ausgangswortlautes bzw. von Montagen einzelner Textelemente bei Grimmelshausen. So ist Saturn nach Rößlin ein „bezeychner der arbeit/ vß den farben dz schwartz/ sawr am geschmack. Auß den tagen den sampstag/ vñ nächten/ dinstags nacht/ Er laufft so hoch am Himel/ das er inn 30. Jaren 5. tagen vnnd 6. stunden durch die 12. Zeychen laufft [...]" (fol. G4[r]). Grimmelshausens *Ewig-währender Calender* enthält der Sache nach die gleichen Aussagen, doch ist bei ihm der kompakte Informationsblock Rößlins, der beispielsweise auch Angaben über die Umlaufhöhe des „Wandelsterns" und seine Verweildauer in den Tierkreiszeichen enthält, aufgespalten. „[Chiffre für:] Saturn Jst einer verderbenden natur/ wie [Chiffre für:] Sol einer lebendmachenden. Wañ [Chiffre für:] Saturn so nahe bei der erden were als [Chiffre für:] Luna/ so wer es alzeit Winter.“ (fol. G4r), weiß Rößlins Kalender des Weiteren. Das Gegenstück dazu lautet, ohne dass andere Planeten bemüht würden: Saturn „ist so verderbenter Natur/ das wan er näher bey der Erden wäre er einen jmmerwärenden Winter verursachte [...]“ (V, 101 und 103).

Beide Kalenderschreiber widmen, leichte Unterschiede in Format und Schriftgröße eingerechnet, ein ungefähr gleichgroßes Volumen den Ausführungen zum Planetengott Saturn. Daraus ergibt sich ein erster Hinweis darauf, dass innerhalb des Saturn-Textes – wie bei den entsprechenden Ausführungen zu den übrigen Planeten – in beiden Kalendern verwandte Sachaspekte behandelt werden. Tatsächlich ist es z. B. nach Grimmelshausens Kalender in den Stunden Saturns „fürderlich sein Feind mit List betriegẽ/ grawe Thier/ Esel/ Roß und Maul-Esel reithen“ (V, 107); und Rößlins Kalender konstatiert schon relativ lange vorher, es sei „gůt sein feint mit list betriegen/ grawe thier reiten/ als esel/ roß vnd maulesel [...]“ (fol. G4r). Ähnlich liegt es bei den Tätigkeiten, von denen abgeraten oder vor denen gewarnt wird. So ist es gemäß Rößlins Kalender „NJt gůt Artzney nemen/ new kleyder schneiden noch anlegen/ har beschneiden/ geh in keyn schiff/ reyse nicht über felt/ sůch keyn feind/ mach keyn ehe/ wirff oder scheuß niemand [...]“ (fol. G4v). Grimmelshausens Pendant klingt ähnlich, weist aber Nuancen auf: Wenn der simplicianische Autor davon abrät, in Saturns Stunden neue Kleider zu schneidern oder zu tragen, so macht er anders als Rößlin gemäß der astrologischen Farbenlehre das Zugeständnis, „sie seyen denn schwartz“ (V, 107). Beide Kalender wissen nämlich, dass dem erdfernen, dunklen Saturn „vß den farben dz schwartz“ (fol. G4r) bzw. „auß der Farb daß schwartz“ (V, 101) zugeordnet ist. Nicht überraschend stimmen beide immergültigen Kalender auch überein bei der Charakterisierung der unter den Planeten geborenen Menschen, der sogenannten „Planetenkinder“, etwa wieder im Falle des saturnischen Modells. „Ein kindt geborn in Saturnus stund“, führt Rößlin eine Zwischenüberschrift ein und unter dieser aus: „Würt ein träger schwermütiger mensch/ mitt eim dünnen bart/ bleycher gelben farbe/ dick/ hart/ schwartz haupthar.“ (fol. G4v) Das Echo bei Grimmelshausen lautet, integriert in dessen gesamte Passage über Saturn: „Wann ein Kind in einer seiner Stund gebohren wird/ so gibt es ein trägen schwermütigen

Menschen/ mit einem dünnen Bart/ bleicher gelber Farb/ dick schwartz Haupt-Haar [...]" (V, 107).

Ausgerechnet beim literarisch orientierten und sensiblen simplicianischen Kalendermann finden sich die jede der sieben Planetenbeschreibungen einleitenden, metrisch ziemlich geregelten Vierzeiler Rößlins nicht. Zwar war Grimmelshausen kein bedeutender Lyriker – das Nachtigallen-Lied im *Simplicissimus* beispielsweise muss nicht von ihm stammen –, doch gerade darum hätte er dergleichen Merkverse für seinen Kalender aufgreifen können. Einzelne markante Vokabeln aus Versen des *Kalenders* wie die drastische Bezeichnung „Wendenschimpff" für Saturn begegnen im simplicianischen Gesamtœuvre durchaus wieder, doch sind sie Gemeingut der Epoche:

Ein Alt/ Kalt/ fauler Wendenschimpff
  Vnflätig/ hessig/ kan keyñ glimpff.
Mein kind feindtselig/ neidig/ herb.
  Metal/ Blei/ Eisen / mein gewerb. (fol. G4^{r})

Desgleichen sind die stilistisch anspruchsvollen Holzschnitte der einzelnen Planetengötter und ihrer korrespondierenden figürlichen Tierkreiszeichen in Rößlins Werk nicht in Grimmelshausens Kalender übergegangen. Saturn ist im älteren Dokument als kahler, aber bärtiger, fast nackter Greis – die Scham verdeckt ein sechszackiger Stern mit der traditionellen Chiffre dieses Planeten – dargestellt (Abb. 2). Er stützt sich mit der Achsel auf eine Krücke und hält in der linken Hand ein Kleinkind nahe an sein Gesicht – eine Anspielung auf den Kinderfresser-Mythos. Mit der Rechten schwingt die Gestalt eine gezackte Sichel, die auf den alten Saatengott und zugleich im Verein mit der Krücke auf die mythologische Kastration verweist. Rößlin kann daher auf eine verbale Beschreibung verzichten. Bei Grimmelshausen ist es umgekehrt. Zwar ist es unwahrscheinlich, dass die von Rößlin bzw. Egenolph benutzten Bildstöcke über fast anderthalb Jahrhunderte hinweg noch verfügbar waren, doch gehörte es offenbar zu Grimmelshausens und Felßeckers Konzept, im Textkorpus ohne Abbildungen auszukommen. Der *Ewig-währende Calender* beschreibt folglich Saturn zunächst als „Mannlichs Geschlechts/ graw und bleichfarb/ mit einem dunckelenschein" (V, 101), um wenige Zeilen danach ein sprachliches Äquivalent zu Rößlins Illustration, doch ohne Ausrichtung an dieser, zu präsentieren: „sein Bild ist gleich einẽ alten Mann/ welcher sich an einen Stab leinet/ mit schwartzen zerrissenen Kleydern außstaffirt/ ein Atzel uff dem Haupt sitzent/ und doch ein Reichsapffel under den Füssen liegent [...]" (V, 101). Grimmelshausen hatte dafür immerhin eine ikonografische Vorlage vor Augen. Diese hat Karl Kissel in Wolfgang Hildebrands *Planeten-Buch*[41] erkannt, das laut Titelblatt unter anderem einem „*Calendario perpetuo*" entspreche.[42] Der bei Hildebrand enthaltene primitive Holzschnitt des Saturn entspricht in jedem Detail der verbalen Wiedergabe des Planetengottes in Grimmelshausens *Ewig-währendem Calender* (Abb. 3).

Fazit: Dass Rößlin und Grimmelshausen auf eine gemeinsame Vorlage zurückgehen, ist mithin möglich, aber nicht wahrscheinlich. Entweder hat Grimmelshausen direkt auf Rößlin zugegriffen. Dafür könnte eine Fülle von textlichen Übereinstimmungen bis hin zur Deckungsgleichheit sprechen. In diesem Falle hätte der Jüngere weitere Quellen herangezogen und Eigenes, meist Simplicianisches, hinzugefügt. Oder Rößlins einschlägige Aussagen wurden in mindestens einen anderen Text übernommen, den wiederum der simplicianische Autor benutzte und nicht nur für die Planeten-Partien auswertete. Auch diesmal kamen vornehmlich simplicianische Zutaten hinzu. Diese indirekte Verwendung Rößlins ist am nächstliegenden, da auf sie die verbürgte Zwischenschaltung von mehreren astrologischen Werken schließen lässt, vor allem eben Hildebrands *Planeten-Buch*. Eine eigene Studie sollte sich den kompletten und genauen Abhängigkeitsverhältnissen widmen. Mit einiger Sicherheit dürfte Rößlins *Kalender mit allen Astronomischen haltungen* am Beginn des nunmehr ergänzten Stemmas rangieren, das in Grimmelshausens *Ewig-währendem Calender* gipfelt.

41 Wolfgang Hildebrand: *Ein new außerlesen Planeten-Buch* [...]. Erfurt 1613. – Karl Kissel: *Grimmelshausens Lektüre*. Diss. (masch.) Gießen 1928 (Teildruck Darmstadt 1929). Vgl. Weydt, *Nachahmung und Schöpfung* (wie Anm. 33), passim. – Der simplicianische Autor erwähnt diese Quelle bereits in seiner Debütschrift, dem ersten Teil des *Satyrischen Pilgrams* (Leipzig 1666).

42 Hildebrands zweites wichtiges Werk zur Astrologie erwähnt Grimmelshausen ausdrücklich in seinem Kalender (IV, 29), die [...] *new augirte weitverbesserte und vielvermehrte Magia Naturalis*. Jena 1625.

VIII

Es wäre reizvoll, die astrologischen Partien der beiden ewigwährenden Kalender der Frühen Neuzeit eingehender zu vergleichen. Dem von humanistisch-sachlichem Geist geprägten, für seine Zeit nach Stil und Argumentationsduktus ‚wissenschaftlichen' Traktat Rößlins steht das barocke, simplicianisch aufgelockerte Lehrbuch Grimmelshausens gegenüber. Die astrologische Substanz jedoch ist absolut gleich, worauf schon die textlichen Parallelen hindeuten. Der weite zeitliche Abstand zwischen 1533 und 1670 [?] ist in dieser Hinsicht offensichtlich irrelevant. Der spätere Autor wusste um die Konstanz des astrologischen Systems bis in seine Zeit und brauchte die sich historisch gebende, doch ahistorisch verfahrende Kritik der aufgeklärten Nachwelt, er verwende obsoletes Quellenmaterial, nicht zu fürchten. Sehr wohl tritt die Kategorie des Aktuellen in der Astronomiegeschichte seit Kepler ins Bewusstsein der Gebildeten. Mit diesem beginnt, anders formuliert, die Ausbildung der wissenschaftlichen Astronomie auf breiter Front, die sich mit der Aufklärung fast schlackenlos durchsetzt. Grimmelshausen wird davon jedoch noch kaum berührt. Er kann sich auf die immerwährende Zeitnähe der Astrologie verlassen. Der allmähliche Weg in die astrologiefreie Zukunft beginnt, bei Fortbestehen des Okkulten in der Subkultur bis heute, auffälligerweise im Jahrzehnt nach seinem Ableben.

Abbildungen

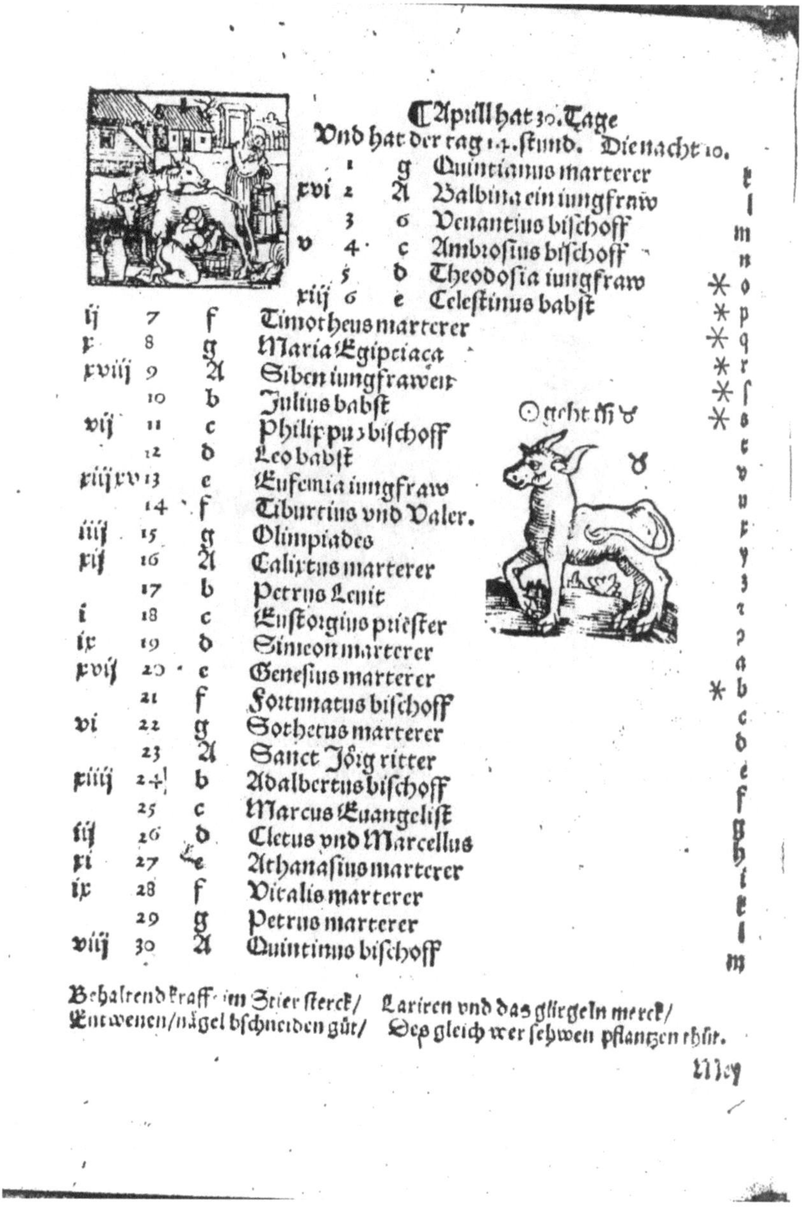

Apprill hat 30. Tage
Vnd hat der tag 14. stund. Die nacht 10.

	1	g	Quintianus marterer
xvi	2	A	Balbina ein iungfraw
	3	b	Venantius bischoff
v	4	c	Ambrosius bischoff
	5	d	Theodosia iungfraw
xiij	6	e	Celestinus babst
ij	7	f	Timotheus marterer
x	8	g	Maria Egipciaca
xviij	9	A	Siben iungfrawen
	10	b	Julius babst
vij	11	c	Philippus bischoff
	12	d	Leo babst
xiiij xv	13	e	Eufemia iungfraw
	14	f	Tiburtius vnd Valer.
iiij	15	g	Olimpiades
xij	16	A	Calixtus marterer
	17	b	Petrus Levit
i	18	c	Eustorgius priester
ix	19	d	Simeon marterer
xvij	20	e	Genesius marterer
	21	f	Fortunatus bischoff
vi	22	g	Sothetus marterer
	23	A	Sanct Jörg ritter
xiiij	24	b	Adalbertus bischoff
	25	c	Marcus Euangelist
iij	26	d	Cletus vnd Marcellus
xi	27	e	Athanasius marterer
ix	28	f	Vitalis marterer
	29	g	Petrus marterer
viij	30	A	Quintinus bischoff

Behaltend krafft im Stier sterck / Lariren vnd das glirgeln merck /
Entwenen / nägel bschneiden gůt / Des gleich wer sehwen pflantzen thůt.

Mey

Abb. 1: Eucharius Rößlin: *Kalender mit allen Astronomischen haltungen.* Frankfurt a. M. 1533, Monatsseite April.

Abb. 2: Eucharius Rößlin: *Kalender mit allen Astronomischen haltungen*. Frankfurt a. M. 1533, Planetengott Saturn (vergrößertes Format).

Abb. 3: Wolfgang Hildebrand: *Ein new außerlesen Planeten-Buch*. Erfurt 1613, Planetengott Saturn (vergrößertes Format).

NORBERT D. WERNICKE (Bern)

Die Schweizer Kalenderlandschaft 1650–1700. Mit einem Blick auf Grimmelshausen.

Die Eidgenossenschaft, die sich in der Frühen Neuzeit zunehmend aus dem deutschen Reich separierte, blieb trotz dieser Entwicklung im deutschsprachigen Teil noch lange politisch ebenso wie kulturell mit dem Reichsgebiet verbunden. Die vielfältigen Literaturbeziehungen lassen sich auch auf dem Gebiet des Kalenderwesens nachweisen. Besonders im 16. und 17. Jahrhundert wurde die Eidgenossenschaft durch Kalenderproduktionen aus dem übrigen Reichsgebiet beeinflusst, was der Überlieferungsverbund leicht zeigt.[1] Zwei Beispiele seien hier genannt. In der Kantonsbibliothek Solothurn werden noch drei Bände mit Kalendern der Jahre 1582–1607 aus dem Besitz des Solothurner Stadtschreibers Hans Jakob vom Staal aufbewahrt.[2] Unter ihnen finden sich einige Schweizer Kalender, aber auch verschiedene Kalender aus dem Südwesten des deutschsprachigen Raumes, sogar ein Exemplar aus Berlin. Auf ähnliche Weise finden sich in der Kantonsbibliothek St. Gallen in einem alten Band gebunden „Alte seltene Calender von 1679 bis 1684" eines einzigen, leider unbekannten Besitzers.[3] Er enthält neben Schweizer Kalendern auch mehrere der Nürnberger Druckerei Endter und daneben *Des jungen Simplicissimi eigner Kurtzweiliger Geschichten-Kalender* auf das Jahr 1681, zu finden in Nürnberg bei Johann Hofmann.[4] Aufgrund der unsteten Verlagslandschaft in einer

---

1 Eine zusammenfassende Darstellung des schweizerischen Kalenderwesens steht noch aus und ist in der geplanten Monographie aus dem Zürcher Forschungsprojekt „Schweizer Volkskalender von 1500–1900" von Alfred Messerli zu erwarten. Dieser Aufsatz versteht sich deshalb auch als Überblick über die deutschschweizerische Kalenderproduktion im behandelten Zeitraum und muss so notgedrungen lückenhaft bleiben.

2 Kantonsbibliothek Solothurn, Sign. S 5.1, S 5.2 und S 5.3.

3 Kantonsbibliothek St. Gallen, Vadiana, Sign. V YM 4060.

4 Zu einem Vergleich zwischen einigen Schweizer Kalendern und dem *Ewigwährenden Calender* von Grimmelshausen vgl. Rosmarie Zeller: Die ordentliche Unordnung als poetologisches Prinzip in Grimmelshausens „Ewig-währendem Calender". In: *Simpliciana* XVI (1994), S. 117–136.

ganzen Reihe von Orten war es sogar unvermeidlich, dass Kalender aus anderen Regionen benutzt wurden. In St. Gallen war beispielsweise zwischen 1600 und 1680 keine Druckerei vorhanden. Daher mussten Bürger dort auf Produkte anderer Orte oder aus Deutschland zurückgreifen. Kalender gehörten schließlich zum Handwerkszeug der Ärzte und Bader, sie waren darauf angewiesen. In anderen Orten wurden sogar erst im 18. Jahrhundert die ersten Druckpressen aufgestellt.

Der Kalender als Geschichtsmedium

Kalender gehören, wie auch in Deutschland,[5] in der Schweiz mit zu den ersten Druckwerken noch aus dem 15. Jahrhundert. Das älteste gedruckte Werk der Schweiz ist aus dem Jahr 1470 aus Beromünster erhalten;[6] die ersten Kalenderdrucke stammen aus Basel (1478) und Zürich.[7] Dort war es Sigmund Rot, der von Deutschland kommend in der Zeit von 1479–1482 als Drucker in Zürich tätig war und einen Wandkalender für das Jahr 1482 druckte.[8] Als erstes illustriertes Buch der Schweiz kann ein Immerwährender Kalender aus dem Jahre 1508 aus der Druckerei von Hans Rüegger (†1517) genannt werden, der als Verfasser Regiomontanus (1436–1476) angibt.[9] Mit dem ersten Schweizer Quartkalender von 1567 aus der Druckerei von Christoph Froschauer d. J. (†1585) beginnt in der Stadt Zürich eine Reihe von Jahreskalendern im Quartformat.[10] Für den hier fraglichen Zeitraum sind noch elf

5 Eine Übersicht bei Ernst Zinner: *Geschichte und Bibliographie der astronomischen Literatur in Deutschland zur Zeit der Renaissance*. Stuttgart ^{2}1964.

6 Vgl. Peter Tschudin: Buchdruck. In: *Historisches Lexikon der Schweiz* (HLS)-Online, http://www.hls-dhs-dss.ch/textes/d/D14026-1-1.php, Abruf 13.12.2006.

7 Vgl. Zinner, *Geschichte* (wie Anm. 5), Nr. 98.

8 Grundlegend Paul Leemann-van Elck: *Druck, Verlag, Buchhandel im Kanton Zürich. Von den Anfängen bis um 1850*. Zürich 1950 (Mitteilungen der Antiquarischen Gesellschaft in Zürich 36. 1), S. 2. Zu seinem Druck siehe Martin Germann: Zürcher Kalender-Einblattdruck 1481. Fundort Bucheinband. In: *Zentralbibliothek Zürich. Schätze aus vierzehn Jahrhunderten*. Hrsg. von Alfred Cattani und Hans Jakob Haag. Zürich 1991, S. 42–45.

9 Leemann-van Elck, *Druck* (wie Anm. 8), S. 8–9; Ernst Zinner: *Leben und Wirken des Johannes Müller von Königsberg, genannt Regiomontanus*. München 1938, S. 268. Zinner hält Regiomontan nicht für den Verfasser des Kalenders.

10 Leemann-van Elck, *Druck* (wie Anm. 8), S. 9–12.

Exemplare zwischen 1649 und 1689 nachgewiesen, alle als *Alter und Neuer Schreibkalender* betitelt und von den jeweiligen Zürcher Stadtärzten gestellt:[11] 1649, 1662 und 1666 von Johann Rudolf Geiger,[12] 1651, 1652, 1653, 1654 und 1656 von Johann Rudolf Gwerben, 1658 und 1659 von Johann Friesen und 1689 von Johann Jakob Scheuchzer.[13] Der Kalenderdruck in Zürich war streng privilegiert, sodass immer nur ein einziger Drucker dieses einträgliche Geschäft ausüben durfte, was dazu führte, dass mit wenigen Ausnahmen bis in das 19. Jahrhundert nur eine einzige Kalenderreihe gedruckt und vertrieben wurde. Die Situation in den anderen eidgenössischen Orten war ähnlich restriktiv geregelt.[14]

Im Jahre 1649 beginnt der Zürcher Kalender mit der Neuerung, in sein schlichtes Kalendarium chronikalische Texte nach Art eines Historischen Kalenders einzufügen, jeweils den entsprechenden Monaten zugeordnet, wie es in Deutschland schon für das 16. Jahrhundert nachweisbar ist.[15] Folgerichtig überschreibt er diese Spalte mit „Calendarium Historicum".[16] So beginnt der Januar mit einem Erdbeben in Italien aus dem Jahr 856 und einem Erbeben vom Jahre 880,

11 Vgl. Ed[uard] Lombard: *Der medizinische Inhalt der schweizerischen Volkskalender im 18. und 19. Jahrhundert.* [Diss. phil.] Zürich 1925, S. 9. Es war im 16. und 17. Jahrhundert durchaus üblich, dass die Ärzte den Kalender stellten. Für Nürnberg vgl. dazu Klaus Matthäus: Zur Geschichte des Nürnberger Kalenderwesens. Die Entwicklung der in Nürnberg gedruckten Jahreskalender in Buchform. In: *Archiv für Geschichte des Buchwesens* IX (1968), Sp. 965–1396, hier Sp. 1069–1086. Zur Erforschung der sozialen Stellung der Kalendersteller des 17. Jahrhunderts als Forschungsdesiderat vgl. Klaus-Dieter Herbst: *Verzeichnis der Schreibkalender des 17. Jahrhunderts.* Jena 2008 (Acta Calendariographica. Forschungsberichte 1), S. 207–214.

12 Die *Neue Deutsche Biographie* 7 (1966), S. 362 gibt als Lebensdaten 1603–1662 an, was die Verfasserschaft fraglich macht.

13 Scheuchzer (1645–1688) muss den Kalender kurz vor seinem Tod noch gestellt haben. Vgl. *Neue Deutsche Biographie* 22 (2005), S. 711. – Für einen Titelnachweis vgl. die Liste am Schluss dieser Abhandlung. Wie in der Kalenderforschung üblich, erscheint hier als bibliographische Angabe nicht das Jahr des Drucks, sondern das Geltungsjahr. Die Titel wurden zur besseren Handhabung normiert.

14 Vgl. dazu Stephan Giess: *Deutschschweizer Kalender des 16.–18. Jahrhunderts aus wissenschafts- und mentalitätsgeschichtlicher Sicht.* (Liz. phil.) Zürich 1998, S. 40.

15 Vgl. Matthäus, Geschichte des Nürnberger Kalenderwesens (wie Anm. 11), Sp. 1191–1195.

16 *Alter und Neuer Schreibkalender.* Durch Johann Rudolf Geiger. Zürich: Johann Jakob Bodmer 1649, [S. 5–27].

welches eine so große Teuerung verursachte, dass ein Pfund Brot 105 Drachmen gekostet hatte – ob diese Währungsangabe dem Schweizer Leser des 17. Jahrhunderts etwas gesagt haben mag, sei dahingestellt. Über die Teuerung wird der Erzähler anscheinend an eine Geschichte erinnert, die während einer Teuerung im Jahre 1587 stattgefunden haben soll und in der erzählt wird, eine arme Frau sei nach Hause gekommen und, da sie nicht einmal bei Freunden und Nachbarn etwas hatte erbetteln können, für sich und ihre Kinder ein tragisches Ende beschloss:

> […] alß die kinder die mueter sahen/ wurden sie fro/ und sprachen: Muotter bringt ihr brot/ ach gebt vns zu essen! antwort die muotter: Ja ich wil euch brot geben/ nimt einen strik/ und henkt die drey kleinsten kinder/ und das 4. lauft zum hauß hinauß/ und ruefft: Ach muotter ich mag nicht essen: in deß erhenkt sich die muotter auch bey den kindern.[17]

Für literarische Kurzepik, die bis in das 19. Jahrhundert prägender Bestandteil der Quartkalender war, ist die Dramatisierung des Geschehens durch Figurenrede und Hinzuspitzung auf einen prägnanten Ausspruch und Wendepunkt des Geschehens bereits typisch. Es folgen in diesem Kalender in den weiteren Monaten Begebenheiten von Heinrich V., aus der Kreuzzugszeit, vom Wetter im März des Jahres 1579, von der Pest im Jahre 1006, von einem großen Brand in Kleinbasel im Jahre 1454 und ähnliches. Interessanterweise lassen sich, korrespondierend mit dieser Weltgeschichte, auf dem Durchschuss in schönster Handschrift Alltagsnotizen aus dem Haushalt des unbekannten Besitzers finden, so z. B.: „An dem 8. tag Hornung. 1649. hab ich einem Müller im Sulzenbach[18] fünf Müt Dinkel geben, die selben zu malen, damit wyr sy in unserer Hußhaltung bruchen können.“[19] Auch diese Notizen beweisen ein historisches Interesse: Begebenheiten aus dem Alltag, Familienangelegenheiten oder das Wetter werden zur Erinnerung notiert. Das Spatium, oder in diesem Fall der Durchschuss, wird nicht zur Planung zukünftiger Termine verwendet (Abb. 1).[20] Die erwähnten Exemplare

---

17 Geiger, *Schreibkalender 1649* (wie Anm. 16), [S. 5].

18 Sulzbach bei Uster, Kanton Zürich.

19 Geiger, *Schreibkalender 1649* (wie Anm. 16), Durchschuss im Monat Februar.

20 Vgl. dazu grundlegend Karl Schottenloher: Tagebuchaufzeichnungen in immerwährenden Buchkalendern der Frühdruckzeit. In: *Festschrift Otto Glauning.* Leipzig 1938, S. 88–96; Helga Meise: *Das archivierte Ich. Schreibkalender und höfische Repräsentation in Hessen-Darmstadt 1624–1790.* Darmstadt 2002 (Arbeiten der Hessischen Historischen Kommission. N. F. 21), hier bes. S. 44–49.

sind in zeitgenössischen Karton sauber einzeln gebunden, beschnitten und mit Lederriemen verschlossen, was eher einen wohlhabenderen Besitzer vermuten lässt.

Der Kalendermann rechtfertigt sein Vorgehen, historische Texte einzustellen, im Jahr 1651 mit der Begründung, dies entspräche „dem heutigen gebrauch".[21] Das Konzept der Historischen Kalender gibt der Zürcher Schreibkalender in diesem Jahre zudem auch gleich auf, wie wir erfahren. Die Historien sollen nicht mehr an die Ordnung der Monate gebunden sein. In seiner praktischen Ausführung ergibt es sich, dass anstelle mehrerer kurzer monatlicher Meldungen nur eine einzige Geschichte von König Jakob von Schottland über den freien Platz des gesamten Kalendariums verteilt ist, die entsprechend breit und handlungsreich geschildert werden kann und die Erzählung über mehrere Episoden fortführt: Jakob von Schottland wird von Widersachern entführt und soll ermordet werden, doch kann ihn sein Gefolge retten – Geschichte im Gewand der Abenteuerliteratur.

Im Jahre 1662 wird der vorhandene Platz wieder für einen „Historikalender lehrreicher Freud- und Traurgeschichten" genutzt.[22] Diese Historien, oder eher Beispielgeschichten, sind breiter ausgeführt, in einigen Fällen werden die Handlungsträger namentlich genannt, wodurch sie sich von den schlichten Meldungen der Historischen Kalender absetzen. So berichtet der Kalender, „von den Gespensten wurd im letsten Teutschen krieg von einem Schwedischen Obersten mit bejahung seines Königs eine abscheuliche/ iedoch waarhafte und denkwürdige Geschicht erzellt", in welcher nachgewiesen wird, dass die ermordete Frau eines Müllers als Gespenst durch das Haus spukt und der Müller dadurch seiner Schandtat überführt wird.[23] Unter diesen Geschichten findet sich ein Erzähltyp, der in ähnlicher Form, allerdings einer anderen Redaktion, auch im *Europäischen Wundergeschichten Kalender* (*EWGC*) von 1670 zu finden ist, nämlich die Erzählung von den drei Kalbsköpfen, die zu Menschenköpfen werden und damit einen Mörder überführen.[24]

---

21 *Alter und Neuer Schreibkalender*. Durch Johann Rudolf Gwerben. Zürich: Johann Jakob Bodmer 1651, [S. 5].

22 *Alter und Neuer Schreibkalender*. Durch Johann Rudolf Geiger. Zürich: Johann Jakob Bodmer 1662, [S. 5–27].

23 Geiger, *Schreibkalender 1662* (wie Anm. 22), [S. 17–21].

24 Geiger, *Schreibkalender 1662* (wie Anm. 22), [S. 13–17]; zum *Europäischen Wundergeschichten Calender* siehe zuletzt Klaus Matthäus: Grimmelshausen – ein Autor von Jahreskalendern. In: *Johann Jakob Christoffel von Grimmelshau-*

Das nächste noch erhaltene Exemplar des Zürcher *Schreibkalenders* von 1666 enthält nur einen landwirtschaftlichen Ratgeber, einen „Baumgartenkalender". Der Erzählvorgang wird in Schweizer Kalendern aus dieser Zeit typischerweise nicht oder nur sporadisch und realitätsgebunden thematisiert. So wird der Baumgartenkalender mit einfachen Worten eingeleitet und begründet: „Weil im vorigen Jahrskalender/ dem Liebhaber der Baumgärten zu gefallen/ ein kurzes Gartenbüchlein angehebt/ darinn die vier Vormonatsgeschefte beschriben/ so werden dißmal die acht folgenden Monatsverrichtungen auch hernach gebracht".[25] Der Erzähler tritt vollkommen hinter die passivische Konstruktion zurück.

Nach Zürich erscheint auch in Basel im 17. Jahrhundert eine seit 1615 erhaltene Reihe von Schreibkalendern. Sie wurde ab 1649 von dem Bieler Theologen und Mathematiker Jakob Rosius (1598–1676) gestellt und erschien aufgrund seiner Bekanntheit auch nach dessen Tod bis in das 19. Jahrhundert weiter unter seinem Namen.[26] Vom *Rosiuskalender* müssen nach 1644 auch Exemplare in Bern gedruckt worden sein, die allerdings nicht erhalten sind.[27] Der Kalender enthält bereits im 17. Jahrhundert neben Ratgebertexten und Geschichtlichem auch anekdotische und exemplarische Erzählungen, so beispielsweise im Jahre 1674 die „Lob- und Ruhmwürdige That von einer Treueyferigen Weibs-Persohn", die ihren vergifteten Mann während des 30jährigen Krieges von Arzt zu Arzt trägt, bis einer von diesen ihn heilen kann.[28]

---

sen: Simplicianische Jahreskalender. Europäischer Wundergeschichten Calender 1670 bis 1672 (Nürnberg). Schreib-Kalender 1675 (Molsheim). Faksimiledruck der vier Kalenderjahrgänge erstmals neu hrsg. und kommentiert von Klaus Matthäus und Klaus-Dieter Herbst. Erlangen, Jena 2009, S. 217–278. Der naheliegende Gedanke, als Quelle könne Georg Philipp Harsdörffer: *Der Grosse Schau-Platz jämmerlicher Mord-Geschichte.* Hamburg 1656, vorliegen, konnte nicht bestätigt werden.

25 *Alter und Neuer Schreibkalender.* Durch Johann Rudolf Geiger. Zürich: Johann Jakob Bodmer 1666, [S. 5–27, hier 5].

26 J[ohann] Graf: *Historischer Kalender oder der Hinkende Bot. Seine Entstehung und Geschichte. Ein Beitrag zur bernischen Buchdrucker- und Kalendergeschichte.* Bern 1896, S. 15–23.

27 Erika Derendinger: *Die Beziehung des Menschen zum Übernatürlichen in bernischen Kalendern des 16. bis 20. Jahrhunderts.* Bern, Stuttgart 1985 (Sprache und Dichtung. N. F. 36), S. 41–42.

28 *Alter und Neuer Schreibkalender.* Durch Jakob Rosius. Basel: Jakob Bertsche 1674, [S. 39–41]. Zeller, Unordnung (wie Anm. 4), S. 118 weist für eine Geschichte aus dem Jahrgang 1678 als Quelle Harsdörffers *Schauplatz jämmerlicher Mordgeschichten* (1656) nach.

Eine weitere Reihe ist ein seit 1630 erhaltener Schreibkalender aus Basel. Für den untersuchten Zeitraum ist noch der Jahrgang 1682 erhalten, nach Christoph Schorer von Memmingen (1618–1671),[29] gedruckt von Ludwig Königs Erben. Dieser bringt auf den Recto-Seiten des Kalendariums eine „Continuation Heroischer Schweitzerischer Helden-Thaten", welche aus dem Jahre 1495 berichtet.[30] Es ist der letzte noch erhaltene Jahrgang, aber der Kalender wird unter gleichem Namen spätestens ab 1742 in der Hurterischen Druckerei in Schaffhausen weitergeführt – neben dem *Rosiuskalender* ein weiteres Beispiel dafür, dass ein berühmter Name seinen Träger kalendarisch lange überleben kann.[31]

Ähnliche Inhalte und eine ähnlich trockene Präsentation wie in den Zürcher Kalendern zeigt sich in einer Reihe aus der Stadt Baden in der Gemeinen Herrschaft Baden (heute Kanton Aargau), die sich wie üblich schlicht *Schreibkalender* nennt. Die Geschichte dieses Kalenders beginnt mit dem ersten Exemplar von 1671 aus der Druckerei von Jakob Ammon, gestellt vom Buchhändler Johann Adam Baldinger (1635–1685), „der Astrologischen Kunst Liebhaber", der sich in der Einleitung auch als Verleger des Kalenders vorstellt.[32] Doch schon im selben Jahr verlässt Ammon die Stadt und erscheint ein Jahr später in Zug (s. u.). Der Druck des Kalenders wurde 1673 von Johann Oberlin übernommen. Ab 1684 übernahm Baldingers Sohn Johann Ludwig (1661–1727) den Druck des Kalenders, ab 1698 ist er auch als Verleger nachweisbar.[33]

Der Inhalt der ersten beiden Jahrgänge 1671 und 1673 sind mit einem Rückblick auf das Wetter des vergangenen Jahres noch stark an die Grundfunktionen des Kalenders gebunden, Zeitordnung und Wetterprognose. Das nächste, drei Jahre später erhaltene Exemplar von 1676 „continuiert" zusätzlich mit der Aufzählung der deutschen Kaiser,

29 Vgl. Matthäus, Geschichte des Nürnberger Kalenderwesens (wie Anm. 11), Sp. 976.

30 *Alter und Neuer Schreibkalender.* Durch Christoph Schorer von Memmingen. Basel: Ludwig König Erben 1682, [S. 5–27].

31 Emanuel Hurter (1694–1765) benutzte dabei sogar das alte Titelblatt, welches den Titel mit den Wappen der 13 alten Orte und den zugewandten Orten verziert und in dessen unterem Bereich sich eine Ansicht der Stadt Basel findet. – *Neuer und Alter Schreibkalender.* Durch Christoph Schorer. Schaffhausen: Emanuel Hurter 1742 (Zentralbibliothek Zürich, Sign. Z Kal 1820).

32 *Neu und Alter Janischer Bader Schreib-Kalender.* Baden: Jacob Ammon 1671, [S. 2].

33 Zur Genealogie der Baldinger vgl. Walther Merz: *Wappenbuch der Stadt Baden und Bürgerbuch. Mit 10 Tafeln, 270 Abbildungen im Text und zahlreichen Stammtafeln.* Aarau 1920, S. 23–25, Stammtafel 3.

mit Lassregeln und landwirtschaftlichen Hausregeln; diese Aufzählung muss folglich 1674 oder 1675 begonnen haben. Für das folgende Jahr 1677 versucht sich der Drucker zusätzlich zu der Kaisergeschichte mit Daten nach Art der Historischen Kalender, wobei die Themen breit gestreut sind: Blasphemie, Kriege, Luftzeichen, Blutregen und ähnliches mehr. Im Februar heißt es, ein polnischer Edelmann sei als „ein gröwlicher Gotteslästerer in ein grossen Englischen Hund verwandlet/ vnnd also von Gott gestraft/ daß er auff dem Feld sich mit der Speiß von todtnen Aasen behelffen müßte.“[34] Diese Wundermeldung ist noch bis in das 18. Jahrhundert erstaunlich weit verbreitet. Rolf Wilhelm Brednich wies dazu mehrere Erzählstränge in Publizistik, Historiographie und Predigtliteratur des 17. und 18. Jahrhunderts nach. Die Geschichte erscheint demnach zuerst nach einer Stettiner Meldung in drei Flugblättern vom Jahre 1633, geht 1657 in die lateinische Weltgeschichte des Johannes Cluever ein und wird von dort 1670 wieder vom deutschsprachigen *Theatrum Europaeum* übernommen.[35] Letztere erinnert durch die Formulierung stark an die Fassung des Badener Kalenders: „[…] indeme selbiger wegen vieler außgestossener greulicher Lästerwort wider Gott den Allmächtigen sich dergestalt versündiget/ daß er auß dessen Verhängnuß in einen grossen schwartzen Englischen Hund verwandelt/ sich der todten Aasen auff dem Feld/ gleich andern Hunden sich nehren müssen“.[36] Sie sollte, vielleicht auch vermittelt, als Vorlage gelten. Durch einen Kupferstich vom Jahre 1672 wird die Geschichte erneut aufgewärmt und erscheint in einer ganzen Reihe von Quellen; so weist Brednich allein für dieses Jahr vier Flugblätter und acht Meldungen in der periodischen Presse nach, wobei verschiedene Redaktionen das Geschehen auch in das vergangene Jahr 1672 nach Böhmen oder auch in die Umgebung von München verlegen.[37] Es ist also ersichtlich, dass die Kalendermacher ihre Themen aus verschiedenen Quellen übernahmen beziehungsweise umhergehende Erzählungen benutzten und eventuell frei bearbeiteten, wobei der Kalender in diesem Fall sicher durch die plötzlich erscheinenden Flugschriften beeinflusst

---

34 *Neu und Alter Schreibkalender*. Baden: Johann Adam Baldinger 1677, [S. 7].

35 Rolf Wilhelm Brednich: Der Edelmann als Hund. Eine Sensationsmeldung des 17. Jahrhunderts und ihr Weg durch die Medien der Zeit. In: *Fabula* 26 (1985), S. 29–57, hier S. 30–34.

36 *Theatri Europaeum continuatio 3*. Frankfurt a. M. 1670, S. 77. Zitiert nach Brednich, Edelmann (wie Anm. 35), S. 34.

37 Brednich, Edelmann (wie Anm. 35), S. 37–42.

wird, allerdings die alte historiographische Quelle bevorzugt und auf einen einzigen Satz zusammenkürzt.

Konkurrenz und Auseinandersetzung

In Luzern ist es die Druckerei Hautt, die seit dem 17. Jahrhundert mit Kalenderdrucken in Erscheinung trat. Im Jahre 1642 erschien bei David Hautt (1603–1677) ein *Neu und alt Schreibkalender*. Diesem muss allerdings mindestens ein Jahrgang, wenn nicht mehrere schon vorausgegangen sein, wie in einer Bemerkung im Kalender gesehen werden kann.[38] Hautt siedelte 1657 nach Konstanz über, nachdem seine Druckerei durch eine Feuersbrunst zerstört worden war, weswegen sein Sohn Gottfried nach dem Wiederaufbau der Druckerei den Luzerner Druck des Kalenders übernahm, allerdings erst 1664 als Drucker auf dem Titelblatt genannt wurde.[39] Gottfrieds Witwe Anna-Felicitas zeichnete sich nach Gottfrieds Tod 1692 für den Druck verantwortlich.[40] Die Reihe ist zwischen 1660 und 1690 für nahezu jedes zweite Jahr erhalten. Als Kalendersteller wird die Nachfolge des Nürnberger Kalenderstellers Andreas Goldmeyer angegeben.[41] Ab dem Jahrgang 1652 gibt Hautt an, dass er selbst dieser Nachfolger ist.

Es handelt sich um schlichte Kalender, die Recto-Seiten des Kalendariums enthalten ein breites Spatium. Ihnen ist eine eigenständige Praktik beigebunden. Schon in dem ersten erhaltenen Exemplar von

38 Zu Beginn der astrologischen Beschreibung der zwölf Monate heißt es: „Damit ich in der vor einem Jahr angefangenen Materi fortfahre [...]". – *Neu und Alt Schreibkalender*. Durch Andreas Goldmeyer Nachfolger. Luzern: David Hautt 1642, [S. 40]. Klaus-Dieter Herbst konnte im Generallandesarchiv Karlsruhe die Jahrgänge 1640 und 1641 ausfindig machen, die ich leider noch nicht eingesehen habe. Ich danke ihm für diesen Hinweis.

39 Seit 1661 mit der Angabe: „Bey und in Verlag David Hautten/ vt supr."

40 Markus Lischer: Hautt, David. In: *HLS-Online*, http://www.hls-dhs-dss.ch/textes/d/D19121.php, Abruf 31.08.2006. Vgl. Fritz Blaser: Luzerner Buchdruckerlexikon. I. Teil umfassend die Zeit von der Einführung der Buchdruckerkunst bis zum Jahre 1798. In: *Der Geschichtsfreund. Mitteilungen des Historischen Vereins der fünf Orte Luzern, Uri, Schwyz, Unterwalden und Zug* 84 (1929), S. 140–172, hier S. 151–154.

41 Zu Goldmeyers Leben und seiner Arbeit als Kalendermacher vgl. Matthäus, Geschichte des Nürnberger Kalenderwesens (wie Anm. 11), Sp. 1055–1063.

1642 beginnt diese Praktik zumeist mit einer längeren Einleitung, in der historische Themen moralisch ausgedeutet werden oder als Rechtfertigung für die astrologische Praxis dienen. Überschwemmungen aus verschiedenen Jahrhunderten bieten beispielsweise den Nachweis dafür, dass Jahre besonders nass werden, wenn Wasserzeichen das Jahr regieren und besonders wenn Mars, Venus, Merkur oder Mond Mitregent sind: „Als im Jahr Christi 1230. war gar nahe das gantze Frießland von dem Meer vberflößt/ es verdorben mehr dann hundert tausend Menschen: Promptuarium Exemplorum. Regierte der Mond.“[42] Die ‚Vier Jahreszeiten‘ werden hier von kurzen Texten gefolgt, in welchen alte astrologische und prognostische Quellen zitiert werden. In den folgenden Jahren werden dem Spatium einige freiere Texte beigesetzt, beispielsweise Vierzeiler zu den bekannten Schlachten der Schweiz im Mittelalter oder gereimte Regeln, welche Kräuter zu welcher Jahreszeit zu pflücken seien. Die beigebundene Praktik wird immer mit zwei bis drei Seiten freierer Texte eingeleitet, z. B. mit Erklärungen von der „Abtheylung deß Erdenkreyß“ und „Von der grösse deß Erdbodens“.[43]

In dem Jahr 1663 findet sich für die Praktik eine Einteilung, wie sie auch vom *EWGC* bekannt ist. Jede Jahreszeit wird von einem gereimten Spruch eingeleitet, durch eine Prognose erklärt und mit einem weiteren Text aufgeführt, in diesem Falle einer Erklärung paracelsischer Emblemata. Es ist auch erstmals auf der letzten Seite ein kurzes Kalendergespräch abgedruckt. Ein Doktor stellt einem Kind moralische Fragen, welche das Kind nach Art der Katechismusfragen beantwortet, beispielsweise „1. Wobey ist der Mensch zuerkennen/ welchen man zum Freund erwöhlen/ oder meyden soll?“, worauf das Kind antwortet:

> An vielerley. 1. An Kleyderen die er tragt. 2. An Wercken/ die er thut. 3. Worten/ die er redet. Vnd 4. Freunden, die er hat. Dann wer von Kleydungen hochtragend: Jn seinen Geschäfften ohne Gewissen: Jn seinen Worten Ruhm-redendt ist; Vnd mit böser Gesellschaft vmbgeht: vor dem selben soll man sich hüten/ vnd ihme nichts vertrawen.

Der Doktor beschließt dies Gespräch mit der Aussicht, „künfftig mit andern Fragen zucontinuiern“.[44] Diese Fragen führt er tatsächlich als feste Rubrik über zwölf Jahre, bis in das Jahr 1675, weiter. In diesem Jahr

42 Hautt, *Schreibkalender 1642* (wie Anm. 38), [S. 35].

43 *Neu und Alt Schreibkalender*. Durch David Hautt. Luzern: David Hautten 1652, [S. 35].

44 *Neu und Alt Schreibkalender*. Durch David Hautt. Luzern: Gottfried Hautt 1663, [S. 40].

1675, in dem das Kalendergespräch zuletzt in der Luzerner Reihe zu finden ist, lässt sich in den ‚Vier Jahreszeiten' nach jeder Quartalsprognose eine kurze, enger gesetzte talmudische Erzählung finden, so für den Winter von dem Esel des Rabbi Pinehas, der das Stroh nicht frisst, weil für dies noch keine Steuern abgeführt worden sind.

Eine Thematisierung des Inhalts und damit eine Reflexion über seine eigene Rolle als Erzähler dieser Kalendermaterie ist erstmals in den 1680er Jahren sichtbar. 1686 beschwert sich der Kalendermann:

> Günstiger Leser/ Es ist allbereit mit den Calendern oder Practica so weit kommen/ daß nicht allerhand närrsche Possen/ Fablen vnd Historien mit eingebracht/ vnd vermischt/ solche dann gleichsamb nicht mehr wollen estimiert werden/ da doch der gleichen Historien aller Orten genugsamb vnd überflüssig zufinden/ bedunckt mich also neben dem Calender vnd Witterung durch das gantze Jahr anständiger vnd nutzlicher zu seyn/ etwas gutes zu Erhaltung deß Menschen Gesundheit taugliche Materia einzubringen/ vnd ins künfftig damit zu continuiern [...].[45]

Folgerichtig finden sich als Inhalte medizinische Ratgeber. Auch die Auseinandersetzung mit der Konkurrenz durch die Zeitungen und Fliegenden Blätter, die sich im Falle des polnischen Edelmanns schon andeutete, wird im Luzerner Kalender im Jahre 1687 ein Thema. Betreffs der aktuellen englisch-schottisch-irländischen Verwicklungen, von denen alle Welt spreche, bringt der Kalender einen Bericht, den er geschickt anzupreisen weiß. Schließlich erschienen durch die allgegenwärtige Berichterstattung notwendigerweise

> [...] gegen einander streittende Bericht [...] daß man nicht wüste was zu glauben. Dahero meinem werthesten Leser nicht unangenehmen zu seyn erachtet/ wann ich mit sonderm Fleiß/ und Trew demselben das ienige kurtz und unpartheyisch hie vorstelte/ was sich mit dem so genanten Hertzog von Monmouth und seinen Mithafften eräugnet [...].[46]

Bis zum Ende des 17. Jahrhunderts bietet der Luzerner Kalender jahresweise unterschiedlichste Themen an, so einen Gesundheitsratgeber (1692), einen Bericht über die Schlacht bei Ostende, welche 90 Jahre zuvor ihr Ende nahm (1694), oder im Jahre 1698 eine Biographie Kaiser Neros und einen Reisebericht aus Südamerika: „Kurtzer Bericht der denckwürdigsten Sachen von einem Priester aus Iapeyu, selbiger Land-

45 *Neu und Alt Schreibkalender*. Durch David Hautt. Luzern: Gottfried Hautt 1686, [S. 34].

46 *Neu und Alt Schreibkalender*. Durch David Hautt. Luzern: Gottfried Hautt 1687, [S. 2].

schafft/ Völkern/ und Arbeitung/ der sich alldort befindet/ gezogen."[47] Der Jahrgang 1695 übernimmt auf vier Seiten die „Hinrichtung Herrn Deßfiats und Herren de la Thou" aus Harsdörffers *Jämmerlichen Schauplatz*.[48]

Kommen wir zurück zu dem Drucker des ersten Badener Kalenders, Jakob Ammon. Er muss bereits nach dem einzigen von ihm erhaltenen Jahrgang 1671 nach Zug gezogen sein. Der älteste Jahrgang dieser Kalenderreihe, und damit der älteste Kalender des Kantons Zug, ist aus dem Jahr 1674 erhalten. Er ist äußerlich von dem Luzerner und dem Züricher kaum zu unterscheiden – alle drei benutzen als Titelblatt Stadtwappen und Reichsadler (Abb. 2). Die Kalender beziehen sich so durch Emblematik und Inhalt deutlich auf die Tradition des römisch-deutschen Reiches, obwohl die Eidgenossenschaft doch spätestens seit dem Westfälischen Frieden nicht mehr Teil des Reiches war. Die Reichsinsignien verschwanden erst im Laufe der zweiten Hälfte des 17. Jahrhunderts, vereinzelt lassen sie sich noch bis in das 18. Jahrhundert auf Druckermarken, aber beispielsweise auch an Hausfassaden öffentlicher Gebäude sehen.[49]

---

47 *Neu und Alt Schreibkalender*. Durch David Hautt. Luzern: Anna Felicitas Hautt 1698, [S. 47–48].

48 *Neu und Alt Schreibkalender*. Durch David Hautt. Luzern: Anna Felicitas Hautt 1695, [S. 44–48]. Siehe Harsdörffer, *Mord-Geschichte* (wie Anm. 24), Nr. CII, S. 349–355.

49 Vgl. dazu Brigitte Meles: Das Entschwinden des Reichsadlers. In: *1648. Die Schweiz und Europa. Außenpolitik zur Zeit des Westfälischen Friedens*. Hrsg. von Marco Jorio. Zürich 1999, S. 147–161. Der eidgenössische Gesandte Hans Jakob vom Staal antwortete dazu dem ehemaligen französischen Ambassador Jacques Le Fèvre des Caumartin 1650, der Reichsadler symbolisiere die von den Vorfahren errungenen Privilegien (S. 148). Auch der Rat der Stadt Solothurn beschloss 1681, den Adler als Erinnerung an die Leistungen der Vorfahren weiter im Wappen zu behalten (S. 159). Schon Johannes Dierauer fiel in seiner *Geschichte der Schweizerischen Eidgenosschaft*, Gotha ^{3}1920, Bd. 2, S. 433, auf, dass nach den Freibriefen von 1499, die er zwar nicht als formelle, so doch als praktische Unabhängigkeit vom Reich ansah, die Schweizer es doch „geschehen ließen, daß über den Toren ihrer Städte nach wir vor neben dem heimischen Wappenschild der Doppeladler prangte". Teresa Tschui: *Wie solche Figur zeiget. Der schweizerische Volkskalender als Bildmedium vom 17. bis zum 19. Jahrhundert*. Bremen 2009, S. 343–344, die neben anderen auch den Zuger Kalender von 1674, den St. Galler Kalender von 1681 und den Luzerner Kalender von 1642 anführt, ignoriert die Reichsinsignien dieser und weiterer Exemplare leider völlig und erwähnt allein das Aufkommen der kantonalen Wappen als Identifikationssymbole.

Die konkrete Auseinandersetzung bleibt regional und realitätsgebunden. Der Zuger Kalendermann beschwert sich in diesem Jahr in einer Bemerkung, der Luzerner Kalender hätte ihn das Jahr zuvor gescholten, er, der Zuger Kalenderdrucker, könne nicht einmal seinen Namen richtig schreiben. Interessanterweise spielt der Zuger Kalendermann Jakob Ammon den Druckfehler des Jahrgangs 1672, um welchen es sich gehandelt haben muss, herunter und schlägt nun, 1674, zurück, wobei er sich über eben jene Kalendergespräche zwischen dem Doktor und dem Kind des Luzerner Kalenders lustig macht:

> Guthertziger ohnpassionierter Leser/ du wurdest dich villeicht auch verwunderen/ so der Zuger Buchdrucker/ zu dem An. 1673 Lucerner Kalender/ allwo er von dem Kind vnd altem Doctore durch die Hechel gezogen wird/ ob solte er seinen Namen nicht schreiben können/ still schwige/ da er von Geist- und Weltlichen/ hoch- vnd niederen Stand-Persohnen solches hören müssen/ wüsse/ daß bald ein a für ein o gesetzt wird/ also Jacab für Jacob/ vnd bald übersehen/ vnnd ist zu erachten/ so er hoffärtig/ wurde er zu erst auff seinen Namen gesehen haben/ gleich wie das Kind/ oder Docter auff die Nürenbergischen Kalender/ etc.[50]

Wie es schon der Bestand tatsächlich erhaltener Kalenderexemplare in Schweizer Bibliotheken gezeigt hat, waren die Nürnberger Kalender eine bekannte Größe. Der Zuger Kalendermann empfiehlt dem Luzerner Konkurrenten, er solle sein Kind nochmals zur Schule schicken und den Doktor besser hinter dem Ofen sitzen lassen. Die Nebenbemerkung schließt mit einer rhetorisch geschickten Gehässigkeit gegen die Luzerner Kalenderfamilie Hautt: „Kein Fleisch nur Haut/ doch schreyt er laut.“[51] Es hat nicht geholfen, die Hauttsche Buchdruckerfamilie hatte langfristig größeren Erfolg als Jakob Ammon in Zug. Dessen Druckerei wurde schon 1676 von Franz Karl Roos übernommen. Roos führte die Geschichte der Eidgenossenschaft weiter, mit der Ammon seinen neuen Zuger Kalender begonnen hatte, und führte seine Schweizergeschichte sogar bis in die Zeit der Helvetier, also bis in die Antike zurück.

50 *Neuer und Alter Schreib-Kalender*. Durch Martin Schota. Zug: Jakob Ammon 1674, [S. 34].

51 Schota, *Schreib-Kalender 1674* (wie Anm. 50), [S. 34].

Erzählende Literatur

Der polnische Edelmann leitet über zu einer weiteren Kalenderreihe, dem Solothurner *Neuer und Alter Schreibkalender*. Dieser Kalender, von Melchior Griesser (1638–1704), Mathematiker, Schreib- und Rechenmeister am Gymnasium Schaffhausen,[52] gestellt, im Verlag des Druckers und Verlegers Johann Jakob Bernhard und von Michael Wehrlin gedruckt, ist erstmalig von 1662 erhalten. Während in den Jahrgängen 1662 und 1664 Bauernregeln und Rätsel in das Kalendarium gestreut sind, beginnt der Jahrgang 1665, den Kalender mit „schönen und kurtzweiligen Historien“ anzufüllen, was er jeweils auf den Titelblättern anzupreisen weiß. Anstelle von Melchior Griesser wird im nächsten erhaltenen Exemplar von 1669 Gregor Schmeler als Kalendersteller ausgewiesen, und der Druck geht an Ludwig Dorner. Spätestens seit diesem Jahre werden die Historien nach Art eines Kalendergesprächs durch Frage und Antwort dargeboten. Dies Konzept wird auch für die folgenden noch erhaltenen Exemplare von 1671 (Druck von Peter Joseph Bernhard[53]), 1673, 1674, 1676 („Truckts Jacob Bruder“) und 1678 beibehalten. Die Fortsetzung der Historien innerhalb des Kalendariums und abschnittsweise in der Praktik bringt 1679 und 1680 einen Auszug aus einem zeitgenössischen satirischen Roman, der wiederum den polnischen Edelmann als Hauptfigur hat: „Güldener Hund, oder Außführliche Erzehlung wie es dem so genannten Cavalier auß Böhmen, welcher in einen Hund verwandelt worden, ergangen.“[54] Es handelt sich hierbei um eine Bearbeitung des Stoffes unter dem Pseudonym Cosmus Pierus Bohemus, in der die Verwandlung nicht durch eine göttlichen Strafe, sondern als Zauberei erklärt wird, wie der Titel des ersten Bandes des zweibändigen Werkes schon ausweist: „Güldner Hund/ oder Ausführliche Erzehlung/ wie es dem so genannten Cavalier aus Böhmen/ welcher nicht/ (wie etliche mit Unwahrheit vorgegeben/) wegen greulicher Gotteslästerung/ sondern durch Zauberey/ in einen Hund verwandelt worden [...]“. Hinter dem fiktiven Autor verbirgt sich vermutlich der oberpfälzische Musiker und Schriftsteller Wolfgang Caspar Printz (1641–1717), der die Geschichte nach Art eines Schel-

52 Arpad Stephan Andreánszky: Griesser, Melchior. In: *HLS-Online*, http://www.hls-dhs-dss.ch/textes/d/D21657.php, Abruf 23.01.2007.

53 Es scheint sich hier um den 1676 erwähnten Bruder von Johann Jakob zu handeln.

54 *Neuer und Alter Schreib-Kalender*. Durch Gregor Schmeler. Solothurn: Johann Jakob Bernhard/Jakob Bruder 1679, [S. 5–60]; 1680, [S. 34–44].

menromans über verschiedene Episoden ausbreitet, von denen auch der Kalender einige liefert; auch die angebliche polnische Vorlage muss als Fiktion angesehen werden (so man nicht die Stettiner Meldungen von 1632 als solche ansehen will), wie schon der Druckort Wrzeckowitz (polnisch Allesstadt oder Überallstadt) vermuten lässt.[55]

Die Redaktion der Kalender

Mit der zunehmenden Aufnahme von kalenderfernen Bestandteilen im Laufe des 17. Jahrhunderts zeigt sich in der Schweiz auch eine Veränderung in der Urheberschaft der Kalender. Anders als noch in den älteren Quartkalendern, die von astronomisch Gebildeten, oftmals Ärzten, gestellt und redaktionell betreut wurden, zeigt sich in mehreren der vorgestellten Reihen, dass die Redaktion des Kalenders in die Hände der Verleger oder Druckerverleger wanderte. In Baden war es der Verleger Baldinger, der sich als Liebhaber der astronomischen Kunst auf dem Titelblatt anpries und den Kalender zusammenstellte; in Luzern ihm gleich der Druckerverleger David Hautt, der sich – astronomisch interessiert – als Nachfolger von Andreas Goldmeyer sah; im Streit mit Hautt wurde deutlich, dass der Zuger Kalenderdrucker Jakob Ammon sich für die redaktionelle Bearbeitung des Kalenders verantwortlich zeichnete. Alle diese Beispiele verweisen schon auf das 18. Jahrhundert, in dem die Redaktion der Kalender vom Verleger organisiert wird und nur noch selten in der Hand des mathematischen Kalenderstellers liegt. Häufig genug tritt der tatsächliche Kalendersteller hinter fiktive Namen wie „Anthoni Sorgmann“, so der angebliche Kalendersteller des Basler *Hinkenden Boten* (seit 1691 erhalten), zurück,[56] oder längst verstorbene Kalendersteller wie Jakob Rosius oder Christoph Schorer werden weiterhin als Gewährsmänner genannt. Bei Schorer war der Fall zu bemerken, dass zehn Jahre nach seinem Tod ein Kalender auf seinem Namen erschien. Hier wurde die Redaktion sicherlich vom Drucker Ludwig König Erben selbst übernommen, der sich die astronomischen Informationen von astronomisch Gebildeten einkaufte oder wie Hautt und Baldinger gleich selbst stellte. Dies macht es umso leichter einsich-

55 Brednich, Edelmann (wie Anm. 35), S. 44–45.
56 Vgl. Graf, *Hinkende Bot* (wie Anm. 26), S. 19.

tig, warum der kalenderfremde Text, eine Schweizergeschichte, in einem Kalender erscheint, der angeblich von einem Deutschen gestellt wurde. Bei dem Schweizer ist mit mehr Wissen und Motivation für eine helvetische Geschichtsschreibung zu vermuten, als bei einem Schwaben. Auch Franz Karl Roos, der 1676 den Zuger Kalender von Jakob Ammon übernahm, machte in seiner Einleitung deutlich, dass ihm die Textredaktion oblag: „Gunst gewogner lieber Leser. Dieweilen die Truck-Pressen einen andern Besitzer bekomen/ vnd disere Practic zum ersten vnder meinem Namen den Augen übergeben wird/ bin ich vorhabens zwar/ die denckwürdig-Eidtgnoßsische Geschichten weiters zuerstrecken [...]". Da der auf dem Titelblatt ausgewiesene Kalendersteller Martin Schota nicht wechselt, ist offensichtlich, dass hier tatsächlich Roos, nicht Schota, der Redaktor der Texte ist, wenn er weiterhin schreibt, er wolle, ohne seinen Vorgänger Ammon tadeln zu wollen, die Geschichte der Eidgenossen neu beginnen, um auch die ersten Geschehnisse aus der Antike berichten zu können.[57]

Es ist davon auszugehen, dass dieser Prozess auch für eine andere, kurze Kalenderreihe zutrifft, die aus St. Gallen stammt. Sie ist in dem eingangs erwähnten Sammelband verschiedener Kalender aus den 1670er und 1680er Jahren zu finden, welcher auch ein Exemplar des *Jungen-Simplicissimi-Kalender* enthält. Die inhaltliche und räumliche Nähe der Kalender ist frappierend, findet sich doch ein Text in den St. Galler Kalendern, der auch im *EWGC* erscheint. Es handelt sich um vier Kalenderjahrgänge des St. Galler Buchdruckers Jakob Redinger (1655?–1730), angeblich von Johann Fröhlich gestellt.[58] Bedeutend ist, dass der Kalender direkt auf den Drucker Redinger zurückgeht, dieser also die Initiative zur Herausgabe eines Kalenders ergriffen hatte und damit die Fäden für dieses Projekt in seinen Händen hielt. Er hatte, nachdem es in der Stadt 80 Jahre lang keine Druckerei gab, im Jahre 1680 seine Presse aufgestellt und bereits im selben Jahr den ersten Quartkalender auf St. Galler Boden produziert, einen *Alten und Neuen Schreibkalender*. Es ist davon auszugehen, dass die Redaktion Redinger oblag. Es sind im 17. Jahrhundert noch die Jahrgänge 1681, 1682, 1683 und 1688 erhalten. Seine Druckerei muss später zumindest zu Teilen in den Besitz des Stiftes St. Gallen gekommen sein, denn das Titelblatt

57 *Neuer und Alter Schreib-Kalender*. Durch Martin Schota. Zug: Franz Karl Roos 1676, [S. 5].

58 Es konnte dazu nur ein „J. Fröhlich", der 1620 Kalender in Nordostdeutschland stellte, ausfindig gemacht werden. Vgl. Herbst, Kalenderwesen (wie Anm. 11), S. 179.

[identischer Holzstock!] des Jahrgangs 1688 erscheint über hundert Jahre später in einem Thurgauer Kalender.[59]

Redinger kam aus Deutschland und hatte vor 1680 in Frankfurt ein Formenbuch drucken lassen. Unter strengen Auflagen wurde ihm vom Rat der Stadt St. Gallen erlaubt, seine Druckerei zu errichten.[60] Das erste Kalenderexemplar von 1681 verrät im Nebentitel, in diesem sei „auch ein lustige Historia und Kunst/ die bösen Weiber fromm zu machen". Wie der Titel schon ahnen lässt, handelt es sich um einen Schwank, der im *EWGC* auf das Jahr 1672, also neun Jahre zuvor, unter dem Titel „Recept vor die bösen Weiber" zu finden ist. Ein Textvergleich macht deutlich, dass es sich um den gleichen Text handelt, der nur kleinere Abweichungen aufweist (Unterschiede kursiviert):

59 Andreas Wehrli (1747–1795) hatte die St. Gallische Stiftsdruckerei übernommen und damit 1792 in Bischofzell sein Geschäft eröffnet. Das alte St. Galler Titelblatt, eine Weihnachtskrippenszene, erschien im *Grossen historischen Kalender auf das Jahr 1795* [Kantonsbibliothek Frauenfeld, Sign. L 550]; vgl. Albert Knoepfli: *Des Thurgaus erste Druckerei zu Bischofzell 1792–1800*. Frauenfeld 1986, S. 16–46, der die Chronologie der Kalender allerdings durcheinanderbringt und mit Vorsicht zu gebrauchen ist.

60 Zur Geschichte der Offizin siehe Hermann Strehler: *Die Buchdruckerkunst im alten St. Gallen. Die Geschichte der Offizin Zollikofer. Vom „Wochenblatt" zum „St. Galler Tagblatt"*. St. Gallen 1967, S. 63–74.

Europäischer Wundergeschichten-Calender 1672.	*Alter und Neuer Schreibkalender* [...] 1681. Darinn auch ein lustige Historia und Kunst/ Die bösen Weiber fromm zu machen. [...] Gedruckt von Jacob Redinger.
[48] Recept vor die bösen Weiber. Bey einer Hertzogin in Pommern wartete vor diesem eine sehr schöne Jungfrau/ die aus Adelichem Stamm entsprossen/ für eine Kammer Jungfer auf/ dieselbige war von sehr feinen Eltern/ in allen Jungfräulichen Tugenden wol erzogen/ hatte aber den Gebrauch an sich/ daß sie an Boßheit ihr gantzes Geschlecht sehr weit übertraff/ und weil die Eltern sie auf keinerley wege konnten zu [re]chte bringen/ ersuchten sie die Hertzogin/ daß sie doch ihre böse Tochter in ihre Dienste nehmen möchte. [...]	[5] *Eine lustige Historia und approbierte Kunst/* *Die bösen Weiber fromm zu machen.* Bey der Herzogin in Pommeren wartete vor d*i*sem eine sehr schöne Jungfrau/ die au*ß* Adelichem Stamm entsprossen/ für eine Kammer-Jungfrau auf/ dieselb*e* war von sehr feinen Eltern/ in allen Jungfräulichen Tugenden wo*h*l erzogen/ hatte aber den *Gebrechen* an sich/ daß sie an Bo*s*heit ihr ganzes Geschlecht weit übertraff/ und weil die Elteren sie auf keinerley wege konten zu rech*t* bringen/ ersuchten sie die Herzogin/ daß sie doch ihre böse Tochter in ihre Dienste nehmen möchte. [...]
Ja/ ja sagte die Hertzogin es soll geschehen. Simplicius. Herr Kugelmann haltet inn [...] [49] Kugelmann. Jch muß mich vor ein wenig reuspern: Ham/ Hem/ Hem! *** Des andern Tages nahm die Hertzogin Jungfer Annen/ welches sich fein sauber angethan [...]	[9] Ja/ ja/ sagte die Herzogin/ es so*l* geschehen. Deß andern Tages nahm die Herzogin Jungfer Annen/ welch*e* sich fein sauber angethan [...]
Als nun selbige in allen Freuden vollbracht/ befahlen der Braut Eltern ihr Kind den Junckern mit dem Beding ihr den Zügel nicht zu weit schiessen zu lassen/ sie wäre sonsten wol erzogen [...].	Als nun selbige in allen Freuden vollbracht/ befahlen der Braut Eltern *dem Junkern ihr Kind*/ mit dem Beding*: Er solte* ihr [11] den Zügel nicht zu weit schiessen *lassen* sie wäre sonsten wol erzogen [...].

Die Änderungen sind in den meisten Fällen orthographischer oder syntaktischer Natur. Im gesamten Text kann bei zehn Abweichungen von einer stilistischen Korrektur gesprochen werden, wobei der St. Gallische Kalendermacher sich um leicht verständliche Sprache bemüht. Während es beispielsweise im *EWGC* heißt, der Mann hätte „unbarmhertzig auf ihren zarten Leibe los[geschlagen]/ welches er zwar nicht aus Liebe thun konnte“, erweitert der Schweizer den Satz zu „welches er zwar nicht lang (wegen der Liebe die er zu ihr trug) thun konte." Die eingefügten Gespräche zwischen Simplicius und seinen Gesprächspartnern, die die Textabbrüche zwischen den einzelnen Jahreszeiten überspielen, fehlen in dem Schweizer Kalender selbstverständlich völlig. Ob Redinger aus dem simplicianischen Kalender abgeschrieben hat, lässt sich nicht mehr feststellen. Es finden sich in diesem St. Gallischen Exemplar von 1681 auch noch weitere Texte mit selbigem Thema, besonders satirische „Recepte" wider die „schnurr- und murrsucht" der Frauen. Auch der folgende Jahrgang bringt ähnliche Rezepte, diesmal um „liederliche Männer zu recht zu bringen", wobei es sich um verschiedene gängige Schwanktypen handelt.[61]

Für das folgende Jahr 1683 greift Redinger mit einer „Kurze[n] Beschreibung der weltbekannten Statt St. Gallen in der löblich. Eidgenossschaft" wieder auf faktuale Texte zurück,[62] und der noch erhaltene Jahrgang von 1688 weist mit einigen Kunststückchen wie „Zu machen daß ein Glaß auff dem Tisch herum gehe" oder „Ein magere Hänne in einer viertel Stund feißt zu machen/ daß sie vor Fürsten und Herren tauglich auffzusetzen und zu essen", zudem einer aktuellen Beschreibung der Schlacht zwischen dem deutschen Kaiser und dem türkischen Heer in Ungarn vom August des vorigen Jahres Inhalte auf, die sich um Sensation und Neuigkeit bemühen.[63] Dies ähnelt den beiden *Hinkenden Boten*, die in Basel 1676 das erste Mal erschienen, einer bei Jakob Bertsche als Fortsetzung des *Rosiuskalenders*, einer bei Johann Konrad von Mechel.[64] Deren ältestes erhaltenes Exemplar, der Basler

---

61 *Alter und Neuer Schreib-Kalender*. Durch Johann Fröhlich. St. Gallen: Jakob Redinger 1681, [S. 21–27]; 1682, [S. 5–27].

62 *Alter und Neuer Schreib-Kalender*. Durch Johann Fröhlich. St. Gallen: Jakob Redinger 1683, [S. 5–27].

63 *Alter und Neuer Schreib-Kalender*. St. Gallen: Jakob Redinger 1688, [S. 7–32].

64 Graf, *Hinkende Bot* (wie Anm. 26), S. 27. Der Mechelsche *Hinkende Bote* von 1691 macht auf seinem Titelblatt die Angabe, er sei „zu gutem nun zum fünffzehenden mal herauß gegeben", was auf das erste Erscheinungsdatum 1677 hinweist. Ebenso schlussfolgert Joseph Lefftz: Der Colmarer Hinkende Bote. Ein Streifzug durch seine mehr als 250-jährige Geschichte. In: *Annuaire de Colmar. Colmarer Jahrbuch* 2 (1936), S. 120–149, hier S. 120–127, aus der Tatsache, dass der Colmarer *Hinkende Bote* 1684 nach eigener Angabe des Titelblattes „nun zum achtenmahl an den Tag gegeben" erscheint, dass er 1677 zuerst erschien, allerdings in Basel, da der Drucker Johann Jakob Decker zu dieser Zeit noch in Basel ansässig war. Vgl. zuletzt Susanne Greilich: Der Hinkende Bote / Messager boiteux. Strukturen, Spezifika und Entwicklungen eines populären Almanachtyps. In: *Populäre Kalender im vorindustriellen Europa. Der „Hinkende Bote" / „Messager boiteux". Kulturwissenschaftliche Analysen und bibliographisches*

Hinkende Bote von 1691, weist mit seinen Inhalten bereits in das 18. Jahrhundert: jährliche Nachrichten, die vor allem von Kriegsberichten, Sensationsmeldungen und Wetterrückblicken getragen werden, und mit denen sich die Kalender als aktuellstes Nachrichtenmedium der unteren sozialen Schichten in der Konkurrenz um das Lesepublikum zu etablieren versuchten. Als Vertreter einer neuen Gattung von Quartkalendern, den „Volkskalendern" des 18. und 19. Jahrhunderts, beginnen sie hiermit eine Entwicklung, die das Thema dieses Aufsatzes verlässt.

Kalender:

Baden:
Neu und Alter Janischer Bader Schreib-Kalender. Baden: Jacob Ammon 1671 [Schweizerische Nationalbibliothek, Sammlung Angst].

Neu und Alter Schreibkalender. Baden: Johann Adam Baldinger 1673, 1676, 1677 [Zentralbibliothek Zürich, Sign. Kal 1610a], 1680, 1683, 1684 [Schweizerische Nationalbibliothek, Sammlung Angst], 1698 [Zentralbibliothek Zürich, Sign. Kal 1610a].

Basel:
Alter und Neuer Schreibkalender. Durch Jakob Rosius. Basel: Heinrich Petri 1650, 1651, 1652. Georg Decker 1653, 1654, 1655 [Universitätsbibliothek Basel, Sign. E L XI 2], 1656 [Kantonsbibliothek St. Gallen, Vadiana, Sign. VYM 4060]. Johann Jakob Genath Witwe 1658, 1661, 1662. Jakob Bertsche 1666, 1669, 1674, 1691, 1698. Jakob Bertsche/Samuel Huss 1678 [Universitätsbibliothek Basel, Sign. E L XI 2].

Alter und Neuer Schreibkalender. Durch Christoph Schorer von Memmingen. Basel: Ludwig König Erben 1682 [Kantonsbibliothek St. Gallen Vadiana, Sign. YM 4060].

Alter und Neuer Schreib Calender, Der Hinkende Bote. Durch Anthoni Sorgmann. Basel: Johann Conrad von Mechel 1691 [Schweizerische Nationalbibliothek, Sign. PK 2419], 1700 [Universitätsbibliothek Bern,

Repertorium. Ein Handbuch. Hrsg. von Susanne Greilich und York-Gothart Mix. Berlin, New York 2006, S. 9–42, bes. S. 9.

Sign. Kal. II. B. 6]. Die noch erhaltenen Jgg. 1693 [Universitätsbibliothek Basel, Sign. VB 209], 1696 und 1698 [Schweizerische Nationalbibliothek, Signatur PK 2419] besitzen kein Titelblatt mehr.

Bern:
Alter und Neuer Schreibkalender. Durch Markus Fröhlich. Bern: Jakob Anton Vulp 1694 [Schweizerische Nationalbibliothek, Sammlung Angst].

Luzern:
Neu und Alt Schreibkalender. Durch Andreas Goldmeyer Nachfolger. Luzern: David Hautten 1642, 1646, 1649 [Zentralbibliothek Zürich, Sign. Kal 1736]. Durch David Hautt 1652 [Schweizerische Nationalbibliothek, Sign. PK 4011]. Gottfried Hautt 1661 [Zentralbibliothek Luzern, Sign. Kal 122], 1663 [Schweizerische Nationalbibliothek, Sign. PK 4011], 1664, 1666, 1668, 1670, 1671 [Zentralbibliothek Luzern, Sign. Kal 122], 1675 [Zentralbibliothek Zürich, Sign. Kal 1736], 1676, 1677, 1678, 1679, 1680, 1681, 1682, 1683, 1684, 1685, 1686, 1687, 1688, 1692. Anna Felicitas Hautt 1694, 1695, 1697, 1698, 1699 [Zentralbibliothek Luzern, Sign. Kal 122].

Solothurn:
Neuer und Alter Schreib-Kalender. Durch Melchior Griesser. Solothurn: Johann Jakob Bernhard 1662. [o. A. des Kalenderstellers] Johann Jakob Bernhard/Michael Wehrlin 1664, 1665. Durch Gregor Schmeler. Solothurn: Johann Jakob Bernhard/Ludwig Dorner 1669. Johann Jakob Bernhard/Peter Joseph Bernhard 1671, 1673. Johann Jakob Bernhard 1674. Johann Jakob Bernhard/Jakob Bruder 1676, 1678, 1679, 1680. Johann Jakob Bernhard 1681. Johann Jakob Bernhard/Peter Joseph Bernhard 1682, 1683, 1684. Johann Jakob Bernhard/Peter und Jakob Joseph Bernhard 1686. Peter Joseph Bernhard 1688, 1691 [alle Zentralbibliothek Solothurn, Sign. XR 42].

St. Gallen:
Alter und Neuer Schreib-Kalender. Durch Johann Fröhlich. St. Gallen: Jakob Redinger 1681, 1682, 1683 [Kantonsbibliothek St. Gallen, Vadiana, Sign. V YM 4060]; [ohne Angabe des Kalenderstellers] Jakob Redinger 1688 [Kantonsbibliothek St. Gallen, Vadiana, Sign. V SS 05].

Zug:
Neuer und Alter Schreib-Kalender. Durch Martin Schota. Zug: Jakob Ammon 1674. Franz Karl Roos 1676 [Zentralbibliothek Zürich, Sign. Kal 1908], 1677 [Zentralbibliothek Luzern, Sign. Kal 122], 1683 [Kantonsbibliothek Aarau, Sign. BQ 32].

Zürich:
Alter und Neuer Schreibkalender. Durch Johann Rudolf Geiger. Zürich: Johann Jakob Bodmer 1649, 1662, 1666. Durch Johann Rudolf Gwerben 1651, 1652, 1653, 1654, 1656. Durch Johann Friesen. Zürich: Johann Jakob Bodmer 1658, 1659. Durch Johann Jakob Scheuchzer. Zürich: Heinrich Hamberger 1689 [alle Zentralbibliothek Zürich, Sign. Z Kal 1910a].

Abbildungen

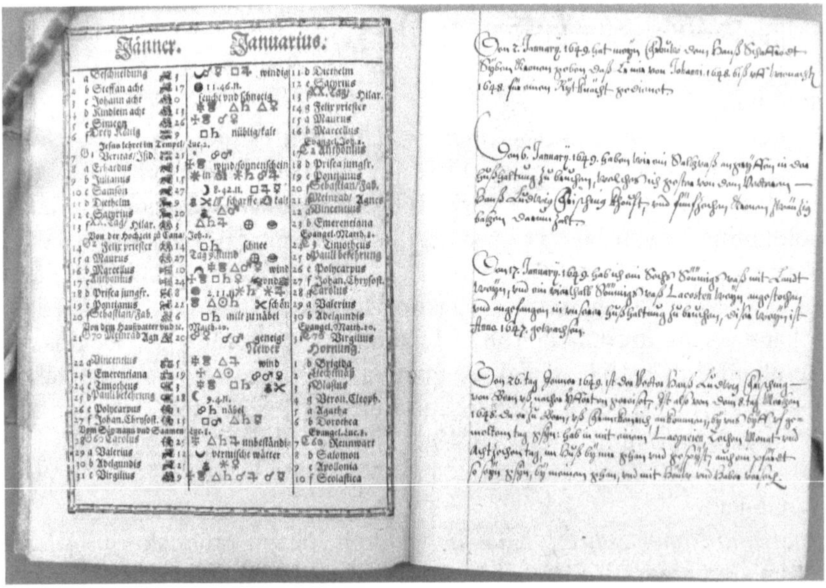

Abb.1: *Alter und Neuer Schreibkalender.* Durch Johann Rudolf Geiger. Zürich: Johann Jakob Bodmer 1649, [S. 4 und Durchschuss; Zentralbibliothek Zürich, Sign. Z Kal 1910a]. Der Durchschuss wurde für tagebuchartige Notizen benutzt.

Alter und Neuer
Schreib-Kalender/
Auff den Eidgnößischen/und der
Statt S. Gallen Meridianum
gerichtet:
Auff das Jahr nach Christi Geburt/
M. DC. LXXXIII.
Dariñ auch ein Beschreibung der lobl. Statt S. Gallen/
samt einer daselbst geschehenen denkwürdigen Geschicht.
Beschriben durch
Johann Frölich/ Mathematicum.
S. Gallen/
Gedrukt bey Jacob Redinger.

Abb. 2: *Alter und Neuer Schreib-Kalender.* Durch Johann Frölich. St. Gallen: Jakob Redinger 1688 [Kantonsbibliothek St. Gallen, Vadiana, Sign. V SS 05]. Der St. Gallensche Schreibkalender schmückt sein Titelblatt wie schon der Zürcher, der Luzerner und der Zuger Kalender mit den Reichsinsignien Krone und Adler und dem Stadt-St.-Gallenschen Wappentier, dem Bären.

HELGA MEISE (Reims)

Textformen und Literarizität in Marx Friedrich Rosenkreutzers *Neuem Wurtz- und Kräuter-Calender* (1649–1672)

Fragt man nach Textformen und Literarizität der frühneuzeitlichen Kalender, bietet sich Rosenkreutzers *Neuer Wurtz- und Kräuter-Calender* in dreifacher Hinsicht als Untersuchungsgegenstand an. Der Kalender, der laut Klaus Matthäus von 1643–1703 läuft,[1] ist repräsentativ für das zeitgenössische Kalenderwesen, setzt aber gleichzeitig schon bei seinem Start auf seinen Unterschied zu den Kalendern seiner Zeit. Er besteht wie erforderlich aus zwei Teilen, Kalendarium und Praktik. Das Kalendarium, der erste Teil, bietet den Jahresverlauf in chronologischer Abfolge mit Angaben zu Kirchenjahr, Heiligenfesten, dem Stand der Planeten sowie Aussagen zu Witterung und Finsternissen, den Aderlass und das über Nürnberg laufende Postwesen. Entspricht das Kalendarium damit in Ausstattung und zur Verfügung gestellten Informationen dem Typus des weit verbreiteten, zeitgenössischen Schreibkalenders, weicht der zweite Teil, die Praktik, auf markante Weise von ihrer üblichen Einrichtung ab. Unter Beibehaltung des Titels „Practica" geht er zwar seinerseits noch einmal auf den Sternenglauben ein, greift aber im Unterschied zu anderen Praktiken nicht die bereits im Kalendarium aufgeführten Informationen zu Jahreszeiten, zu Witterung, Finsternissen und Kriegsläuften des laufenden Jahrs noch einmal auf, sondern setzt statt dessen den Sternenglauben ausschließlich mit dem Wissen über „viele edle vnd herrliche Gewächs von Wurtzeln/ Kräutern und Blumen" sowie dem über die „Kennzeichen und Eigenschafften" von „Thieren und Menschen Art" in Beziehung. Dies stellt tatsächlich ein Novum auf dem Kalendermarkt dar, was die Titel der beiden Teile des Kalenders programmatisch unterstreichen. Das Titelblatt des Kalendariums macht dies gleich zweimal ausdrücklich klar: „Alter Calender/ Newer Wurtz- vnd Kräuter-Calender/ der-

1 Klaus Matthäus: Zur Geschichte des Nürnberger Kalenderwesens. Die Entwicklung der in Nürnberg gedruckten Kalender in Buchform. In: *Archiv für Geschichte des Buchwesens* IX (1969), Sp. 965–1396, hier Sp. 1359, Sp. 1363.

gleichen zuvor nie gesehen worden", das der Praktik setzt nach: „Newe Practica". Die Hinweise auf dem Titel des Kalendariums präzisieren den Titel des Kalenders als ganzen, sie erläutern ihn als Adjektiv bzw. Relativsatz. Dieser ist zusätzlich typographisch hervorgehoben und kehrt in der Folge wieder, so dass sich die Aussage als Untertitel eingräbt.[2] Bild und Bibelzitat, die die untere Hälfte des Titels des Kalendariums einnehmen, unterstreichen die Besonderheit ihrerseits.[3]

Verdient diese Innovation, mit der der *Neue Wurtz- und Kräuter-Calender* demonstrativ für sich wirbt, bereits als solche Aufmerksamkeit, kommt ein weiteres Moment hinzu. Der Kalender ist überdies, so kündigen beide Titel ebenfalls an, um „schöne Historien" (*Calender*) und „Geschichten vermehret" (*Practica*). Welche Textformen finden sich, welche Funktion haben „Historien" in einem Kalender, der sich programmatisch der Natur zuwendet und sich dadurch von anderen Kalendern abheben will? Unterscheiden sie sich von den „Historien" anderer laufender Kalender? Und wie ist es um die Literarizität dieser „Historien" bestellt? Meine Ausführungen gliedern sich in drei Abschnitte. In einem ersten Abschnitt stelle ich den Aufbau des Kalenders zusammenfassend dar. Der zweite Abschnitt widmet sich den Textformen des Kalenders. Abschließend geht es um die Literarizität seiner „Historien".

---

2 Mir liegen leider nur die beiden Kalendarien von 1654 und 1671 vor. Benutzte Exemplare: Germanisches Nationalmuseum Nürnberg, 8° Nw. 2472. Hier sind erhalten die Jahrgänge 1649, 1653–1658, 1661–1667 und 1671–1672. Die vollständigere Reihe, die Klaus-Dieter Herbst gerade erst in Altenburg entdeckt hat, war mir noch nicht zugänglich. Vgl. Klaus-Dieter Herbst: Der Kalenderschatz im Stadtarchiv Altenburg. In: *Jahrbuch für Kommunikationsgeschichte* 9 (2007), S. 211–240, hier S. 230. Zur Verfasserschaft des Kalenders durch den Mathematiker und Pfarrer Franz Ritter (gestorben nach 1649) vgl. Matthäus, Geschichte des Nürnberger Kalenderwesens (wie Anm. 1), Sp. 1235; Helga Meise: Diagnose und Therapie von Krankheiten im Neuen Wurtz- vnd Kräuter-Calender 1649–1672. In: *Scientiae et artes. Die Vermittlung alten und neuen Wissens in Literatur, Kunst und Musik.* Hrsg. von Barbara Mahlmann-Bauer. Bd. 2. Wiesbaden 2004 (Wolfenbütteler Arbeiten zur Barockforschung, 38), S. 933–949, hier S. 935.

3 Das Bild zeigt eine blühende Lilie, das danebenstehende Bibelzitat lautet: „Komm mein Freund/laß vns auffs Feld hinauß gehen/ daß wir sehen ob der Weinstock blüe/vnd Augen gewonnen habe/ ob die Granatäpffel außgeschlagen sind. Die Lilien geben den Ruch/ vnd für vnserer Thür sind allerley edle Früchte". Zu Bild und Spruch vgl. Meise, Diagnose (wie Anm. 2), S. 937.

1. Aufbau des *Neuen Wurtz- und Kräuter-Calenders*

Wie erwähnt, entspricht der *Neue Wurtz- und Kräuter-Calender* in Umfang und Aufbau den handelsüblichen Kalendern. Die im Folgenden zugrunde gelegte Serie von sechzehn Jahrgängen aus den Jahren 1649–1672[4] besteht durchgängig aus einem Quartheft mit zwei Teilen, dem Kalendarium und der Praktik. Jeder Teil umfasst insgesamt vier Bögen, hat einen eigenen Titel und ist auch separat erhältlich. Der Titel des Kalendariums lautet:

> Alter Calender/ Newer Wurtz- vnd Kräuter-Calender/ dergleichen zuvor nie gesehen worden: In welchem nicht allein (wie sonsten in den andern gemeinen) die heilige Fest- vnd Feiertage/ Lauff/ Gang/ zusambt den bösen vnd guten Aspecten der Planeten/ sowol als auch Witterung vnd natürliche Erwehlungen vieler edler vnd herrlicher Gewächs von Wurtzeln/ Kräutern vnd Blumen/ natürliche rechte Zeit zu graben/ zu brechen vnd zu samlen/ sondern auch theils Thieren vnd Menschen Art/ Kennzeichen vnd Eigenschafften/ sambt schönen Historien für die Augen gestellet vnd gezeigt werden/ auff das Jahr nach vnsers Seligmachers Jesu Christi Geburt 1649. Männiglich zu Nutz vnd sonderlicher Nachrichtung mit Fleiß also zusammen gebracht/ vnd in den Druck verfertiget Von Marx Friedrich Rosenkreutzer/ der natürlichen Magiae vnd astronomischen Künsten sonderlichen Liebhabern. Mit Röm. Kais. Majest. Freyheit. Nürnberg/ Gedruckt und verlegt durch Wolffgang Endtern/ den ältern. (*Cal* 1654)[5]

Das Kalendarium stellt den chronologischen Ablauf des Jahres nach Monaten gegliedert auf der Versoseite dar. Jede Versoseite ist in vier vertikale Rubriken gegliedert. Die beiden äußeren zeigen in Leserichtung den alten und den neuen Kalender mit Sonntagsbuchstaben und Heiligenfesttag, die beiden inneren den „Lauf des Mondes“ im Tierkreis und die „Erwehlung, Gewitter und Aspecte auf beede Calender“. An den Sonntagen wird das jeweilige Evangelium horizontal ‚eingeblendet‘, es läuft über alle vier Rubriken hinweg.

Die Rektoseite gegenüber ist in zwei vertikale Rubriken geteilt. Die in Leserichtung linke Spalte bietet in ihrer oberen Hälfte den „Stand der Planeten“. Die untere Hälfte, abgeteilt durch einen Leerraum, liefert Informationen zu „Kräuter/ Blumen/ Samen/ Wurtzel vnd andere Ding mehr zur Artzney“ (*Cal* 1654, Jenner), und zwar vor allem

4 Acht Jahrgänge konnten nicht berücksichtigt werden, 1650, 1651, 1652, 1660, 1661, 1668, 1669 und 1670.

5 Die Sigle *Cal* steht für das Kalendarium des Kalenders. Zitate im Folgenden mit der Sigle *Cal* direkt im Text.

im Hinblick auf Sammeln und Verarbeitung, die richtigen Vorgehensweisen und die idealen Zeitpunkte. Die Rubrik wird im Januar und Februar 1654 noch mit Wettervorhersagen abgeschlossen, ab März fehlt dieser Absatz.[6] Die Überschrift der zweiten Rubrik, das heißt der anderen Hälfte der Rektoseite, führt regelmäßig die Anzahl der Tage an, die jeder Monat zur Verfügung stellt: „Jenner hat XXXI Tage“. Sie bleibt vollkommen frei, sie ist dem Schreiben vorbehalten.[7]

Die sich an die beiden Seiten für den Monat Dezember anschließenden drei weiteren Textblöcke bilden den Schluss des Kalendariums. Sie sind den „Finsternissen dieses 1654. Jahrs“ (*Cal* 1654) gewidmet, dem „Kurtzen Unterricht/ Von Purgierung und anderer Artzeney/ auch Aderlassen/ Baden und Schrepffen“ (*Cal* 1654) sowie einem „Verzeichniß/ an welchen Tägen die Kaiserlichen Posten/ wie auch die Ordinari-Boten in deß H. Röm. Reichs Stadt Nürnberg/ von vnterschiedlichen Orten ankommen/ und hingegen wiederumb abgefertiget werden.“ (*Cal* 1654). Im Verlauf der Serie schmelzen die drei Textblöcke zusammen und werden durch Tabellen ersetzt. Für den Jahrgang 1671 etwa muss eine „Tafel zum Aderlassen“ genügen (*Cal* 1671).

Bietet das Kalendarium des *Neuen Wurtz- vnd Kräuter-Calenders* damit das gewohnte Bild des zeitgenössischen Schreibkalenders, findet sich die eigentliche Neuerung des Kalenders in seiner Praktik. Ihr Titel lautet:

> Newe Practica Des Wurtz- vnd Kräuter-Calenders/ In welcher nicht/ wie bishero geschehen/ 50. sondern nur 21. der vornembsten vnd bekandesten Gewächs deß Teutschlandes/ hergegen aber auch Theils Thieren vnd Menschen Art/ Kennzeichen vnd Eigenschafften/ als welches Himmlisches Planetens Regiment vnd Gewalt ein jedes deroselben vnterworffen/ Artig/ Magischer vnd Natürlicher Kunst und Wissenschaft nach/ werden beschrieben vnd abgebildet/ wie auch mit anmutigen sehr schönen und hierzu bequemlichen Historien und Geschichten vermehret vnd gezieret. Männiglichen entweder zur Warnung/ vnd doch insonderheit hohem Nutz in dieser Teutschen Sprach ans Liecht gegeben/ auff das erste nach dem Schaltjahr/ so man zehlet nach der Gnadenreichen Geburt vnsers einigen HERRN vnd Erlösers JEsu Christi/ M. DC. XLIX. Von Marx Friederich Rosencreutzer/

6 Das Kalendarium für 1671 bietet dasselbe Bild.

7 Vgl. Helga Meise: Die ‚Schreibfunktion‘ der frühneuzeitlichen Kalender: Ein vernachlässigter Aspekt der Kalenderliteratur. In: *Der Kalender als Fibel des Alltagswissens*. Hrsg. von York-Gothart Mix. Tübingen 2005 (Hallesche Beiträge zur Europäischen Aufklärung 27), S. 1–17.

der Natürlichen Magischen Künsten Liebhaber. Gedruckt zu Nürnberg/ in Verlegung Wolffgang Endters. (*Practica* 1649)[8]

Sie umfasst sieben Kapitel. Diese sind den Planeten gewidmet und stellen sie in der Abfolge ihrer Stellung im Kosmos vor. Auf Saturn folgen Jupiter, Mars, Sonne, Venus, Merkur und Mond. Jedes Kapitel stellt eingangs den Planeten dar, rekurriert auf seine Position in Bezug auf die anderen Planeten, geht auf Größe und Eigenschaften ein. Die Darlegungen stützen sich in der Regel auf „alte Philosophen oder Naturkündiger" (*Practica* 1654), benennen ihre Quellen aber nur selten genau.

An die ‚Einführung' in die „Gestalt" eines jeden Planeten schließen sich Ausführungen zu den Gewächsen, Tieren und Menschen an, die seinem „Commando" (*Practic*a 1650) unterstehen. Die Thematisierung der Gewächse ist neu, ebenso die Disposition der drei Wissensbereiche als solche.[9] Die Ausführungen sind jeweils in Unterkapitel zusammengefasst, diese sind durch Leerraum und Überschriften voneinander abgesetzt. Regelmäßig heißt es: „Signaturae, Merckmal vnd Kennzeichen derer Saturnischen Gewächse", „Folgen nun die Thier/ so Saturnischen Humor an sich haben.", „Eine saturnische Historia" (*Practica* 1649). Dass die „Historien" den Menschen und sein Schicksal zum Gegenstand haben, geht zwar aus den Überschriften nicht hervor, erschließt sich aber im Rückgang auf die Titelei der Praktik.

Aufbau, Anordnung und Abfolge der sieben Kapitel bleiben sich über die Jahre hinweg so gut wie gleich. Die einführenden Darlegungen zu den Planeten kehren fast textidentisch wieder, die zu Saturn fallen am längsten, die zum Mond am kürzesten aus, so dass sich die zu Saturn wie eine Einleitung in die Praktik als ganze lesen.[10] Variieren dabei anfänglich Groß- und Kleinschreibung sowie die Zeichensetzung, wird 1653 eine Änderung vorgenommen. Erstmals werden die ‚Einführungen' in den Planeten erheblich gekürzt, bezeichnenderweise nicht für Saturn, sondern erst für Mars: „Weiln die Materia vnter den Händen gewesen/ vnd dem günstigen Leser schon etlich Jahr genugsam Bericht geschehen/ von Gestalt der Planeten/ als kan es/ wer es begehrt/ von vorigen Jahren auffgeschlagen werden/ wollen also nur den Anfang melden vnd mit & schließen." (*Practica* 1653, Das dritte Capitel vom

8 Zitate aus den Praktiken im Folgenden mit dem Zusatz *Practica* direkt im Text. Der Titel der „Historia" wird genannt, da die Seiten häufig keine Bogenzählung haben.

9 Ob dies auch für Tiere gilt, wäre zu überprüfen.

10 Meise, Diagnose (wie Anm. 2), S. 939–940.

Marte). Die Ausführungen für die auf Mars folgenden Planeten fallen ebenfalls knapp aus. Die Begründung kehrt 1655 und 1656 identisch wieder, setzt sich aber letztlich nicht durch, so dass in den folgenden Jahrgängen lange und kurze Versionen zur ‚Gestalt' der Planeten miteinander abwechseln. Die Umdispositionen sind offensichtlich dem Versuch geschuldet, den Eindruck von Aktualität zu erzeugen und den Kalender auf diese Weise an die Erfordernisse des Kalendermarktes anzupassen.

Auch einige inhaltliche Akzentverschiebungen sind zu beobachten. Ab 1657 fällt der Bezug auf Humores und Temperamente weg, seit 1658 der ausdrückliche Verweis auf die „Signaturae, Merckmal vnd Kennzeichen der Gewächs" und dessen Hervorhebung als Überschrift. Die Praktik stellt die zunächst proklamierten Entsprechungen zwischen den Planeten und den von ihnen regierten ‚Dingen' nicht länger explizit aus. 1666 werden die Passagen zur „Gestalt" der Planeten wiederum gekürzt und die Abschnitte zu den Gewächsen erstmals durch Ausführungen zu den Krankheiten ersetzt:

> Dieweil wir aber uns vorgenommen eines jeden Planeten Kranckheit und die darwider verordnete Artzeney-Mittel zu *examiniren*/ als wollen wir auff dißmal in solchem Vorhaben fortfahren Folgt also eine saturnische Kranckheit/ die da wird genennet das Zipperlein oder *Podagra*, darbey zu erwegen/ ob solche böse Kranckheit unheilsam seye oder nicht? (*Practica* 1666, Das erste Capitel/ vom Saturno, fol. A 2^{r})

Damit kehrt sich die Stoßrichtung der Praktik unter der Hand um: Ausgangspunkt ihrer Darlegungen ist nicht mehr der Einfluss der Planeten auf die ‚Dinge', das heißt den menschlichen Körper, sondern umgekehrt das Zeichen, das am Körper sichtbar wird und auf die Krankheit verweist. Die Gewächse interessieren fortan nur noch als Remedien. Aussagen über sie werden den Ausführungen über die Krankheiten hinzugefügt.

Die vermeintliche Neuerung der Praktik, das heißt die Darstellung der Beziehungen zwischen den Planeten auf der einen und Gewächsen bzw. Krankheiten, Tieren und Menschen auf der anderen Seite, erweist sich bei näherem Hinsehen als überaus beschränkt. Die Praktik führt zwar einen neuen Gegenstand ein, nämlich die Gewächse, hält aber an der überkommenen Sichtweise fest, in der sie diesen darstellt:

> Daß ‚Thiere' und ‚Historien', die die Geschicke einzelner unter dem Einfluß der Gestirne zeigen, an die Ausführungen über die Pflanzen angehängt werden, rekur-

> riert vielmehr auf die noch im 17. Jahrhundert verbreitete astrologische *influxus*-Theorie und etabliert deren Gültigkeit aufs neue. Der *Wurtz- vnd Kräuter-Calender* bietet keine Informationen über ‚Gewächs' und ‚Thiere' an, die nicht auch in älteren iatromathematischen Handbüchern zu finden wären, und beschränkt sich auf die Wiedergabe der überkommenen astronomischen und astrologischen Vorstellungen über deren Platz im Kosmos.[11]

Für die Serie der sechzehn Kalender von 1649–1672 ist insgesamt festzuhalten, dass die Praktik zwar

> […] einen eigenen, in sich geschlossenen Diskurs ohne ausdrücklichen Bezug auf das Kalendarium [eröffnet, H. M.]. Sie behandelt das allen ‚Observationes Astrologicas' (*Practica* 1671) zugrundeliegende iatro-mathematische Wissen als solches, macht aber entgegen ihrer Ankündigung, sie beschreibe ‚Gewächs […] Thiere und Menschen Art/ Kennzeichen und Eigenschafften', diese nicht als solche zum Gegenstand, sondern beschreibt sie in der ‚Ordnung der Dinge', das heißt in ihrem Bezug auf den Planeten, der sie ‚regiert'.[12]

2. Textformen

Geht man die Textformen durch, die die Serie charakterisieren, ist zunächst zu vermerken, dass der Kalender entgegen dem Titelblatt des Kalendariums, das sein Programm ostentativ in Bild und Spruch ins Feld führt, in seinem Inneren, und zwar in Kalendarium und Praktik, auf Bilder vollkommen verzichtet und seine Informationen in Textblöcken zusammenfasst. Diese stellen sich entweder als Listen und Tabellen dar oder als in sich geschlossene, fortlaufende Texte. Sind diese im Kalendarium naturgemäß begrenzt, variiert ihr Umfang in der Praktik stark. Dies zeigen zum einen die ‚Einführungen' in die Planeten, zum anderen die diesen jeweils beigegebenen Textblöcke, die unterschiedlich lang und in sich weiter differenziert sind. Den Gewächsen sind in der Regel drei durchgezählte Abschnitte vorbehalten, in denen jeweils eine Pflanze näher vorgestellt wird. Die Tiere werden in der Regel durch allgemeine Ausführungen vorgestellt:

> Die Saturnische Thier sind einer stillschweigenden/ forchtsamen/ verstockten/ vngehobelten/ faulen vnd trägen Natur/ fliehen alle Gesellschafft/ sind von

---

11 Meise, Diagnose (wie Anm. 2), S. 940.
12 Meise, Diagnose (wie Anm. 2), S. 939.

vnhöbelichen vnd vngeschmacken Sitten/ vnter welcher Zunfft sich sonderlich befindet Der Esel. (*Practica* 1649, Thier/ so Saturnischen Humor an sich haben, fol. A 2^r)

Der Zusatz „Der Esel“ fungiert gleichzeitig als Überschrift für die dann folgende, einseitige Beschreibung des Esels. Für den Menschen findet sich keinerlei einleitende Charakteristik. Umstandslos heißt es auf der folgenden Seite: „Eine Saturnische Historia“. Diese wird als fortlaufender, in sich abgeschlossener Text geboten.

Unabhängig von den Umdispositionen der Textblöcke insgesamt sowie den Umstellungen und Verkürzungen in ihrem Inneren fällt auf, dass sich die Anbindung der ‚Dinge‘ (Foucault) an ihren jeweiligen Planeten, so wie sie die Überschriften präsentieren, schon zu Beginn der Serie verkürzt. Heißt es zuerst noch explizit: „Signaturae, Merckmal vnd Kennzeichen derer Saturnischen Gewächse“ (*Practica* 1649, Das erste Capitel vom Saturno, fol. A 2^r), ruft die Praktik die Beziehung zwischen Planet und ‚Ding‘ für die folgenden beiden Unterkapitel nur mehr implizit auf und verkürzt die Überschriften entsprechend. Es heißt: „Folgen nun die Thier/ so Saturnischen Humor an sich haben.“ bzw. „Eine saturnische Historia“ (*Practica* 1649). Die am Schluss eines jeden der sieben Kapitel eingerückte „Historie“ muss in der Regel ohne Verweis auf den Sternenglauben auskommen. Die Geschichten stehen im Unterschied zu allen anderen Textblöcken des Kalenders in Kalendarium und Praktik für sich.

Beschränken sich die Abschnitte zu den Gewächsen zunächst tatsächlich auf die Beschreibung der in den Überschriften mit deutscher und lateinischer Bezeichnung genannten Pflanzen, so taucht in den Kapiteln über Tiere und Menschen die ganze Bandbreite zeitgenössischer Textformen auf.[13] Für die Tiere wird verstärkt auf Gleichnisse und Exempel aus der Bibel zurückgegriffen, für den Menschen finden sich Gebete, Gleichnisse, Sprichworte, Denksprüche und Geschichten aus dem Kontext des höfisch-historischen Romans.

„Saturnische“, „Martialische“ und „Venerische Geschichten“ enden in der Regel mit der Aufdeckung der Verbrechen und der Bekehrung der Schuldigen. Die Gebete, die diese vor ihrer Hinrichtung ausstoßen, wer-

13 Vgl. zu den Textgattungen im frühneuzeitlichen Kalender zuletzt Norbert D. Wernicke: *„... kurz, was sich in den Kalender schikt.“ Literarische Texte in Schweizer Volkskalendern von 1508 bis 1848. Eine Bestandsaufnahme*. Phil. Diss. Zürich 2008, S. 139–300. Ich danke dem Verfasser für die freundliche Überlassung eines Typoskripts.

den so gleichsam natürlich zum Wendepunkt der Geschichte. Dies bezeugt der Fall des Schwester- und Kindsmörders Iracondus:

> Auff den Executions-Platz de la Greve [...] nimbt er erstlich von allem Volck/ welches auch grosses Mitleiden mit ihme hatte/ vrlaub vnd bittet/ daß man Gott vor ihne bitten wolte/ er aber selbsten sagte/ indem er sich buckte: O gütiger Gott/ der du verheissen hast den Sünder zu erhören/ alles vnd jedesmal/ wann er über seine Sünde zu dir seufftzen werde/ ich erinnere dich deiner Zusage/ wirff deine barmhertzige Augen über einen armen Sünder vnd verzeihe ihme seine Sünde. [...] Nach verrichtem gemeldten Gebet wurden ihm Hände vnd Füsse gebrochen/ vnd redete er in solchem Schmertzen nichts anders/ als daß er den Namen Jesus anruffte. (*Practica* 1649, Martialische mörderische That)[14]

Die Geschichte eines weder zeitlich noch örtlich genauer verankerten Inzests, „die sich wieder alle Natur zwischen einer Mutter und Sohn begeben hat", wird zwar nicht vor Gericht geahndet, führt aber Mutter und Sohn mitsamt „seiner Schwester Tochter und Hausfrauen" in „Hertznagen", Schwermut, Reue und Tod. Die „Historie" mündet in das Stoßgebet: „Gott seye Ihnen und uns allen gnädig/ Amen!" (*Practica* 1671, Saturnische Geschicht)

Ebenso häufig sind Gleichnisse. 1661 heißt es unter der Überschrift:

> Folget nun das Jovialische Thierlein die Gluckhänne/ und wie Christus sich mit derselben vergleiche.
> Erstlich/ eine Gluckhenne hat ihre kleine Küchlein sehr lieb/ wie solches der Augenschein gibt: Hat nit Gott der Vatter uns also geliebet/ daß er uns seinen einzig gebornen Sohn gegeben hat? hat nicht Christus uns also geliebet/ daß er sich selbst für uns dargegeben? hat nicht Gott der heilige Geist uns also geliebet/ daß er unser Pfand und Sigel geworden? Zum andern/ eine Gluckhenne versamlet ihre Küchlein unter ihre Flügeln/ und bedecket sie damit: Hat nicht GOTT der HERR einen Geistlichen Leib/ welcher ist die Kirche und Gemeine? (*Practica* 1661, Jovialische Thierlein)

Das folgende Kapitel fährt an derselben Stelle fort:

> Folget nun das Martialische Thier der Löw/ und welcher gestalt sich der Teuffel in demselben sich vergleiche. Es wird erstlich der leidige Teuffel ein Löw genennet: Inmassen auch Petrus sagt: Seyt nüchtern/ und wachet/ denn euer Widersacher der Teuffel gehet umbher/ wie ein brüllender Löwe/ und suchet welchen er verschlinge/ und führet nun der Teuffel diesen Nahmen: Einmahl/ ein Löwe ist ein starckes Thier/ wie der Patriarch Jacob anmeldet: Daher der Hyllus, ein Sohn

14 Ebenso *Practica* 1649, 5; 1654, 1.

> des Herculis, wegen seiner Stärcke ein Löwe ist genennet worden. Und der Kayser Nerva Trajanus hat seine Macht also wollen andeuten/ wen er in seinem Schilde einen Löwenkopf geführet/ auff welchen eine Keule gewesen. Ist der Teuffel nicht ein starker Geist? (*Practica* 1661, Martialische Thier)

Das sechste Kapitel nimmt den Faden noch einmal auf:

> Folget das Mercurialische Thier die Schlange/ vnd wie solche in dem Teuffel artlich zu vergleichen.
> Es wird der verschlagene Teuffel eine Otter genennet/ oder ein Basilisk und Schlange. Inmassen auch hiemit andere Sprüche überein stimmen. Denn der Prophet Esaias sagt: Zu der Zeit wird der Herr heimsuch mit seinem harten/ grossen und starcken Schwert/ beyde den Leviathan/ der eine schlechte Schlangen/ und den Leviathan/ der eine krumme Schlange ist/ und wird die Drachen im Meer erwürgen. (*Practica* 1661, Mercurialische Thier)

Sprichwörter – „Folget nun eine Lunarische Historia/ da es wol hat geheissen: Glück und Glas/ wie bald bricht das." (*Practica* 1662, Lunarische Historia) – finden ebenso Aufnahme wie Denksprüche bzw. Rätsel. Unter der Überschrift: „Folget nun eine Saturnische Historia/ der Diebische Zauberer genant." (*Practica* 1656, Saturnische Historia) wird die Geschichte des Diebs und Zauberers Morta aus Genf in zwölf durchnummerierten Passagen erzählt. Jeder Passus bietet eine Station aus seiner Karriere als ‚Meisterdieb', Betrüger und Schwindler und seiner daraus entspringenden Bekanntheit. Morta jagte „der Obrigkeit fast selbsten eine Forcht ein" (*Practica* 1656, Saturnische Historia, fol. A 3^{r}) und wurde selbst sprichwörtlich: „sagte man damals Sprichworts weiß: Gott behüte dich für Morta" (*Practica* 1656, Saturnische Historia, fol. A 3^{r}). Zur Erleichterung seiner Mutter macht seinem Treiben gleichwohl nicht der Galgen, sondern die Pest ein Ende. Mortas Mutter nutzt die Gelegenheit und begräbt den Sohn „ohne Sarch vnd Leichtbegängnis halb tod vnd halb lebendig [...]/ wie die Jahr-Bücher der Stadt Genff dieses mit mehren vermelten." (*Practica* 1565, Saturnische Historia).

Die Geschichte Mortas wird mit einem Denkspruch eingeleitet: „Die Diebe und Zauberer sind Spiegel des Satans/ in welchen seine Begierde zu Schanden erscheinet/ vnd werden endlich/ durch die Gerechtigkeit Gottes/ in den Abgrund der Höllen gestürtzet." (*Practica* 1656, Saturnische Historia, fol. A 3^{r}). Der letzte Passus nimmt die Form des Rätsels an:

> 12. Dieses Ertzbubens Lebens gibt eine solche Rähtsel:
> Wer ward der/ der unverholen/

> den auch der gewacht/ bestolen?
> Der sich selbsten offt begabt/
> vnd doch nie kein Geld gehabt:
> Der die Wirt an allen Orten/
> hat für voll bezahlt mit Worten:
> Der die Marter hielt für Spott/
> wurd begraben vor dem Tod?
> Der mir diesen Mann wird sagen/
> mag mich/ was er will/ auch fragen. (*Practica* 1656, Saturnische Historia)

Daneben finden sich Textformen, die dem höfisch-historischen Roman entstammen:

> Es liegt ein sehr schöne und lustige Stadt in Hyrcania, einer Landschafft, dem grossen Sopühy gehörig/ Namens Strave, da herum es einen schönen/ ebene und fruchtbaren Boden hat/ von welchem man auf das hohe Gebirg dessen ein Theil mit Schnee/ das ander mit vielem Gehöltze umgeben ist/ sehen kan. In dieser berühmten Stadt/ ist ein Cavalier/ Namens Canope/ [...]. (*Practica* 1662, Saturnische Historia, fol. A 3^{r})

Der Überblick zeigt, dass die gesamte Spanne der zur Verfügung stehenden Textformen der zeitgenössischen Erzählliteratur vertreten ist.

Drei Momente charakterisieren die „Historien" insgesamt. Häufig werden Quellen ausgeschrieben, die auch namentlich benannt werden. Für die Gewächse und Krankheiten, aber auch für Tiere und Menschen kommen dabei nicht nur „Gelehrte und Naturkundige" zum Zuge, von der Bibel und den antiken Schriftstellern über das geistliche Schrifttum, insbesondere Luthers und anderer Theologen, zumeist protestantischer Provenienz, bis hin zu Cardanus und Paracelsus, sondern auch die zeitgenössische Erzählliteratur, insbesondere Chroniken, Nachrichten und Exempel aus Exempelsammlungen sowie der höfisch-historische Roman. Wie die Bandbreite der Textformen bereits andeutet, lassen sich die „Historien" auch thematisch gruppieren: Geschichten über historisch-politische Ereignisse oder historische Persönlichkeiten, Berichte über zeremonielle Ereignisse an Höfen des Heiligen Römischen Reiches Teutscher Nation oder anderer Staaten in- und außerhalb Europas, Liebesgeschichten, Verbrechen, Zaubergeschichten, mit zumeist verschwimmenden Grenzen zwischen diesen Themen, Reiseberichte. Festzuhalten ist drittens, dass die „Historien" des *Newen Wurtz- vnd Kräuter-Calenders*, im Unterschied etwa zu Freunds *Zeit- und Wunder-*

Calender,[15] nicht der Darstellung aktueller, zeitgenössischer Vorgänge Vorrang geben, sondern durchgängig im Horizont christlicher Heilsgewissheit verortet bleiben. Die „Historien“ unterstreichen damit noch einmal den Befund, dass der *Newe Wurtz- vnd Kräuter-Calender* an überkommenen Sichtweisen festhält.

3. Funktion und Stellung der „Historien“: Anbindung versus Verselbstständigung

Will man Funktion und Status der „Historien“ im Einzelnen verdeutlichen, ist den Aussagen nachzugehen, mit denen der Kalender die verschiedenen Texte in die Praktik einrückt. Dabei stößt man trotz der Übernahme und des Fortschreibens vorgegebener Ordnungsmuster in Platzierung und Begründung der „Historien“ auf textuelle und deiktische Elemente, die als Fiktionssignale wirken und damit auch auf die Literarizität der eingerückten Texte verweisen.[16]

Die beiden Titelblätter bringen die Existenz der „Historien“ als erste ins Spiel. Weist die Titelei des Kalendariums lediglich auf die Tatsache hin, dass der Kalender auch „schöne Historien“ enthält, präzisiert die Titelei der Praktik deren Funktionen. Diese bestehe zum einen darin, den Kalender zu „vermehren und zieren“, und zwar auf ‚schöne‘ Art und Weise. Der Titel steigert das Kriterium „schön“, mit dem das Kalendarium für die „Historien“ geworben hatte. Er spricht ausdrücklich von „sehr schönen Historien“ und fügt erläuternd hinzu: die Praktik biete „Historien und Geschichten“, diese seien „anmutig und sehr schön“. Sie, behauptet der Titel weiter, eigneten sich ihrerseits, „Regiment vnd Gewalt“ eines jeden Planeten über die ‚Dinge‘ „bequemlich“ zu beschreiben und abzubilden. Worauf diese Fähigkeit, „bequemlich […] Gewächs, Thiere und Menschen Art/ Kennzeichen vnd Eigenschafften“ vorzuführen, beruht und worin sie besteht, bleibt offen. Der Titel wiederholt statt dessen, dass die „Historien“ aufgrund dieser ihrer ‚Bequemlichkeit‘ die Beschreibung der ‚Dinge‘, die „Artig/ Magischen vnd Natürlicher Kunst vnd Wissenschaft nach“ erfolge, unterstütze, sie

15 Vgl. Helga Meise: „…bey einem jeden Monat eine wunderbare denckwürdige Historia“. In: *Simpliciana* XVI (1994), S. 168–185.

16 Vgl. dazu auch Wernicke, *Kalender* (wie Anm. 13), S. 83–116.

erleichtere und weiter veranschauliche. Die „Historien“ führen, ist zu schließen, die Entsprechungen zwischen den Planeten und den ‚Dingen‘ auf eine zusätzliche Weise vor Augen, die das Anliegen des Kalenders unterstützt und für dieses unersetzlich ist. Die „Historien“, so suggeriert der Titel, sind an den Kalender angebunden, sie haben ihren Platz nur in diesem Kontext.

Geht man die gebotenen „Historien“ selbst durch, stößt man im Gegensatz zu dieser Behauptung immer wieder auf textuelle und deiktische Elemente, auf Fiktionssignale, die auf die Spannung verweisen, die im Laufe der Zeit zwischen der ‚Entsprechung‘ von Planeten und Menschen, zwischen der Anbindung der „Historien“ an den Kalender und seine Zielsetzung und der tendenziellen Verselbstständigung der „Historien“ entsteht.

Erstes Indiz für diese Spannung ist die Entwicklung der Überschriften, unter denen die „Historien“ erscheinen. Einerseits verweisen die durchgängig verwendeten Adjektive „saturnisch, jovialisch, martialisch etc.“, die in den Überschriften auftauchen, auf die Rückbindung der „Historia“ an den Planeten, dem sie „unterworffen“ ist. Andererseits neigen die Überschriften mehr und mehr dazu, sich von dieser Rückbindung freizumachen und über sie hinaus zu greifen. Die Überschriften verdoppeln sich: Die anfänglich stereotyp knappe, wiederkehrende Formulierung „Folget nun eine Saturnische Historia“ wird durch Qualifikationen und Präzisionen erweitert: „Folget nun eine Saturnische Historia/ der Diebische Zauberer genant.“ (*Practica* 1656, Saturnische Historiam fol. A 3^r) oder: „Folget nun eine schöne Jovialische Historia/ Wie 1617. den 31. Julii Ihr Kays. Majest. Matthias vnd König Ferdinandus in Böhmen vnd Ertzherzog Maximilian den Churfürsten in Sachsen zu Dresden besucht vnd wie prächtig es alles daher gangen.“ (*Practica* 1656, Jovialische Historia, fol. B^r). Gleichsam im Gegenzug heißt es: „Beschreibung einer erschröcklichen Martialischen Mordthat/ die sich 1616. in Engelland zugetragen.“ (*Practica* 1656, Martialische Mordthat).

Die Überschriften verweisen darüber hinaus auf die Ausweitung der „Historia“ über das laufende Jahr hinaus:

> Folget nun ein Solarische Historia/ wie der gerechte Gott eines vornehmen Kauffmanns Vnschuld/ als er eben jetzunder schändlicher Weiß solte hingerichtet werden/ als die helle Sonne an das Tagesliecht gebracht. Dieweil aber dieselbige etwas lang/ wollen wir solche theilen/ vnd den andern Theil auff das nechst ander Jahr versparen. (*Practica* 1657, Solarische Historia);

> Folget nun eine zauberische Saturnische Historia/ weil sie aber ziemlich lang/ ist sie auf 4. Jahrgäng ausgetheilet worden. (*Practica* 1662, Saturnische Historia, fol. A 3^r^)

In den folgenden Jahrgängen wird der Rückverweis auf die vorangegangene Geschichte explizit hergestellt. Es heißt:

> Folget nun ein Solarische Historia und der Ausgang den es mit obgemelten Beliard genommen/ wie wunderbarlich sein Unschuld an Tag ist gebracht worden. (*Practica* 1658, Solarische Historia);
> Folget nun die Saturnische Historia vom Canope. (*Practica* 1663, Saturnische Historia);
> Folget nun die Continuatio der Saturnischen Geschichte vom Canopo. (*Practica* 1664, Saturnische Historia);
> Folget nun die saturnische Historia/ und der erbärmliche Ausgang deß Canope. (*Practica* 1665, saturnische Historia, fol. A 3^r^)

Fortsetzungen dieser Art häufen sich. Die Rede von der „Continuatio" taucht regelmäßig in den Überschriften auf. Immer öfter verteilen sich nicht nur die „Historien" zu den Menschen, sondern auch die zu den Tieren über mehrere Kalenderjahrgänge.

Ebenso aufschlussreich wie die Überschriften ist der Beginn der Geschichten. Mehrere Varianten kommen vor. Entweder die „Historia" setzt unmittelbar ein: „In der Hauptstadt deß Königreichs Schweden Stockholm hat sich begeben/ daß ein Fleischhacker oder Metzger daselbst/ sich in seine schöne Dienstmagd verliebet/" (*Practica* 1661, Saturnische Historia, fol. A 3^r^). Oder die einleitenden Sätze weichen vorsätzlich von ihrer Überschrift und damit von ihrer vorgegebenen Anbindung an die Praktik ab: „Anstatt einer Lunarischen Historia will ich etwas von den weisen Sibyllen erzehlen/ seyn vor Zeiten weise/ gelehrte Frauens Personen gewesen [...]" (*Practica* 1658, Lunarische Historia, fol. D 3^r^). Wieder andere Geschichten setzen mit Reflexionen und Vergleichen ein und ziehen so ihrerseits Ablenkungen und Abschweifungen nach sich:

> Folget nun ein schön Jovialische Historia wie eine Blutschand gestrafft worden. Wann ein mensch ein Königreich/ oder alle Wollust/ die er ihm selbsten wünschen möchte/ verdienen solte/ und dargegen seine hand 24. Stunden in das Feuer halten: Werde sich wohl jemand finden/ der solchen Schmertzen ausstehen könte? (*Practica* 1658, Jovialische Historia)
> Folget nun eine Grausame Martialische That. Wie die Vögel in der Lufft ihre Feinde an vielen Raub-Vögeln/ die Fisch in den Wassern ihre Raubfische/ die Vierfüssige Thiere ihre Feinde an den Wölffen Wilden Katzen/ & Also haben

> auch die Menschen ihre Feinde/ und zwar nicht/ wie die Thiere/ aus andern Geschlechten sondern von ihrer Natur und Eigenschafft gantz unartige Gegner. Ich sage unartig weil die Menschen aus der Natur geschlagen/ welche ihrer eingeschlaffenen Neigung zu entgegen/ ein ander nach Leib und Leben stehen. Solches ist noch mehr zu verwundern/ Wann es mit grosser Gefahr beschiehet/ und auff den unbeständigesten Element dem Meer/ darvon nach gesetzte Erzehlung Handlen soll. (*Practica* 1658, Martialische That, fol. B 3ʳ)

Wirken die Eingangsformeln und -passagen irritierend, gehen auch die Schlussformeln bzw. das Ende einiger Geschichten in diese Richtung. Führt das bereits zitierte Stoßgebet des Sünders den Kalenderbenutzer wieder zu Sternenglauben und Heilsgewissheit zurück, so münden andere „Historien" in Gedichte oder Lieder, deren vom Text der „Historie" abweichende Textform auch typographisch markiert wird. Das erwähnte „Rähtsel" (*Practica* 1656, Saturnische Historia), das die Geschichte von Morta beschließt, wendet sich ausdrücklich an den Leser und fordert ihn zur Interaktion mit dem Erzählten auf. Die „Historie" weist damit über ihren Platz im Kalender hinaus, sie öffnet den Horizont und lässt die „bequemliche" Beschreibung und Abbildung der Entsprechung zwischen einem die Geschicke des Menschen „regierenden" Planeten und diesem selbst hinter sich. Überdies werden Ende und Anfang der „Historie" kurzgeschlossen. Hatte doch der allererste Satz seinerseits auf den gerade erst formulierten, eigenständigen Titel der „Historie" reflektiert und damit die Selbstständigkeit der Erzählung thematisiert:

> Diese Erzehlung könnte mit Fug genennet werden/ ein Stählerner Zauberspiegel: weil sie handelt von Stelen vnd Zaubern. Jener Einfältige hat deß Spiegels Einfassung auffgebrochen zu sehen/ was darhinter für ein Bildnis durch das Glas scheinen möchte/ vnwissend/ daß der Stralen Natur durch den Wiederschein das Vorbild gestalten. (*Practica* 1656, Saturnische Historia, fol. A 3ʳ)

Schluss

Die Literarizität der Geschichten spiegelt sich in den textuellen und deiktischen Elementen, die die „Historien" als solche in den Blick rücken und dabei nicht nur ihre Funktion, sondern auch ihre Verfasstheit und ihren Status als ‚Erzehlung' zur Sprache bringen. Im Zuge der Ausdifferenzierung der Überschriften, der Untergliederung, der Eingangs- und Schlussformeln und -passagen, der Gattungsbezeichnungen vergrößert sich die Spannung zwischen der Anbindung der „Historien“ an den Kalender und ihrer Ablösung von ihm, und zwar sowohl auf der Ebene der materiellen Anbindung an den Kalender als Medium und Textträger als auch auf der der inhaltlichen Anbindung an die von ihm propagierte ‚Ordnung der Dinge‘. Es ist letztlich die dem Medium eigene Dynamik – der Zwang, den Kalender permanent zu erneuern, um sich auf dem Kalendermarkt zu behaupten, die das Band zwischen dem Kalender als Textträger und den in ihn eingerückten Texten zerreißt und diese selbstständig werden lässt.

ROSMARIE ZELLER (Basel)

Wissensvermittlung in Kalendern der Frühen Neuzeit am Beispiel der Kalender von Marcus Freund

Jahreskalender und insbesondere die sogenannten Schreib-Kalender sind häufig so aufgebaut, dass sie im Kalendarium eine Spalte enthalten, in der Wissenswertes aus verschiedenen Bereichen mitgeteilt wird, manchmal greifen solche Informationen auch auf die Praktik über.[1] Es gibt in dieser Spalte je nach Absicht des Kalenders medizinische, pflanzenkundliche, völkerkundliche und historische Informationen, aber auch solche zu auffälligen Ereignissen wie Bränden und Ähnlichem. Auch die Thematisierung des Kalendermachens, der Zuverlässigkeit von Prognostiken sind beliebte Sujets in Kalendern. Welches Wissen in Kalendern vermittelt wird, ist bisher kaum erforscht, wie Klaus-Dieter Herbst zu Recht bemerkt.[2] Generell kann man festhalten, dass dieses Wissen dem entspricht, was wir aus anderen Gattungen kennen, etwa der Hausväterliteratur, medizinischen Rezeptsammlungen, Chroniken oder jenen Miscellanea-Sammlungen, die Merkwürdigkeiten aller Art verzeichnen wie etwa Harsdörffers *Frauenzimmer Gesprechspiele* und seine verschiedenen Schauplätze, Pedro Mexías *Geschicht- Natur- und Wunderwald*,[3] Erasmus Franciscis *Lustige Schaubühne von allerhand Curiositäten* (1663–1673) oder sein *Neu erbauter Schau-Platz denckwürdiger Geschichte* (1663), Rists Monatsunterredungen, welche er unter den verschiedensten Titeln zwischen

1 Zum Aufbau von Schreibkalendern vgl. die Beschreibung von Klaus-Dieter Herbst: Die Jahreskalender – Ein Medium für gelehrte Kommunikation. In: *Kommunikation in der Frühen Neuzeit.* Hrsg. von Klaus Dieter Herbst und Stefan Kratochwil. Frankfurt a. M. [u. a.] 2009, S. 189–223, hier besonders S. 189–192. Vgl. auch Helga Meise: Der Schreibkalender als Textsorte. Konstitutionsbedingungen und Strukturmerkmale frühneuzeitlicher Kalenderaufzeichnungen. In: *Textsorten deutscher Prosa vom 12./13. bis 18. Jahrhundert und ihre Merkmale.* Hrsg. von Franz Simmler. Bern [u. a.] 2002, S. 573–587.

2 Herbst, Jahreskalender (wie Anm. 1), S. 191.

3 Dazu Rosmarie Zeller: Wunderbares, Ingeniöses und Historien. Zu Pedro Mexías *Geschicht- Natur und Wunderwald.* In: *Simpliciana* XX (1999), S. 67–92.

1663 und 1668 erscheinen ließ,[4] um nur die erfolgreichsten Beispiele zu nennen, die übrigens wie die hier zur Diskussion stehenden Kalender größtenteils in Nürnberg gedruckt wurden. Es handelt sich dabei um einen ganzen Strom von Literatur, die meistens zwischen die Fächer gerät. Wegen ihrer Popularität interessiert sich die Wissenschaftsgeschichte nicht für sie, und die Literaturwissenschaft vernachlässigt sie, weil sie zu wenig literarische Qualität habe, und überlässt sie der sogenannten Volkskunde, obwohl sich diese Art Literatur meistens nicht ans „Volk" richtet. Dies führt dazu, dass diese Literatur, die für die Rekonstruktion von Diskursen und des kulturellen Wissens einer Zeit wichtig ist, meistens unbeachtet bleibt. Von der Vielfalt des in den Kalendern transportierten Wissens kann man sich ein Bild machen aus Rists Aufzählung in der *AllerEdelsten Tohrheit*: „Kräuter-Kalender, Krieges-Kalender/ Wunder-Kalender/ Würtz-Kalender/ Historien-Kalender, Haus-Kalender/ Artznei-Kalender/ Wahrsager-Kalender/ Küchen-Kalender".[5] Diese Liste lässt sich mit der des Simplicius im *Europäischen Wundergeschichten Calender* von 1670 vergleichen, wo er den „Schreib- Kriegs- Friedens-, Haus-, Ehe- Helden/ Geschichts/ Comödien/ Music Kaufmanns/ Zeit- und Wunder/ ja Hasenkalender" nennt neben den Spanischen, Polnischen usw. Kalendern.[6] Rist beklagt sich, dass die gewöhnliche Art, Kalender zu schreiben, aus der Mode gekommen sei, in den Niederlanden würde man sogar allerhand Narren-

4 Johann Rist: *Sämtliche Werke*. Hrsg. von Eberhard Mannack. Bde. 4–6. Berlin 1972–1976.

5 Rist, *Sämtliche Werke* (wie Anm. 4), Bd. 5, S. 66. Die von Rist aufgezählten Kalender sind alle nachweisbar. In diesem Kalender werden oft spezifische praktische Ratschläge gegeben. So enthält zum Beispiel der *Lieblich und Anmuthige Trachten- Haus- und Ehe-Kalender* von Johann Friedrich Juhrmann im Jahre 1670 eine Rubrik „Von der Junggesellen Zier und Höflichkeit".

6 Johann Jakob Christoffel von Grimmelshausen: *Simplicianische Jahreskalender. Europäischer Wundergeschichten Calender 1670 bis 1672 (Nürnberg). Schreib-Kalender 1675 (Molsheim)*. Faksimiledruck der vier Kalenderjahrgänge erstmals neu hrsg. und kommentiert von Klaus Matthäus und Klaus-Dieter Herbst. Erlangen, Jena 2009. *Europäischer Wundergeschichten Calender 1670*, zwischen März und April. So ungewöhnlich diese Kalendernamen teilweise klingen, sie sind bis auf den *Hasenkalender* alle nachweisbar, so gibt es z. B. den *Helden Calender* (http://zs.thulb.uni-jena.de/content/main/journals/jzsk_183.xml, Abruf 17.02.2010), den *Music-Gespenst-Lieder-Kalender* (http://zs.thulb.uni-jena.de/content/main/journals/jzsk_336.xml), den *Comödien-Kalender* (http://zs.thulb.uni-jena.de/content/main/journals/jzsk_222.xml, Abruf 17.02.2010), und den *Europäischen Jährlichen Geschichts- und Kauffmanns Calender* (http://zs.thulb. uni-jena.de/content/main /journals/jzsk_197.xml, Abruf 17.02.2010).

possen – er nennt u. a. die französische Hanswurstfigur Jean Potage, die Schwanksammlung *Jean Tambour* – in die Kalender drucken. Dies ist zugleich ein Hinweis darauf, dass die in den simplicianischen Kalendern abgedruckten Schwänke keineswegs typisch sind für die in Kalendern gedruckten Texte. Rist erwähnt dann noch den Brauch, Geschichten in Fortsetzungen abzudrucken, welche Harsdörffer und Zeiler aus dem Französischen übersetzt hätten, dabei muss es sich um die sogenannten Mordgeschichten handeln.[7]

Die teilweise anspruchsvollen Diskussionen deuten darauf hin, dass das Publikum der Kalender nicht nur der sogenannte einfache Mann aus dem Volk war, wie man dies im Gefolge der Forschungen zu den Kalendern des 18. und 19. Jahrhunderts oft unreflektiert zurückprojiziert hat,[8] sondern eher ein bürgerliches, ja adliges Publikum.[9] Auch wenn Kalendermacher wie Marcus Freund sich darum bemühen, möglichst wenig Lateinisch zu brauchen, damit auch der „gemeine Mann" einen kurzen Begriff der historischen Vorkommnisse bekomme und daraus Nutzen schöpfen könne,[10] kommen besonders in den Prognostiken auch lateinische, ja sogar griechische und hebräische Wörter vor. Freunds Kalender enthalten mehrmals lateinische Widmungsgedichte,[11]

7 Rist, *Sämtliche Werke* (wie Anm. 4), Bd. 5, S. 66. Die von Harsdörffer übersetzten Geschichten sind allerdings meistens so kurz, dass sie in einem Kalender Platz finden. Ich habe in den von mir untersuchten Kalendern nur ein einziges Mal eine solche Geschichte gefunden, in einem *Alten und Neun Schreibkalender* (Basel) von 1676.

8 Ich denke hier an die Darstellungen von Ludwig Rohner: *Kalendergeschichte und Kalender*. Wiesbaden 1978, und Jan Knopf: *Die deutsche Kalendergeschichte.* Frankfurt a. M. 1983, aber auch an die jüngste Darstellung von Jan Rüpke: *Zeit und Fest. Eine Kulturgeschichte des Kalenders*. München 2006, z. B. S. 118, wo er undifferenziert eine Linie von Ovid zu Johann Peter Hebel zieht.

9 Dazu die Untersuchung von Helga Meise: *Das archivierte Ich. Schreibkalender und höfische Repräsentation in Hessen-Darmstadt 1624–1790.* Darmstadt 2002. Dort zum Gebrauch der Schreibkalender im Hause Hessen-Darmstadt.

10 Er habe, schreibt Marcus Freund „so viel nützlich geschehen können/ der Lateinischen Sprache mich entschlagen vnd hergegen der Teutschen mich befleissen wollen/ damit [...] gleichwol dieser Calender/ an statt deß Kriegscalenders/ dem gemeinen Mann vor den Augen schweben/ er auß demselben gleichsam in einem kurtzen Begriff alte ansehnliche vnd herrlich vorgangene Sachen in einem Spiegel schauen vnd also sonderbaren Nutzen herauß schöpfen möchte." – *Historischer Calender* auf das Jahr 1648.

11 Beispiele aus den Kalendern von Freund. Ein lateinisches Widmungsgedicht von Johann Klaj im *Astrologischen Krieg-Calender* von 1646 und dasselbe nochmals 1647, eines von Johann Georg Styrtzel, der auch als Widmungsempfänger figu-

und er setzt sich mit Gegnern auseinander, die seine Prognostik oder die Astrologie generell angreifen.[12] Die Einträge im relativ reichen Bestand an Schreib-Kalendern von Marcus Freund auf der Zürcher Zentralbibliothek weisen darauf hin, dass mindestens ein Teil davon Pfarrern gehört haben könnte, die hier wohl auch Exempel für ihre Predigten gefunden haben dürften.

I

Welche Art von Wissen in den verschiedenen Kalendern vermittelt wird, möchte ich an ausgewählten Beispielen des Kalendermachers und Pastors Marcus Freund vorführen. Marcus Freund (1601–1662) war gemäß Klaus-Dieter Herbst einer der produktivsten Kalendermacher, der nebeneinander nicht weniger als fünf Schreib-Kalender herausgab,[13] so dass die Inhalte und ihre Präsentation gut zu vergleichen sind, besonders weil es auf der Zentralbibliothek in Zürich jeweils mehrere Exemplare eines Typus gibt.[14] Alle seine Kalender enthalten zudem Rubriken, welche über das eigentliche Kalendarium und die Prognostik hinausgehende Informationen vermitteln. Klaus Matthäus hat darauf hingewiesen, dass Marcus Freund einer der ersten war, der historische Texte in seinen Kalender eingefügt hat,[15] er hat aber, wie zu zeigen sein wird, auch anderes Material verwendet.

---

riert, im *Haubt-Calender* von 1656, eines von Philippus Hollius im *Historischen Calender* auf das Jahr 1652.

12 Dazu Herbst, Jahreskalender (wie Anm. 1),

13 Wahrscheinlich hat er auch den *Wurtz- und Kräuter Calender* herausgegeben, vgl. dazu unten. Zusätzlich gab er auch noch einen Einblatt-Kalender heraus: *New und alt Almanach Marci Freunds*. – *Verzeichnis der im deutschen Sprachraum erschienenen Drucke des 17. Jahrhunderts* (VD 17: 75:709989F; 1:620402P; 1:620430T).

14 Unterdessen ist eine Reihe von Jahrgängen auch elektronisch zugänglich auf der Homepage der Universitätsbibliothek Jena, die ich aber nur noch punktuell berücksichtigen konnte.

15 Klaus Matthäus: Zur Geschichte des Nürnberger Kalenderwesens. Die Entwicklung der in Nürnberg gedruckten Jahreskalender in Buchform. In: *Archiv für Geschichte des Buchwesens* IX (1969), Sp. 965–1396. Zu Freund generell Sp. 1237–1238. Ob Freund, wie Matthäus schreibt, nichts von Astronomie verstand, ist fraglich, denn er wird in Sammelwerken zusammen mit andern Astronomen zitiert, vgl. etwa *Neu auffgerichte Calender-Seule*. Frankfurt 1660, und *Astrologische Be-*

Marcus Freund hat offenbar in den literarischen Kreisen Nürnbergs verkehrt. Johann Klaj hat zweimal,[16] Georg Philipp Harsdörffer einmal ein Widmungsgedicht beigetragen,[17] ebenso wie Quirinus Moscherosch.[18] Johann Michael Dillherr habe ihn nach seinen eigenen Aussagen ermuntert, die Prognostiken zu publizieren.[19]

II

Auf das Jahre 1646 erschienen drei Kalender von Marcus Freund, der *Astrologische Kriegs-Calender*, der nach 1649 umbenannt wird in *Teutscher Friedens- und außländischer Kriegs-Calender*,[20] der *Schreibcalender* und der *Wurtz- und Kräuter Calender*. Auf dem Titelblatt des *Kriegs-Calenders* bezeichnet er sich als „Theo-Astrophilus, Gottes und

schreibung Von der Anno 1654 den 2. (12.) Augusti vorfallenden grossen/ sichtbaren und nachdencklichen Sonnen-Finsternuß. Nürnberg 1654; *Newer Astrologischer Post-Reuter/ Und Kurtze Verfassung der vornemsten und berühmtesten Astronomorum und deroselben Prognostication auff instehendes Jahr Christi 1645*. O. O. 1644, dasselbe auf das Jahr 1647. Wahrscheinlich nimmt Freund auf seinen Beitrag im *Post-Reuter* von 1644 Bezug, wenn er im *Astrologischen Kriegs-Calender* von 1645 belegt, dass das, was er für 1644 vorausgesagt habe, eingetroffen sei.

16 Ein lateinisches Widmungsgedicht ist im *Astrologischen Kriegs-Calender* von 1646 und 1647 abgedruckt. Ein deutsches „Lobgedicht" in der Practica des *Wurtz- und Kräuter-Calenders* 1646 (VD 17: 14:664750C).

17 Das Gedicht von Georg Philipp Harsdörffer mit dem Titel „Vermählung der Natur" befindet sich in der Practica des *Wurtz- und Kräuter-Calenders* (vgl. Anm. 16). Zudem beruft sich Freund im *Haubt-Calender* 1652 auf Harsdörffers *Schauplatz jämmerlicher Mordgeschichten* für die Benennung der Jahreszeiten.

18 Das Gedicht von Quirinus Moscherosch befindet sich im *Prognosticon Meteo-Astro-Germano-Irenicum* zum *Astrologischen Friedens – [...] vnd Kriegs-Calender* auf das Jahr 1655 (VD 17: 14:663942T) und trägt den Titel: „Vngebettene Redliche Kundschafft Quirini Moscherosch, Hanauischen Pfarrers zu Offendorff am Rhein/ Betreffend die sinnreichen/ wolgefassten/ Weltberühmten Jahr-Gangs-Schrifften des Ehrwürdigen Marx Freunden."

19 *Prognosticon Meteo-Astro Bellicum* zum *Astrologischer Kriegs-Calender* auf das Jahr 1646 (VD 17: 14:664763G).

20 Die besten Informationen zu allen Kalendern findet man jetzt in der von Klaus-Dieter Herbst erarbeiteten Datenbank, die im Netz der Universitätsbibliothek Jena zugänglich ist. Vgl. http://www.zs.thulb.uni-jena.de/content/below/index.xml, Abruf 17.02.2010.

des Edlen Gestirns Freund und Liebhaber", in den fünfziger Jahren verkürzt er diese Bezeichnung auf Astrophilus. Ab 1648 gibt er den *Historischen Calender* heraus, auf dem er sich „deß edlen Gestirns vnd der Historien Liebhaber" nennt. Dieser war offenbar zunächst als Ersatz für den *Kriegs-Calender* gedacht, wie aus Freunds Vorrede hervorgeht, wo er schreibt, dass „wann es schon Fried würde/ welches ich mir aber/ *Rebus sic stantibus*, noch zur Zeit nicht einbilden kan/ gleichwol dieser Calender/ anstatt des Kriegscalenders/ dem gemeinen Mann vor den Augen schweben [...] möchte." Ab 1652 erscheint der *Haubt-Calender*, auf dem er sich als „der Edlen Astrosophischen Wissenschaft Ergebenen" bezeichnet, und ab 1656 der *Zeit- und Wunder-Calender*, wo er als „Miraculorum Dei Admiratore & Cultore" auftritt. Schon diese Bezeichnungen zeigen, dass mit den Kalendern ein wissenschaftlicher Anspruch verbunden ist, dass Marcus Freund an den mannigfachsten Diskursen der Zeit teilnimmt. So äußert er sich zum Nutzen der Geschichte, der Astrologie und der Wunderzeichen. Er diskutiert theologische Probleme wie die Frage, inwiefern es erlaubt sei, astrologische Deutungen vorzunehmen, oder er diskutiert, wie man das Eintreffen des Jüngsten Gerichts berechnen könne.

Als Liebhaber der Historie versieht Marcus Freund alle seine Kalender mit einer Rubrik, in welcher historische Ereignisse dargestellt werden. Wie andere Kalendermacher hat er die Tendenz ein Thema über mehrere Kalender fortzuführen. Offenbar entspricht das durchaus der Erwartung der Leser, wie man einer Bemerkung des Verfassers des *Basler Schreib-Kalenders* von 1674 entnehmen kann. Dieser schreibt, es sei große Mode, Kalender mit „historien/ bald gantzen Chroniken oder Relationen" zu spicken, weshalb er es auch getan habe. „Vnd so die Liebhaber derselben wolten jährlich die Calender auffhalten/ wurden sie den jhrigen eine kleine Chronik von allerhand begebenheiten zusammen bringen." Dass Kalender aufbewahrt wurden, auch wenn sie keine persönlichen Notizen enthielten, zeigen verschiedene Sammlungen auf den Bibliotheken. Werke wie das *Theatrum Europaeum*, Flugblätter historischen Inhalts und die Kalender kommen einem offensichtlich gewachsenen Bedürfnis nach Informationen entgegen, ein Bedürfnis, das man auch in den umfangreichen Anmerkungen zu den großen heroisch-historischen Romanen des 17. Jahrhunderts oder auch den historischen Dramen feststellen kann. In der Vorrede zur Praktik des *Historischen Calenders* von 1648 erklärt Marcus Freund, dass er schon als Kind Flugblätter und neue Zeitungen gesammelt habe, die ihm sein Vater von den Jahrmärkten nach Hause gebracht habe. Ganz im Sinne der Auffassung der Geschichte als Lehrmeisterin des Lebens betont er:

> Es machen die Schreiber der Historien/ daß wir alle Gedancken/ Wort vnd Werck der vorigen vnd schon längst abgestorbenen Welt/ die nützlich sind vnd Menschlichem Leben dienen/ besichtigen Lernen vnd jhnen nachfolgen/ auch auß Irrungen vnd Mißhändeln anderer Menschen vnser Leben richten vnd besser anstellen können.

Ganz so sah es auch sein Zeitgenosse Georg Philipp Harsdörffer, der in der Einleitung zum *Schauplatz Lust- und Lehrreicher Geschichte* (1648) schreibt, dass die Hauptwissenschaften, worunter er Theologie und Jurisprudenz versteht, Lehren und Gesetze aufstellten, dass es aber daneben auch „die Geschichtschreibung" gebe, welche „mit Lehren und Exempeln" arbeite, „deßwegen sie auch der Spiegel guter und böser Sitten/ das Liecht der Warheit/ die Richtschnur menschlichen Lebens/ unnd diese Welt ein Schauplatz genennet wird."[21]

Dass es keineswegs nur der „gemeine Mann" ist, der aus der Geschichte etwas lernen kann, macht Marcus Freund deutlich, wenn er in seinem *Historischen Calender* darauf hinweist, wie nützlich die Geschichte für die Regierenden sei – er widmet auch mehrere seiner Kalender Adligen bzw. Bürgermeistern der zwölf Reichsstädte[22] – und dass die Regierenden

> [...] solche Historien vnd Exempel nicht schlechts obenhin lesen [sollen]/ wie etwa die Nonnen den Psalter lesen/ sondern daß sie dieselben mit grossem Fleiß bewegen/ von wem/ auß was Vrsachen vnd zu welchen Zeiten ein jegliches Ding geschehen und was darauß erfolget: Denn viel Ding geschehen auß Göttlichem Verhängniß/ vns zur Erinnerung vnd bestem/ auff daß wir in dergleichen Fällen/ da sich die zutragen würden/ vns selber sollen dardurch lernen erkennen: Wiewol auch viel Ding darumb geschehen/ daß wir dardurch gezüchtiget vnd gestraffet werden/ auff daß wir vns bessern vnd mit der Welt nicht verdambt werden.[23]

---

21 Georg Philipp Harsdörffer: *Der Grosse Schauplatz Lust- und Lehrreicher Geschichte* (1664), Zuschrifft, unpag. [Nachdruck Hildesheim, New York 1979]

22 Der *Astrologische Kriegs-Calender* 1646 ist den Herzögen Wilhelm und Ernst von Sachsen, Cleve und Berg gewidmet, der Jahrgang 1648 Christina von Schweden, der Jahrgang 1653 und 1654 des *Haubt-Calenders* ist dem Magistrat der 12 Reichsstädte gewidmet. Der *Haubt-Calender* von 1660 ist drei Angehörigen des Rats von Frankfurt gewidmet.

23 *Prognosticon Meteo-Historicum* zum *Historischer Calender* auf das Jahr 1648.

Freund setzt also eine intensive Lektüre seiner Kalender voraus und keineswegs eine extensiv unterhaltende, wie dies in der Kalendergeschichtenforschung stillschweigend für alle Kalender angenommen wird.

Freund scheint, so weit sich dies aus dem erst fragmentarisch zugänglichen Bestand rekonstruieren lässt, in den verschiedenen Kalendern verschiedene Arten von historischen Vorkommnissen berichtet zu haben. Während er im *Haupt-Calender* sich darum bemüht, den „Kriegsverlauf" des Dreißigjährigen Kriegs über viele Jahrgänge nachzuzeichnen,[24] scheint er sich im *Historischen Calender* eher darauf verlegt zu haben, besonders grausame historische Ereignisse zu berichten, wie sich schon an den Titeln zeigt, in denen häufig Wörter wie ‚traurig', ‚jämmerlich', ‚grausam' vorkommen.[25] Er scheint sich hier an der Gattung der „Histoires tragiques" zu orientieren, wie sie erstmals von Bandello, Pierre Boiastuau und François Belleforest publiziert wurden, später von Harsdörffer und Zeiler teilweise ins Deutsche übersetzt wurden.[26]

Im *Schreib-Calender* auf das Jahr 1648 druckt er einen Bericht über die Schlacht von Nördlingen ab mit der Begründung, dass er „den waaren Verlauff" der Schlacht „diesem Margini einverleiben" wolle, weil es bei den Historikern so viele unterschiedliche Meinungen darüber gebe. Dienen die Geschichten im *Historischen Calender* eher der moralischen Belehrung, so scheint im *Schreib-Calender* eher die Information des Publikums über die jüngst vergangenen Ereignisse im Vordergrund zu stehen. Jedenfalls beginnt er in Letzterem spätestens 1654 mit der „Schwedischen Kriegs-Chronik", die er mindestens bis ins

---

24 Der erste Titel lautet „Dreißigjähriger Kriegskalender" (1652), später werden dann einzelne Ereignisse herausgegriffen, etwa „Beschreibung der Feldschlacht vor Prag" (1655), „Beschreibung der blutigen Schlacht bey Rain am Lech 1635" (1663). Die Beschreibung der Schlacht von Lützen beginnt im Jahrgang 1667 und wird 1668 und 1669 fortgeführt.

25 „Folget nun die fernere Continuation der *trawrigen* Mordthaten/ die an hohen Potentaten sind verübet worden" (Jahrgang 1655); „Folget nun die Continuation *jämmerlicher* Mordgeschicht/ sonderlich das Blutbad zu Parißs" (Jahrgang 1657), „Contination der *grausamen* Conspiration deß Pulver Handels in England" (Jahrgang 1663). (Hervorhebungen R. Z.)

26 Zu dieser Gattung Rudolf Schenda: Jämmerliche Mordgeschichte. Harsdörffer, Huber, Zeiller und französische Tragica des 16. und 17. Jahrhunderts. In: *Volkskultur – Geschichte – Region*. Hrsg. von Erich Wimmer und Dieter Harmening. Würzburg 1990, S. 530–551.

Jahr 1668 fortführt.[27] Oft verwendet Freund auch die Praktik, um weitere meistens eher anekdotische Geschichten zu erzählen. Anlass für die Geschichte ist oft eine bestimmte Konstellation, die zum Zeitpunkt des Vorfalls ebenfalls eingetreten ist. So schreibt er etwa zu einer bestimmten Konstellation, die im Januar 1648 eintreten soll, genau diese Konstellation habe am 6. Mai 1547 geherrscht, als Karl von Bourbon die Borga nova in Rom überfallen habe, worauf er die Geschichte ausführlich erzählt.[28] 1666 beginnt er im *Haubt-Calender* eine Serie über „plötzliche Todesfälle", die er bis 1668 fortführt. Er kann aber auch andere Arten von Informationen einflechten, so gibt es im Jahr 1658 eine Sonnenfinsternis, die nur bei den Bengalen zu sehen ist, was ihm im *Teutschen Friedens und Kriegs-Calender* Anlass gibt, über die Bengalen zu schreiben. Wenn man davon ausgeht, dass es dem „Liebhaber der Historie" darum ging, möglichst viele Geschichten zu erzählen, so kann man sagen, dass die Prognostik als eine Art Maschine zur Inventio oder wenn man will zur Auswahl der Geschichten fungiert. Der Autor des Kalenders beweist einen gewissen Scharfsinn, wenn er in seinem Material jene Geschichten suchen muss, welche eben zu den bestimmten Planetenkonstellationen passen.[29]

Im *Haubt-Calender* bringt Freund besonders viele Informationen unter,[30] so gibt es auf der eigentlich leeren Schreib-Seite neben der Spalte mit den historischen Ereignissen eine zweite Spalte mit einem „Artzney-Calender", in dem alphabetisch Rezepte gegeben werden zu Themen wie „Augenwehthumb zu vertreiben", „Blut ausspeyen zu vertreiben". In der Prognostik gibt er weitere medizinische Rezepte. Solche Rezepte kommen in andern Kalendern häufig vor. In den *Basler*

---

27 Genauere Angaben kann ich nicht machen, da ich die Exemplare von 1649, 1650–1653 und nach 1668 nicht kenne.

28 *Prognosticon Meteo-Historicum* zum *Historischer Calender* auf das Jahr 1648, Monat Mai.

29 Nebenbei sei für die Grimmelshausen-Forschung darauf hingewiesen, dass genau eine solche Ordnung sich in Grimmelshausens *Ewig-währendem Calender* nicht ausmachen lässt. Zum Durcheinander in diesem Kalender vgl. meinen Aufsatz: Grimmelshausen's „Ewig-währender Calender": A Labyrinth of Knowledge and Reading. In: *A Companion to the Works of Grimmelshausen*. Hrsg. von Karl F. Otto Jr. Rochester 2003, S. 167–199.

30 Es gibt hier auch im Kalendarium eine zusätzliche Rubrik „Calender menschlicher Zufälle", in dem sich dunkle Sprüche finden, z. B. „Wann einer ein Spiel nicht recht gelernet hat/ so soll er derselben müssig stehen: dann jenseits des Bachs gibt's auch Leut." (*Haubt-Calender* 1659, Monat Juni). Dieselbe Rubrik findet sich auch im *Zeit- und Wunder-Calender*.

Schreibkalendern bilden sie fast den einzigen nicht-kalendarischen Inhalt. In der Prognostik bringt er sodann allerlei Diskussionen unter, so z. B. im ersten Kalender von 1652 eine Verteidigung der Astrologie, welche 1653 fortgeführt wird. Es greift dabei in einen Diskurs ein, der seit Augustinus geführt wird, nämlich ob die Sterne einen Einfluss auf die Menschen haben könnten, da Gott doch Himmel und Erde gemacht habe, sie „moderire, dirigire, auch zu Zeiten inhibire, nach seinem gnädigen Willen und Wohlgefallen". Er verteidigt aber die Astrologie als eine alte Kunst, von der jeder Theologe eine Ahnung haben sollte. Das Prognostikon des *Haubt-Calenders* dient ihm auch dazu, gewisse unterhaltende Fragen abzuhandeln, wie wir sie aus Mexías *Geschicht- Natur- und Wunderwald,* aus Harsdörffers *Gesprechspielen* und Rists *Monatsgesprächen* kennen, wie z. B. inwiefern die wilden Tiere dem Menschen „quod naturalis et moralia" überlegen seien (Jg. 1662); dieses Thema führt er dann über mehrere Jahrgänge fort.

III

Ein Thema, welches in allen Kalendern Freunds immer wieder anklingt, ist die Deutung der Zeichen, die Gott den Menschen in Form von Sonnenfinsternissen und Kometen sendet, und die gerechte Strafe Gottes, wie sie in historischen Ereignissen zu Tage tritt. Im *Historien-Calender* von 1648 begründet er den Abdruck der Geschichten damit, dass Gott solche Ereignisse geschehen lasse, um den Menschen Verhaltensmuster zu geben, oft aber auch, um sie zu strafen:

> Denn viel Ding geschehen auß Göttlichem Verhängniß/ vns zur Erinnerung vnd bestem/ auff daß wir in dergleichen Fällen/ da sich die zutragen würden/ vns selber sollen dardurch lernen erkennen: Wiewol auch viel Ding darumb geschehen/ daß wir dardurch gezüchtiget vnd gestraffet werden.

Dieser letzte Aspekt ist auch die Motivation, um zum Beispiel die Geschichte des Zaren Iwan des Schrecklichen (1530–1584) zu erzählen unter dem Titel „Eigentliche/ warhafftige und ausführliche Bescheibung deß grausamen Tyrannen Johan. Basilides/ Moscowitischen Zaaren oder Groß-Fürsten/ wie unbarmhertzig er regieret/ und was er für ein abscheuliches Ende genommen." Aus dem Leben dieses Tyrannen erscheine die „grosse Güte Gottes/ der mit der verdienten Straffe immer zu auffzeucht", obwohl es zuerst nicht so ausgesehen habe, da er den Tyrannen so hoch habe steigen lasse, viel höher als andere, die viel tugendhafter sind. Aber, so betont Freund, am Ende tritt immer die gerechte Strafe ein. Damit bestätigt der Kalender auch immer wieder nicht nur die irdische Ordnung, sondern auch die göttliche. Diesen Diskurs, der sich im 17. Jahrhundert vor allem in Dokumenten über Himmelserscheinungen, Wundergeburten, Naturkatastrophen und sonst stark vom alltäglichen Gang abweichende Erscheinungen niederschlägt, kann Freund in seinem jüngsten, ab Jahrgang 1658 erscheinenden Kalender, dem *Zeit- und Wunder-Calender* vermitteln. Schon das Titelblatt dieses Kalenders zeigt, worum es hier gehen soll. Im Vordergrund reiten zwei Gruppen aufeinander zu, die eine mit Gewehren, die andere mit türkischen Säbeln bewaffnet, zwischen ihnen auf der Erde offenbar Tote, im Hintergrund sieht man brennende Häuser und eine brennende Kugel, in der Mitte Schiffe. Das heißt, Naturkatastrophen, Unglücksfälle und kriegerische Ereignisse stehen auf derselben Ebene. Dieser Kalender enthält in der linken Spalte auf der rechten Seite wiederum eine historische Darstellung, nämlich die „Gründliche vnd eigentliche Beschreybung aller Schlachten und Belägerungen/ welche sich auff Engelländischer vnd Holländischer Seiten wider ihre Feinde anno 1588 biß auff 1654 begeben vnd zugetragen.". Die zweite Spalte, welche den Titel „Wunder-Historia" trägt, ist Wundern im Sinne von Prodigien gewidmet,[31] wobei er sich im kalendarischen Teil auf Feuersbrünste spezialisiert hat, so wird etwa die Feuersbrunst, die in Aachen im Jahre 1656 stattgefunden hat, berichtet oder verschiedene Brände in Nördlingen (Jahrgang 1661). Wundergeschichten werden auch in der Praktik erzählt, welche schon auf dem Titelblatt „bey eines jeden Monatsbruch eine/ und also in allem 50 Historien/ die zwar kurtz/ aber doch sehr denckwürdig/ hinzugesetzet/ zu befinden seyn werden" verspricht.[32] In der Praktik wird in jedem Monat eine Episode erzählt, welche sich in diesem Monat zugetragen hat, z. B. die Erscheinung eines kleinen Männchens, das einem Mädchen im Wald im Gebiet des Herzogs von Braunschweig einen Silberschatz mit alten Münzen zeigt (Jg. 1658,

31 Dazu Lorraine Daston und Katharine Park: *Wunder und die Ordnung der Natur*. Frankfurt a. M. 2002; Jean Céard: *La nature et les prodiges: l'insolite au XVIe siècle*. Genève ^{2}1996.

32 Wie er auf die 50 Historien kommt, ist mir nicht klar, in Wirklichkeit handelt es sich um zwölf, für jeden Monat eine. Auch auf dem Titelblatt der Praktik zum *Wurtz- und Kräuter-Calender* gibt es seltsame Zahlenangaben; über Jahre hinweg steht da, es würden nicht mehr 50 Gewächse, sondern nur noch 21 vorgestellt.

Februar), dass Eltern ihren Sohn, der mit viel Geld aus dem Krieg nach Hause gekommen ist und den sie nicht erkannten, ermordet haben (Jg. 1665, Januar), es wird von Erdbeben, von Überschwemmungen, Gewittern, Stürmen, Himmelszeichen berichtet. Freund ist ein Vertreter der Auffassung, dass solche Ereignisse von Gott den Menschen als Zeichen gesandt werden, damit sie Buße tun. Als Beleg dafür, dass auch eine Sonnenfinsternis nicht bedeutungslos ist, weist er in der Praktik zum *Astrologischen Friedens-Calender* von 1658 anlässlich einer in Europa nicht sichtbaren Sonnenfinsternis darauf hin, dass man im Jahre 1638 eine Sonnenfinsternis in Deutschland nicht gesehen habe, dass aber gleichzeitig viele Wunderzeichen geschehen seien wie etwa, dass sich eine Quelle bei Erfurt rot gefärbt habe, und wenn man damit geschrieben habe, sei das Geschriebene rot gewesen.

Da diese Geschichten, gerade weil sie so sehr von der Normalität abweichen, beglaubigt werden müssen, werden sehr häufig Quellen angegeben. Es ist sicher kein Zufall, dass eine der häufigsten Quellen für Himmelszeichen Hiob Fincels *Wunderzeichen* zitiert werden, [33] ab und zu wird auch das nur ein Jahr später erschienene Werk *Prodigiorum Ac Ostentorum Chronicon* des Lycosthenes genannt.[34] Beide Werke gehören in den Kontext lutherischer Endzeiterwartung, für die Zeichen gesammelt werden.[35] In der Prognostik des *Astrologischen Kriegs-Calenders* von 1648 beklagt er sich, dass sein Kalender nachgedruckt werde, was darauf hinweise, dass der Jüngste Tag nicht mehr fern sei, denn vorher sei „viel Falsch und Betrug." Im *Astrologischen*

33 *Warhafftige Beschreibung und kurtz verzeichnus schrecklicher Wunderzeichen und Geschichten, die von der Zeit an, da Gottes wort in Deutschland angangen, am Himel, Erden und andern Creaturen geschehen sind, nach der Jarzal.* Nürnberg 1556 (VD 16: F 1108, 1109, 1110).

34 *Prodigiorvm Ac Ostentorvm Chronicon: Quae praeter naturae ordinem, motum, Et Operationem, Et In Svperioribus & his inferioribus mundi regionibus, ab exordio mundi usque ad haec nostra tempora, acciderunt* [...] Basel 1557, deutsch Johann Herold: *Wunderwerck oder Gottes unergründtliches Vorbilden: das er inn seinen gschoepffen allen*[…] *erscheynen* [...] *lassen.* Basel 1557. Zum Kontext, in dem diese Bücher zu sehen sind, und über weitere Wunderbücher vgl. Rudolf Schenda: Die deutschen Prodigiensammlungen des 16. und 17. Jahrhunderts. In: *Archiv für die Geschichte des Buchwesens* IV (1963), Sp. 637–710.

35 Dazu Heinz Schilling: Job Fincel und die Zeichen der Endzeit. In: *Volkserzählung und Reformation. Zur Tradition und Funktion von Erzählstoffen und Erzählliteratur im Protestantismus.* Hrsg. von Wolfgang Brückner. Berlin 1974, S. 326–392; Rosmarie Zeller: Wunderzeichen und Endzeitvorstellungen in der Frühen Neuzeit. Kometenschriften als Instrumente von Warnung und Prophezeiung. In: *Morgen-Glantz* 10 (2000), S. 95–132.

Kriegs-Calender von 1646, welcher Freunds erster Kalender mit einer astrologischen Praktik ist, verteidigt er sich in der Praktik, dass er sich mit Astrologie beschäftige und verweist darauf, dass ihn der Nürnberger Pfarrer Johann Michael Dillherr dazu angespornt habe und dass er dies „zu Erbawung der Kirchen vnd der Vermahnung zur Buß in dieser Grundsuppen der Welt“ gemacht habe. In der Praktik des *Schreib-Calenders* von 1648 weist er im Kapitel von den Finsternissen darauf hin, dass Finsternisse und andere Himmelserscheinungen das Jüngste Gericht ankündigen. Vielleicht müsste man auch Freunds Idee, Geschichte in seine Kalender aufzunehmen, in dieser Perspektive sehen, das würde auch erklären, warum er offenbar als einer der ersten überhaupt auf diese Idee kam, während die andern Kalendermacher ihn nachahmten.[36] Das wird auch deutlich in seinen Kommentaren zu den Ereignissen. So wird der Bericht über die Feuersbrunst in Aachen abgeschlossen mit dem Hinweis auf Gottes Zorn und der Hoffnung, dass er sich nicht weiter äußern werde, eine Formulierung, wie man sie häufig auf Flugblättern findet:

> Der grundgütige GOtt/ erbarme sich dieser elenden Leut/ vergeb ihnen ihre Sünde/ lasse sie den rechten Weg zur Bekehrung finden. Vns aber allen/ dieses erschreckliche Zorns Exempel/ durch Würckung deß H. Geistes/ zur Buß/ rechtschaffenen Bekehrung und Besserung unsers Christenthumbs dienen/ damit wir nicht gleiche Straff über vns ziehen/ daß wolle er aus Gnaden thun.[37]

Im *Wunder-Calender* von 1658 berichtet er eine Episode, die sich im Dreißigjährigen Krieg in Badenweiler abgespielt hat, wo Bauern eine Frau und zwei Soldaten, die die Frau zuvor entführt hatten, getötet haben und gegessen haben, auch zwei Frauen sollen aus Hunger Menschenfleisch gegessen haben, was er mit dem Satz kommentiert:

> Also gar hat das von seinen Einwohnern entheiligte Teutschland der von Gott gedreuete Fluch getroffen/ Deut. 28/ 53. Du wirst die Frucht deines Leibes fres-

36 Zur Geschichte in endzeitlicher Perspektive Thomas Kaufmann: 1600 – Deutungen der Jahrhundertwende im deutschen Luthertum. In: *Jahrhundertwenden. Endzeit- und Zukunftsvorstellungen vom 15. bis zum 20. Jahrhundert*. Hrsg. von Manfred Jakubowski-Tiessen. Göttingen 1999. (Veröffentlichungen des Max-Planck-Instituts für Geschichte 155). S. 73–128.

37 Vgl. etwa den Schluss eines Flugblattes über den Brand von Aachen (VD 17: 12:630687T), wo es heißt: „Gott sey uns gnädig/ vnd lasse vns nach so schwerer Züchtigung wider Gnade finden/ vnd behüte alle frommen Hertzen vor derlei Vbel.“

sen/ das Fleisch deiner Söhne und deiner Töchter/ die dir der HErr dein GOtt gegeben hat. In haec quis intuens, pius esto.

Solche Ereignisse mag Freund aus Flugblättern und Flugschriften entnommen haben. Einen konkreten Hinweis auf die Verwendung von Flugblättern und Flugschriften in den Kalendern gibt es in einem Kalender mit dem Titel *Wunderzeichen-Calender Haußhaltungs- und Schreib-Calender* von Andreas Graf. In der Praktik des Jahrgangs 1665 wird ein Bericht über die Wirkung von Kometen abgedruckt, den der Autor anlässlich des Kometen von 1654 verfasst hat, wie er schreibt.[38] Dieser *Wunderzeichen-Calender*, bei dem es sich um eine Nachahmung des Freundschen Kalenders handeln dürfte, enthält als Wunderzeichen den genannten Bericht über die Kometen von 1654 und 1664 und dann noch eine Rubrik „Todes und andere Zufälle", wo seltsame Todesfälle berichtet werden, es wird dann unter dem Titel „Wunderzeichen" von weiteren Himmelserscheinungen, Unwetter, Blitzen und Kometen berichtet, die in der Vergangenheit aufgetreten sind.

Eine weitere Quelle von wunderbaren Ereignissen sind Chroniken, von denen Freund zahlreiche zitiert wie Stumpfs Schweizer Chronik,[39] Johannes Sleidanus *De quatuor summis Imperiis Libri 3*, eine Pommersche Chronik,[40] eine Polnische Chronik und zahlreiche andere. Wenn man bedenkt, dass ein großer Teil der von Freund benützten Werke aus dem 16. Jahrhundert, manchmal aus dem frühen 17. Jahrhundert stammt, so heißt das, dass dieses wissenschaftlich gesehen oft veraltete Wissen durch die Kalender wie übrigens auch durch die Flugblätter, Prodigiensammlungen und andere Miscellanea-Schriften weiter tradiert wurde und von da auch in Werke wie z. B. Grimmelshausens Romane einging. Insbesondere die Pfarrer haben diese Art Auslegung von Naturerscheinungen und Naturkatastrophen noch bis weit ins 18. Jahrhundert fortgeschrieben, als schon längst wissenschaftlichere Erklärungen zur Verfügung standen.[41]

---

38 *Wunderzeichen-Calender auf das Jahr MDCLXV. Alter und Neuer Haußhaltungs- und Schreibe-Calender. Praktik.* (http://zs.thulb.uni-jena.de/content/main/journals/jzsk_239.xml, Abruf 17.02.2010).

39 Johann Stumpf: *Gemeiner loblicher Eÿdgnoschaft Stetten, Landen vnd Völckern Chronic wirdiger thaaten beschreibung* [...]. Zürich 1548 (zahlreiche Ausgaben).

40 Es handelt sich wahrscheinlich um Johann Micrelius: *Altes PommerLand* [...]. Stettin 1640.

41 In Basel wurden noch bis weit ins 18. Jahrhundert bei Überschwemmungen, Morden oder Bränden solche Deutungen von Pfarrern publiziert. Dazu Rosmarie Zeller: Naturkatastrophen zwischen Kuriosität, Sensation und religiöser Interpre-

Dass Freund sich nicht nur für Wunder im Sinne der Abweichung vom normalen Gang der Natur, sondern auch für Wunder Gottes im naturmagischen Sinne interessierte, zeigt sein *Wurtz- und Kräuter Calender*, welcher 1646 unter seinem Namen erschien. Er enthält im Kalendarium jeweils einen Hinweis auf eine Pflanze, die im betreffenden Monat wächst und gibt ein Rezept, wie man sie medizinisch verwenden kann. In der Praktik verspricht er auf dem Titelblatt, die den Planeten zugeordneten Eigenschaften der Pflanzen, Tiere und Menschen „Magischer und natürlicher Wissenschafft nach" zu beschreiben und dazu noch Historien zu erzählen. In der Tat ist die Praktik dieses Kalenders nicht wie üblich nach den Jahreszeiten und den Monaten angeordnet sondern folgt den Planeten und zählt jeweils die den Planeten zugerechneten Pflanzen und Tiere sowie Eigenschaften der Menschen auf, die unter dem Einfluss des betreffenden Planeten stehen, worauf noch eine oder mehrere Geschichten erzählt werden. Die Altenburger Sammlung enthält diesen *Wurtz- und Kräuter Calender* ab Jahrgang 1643, aber unter dem Namen Marx Friedrich Rosenkreutzer.[42] Wer auch immer der Verfasser dieses Kalenders ist, es geht ihm darum, wie es in der Praktik auf das Jahr 1645 heisst, die Harmonie zwischen dem Oben und dem Unten, den Sternen und den Gewächsen zu demonstrieren, damit man sich „der grossen Weißheit/ Barmhertzigkeit vnd Gütigkeit Gottes etc. erinnere".[43] Dieser Kalender vervollständigt das in den andern Kalendern verfolgte Programm um die naturmagische Seite, die ob der wunderbaren Zusammenhänge in der Natur die Bewunderung Gottes herausfordert.

---

tation. Zur Semiotik von Naturkatastrophen. In: *Katastrophen und ihre Bewältigung*. Hrsg. von Christian Pfister und Stefanie Summermatter. Bern 2004, S. 79–100. Vgl. auch Martin Stuber: Gottesstrafe oder Forschungsobjekt? Zur Resonanz von Erdbeben, Überschwemmungen, Seuchen und Hungerkrisen im Korrespondentennetz Albrecht von Hallers. In: *Am Tag danach. Zur Bewältigung von Naturkatastrophen in der Schweiz 1500–2000.* Hrsg. von Christian Pfister. Bern 2002, S. 39–54.

42 Das Verzeichnis der im deutschen Sprachraum erschienenen Drucke des 17. Jahrhunderts nennt als Autor einen Franz Ritter, was mir aber fraglich scheint. Es ist z. B. auffällig, dass die Widmung an den Nürnberger Georg Führer im Kalender auf 1644 mit „M. Fr. R." gezeichnet ist. Die Widmung des Kalenders von 1650 ist mit „Marco Fr." unterschrieben. In dem erwähnten Widmungsgedicht von Quirinus Moscherosch (vgl. Anm. 18) wird Freund mit dem Vornamen „Marx" angesprochen. In der Widmung des *Wurtz- und Kräuter Calenders* taucht immer wieder Georg Styrtzel auf, dem auch andere Kalender Freunds gewidmet sind.

43 VD 17: 14: 665860U.

Zusammenfassend lässt sich sagen, dass der Pfarrer Marcus Freund seine Kalender dazu benützte, eine moralisch-theologische Botschaft unter die Leute zu bringen. Um dies zu tun, verwendete er die mannigfachsten Quellen, auffälligerweise aber in nur sehr geringem Maße die Bibel, die andere Autoren häufiger zitieren.[44] Stichproben in andern Kalendern scheinen mir zu zeigen, dass dort die Buß- und Endzeit-Perspektive kaum eine Rolle spielt. Trotz dieser immer wieder durchdringenden Endzeitperspektive findet hier eine Aufbereitung von Wissen statt, welches von derselben Art ist, wie es sich auch in den Miscellanea-Sammlungen findet. Man könnte die Kalender, die auf diese Weise Wissen verbreiten, als eine weitere Gattung der Buntschreiberei bezeichnen. Vielleicht dienten die Kalender teilweise denselben Zwecken wie die Miscellanea-Sammlungen, sie lieferten den Pfarrern Exempel und dem gebildeten Publikum Stoff für Konversation.

44 Ich denke etwa an Abdias Treu, der seinem *Schreib-Calender* einen Kirchenkalender hinzufügt (Jg. 1665), in welchem Geschichten berichtet werden, die in der Bibel nicht stehen, und an seinen *Reichs-Calender* (Jg. 1669), in dem er ebenfalls Historien des Volks Gottes verspricht.

HANS GAAB (Fürth)

Das Leben des zwielichtigen Kalenderschreibers Israel Hiebner (1619–1668)

Wo Israel Hiebner Mitte des 17. Jahrhunderts auftauchte, gab es Ärger.[1] Das ging soweit, dass der ostfriesische Kalenderschreiber Hermann de Werve (1584–1656) Schimpfworte sammelte, mit denen sein Kontrahent belegt worden sein soll. Das liest sich so:[2] „Gottloser/ Ruhmrediger/ ehrloser Bestia/ ein Ehrabschneider/ Nachreder/ Holhipler/ Curländische Saw/ nicht ohne/ ein Vagant oder recht ein Narr. Ein Plasphemand und Heuchler/ Landstreicher oder Leutbetrieger/ ein Außreisser/ rechter Schandfleckischer Instrumentist."[3] Er, de Werve sei „auch nit in die Wirths/ oder andere Häuser gelauffen/ meine Kunst und Wissenschaft/ wie die Quacksalber auff dem Marckt ihre Salben praesentiren und außruffen/ auch nicht mit Sigillen herumbgeloffen/ Planeten zu lesen/ auß den Händen und Gesichte/ ihr Glück und Unglück zu verkündigen/ und die Nativiteten zu stellen/ wie dieser Hiebner thun solle."[4] Wer war dieser umtriebige und vielfach geschmähte Kalenderschreiber?

1 Die bislang ausführlichsten Darstellungen von Hiebners Biografie sind: Klaus Matthäus: Zur Geschichte des Nürnberger Kalenderwesens. Die Entwicklung der in Nürnberg gedruckten Jahreskalender in Buchform. In: *Archiv für Geschichte des Buchwesens* IX (1969), Sp. 965–1396, hier Sp. 1153–1156; Klaus Weinrich: Annäherungsversuche an Israel Hübner und sein neues Weltsystem. In: *Zeitschrift für Siebenbürgische Landeskunde* 27 (2004), S. 15–31. Sein Portrait hat sich in der Herzog August Bibliothek Wolfenbüttel erhalten (A 10237). Eine Kopie bei Weinrich, S. 24.

2 Derartige Listen hatten Tradition, denn lutherische und reformierte Theologen veröffentlichten häufig Verzeichnisse von Ketzernamen und Schmähworten, mit denen sie sich gegenseitig belegten. Vgl. Hans Leube: *Kalvinismus und Luthertum im Zeitalter der Orthodoxie.* Leipzig 1928, S. 4. [Nachdruck Aalen 1966]

3 [16], fol. A4^{v}. Angaben in eckigen Klammern beziehen sich auf die Bibliographie am Ende des Artikels.

4 [16] fol. B2^{v}.

Studium und erste Anstellung

Israel Hiebner wurde am 20. Februar 1619 im südöstlich von Zwickau gelegenen Schneeberg geboren. Die „verborgenen Geheimnisse zu erfahren“ stand ihm nach eigener Aussage ins Geburtshoroskop geschrieben.[5] Für sechs Groschen Entgeld trug er sich im Sommer 1635 in Leipzig in die Matrikel ein,[6] wo er vermutlich Jura und Medizin studierte, denn seine erste Veröffentlichung von 1644 zeichnete er mit „Israel Hiebner von Schneebergk/ Jur: Pract: und Mathem:“. 1640 wurde er als Stadtschreiber nach Pirna nahe Dresden berufen.

1643 fing „die Directio Mercurii zum allergeheimbsten recht Gedrittenschein Saturni im neundten Hauß der freyen Künste/ Weissagungen und Astrologiae“ stark zu wirken an.[7] Deshalb wollte er sich zum Studium der Astronomie und Astrologie wieder nach Leipzig auf die Universität begeben. Doch lernte er in Dresden den Astrologen und Kalenderschreiber Rudolph Buchbach[8] (?–1649?) kennen, der ihm ein Schreiben des Leipziger Mathematikdozenten[9] zeigte, in dem um die Erstellung eines Horoskops gebeten wurde, da der Dozent es selbst nicht könne. Hiebner blieb daraufhin in Dresden, wo er sich von Buchbach und zwei weiteren, namentlich nicht genannten Astrologen informieren ließ. Doch will er sich schon 1635 „in dem Gestirn und derselben Bedeutung geübet und belustiget“ haben.[10] Im Übrigen dis-

5 [5], S. 15.

6 Georg Erler: *Die jüngere Matrikel der Universität Leipzig 1559–1809*. Bd. 2. Leipzig 1909, S. 197. [Nachdruck Nendeln, Liechtenstein 1976]

7 [5], S. 15–16.

8 Rudolf Buchbach (?–1649?) war nach den Vorreden seiner Kalender gebürtiger Dresdner, studierte in Leipzig und wurde fürstlicher Medicus in Dresden. Kalender von ihm sind ab dem Jahrgang 1633 nachgewiesen. Der letzte von ihm verfasste Kalender ist der für 1649, danach wurden seine Kalender von Salomon Gut (das ist Abraham Seidel, 1631–1680) verfasst, später von anderen. Er dürfte also 1649 gestorben sein. Freundlicher Hinweis von Klaus-Dieter Herbst aus Jena.

9 In Leipzig war seit 1617 Philipp Müller Mathematikdozent. In einem Brief an Kepler bezeichnete er sich als Autodidakten und gab zu, dass ihm das Verständnis einiger Bereiche der Mathematik fehlte. Dazu gehörten die Logarithmen, einige Stellen aus dem Werk des Archimedes sowie das 10. Buch des Euklid. Vgl. Detlef Döring: *Die Beziehungen zwischen Johannes Kepler und dem Leipziger Mathematikprofessor Philipp Müller*. Berlin 1986 (Sitzungsberichte der sächsischen Akademie der Wissenschaften zu Leipzig. Philologisch-historische Klasse 126. Heft 6), S. 31–33.

10 [Kalender 1657], fol. A3^v^.

tanzierte er sich später von den Buchbachschen Methoden Horoskope zu entwerfen.[11]

1644 muss sich Hiebner im sächsischen Freiberg aufgehalten haben, denn hier erschien als sein erstes Buch die *Influentz Lunae & Saturni*[12] bei Georg Beuther (1591–1667). Für diesen Ort waren die darin zu findenden Tabellen berechnet. Im folgenden Jahr soll sein erster Kalender erschienen sein, allerdings unter einem anderen Namen.[13] Doch schrieb er 1648: „Ich erinnere mich/ daß ich meinen ersten Kalender im verstrichenen 1646. Jahr/ auff das Churfürstenthumb Sachsen gerichtet (wiewol ich zwar nach dem geschlossenen Prognostico/ wegen des Verlags/ zum wenigsten den Calculum auff Nürnberg reduciren müssen).“[14] Demnach wäre sein erster Kalender in Nürnberg erschienen, nicht in Freiberg.

Israel Hiebner in Nürnberg

1645 trafen Hiebner die „Directio Solis zum lincken Sextil“ sowie der „Horoscopus zum Mercurialischen Fixstern Cingulo Orionis“, was ihn veranlasste zum Wohle der Menschheit Kalender zu schreiben.[15] Auf der Suche nach einem Verleger kam er nach Nürnberg, wo er mit Prophezeiungen über ein Ende des 30-jährigen Krieges und den Jüngsten Tag so großes Aufsehen erregte, dass ihm Wolfgang Endter (1593–1659), der größte Nürnberger Kalenderverleger, für sein *Prognosticon* die enorme Summe von 300 Gulden bezahlte – das sechsfache des üblichen Entgeldes.[16] Einschränkend ist dazu allerdings zu sagen, dass

11 [Kalender 1648], fol. A4r.

12 Vgl. [1].

13 [5], S. 15, 64.

14 [Kalender 1648], fol. A3v.

15 [5], S. 16. Vgl. Matthäus, Geschichte des Nürnberger Kalenderwesens (wie Anm. 1), Sp. 1154.

16 Abdias Trew: *Alter und Newer Schreibkalender auf das Jahr 1652.* Nürnberg: Endter 1651, fol. C4r; Ders.: *Unmaßgeblicher fürgeschlagener Alter und Neuer Reichs-Calender Auf das Jahr nach der heylsamen Geburt unsers Herren und Heylandes Jesu Christi/ M.DC.LXIX.* Nürnberg: Miltenberger 1668, fol. C1v.

Hiebner fünf verschiedene Kalender in seinem Namen herausgebracht haben will.[17]

Der Jahresregent für 1646 war Jupiter, der am 29. Juni von der Sonne bedeckt wurde. Diese und 28 weitere „Hauptursachen" waren der Grund „in Summa dieses Jahr auff guten Frieden/ Wolstand [...] Fruchtbarkeit/ auch Handlung und Gewerb zu hoffen."[18] Doch kündigte sich der Jüngste Tag an, denn wenn der lang gewünschte Religionsfrieden 1646 hervorbrechen würde, so währte die Wirkung der „Jovialischen Finsterniß" 18 Jahre, also fast bis 1666. Daran schloss Hiebner „Einfältige Biblische und Astronomische Gedancken von Außrottung des AntiChrist und den letzten Tag der Welt" an. In der Offenbarung Johannis fände sich in Zusammenhang mit dem Jüngsten Tag die Zahl 666, „doch halten viel Verständige darvor/ das Tausent habe der heilige Geist/ als ein Geheimniß verschwiegen".[19] Hiebner soll sich seiner Vorhersage so sicher gewesen sein, dass er mit einem Metzger wettete, er dürfe ihm Nasen und Ohren abschneiden, falls es nicht wahr wäre. „Doch schenckte ihme gleichwohl der Metzger Nasen und Ohren/ daß er solche noch heut zu Tag [...] herumb trägt" spottete der Altdorfer Mathematikprofessor Abdias Trew (1597–1669).[20]

Hiebner beeindruckte das Nichteintreffen seiner Friedensvorhersage nicht. Im *Dantzigischen Calender* für 1647 bestärkte er „die im vorigen Jahr meinem ausgefertigten Calender gemeldte Friedensgedancken". Nach dem *Hamburgischen Calender* wurde „im vorgehenden Jahr allbereit im Teutschland ein herrlicher Friede geschlossen und dessen heilsame Gütigkeit aller erst im Monat Januarii und zu Ende deß Monats Julii/ hernach zu End des Jahrs im Decemb. von uns mit Freuden zu empfinden seyn wird."[21] In seinem *Post-Reiter* verlegte er den Beginn des Friedens auf die Zeit nach dem 10./20. Januar 1647.[22]

---

17 Matthäus, Geschichte des Nürnberger Kalenderwesens (wie Anm. 1), Sp. 1154; „in meinen andern Calendern/ derer unter meinem eigenen Namen jährlichen fünfferley geschrieben werden" ([PR 1647], fol. F2^r).

18 [Kalender 1646], fol. C1^r.

19 „Hier ist Weisheit! Wer Verstand hat, der überlege die Zahl des Tieres; denn es ist die Zahl eines Menschen, und seine Zahl ist sechshundertsechsundsechzig" (Offenbarung des Johannes Kapitel 13, 18).

20 Trew, *Reichs-Calender1669* (wie Anm. 16), fol. C1v; vgl. auch [19.3], fol. D2.

21 [PR 1647] , fol. F2^v.

22 [Kalender 1647.3], fol. A4^r; vgl. auch [18.2], fol. B3^v. Im *Post-Reiter* druckte Hiebner sein Friedens-Prognosticon aus seinem Sächsischen Kalender für 1647 ab, da dies Endter nicht in den Sammelband *Newer Astrologischer Post-Reuter* [PR 1647] aufgenommen hatte [Kalender 1647.3], fol. A2^v.

Im Rückblick von 1651 war sein erstes *Prognosticon* „auff das Churfürstenthum Sachsen gerichtet" gewesen, wo es einen Teilfrieden gegeben habe. Keine Rede war mehr davon, dass er diesen Frieden als einen allgemeinen ausgegeben hatte. Auch sprach er von einem Schreiben „sub Dato Nürnberg des Monats Julii 1649", in dem er den Frieden vorhergesagt haben will – dabei hielt er sich zu diesem Zeitpunkt nicht mehr in Nürnberg auf.[23] Nach seinem Kalender für 1655 war es nun sechs Jahre her, dass Jupiter durch bestimmte Stellen des Geburtshoroskops der Kaiserlichen Majestät „gestrichen" sei, „welche constellation Fried/ Ruh/ Wieder-Auffbauung und Bewohnung der Länder und Städte zu bedeuten pfleget [...] Dieweil aber nunmehr über alle Anzeigungen zum längst-gewünschten Frieden etc. lang zuvor prognosticiret/ und gedachten Moment in sonderbare Betrachtung gezogen."[24]

Hiebners Glück scheint sich bereits im Herbst 1646 gewendet zu haben: Sein im Eigenverlag herausgebrachter *Post-Reiter* ist auf den „Monat Septemb. Anno 1646" datiert.[25] Darin behauptete er, „daß noch zur zeit kein eintziger Astronomus ein richtiges Thema hat erigiren lernen; Ein Thema zu erigiren oder auff Teutsch/ eine Himmelsfigur außzurechnen/ ist in der Astronomischen Kunst und Wissenschaft das A. B. C." Zu einer korrekten Himmelsfigur gehörten „wenigst 70 Stücken", von denen die Kalenderschreiber aber nur „22 recht außgerechnet" hätten, da diese im Gegensatz zu den restlichen 48 „keine latitudines" haben. Würden alle 70 Stück korrekt berücksichtigt, wäre man wenigstens ein halbes Jahr mit Rechnen beschäftigt.[26] Insbesondere griff Hiebner den mittelfränkischen Pfarrer Marcus Freund (1603–1662) an, der gleich sechs verschiedene Kalender herausbrachte.[27] Mit ihm hatte er bereits im Hause Endter debattiert.[28]

Seine Kalender für 1646 und 1647 will Hiebner jeweils innerhalb von drei Wochen verfasst haben. Mit Hilfe „zweyer meiner Brüder" berechnete er jedoch für 1648 „newe Fundamenta", erhielt dafür von seinem Verleger aber die Ermahnung, er solle keinen „neuen grund im Kalenderschreiben auff die bahne bringen". Als Grund hierfür ließ ihn einer der Korrektoren wissen: „Unser Herr verleget ein siebzehn Authores, und wenn dann einer käm/ und stiesse der andern fundamenta

23 [Kalender 1651], fol. C3^{r}, C4^{r}.
24 [Kalender 1655.1], fol. C4^{r}.
25 [Kalender 1647.3], fol. F4^{r}.
26 [Kalender 1647.3], fol. A2^{r}.
27 [Kalender 1647.3], fol. A2^{v}.
28 [Kalender 1747.3], fol. A2^{v}.

übern Hauffen/ so würde sein Kalender-handel mercklich Schaden leiden."[29] Verärgert habe Endter deshalb seinen für das Jahr 1648 bereits gedruckten Kalender nicht mit auf die Messe nach Frankfurt genommen. Deshalb sei dieser Kalender kaum zu erhalten gewesen, für die Jahre 1649 und 1650 fand er keinen Drucker mehr.[30]

Der Streit mit seinem Verleger dürfte bereits im Herbst 1646 stattgefunden haben. Das würde erklären, warum sich Hiebner im November mit einer Anzeige an den Rat wandte, „was grosser betrug von Wolf Endter und Joh. Friedrich Sartorius mit druckung der kalender getrieben werde". Darin kritisierte er die Herausgabe von Kalendern im Namen von Verstorbenen. Abdias Trew schrieb angeblich die Kalender von David Herlicius (1557–1636), Marcus Freund die von Veit Stieffenberger (?–1641) und Martin Horky (um 1590– vor 1648). Sartorius und Trew wiesen diese Beschuldigungen zurück.[31]

Abdias Trew stellte den Streit mit Endter allerdings anders dar: Entgegen einer klaren Vereinbarung seien Hiebners Kalender auch in Lüneburg beim Sterneverlag erschienen. Das soll er damit verteidigt haben, dass man „Funfzehn Meilen gegen Morgen oder Mitternacht einen andern Calender" brauche.[32] Sollte Trews Behauptung stimmen, hätte sich Hiebner sein Grab selbst geschaufelt, denn im *Post-Reiter* sprach er von den Sachen, welche nach „Lüneburg überschicket worden".[33] Wie auch immer dieser Streit verlief, weder Endter noch die Lüneburger druckten ihn weiter[34] – Hiebner nannte sie dafür „Herodes zu Nürnberg und Pilatus zu Lüneburg".[35]

Im Juli 1646 hatte Hiebner die Erlaubnis erhalten, sich in Nürnberg niederzulassen, auch will er in diesem Jahr zum pfalz-sulzbachischen Mathematicus ernannt worden sein, doch eignete er sich angeblich diesen Titel ohne Wissen der „Fürstl. Durchleuchtigkeit zu Sulzbach" an.[36] Im März 1647 wurde ihm zwar „der verlangte Schutz angeschlagen, dabei aber mit offener hand das be- und zureisen bei der stadt" nicht

29 [Kalender 1651], fol. A3^{v}.

30 [Kalender 1651], fol. A4^{r}.

31 Matthäus, Geschichte des Nürnberger Kalenderwesens (wie Anm. 1), Sp. 1155.

32 [18.3], fol. B3. Ähnlich argumentierte Hiebner später im *Astronomischen Praeludium*: Das Horoskop zweier Menschen, die gleichzeitig geboren wurden, deren Geburtsorte aber ein oder zwei Meilen auseinander lägen, würde unterschiedlich ausfallen. Vgl. [9].

33 [Kalender 1647.3], fol. C2^{v}.

34 Matthäus, Geschichte des Nürnberger Kalenderwesens (wie Anm. 1), Sp. 1154.

35 [Kalender 1651], fol. B1^{r}.

36 [5], S. 16; [18.3], fol. C3; vgl. Trew, *Reichs-Calender 1669* (wie Anm. 16), fol. C1^{r}.

bewilligt. Er habe „ein so schimpfliches kupferstück wider Kurbayern fertigen lassen“.[37] Buchdruckern wie Hiebner sei anzuzeigen, dass sie „mit ihren kalendern, prognosticis und nativität stellen, dadurch allein dem geld nachgestellt, auch zu allerhand passionen gefahr und aberglaube anlass gegeben wird, also zu gebahren, damit man nicht ursach habe, solche ‚vanitates‘ gar zu verbieten.“[38] In Hiebners Darstellung verließ ihn somit 1647 „der Geist der Natur guten theils“.[39]

1645 erschien Hiebners zweite Arbeit *Geburts-Minut oder der edlen Astrologischen Kunst erster Theil*,[40] die er auf der letzten Seite mit dem Datum 22. Oktober 1645 signierte. Sie war im „Bitterholt“ (Bitterholz) erhältlich, das war die damalige beständige Gastherberge erster Klasse, die noch im 19. Jahrhundert als Bayerischer Hof[41] bekannt war.[42] Spätestens im Herbst 1646 muss Hiebner in den Schwarzen Bären[43] beim neuen Tor umgezogen sein.[44] Im April 1648 wandte sich der Wirt dieses Lokals an den Rat mit der Bitte, den Kalendermacher wegen einer schuldigen Zeche von 390 Gulden in Haft zu nehmen. Darauf scheint Hiebner dem Rat seine Kalender übergeben zu haben mit der Bitte, diese drucken zu lassen, auch wünschte er eine Anstellung, damit er seine Schulden begleichen könne. Sein Ansinnen wurde abgelehnt, doch wollte der Rat „den wirt zum Schwarzen Bären hören, ob er solche verlegung auf sich nehmen wollte, damit er von ihme, Hübner, desto ehnder bezahlt werden möchte.“[45] Trew spottete, dass wohl jeder töricht wäre, „der einen Calender umb 300 Reichsthaler [...] annähm und verlegte und doch dabey wüste/ daß [er] nur 15 Meil gelten sollte.“[46] Im Folgenden wanderte Hiebner für einige Zeit in den Turm, bis

37 Die hier angesprochene Arbeit ist nicht bekannt.

38 *Das Nürnberger Buchgewerbe. Buch- und Zeitungsdrucker, Verleger und Druckhändler vom 16. bis zum 18. Jahrhundert*. Hrsg. von Michael Diefenbacher und Wiltrud Fischer-Pache. Nürnberg 2003, S. 250, Einträge 1563, 1564.

39 [5], S. 16; vgl. Matthäus, Geschichte des Nürnberger Kalenderwesens (wie Anm. 1), Sp. 1154.

40 Vgl. [2].

41 Heutige Adresse: Karlsstr. 1.

42 Helmut Beer: Bayerischer Hof. In *Stadtlexikon Nürnberg*. Nürnberg 2000, S. 111. Der Bayerische Hof wurde 1901 endgültig geschlossen.

43 Heutige Adresse: Neutorstr. 5.

44 Hiebners *Post-Reiter* wird auf der letzten Seite auf den „Septemb. Anno 1646“ datiert. In der Vorrede dazu schrieb er, dass man seiner Schrift „zu Nürnberg auff dem alten Roßmarckt beym schwarzen Bären habhafft werden“ kann. – Kalender 1647.3, fol. A3^{r}.

45 Diefenbacher, Fischer-Pache, *Buchgewerbe* (wie Anm. 38), S. 252, Eintrag 1571.

46 [18.3], fol. B3.

die verlangte Kaution hinterlegt wurde. Dies geschah anscheinend durch Magdalena Kratzer, die sich seine Vertraute nannte und die „eheliche Kopulation“ erwartete.[47]

In der *Apologia* von 1653 gab Hiebner offen zu, auf dem Turm gesessen zu haben. Doch habe ihm sein Nürnberger Verleger den Druck seiner Kalender versprochen, dann aber unter dem Vorwand, er hätte kein Papier, nicht ausgeführt, wodurch er in finanzielle Schwierigkeiten geraten war. Aus eigener Kraft habe er aber den Prozess geführt und sei auf freien Fuß gestellt worden, auch sei ihm zugesichert worden, dass seine Bücher und Sachen nach Frankfurt nachgesandt würden. Die ihm am Gymnasium angebotene Stelle habe er ausgeschlagen.[48]

Von Nürnberg nach Leipzig

Hiebner verließ noch 1648 Nürnberg und machte in Bamberg Zwischenstation. Angeblich quartierte er sich bei einem Wirt ein und reiste weiter, ohne die Rechnung zu begleichen.[49] Nach seiner eigenen Darstellung war er von Schwedischen Reitern beraubt worden, „auch daselbst keinen Verlag meiner Kalender und Operum finden können und von dem Patre Jesuitarum als Professore Mathematum damit nacher Würtzburg an Pigrinum recommendiret worden/ vom Wirth einen richtigen Abschied genommen und mit Überlassung der Bischofflichen dedications-Recompens überflüssige Zahlung geliefert.“[50] Mit „Pigrinum“ dürfte der Würzburger Universitätsbuchdrucker Heinrich Pigrin gemeint sein, der von 1645 bis 1658 in Würzburg nachweisbar ist.[51] Vor seinem Gang nach Würzburg scheint Hiebner sich in Bayreuth aufgehalten zu haben, wo er mit seinem Vetter, dem markgräflichen Kammer- und Landschaftsrat Marx Feyerabend, diskutiert haben will.[52]

47 [18.3], fol. C3; vgl. Matthäus, Geschichte des Nürnberger Kalenderwesens (wie Anm. 1), Sp. 1155; [17], fol. B3^{r}.

48 [7], S. 10–11.

49 [16], fol. B3^{r}.

50 [7], S. 14.

51 Josef Benzing: *Die Buchdrucker des 16. und 17. Jahrhunderts im deutschen Sprachgebiet*. Wiesbaden ^{2}1982, S. 515.

52 [Kalender 1651], fol. C4^{r}.

1648 und erneut 1650 kam in Frankfurt am Main bei Anton Humm (?–1659) die *Practica Reformata* heraus. Das zugehörige Manuskript soll Hiebner in Nürnberg gestohlen worden sein, ein zweites Mal zwischen Kulmbach und Bamberg und ein drittes Mal zu Wasser Richtung Aschaffenburg.[53] Der Untertitel lautet: „Nebst fernerer Widerlegung und außführlichem Beweiß/ der noch in stetem Brauch schwebenden ungründlichen Astrologiae, insonderheit wider Marcum Freund."

Freund hatte Hiebner wiederholte Male wegen seiner großspurigen Behauptungen angegriffen. Hiebner warf ihm nun erneut vor, den *Kräuterkalender* sowie Horkys und Stieffenbergers Kalender verfasst zu haben. Der antwortete, dass 1646 der *Kräuterkalender* in seinem Namen erschienen sei, dann hatte der Verleger Gründe seinen Namen nicht mehr aufzuführen. Zu dem Kalender von Stieffenberger habe er lediglich 1642 nach dessen Tod die Dedikation verfasst, mit den Kalendern von Horky habe er nie etwas zu tun gehabt.[54]

Was seine „ungründliche Astrologiae" angehe: Hiebner habe in seinem *Postreuter* selbst zugegeben, dass Freunds Vorhersagen besser eingetroffen seien als seine eigenen.[55] Demnach müsse er, Freund, wohl das bessere Fundament besitzen. Zudem befänden sich in Hiebners Kalender auf das Jahr 1646 „vier grewliche Haubtfehler" bei der Berechnung einer Mondfinsternis.[56] Das waren „schöne Kunststücklein von einem solchen Meister von hohen Sinnen."[57]

Konkret ging Hiebner auf Freunds Vorwürfe nicht ein, doch schrieb er:

> Und weil zu Nürnberg meine Kalender Arbeit von newem mit großem Verlangen begehret und gesuchet wird hat Er Endter in zweyen Schreiben/ nach Art und Weise als ob ich dieses E. Sclav were/ untern datis den 24. Maji. dieses noch

---

53 [Kalender 1651], fol. C4^{r}.

54 [14], fol. D1^{v}–D2^{r}.

55 Im *Post-Reiter* schrieb Hiebner: „ich gestehe gerne/ meine Kalender auff den Nürnb. Horizont deß 1646. 1647. und 1648. Jahres/ treffen weniger ein/ als die ewrigen". Dieses Eingeständnis ist bei Freund allerdings aus dem Zusammenhang gerissen: Hiebner ging es darum, dass zu einer korrekten Himmelsfigur wesentlich mehr Berechnungen nötig seien, als es die Kalendermacher üblicherweise anstellten. Diese habe Hiebner eben bislang in seinen Kalendern auch so gehalten, weshalb sie ebenso wie die Freunds und anderer fehlten. Vgl. [Kalender 1647.3], fol. A2^{v}.

56 Der Zeitpunkt des Eintrittes sei falsch berechnet gewesen, sowie die Position des Mondes und der Venus in den Häusern. Bei der angegebenen Position des Mondes hätte er zudem nicht verfinstert werden können ([15], fol. C2^{r}).

57 [14], fol. C2^{r}–C3^{r}.

> lauffenden 1651. Jahrs/ warnen wollen/ wieder ihn und Freunden mich nicht verantwortlich herauß zu lassen/ mit bedrohung/ daß er im wiedrigen Fall mich wohl wolte zu finden wissen/ wo ich auch anzutreffen sein möchte.[58]

Erneut warf er Freund und de Werve vor, nicht einmal eine einzige Finsterniss „ex fundamento" rechnen zu können.[59] Freund ging auf diese Angriffe nicht mehr ein, de Werve antwortete 1653 mit der Verteidigungsschrift, aus der eingangs zitiert wurde.

Im Mai 1649 muss Hiebner sich in Kassel aufgehalten haben, wo er seine Kunst vor dem hessischen Landgrafen Hermann IV. (1607–1658) behauptet haben will.[60] Am 5. Oktober 1649 heiratete er in Allendorf nördlich von Limburg an der Lahn Elisabeth Schröter, Tochter des Seevogts zu Weissensee, wofür er zum Beleg auch Schriften des Superintendenten Johannes Hütterodt[61] aus Eschwege sowie des ihn trauenden Diakons Caspar Meyer[62] (1614–1658) aus Allendorf anführte. Er verteidigte sich damit gegen den Vorwurf De Werves, dass er ein lediger Gesell sei, der „sich mit Huren umbschleppet und ehrliche Kinder verführet."[63] Allerdings findet sich im Kirchenbuch von Allendorf kein entsprechender Eintrag.[64]

Nach seiner Heirat wollte sich Hiebner nach Leipzig begeben, doch wurde ihm auf der Reise dorthin vom späteren Bürgermeister der Wunsch der Fürstin von Eisenach[65] überbracht, dass sie gerne mit ihm

---

58 [Kalender 1652], fol. C4^{r}.

59 [16], fol. A3^{v}.

60 [5], S. 6, 23.

61 Hütterodt war von 1638 bis 1672 Pfarrer und Superintendent in Eschwege. Vgl. Wilm Sippel: *Forschungsberichte*. Hefte 1–5. Göttingen 1981, S. 17.

62 Zu C. Meyer siehe Wilm Sippel: *Abschrift des Kirchenbuches von Allendorf an der Werra 1637–1695*. Bd. A. A–K. Lehrte 1990. Bd. B. L–Z. Lehrte 1991. Hier Bd. B, S. 241.

63 [7], S. 6, 27–28.

64 Hütterodt hat ein 1800 Seiten umfassendes Diensttagebuch hinterlassen, das in Auszügen von Wilm Sippel veröffentlicht wurde. Hiebner wird darin nicht erwähnt. Vgl. Anmerkungen 61, 62.

65 Es handelt sich um Christina von Hessen-Kassel (1578–1658), einer Tochter von Wilhelm IV. von Hessen-Kassel. Sie hatte 1598 Johann Ernst von Sachsen-Eisenach (1566–1638) geheiratet. Die Ehe blieb kinderlos. Nach dem Tode Johanns scheint Christina weiter in Eisenach geblieben zu sein. Vgl. August Beck: Johann Ernst, Herzog von Eisenach. In: *Allgemeine Deutsche Biographie*. Bd. XIV. Leipzig 1881, S. 364–365.

reden wolle.[66] Er arbeitet daraufhin ein halbes Jahr als ihr „Küchschreiber“ (Buchhalter):

> Meine gnädige Fürsten und Fraw als eine sonderbahre gnädige Liebhaberin dieser Edlen Wissenschaften zu solchem Werck unlängsten soviel Geld/ als ich zu einem halben Zentner Kupffer und einer starcken Kupffer-Presse von nöthen gehabt/ auß gnaden reichen lassen/ und solches Werck/ so ich kurtz gefaste/ jedoch vollkommene Teutsche Astronomiam und Astrologiam tituliere/ der Kunstbegierige Leser/ ehe ein Jahr von dem Monat Majo des 1650. Jahrs an/ da ich dieses schreibe/ beliebts Gott/ haben kann.[67]

Dies scheint mehr Wunschdenken als Tatsache gewesen zu sein, denn Hiebner wurde „bald seines Ambts entsetzet.“[68] Nach seiner eigenen Darstellung geschah dies nur, weil ihn die Arbeit an seinen Astronomischen Tafeln abgehalten habe. Doch hat er laut dem Demissionsschreiben von Fürstin Christina, das Hiebner über den Eisenacher Superintendenten zugeleitet wurde, als Buchhalter eine so „starcke Besoldung gefordert/ so uns bey itzigem Zustande zu erschwinden und ihme reichen zu lassen/ nicht thunlichen oder verträglichen seyn will“. Trotzdem druckte Hiebner das Schreiben in seiner *Apologia* ab, kommentierte aber: „Diese schrifftliche Dimission ist also ungewöhnlich clausuliret von einem geistlichen [...] von der Hertzogin wider ihren Willen erzwungen [...]“. Die Fürstin habe ihm sogar angeboten „alle Kosten/ so ich wider meine Antagonisten zu Nürnberg etc. bedürfftig/ herzugeben.“[69]

Im Kalender für 1651 bezeichnete sich Hiebner noch als „dieser Zeit der ältern Hertzogin zu Eisenach bestelten Buchhaltern“, doch schrieb er sich bereits am 1./11. Dezember 1650 in Erfurt in die Matrikel ein,[70] wo er mathematische und astronomische Vorlesungen abhielt. Entsprechend bezeichnete er sich im *Schreib-Calender* für 1652 als „Mathematicum bey der Uhr alten Universität zu Erffurdt“. Als De Werve ihn aber 1653 hier suchte, war er bereits nach Leipzig weiter gereist.[71] Hiebner selbst räumte ein, „daß sich in Erfurt etzliche finden/ wider welche ich Processe und appellations-Urtheil erhalten.“ Das läge nur daran, dass diese ihm wegen seiner Kalender Geld schuldig waren.

66 [7], S. 8–9.
67 [Kalender 1651], fol. C2^{r}.
68 [16], fol. B3^{r}.
69 [7], S. 9–10, 28–29.
70 Weinrich, Annäherungsversuche (wie Anm. 1), S. 17–18.
71 [16], fol. B2^{r}.

Im Übrigen verwies er auf das „Testimonium der Löbl. Universitet Erfurt“ vom 14. Oktober 1652, um das er bei seinem Weggang gebeten hatte, wonach er ein „berühmter und Lobwürdiger Mathematicus auch wol geübter vocal- und instrumental-Musicus“ sei.[72]

In Erfurt erschien 1651 Hiebners bekanntestes Werk, das *Mysterium sigillorum herbarum et lapidum*,[73] das er großspurig auf der letzten Seite seiner *Practica Reformata* angekündigt hatte. Verleger war mit Johann Birckner[74] (1587–1658) einer der erfolgreichsten Buchhändler Erfurts. Hiebner wollte alle Krankheiten ohne den Gebrauch innerlicher Medikamente kurieren.[75] In Tabellen wurden Beziehungen zwischen Krankheiten, Heilkräutern und den sieben Planeten hergestellt. Für Kuren wurde zu jedem Planeten ein Zeichen gewählt und eine Liste von Edelsteinen zusammengestellt, wobei die Kräfte der Siglen zu beachten waren.[76] 1698 wurde das Werk sogar ins Englische übersetzt und war darüber in einen Streit zwischen englischen Astrologen verstrickt: Hiebner forderte nämlich zu sorgfältigen astronomische Beobachtungen auf, ohne deren Beachtung die Siglen ihre volle Wirksamkeit nicht entfalten würden. Dies passte den englischen Astrologen John Gadbury (1628–1704) und Henry Coley (1633–1707) in ihre Kampagne zur Reform der Astrologie.[77] Marcus Freund spottete dagegen, dass man Hiebner wegen seiner medizinischen Kenntnisse unbedingt aufsuchen müsse, „und solt er auch an dem eussersten Rand deß Meers oder in dem Schuldthurm zu Nürnberg anzutreffen sein.“[78]

1653 begann Hiebner an der Universität von Leipzig Vorlesungen zu halten. Damals erschien sein *Astrologisches Praeludium* zu einem geplanten Hauptwerk, das allerdings nur aus einer Widmung an den

72 [7], S. 13, 29–31. Vgl. Weinrich, Annäherungsversuche (wie Anm. 1), S. 19.

73 Vgl. [6].

74 Zu Johann Birckner siehe Josef Benzing: Die deutschen Verleger des 16. und 17. Jahrhunderts. Eine Neubearbeitung. In: *Archiv für Geschichte des Buchwesens* XVIII (1977), Sp. 1077–1322, hier Sp. 1100.

75 Christian Gottlieb Jöcher: *Allgemeines Gelehrten-Lexikon*. Bd. 2. Leipzig: Johann Friedrich Gleditsch 1750, Sp. 1587. [Nachdruck Hildesheim 1960]

76 Lynn Thorndike: *History of Magic & Experimental Science*. Bd. 8. New York 1958, S. 304–305; Karl Sudhoff: Iatromathematiker vornehmlich im 15. und 16. Jahrhundert. In: *Abhandlungen zur Geschichte der Medizin* 2 (1902), S. 77.

77 Anna Marie Roos: *Israel Hiebner's Astrological Amulets and the English Sigil War*. Vortrag vor der Canadian Society for the History and Philosophy of Science, Toronto 2002. (http://www.d.umn.edu/~aroos/israel_hiebner.htm), (Abruf 20.04.2003).

78 [14], fol. D4^r.

Herzog Johann Georg I. (1585–1656) bestand, sowie aus einer dreiseitigen Vorrede, wobei Vorrede und Widmung verschiedene Drucker hatten. Aus dem Geburtshoroskop könne nicht nur das Schicksal eines Menschen herausgelesen werden, selbst die Erhaltung oder Zerstreuung von dessen Vermögen nach seinem Tod stünde in den Sternen.[79] Das angekündigte Hauptwerk, das er dem Vaterland zu Ehren *Chur-Sächsische Tafeln* nennen wollte, ist nie erschienen.

Ende 1653 erbat Hiebner vom damaligen Rektor Hieronymus Kromayer (Kromeyer, 1610–1670) eine Zwischenbeurteilung, die er in seiner *Apologia* von 1653 abdruckte.[80] Demnach war er ein „Mathematicus laude dignus et celebris“.

Der Streit mit Johann Röder

1653/54 war Hiebner in einen Streit mit dem Pfarrer Johann Röder aus dem thüringischen Teutleben verwickelt: Im *Nürnbergischen Kalender* für 1653, der in Frankfurt a. M. bei den Erben von Sigmund Latomus (?–1627) erschienen war, hatte Hiebner astrologische Regeln von „Zebel“ eingefügt.[81] Dabei handelte es sich um den Astrologen Zahel, „der um 800 als Hofastrologe beim Gouverneur von Chorasan, dann beim Kalifen Al-Mamun wirkte, einige Werke der hellenistischen Astrologie übersetzte und eine Regelsammlung verfasste.“[82] 1592 wurde eines seiner Werke von Heinrich Khunrath[83] (1560–1605) in Prag in einer lateinisch-deutschen Version herausgegeben. Khunrath stammte aus Dresden oder Leipzig und wurde 1588 an der Universität von Basel Doktor der Medizin. 1598 praktizierte er in Hamburg und in Dresden. Hiebner nannte ihn einen „Leipzigischen Doctoris der Medicin“.[84] Von Paracelsus beeinflusst, schrieb er über natürliche Magie. Das von ihm herausgegebene Buch trug den deutschen Untertitel *Zebel des weisen*

79 Vgl. [8, 9].

80 [7], S. 33–34.

81 [17], S. 2.

82 Wilhelm Knappich: *Geschichte der Astrologie*. Frankfurt a. M. ^{3}1998, S. 143. Der vollständige Name von Zahel lautet: Sahl ben Bishr ben Hani ben Otman.

83 Zu Khunrath vgl. Albert Ladenburg: Khunrath, Heinrich. In: *Allgemeine Deutsche Biographie*. Bd. XV. Leipzig 1882, S. 709.

84 Vgl. [8].

und sehr alten arabischen Königs, von Bedeutungen und Außlegungen etlicher Zufälle welche den Menschen ungewöhnlich, unverhofft oder unversehens zu wiederfahren und geschwind zu begegnen pflegen. Eine willkürlich herausgegriffene Leseprobe: Falls der Mond in der Waage steht und jemand im Schlafe ein böses Gespenst sieht: „Bedeut/ das einer werde ein Pancket/ oder Gasterey anrichten/ und mit seinen Gästen in freuden leben/ oder das einer werde zu einer Hochzeit gebeten/ oder zur Kindtäuffe eingeladen werden.“[85]

Röder hatte ein „Bedencken über solche Vanitäten gestellet“, das „von der löblichen Theologischen Facultät uff der weitberühmten Universität Jehna“ approbiert wurde. Er wies die Regeln von Zebel als heidnisch und abergläubisch zurück. Hiebner hat darauf in seinem Reichskalender für 1654 „mit losen Worten [...] umb sich geworffen“. Dabei distanzierte er sich von Zebel mit der Begründung, er habe „solche Vanitäten in Nürnbergischen Calender gesetzt zu dem Ende daß sie möchten widerlegt werden.“[86] Gleichermaßen argumentierte er in seiner Widmung an Herzog Johann Georg I. im *Astronomischen Praeludium*: Nicht genug habe er sich wundern können, „daß solche von einem so hochgelahrten Mann in öffentlichem Druck und zwar dem hochlöblichen Kayser Rudolpho selbst in Teutsch- und Lateinischer Sprach am 23. Augusti Anno 1592. zu Prag recommendiret worden.“[87]

„Warumb poltert/ schnaubt und drawet er also im erwehnten Calender?“ fragte Röder und bezichtigte Hiebner der Lüge: Er würde zwar so tun,

> [...] als sey er nicht rechte getroffen/ es sey ein Missverstand/ es habe nie an Zebels Raritäten Gefallen gehabt/ nennets itzo selbst Vanitäten/ gleichwohl aber thut er unverschuldeter und unbillicher weise auf den Pfarr zu Teutleben in seinem Reichs-Calender so grobe/ plumbe Bauren-streiche/ als wenn er mit schnauben und drauen ihn in einer Furi auf einmal zurücke schrecken und darnieder schlagen wollte [...] Hohlhippeln/ die Leute ausecken/ mit Eseln/ elenden Momis, mit muthwilligen und blossen Neid besessenen Anklagen/ mit Großsprechen/

---

85 *Zebelis Deß Weißen und sehr Alten Arabischen Königs/ von Bedeutungen und Außlegungen/ etlicher zufälle/ welche den Menschen ungewöhnlich/ unverhofft oder unversehens zu widerfahren/ unnd geschwind zubegegnen pflegen/ nach unterschiedlichem lauff deß Monden/ durch die zwölff himlischen Zeichen/ sehr fleissige auffmerckungen*. Ex Bibliotheca Henrici Khunrath Lips: Medic: Doct: Illustrissimi principis ac Domini, Domini Wilhelmi a rosis, & c. Medici ordinarij, Pragae jam commorantis. Prag: Michael Peterle 1592, fol. M3^{r}.

86 [17], S. 1, 4.

87 [8]; vgl. [Kalender 1654.3], fol. A1^{v}.

> Teuffels-Mast-schweinen und dergleichen Hiebnerianischen Stichlingen kan ein jeder umb sich werfffen/ wenn es künstlich und rühmlich.[88]

Hiebner kündigte im *Praeludium* eine kurze Vorrede gegen Röder an, die jedoch nie publiziert wurde.

Die Sonnenfinsternis von 1654

Eine große Rolle in Hiebners Leben spielte die Sonnenfinsternis vom 2./12. August 1654. Schon 1646 war sie ihm ein sicheres Zeichen für den bevorstehenden Weltuntergang gewesen:

> [...] zu der Zeit wird die Sonne mitten am Himmel also gar verfinsteret werden/ dass man die vornehmsten Sterne wird sehen können/ und [...] vermeinen/ die Sonne sey am Himmel zergangen und verschwunden [...] Diese gantze und fast zweyfache Sonn- und Löwens-Finsternüß ist unzweiffelich ein Vorbot deß Jüngsten Tages; Verständige Theologi/ so die Astronomische Kunst nur ein wenig verstehen und examinieren können/ werden dies ganzte Himmels Gestalt also befinden/ dass auch nicht ein eintziger Stern und Winckel anzutreffen/ der nicht das Jüngste Gericht mit allen Umbständen repraesentirte.[89]

In seinen Kalendern für 1648,[90] 1651[91] und 1654[92] wiederholte er seine finsteren Vermutungen. Das Ende der Welt käme wahrscheinlich 1665, doch ließ er sich eine Hintertüre offen: „Ich wil aber nicht so gar gewiß

---

88 [17], S. 1, 6–7.

89 [Kalender 1646], fol. D2.

90 „So haben wir im Röm. Reich nach 7. Jahr an der öffentlichen Friedens- und Religons-scharte zu wetzen/ nemlich biß Anno 1654. die grosse total-Finsterniß die seibende Schaal über die Römische Monarchi/ insonderheit über das verstossene Babylonische Reich wird ausgegossen seyn“ ([Kalender 1648], fol. D4^{r}).

91 Vom Oktober 1653 bis zum Juli 1654 sei der Saturn „bey dem grösten Fixstern das Löwenhertz genannt“ zu sehen. „Darauff wird den Gog und Magog einen plötzlichen fall thun/ die Gewaltigen werden gedemütigt/ ein newer Krieg und Streit an etzlichen Orthen im Röm. Reich von den Unterthanen wieder ihre Obrigkeit sich erheben“ ([Kalender 1651], fol. C2^{r-v}).

92 „Von dieser grossen Sonnen Finsternis/ gutherziger Leser/ habe ich albereit vor 8 Jahren/ nemlich in meinem ersten Kalender Ann. 1646“ geurteilt, „es werde ietzige Zeit die letzte seyn/ und diese Welt nicht viel mehr über 20 Jahre (nunmehr aber zwölff) stehen bleiben“ ([Kalender 1654.1], fol. C1^{v}).

gehen auff den gäntzlichen Untergang des Himmels und Erden Anno 1665", doch finde die Bekehrung der Juden bis spätestens 1849 statt.[93]

Bei der folgenden Auseinandersetzung spielte eine 1651 erschienene *Astrologische Weissagung* eine große Rolle, die unter dem Namen des italienischen Astrologen Andreas Argoli (1568–1657) heraus gekommen war. Der Altdorfer Mathematiker Abdias Trew zitierte die ihm bekannte Variante des Textes vollständig:

> Eine Astrologische Weissagung auff das Jahr Christi 1654. bis 56. und darauff instehenden Jüngsten tag. Es schreibt ein vornehmer Astronomus, daß in gemeltem Jahr den 2. Augusti Stil vet. umb 9 uhr vor mittag ein solche schröckliche Finsternus sein werde/ daß die Menschen ohne liecht nicht sehe können. Denn in dem obersten grad deß himels der Mars, die Sonne/ der Regulus ein kleiner Stern/ der nur alle hundert Jahr einen grad fortgehet/ der drachenschwantz/ und Saturnus zur selbe zeit zusamkommen. Dergleichen Conjunction nicht geschehen weil himmel und Erden gestanden. Auch wird die finsternis in der gantzen welt an alle orten zu sehen sein. Deren bedeutung oder muthmassung dahin gehet/ daß/ wo Gott der Herr mit seinem Jüngsten tag nicht herein bricht/ wird er doch mit demselben über 2. Jahr nicht aussen bleiben. Also ist man auch jetzt der meinung/ daß Jetzt in diesem seculo 1656 Jahr himmel und Erden in feuer vergehen werde/ und zwar fürnehmlich/ weil man nach diesem 1656 Jahr kein einiges zeichen am Himmel ausgewisser nachrichtung hatt spüren können. Die übrige zwey Jahr nach der finsterniß soll es alles widerwertig hergehen/ daß fast kein regiment oder obrigkeit von deren unterthanen wird gelitten werden/ und also das teutsche Keyserthumb gantz fallen/ und dem Türcken in die Händ kommen/ worauff als dann Gott mit seinem Jüngsten tag herein brechen wird. Das geb Gott in gnaden Amen. Dies statuirt Andreas Argolus ein fürnehmer Astrologus in Padua.[94]

In einer anderen Variante scheint der Weltuntergang für 1656 damit begründet worden zu sein, dass Gott die Sintflut 1656 Jahre nach Erschaffung der Welt geschickt habe.[95]

Diese Schrift erregte großes Aufsehen und zahlreiche Autoren beschäftigten sich mit ihr, auch wenn sie „nicht werth, dass so viel verständige bißhero selbe zu widerlegen sich unterfangen."[96] Dazu gehörte der Mathematiker Eberhard Welper (1590–1664) aus Straßburg, der eine *Widerlegung und Astronomische Erklärung/ einer auß Italia geflogenen/ und in Teutschland hin und her mit Schrecken außgesprengten*

93 [Kalender 1651], fol. C2^{v}–C3^{r}.
94 [18.1], fol. A2^{v}–3^{v}.
95 [15], fol. A3^{r}.
96 [18.3], fol. A1^{r}.

unformlichen Propheceyung veröffentlichte.[97] Er glaubte nicht an die Autorenschaft von Argoli, der Mathematikprofessor in Padua war.[98] Auch nach De Werve war Argoli

> [...] ein feiner gelehrter Mann/ der Ephemerides von Anno Christi 1630. biß Anno 1680. geschrieben/[99] darumb ich nicht Glauben geben kan dieser Phantastischer Weissagung/ mit dem Hiebner einer meinung zu seyn. Meine meinung ist diese/ weil er so viel Jahr Ephemerides geschrieben/ und er nun gesehen und befunden hätte/ daß der Jüngste Tag entweder An. 1654. oder zum längsten 1656. kommen würde/ so würde er nicht auff so viel Jahr solche geschrieben/ und mit dem 1656. auffgehalten und viel Mühe gesparet haben.[100]

Ähnlich argumentierte Trew: „Wann dem also/ so ist abermal Argolus dieses prognostici nicht author, alß welcher biß auff 1683 Ephemerides geschrieben/ und eben so viel aspecten nach oben gemeltem Jahr 1656 alß zuvor/ gesetzt."

Dafür, dass Argoli tatsächlich nicht der Autor war, spricht eine 20-seitige lateinische Schrift zur Sonnenfinsternis vom August 1654 aus den Beständen der Bayerischen Staatsbibliothek in München, die unterschrieben ist mit: „Argolus die 3. Augusti 1652. scribebat". Darin sind kaum konkrete Vorhersagen zu finden, insbesondere gibt es keinen Hinweis auf den Jüngsten Tag. Diskutiert wurden die Einflüsse von Mars und Saturn, deren negative Wirkung bei einer Konjunktion verstärkt würden.[101] Die Wirkung einer Sonnenfinsternis hing vom Stand im jeweiligen Zeichen des Tierkreises ab. Die Dauer einer Sonnenfinsternis war für Argoli ein Maß für die Dauer deren Auswirkung. Demnach war die Finsternis von 1654 zwei Jahre und vier Monate zu spüren, wobei noch lokal differenziert werden müsste, denn je nach Ort

---

97 *Astrologische Beschreibung Von der Anno 1654 den 2. (12.) Augusti vorfallenden grossen/ sichtbaren und nachdencklichen Sonnen-Finsternuß. Zu bessern Unterricht der Jenigen/ so diesesfalls umbständlicher informirt zu seyn/ begehren/ mit sonderlichem Fleisse abgefasset/ und mit Beyfügung etzlicher Vornehmer Autorn, und Abrisse/ wie diese Finsternuß in unterschiedlichen Orten anzusehen seyn/ wolmeinentlich an den Tag gegeben.* Nürnberg: Wolfgang Endter 1654.

98 Sudhoff, Iatromathematiker (wie Anm. 76), S. 79.

99 Argoli hat Ephemeriden für die Jahre 1641 bis 1700 geschrieben.

100 [16], fol. C3^{r-v}.

101 „Quae decernuntur á Saturno, & Marte coniunctis cum loco Eclipsis stellis fixis sumunt incrementum." Andreae Argoli: *Dissertatio in Eclipsim Solis 12. Augusti 1654. Et aliqua in Eclipsim Solis 1652. 8. Aprilis.* O. O. 1652, S. 11.

dauert die Finsternis unterschiedlich lang.[102] Für konkrete Vorhersagen war das Geburtshoroskop der jeweils einzelnen zu berücksichtigen, wodurch die Auswirkungen eines astronomischen Ereignisses für verschiedene Menschen verschieden sein konnten.[103] Auf den letzten vier Seiten nahm Argoli zur Finsternis vom 8./18. April 1652 Stellung. Da deren Auswirkung über zwei Jahre spürbar sei, könnte sie sich mit der Auswirkung der Finsternis von 1654 überlappen.[104]

Wer außer Argoli konnte aber der Autor der Weissagung sein? Die wahrscheinlich erste Schrift, in der Hiebner der Urheberschaft bezichtigt wurde, war die des Theologieprofessors Gregor Francke (ca. 1585–1651) aus Frankfurt an der Oder. Sie erschien posthum bei Henning Köhler (1599?–1656) in Leipzig, und damit bei dem Drucker, der die *Weissagung* herausgebracht hatte. Im ersten, „Stylus und Verbalia" überschriebenen Teil zeigte Francke ganz im Stile einer akademischen Streitschrift, dass der Verfasser der deutschen Sprache nicht mächtig war. Der zweite Teil „Res et Materialia" ging auf die Fakten ein: Eine Sonnenfinsternis ist nicht auf der ganzen Welt zu sehen. Zum anderen geht aus der Bibel hervor, dass der Tag des Jüngsten Gerichts nicht vorhersagbar ist. Zum Schluss sprach Francke die Autorenschaft an: Die Weissagung soll von Argoli aufgesetzt und von Hiebner „nachgeschlagen" und für wahr befunden worden sein. Doch „wer weiß ob Argulus iemaln solche Meynung gehabt/ weil nicht angeführet wird/ wo selbige in Schrifften zu finden."[105] Ansonsten habe Francke „vernommen/ wie in Leipzig hin und wieder ausgegeben wird/ als solte dieser allhier belobte Israel Hübner selbst der Autor solches Prognostici

102 „Duratio effectus Eclipsis dependet ex ipsius Eclipsis tempore durationis cum quaelibet hora decernat annum integru durationis ex Ptolemaeo, & obseruationibus, & cum a principio ad finem haec Eclipsis duret horis circiter duabus, cum triente par est ad summum constituitiones, quae producuntur duraturas duobus annis & quatuor mensibus". – Argoli, *Dissertatio* (wie Anm. 101), S. 13.

103 „Caeterum Nati subijciuntur generalibus constitutionibus, vel ex loci constitutione in quo nascuntur; vel in quo habitant; acquiruntur einim utroque modo qualitatem loci, & stellarum verticalium ibi dominantium; etc." – Argoli, *Dissertatio* (wie Anm. 101), S. 15.

104 „hinc constitutiones si quae fuerint decretae ab Eclipsi 1652. incipient 8. Aprilis inter 7. Augusti, & 7. Nouembris; & cum Eclipsis duratio fuerit horis duabus cum minutis viginti, constitutiones, & effectus durabunt annis duobus cum triente ; & per consequens protrahentur constitutiones, & effectus usque ad Autumnum 1654. & includent principium Eclipsis dictae patrandae 12. Augusti 1654". – Argoli, *Dissertatio* (wie Anm. 101), S. 16.

105 [15], fol. E 4^{r}.

seyn". Bisher habe er dies nicht glauben können, da Hiebner in seiner *Practica Reformata*

> [...] doch gar zu große Dinge von sich schreibet und vorgiebet/ wie nemlich ausser und vor ihme kein eintziger Astronomus noch Astrologus/ weder Alter noch Neuer/ einige vollkommene und richtige Himmels Figur jemals gestellet [...] Solte nun ein solcher hocherleuchteter und mit Harmonischen Einergießen der himmlischen Liechter angefülleter Astronomus und Astrologus/ dieser elenden und bald unchristlichen Scarteck und Prognostici Autor seyn/ würde warlich seine ihm selbst eingebildete praerogativ und Vorzug vor allen andern bestehen/ wie Butter an der Sonnen schmelzen.[106]

Wesentlich ausführlicher begründete Hermann de Werve die Urheberschaft von Hiebner. Vier verschiedene Flugblätter seien ihm in die Hände gekommen, die eine schreckliche Sonnenfinsternis für 1654 verkündeten und den Weltuntergang für 1656 vorhersagten. Eines erschien anonym, das zweite war mit „Israel Gabriel" gezeichnet, das dritte trug den Namen von Argoli. Im vierten wurden die Prophezeiungen damit bestärkt, dass auch Argoli und Hiebner das gleiche gefunden hätten. Ein Israel Gabriel hatte De Werve schon 1644 in einem *Postreuter* angegriffen.[107] Er habe ihm aber „dermassen das Posthörnlein gestopffet/ daß ich jhne nit mehr habe blasen hören."[108] Dieser Israel Gabriel soll in Hamburg gewohnt haben, wo aber niemand dieses Namens bekannt war. Nachdem nun neuerlich ein Flugblatt von ihm erschien, in dem er sich mit Hiebner einer Meinung erwies, identifizierte de Werve ihn mit Hiebner selbst: „Und daß er der Author, ist klärlich auß seiner Practica Reformata [...] und seinem 1654. jährigen Calender zu ersehen."[109] Im Norden Deutschlands scheint sich Hiebner nie aufgehalten zu haben, denn in seinem Kalender auf das Jahr 1655 sprach er davon, dass er bislang „die See-Städte nicht begrüsset."[110]

Nach dem Greifswalder Mathematik- und Medizinprofessor Caspar March (1619–1677) war die *Weissagung* „so wol in Hochdeutsch- als

106 [15], fol. F1^{r}.

107 Von 1637 bis 1643 ist ein *Newer teutscher Post-Reuter* eines Israel Regnarius nachweisbar (1637, 1638, 1643: SLUB Dresden Magica.0147, 044-046; 1642: HAB Wolfenbüttel NX 65 (7)). Möglicherweise liegt hier eine Verwechslung De Werves mit einer dieser Schriften vor.

108 [16], fol. C4^{r}.

109 [16], fol. D1^{r}.

110 [Kalender 1655.2], fol. A2^{r}.

Niederländischer Sprache gedrucket."[111] Wie Trew zitierte er den Text des Flugblattes vollständig, wobei seine Version damit endete, dass Argoli und Hiebner „beyde in gleicher Meynung" stehen würden.[112] March bemühte sich nicht, die Identität des Verfassers zu klären, sondern versuchte eine nüchterne Antwort. In zwölf Bildern zeigte er, wie die Sonnenfinsternis in Konstantinopel, Warschau, Wien, London, Kopenhagen, Paris, Venedig, Stockholm, Rom, Madrid, Moskau und im persischen Ispahan aussehen würde. Nur in Konstantinopel sei die Finsternis total.[113] Auch listete er frühere Sonnenfinsternisse auf, um zu zeigen, dass derartige Ereignisse nichts Außergewöhnliches seien. Mit dem Jüngsten Tag sei nicht zu rechnen, schließlich kenne der Mensch weder Zeit noch Stunde seines Hinscheidens. Es sei weder eine Katastrophe zu erwarten noch habe die Obrigkeit außergewöhnliche Aufstände zu befürchten. In der ganzen Auseinandersetzung fällt die Arbeit von March durch ihren ruhigen und ausgewogenen Ton angenehm auf.

Der Altdorfer Mathematikprofessor Abdias Trew nahm erstmalig 1652 zu der *Astrologischen Weissagung* Stellung. Auch wenn er dessen Namen nicht nannte, „damit es nicht das ansehen/ ob wäre es mir umb die person zuthun", hielt er Hiebner für den Autor, da der in seinem Kalender für 1651 ähnliche Vorhersagen getroffen habe.[114] Wie March und Francke korrigierte er in einigen Punkten die astronomischen Aussagen. Zum genannten Zeitpunkt trete eine Sonnenfinsternis ein, die allerdings nach den Tafeln von Lorenz Eichstädt (1596–1660) in der Türkei total sei, nicht in Deutschland. Mars und Saturn kommen nahe zusammen, aber nicht so nahe, dass von einer Konjunktion die Rede sein könne. Zum Abschluss setzte Trew seine eigene, sehr zurückhaltende Prognostik über diese Sonnenfinsternis dagegen.

1653 erschien eine Neuauflage seiner Stellungnahme, *verbessert und mit einem Anhang wider des Prognostici auctorem* [...] *vermehrt.* Darin griff er nun Hiebner direkt an. Dass er der Autor sei, zeige, dass „auff dem titul eine figur stehet/ die er selbsten vor diesem in seinem

111 Caspar March: *Astrologischer Discours Von der Anno MDCLIV. den 2./12. Augusti vorfallenden grossen und nachdencklichen Sonnen-Finsternüß. Worinnen insonderheit Das so gedruckt als schrifftlich umbhergangene Prognosticon von selbiger Finsternüß beydes nach Mathematischen Gründen und Astrologischen Regeln examiniret* wird. Stralsund: Michael Meder 1653, fol. A2^r.

112 March, *Astrologischer Discours* (wie Anm. 111), fol. A3^r.

113 Diese Behauptung ist allerdings falsch, in Konstantinopel war die Finsternis nicht total.

114 [18.1], fol. A3^r.

tractat de sigillis fürgestelt."[115] Dabei erwähnte er Hiebners gegen ihn gerichtete Behauptung, ein alter Professor sei nachts auf einen Turm gestiegen, weil er von dort eine Sonnenfinsternis beobachten wollte.[116] Inhaltlich fertigte er Hiebner in fünf Punkten ab, wobei er im Wesentlichen auf bereits vorhandene Literatur verwies. Zusammenfassend schrieb er:

> Wann aber Hiebner meine meinung davon wissen/ und in allem das er bedarff völlig contentement haben will/ so mag er meine Epistolas dedicatorias über meine Calendaria Anno 1649. 1651. 1654. das übrige aus Herrn Marci Freunden Calender Anno 1651 lesen und wiederholen/ nach welcher laugen/ das ihn der kopff noch Juckt/ und rühmen darff/ man habe ihm nicht fürzu werffen gewust/ ein anzeig ist/ das derselbe einen grossen schifer haben muß.[117]

Im Kalender für 1654 watschte Trew den „Prognosticant[en] mit dem großen Messer" kräftig ab. Hiebner – „ein junger Lapp/ und meines Wissens sonst nicht viel" – habe „noch übrige Kunst gehabt/ die ihme Bauch und Kopf auffreissen wollen (were schad für das herrliche Grillenfaß gewesen)". Bei seinen Vorhersagen habe er „das Maul voll genommen/ und einen Schnitt in die Martins Gans gethan". Über Hiebners Ausrede, er sei von Zeitungsschreibern falsch verstanden worden, spottete er: „so reiche materiam geben seine Prognostica, die Leut zu äffen/ daß sich Boten und Zeitungsschreiber drein kleiden können."[118]

Hiebner wehrte sich mit der *Apologia* von 1653: Trew sei ein „Pfuscher/ Störer/ Quacksalber/ Stümpler/ Planeten-Leser". Der „faule Rechner von Altorff" beherrsche nicht einmal die Grundlagen für das Berechnen von Kalendern.[119] Die ihm, Hiebner, unterstellte „Scarteke" sei in Leipzig gedruckt worden, seine Arbeit sei dagegen bei Birckner in Erfurt erschienen.[120] Der in Leipzig seit 1633 aktive und angesehene Drucker Henning Köhler habe angegeben, den „Stock oder Holzschnidt" vom Leipziger Buchhändler Heinrich Nerlinger erhalten zu haben.[121] Weiter habe er ausgesagt: „Ich habe sie gedruckt/ und bin

---

115 [18.2], fol. B2^{r}.

116 [18.2], fol. B3^{r}.

117 [18.2], fol. B4^{v}.

118 Abdias Trew: *Schreib-Calender für 1654*. Nürnberg: Endter 1653, Practica fol. B4^{v}.

119 [7], S. 15–16.

120 [7], S. 2.

121 [7], S. 1; Oskar von Hase: *Henning Köler*. In: Oskar von Hase: *Breitkopf & Härtel*. Bd. 1. Leipzig 1917, S. 35–44, hier S. 39.

auch deßwegen auff Israel Hiebners Anklage Anno 1652, kurtz vor Martini mit Gefängnüß gestrafft worden.“[122]

Trews Antwort war der *Endliche Bescheid auff die Hiebnerische unwarhaffte Apologiam* von 1654. Mit der in Argolis Namen herausgegebenen Schrift habe Hiebner „vor 2 Jaren die Leut mit dem tollkühnen prognostico von dem jüngsten Tag und des Türcken Herrschafft über Teutschland äffen und schrecken wollen.“ Nachdem Trew diese Schrift „auf begeren vieler fürnehmer Leut examiniert, das gründliche bejaet das unergründliche widerlegt“, griff ihn Hiebner noch zweimal an und warf ihm „grobe ungeschickligkeiten in sachen zu der Astronomia und meiner profession gehörig für.“[123]

Neben seiner *Apologia* scheint Hiebner eine weitere Schrift herausgebracht zu haben, mit der er Trew in sieben Fragen bloß zu stellen vermeinte. Trew ging darauf detailliert ein. Die Aussage Köhlers, Hiebner nie gesehen zu haben, sei wertlos, da er einen Boten benutzt haben kann. Auf sein Hauptargument, dass sich ähnliche Vorhersagen wie in der *Weissagung* in Hiebners Kalender für 1651 fänden, sei dieser nicht eingegangen.[124] Trews Resümee war, dass Hiebner „zu Nürnberg und anderer orten ein solch lob hinterlassen/ welches die Pegnitz wenn man alles wasser derselben zur laugen und seine testimonia zu Panterfelchen machte/ viel zu wenig sein würd/ abzuwaschen.“[125] Künftighin werde er sich allen Kommentars zu Hiebners „unnützem Gespey“ enthalten.[126]

Doch war die Angelegenheit damit nicht beendet. Im Kalender für 1655 schrieb Hiebner:

> Es haben sich vorm Jahr wegen der grossen Sonnenfinsternüß/ so den 2. (12.) Augusti 1654 zu sehen/ viel Astronomi zu Richtern aufgeworffen/ und ein jeder in der Eclipsiographia oder Finsternüß-Rechnung der Vornehmste seyn wollen [...] Der Altdorffische verlässet sich auff den Calculum Eichstadii, und hält denselben vor gewiß und richtig/ dass nemlich seiner Meynung nach keine gantze Finsternüß in Teutschland/ sondern in der Türckey zu Constantinopel seyn sollte. Da er doch Anno 1646. in seinem Prognostico sich selbsten contradiciret und widerspricht. Er hette in der Observation befunden/ dass die Grund-Tafeln Tychonis de Brahe & c. noch einer guten Correction von nöthen hetten.

122 [7], S. 25–26.
123 [18.3], S. 3, 19.
124 [[18.3] fol. A2.
125 [18.3] fol. A3.
126 [18.3] S. 4.

De Werve und Marcus Freund würden sich statt dessen auf die veralteten Ephemeriden von David Origanus (1558–1628) verlassen.[127] „Dieses habe ich also dem ungründlichen Gewäsch/ so der Nürnbergische Verleger von dem Calculo der grossen Sonnen-Finsternüß des 1654. Jahrs/ vermeyndtlich mir zum Nachtheil zusammen gedrucket/ entgegen setzen sollen."[128] Damit spielte Hiebner auf die von Endter herausgegebene Schrift zur Sonnenfinsternis von 1654 an.[129] Zahlreiche Beiträge gingen auf die *Weissagung* ein und es gab zahlreiche Seitenhiebe gegen Hiebner. Dass Endter diese Schrift bewusst herausgab, um Hiebner zu schaden, ist unsinnig: Nach dem großen Getöse um die *Weissagung* versprach der Sammelband einen guten Absatz.

Beim Verlauf der Finsternis hatte Hiebner freilich recht: Die Totalitätszone der Sonnenfinsternis verlief deutlich nördlich von Konstantinopel und berührte gerade den nordöstlichen Teil des Schwarzen Meers.[130] Die Tafeln von Eichstädt und Origanus waren fehlerhaft. Hiebner verwendete zur Berechnung die „Grund-Tafeln" von Kepler bzw. die darauf aufbauenden Tafeln der Maria Cunitia (1604?–1664) und scheint darüber zu besseren Ergebnissen gekommen zu sein.[131] Trotzdem traf er mit seiner Kritik Trew nicht wirklich, denn der hatte deutlich darauf hingewiesen, welche Tafeln er verwendet hatte und dem hinzugefügt: „Lässet mich aber Gott leben/ und gesund seyn/ so will ich auch anderer Astronomorum Tabulas besehen/ solche Finsternuß darauß rechnen/ und wie ich vor diesem im Brauch gehabt/ offentlich allhie zu Altdorff anschlagen."[132] Alle bekannten Tafeln waren nicht perfekt. Im bei Endter erschienen Sammelband wies etwa Andreas Goldmayer (1602–1665) darauf hin, dass nach den Tafeln von Origanus die Sonnenfinsternis in Nürnberg 12 Zoll erreichen wird, nach den Tafeln von Eichstädt aber nur 10 Zoll.[133]

---

127 [Kalender 1655.1], fol. C1^r–C2^v.

128 [Kalender 1655.1], fol. C3^v.

129 *Astrologische Beschreibung* 1654 (wie Anm. 97).

130 Vgl. Jens Frederik Schroeter: *Spezieller Kanon der zentralen Sonnen- und Mondfinsternisse, welche innerhalb des Zeitraums von 600 bis 1800 n. Chr. in Europa sichtbar waren.* Kristiana 1923, Karte 129b. Online kann man sich unter http://www.calsky.com (Abruf 10.02.2010) den Verlauf der Finsternis anzeigen lassen.

131 Klaus-Dieter Herbst: Die Jahreskalender – Ein Medium für gelehrte Kommunikation. In: *Kommunikation in der Frühen Neuzeit.* Hrsg. von Klaus-Dieter Herbst und Stefan Kratochwil. Frankfurt a. M. 2008, S. 189–223, hier S. 216–217.

132 *Astrologische Beschreibung* 1654, fol. F2^v (wie Anm. 97).

133 *Astrologische Beschreibung* 1654, fol. M1^v–M2^r (wie Anm. 97).

Zwar distanzierte sich Hiebner 1655 erneut von der „einfältigen Hausirer-Chartec“, konnte es aber doch nicht lassen, seine eigenen Prophezeiungen hinzuzusetzen:

> Weil dann diese Finsterniß über 2 Stunden währet; So wird nach zwey Jahren etwas besonders zu erfahren seyn/ dessen Anfang und hefftige Wirckung im Septembri 1656. zu erwarten stehet. Dem Brandenburgischen Hause fallet sie in das Haus der heimlichen Feindschaft/ bey welchem viel oppositiones zu befinden/ c. Brehmen wird wiederfahren/ was ich ihr in Decembri 1653. am Ende Julii und Augusti 1654. auff Begehren propheceyet habe.[134]

Das war zwar nicht der Weltuntergang für 1656, doch sind Parallelen zur Weissagung kaum zu übersehen. Wegen solcher Stellen hielten Trew u. a. Hiebner für den Autor. Seinen Kalender für 1657 widmete Hiebner dem Rat der Stadt Regensburg als Dank dafür, dass sie auf sein „dienstschuldig schrifftlich ersuchen/ wegen einer von etzlichen Neidern wider mich heimlich gedruckten Paßquille bey dero Buchdruckern und Buchhändlern sobald inquiriren lassen/ dergleichen doch bey einer andern bekanten Reichs-Stadt N. durch die Finger gesehen worden.“ Welche Schrift hier gemeint ist, ist nicht klar, es könnte aber die von Trew gewesen sein.

Von Leipzig nach Hermannstadt (Sibiu)

Erhard Weigel (1625–1699) erzählte 1664, dass die

> […] verführte Welt mit Zittern und Zagen auff dieß prognosticirte Abentheuer [die Sonnenfinsternis vom August] vergebens gewartet [...] Die empfindlichen Studenten zu Leipzig haben sich dieser allgemeinen Beschimpffung wegen an einen damahls anwesenden Calendermacher zu rächen/ und denselben bey lichten Mittag mit angezündeten Fackeln oder Laternen nach Hause zu leichten/ und an Statt derer aus der vermeinten schwartzen dicken finstern Lufft/ wie die Charteke meldete/ tod herabgefallenen Vogel mit etwas anders zum Frühstück zu tractiren/ auff der Gasse/ da sie ihm vermercket/ sich schon versamblet gehabt.[135]

134 [Kalender 1655.1], fol. C3^{r}.

135 Erhard Weigel: *Speculum Temporis Civilis. Das ist Bürgerlicher Zeit-Spiegel.* Jena: Samuel Krebs 1664, S. 90.

Damit kann kaum jemand anderes als Hiebner gemeint sein. Danach konnte er sich in Mitteldeutschland wohl nicht mehr halten. Seine letzte nachweisbare, hier publizierte Schrift ist sein Kalender für 1656, in dem er behauptete, dass „solcher in der Leipziger Michaelis Meß zeitlich auffgekauffet und deren wenig ins Reich kommen.“[136] Den Kalender fürs folgende Jahr schloss er der Widmung zufolge am 2. Dezember 1656 in Linz ab. Darin folgerte er aus der Mondfinsternis vom 1. Juni, dass „nichts anders dann blutige Schlachten/ Einnehmung der Länder und Städte/ Pestilentz/ thewer Zeit und Auffstand der Unterthanen wider ihre Obrigkeit zuschließen.“[137] Den Tod des sächsischen Kurfürsten Johann Georg I. habe er vorhergesagt, wofür er als Zeugen „die Churf: Printzen/ Herren Abgesandte/ der Churf: Postmeister zu Leiptzig/ ihr Hochwürden Herr Pater Kedd[138] zu Wien/ ein gelehrter Cavalier Namens Georg Mayß und vil andere Vornehme“ anführte.[139] Wohl Anfang 1657 trug sich Hiebner in Wien in die Matrikel ein.[140]

1661 kam er nach Eperies (das ist das heutige Presov in der slowakischen Republik), wo er als Astronom, Arzt und Kupferstecher tätig war.[141] Die Blütezeit der Astronomie wird hier mit seinem Namen verbunden, denn ab ca. 1661 gab es ein Observatorium, das in den siebziger oder achtziger Jahren wieder zerstört wurde. Diese Einrichtung soll darauf zurückzuführen sein, dass Hiebner in Zusammenarbeit mit dem Arzt und Polyhistor Johannes Paterson Hain (1615–1675) das erste astronomische Teleskop der Slowakei angefertigt hat.[142] Auch kam 1662 der *Natürliche Regenten-Spiegel* des Apothekers und Schulinspektors Johannes Weber heraus, worin der Einfluss der Planeten auf die jeweiligen Organe abgehandelt wurde. Hiebner hat dafür das Titel-

---

136 [Kalender 1657], Prognosticon fol. A4^{v}.

137 [Kalender 1657], fol. C4^{r}.

138 Es handelt sich um den Jesuiten Jodocus Kedd (1597–1657). Vgl. Johannes Madey: Kedd, Jodocus. In: *Biographisch-Bibliographisches Kirchenlexikon.* Bd. III. Hamm 1992, Sp. 1283.

139 [Kalender 1657], fol. B3^{v}–B4^{r}.

140 Weinrich, Annäherungsversuche (wie Anm. 1), S. 21.

141 Imre Szeghy: *Hiebner, az eperjesi csillagász* [Hiebner, der Astronom von Eperies]. Föld és Ég 1966/5, S. 141; 1966, S. 141; Lajos Bartha, József Könnyü, Edina Könnyü Pischné: *Magyarországi Csillagászok Életrajzi Lexikonja.* Budapest 2000, S. 29.

142 Information nach: http://www.presov.sk/article.php?i_id_article=3363, Abruf 07.10.2005.

kupfer gestochen, sowie eine Stadtansicht von Eperies, auf der ein „Observatorium“ vermerkt ist.[143]

1665 siedelte Hiebner nach Hermannstadt (heute Sibiu) über. Trew spottete, er solle „jetzt biß in Siebenbürgern drinne seyn/ und daselbst einen Propheten geben.“[144] Hiebner muss hier einen Kalender herausgebracht haben, denn mit Datum vom 15. Juli 1665 erstellte der Schulrektor Georg Hutter (vor 1638–1669) „auf hohen Befehl“ ein Bedenken dagegen.[145] Auch erschien dazu ein *Freisinniges Urtheil* des auf dem Gebiet des siebenbürgischen Kirchenrechts und der Kirchengeschichte bedeutenden David Hermann[146] (?–1682).[147] Schon am 20. August 1664 hatte in Hermannstadt unter dem Vorsitz von Jacob Schnitzler (1636–1684) eine Disputation zur Widerlegung von Hiebners Prophezeiungen stattgefunden.[148]

1667 soll er ein neues Weltsystem vorgestellt haben: Er vergönnte

> [...] weder der Sonne, noch der Erde die Ehre, im Mittelpunkt der Welt zu stehen. Nein, diesen läßt er leer und gibt der Sonne und der Erde eine Laufbahn. Um die Erde wandelt der Mond, um die Sonne der Merkur und die Venus, um Sonne und Erde zugleich alsdann Mars, Jupiter und Saturn. Die Laufbahn aller dieser Weltkörper ist oval.[149]

Zusätzlich rotierte die Sonne um ihre eigene Achse. Nach Ludwig Zoltner ist hier die Idee im Keim vorhanden, dass sich unser gesamtes

143 Weinrich, Annäherungsversuche (wie Anm. 1), S. 22.

144 Trew, *Reichs-Calender* (wie Anm. 16), 1669, Prognosticon fol. B2ʳ.

145 Joseph Trausch: *Schriftsteller-Lexikon oder biographisch-literarische Denk-Blätter der Siebenbürger Deutschen*, Bd. 2. Kronstadt 1870, S. 229–230. [Nachdruck unter dem Titel: *Schriftsteller-Lexikon der Siebenbürger Deutschen*. Köln 1983]

146 Zu David Hermann vgl. G. D. Teutsch: Hermann, David. In: *Allgemeine Deutsche Biographie*. Bd. XII. Leipzig 1880, S. 167.

147 Im *Schriftsteller-Lexikon der Siebenbürgen Deutschen* führte Trausch (1870/1983, S. 222, wie Anm. 144) Ephemeriden von Hiebner aus dem Jahr 1653 an, die in Hermannstadt herausgekommen sein sollen. Demnach nahm David Hermann dazu Stellung. G. D. Teutsch schrieb in der *Allgemeinen Deutschen Biographie*, Bd. XII. Leipzig 1880, S. 167, dass Hermanns Schrift zu Hiebner 1656 herauskam und seine einzige, zu seinen Lebzeiten veröffentlichte Stellungnahme gewesen sein soll. Diese Schrift ist nicht auffindbar. Zudem war Hermann von 1648 bis 1668 Pfarrer in Arbegen nördlich von Hermannstadt. Dass er 1656 zu Hiebner Stellung nahm, ist damit unwahrscheinlich. Nachdem Hiebner 1665 nach Hermannstadt kam, handelt es sich hier vermutlich um einen Zahlendreher.

148 Weinrich, Annäherungsversuche (wie Anm. 1), S. 26.

149 Trausch, *Schriftsteller-Lexikon* (wie Anm. 145), S. 222.

Sonnensystem bewegt.[150] Die Idee der Eigenbewegung der Sonne ist damit „bereits 50 Jahre vor Halley, 94 Jahre vor Lambert und 117 Jahre vor Herschel durch den Hermannstädter Gelehrten Israel Hübner geäußert worden." Das zugehörige Werk ist nicht auffindbar, die Angelegenheit somit nicht zu beurteilen.[151]

Kurz vor seinem Tod soll Hiebner auch eine *Astronomia Transylvanica* in 13 „Propositiones" publiziert haben,[152] die ebenfalls nicht auffindbar ist. Hierin behauptete er, „die Kometen hätten gleich den Planeten, ihren Lauf in einer Ellipsi oder ablänglichen Peripherie". In Anlehnung an Kepler gingen damals die meisten Astronomen davon aus, dass sich die Kometen in einer geraden Linie bewegten. Sollte die Bemerkung von Joseph Trausch (1795–1871) zutreffen, wäre Hiebner immerhin einer der ersten, der auf die korrekte Bahnform der Kometen hingewiesen hätte. Insofern wäre das Urteil einzuschränken, dass er „im Tollhause der Gelehrten einen vorzüglichen Rang verdient", da ihn seine astrologische Gelehrsamkeit „zu einem vollkommenen Narren" machte.[153]

Hiebner starb am 28. Juli 1668 nach einer langen Krankheit in Hermannstadt im Alter von 49 Jahren.[154] Vor seinem Tod scheint er wieder durch gewagte astrologische Vorhersagen auf sich aufmerksam gemacht haben. Nachdem er für 1668 den Weltuntergang vorausgesagt hatte, empfahl Bálint Frank (1643–1697) als Grabinschrift für ihn:[155]

> Israel Hiebnerus non fausto sidere natus/ Sidera contemplans incidit in foveam,/ Quande etenim extremum tempus praedixerat orbi/ Augur erat factus funeris ispse sui.

> In freier Übersetzung:

> Israel Hiebner war unter einem unglücklichen Stern geboren./ Die Sterne betrachtend ist er ins Grab gefallen,/ Als er das Ende aller Zeiten prophezeite,/ hat er nur seine eigene traurige Beerdigung vorhergesehen.

---

150 Ludwig Zoltner: Oswald Thomas (1882–1963). In: *Von Honterus zu Oberth. Bedeutende siebenbürgisch-deutsche Naturwissenschaftler, Techniker und Mediziner.* Hrsg. von Hans Barth. Bukarest 1980, S. 316.

151 Vgl. hierzu Weinrich, Annäherungsversuche (wie Anm. 1), S. 25–31.

152 Trausch, *Schriftsteller-Lexikon* (wie Anm. 145), S. 222–223.

153 Trausch, *Schriftsteller-Lexikon* (wie Anm. 145), S. 221.

154 Szeghy, Hiebner (wie Anm. 141), S. 142.

155 Szeghy, Hiebner (wie Anm. 141), S. 142.

Bibliographie

1. *Schriften*

1. *Influentz Lunae Et Saturni. Oder Eigentliche Beschreibung und Calculus: was nemlichen 1. Die Influentz Lunae und Saturni sey/ 2. wenn und zu welcher Zeit sie im bevorstehenden 1645. Jahr erscheinet/ und wie 3. dieselbe auff die genaweste Zeit außgerechnet/ Nicht allein 4. nützlich gebrauchet/ Sondern auch 5. nebenst andern Aspecten bißweilen zu gewissen Zeiten am Firmament gesehen und leichtllich erkand werden solle. Jedermänniglich zur Nachrichtung und vielleicht sonderbahren Nutz/ Insonderheit aber/ allen Bergkhawern/ Schatzgräbern/ Alchimisten/ Goldschmieden und andern Leuten/ Sp. Metallen zu graben/ und zu schmeltzen pflegen/ wolmeinend publiciret,und auff den Punct der Churf. Sächs. Freyen Bergkstadt/ deren latitudo 50 Gr. 51. Minut. 33 Sex. Und longitudo 37 Gr. 48 Minut. 0. Sec. mit fleiß gerichtet.* Freiberg: Georg Beuther 1644/45 [FLB Gotha: Math 4° 96-96a (2)].

2. *Geburts-Minut oder der edlen Astrologischen Kunst erster Theil. Das ist/ New erfunden- Ewigwerender Calender und General-Uhrwerck/ So durch die gantze Welt zugebrauchen. In welchem 1. der Monat/ Tag/ die Stund und Minut/ durch der Sonnen und Mondenschein/ außer einen Magnet auch unbewußter Poli höhe/ gar genau und leichtlich gezeiget wird. 2. Wie das Instrumentum soll zubereitet werden. 3. Die Beschreibung dessen fundaments. 4. Durch ein wenig Rechnen den Newen und vollen Monden Erst und Letzt Viertel auch deß Mondens Alter auff alle Jahre und Tage vorher zu wissen. 5. Die Planeten und etliche Fixsterne am Himmel ohne rechnen gar leichtlich zuerkennen etc.* Nürnberg/Bitterholt: Selbstverlag 1645 [HAB Wolfenbüttel: Xb 1882]. Online einsehbar unter: diglib.hab.de/ wdb.php?dir=drucke/xb-1882, Abruf 10.02.2010.

3. *Glueckwuenschung Auff Deß Edlen/ Vesten und Manhafften Herrn/ Bartholomeen Mutschers Churfuerstl. Durchl. in Baeyern deß loebl. Creutzischen Tragoner-Regiments unter der Haselbeckischen Compagnia Wolbestalten Leutenants/ Als Braeutigam. So wol Der [...] Annen als Braut. Hochzeitfest: Welches in Nuernberg den 8/18. Mertz bey hochansehnlichen HochzeitGaesten begangen/ und dieses Von Israel Hiebnern von Schneeberg der freien und an-*

dern guten Kuenste Befliessenen uebergeben worden. Nürnberg 1646 [Ratsschulbibliothek Zwickau: 50.1.10.(5)].

4. *Israel Hiebern's Quadrant und Handgriff aller mathematischen Künste.* Ca. 1650 [SLUB Dresden: Astron.30].

5. *Practica Reformata. Oder Rechtfundirter Astrologischer Tractat. Das ist: Newgegründete Verkündigung aller und jeden Zufälle/ so wol an Gewitter als andern Welthändeln/ Hoch- und nidrige Stands-Personen betreffende. Nebst fernerer Widerlegung und außführlichem Beweiß/ der noch in stetem Brauch schwebenden ungründlichen Astrologiae, insonderheit wider Marcum Freund.* Frankfurt: Anton Humm 1648 [HAB Wolfenbüttel: Xb 357 (2)] Frankfurt: Anton Humm 1650 [ULB Halle: AB 153996 (35)].

6. *Mysterium Sigillorum, Herbarum & Lapidum Oder: Vollkom[m]ene Cur und Heilung aller Kranckheiten Schäden und Leibes- auch Gemüths-Beschwerungen durch unterschiedliche Mittel ohne Einnehmung der Artzeney: In 4. Classen ordentlich abgetheilet/ Als: I. Erste Cur und Heilung durch die himmlische Influenz mit Hülff der Kräuter und Wurtzeln. II. Zweydte Cur und Heilung durch die him[m]lische Influenz aus den Metallen und Steinen mit Hülffe der 7. Sigillen. III. Dritte und zwar Summarische völlige Cur und Heilung durch die Zusammensetzung der 7. Metallen und Sigillen. IV. Vierdte Cur und Heilung aller menschlichen Laster und Gebrechen.* Erfurt: Johann Birckner 1651 [BSB München: 4 M. med. 105; HAB: 55.4 Med. (2)] Leipzig: Christian Kirchner 1653 [ULB Halle: Ung VI 74 (16); HAB Wolfenbüttel: 171.49 Quod. (3)]; Erfurt: Birckner 1696 [ULB Halle: AB 153251 (4)]; Erfurt: Birckner 1731 [BSB München: 4 M. med. 105 m]; Frankfurt, Leipzig 1735 [SLUB Dresden: Pharm.gen.148] Englische Ausgabe London: Smith 1698 [BSB München: Film R 361–669].
7. *Geursachte Apologia und Schutzrede Israel Hiebners von Schneeberg [et]c.: Der unverschuldeten traduction M. Abdie Trewens/ Hermanni de Werve und Marci Freunds: Als welche die von Regiomontano Probl: 20 auffgegebene und bereits 1647. in Hiebners Post-Reiter/ auch Anno 1648. in Practica Reformata erinnerten Himmels-Figuren biß dato nicht assequiren noch ausrechnen können; und derhalben an stat und Brauch rechter Astro-*

nomischer Gründen und Fundamenten/ sich mit gantz-unverantwort- und unziemlichen Calumnien/ diffamationen und Lästern herfür zu thun suchen more Zoili, qui cum alteri male facere cum velit, non possit, male loquitur. Zu gebührender Rettung entgegengesetzt. Mit angehengten Zeugnüssen sub Lit: A.B.C.D.E.F.G.H.und I. Unter welchen auch der Buchstabe H. die disposition und Inhalt des Natur-Kalenders weiset. Leipzig: Ritzsch 1653, 45 S. [FLB Gotha: Pol 8° 3139-3143 (23)].

8. *Astronomisches Praeludium oder Eingang zu der 7. Planeten Grund-Rechnung/ Auff eine ieder Zeit vor und nach Christi Geburt/ Allen den jenigen so nur ein wenig rechnen könne/ zu sonderbahrer Lust und Nutzen mit einer solchen Geschwindigkeit heraus gegeben/ dergleichen in keinem Authore zu finden. Nebenst einer kurtzen Vorrede wider etzliche Astrologische Mißverstände/ so neulich von Herrn Georg Rödern Pfarrer zu Teutleben urgiret worden.* Leipzig: Selbstverlag; Druck: Timotheo Ritzsch 1653, 3 S. [UB Kiel: 2 an 8 Qh 2713].

9. *Astrologisches Praeludium eines biß unter die Preß ausgearbeiten Hauptwercks oder Eingang der gründliche Ursachen warumb das Calender-schreiben und Nativitätstellen bishero in despect gerathen und so wenig zugetroffen/ auch wie die rechten Fundamenta/ so wegen ihrer weitleuffigkeit verborgen geblieben/ nunmehro geoffenbahret und hinführo mit Lust und nutzen under die studirende Jugend gepflantzet werden können.* Leipzig: Johann Bauer 1653, 4 S. [UB Kiel: 1 an 8 Qh 2713].

10. *Ephemerides*. Siebenbürgen 1653[156] [nicht auffindbar].

11. *Prognosticon von der dritten großen Sonnen-Finsternis*. Erfurt: Hertz 1654[157] [nicht auffindbar].

12. *Johannes Weber: Ianus Bifrons Seu Speculum Physico-Politicum Das ist Naturlicher Regenten-Spiegel*. Leutschaw: Brewer 1662 [HAB Wolfenbüttel: Xb 4° 102 (1)].

---

156 Erwähnt bei Trausch, *Schriftsteller-Lexikon* (wie Anm. 145), S. 222.

157 Erwähnt bei Volker Fritz Brüning: *Bibliographie der Kometenliteratur*. Stuttgart 2000, S. 187, Eintrag 1037.

13. *Propositiones XIII. Astronomiae Transylvanicae Israelis Hiebneri de Schneberg, contra sudicia temeraria An. secondo post numerum corruptum 666. Anno mundi 5636, Incarnationis anni completi 1668 die Juliani 13 Maii, Gregoriani 23. ejusdem, Naturae termia die Mercurii Mensis tertii.*[158] [nicht auffindbar].

2. *Streitschriften gegen Hiebner*

14. *Marcus Freund: Prognosticon Meteo-Astro-Germano-Irenicum. Das ist: Grosse Astrologische Teutsche Friedens- und außländischer Königreiche Kriegspractica/ darinnen die Eigenschafft- und Witterungen der 4. Jahrzeiten dem Christlichen Leser fürgestellt werden. Auff das hochimportirliche und von vielen Millionen Seelen desiderirte und erwünschte Jubel- und Friedensjahr nach unsers Herrn und Seligmachers Jesu Christi heilsamen Geburt M.DC.LI. Darinnen zugleich geantwortet wird auff das Ehrenrührige Tractätlein Practicae Reformata genannt/ welches wider mich Endsbemelten und alle andere Astrologos Israel Hiebner von Schneeberg in Meißen vor 3. Jahren in Druck außgehen lassen.* Nürnberg: Wolfgang Endter 1650 [HAB Wolfenbüttel: Xb 1985 (2)].

15. *Gregorius Francke: Agnoston Sobriè-Astrologicum, Quoad punctum praedictionis ultimi in Tempore puncti = Dem Prognostico Ebriè-Astrologico, Welches Ein Scarteken-Schmierer Auff das 1654. Jahr nach Christi Geburt gestellet: Und darinne Auff Andeae Argulii/ Israel Hübners/ Gäntzliche/ gleichstimmende Meynung aus der grossen Sonnen-Finsternüß des 1654. Jahrs/ und andern ungnugsamen Gründen/ Das Ende der Welt in das 1656. Jahr Christi/ zu wider dem Christenthumb/ gewiß verleget hat/ Entgegen gesetzet/ und Der lieben Einfalt zum Besten wolmeynend publiciret von Einem/ Der Des Jüngsten Tages alle Stunden gewärtig ist.* Leipzig: Henning Köhler 1652 [FLB Gotha: Phil 4° 36d/1 (13)].

16. *Hermann de Werve: Prodromus oder Vorlauffer. Redassiones oder Verantwortung und Ehrnrettung Hermann de Werve Astronomi,*

158 Erwähnt bei Trausch, *Schriftsteller-Lexikon* (wie Anm. 145), S. 222.

Auff Israel Hiebners von Schneeberg. 1. Ehrnrührige Schmähworte/ welche er in seinem Phantastischen mit frembden Federn geschmückten Prognostico, auff Anno 1654. öffentlich drucken lassen/ a. Bericht 2. Auff das Phantastischen Hiebners geträumte Weissagung von der grossen Finsterniß der Sonnen/ so sich Anno 1654. den 2. 12. Augusti begeben wird; Ob auch vor diesem solche grosse Finsterniß gewesen/ und ins künfftige noch geschehen werden? Und ob hierauff Anno 1654. Oder zum längsten auf Anno 1656 Jahr gewißlich der Jüngste Tag kommen wird? wie dieser Phantast Hiebner phantasiert und ihm einbildet. 3. Von dem vermeinten newen/ an etlichen Orten erschienenen Stern. 4. Auß hochtringender Noht und begehren/ hoher und vornemer Herrn/ der Warheit zu stewr/ öffentlich in Druck gegeben. S. l.: Eigenverlag 1653 [SUB Göttingen: 4 BIBL UFF 278 (17)].

17. *Johann Röder: Echo Apologetica Oder Verantwortungs-schrifft wider Israel Hiebners im Reichs-Calender gebrauchte Unbescheidenheit. Darinnen entdecket wird/ Wie Hiebner mit Abergläubischen Heydnischen Vanitäten die Einfältigen zu verführen/ und ihnen in dem Ersten Capitel des in seinem Nürnbergischen Calender uffs Jahr 1653. befindlichen Prognostici, genannt Beschreibung Astrologischer Raritäten/ Zebels abergläubische Hausregeln als Wort und Stimmen Gottes zu verkauffen/ und als Göttliche revelirte Geheimnüß in acht und betracht zu nehmen/ und sich darnach zu richten/ männiglich zu bereden sich unterstanden/ Jetzund aber solches wider die öffentliche Warheit unverschembt leugne/ und unbillicher weise des Pfarrs zu Teutleben Christliches/ Glimpffliches/ Schrifftmäßiges und von der löblichen Theologischen Facultät uff der weitberühmten Universität Jehna approbirtes Bedencken über solche Vanitäten gestellet/ eine muthwillige und mit blossem Neid besessene Anklage nenne/ und zur Ungebühr ausschreye. Der Warheit zum besten in Druck gegeben durch Johann Rödern/ Pfarrern zu Teutleben.* Jena: Eigenverlag 1654 [HAB Wolfenbüttel: Xb 5245 (1)].

18.1 – *Abdias Trew: Auffrichtiges Bedencken über ein kühnes Prognosticon welches unter dem nahmen deß fürnehmen Astronomi Andreae Argoli zu Padua und unter dem titul einer weissagung außgesprengt Den untergang deß Römischen Reichs die Oberherschafft deß Türcken über Teutschland und das eigendliche Jahr deß Jüngsten tags zu behaupten.* Altdorf: Georg Hagen 1652 [HAB Wolfenbüttel: 240.60,8 Quod.; GNM Nürnberg: Nw. 2977 4^0].

18.2 – *Auffrichtiges Bedencken über das Prognosticon Andr. Argoli zu Padua vom Untergang deß Römischen Reichs, die Oberherschafft deß Türcken über Teutschland und das eigentl. Jahr deß Jüngsten tags zu behaupten. Zum 2ten male aufgeleget, verbessert und mit einem Anhang wider des Prognostici auctorem, wie auch von dem jüngst erschienenen Kometen vermehrt.* Altdorf: Georg Hagen 1653 [StB Nürnberg: Will V 489 4^0; UB Erlangen: H61/4 TREW.T 424].

18.3 – *Endlicher Bescheid auff die Hiebnerische unwarhaffte Apologiam und andere ungründliche und unverschemte Auffschneidungen von den Finsternissen, benanntlich deren 1654 den 2 (12) Aug. erscheinenden, wie groß dieselbe bey nahe mitten in Deutschland, namentlich zu Nürnberg, nach der besten Astronomorum Tabulis und Meynung komme und was sie bedeute, Item vom rechten mathematischen Gebrauch und Grund der Nativität-Figuren und deren Aufrichtung und wie grob sich Hübner in diesen allen verschnitten, zur Nachricht denen, die sich vor Aberglauben wollen warnen lassen.* Altdorf 1654 [StB Nürnberg: Amb. 137 (10) 4^0]. Online unter www.vd17.de (Abruf 10.02.2010) vollständig einsehbar.

19. *Hermann, David: Judicium liberale et sobrium de Israelis Hübneri.* Herborn. 1656[159] [nicht auffindbar].

20. *Hutter, Georg: Bedenken Georgii Hutteri, Cibin. über H. Israelis Hübners neugestellten Kalender.* Hermannstadt 1665[160] [nicht auffindbar].

3. *Kalender und Prognostica*

[Kalender 1646] *Prognosticon oder Practica/ auff das Jahr nach der Gnadenreichen/ und seeligmachenden Geburt unsers Heylsamen Erlösers Jesu Christi M. DC. XLVI. In welchem/ wie nicht allein*

159 Erwähnt bei Weinrich, Annäherungsversuche (wie Anm. 1), S. 26.
160 Erwähnt bei Weinrich, Annäherungsversuche (wie Anm. 1), S. 26.

alle vier QuartalsRegenten und vornembsten Bedeutere der Finsternüsse/ nach der correction Rudolphinischer und Longomontanischer Tabellen/ mit Fleiß gesuchet und außgerechnet/ Sondern auch im ersten halben Jahr/ noch böse Kriegs- und SterbensLäuffte/ Nachmals aber friedliche und fruchtbare Zeiten/ angedeutet werden. Nebenst angehengten einfältigen Biblischen und Astronomischen Gedancken/ von Außrottung deß Gog ung Magog, wie auch von dem letzten Tag der Welt. Jedermänniglich zu sonderbahrer Nachrichtung trewhertzig beschrieben. Nürnberg: Wolffgang Endter 1646 [GNM Nürnberg: Nw. 2969 4^{0}].

[Kalender 1647.1] *Alter und newer Schreib-Calender auff das Jahr 1647*. Nürnberg: Wolfgang Endter 1646 [WLB Stuttgart: HBF 3743; Stadtarchiv Altenburg: HK 1647 (4)].

[Kalender 1647.2] *Prognosticon oder Practica auff das Jahr nach der Gnadenreichen und Seligmachenden Geburth unsers Heylsamen Mitlers Jesu Christi 1647*. Lüneburg: Johann und Heinrich Stern 1646 [HAB Wolfenbüttel: Nx 82 (4)].

[Kalender 1647.3] *Neugestirnter Post-Reiter/ Auff das HeylJahr 1647. Welcher auß einem neuverbesserten Grunde/ nebenst vornembster monathlichen Influentzien/ nicht allein das Gewitter/ sondern auch der Zweck und Kern Theophrastischer Geheimnusse zu allen gewünschten Vorhaben gnugsam zu verstehen giebet: Darbey auch in sonderheit die wunderbare Veränder- und Endung des Teutschen Kriegs noch vor dem Anfange des 1647 Astronomischen Jahres gründlich geoffenbaret wird. In Gespräch zweyer Personen/ Manes Desiderii und Ammons. Allen hohen Officirern/ Medicis/ Kauffleuten/ Alchimisten/ Apoteckern/ Baw- und Bergmeistern c. zur leichtern imfehlbaren Proba mit sonderbarem Fleiß zum erstenmal abgebildet und beschrieben*. Nürnberg/Schwarzer Bär: Eigenverlag 1646. Nur Prognostik, kein Kalenderteil [Det Kongelige Bibliotek, Dänemark: 62, 13 00114].

[Kalender 1648] *Alter und newer Schreib-Calender auff das Jahr 1648*. Nürnberg: Wolfgang Endter 1647 [Stadtarchiv Altenburg: HK 1648 (19)].

[Kalender 1651] *Alter und newer Schreib-Calender auff das Jahr 1651.* Erfurt: Johann Birckner, Drucker: Georg Hertz 1650 [Stadtarchiv Altenburg: HK 1651 (13); HAB Wolfenbüttel: XB 1870].

[Kalender 1652] *Alter und newer Schreib-Calender auff das Jahr 1652.* Erfurt: Johann Birckner 1651 [Stadtarchiv Altenburg: HK 1652 (15)].

[Kalender 1653] *Nürnbergischer alt und new Schreib-Calender auff das Jahr 1653.* Erfurt: Birckner 1652 [HAAB Weimar: ZA 2248 (5); Stadtarchiv Altenburg: HK 1653 (18)].

[Kalender 1654.1] *Alt und New Schreib-Kalender.* Erfurt 1654 [Stadtarchiv Altenburg: HK 1654 (30)].

[Kalender 1654.2] *New und Alter Kalender/ Auff das Jahr nach Jesu Christi Geburt 1654 nebnest 4 schrecklichen Finsternissen.* Hermannstadt 1653[161] [Széchényi-Nationalbibliothek Budapest: Reproduktion].

[Kalender 1654.3] *Astrologischer Reichscalender Auff das M DC LIV. Jahr nach Christi geburt.* Leipzig: Timotheo Ritz 1653 [Stadtarchiv Altenburg: HK 1654 (29)].

[Kalender 1654.4] *Astronomischer Artzney-Calender.* Leipzig 1653 [Stadtarchiv Altenburg: HK 1654 (19)].

[Kalender 1654.5] *Almanach pa°thet a°hr effter Jesu födelse 1654.* Göteburg 1653 [Kungl. Biblioteket Stockholm: F1700 Alman].

[Kalender 1655.1] *Alter und newer Schreib-Calender auff das Jahr 1655.* Erfurt: Birckner 1654 [Stadtarchiv Altenburg: HK 1655 (9)].

[Kalender 1655.2] *Astrologischer Reichscalender Auff das M DC LV. Jahr nach Christi geburt/ Alt vor/ Worinnen neben denen sonst gewöhnlichen Dingen auch zu befinden allerhand Astrologische Raritäten/ sonderlich aber die muthmassende Monatliche*

161 Angabe nach Weinrich, Annäherungsversuche (wie Anm. 1), S. 19–20. Dort auch eine Reproduktion des Titelkupfers.

Wirckung des Cometen, der im Ende des 1652. Jahrs sich sehen lassen. Leipzig: Timotheo Ritz 1654 [GNM Nürnberg: Nw. 2479 4^0; HAB Wolfenbüttel: Ne. Kapsel 5 (8); Stadtarchiv Altenburg: HK 1655 (7)].

[Kalender 1655.3] *Astronomischer Artzney-Calender*. Leipzig 1654 [Stadtarchiv Altenburg: HK 1655 (8)].

[Kalender 1656] *Astrologischer Reichs-Calender/ Auff das wunderbare 1656 Jahr nach Christi Geburt/ (Alte Zeit vor.) Worinnen neben denen sonst gewöhnlichen Dingen auch zu befinden 5. Finsternüsse/ item allerhand Astrologische Raritäten/ sonderlich aber der Muthmassung der Monatlichen Wirckung des COMETEN der im Ende des 1652. Jahrs sich sehen lassen/ wie auch anderer Sternen nachdencklichen Zusammenkunfften Bedeutung*. Leipzig: Ritz 1655 [HAB Wolfenbüttel: Ne Kapsel 5 (8); online unter: http://diglib.hab.de/drucke/ne-kapsel-5-8/start.htm, Abruf 10.02.2010. [Stadtarchiv Altenburg: HK 1656 (36)].

[Kalender 1657] *Prognosticon Auff das Jahr nach der Geburt unsers Erlösers Jesu Christi 1657. In welchem ordentlich verfasset: I. Ein kurtzes Bedencken/ was von der Astrologia oder Einflüssen deß Himmels/ und deren Wissenschaft zu halten. II. Die Bedeutung der 7. Planeten/ wann sie in dem Ersten Theil deß Firmaments/ allda die Sonne täglich auffzugehen pfleget/ und ins gemein das Erste Hauß genennet wird/ nach ezlicher Authoren Meinung anjetzo verteutscht. III. Kurtze Summarien der Vier Jahres-Zeiten Witterung. IV. Die Begebenheiten und Fähle der Menschen ins gemein. V. Von der Monatlichen Verkündigung sowol wegen deß Gewitters/ als auch was sich wochentlich hin und wider in der Welt begeben und zutragen wird. VI. Beschreibung der Vier Finsternussen/ so in disem Jahre sich begeben. VII. Vom Krieg und Auffruhr. VIII. Von Fruchtbarkeit. IX. Von Kranckheiten*. Linz: Ulrich Kürner 1656 [SB Regensburg: 999/Philos. 2169].

[Kalender 1666] *Kalender aufs große Veränderungsjahr 1666*. Hermannstadt 1665[162] [nicht auffindbar].

162 Erwähnt bei Trausch, *Schriftsteller-Lexikon* (wie Anm. 145), S. 222.

[Kalender 1667?] *Calendarium Philosophicum.*[163] [nicht auffindbar].

4. *Beiträge in Sammelbänden*

[PR 1647] *Newer Astrologischer Post-Reuter/ auff instehendes Jahr Christi 1647.*

[PR 1648] *Newer Astrologischer Post-Reuter/ auff instehendes Jahr Christi 1648.*

Danksagungen

Klaus-Dieter Herbst aus Jena gab zahlreiche Hinweise. Mein Freund András Deák aus Esztergom suchte und übersetzte für mich Literatur aus dem Ungarischen. Ihnen sei an dieser Stelle herzlich gedankt.

163 Erwähnt bei Trausch, *Schriftsteller-Lexikon* (wie Anm. 145), S. 223.

JÜRGEN HAMEL (Berlin)

Norddeutsche Schreibkalender um 1700 und das Kalenderedikt des Herzogs von Mecklenburg-Güstrow von 1682

Wenn ich im Folgenden über norddeutsche Kalender sprechen möchte, scheint mir eine geographische Vorbemerkung angebracht zu sein. Mir geht es in meinem Beitrag um Kalender, die in den norddeutschen Küstenstädten, vor allem in Stralsund und Rostock, aber auch in Greifswald, Stettin und Hamburg gedruckt wurden. Ich muss zugeben, dass dies nicht gerade die Zentren der Kalenderproduktion waren, doch ist es wichtig, auch solche, für das Thema gesehen, Randlagen zu betrachten. Denn auch hier waren Kalendermacher tätig. Sie ließen teilweise ihre Werke in Nürnberg drucken, doch wurden auch die norddeutschen Städte Druckorte für Kalender, Lübeck ab 1492, Rostock ab 1525, Hamburg ab 1561 und Stralsund ab 1598. In Lübeck, Rostock und Hamburg sowie in Magdeburg und Stendal wurden im 16. Jahrhundert auch niederdeutsche Kalender gedruckt.

Mir geht es vor allem um Kalender der 2. Hälfte des 17. Jahrhunderts, z. B. von Caspar March, Johannes Moritz Poltz und den „Mecklenburgischen Kalender". Die nicht seltenen Diskussionen um astrologische Inhalte in Kalendern und Prognostiken und deren Verhältnis zur christlichen Religion finden wir auch hier, und das spielt in die Verbreitung aufklärerischen Gedankenguts in der Kalenderliteratur hinein. Die Beziehungen zwischen Christentum und Astrologie waren von Beginn an widersprüchlich, ja sogar zeitweise feindlich gestimmt. Es waren vor allem drei Punkte, die von theologischer Seite vorgebracht wurden:

1. Die Astrologie führe zur Verherrlichung, ja sogar zur Verehrung und Anbetung der Gestirne. Dementgegen heißt es in den zehn Geboten, gleich im 1. Gebot, nach biblischer Überlieferung in göttlicher Offenbarung:

   JCH bin der HERR / dein Gott [...] DV solt kein andere Götter neben mir haben. Du solt dir kein Bildnis noch jrgend ein Gleichnis machen / weder des das oben

> im Himel / noch des das vnten auff Erden / oder des das im Wasser vnter der erden ist. Bete sie nicht an / vnd diene jnen nicht. (2 Mos. 20, 2–5).

Somit bestehe mit der Astrologie die Gefahr, dass den Gestirnen als Geschöpfen die Anbetung zuteil werde, die doch allein Gott als dem Schöpfer zukomme.

2. Mit der Anbetung der Gestirne werde eine Form des Polytheismus verfolgt.
3. Die Astrologie gehe dahin, die Zukunft vorherzusagen, wobei doch allein Gott dieses Wissen zukomme.

Somit wurden die Astrologen, zeitlich wechselnd mehr oder weniger argwöhnisch beobachtet, ob nicht durch sie heidnisches Gedankengut der Gestirnsverehrung und des Polytheismus, also der Verkleinerung Gottes und seiner Macht, die Zukunft zu bestimmen, vertreten wird.

Die Beispiele hierfür sind vielfältig und bekannt. Ich möchte nur aus dem Bereich der niederdeutschen Kalenderliteratur das von Magdalena Zeger (1491–1568) anführen.[1] Von ihr sind heute je zwei Kalender und Prognostiken für 1561 und 1563 bekannt. Mit diesen Arbeiten ging Magdalena Zeger immerhin als die erste Frau in die Wissenschaftsgeschichte ein, die in der Astronomie selbstständige Veröffentlichungen herausgab. Auf ihrem Epitaph in der Kirche von Kolding (Dänemark) heißt es:

> Hie ligt begraben die Tugentsame Frau Magdalena, des Hochgelarten Medici, Seliger Thomae Zegeri, nachgelassene Wittwe; hat ein Christlich ehrlich leben gefürt und im selben uf den 16. Jan. des 68. Jars Ihres Alters aber im LXXVII. Jar zu Coldingen mit vorhergehender Bekenis Ihres Christlichen Glaubens darin Sie gantz Wolgegründet gewessen Gott Seliglich entschlaffen. Sie war erfaren in der Astronomie: und weil Sie Almanach gemacht hat ist Sie von Irem Beicht-Vater gefragt was Sie davon hielte ist befunden das Sie Irem Christlichen Glauben zu wider nichts davon gehalten hat.[2]

1 Jürgen Hamel: Magdalena Zeger und ihre astronomischen Arbeiten 1561/1563. In: *Kosmos und Zahl. Beiträge zur Mathematik- und Astronomiegeschichte zu Alexander von Humboldt und Leibniz*. Stuttgart 2008, S. 425–446.

2 Albert Thura: *Gynaecum Daniae Litteratum*. Altona 1732, S. 132. Nach *Scandinavian Biographical Archive*. London [u. a.], Fiche 364. Es scheint, dass die erste Erwähnung des Epitaphs mit dem Wortlaut der Inschrift auf Otto Sperling d. J. zurückgeht, doch konnte das betreffende Werk nicht ermittelt werden.

Schon im 16. Jahrhundert finden wir Diskussionen darum, wie weitgehend astrologische Prophezeiungen in Kalender eingebracht werden dürften, ohne gegen christliche Lehren zu verstoßen. Dies war auch Gegenstand in Diskussionen Keplers, der schließlich unter anderem zu dieser Problematik in seiner deutschsprachigen Schrift „Tertius Interveniens", die den Untertitel trägt „Warnung an etliche Theologos, Medicos und Philosophos, dass sie bey billicher Verwerffung der Sternguckerischen Aberglauben, nicht das Kindt mit dem Badt außschütten"[3], Stellung bezieht.

Mit den frühen Ansätzen der Aufklärung geriet die Astrologie sehr schnell ins Feuer der Kritik und wurde als Aberglauben vor dem Richterstuhl der Vernunft verurteilt. Das betraf dann auch ihre Stellung in der Kalenderliteratur. Dennoch, wenn wir in den Zeiten der Aufklärung Bannworte gegen die Astrologie finden, muss dies nicht unbedingt mit der Motivation der Aufklärung zu tun haben. Denn es kann dahinter auch eine rein theologische Polemik stehen – oder ein Gemisch von beidem. Im Einzelfall sind die für einen speziellen Autor bestimmenden Motive des Auftritts gegen die Astrologie oft gar nicht zu differenzieren.

Ich möchte dies am Beispiel norddeutscher Kalender zeigen, vorwiegend an Kalendern der 2. Hälfte des 17. und Anfang des 18. Jahrhunderts. Als prominente Autoren stehen dafür Caspar March und Johannes Moritz Poltz sowie die frühen Mecklenburgischen Kalender.

Zunächst einiges zu Caspar March. Er wurde 1629 in Penkun (Landkreis Ücker-Randow) geboren, wo sein Vater Pastor und Probst war. Er studierte in Rostock[4] und Greifswald, vermutlich Medizin und Mathematik. Von seiner beruflichen Stellung ist bekannt, dass er 1648 in Greifswald Professor der Mathematik, bald darauf auch der Chemie wurde, 1655 bis 1665 Professor für höhere Mathematik und Medizin in Rostock war, dann als Professor der Medizin nach Kiel ging und 1673

3 *Johannes Kepler. Tertius Interveniens. Warnung an etliche Gegner der Astrologie das Kind nicht mit dem Bade auszuschütten.* Eingeleitet und mit Anmerkungen von Jürgen Hamel. Frankfurt a. M. 2004 (Ostwalds Klassiker der exakten Wissenschaften 295).

4 Immatrikulation in Rostock im Mai 1638, „Casparus March Pencuno-Pomeranus". Vgl. *Die Matrikel der Universität Rostock.* Bd. 3. Hrsg. von Adolf Hofmeister. Rostock 1895, S. 114. [Nachdruck 1976]. In Greifswald 1643 Dr. med., 1649 Prof. Vgl. *Aeltere Universitäts-Matrikeln. Universität Greifswald.* Hrsg. von Ernst Friedländer, 2 Bde. Leipzig 1893–1894. Bd. 1, S. 629, Bd. 2, S. 28.

von Kurfürst Friedrich Wilhelm von Brandenburg zu dessen Rat und Leibarzt nach Berlin berufen wurde.[5]

March darf mit vollem Recht als berufsmäßiger Astronom bezeichnet werden, auch wenn er in seiner akademischen Laufbahn vor allem die wesentlich einträglichere Medizin vertrat. Nach meinen eigenen sowie vor allem nach Recherchen von Klaus-Dieter Herbst hat March, soweit nachweisbar, von 1648 bis 1664 regelmäßig Schreibkalender verfasst, die in Greifswald und Stralsund gedruckt wurden.[6] Neben Kalendern ist er als Autor einiger astronomischer Schriften bekannt, vor allem der Beschreibung von Finsternissen und Kometen gewidmet. Sie folgen bis ins Detail dem Stil der Zeit. Wir wissen, dass March mehrere Fernrohre besaß und mit ihnen in Rostock auf seiner Sternwarte beobachtete. Doch seine Kometen- und Finsternistexte bieten astronomisch nicht sehr viel. Seine Kometenvorstellungen bewegen sich zwischen Theologie und Naturkunde und hinsichtlich des Kometen von 1652 ist es selbst für seine Zeit bemerkenswert, weil nicht unbedingt üblich, dass March das Horoskop für den Zeitpunkt der ersten Sicht des Kometen aufstellt und dies zur Hilfe für seine astrologische Deutung des Kometen nimmt.[7]

Auch die Kalender von Caspar March bieten keine Besonderheiten, weshalb ich mir hier mit dem Hinweis vor allem auf die einschlägigen Arbeiten von Herbst, der zu diesen Inhalten ausführlich Stellung genommen hat, weitere Aussagen ersparen kann. March lässt in den Kalendern beispielsweise keinen Zweifel an den astrologischen Deutungen und Voraussagen aufkommen. Seine Kalender beinhalten das volle astrologische Programm in alter Tradition.

Für die weitere Zeit sind derzeit nur wenige mecklenburgische Kalender überliefert. Erwähnt sei Caspar Schwartz, Pastor in Jörnstorf (bei Neubukow, Landkreis Bad Doberan) mit einem kleinformatigen

---

5 W. Heß: Caspar Marche. In: *Allgemeine Deutsche Biographie*. Bd. 20. Berlin 1884, S. 299; Peter Bahl: *Der Hof des großen Kurfürsten*. Köln, Wien 2001, S. 81; Johann Bernhard Krey: *Beiträge zur mecklenburgischen Kirchen- und Gelehrtengeschichte*. Bd. 1. Rostock 1818, S. 243–244.

6 Klaus-Dieter Herbst: *Verzeichnis der Schreibkalender des 17. Jahrhunderts*. Jena 2008 (Acta Calendariographica. Forschungsberichte 1).

7 Caspar March: *Anmerckung und natürliche Gedanken, nebst astrologischen Muthmassungen von dem jm ablauffenden 1652sten Jahr, auf Cometen-Art, wiewol tunckel und kurtz-erschienenen Neben Stern*. Stralsund 1653 (UB Rostock; L II b-1108).

Schreibkalender für 1646,[8] der dem jungen Herzog Gustav Adolf, von dem noch die Rede sein wird, gewidmet ist und die üblichen astrologischen Indikationen enthält, sowie mit dessen „Allmanach“ für 1640, der sich in seinem „Klein Prognosticon“ auf Wettervorhersagen beschränkt.[9] Allerdings verrät der Titelvorsatz des Schreibkalenders, „Das XVII. Calendarium“, dass Schwartz für 1640 bereits seinen 17. Kalenderjahrgang vorgelegt hat, von denen nur noch die XXII. und XXX. Ausgabe für 1645 und 1652 (sic!) nachgewiesen werden können.[10] Damit meine ich für Schwartz die speziell Mecklenburgischen Kalender, denn weitere Kalender ließ Schwartz in Alten Stettin drucken und von diesen sind Exemplare seit 1633 bekannt.[11]

Weiterhin sind zwei Kalender von Jakob Bartelmaeus für 1670 und 1672 bekannt.[12] Der Autor ist Doktor der Medizin und Mediziner am Fürstlich Mecklenburgischen Land- und Hofgericht in Parchim. Auch diese Kalender sind im herkömmlichen alten Stil mit ausführlichem astrologischem Teil gehalten, der für 1670 mit der Aderlassfigur, astrologischen Deutungen aus einer Sonnenfinsternis, die in Verbindung mit dem Mars als Jahresherrscher eine besondere Gefahr für schwangere Frauen sowie Eheleute allgemein und eine Feuersgefahr bringen solle.

Vermutlich in erster Linie wegen einer sehr lückenhaften Überlieferung sind nun die nächsten mecklenburgischen Kalender erst wieder ab 1685 bekannt, ihr Verfasser ist Johann Moritz Poltz, eine sehr interessante Gestalt der mecklenburgischen Wissenschafts- und Kulturgeschichte, auf die erstmals Klaus-Dieter Herbst nachdrücklich aufmerksam gemacht hat, der zudem auch die Bedeutung des Kalenderedikts

---

8 Kaspar Schwartz: *Alter vnd Newer Schreib-Calender, auff das Jahr nach der Geburt Jesu Christi M.DC.XXXVI.* Rostock: Jakob Richel, o. J. 16°, 32 Bl. (Mecklenburgische Landesbibliothek Schwerin; Mkl I, 60).

9 Kaspar Schwartz: *Das XVII. Calendarium oder Allmanach/ Auffs Schalt Jahr/ nach der Gnadenreichen Gebuhrt vnsers Herrn vnd Heylandes Jesu Christi MDCXL.* Rostock: Nikolaus Keyl o. J. 16°, 24 Bl., mit herzoglichem Privileg, einschließlich „Klein Prognosticon, Oder Außzug aus dem grossen Prognostico“ (Stadtarchiv Rostock; Nr. 8718).

10 UB Greifswald 520/La 195 (3), jedoch Kriegsverlust.

11 Nachgewiesen sind Kalender für 1633, 1638, 1643, 1645 und 1646 in der UB Greifswald, UB Rostock, der Mecklenburgischen Landesbibliothek Schwerin.

12 Barthelmaeus, Jacob: *Zeitbuch Calender Auff das Jahr nach der Heilwertigen Geburt vnsers Erlösers und Seeligmachers Jesu Christi M.DC.LXX.* Rostock: Johann Keyl, 4°, 24 Bl. und für 1672 (Mecklenburgische Landesbibliothek Schwerin; Mkl I, 65). Die anderen Jahrgänge mit analogem Titel. Die Reihe ist nachweisbar für 1670 bis 1676 in der UB Greifswald (Sign. 520/La 195(3.2)), jedoch Kriegsverlust.

von Herzog Gustav Adolf für die Geschichte des Kalenderwesens erkannte.[13]

Zunächst einige Bemerkungen zur Person:[14] Poltz wurde am 4. Mai 1638 in Berlin geboren. Sein Vater hatte in Wittenberg studiert, der Sohn erwähnt dessen „Disputatio de mundi" aus Wittenberg 1630[15] und wurde Rektor der Großen Stadtschule von Wismar. Johann Moritz Poltz besuchte die Schulen in Wismar und Prenzlau sowie das akademische Gymnasium in Hamburg, wo er nach eigenem Zeugnis in Verbindung mit Joachim Jungius und Michael Kirsten[16] stand. Da letzterer einige Zeit bei Lorenz Eichstad in Stettin an dessen Ephemeridenwerken arbeitete, wäre es möglich, dass Poltz bei Kirsten mit dieser Problematik vertraut gemacht wurde. Poltz studierte an der Rostocker Universität und ging im Jahre 1659 als Hofmeister der Söhne eines schwedischen Obersten nach Fühnen, dann nach Odense, wo er Lehrer bei adligen Familien wurde. Im Jahre 1666 kehrte er nach Wismar zurück und erlangte im selben Jahr die Magisterwürde in Rostock. 1668 erhielt Poltz die Pfarre von St. Johannis sowie später zusätzlich die von Hl. Geist.[17] Im Jahre 1696 wurde er in Rostock zum Dr. theol. promo-

13 Herbst, *Verzeichnis der Schreibkalender* (wie Anm. 6), S. 32.

14 Biographische Angaben nach: *Rector Universitatis Rostochiensis Henricus Müller* [...] *Funus, quod mellitiimo infantulo Johanni Polzio, filiolo suo desideratissimo, parentes moestissimi hodiè paratum eunt, indicit, & ad eundum exequias cives Academicos seriò & peramanter invitat. P.P. Rostochii sub sigillo Rectoratus d 18. Febr. Anno MDCLXX.* Rostock: Johannes Kilius, o. J. 4°, 4 Bl. (UB Rostock, Sondersammlungen, Familiendrucke); *Programma quo Rector Universitatis Rostochiensis Wilh. David. Habermann* [...] *Funus acerbissimum viri summe reverendi et ecellentissimi Dn. Joh. Maurcii Poltzii.* Rostock: Johann Weppling, o. J. 4°, 4 S. (UB Rostock, Sondersammlungen, Familiendrucke); *Mecklenburgisches Gelehrten Lexicon.* 1. Stück. Hrsg. von Ernst Johann Friedrich Mantzel. Rostock 1729, S. 29–30.

15 Johann Moritz Poltz: *Der Anfang Aller Dinge Aus der heiligen Schrifft* [...] *der Studierenden Jugend zu Nutz.* Rostock: Jakob Richel, o. J. [1690], fol. D 2 (UB Rostock; Fc-1029.7). Die Dissertation seines Vaters ist derzeit nicht nachweisbar.

16 Erwähnt in *Himmlischer Denck-Zettel geschrieben und gestellet von dem Allmächtigen und Heiligen Gott* [betreffend Komet 1680]. Rostock: Jakob Richel, o. J., „meine beyderseits im Hamburgischen Gymnasio weiland hochgeliebte Hrn. Praeceptores". Michael Kirsten (1620–1678), Arzt, Mathematiker und Poet, 1655 Professor für Mathematik, später für Mathematik und Poesie am Akademischen Gymnasium in Hamburg, daneben dort auch als praktischer Arzt tätig. – *Allgemeine Deutsche Bibliographie.* Bd. 16. Berlin 1882, S. 33–34.

17 Gustav Willgeroth: *Die Mecklenburg-Schwerinschen Pfarren seit dem dreißigjährigen Kriege.* Wismar 1925, S. 1458; Hofmeister, *Die Matrikel der Universität Rostock* (wie Anm. 4), S. 156, 236, 240.

viert[18] und starb 1708 in Rostock. Von Poltz sind neben den Kalendern eine Reihe astronomischer, historischer und kirchengeschichtlicher Veröffentlichungen bekannt.

Von den Kalendern von Poltz sind heute erhalten der „Alte und Neue Schreibkalender" von 1685 und 1694 bis 1697. Zudem kann das Exemplar von 1693 erschlossen werden. Von den Jahrgängen 1685, 1694, 1695 und 1696 gibt es heute nur ein Exemplar, von dem für 1697 zwei. Entsprechend den Gewohnheiten der Zeit hat Poltz jedoch sicherlich über einen längeren Zeitraum kontinuierlich Kalender herausgegeben, und mit einiger Vorsicht dürfen wir eine geschlossene Reihe seit etwa 1682 bis um 1700 annehmen.

Es sei darauf hingewiesen, dass nur der Kalender von 1696 den Autornamen auf dem Titelblatt trägt, im Kalender für 1694 taucht der Name auf fol. C 4b auf, 1695 erscheint er abgekürzt als „M. J. M. P." für Magister Johann Moritz Polzius, die anderen geben keinen Hinweis auf den Verfasser. Dennoch steht die Autorschaft von Poltz außer Zweifel durch den identischen Aufbau der Kalender sowie die noch zu behandelnden, unter seinem Namen als Separatdrucke erschienenen Textanhänge der Kalender.

Bei der Gelegenheit steht die Frage, ob Poltz die astronomischen Grundlagen seiner Kalender selbst berechnet hat. Dazu gibt es zwar keine direkte Aussage, doch kann es daran keinen Zweifel geben. Denn Poltz war ein außerordentlich vielseitiger Mann von weiter Bildung und ausgedehnten Kenntnissen, wovon die Gesamtheit seiner Veröffentlichungen und die in seinen Schriften zitierte und benutzte Literatur zeugt, die ihm sicherlich in der Universitätsbibliothek Rostock zur Verfügung stand, möglicherweise wenigstens zum Teil auch in der eigenen Bibliothek. Er war im Besitz astronomischer Instrumente, darunter Jakobstab, Quadrant, Astrolab, Himmelsglobus, und verfügte über Fernrohre. Davon berichtet er in seiner Kometenschrift von 1680. Mit diesen Instrumenten war Poltz in der Lage, beispielsweise die Örter von Kometen zu bestimmen und durch Übertrag mittels Zirkel auf einen Globus deren Lauf nach strengen astronomischen Maßstäben graphisch darzustellen. Überhaupt zeugen die

18 *Publicata gratulatio, viro plurimum Reverendo, Amplissimo & Praeclarissimo Dn. M. Johanni Mauricio Poltzio* [...] *in Theologia Doctoris honores & privilegia, publicè Rostochii anno vulg. aerae Christiani MDCXCVI. die XIII. Martii.* Rostock: Jakob Richel, o. J. 2°, 2 Bl. [UB Rostock, Sondersammlungen, Familiendrucke]

astronomischen Schriften von Poltz von den ausgedehnten Kenntnissen und Fähigkeiten des Autors auf diesem Gebiet.[19]

Die detaillierte Einordnung der Kalender von Poltz in die Geschichte der norddeutschen Kalenderliteratur ist schwierig, weil bis heute eine Gesamteinschätzung der Mecklenburgischen – und Pommerschen Kalender, die hier aufgrund ihres vergleichbaren kulturellen Umfeldes einbezogen werden können – fehlt. Deshalb kann mein heutiger Bericht nur ein erster Versuch ein.

Die vor Poltz in Mecklenburg erschienenen Kalender waren durchweg im traditionellen Stil verfasst, das heißt mit vollem astrologischem Programm, ohne erkennbare inhaltliche Besonderheiten. Doch nun erfolgt eine sehr bemerkenswerte Innovation, die auf den Herzog Gustav Adolf von Mecklenburg-Güstrow (1633–1695) zurückgeht.[20] Seit den 60er Jahren des 17. Jahrhunderts veranlasste dieser Herzog eine Reihe bemerkenswerter Maßnahmen zur Hebung des Bildungsniveaus der mecklenburgischen Bevölkerung. Seit den frühen 80er Jahren des 17. Jahrhunderts erließ er eine Reihe von Edikten, um die sich seit dem 30jährigen Krieg verstärkenden abergläubischen Praktiken einzudämmen. Diese fügen sich sehr gut in das gesamte Bemühen des Herzogs ein. Dazu zählt das Verbot von Zauberbüchern, die Regelung der kostenlosen Abgabe von Medikamenten an Mensch und Vieh und im Zusammenhang mit den Hexenverfolgungen das Verbot der gerichtlichen Verwendung von Geständnissen, die unter der Folter erpresst wurden, und der ausufernden Denunziation.

Gustav Adolfs Bestrebungen zur Verbesserung der Bildung in seinem Herzogtum treffen sich mit seiner Mitgliedschaft in der literarischen und aufklärerisch wirkenden „Fruchtbringenden Gesellschaft“, in der er den Mitgliedsnamen „der Gefällige“ trug.

19 *Himmlischer Denck-Zettel* (wie Anm. 16) sowie *Eigentliche Abbildung/ Derer allhie zu Rostock/ am 4. Aprilis styl. vet. Anno M.DC.LXXXIV. gesehenen vier Neben-Sonnen.* Rostock: Jakob Richel, o. J. 4°, 4 Bl. [Mecklenburgische Landesbibliothek Schwerin; Mkl c 180]; *Compendium sphaerographicum.* Rostock: Nikolaus Schwiegerow, o. J. 8°, 2 Bl., 80 S. [UB Rostock; L II b-3052; Mecklenburgische Landesbibliothek Schwerin; Qb II 1,790].

20 Otto Vitense: *Geschichte von Mecklenburg.* Gotha 1920, S. 228–242 [Nachdruck 1994]. Vgl. zu Folgendem auch *Mecklenburgischer Schreibkalender für das Jahr 1685, verfaßt von Johann Moritz Poltz.* Nachdruck hrsg. von Klaus-Dieter Herbst. Jena 2009 (Acta Calendariographica. Kalenderreihen 3. 1).

Im Zusammenhang mit meinem Thema ist zunächst das *Fürstl. Mecklenb. Edictum Wegen der Calender* vom 3. November 1682[21] von Herzog Gustav Adolf von Mecklenburg-Güstrow von größter Bedeutung. Auch wenn der eigentliche Zielpunkt dieses Ediktes nicht genannt wird, ist es klar, dass damit der bald so genannte „abusus astrologiae“ gemeint ist.

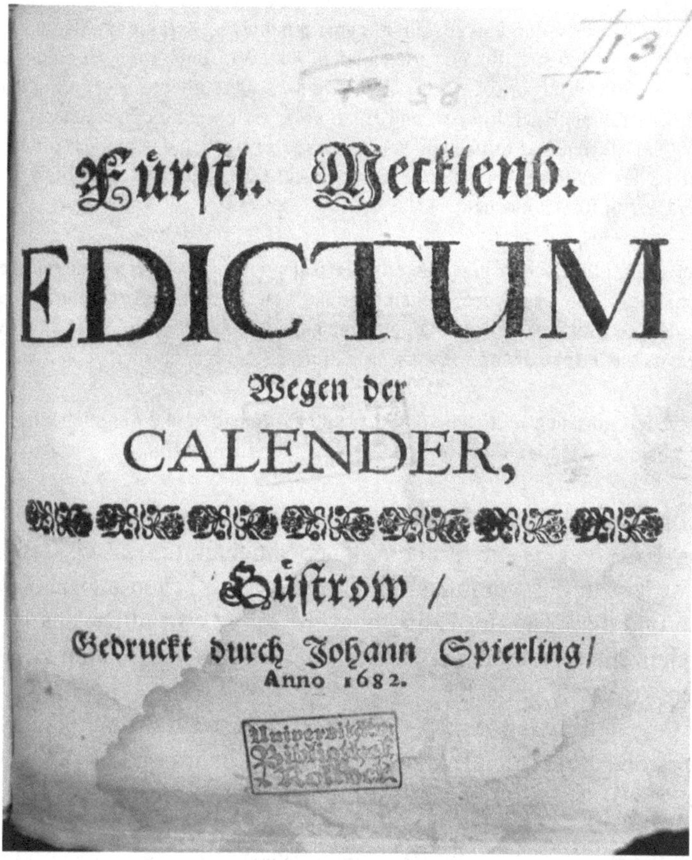

Fürstl. Mecklenb.
EDICTUM
Wegen der
CALENDER,
Güstrow /
Gedruckt durch Johann Spierling /
Anno 1682.

Abb. 1: Titelseite des Kalenderedikts von Herzog Gustav Adolf von Mecklenburg-Güstrow vom 3. November 1682.

21 Herzog Gustav Adolf von Mecklenburg-Güstrow: *Fürstl. Mecklenb. Edictum Wegen der Calender*. Güstrow: Johann Spierling, 1682. 4°, 3 Bl.; ders.: *Fürstl. Mecklenb. Edict. wegen Unterlassung der also genanten zwelfften*. Güstrow: Johann Spierling, 1683. 4°, 4 Bl. [UB Rostock; Kl 101 (3).21 bzw. (3).29]. Die Edikte gibt es auch in einem späteren Zusammendruck von Edikten des Herzogs mit dem Publikationsdatum 1694.

Die entscheidende Textpassage lautet:

> Demnach ohnleuchtbahr, daß in denen bißher in Unserm Lande von den Einwohnern gebrauchten Calendern viel Dings enthalten, welches aus Heydnischen Aberglauben entsprossen, und Gottes Wort gantz entgegen laufft, nachdemmahl die Menschen sich unterfangen das jenige durch ungewisse, ja wieder die Natur selbst streitende Dinge zu erforschen, und darin zu verkünden, was Gott in seinem heil. Rath beschlossen hat, und Wir dann solch unchristlich-Aberglaubisches Wesen aus Unsern Landen abzuthun gantz hochnötig befinden; Als wollen Wir hiemit einen jeden dafür gewarnet haben, wie Wir dann auch zu solchem Ende wollen, daß hinführo in Unserm Gebiet und Landen, alwo dieses publiciret wird, die Buchführer, Buchdrucker, und Buchbinder solche und dergleichen Calendere nicht verkauffen und feil haben, sondern hinkünfftig sich des jenigen nur bedienen sollen, der unter den Nahmen: Mecklenburg. Calender, herauß geben, und welchen Wir in Rostock drucken lassen.
>
> Weil auch obgedachter new eingeführter Calender dißmahl so vollenkommen, wie Er mögte verlanget werden, wegen enge der Zeit, nicht hat können herauß gegeben werden, Als sol die Verordnung geschehen, denselben künfftig dergestalt zu verbessern, daß jederman die nötige wissenschaften satsahmb daraus haben könne.
>
> Ein jeder wird sich hiernach zurichten und für Schaden und Ungelegenheit zu hüten haben. Datum Güstrow, den 3. Novembris Anno 1682.

Eine Fortsetzung findet dieses Edikt mit einem weiteren vom 14. Dezember 1683 gegen die Praktiken der sogenannten „Zwölften", also Vorhersagen für das kommende Jahr aus den 12 Tagen zwischen Weihnachten und dem Tag der Heiligen drei Könige, vor allem des Wetters, verbunden mit verschiedenen uralten, in „heidnische" Zeiten zurückreichenden Volksbräuchen.

Offenbar mussten gegen diese herzogliche Anordnung mannigfache Verstöße konstatiert werden, denn acht Jahre später, am 23. Dezember 1690, erneuerte Gustav Adolf sein Edikt:[22]

> Alß Wir der zuversichtlichen Hoffnung geleben/ es werden alle und jede unsere Beambte/ wie auch von der Ritterschafft und Städten ein jeder seines Ohrts Unserm den 6. Novembris, Anno 1682. Publicirten Edicto darin alle frembde Calender/ welche mit Aberglaübischen wesen und verkünden zukünfftiger Dinge angefüllet/ verbohten worden/ nachgekommen sein/ So haben wir doch aus Landes-Fürstlicher vorsorge erwehntes Edictum hiedurch in allen Puncten renoviren und wiederholen wollen; Und befehlen demnach abermahl allen und jeden Unsern

22 Gustav Adolf von Mecklenburg-Güstrow: *Fürstl. Mecklenb. Renovirtes Edict. Wegen Calender. Publicirt den 23. Decembr. Anno 1690.* Güstrow: Johann Spierling, o.J. 4°, 4 Bl. [UB Rostock; Mk-4060 (14).18; V 233 und Kl-101 (4).3].

> Untergesessenen und insonderheit denen in Unserm Lande sich befindenden/ Buchführern/ Buchdruckern/ und Buchbindern daß Sie dergleichen Candendere darinnen von künfftigen Dingen etwas Prognosciret wird/ als des Fuhrmans/ Voigten/ und dergleichen sich bey vermeidung der Confiscation und anderer würcklichen straffe gäntzlich enthalten sollen.

Die von Gustav Adolf genannten Kalenderautoren sind gut bekannt, es sind Balthasar Fuhrmann und Johann Heinrich Voigt. Fuhrmanns *Alter und Neuer Krieg- und Siegs-Almanach* erschien ohne Ortsangabe und ist derzeit nur mit den Jahrgängen 1689, 1693, 1696 und 1700 in je einem Exemplar nachweisbar. Über den Autor kann ich derzeit nichts Genaueres sagen, doch ist es wahrscheinlich, dass die Kalender aus Norddeutschland stammen, wofür die Standorte Greifswald und Rostock sprechen sowie die ausdrückliche Erwähnung im Edikt des Herzogs.[23] Die Kalender von Voigt erschienen vorrangig in Stade und Hamburg, wenigstens seit 1665 und von da ab jährlich in verschiedenen Reihen bis um 1700. Voigt wurde in seiner Zeit zum bedeutendsten Kalenderschreiber Norddeutschlands.[24] Beide Kalender weisen das volle astrologische Programm auf, das also mit Recht den Zorn des Herzogs erregte. Da nun einerseits die Druckorte in den westlich benachbarten Gebieten lagen und damit die astronomischen Daten und die davon abgeleiteten astrologischen Beurteilungen gegenüber Mecklenburg praktisch kaum nachweisbare Abweichungen erwarten ließen – und andererseits die mecklenburgischen Kalender seit dem herzoglichen Edikt von 1682 sowohl von der Astrologie als auch den beliebten Wundergeschichten gesäubert waren, lässt sich die Nachfrage nach den Kalendern Voigts gut verstehen. Wo beispielsweise Poltz, wie gleich genauer ausgeführt wird, astrologische Abstinenz und anspruchsvolle Belehrung bot, zielte Voigt auf die gewohnten Vorhersagen und auf leichte Kost mit „Sonderbahren Historien".

Zunächst zum Verständnis der Kalender mit voller astrologischer Indikation das Beispiel von Bartholomäus Scultetus für den März 1608 mit separater Tafel der astrologischen Symbole.

---

23 Balthasar Fuhrmanns Kalender, alle 16°, 24 Bl., sind vorhanden für 1689, 1693 und 1700 [UB Greifswald; La 196] und 1696 [Stadtarchiv Rostock]. Bekannter ist Stephan Fuhrmann, dessen Kalender in Lüneburg und Frankfurt a. M. gedruckt wurden, allerdings nur bis um 1682 nachweisbar (die aus Lüneburg nur bis 1663), weshalb S. Fuhrmann im Edikt von 1690 kaum gemeint sein wird.

24 Herbst, *Verzeichnis der Schreibkalender* (wie Anm. 6), bes. S. 89–90 und S. 157–159.

N. Martius.	Sonn vnd Monschein	Erwehlungen vnd Aspecten.	Alt Hornung
1 d Eclr. M. zu Rö	6: ● 1. n	☾ apog.	20 b mer regēGewitr.
¶ Mat. 15. Cananeisch. Tö	chterl. vom Teuffel	¶ Mat. 15. Canane. Tö	chterlein vom Teuffel erlöst
2 E ij. Reminisce.	linde/ taw	♂ □	21 E ij. Reminisce.
3 f Marin. Aster.	kalt regen	♀ △/ ♄ ♀ ☌	22 d Pet. Stulfeye
4 g Lucius j. Bapst	nachlassen	☍ ♃ / ☿ in ♓	23 e gut das Erdreich
5 a 11 Phocas 18:	temperirt	6: Bisextil. 5:	24 f pflügē vñ öffnen.
6 b Victor/ Victo	kalt/ schnee	♄ □/ ♀ □	24 f Mathias Apo.
7 c Thomas Aqu.	vnstet wet.	✶	25 g Cauda ceti oc. V.
8 d Philem Apoll.	6. ▲ 21: v	♀ ✶/ □ ☿	26 a △ ♀/ ☿ M. A.
¶ Luc. 11. Vom stum̃. Teuff	el so außgetrieben.	¶ Luc. 11. Vom stum̃en	Teuffel so außgetrieben.
9 E 11. iij. Oculi	vnstet. wet.		27 B iij. Oculi mei
10 f Cajus/ Alexā.	6: ☾ 1 n	☌ ♂	28 c noch bequemr die
11 g Herac. Zosim.	doñr vnstet	♃ □	1 d Mar. Iul. heuser
12 a Gregorius M.	2: ✶ 8: v	♄ ☌	2 e vñ Gemach □ ♃ ♀
13 b 11: Mace. 18.	kälte/ trübe	6. ☌ ♀/ ♃ ✶ 5:	3 f zu eröffenen.
14 c Xxxxvij. M. R.	lufft/ durch	☊ ☾ v.	4 g Luc. ☿ apo. epic.
15 d Longinus M.	einā. gemē.	☾ perig.	5 a Vindemiat. or. V
¶ Joh. 6. Chr. speiset 5000.	Mañ in der Wü.	¶ Joh. 6. Christus speiset	5000. Mann in der Wüst
16 E iiij. Lætare le.	10: ● 16: v	☌ ☿ / □ ♂ Me. XL.	6 B iiij. Lætare le.
17 f 11. (Mitfast.	Mertzsche.	♀ ✶/ ♃ ☌	7 c Thomas Aqu.
18 g Alexander bis.	vnst. durch	♄ □ Lyra occ. V.	8 d Nisan (♂ in ♈
19 a Jos. Lentz anf.	einā. gemē.	♀ □ Arcturus or. V.)	9 e ☌ ☉ ☿ oc. ♄ ☉ ✶
20 b 12 ☉ 1 ♈ 8: n 18	9: ✶ 3: n	6	10 f Sonn im Wid
21 c Ben. T. N. gl.	truc. (☿ 7 ♈	✶ ♃ ♀	11 g Heracli. □ ♂ ☿
22 d Sergius/ Pau.	vngestū. w.	✶ ♃ / △ ♀	12 a Gregorius M.
¶ Joh. 8. Niemand kan mi	ch einer Sünde zei.	¶ Joh. 8. Niemand kan	mich einer Sünde zeyhen.
23 E v. Iudica me	8: ☽ 14. v	☍ ♂ / ☿ □ Schwar-	13 B v. Iudica me
24 f 12. (In paß. Dn.	donn. wet.	♃ □ [tzesontag	14 c Febrilische Lufft
25 g Mar. Verkün.	11. ▲ 5 n	☍ ♄ / vngewitter	15 d Lucid. co- ♂ ☉ □
26 a (Mar. bekleib.	kalt/ trübe	gewülcket	16 e ronæ S. or. M.
27 b 12: Alexā. 17:	folgēd regē	5: △ ♃/ ☍ ♀ 6.	17 f Platzregen
28 c Prisc. Malch.	vnd schnee		18 g eröfnet dēgewür-
29 d Jonas/ Bara.	durcheinā.	☾ apog.	19 a med. Erdre ♃ ☿
¶ Matt. 21. Vom einreiten	Christi zu Jerusal.	¶ Mat. 21. Vom einreit	ten Christi zu Jerusalem.
30 E vj. Palmarum	gr. sturmw.	Capitilanium	20 B vj. Palmarum
31 f 12: Marterw.	6. ● 17: n	□ ♂ / ☿ S. A.	21 c Marterwoche.

Außlegung der Characteren.

Sonn vnd Monschein.

Newmond ☌ ☉ & ☾ 1.
Geschsterschein ✱ ☉ & ☾ 1.
Das Erst Viertel □ ☉ & ☾ 1.
Gedritterschein △ ☉ & ☾ 1.
Vollmond ☍ ☉ & ☾ 2.
Gedritterschein △ ☉ & ☾ 2.
Das Letzt Viertel □ ☉ & ☾ 2.
Geschsterschein ✱ ☉ & ☾ 2.

Zunemende. Abnemende.

Planeten vnd andere Zeichen.

♄ Saturnus	☌ Zusamenfügung
♃ Jupiter	✱ Geschsterschein
♂ Mars	□ Gevierterschein
☉ Sol / Sonne	△ Gedritterschein
♀ Venus	☍ Gegenschein
☿ Mercurius	Dir. Directus motu
☾ Luna/Mond	℞ Retrogradus
S. Septentrion.	M. Meridionalis
A. Ascendens	D. Descendens
☊ Drachehaupt	☋ Drachenschwantz
v v vor Mittag	n n Nach Mittage

Zeichen der Erwehlungen.

Gut Aderlassen.
Außerwelt gut Aderlassen.
Gut Baden vnd Schrepffen.
Gut Artzney gebrauchen.
Gut an den Augen Artzneyen.
Gut Kinder abgewehnen.
Haar verschneid. bald wider zu wach[s].
Haar verschneiden so langsam wechs[t]
Außerwelt gut Holtz fellen/schlacht[en]
Gut Holtz fellen vñ Vieh schlachten
Gut truckenen Acker zubeseen.
Gut feuchten Acker zubeseen.
Gut die Wohnungen zu verendern.
Gut Jagen/hetzen vnd Wild fahen
Gut Fischen vñ im Wasser arbeiten
Gut Vogel fangen vnd schiessen.
Wandern/Bothschafften verschicken
Gelübnuß schliessen vñ Heyrathen
Digniteten vnd ämpter annemen.
Vnglückliche vnd verbotene Tage.
Glückselige vnd gute Tage.

Abb. 2 a und Abb. 2 b: Die Kalenderseite des Schreibkalenders von Bartholomäus Scultetus für den März 1608 mit der Tafel der Symbole zur Astrologie und Astronomie.[25]

Welche Resultate zeitigte das Fürstliche Kalenderedikt von 1682? Der erste nach dem Kalenderedikt vom November 1682 überlieferte Mecklenburgische Kalender ist der von 1685 von Johann Moritz Poltz. Offenbar gab es einen für 1683, denn im Edikt wird beklagt, es sei wegen der Kürze der Zeit nicht möglich gewesen, den neuen Kalender bereits gemäß dem Edikt einzurichten, dies habe aber von nun an zu geschehen. Ob bereits dieser Kalender sowie einer für 1684 von Poltz stammt, ist gut möglich, aber nicht bekannt. Die Kalender von Poltz heißen zwar nicht, wie eigentlich im Dekret verordnet, *Mecklenburgischer Calender*, enthalten jedoch mit dem Titelzusatz „Auff die Hoch-Fürstliche Verordnung nach Mecklenburgischem Horizont eingerichtet" den klaren Bezug zum Kalenderdekret von 1682.

25 Bartholomaus Scultetus: *New vnd Alter Röm. Allmanach vnd Schreibkalender/ auffs Jahr nach Christi Geburt M.DC.VIII* [einschließlich Prognosticon]. Görlitz: Johann Rhambau, o. J. [Marienbibliothek Halle/S.; R 3.74 (16, 17)].

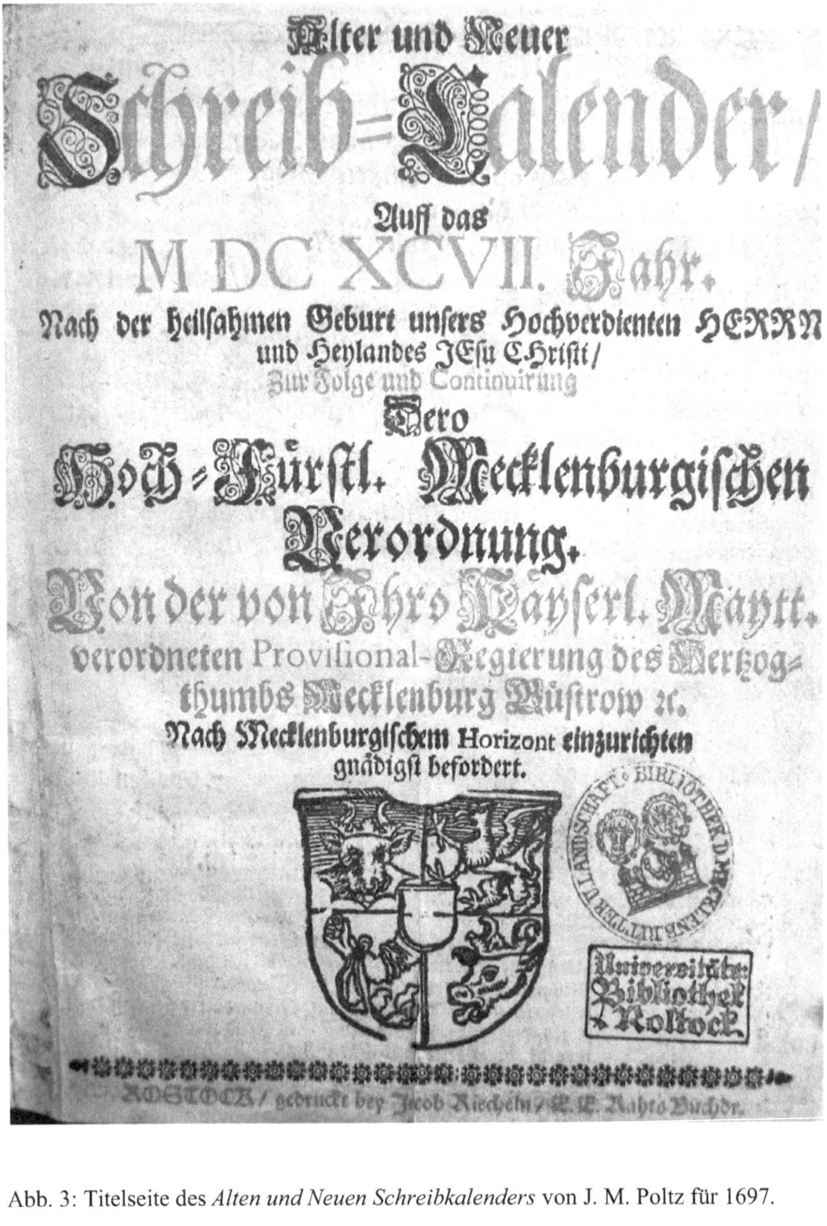

Alter und Neuer
Schreib-Calender/
Auff das
M DC XCVII. Jahr.
Nach der heilsahmen Geburt unsers Hochverdienten HERRN
und Heylandes JEsu CHristi/
Zur Folge und Continuirung
Dero
Hoch-Fürstl. Mecklenburgischen
Verordnung.
Von der von Ihro Käyserl. Mäytt.
verordneten Provisional-Regierung des Hertzog-
thumbs Mecklenburg Güstrow etc.
Nach Mecklenburgischem Horizont einzurichten
gnädigst befordert.

ROSTOCK/ gedruckt bey Jacob Riecheln/ E. E. Rahts Buchdr.

Abb. 3: Titelseite des *Alten und Neuen Schreibkalenders* von J. M. Poltz für 1697.

Alter JANUARIUS	☽ Lauff gr.	☽ Lauf ♑	☉ Aufg. st. m.	☉ Unter. st. m.	Wandelung/ Tag und Nacht-Länge/ Planeten Lauff	Neuer Jenner.
Ev. Die Benahmsung JEsu/ Luc. 2/21.					Ev. Die Anzieh. Christi. Gal. 3/33.	
1 Neu Jahr	♍ 8	22	8 13	3 47	Gib ein Neues	11 Hyginius
2 Abel/ Seth/	♍ 20	23	8 11	3 49	Wolgedeyen!	12 Reinholdus
Ev. Von der Tauffe Christi/ Matth. 3/13.					Ev. Von unser Tauffe/	*Der 12.jährige Doct.
3 S. n. Neu Jahr	♎ 1	24	8 9	3 51	JEsu/ dein Tit. 3/4.	13 S. 1. n. Epiphan.
4 Balthasar	♎ 14	25	8 7	3 53	getreuer Schutz/	14 Felix
5 Melchior	♎ 27	26	8 6	3 54	C 11 Uhr 20. m. V.	15 Michäas
6 Epiphania	♏ 9	27	8 5	3 55	biete doch dem	16 Marcellus
7 Caspar	♏ 22	28	8 3	3 57	Satan Trutz!	17 Antonius
8 Erhardus	♐ 4	29	8 2	3 58	♄ Dir. 29. 38. ♑.	18 Prisca
9 Beatus	♐ 17	♒	8 0	4 0	☉ in ♒.	19 Sara
Ev. JEsus der 12. Jährige Doctor/ Luc. 2/41.					Ev. Geistl. Opffer/	*Hochzeit zu Cana.
10 S. 1. n. Epiph.	♑ 1	1	7 59	4 1	Tl. 8. st. 1. m. Rom. 12/1.	20 S. 2. n. Epiphan. Fab. Sebast.
11 Hyginius	♑ 14	2	7 57	4 3	Nacht. 15. st. 58. m.	21 Agneta
12 Reinholdus	♑ 28	3	7 55	4 5	● 9. Uhr 51. m. N.	22 Vincentius
13 Hilarius	♒ 12	4	7 54	4 6	♃ 26. 32. ♎.	23 Emerentia
14 Felix	♒ 26	5	7 52	4 8	Laß uns nur	24 Timotheus
15 Michäas	♓ 11	6	7 50	4 10	dein Wort	25 Pauli Bekehr.
16 Marcellus	♓ 26	7	7 49	4 11	erfreuen.	26 Polycarpus
Ev. Hochzeit zu Cana/ Joh. 2/1.					Ev. Liebes-Schul/ Rom. 12/7.	*Aussatz und Gicht.
17 S. 2. n. Epiph.	♈ 11	8	7 47	4 13	♂ 22. 11. ♒.	27 S. 3. n. Epiph.
18 Prisca	♈ 26	9	7 45	4 15	Zeit ists/ liebe	28 Carolus
19 Sara	♉ 10	10	7 43	4 17	☽ 1. Uhr 2. m. N.	29 Samuel
20 Fab. Sebast.	♉ 24	11	7 41	4 19	Tl. 8. st. 38. Nl. 15. st. 22.	30 Adelgunda
21 Agneta	♊ 7	12	7 39	4 21	Christen/ daß	31 Virgilius
22 Vincentius	♊ 21	13	7 37	4 23	wir uns ernstlich	1 Brigitta
23 Emerentia	♋ 4	14	7 35	4 25	♀ 21. 22. ♓.	2 Darst. Chr.
Ev. Aussatz und Gicht curirt/ Matth. 8/1.					Ev. Friedens-Schuel/	*Vom Weinberg.
24 S. 3. n. Epiph.	♋ 16	15	7 33	4 27	Rom. 12/17.	3 S. Septuag.
25 Pauli Bekehr.	♋ 28	16	7 32	4 28	durch die	4 Veronica
26 Polycarpus	♌ 11	17	7 30	4 30	Wolthaten	5 Agatha
27 Chrysostomus	♌ 23	18	7 28	4 32	◐ 2. Uhr 45. m. V.	6 Dorothea
28 Carolus	♍ 5	19	7 26	4 34	♂ in ♓.	7 Richardus
29 Samuel	♍ 17	20	7 24	4 36	☿ 7. 19. ♓.	8 Helena
30 Adelgunda	♍ 28	21	7 22	4 38	Tl. 9. st. 16. Nl. 14. 44.	9 Apollonia
Ev. Von Gottes Weinberg/ Matth. 20/1.					Ev. Geistl. Schrancken/	*Untersch. Zuhörer.
31 S. Septuages.	♎ 10	22	7 20	4 40	♃ Retr. Läuffer/ 1 C. 9/24.	10 S. Sexagesima

Der Planeten-Lauff nach der Länge und Breite.

♄ Dir. 28. 49. ♑ Lat. M. D. 0. 18.	♃ Dir. 25. 41. ♎ Lat. S. D. 1. 19.	♂ Dir. 9. 29 ♒ ☉ 12. Lat. M. A. 10. 19 ♑	♀ Dir. 24. 32 ♒ Lat. M. A. 1. 45.	☿ Dir. 20. 32. ♑ Lat. M. D. 1. 9.	☊ 14. 37 ♏

FEBRUARIUS.

Abb. 4: Die Kalenderseite für den Januar 1697 in *Alter und Neuer Schreibkalender* von J. M. Poltz für 1697.

Werfen wir einen Blick in die Kalender von Poltz, zunächst auf seine monatlichen Kalendertafeln, hier am Beispiel des Januar 1697. Die gregorianische Reform von 1582 war, weil vom Papst verordnet, von den zum Protestantismus übergetretenen Ländern aus theologischen Gründen, und nur aus diesen, ignoriert worden.[26] Und da die Herzöge

26 Jürgen Hamel: Die Kalenderreform Papst Gregors XIII. von 1582 und ihre Durchsetzung [unter besonderer Berücksichtigung der Landgrafschaft Hessen]. In: *Ge-*

von Mecklenburg sich der Reformation anschlossen, blieb man auch hier beim „alten" julianischen Kalender. Um jedoch den Vergleich mit dem gregorianischen Kalender zu ermöglichen und sich weitere Absatzgebiete nicht zu verschließen, wurden den Kalendern regelmäßig beide Systeme eingefügt. Die Bevorzugung drückt sich dann schon im Titel aus. Ein „Alter und neuer Kalender" erschien in evangelischen Herrschaften oder war für solche bestimmt, ein „Neuer und alter Kalender" für Katholiken.

Die erste Spalte gibt die Monatstage mit Abteilung der Wochen nach dem „Alten Kalender" an. Die Wochentage sind im Kalender nicht einzeln bezeichnet, sondern innerhalb der Wochenteilung zu ersehen, die Sonn- und Feiertage erscheinen zudem in Rotdruck, für die Sonntage gibt es das Sonntagsevangelium, für alle Tage den Tagesheiligen. Die folgenden Spalten sind der Sonne und dem Mond gewidmet: Ihr Lauf durch die Tierkreiszeichen (mit Gradangabe des Tierkreiszeichens) sowie Auf- und Untergang der Sonne. Die nächste breite Spalte gibt die Mondphasen, besondere Planetenerscheinungen, christliche Sinnsprüche sowie die Sonntagsevangelien des neuen (gregorianischen) Kalenders, dessen Tageszählung mit Heiligentagen die ganz rechte Spalte enthält. Die in Kalendern üblichen Monatssprüche, vor allem mit Gesundheitsregeln, fehlen bei Poltz.

Schon auf den ersten Blick fällt auf, dass es in der Kalendertafel keinerlei astrologische Symbole mehr gibt, nicht einmal Vorhersagen für das Wetter. Dies findet sich bereits identisch in Poltz' Kalender seit 1685. Fazit: Poltz hat die Anordnung des fürstlichen Kalenderedikts von 1682 vollständig umgesetzt.

Es mag sich nun schon von selbst verstehen, dass Poltz auch bei der Behandlung von Finsternissen der Sonne und des Mondes keine astrologischen Deutungen ihrer erschrecklichen Wirkungen für bestimmte Weltgegenden, Länder oder Stände gibt, sondern eine nüchterne Darstellung der Verfinsterungszeiten. Allerdings ist dann für Poltz als Theologe noch ein kurzer geistlicher Ermahnungstext obligatorisch, der sich aber wieder signifikant von den herkömmlichen Finsternis-Ermahnungen unterscheidet. Finsternisse sind für ihn keine Zornzeichen der Art, wie sie nach biblischen Texten dem Jüngsten Tag vorher-

---

burt der Zeit. Eine Geschichte der Bilder und Begriffe. Eine Ausstellung der Staatlichen Museen Kassel vom 12. Dez. 1999 bis 19. März 2000. Wolfratshausen 1999, S. 292–301; ders.: Die Kalenderreform des Jahres 1700 und ihre Durchsetzung in Hessen. In: *Zeitschrift des Vereins für hessische Geschichte und Landeskunde* 105 (2000), S. 59–74.

gehen, was in den herkömmlichen Texten mit deutlichem Bemühen um möglichst ausdrucksstarke Schreckensbilder ausgemalt wurde. Finsternisse sollen nach Poltz vielmehr den Menschen durch eigene Überlegung, eingeschlossen die Bitte an Gott um „Erkändtniß" seiner Wege, ohne Androhung göttlicher Strafen, sondern auf dem Wege der ratio zu sachgerechtem Handeln führen. Und schon die einleitende Aufforderung „steht auff" bringt ein ganz neues Element der eigenen Tätigkeit in diese Art theologischer Texte. Das ist etwas anderes, als, wie bisher vorherrschend, aus den Finsternissen die Ermahnung zu gottgefälligem Handeln herauszulesen und dieser voller Angst vor göttlicher Rache in geistiger Geducktheit zu folgen:

> Geehrte Mit-Christen, stehet auff und schauet an die Wercke des Herrn, des Allmächtigen Schöpffers, der so wunderlich ist in seinem Thun, ruffet ihn an vmb Erkändtniß seiner Wege in denen Creaturen; Lobet und preiset Ihn, daß Sie und ihr selbst so wunderbahrlich gemachet sind. Denn groß sind die Wercke des Herrn, und wer ihr achtet, (sie betrachtet, und darauff mercket,) der hat eitel Lust daran! Hütet Euch, daß ihr die Christliche Kirche, die so schön ist wie der Mond, nicht verfinstert noch betrübet, noch derselben Schandfleck seyn möget.[27]

Überhaupt bemüht sich Poltz auch im Detail um die Einnahme eines wissenschaftlichen Standpunktes, so auch gegenüber ungenauen alten Kalenderregeln. So heißt es bei ihm bei den Anfängen der Jahreszeiten:

> Der Herbst auff Lamprecht, oder Lamberti Tag, wenn abermahl Tag und Nacht gleich sind, d. 17. Septembr. Wie davon die alten Lateinischen Reime also lauten: Lampert, Gregorj nox aeqvata diei: Vitus cum Luciâ dant duo Solstitia. Die Gelahrte aber bedienen sich genauerer Astronomischer Calculation nach welcher eigentlich der Winter anfahet [...].[28]

Aus dem bisher Gesagten erscheint es glaubhaft, dass der Herzog Poltz ganz bewusst für die Ausführung seiner Kalenderreform herangezogen hatte.[29] Auf der einen Seite stehen die fundierten astronomischen Kenntnisse und Erfahrungen in der praktischen Himmelsbeobachtung von Poltz, auf der anderen die schon 1680 und 1682 aus seinen Kometenschriften deutlich gewordene Ablehnung der Astrologie. Damit konnte sich Poltz für die von Herzog Gustav Adolf angestrebte Neuor-

27 Johann Moritz Poltz: *Kalender für 1696.* Vgl. unten das Verzeichnis der Kalender von Poltz, fol. E 1b.

28 Polz, *Kalender 1696* (wie Anm. 27), fol. E 2b.

29 Dieser Frage, überhaupt der nach einer direkten Beziehung zwischen beiden, konnte bisher noch nicht nachgegangen werden.

ganisation des mecklenburgischen Kalenderwesens nachdrücklich empfehlen.

In den Kalendern von Poltz war nicht nur kein Platz mehr für die Astrologie, sondern ganz im Gegenteil ist der Kalender für ihn ein weithin wirksames Bildungsmedium. Das kommt darin zum Ausdruck, zu welchen Themen er die literarischen Anhänge gestaltet, für deren Text er schon eine Spalte auf der rechten Schreibseite der Kalender nutzt (vgl. Abb. 7) – in deren Kopf er die Monatslänge angibt sowie jeweils für den 11. und 21. oder 22. Monatstag die ekliptikale Länge und Breite der Planeten (also ihre Stellung im Tierkreis) sowie der Mondknoten (Schnittpunkte der Mondbahn mit der Sonnenbahn, wichtig für den Eintritt von Finsternissen).[30] Seine Themen orientieren sich nicht an Wundergeschichten, nicht an erdichteten Fabeln und aufgeputzten Schreckensbildern, sondern sind eher nüchterne Berichte, man ist fast versucht zu sagen, im besten Sinne populärwissenschaftliche Literatur. Natürlich hat es solche Beiträge sowie bedeutende literarische Texte[31] auch schon zuvor und in dieser Zeit gegeben, aber dann doch eingerahmt in astrologische Spekulationen und vielfach wenigstens im Titel verkaufsfördernd als Wunderkalender und ähnlich ausgewiesen.

30 In der Diskussion wurde die Frage aufgeworfen, ob nicht die Stellung der Sonne, des Mondes und der Planeten im Tierkreis ein astrologisches Rudiment bei Poltz darstellt. Da die Astrologie so vehement aus dem Kalender vertrieben wurde, fällt die Antwort nicht leicht. In der Tat haben diese Angaben aber ansonsten keine praktische Bedeutung.

31 Zu ersterem seien die Kalender von Gottfried Kirch genannt, zu letzterem die Simplicianischen Kalender, vgl. Johann Jakob Christoffel von Grimmelshausen: *implicianische Jahreskalender. Europäischer Wundergeschichten Calender 1670 bis 1672 (Nürnberg). Schreib-Kalender 1675 (Molsheim).* Faksimiledrucke der vier Kalenderjahrgänge erstmals neu herausgegeben und kommentiert von Klaus Matthäus und Klaus-Dieter Herbst. Erlangen, Jena 2009.

Verzeichnis der erhaltenen oder erschlossenen Kalender von Johann Moritz Poltz mit den eingefügten Textbeiträgen

Alter und Neuer Schreib-Calender Auff das MDCLXXXV. Jahr Nach der heilsahmen Geburt unsers hochverdienten Heilandes Jesu Christi. Rostock: Jakob Richel, o. J. 4°, 34 Bl.[32]
Darin: *Kurtze abgeeilete Beschreibung des fürtrefflichen Königreichs Ungarn nach seinem Ursprung, und Wachsthumb, Land und Städten*, darin eine Landkarte und eine Stadtansicht von Buda und Ofen mit zentraler Donau sowie alphabetischem Register der erwähnten Orte und Schlösser [Mecklenburgische Landesbibliothek Schwerin; Mkl e I 70].

Den Textteil gibt Poltz 1686 oder später, also nach dem Kalender, in zwei Separatdrucken heraus:

– *Ein klein Ungarisches Chronicon darin zwar kürtzlich/ Doch umbständlich und deutlich nach warhafftem Bericht/ vor Augen gelegt und beschrieben wird. Rostock*: Jakob Richel, o. J. 4°, 34 Bl. [UB Rostock; J II-1017.1]

– *Ungarisches Chronicon Darin kurtz und deutlich beschrieben wird Des fürtrefflichen Königreichs Ungarn Beschaffenheit/ Herkunfft/ Zu- und Ab-nahm/ Erkranckung und Genesung/ von Christi an/ biß auff gegenwertiges 1686ste Jahr* [...] *Mit Fleiß aus bewehrten Autoribus und glaubwürdigen Relationibus zusammengetragen und auffs neue herausgegeben.* Rostock: Jakob Richel, o. J., 4°, 35 Bl.; nach dem Titelblatt sollen dem Druck vier Kupferstiche beigegeben sein, die jedoch im eingesehenen Exemplar nicht vorhanden sind; ein Nachdruck der vorstehenden Arbeit mit lediglich erweitertem Vorwort [UB Rostock; LB II S. 49]

32 Der kommentierte Nachdruck des Kalenders erschien 2009 mit einem ergänzenden Aufsatz von Jürgen Hamel: Johann Moritz Poltz und die Verbannung der Astrologie aus den Mecklenburgischen Kalendern (wie Anm. 20, S. 27–40). Der Aufsatz enthält auch eine Gesamtbibliographie der Werke von Poltz (S. 36–40).

Ungarisches
CHRONICON
Darin kurtz- und deutlich beschrieben wird
Des fürtrefflichen Königreichs
Ungarn Beschaffenheit/ Herkunfft/ Zu- und
Ab-nahm/ Erkranckung und Genesung/ von Christi Ge-
burt an/ biß auff gegenwertiges 1686ste Jahr: nebst ei-
nem ordentlichen Register der bekandten Könige daselbst/
von dem Weltkündigen Wüterich Attila an/ biß auff jetzt
regierende glorwürdigste Kaiserl. auch Königl. Majestät
Leopoldum I. unsern gnädigsten Kaiser und Herren. Wie
auch 100. der fürnehmsten Städte und Schlösser/
dabey verschiedener Feldschlachten/ Belä-
ger- und Eroberungen gedacht
wird/
Mit Fleiß aus bewehrten Autoribus und
glaubwürdigen Relationibus zusammen getra-
gen und auffs neue herausgegeben
von
M. JOHANNES MAURICIUS
 POLTZIUS,
Pred. an St. Johann. Kirchen in Rostock.
ROSTOCK/
Gedruckt bey Jacobus Riecheln/ E. E. Rahts Buchdr.

Abb. 5: Titelseite des *Ungarischen Chronicon* von J. M. Poltz.

[*Alter und neuer Schreibkalender auf das Jahr 1693*]
Nicht erhalten; erschlossen aus dem Anhang des Kalenders für 1693, *Continuation des ersten hochwundersahmen Tagewercks Gottes*, dessen ersten Teil sicherlich der Kalender für 1693 enthalten haben wird.

Alter und Neuer Schreib-Calender Auff das MDCXCIV. Jahr Nach der heilsamen Geburt unsers hochverdienten Herrn vnd Heilandes Jesu Christi. Rostock: Jakob Richel, o. J. 4°, 34 Bl.
Darin: „Da denn bey denen Mond-Wandelungen ein kurtzer Begriff und Einhalt der Schmalkaldischen Artikel/ so mit zu unsern Symbolischen Büchern gehören/ angefüget; auff der andern Seiten das Epitaphium oder die Grabschrifft unsers ersten Stamm-Vaters Adams ec. Am Ende aber die Continuation des ersten hochwundersahmen Tagewercks Gottes/ dem Höchsten zu Ehren / vorgestellet wird." [Mecklenburgische Landesbibliothek Schwerin; Mkl e I 70].

Die letzte Abhandlung zum ersten Tag des Schöpfungswerkes gab Poltz bereits 1692 als separate Arbeit heraus:

Das hochwundersahme und hochpreißliche Erste Tage-Werck des Allmächtigen/ Allweisen und Allgütigen Gottes/ So Er im Anfang Aller Dinge erfüllet [...] Im Jahr Christi 1692. Rostock: Jakob Richel, o.J. 4°, 26 Bl. [UB Rostock; Fc-1029.8]

Alter und Neuer Mecklenburgischer Calender auff das MDCXCV. Jahr nach unsers Herrn und Heylandes Jesu Christi Menschlichen Geburt. [Rostock] 4°, 26 Bl. [Mecklenburgische Landesbibliothek Schwerin; Schmidt 43,3]
Darin: „Dabey Unter dem Titul der Mond-Wandelungen/ des Sehl. Lutheri Lebens-Zeit und heilsahme Fortpflantzung der Göttl. Evangelischen Lehre; Dann auch ein Beschreibung und Kurtzes Chronicon Der löblichen Ansee-Stadt Rostock/ Auffs kürtzeste abgefasset wird."

Alter und neuer Mecklenburgischer Calender Auff das MDCXCVI. Jahr Nach der heilsahmen Geburt unsers Hochverdienten Herrn und Heylandes Jesu Christi. Rostock: Jakob Richel, o. J. 4°, 20 Bl. [UB Rostock; Mk-417]
Darin: *Dem Hochgeneigten Leser die Gnade Gottes in Christo Jesu!*, Gedenkschrift zum Tod von Herzog Gustav Adolf von Mecklenburg-Güstrow

Alter und Neuer
Mecklenburgischer
CALENDER
Auff das
M DC XCVI. Jahr
Nach der heilsahmen Geburt unsers Hochverdienten HERRN
und Heylandes JEsu CHristi/
Welches ist das 435ste Julianische Schalt-Jahr/
Auff gnädigste
Hoch-Fürstl. Vergönstigung
nach Mecklenburgischen Horizont, Zustandt und
Begebenheiten eingerichtet.
Von
M. JOHANNES MAURICIUS POLTZIUS,
Prediger an S. Johannis Kirchen
in Rostock.
ROSTOCK/
Gedruckt bey Jacob Riecheln/ E. E. Rahts Buchdrucker.

Abb. 6: Titelseite des *Alten und Neuen Mecklenburgischen Calenders* für 1696.

Alter und Neuer Schreib-Calender Auff das MDCXCVII. Jahr Nach der heilsahmen Geburt unsers hochverdienten Herrn vnd Heilandes Jesu Christi. Rostock: Jakob Richel, o. J. 4°, 24 Bl.
Darin: *Project einer kurtzen Kirchen-Geschicht vom Anfang und Fortgang des Lutherthumbs im Herzogthumb Mecklenburg* [bis 1533], [UB Rostock; Mk-417/2 und Mecklenburgische Landesbibliothek Schwerin; Mkl e I 70a]

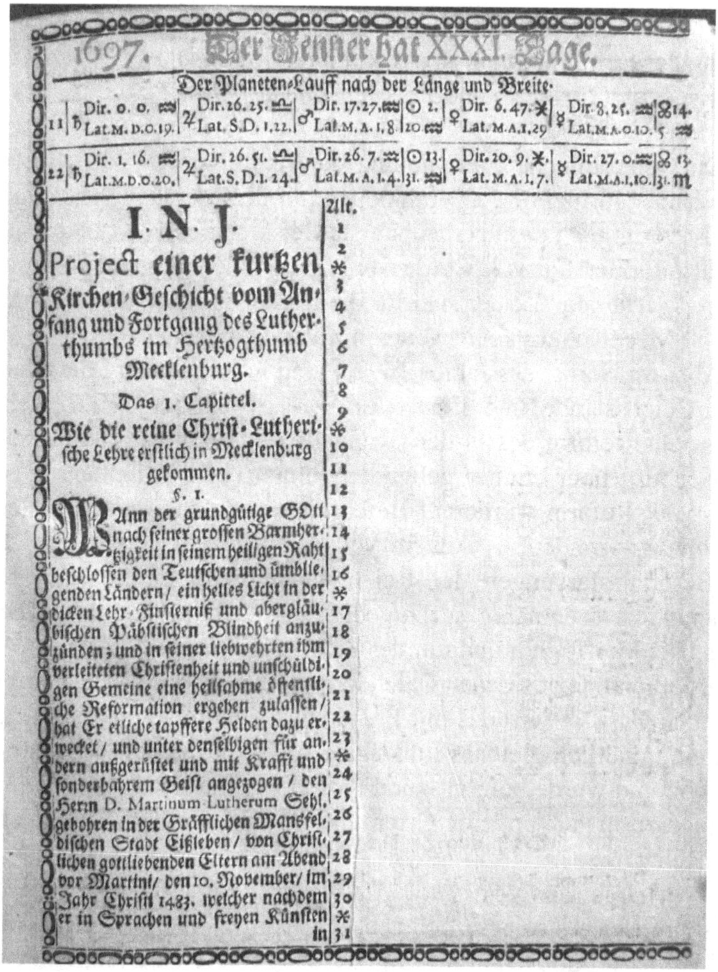

1697. Der Jenner hat XXXI. Tage.

Der Planeten-Lauff nach der Länge und Breite.

11	♄ Dir. 0. 0. ♒ Lat. M. D. 0. 19.	♃ Dir. 26. 25. ♎ Lat. S. D. 1. 22.	♂ Dir. 17. 27. ♒ Lat. M. A. 1. 8.	☉ 2. 20 ♒	♀ Dir. 6. 47. ♓ Lat. M. A. 1. 29	☿ Dir. 8. 25. ♒ Lat. M. A. 0. 10.	☊ 14. 5 ♒
22	♄ Dir. 1. 16. ♒ Lat. M. D. 0. 20.	♃ Dir. 26. 51. ♎ Lat. S. D. 1. 24.	♂ Dir. 26. 7. ♒ Lat. M. A. 1. 4.	☉ 13. 31. ♒	♀ Dir. 20. 9. ♓ Lat. M. A. 1. 7.	☿ Dir. 27. 0. ♒ Lat. M. A. 1. 10.	☊ 13. 31. ♏

I. N. J.

Project einer kurtzen Kirchen-Geschicht vom Anfang und Fortgang des Lutherthumbs im Hertzogthumb Mecklenburg.

Das 1. Capittel.

Wie die reine Christ-Lutherische Lehre erstlich in Mecklenburg gekommen.

§. 1.

WAnn der grundgütige GOtt nach seiner grossen Barmhertzigkeit in seinem heiligen Raht beschlossen den Teutschen und ümbliegenden Ländern / ein helles Licht in der dicken Lehr-Finsterniß und abergläubischen Päbstischen Blindheit anzuzünden; und in seiner liebwehrten ihm verleiteten Christenheit und unschüldigen Gemeine eine heilsahme öffentliche Reformation ergehen zulassen / hat Er etliche tapffere Helden dazu erwecket / und unter denselbigen für andern außgerüstet und mit Krafft und sonderbahrem Geist angezogen / den Herzn D. Martinum Lutherum Sehl. gebohren in der Gräfflichen Mansfeldischen Stadt Eißleben / von Christlichen gottliebenden Eltern am Abend vor Martini / den 10. November / im Jahr Christi 1483. welcher nachdem er in Sprachen und freyen Künsten in

Alt. 1 2 * 3 4 5 6 7 8 9 * 10 11 12 13 14 15 16 * 17 18 19 20 21 22 23 * 24 25 26 27 28 29 30 * 31

Abb. 7: Schreibseite des Kalenders von Poltz für 1697 mit dem Anfang des Textbeitrages zur mecklenburgischen Reformationsgeschichte.

Erwähnt seien noch die historischen Daten, die Poltz, einer alten Angewohnheit folgend, auf der Rückseite der Titelseite anführt. Im Kalender für 1697 (fol. A 1^b, analog in den anderen Kalendern) erscheinen neben den Standarddaten – von der Geburt Christi über die Jahre nach der Erschaffung der Welt (alternativ 5646 oder 5697 Jahre), der „Sündfluth“ (3990 Jahre), der letzten Zerstörung des Tempels zu Jerusalem, der Julianischen und Gregorianischen Kalenderreform, der Krönung Leopolds I. – vier lokale Daten mit Beifügung der seither verstrichenen Jahre: von der Gründung der Universität Rostock, von der Einführung der Reformation in Rostock, *Von der grausahmen Rostockischen Wassers-Noth* (72 Jahre) und *Von der jämmerlichen Rostockischen Feuers-Brunst* (20 Jahre).

Die vollkommene Eliminierung der Astrologie aus den Kalendern von Johann Moritz Poltz in Verbindung mit dem herzoglichen Edikt von 1682 ist vermutlich das überhaupt erste Beispiel dieser Art in der gesamten Kalenderliteratur. Wie wurde damit in Mecklenburg und anderswo im weiteren verfahren? Leider sind für die restlichen Jahre des 17. Jahrhunderts für Mecklenburg keine weiteren Kalender bekannt.

Aber im Herbst des Jahres 1699 tagten in Regensburg die evangelischen Reichsstände und fassten am 23. September 1699 einen Beschluss zur Reform des in den evangelischen Gebieten, damit auch in Mecklenburg noch immer geltenden Julianischen Kalenders. Der Beschluss der Reform wurde auf Befehl des mecklenburgischen Herzogs am Sonntag vor dem 1. Advent von den Kanzeln verkündet.[33] Unter den Beschlussfassungen der Reichsstände heißt es in § 5: „Denen Mathematicis ebenmäßig auffzugeben, daß selbige darauff gedencken solten, wie künfftighin und mit der Zeit der bißherige abusus der Astrologiae Judiciariae aus denen Calendern bleiben könne."[34] Der mecklenburgische Herzog wird das mit Freude zur Kenntnis genommen haben, denn ein inhaltlich gleiches Edikt galt in seinen Landen damals bereits seit 1682 und wurde befolgt – und dies mit großer Konsequenz, im Unterschied zu manch anderen Orten und Herrschaften, wie ich noch zeigen möchte.

In den *Mecklenburgischen Kalendern* wird diese Frage des Umgangs mit der Astrologie gelegentlich explizit erörtert. Den Autoren war klar, dass mit der Aussparung der Astrologie eine jahrhundertealte Gewohnheit der Kalenderkäufer und -nutzer ignoriert wurde. Ausführlich geht es darum im *Verbesserten Astronom- und Physikalischen Mecklenburgischen Calender* für 1709.[35] Der Kalender trägt zwar kei-

33 So erwähnt im Kalender für 1709: *Verbesserter Astronom- und Physikalischer Mecklenburgischer Calender, Auff das 1709. Jahr Christi*. Rostock: Joh. Weppling. 4°, 28 Bl., 1 Faltbl. [Mecklenburgische Landesbibliothek Schwerin; Mkl e I 75. Ein Exemplar des Ediktes konnte ich leider bisher nicht auffinden.

34 *Conclusum Corporis Evangelici de emendatione calendarii Juliani, oder; der Evangel. Reichs-Ständen zu Regenspurg Einmüthiger Entschluß, Von Verbesserung des Julianischen Calenders* [23. September 1699]. Leipzig o. J. [1699] und weitere Drucke.

35 *Verbesserter Astronom- und Physikalischer Mecklenburgischer Calender, Auff das 1709. Jahr Christi*. Rostock: Joh. Weppling. 4°, 28 Bl., 1 Faltbl. [Mecklen-

nen Verfassernamen, doch dürfte er aufgrund der darin enthaltenen qualifizierten astronomischen Beobachtungen mit großer Sicherheit von Peter Becker (1672–1753), Professor der Mathematik in Rostock, stammen.

Verbesserter
stronom- und Physica
Mecklenburgischer
Calender/
Auff das 1709. Jahr Christi/
Nach
Hoch-Fürstl. gnädigsten Verordnung
Zum sonderbahren Nutzen der Mecklenburgischen
Landen abgefasset/
Und
Mit einem merckwürdigen Anhang allerhand i
Landen zu wissen benöthigten
versehen.

Abb. 8: Titelseite des *Verbesserten Mecklenburgischen Kalenders für 1709*, vermutlich von Peter Becker.

Zur Begründung des Ausschlusses der Astrologie heißt es:

> Es wird dem G. Leser vermuhtlich gar frömbde vorkommen, warum man in Verfertigung dieses Mecklenburgischen Calenders von der, so einmuthig und überall bißher angenommenen, Gewonheit abgegangen, und aus denen in diesem Jahr

burgische Landesbibliothek Schwerin; Mkl e I 75, die Kalender bis 1714 unter derselben Signatur].

> vorkommenden Aspecten, und gantzen Constellationes des Himmels, so gar kein besondres und eigenes astrologisches Prognosticon [...] angeführet." Der Grund liege in vielen Klagen gegen „so viele aberglaubische, und aus Heydnischen Principiis zuerst herrührende, Einfälle [...] [die sich] wider den allgewaltigen Schöpffer des Himmels und Herrn der gantzen Natur, zu versündigen, Anlaß gegeben. Welches wie es gar unverantwortlich; also hat es wohl vor dem selbst die hohen Potentaten und Regenten des Landes dahin gebracht, daß Sie sothanen Mißbrauch der Astrologiae judiciariae ihren Unterthanen ernstlich untersaget, und gäntzlich zu vermeyden anbefohlen.

Daraufhin wird dann Bezug auf das Kalenderedikt des Herzogs Gustav Adolf von 1682 und das der evangelischen Reichsstände von 1699 genommen. Und wenn auch die Astrologie gänzlich ausgeschlossen wird, ist sich der Autor im Umgang mit der Astrologie doch nicht ganz sicher, wie es weiter heißt:

> Was aber folglich Haarschneiden, Purgiren, Aderlassen, Kinder Entwehnen, und der gleichen betrifft, so bin ich nicht in Abrede, daß ein und anders darunter seinen Grund haben möge, was man von dem Mond-Wechsel dabey anühren [anführen?] will (wiewoll ich für höchst ungegründet halte, einem jeden Glied des Menschlichen Leibes ein besondres Himmels-Zeichen oder auch Planeten zur Beherrschung beyzulegen). Alleine ich überlasse es eines jeden Urtheil, ob nicht davon die Gewißheit viel sicherer von einem verständigen Artzt und Chirurgo, als aus dem Calender zu hohlen [...] Und welcher Verständiger wird in seiner Kranckeit beim Calender Rath suchen? Welche vernünfftige Hauß-Mutter siehet im Calender nach, wann und wie sie ihr Kind entwehnen solle? [...] Daher eine sichere Erfahrung eines verständigen Haußmannes bey mir allerdings mehr gilt, als alle ansehnliche, und doch zweydeutig gesetzte, Discourse eines Astrologi.[36]

Wir sehen, dass in diesem Kalender für 1709 die astrologischen Vorhersagen ersetzt werden durch den eigenen „Verstand", die „Vernunfft" und die eigene „Erfahrung", die allein Sicherheit gewähren können, um damit die Schlüsselworte zu betonen.

Infolge einer unvollständigen Überlieferung der Kalender lässt sich der weitere Verlauf nicht lückenlos belegen, doch dazu noch Folgendes:

Kalender 1710:[37] Wie 1709, Beobachtungen von Sonnenflecken vom 9. Januar durch ein siebenfüßiges Teleskop in Okularprojektion und der

36 *Verbesserter* [...] *Mecklenburgischer Calender Auff das 1710. Jahr*, fol. D 3–4, der Text identisch im Kalender für 1709.

37 *Verbesserter Calender Vor Sr. Hoch-Fürstl. Durchlaucht von Mecklenburg, Fürstenthum und andre Lande Auff das Jahr 1710. Mit einem sehr nützlichen Anhange, allerhand in diesen Landen zu wissen benöthigten Sachen.* Schwerin: Joh.

Sonnenfinsternis vom 11. März 1709, beides mit einer Zeichnung; auf zwei gegenüberliegenden Seiten eine bemerkenswerte Tabelle mit den Örtern der Sonne, des Mondes und der Planeten für je vier Tage eines jeden Monats (1., 8., 16., 24.).

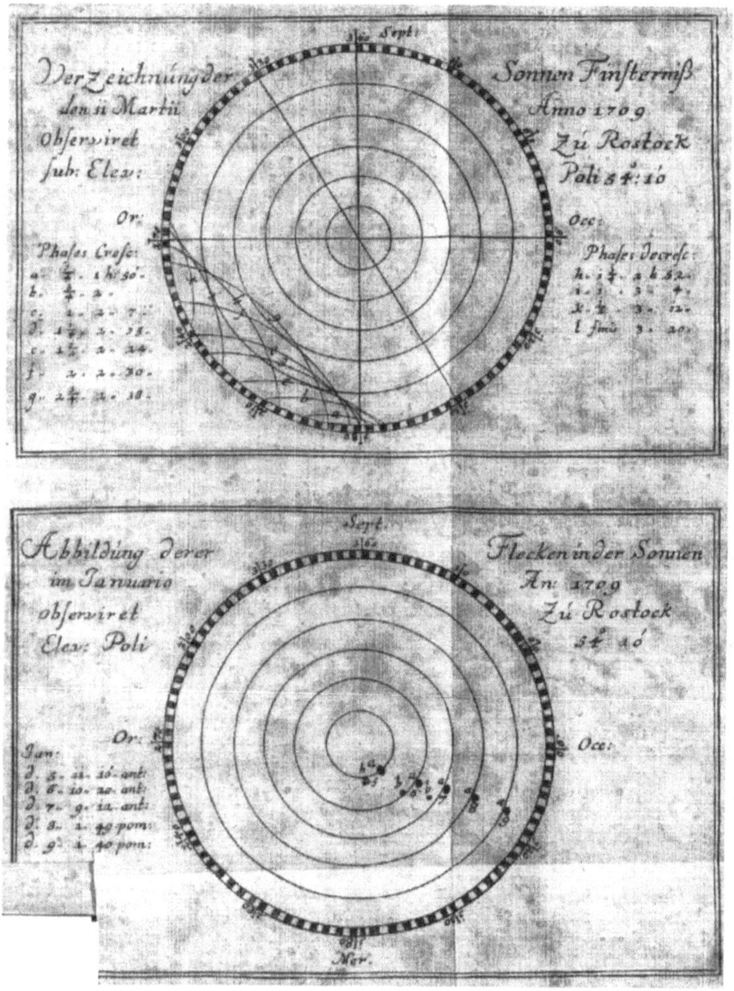

Abb. 9: Beobachtungen der Sonnenfinsternis vom 11.03.1709 und von Sonnenflecken im Januar 1709 im *Verbesserten Mecklenburgischen Kalender für 1710.*

Heinrich Rußworm. O. J. Ähnlich für 1711, 1712 und 1714 [Mecklenburgische Landesbibliothek Schwerin; Mkl e I 77; für 1714 auch Stadtarchiv Rostock].

Kalender 1711: In den Monatstafeln nur astronomische Indikationen, die Tafel Planetenörter wie 1710; bei den Jahreszeiten eine Erklärung der Jahreslänge, tropisches und siderisches Jahr, Anfänge der Jahreszeiten mit genauer astronomischer Rechnung, ein Bericht der Beobachtung der Sonnenfinsternis vom 28. Februar 1710 in Rostock sowie Todesfälle hoher Häupter, Gerichtstage, mecklenburgische Münzen und Kornmaße, Entfernungstafel wichtiger Orte in Mecklenburg, Tage für Post- und Botenabgänge, frei werdende Ämter.

Kalender 1712: Wie zuvor, astronomisch die Bewegung der Sonne, Erklärung der astronomischen Ursachen von Finsternissen.

Kalender 1714: Wie zuvor, dazu der Aufsatz „Kurtze Nachricht von dem Zustande der Königl. Dänischen Colonie in Tranqvabar in Ostindien", darin das Kapitel „Wie weit die malabarische Sprache sich in Indien erstrecke? ob sie nicht einige Verwandtschafft mit der Arabischen, Persischen, Mogulischen oder Sinischen habe?"[38]

Dazu eine Bemerkung: Zunächst ist festzustellen, dass schon, begonnen mit den Textbeiträgen in den Kalendern von Poltz, fortgesetzt in den genannten Mecklenburgischen Kalendern, eine neue Qualität erreicht wird. Den Kalendern wird offenbar eine bedeutende Stellung für die Hebung des Bildungsniveaus und der Aufklärung zugemessen. Eingedenk dessen, dass diese Kalender die privilegierten Kalender in Mecklenburg-Güstrow mit überwiegend ländlicher Bevölkerung waren, mithin die einzigen offiziell zugelassenen, erscheint die Frage legitim, ob diese Themen unbedingt zu denen gehörten, die sich, jenseits der Astrologie, an den praktischen Bedürfnissen der Menschen orientierten.[39]

Allerdings erwies sich der Ausschluss der Astrologie aus den mecklenburgischen Kalendern nicht als unumkehrbar. Denn im *Verbesserten Mecklenburgischen Hauß- und Historien-Calender*, den ich für

38 Tranquabar/Tranquebar, im indischen Bundestaat Tamil Nadu, östlich der Südspitze Indiens, heute Tharangabadi, 1620 dänische Kolonie, Ort der ersten protestantischen Mission, 1707 erste Kirchweihe; malabarische Sprache, Sprache in Südindien in den Bundesstaaten Kerala und Tamil Nadu.

39 Zu dem in diesem Zusammenhang infrage gestellten Bericht von Tranquabar wurde in der Diskussion darauf hingewiesen, dass sich „Abenteuerliteratur" solcher Art in diesen Zeiten einer großen Beliebtheit erfreute, man denke nur an Daniel Defoes *Robinson Crusoe*, Originalausgabe 1719, deutsche Übersetzung 1720.

die Jahre 1716 bis 1719[40] einsehen konnte, finden sich in den Monatstafeln wieder die astrologischen Indikationen für Aderlassen, Schröpfen, Arzneien, Säen und Pflanzen, Haarschneiden (das bald wieder wächst und nicht bald wieder wächst), Abstillen, Brenn- und Bauholzfällen. Hinzu kommen die üblichen Mecklenburgica, wie Gerichtstermine, Post- und Botenabgänge, Markttage usw.

Im Weiteren standen Mecklenburgische Kalender nur lückenhaft zur Auswertung zur Verfügung. Es scheinen parallel Kalender mit und ohne Astrologie existiert zu haben. Für letztere steht ein Kalender für 1736,[41] in dem die Astrologie nun wiederum keinen Platz findet. Astrologische Angaben mit jedoch relativ wenigen, auf diese Weise markierten Daten haben der *Verbesserte Mecklenburgische Historien-Calender*[42], der *Verbesserte Mecklenburgische Historien- und Genealogie-Calender*[43] und der *Verbesserte Calender, für die Mecklenburgischen Lande*[44].

Eine andere Kalenderreihe, *Herzoglich-Mecklenburg-Schwerinscher Calendere*, weist zwar die gewöhnlichen astrologischen Indikationen auf, gibt jedoch dann so wenige Tage an, dass dies wohl kaum jemanden zufriedenstellen konnte. So hat der Kalender für 1769 für das ganze Jahr nur 23 Tage mit astrologischer Indikation, davon vier für Bauholzfällen, einen für Brennholzfällen und nur drei zum Abstillen der Kinder, was doch ein bisschen wenig erscheint.[45]

Endgültig werden astrologische Indikationen aus dem *Herzoglich-Mecklenburg-Schwerinischen Genealogie-Calender* für 1783 verbannt, während der für 1782 diese noch enthält.[46]

Und wie anderswo? Astrologische Beigaben wurden in den Kalendern sehr unterschiedlich gehandhabt. Auf der einen Seite haben wir Autoren, die sich in der Ausmalung der schrecklichen Wirkungen der planetaren Jahresherrscher, von Finsternissen, Kometen und bestimm-

---

40 *Verbesserter Mecklenburgischer Hauß- und Historien-Calender* [...] *Auff das 1716. Jahr Christi.* Rostock; ähnlich für 1717, 1718 und 1719 [Mecklenburgische Landesbibliothek Schwerin; Mkl e I 80].

41 *Verbesserter Schreib-Calender, Auff das Jahr Christi 1736.* Rostock [Mecklenburgische Landesbibliothek Schwerin; Mkl e I 105].

42 Für 1747, 1748, 1750, 1751 und 1755; Rostock: Johann Jacob Adler, 4°, 20 Bl. [Stadtarchiv Rostock].

43 Für 1753; Rostock: Johann Jacob Adler, 4°, 30 Bl. [Stadtarchiv Rostock].

44 Für 1755, 1758 und 1759; Schwerin: Wilhelm Bärensprung, 16°, 22 Bl. [Stadtarchiv Rostock].

45 Eingesehen für 1765, 1769–1772, 1779 und 1780; Schwerin: Wilhelm Bärensprung, 16° [Stadtarchiv Rostock].

46 [Stadtarchiv Rostock].

ten Planetenkonstellationen zu übertreffen suchen und sich dadurch einen Marktvorteil erhofften. Auf der anderen Seite sind Autoren, die diesen Dingen skeptisch gegenüberstehen und sich dann vielfach auf die sogenannte „natürliche“ Astrologie beschränken, vor allem auf die Vorhersage der Witterung, auf günstige Tage für Säen und Ernten sowie einfache Verrichtungen der medizinischen Vorsorge. Zu ihnen gehört der in der Kalenderliteratur so wichtige Gottfried Kirch. Schon in seinen ersten Kalendern für 1667 und 1668 übt er diese Zurückhaltung und überrascht zudem in den eigentlich dem Wetter der Jahreszeiten gewidmeten Kapiteln mit astronomischen Belehrungen, um dann wenigstens am Ende dem eigentlichen Thema, der astrologischen Meteorologie, noch ein paar Zeilen zu widmen – mehr der Not der Erwartung der Leser gehorchend, als der eigenen Überzeugung folgend. Und auch weitere Kapitel dienen der sachlichen Belehrung, wie der Entstehung von Finsternissen und ihrer Beobachtung sowie der Herstellung von Sonnenuhren.

Doch die Astrologie ganz ausschließen mag Kirch nicht. Und so bleibt es dann auch vorerst bei den Kalendern, die unter Approbation der Brandenburgischen Societät der Wissenschaften in Berlin veröffentlicht wurden, die in den Monatstafeln die üblichen astrologischen Indikationen einschließen.[47] Das ist um so verwunderlicher, als sich die Berliner (Brandenburgische, ab 1701 Preußische) Akademie ausdrücklich der Aufklärung verschrieben hatte und ihre Entstehung im Zusammenhang mit der Kalenderreform und damit mit dem antiastrologisch gestimmten Edikt der evangelischen Reichsstände von 1699 erfolgte. Doch offenbar beugte man sich hier lieber den zu erwartenden Protesten der astrologiegewohnten Käufer und Nutzer der Kalender, als eine finanzielle Einbuße zu riskieren. Allerdings blieb die Astrologie in diesen Kalendern zurückhaltend, was nicht unterschlagen werden soll. In Mecklenburg folgte man um diese Zeit nicht den vordergründigen Erwartungen des Marktes, sondern nutze den Kalender auch in diesem Punkt ohne Einschränkung als Element der Hebung der Bildung und der Aufklärung.

47 Kirch, Gottfried: *Alter und Neuer Astronomischer Wunder-Calender/ Darinnen zu finden die merckwürdige Himmels-Begebenheiten/ oder natürliche Wunder/ an Sonne/ Mond und Sternen/ welche geschehen werden im Jahr Christi MDCC.* Stargard: Johann Nicolaus Ernst, o. J. 4°, 26 Bl. [Stadtarchiv Stralsund; E 4°997c].

Abb. 10: G. Kirchs *Christen- Jüden- und Türcken-Calender*. Kalenderseite für den Mai 1641 mit astrologischen Indikationen.

Mit 1. ihrem vollständigen Ausschluss der Astrologie und 2. den Textteilen, die sich nicht mehr mit Anekdotensammlungen, Wundergeschichten und zusammengesuchten Fabeln befassen, sondern den Lesern auf umfangreichen Studien beruhende historische Abhandlungen sowie astronomisches Wissen und Resultate astronomischer Beobachtungen unterbreiten, stellen die Kalender von Johann Moritz Poltz ab

1685 und die Rostocker *Mecklenburgischen Kalender* ab 1709 eine neue Qualität der Kalenderliteratur dar.

Abbildungsnachweise

Abb. 1 und 3–7: UB Rostock; Abb. 2: Marienbibliothek Halle/Saale; Abb. 8 und 9 Mecklenburgische Landesbibliothek Schwerin; Abdruck mit freundlicher Genehmigung der Bibliotheken.

Weitere Beiträge

KLAUS HABERKAMM (Münster)

„Eine erschröckliche Saturnische Historia“; „Exempel Christlicher Tugend eines Jovialischen Fürsten“; „Beschreibung einer Martialischen Histori“ etc. Zum astrologisch signifikativen Erzählen bei ‚Rosenkreutzer‘ und Grimmelshausen

> Nachdem König Behram im Feuertempel gebetet hatte, besuchte er am Samstag schwarzgewandet als erste die Saturnkuppel und begrüßte dort die Prinzessin aus Indien.
>
> [...]
>
> Als am Freitagmorgen die Sonne das Himmelshaus weiß färbte, eilte der Schah, angetan in Weiß, zur weißen Kuppel, über der Venus ihn begrüßte. Er genoß, wie er es gewohnt war, den Tag über mancherlei Vergnügen mit der schönen [persischen] Prinzessin.
> (Moḥamad Neżāmī [1141/519–1209/587]: *Haft Paikar* [*Sieben Bilder* oder *Sieben Schönheiten*], 1198/576)

I

Namentlich Helga Meise verdankt die Kalender-Forschung die umfassende Erschließung des *Newen Wurtz- vnd Kräuter-Calenders* Marx Friederich Rosenkreutzers.[1] Aus der Gesamtserie der Schrift von sech-

1 Helga Meise: Diagnose und Therapie von Krankheiten im „Newen Wurtz- vnd Kräuter-Calender“ 1649–1672. In: *Scientiae et Artes. Die Vermittlung alten und Neuen Wissens in Literatur und Musik. Vorträge und Referate, gehalten anläss-*

zig Jahrgängen seit 1643 diente ihr als Paradigma vor allem der Kalender von 1653, also auf 1654. Er liegt auch dieser Studie zugrunde,[2] die die wertvollen Ergebnisse Meises aufgreifen möchte. Die vorliegende Recherche ist im Wesentlichen methodologisch orientiert und zielt auf die Absicherung von Günther Weydts These der astrologischen Struktur von Grimmelshausens *Simplicissimus Teutsch*.[3] Sie richtet sich nicht zuletzt an jene, die noch zögern, die Möglichkeit künstlerisch-literarischer Manifestationen einer der wirkungsmächtigsten Kulturkräfte der voraufklärerischen Ära einzuräumen, der Astrologie.

‚Rosencreutzers' Schreibkalender ist traditionell gegliedert. Sein hier vornehmlich interessierender zweiter Teil, die „Practica" (P), besteht gemäß der „Chaldäischen Planeten-Reihe" aus sieben Kapiteln: Saturn eröffnet die Folge, Luna beendet sie. Jedes Kapitel wiederum ist – mit einer Ausnahme – in vier Hauptabschnitte gegliedert, 1. die konventionelle Charakteristik des jeweiligen Planetenherrschers, 2. eine Dreier-Auswahl der ihm „vnterworffen[en]" (P fol. AII^{r}) Pflanzen, 3. die Aufführung der ihm zugeordneten Tiere, die als solche den botanischen Rahmen sprengen,[4] und 4. eine der von der Titelei annoncierten „schönen Historien" nach dem entsprechenden planetarischen Konzept. Diese Kalendergeschichten, deren Überschriften eingangs dieses Aufsatzes zum Teil zitiert sind, stehen hier im Fokus. Die anderen Titel lauten: „Folget der übrige Theil einer Solarischen Historia/ davon ver-

---

lich des 10. Kongresses des Wolfenbütteler Arbeitskreises für Barockforschung in der Herzog August Bibliothek Wolfenbüttel vom 5. bis 8. April 2000. Hrsg. von Barbara Mahlmann-Bauer. Bd. 2. Wiesbaden 2004 (Wolfenbütteler Arbeiten zur Barockforschung 38), S. 933–949; Helga Meise: Textformen und Literarizität in Marx Friedrich Rosenkreutzers *Neuem Wurtz- und Kräuter-Calender* 1649–1672 (in diesem Band). – Hinter dem Pseudonym Marx Friederich Rosenkreutzer verbirgt sich der Mathematiker (Astronom/Astrologe?) und Pfarrer Franz Ritter, in diesem Fall jedoch Marcus Freund. (Meise, Diagnose, S. 935, Anm. 8). – Vgl. auch Klaus-Dieter Herbst: *Verzeichnis der Schreibkalender des 17. Jahrhunderts.* Jena 2008 (Acta Calendariographica 1), S. 140, und grundlegend Klaus Matthäus: Zur Geschichte des Nürnberger Kalenderwesens. Die Entwicklung der in Nürnberg gedruckten Kalender in Buchform. In: *Archiv für Geschichte des Buchwesens* IX (1969), Sp. 965–1396 (vgl. Meise, Diagnose, S. 934–935, Anm. 7).

2 Ich danke Helga Meise für die freundliche Überlassung einer Kopie dieses Exemplars.

3 Vgl. vor allem Günther Weydt: *Nachahmung und Schöpfung im Barock. Studien um Grimmelshausen.* Bern, München 1968, S. 241–301.

4 Z. B.: „Folgen nun die jenige Thier/ so Saturnischen *Humor* an sich haben." (P fol. AII^{v}) – Letzteres ein Anklang an die seit Aristoteles und Galen überkommene Säfte-Theorie (humores).

gangen Jahr Meldung geschehen ist." (P fol. CIII^{v}); „Beschreibung einer Venerischen Geschicht/ darinnen man ein Exempel einer sehr närrischen vngezähmten Lieb sehen kann." (P fol. D^{r}); „Mercurialische Historia von einem Frantzösischen Capitäin *Guillery* genannt." (P fol. DIII^{v})

Die epochenspezifische ‚Symbiose' zwischen biblisch-christlicher und im Grunde heidnischer astrologischer Lehre erlaubte es dem Kalenderautor, auf das mit drei Lilien geschmückte Titelblatt einen Spruch aus dem 7. Kapitel des Hohen Liedes zu setzen. Er endet mit den programmtischen Zeilen: „Die Lilien geben den Ruch/ vnd für vnserer Thür sind allerley edle Früchte." Das christliche Weltbild bleibt im durch und durch astrologisch strukturierten Kalendertext ex- und implizit durchweg präsent. Schon die Überschrift der Jupiter-Geschichte rückt das Christliche und das Jovialische zusammen, ohne an damit aufgeworfenen Problemen Anstoß zu nehmen. Grimmelshausen dagegen ist sich derer bewusst und versucht in seinem simplicianischen Roman entsprechend, Willensfreiheit und determinierenden Planeteneinfluss zu harmonisieren.[5]

II

Nach Angabe seines Titelblattes stammt der *Newe Wurtz- vnd Kräuter-Calender* auf 1654 von einem „der natürlichen *Magiæ* vnd Astronomischen Künsten sonderlichen Liebhabern."[6] Nach dem Sprachgebrauch des 17. Jahrhunderts muss auch in diesem Falle, wie sich zeigt, im Begriff des Astronomischen das Astrologische mitgedacht werden. Grimmelshausen denkt rund anderthalb Jahrzehnte später gewissermaßen schon etwas moderner, indem er z. B. in der Inhaltsangabe seines *Ewigwährenden Calenders* „unterschiedliche *Curiose Discursen* von der *Astroniomia, Astrologia*" ausdrücklich unterscheidet.[7] Auch fällt bei

5 Vgl. Klaus Haberkamm: *„Sensus astrologicus". Zum Verhältnis von Literatur und Astrologie in Renaissance und Barock.* Bonn 1972 (Abhandlungen zur Kunst, Musik- und Literaturwissenschaft 124), S. 274–307.

6 Auf dem Titelblatt des zweiten Teils des Kalenders nennt sich der Autor gleichbedeutend „der Natürlichen Magischen Künsten Liebhaber."

7 Johann Jakob Christoffel von Grimmelshausen: *Des Abenteurlichen Simplicissimi Ewig-währender Calender. Faksimile-Druck der Erstausgabe Nürnberg 1671 mit*

‚Rosenkreutzer' die akzeptable Spielart der Astrologie unter den Begriff der „natürlichen Magie"; der simplicianische Autor spricht von der „natürlichen *Astrologia*": „[...] obwohl einen die künstliche *Astrologia* fürtrefflicher zuseyn beduncken möchte; so ist aber bey der natürlichen ein besondere Zierd und Lieblichkeit zufinden." (V, 25)[8] ‚Rosenkreutzers' Schreibkalender beinhalte – wie der immergültige simplicianische – „Lauff/ Gang/ zusambt den bösen vnd guten Aspecten der Planeten". Mithin informiere sein spezifischer botanischer Inhalt über „natürliche Erwehlungen vieler edler vnd herrlicher Gewächs von Wurtzeln/ Kräutern vnd Blumen" sowie die „natürliche rechte Zeit zu graben/ zu brechen vnd zu samlen" (Titelblatt). Gemeint sind für Pflücken und Ernte der Pflanzen geeignete Jahres- und gegebenenfalls Tageszeiten und unter planetarischem „Aspect" für „Erwehlungen" günstige Zeitpunkte, also das Prinzip der astrologischen Zeitwahl. Insgesamt gilt:

> Daß „Thiere" und „Historien", die die Geschicke einzelner unter dem Einfluß der Gestirne zeigen, an die Ausführungen über die Pflanzen angehängt werden, rekurriert vielmehr auf die noch im 17. Jahrhundert verbreitete *influxus*-Theorie und etabliert deren Gültigkeit aufs neue. Der *Wurtz- vnd Kräuter-Calender* bietet keine Informationen über „Gewächs" und „Thiere" an, die nicht auch in älteren iatromathematischen Handbüchern zu finden wären, und beschränkt sich auf die Wiedergabe der überkommenen astronomischen und astrologischen Vorstellungen über deren Platz im Kosmos.[9]

Insbesondere aber demonstriert ‚Rosenkreutzers' Kalenderschrift sinnfällig das für die astrologiegläubige Ära, nicht zuletzt Grimmelshausen, typische Denken in Analogien, dessen ästhetisch-literarischer Niederschlag die allegorische Bedeutungsschicht der Astrologie („sensus astrologicus") ist. In diesem Sinne ist der Begriff des astrologisch

---

einem erklärenden Beiheft. Hrsg. von Klaus Haberkamm. Konstanz 1967. – Weitere Zitate aus diesem Werk werden mit Materie (römische Ziffer) und Seitenzahl (arabische Zahl) direkt im Haupttext belegt.

8 Doch schon im *Keuschen Joseph* (1666) gebraucht Grimmelshausen beide Begriffe als Synonyme: Der Protagonist des biblisch-simplicianischen Romans ist charakterisiert als „ein guter *Astronomus* und *Mathematicus*" [d. h. Astrologe, K. H.], und verstund die *Magia* oder vielmehr die *Philosophia naturalis* vollkommen […]". – Grimmelshausen: *Des Vortrefflich Keuschen Josephs in Egypten Lebensbeschreibung samt des Musai Lebens-Lauff*. Hrsg. von Wolfgang Bender. Tübingen 1968 (Gesammelte Werke in Einzelausgaben. Unter Mitarbeit von Wolfgang Bender und Franz Günter Sieveke hrsg. von Rolf Tarot), S. 10.

9 Meise, Diagnose (wie Anm. 1), S. 940. Vgl. auch Meise, Textformen (wie Anm. 1), S. 280–281.

signifikativen Erzählens zu verstehen. Die damaligen Autoren können dabei ein hohes Maß an Imagination aufbringen, das der moderne Rezipient eher als krude Phantasie abzutun geneigt sein dürfte. So heißt es in der „Practica" des *Kräuter-Calenders* in der solarischen Sektion vom „Schelkraut/ *Chelidonia*" zunächst:

> Es gibt's auch die Form vnd Gestalt der Wurtz wann man solche außgräbt vnd fleissig betrachtet/ daß selbige einem außgefauleten/ löcherichten Zahn gleich sihet/ darumb so du solche mit Essig in den Mund einnimmest/ oder den Milch Safft auß den frischen Blättern in ein löchrichten Zahn thust/ kanst du denselben ohne Schmertzen herauß ziehen [...]. (P fol. CII^{v})

Die Begründung für diese therapeutische Wirksamkeit der Pflanze ist genuin astrologisch: „dann die Zän sind Saturnisch/ so ist das Gewächs Solarisch/ sind also einander zuwider [...]" (P fol. CII^{r}) Der Zeitgenosse konnte somit Vertrauen zum „Schelkraut" fassen, wusste er doch, dass nach der astrologischen Theorie der Einfluss der Sonne positiv, der des Saturn äußerst negativ ist: Wie bei Grimmelshausen unterstehen bei ‚Rosenkreutzer' die Teile des menschlichen Körpers den jeweiligen Planeten, die Zähne beispielsweise übereinstimmend dem Saturn (vgl. V, 103–105). Und mit diesem Planeten ist laut ‚Rosenkreutzer' „angezeigt" – selbstverständlich wiederum wie in Grimmelshausens Kalender – „seine vberauß schröckliche Boßheit", er sei „Widerwärtig/ insonderheit dem Menschen und andern nutzlichen Geschöpffen Gottes", und besitze „tödliche Eigenschafft" (P fol. A^{v}). Übrigens: Unbeschadet dieser extrem schädlichen Beschreibung ist „Saturnus [...] ein vberauß gewaltiger vnd kräfftiger Stern/ von dem allmächtigen Schöpffer [...]" (P fol. A^{v}). Die Abhängigkeit der Planetengottheit von dem biblischen Gott ist eine für Grimmelshausens Kalenderschriftstellerei und simplicianische Literatur relevante Aussage *avant la lettre*. ‚Rosenkreutzers' „SOl", „*quasi solus*, [...] König aller Planeten (nechst Gott)" (P fol. CII^{r}), ist – um auf die astrologisch bedingte Zahn-Heilung zurückzukommen – „allem Vnrecht [...] als Wercken der Finsterniß/ Rom. 13. [...] zuwider [...]" (P fol. CII^{r}). Die überlegene moralische Macht der Sonne ist von vornherein deutlich, da nach dem immer wieder zum Ausdruck kommenden Analogie-Denken der Epoche Saturn „nicht in einer Grössen oder Hellen deß Liechts/ sondern nach dem er sich gegen der Sonnen gesetzet hat/ oder gegen derselben gestellt ist." (P fol. A^{v}) Astrologie und Astronomie durchdringen sich seinerzeit untrennbar.

Im „Verzeichniß Mercurialischer Kräuter" (P fol. DII^{r}) in ‚Rosenkreutzers' „Practica" von 1654 heißt es des Weiteren vom Majoran, er sei „Gut für den Schlag/ bringt wider die verlohrne Sprach/ offt im Munde gehalten/ bringet das Gedächtniß/ stärcket das Hirn vnd Haupt.“ (P fol. DIII^r) Hier verlässt sich der Autor auf die astrologische ‚Allgemeinbildung‘ seiner Leser, denn weder im vorausgehenden Abschnitt „von dem *Mercurio.*“ (P fol. DII^v) noch im „Kurtzen Vnterricht/ Von Purgierung vnd anderer Artzney/ auch Aderlassen/ Baden vnd Schrepffen.“ innerhalb des Kalenderteils (C) (vgl. C fol. DIII^v) findet sich irgendeine Begründung für diesen astrologischen Sachverhalt. Grimmelshausens *Ewig-währender Calender* hilft weiter, indem er gleichsam die fehlende Analogie nachliefert: Seine Darstellung des Planeten „*Mercurius*“, die substanziell einmal mehr dem Pendant in ‚Rosenkreutzers‘ Kalender gleicht, erklärt, dass der Gott „in der Lincken eine *Chartam*: und in der rechten Hand ein Schreibfeder“ halte (V, 133) sowie siderischer Patron der „*Poëten,* Bücherschreiber/ Buchtrucker“ (V, 135) sei. Demgemäß seien „Jhme [...] zugeeignet das Hirn/ die Geister/ das Gedächtnuß/ die Einbildung/ die Zung [...]“ (V, 135) ‚Gemeinsamer Nenner‘ ist offensichtlich die Sprache.

III

Trotz ihrer sieben Kapitel besitzt ‚Rosenkreutzers‘ „Practica“ nur sechs Geschichten. Ausgelassen ist die dem Mond zugeordnete „Histori“. Damit liegt ein Analogon zu dem im Kalenderteil zwölfmal aufgelisteten „Stand der Planeten zu Eingang dieses Monats“ vor: Dort beginnt jedesmal, abweichend von der normalen Reihenfolge der „Chaldäischen Reihe“, die Sonne. Doch während dieser bei einem solchen Auftakt der Mond als anderes „großes Lumen“ folgen müsste, läuft – einmal verbal, einmal mittels astrologischer Chiffre – von Saturn bis Merkur die vorgegebene Ordnung ab, natürlich wie dargelegt unter Auslassung der bereits eingangs postierten Sonne. Ohne indes mit einem Mond-Abschnitt zu enden! Einen Ausgleich dafür, wie ihn andere Kalender etwa mit der mehr oder weniger ausführlichen astrologischen Darlegung der jeweiligen Mond-Position im Zodiakus aufweisen,[10] gibt

---

10 Vgl. zum *Wurtz-Calender*: „In den äußeren Spalten links und rechts befinden sich in Leserichtung der ‚Alte‘ und der ‚Neue Calender‘ mit Sonntagsbuchstaben und Heiligenfesttag; in den beiden Spalten dazwischen erscheint der ‚Lauf des Mon-

es in Rosenkreutzers *Wurtz- vnd Kräuter-Calender* auf 1654 nicht. Das trifft eben auch für die fehlende lunarische Geschichte zu. Selbst ein vollständig erfasster Planeten-Stand am Monatsbeginn wäre kein echter Ersatz, weil er im Kalenderteil statt in der „Praktik" platziert wäre und als statistiknahe Auflistung eine narrative Einheit substanziell und funktionell nicht aufwiegen könnte.

Das Fehlen einer lunarischen Geschichte dürfte eher durch die Schwierigkeit bedingt sein, ein schlüssiges, tragfähiges und nicht zuletzt überzeugendes lunarisches Erzählkonzept zu entwickeln. Als epischen Rohstoff bietet nämlich die knappe Charakteristik des Mondes bei ‚Rosenkreutzer' allenfalls das Wasser an: Der ‚Planet' regiere „alles Wasser/ ja das gantze gewaltige Meer" (P fol. DIV^{r}). Die Phänomene des nächtlichen Tau-Falls[11] oder der mondbewirkten Tide machten den Zeitgenossen diese Zuschreibung besonders plausibel. Die Luna-Blätter der Planetenkindschafts-Reihen als graphischer Gegenstücke, auf die Günther Weydt am Beispiel der Serie Georg Pencz′ aufmerksam gemacht hat,[12] zeigen daher nahezu ausschließlich Wasser-Motivik, wie Flüsse, Seen, das Meer und die diesen topo- und geographischen Bereichen zugeordneten Tätigkeiten und Berufe, z. B. Angler, Fischer und Seeleute. Immerhin hat Grimmelshausen in der von Weydt ermittelten, allerdings nach vorn zu erweiternden Luna-Phase des *Simplicissimus Teutsch* diesem begrenzten Sujet eine überaus bewegte Erzählphase abgewonnen. Der Protagonist wird zur Allegorie des Auf-und-Abs der Fortuna, indem er „ein unlustig Bad im Rhein" überlebt,[13] im „Sauerbrunnen" kurt, das ausgedehnte Abenteuer im Mummelsee besteht und „seinen Sauerbrunnen an einem unrechten Ort" (*ST* 446) vergeudet. Es mag sein, dass sich die Gattung des Romans, des simplicianischen zumal, besser für die diegetische Verwendung und Ausgestaltung der „wässrigen" Materie eignet als eine kurze Kalendergeschichte. Doch auch Grimmelshausen musste seinen Simplicissimus längere Diskurse

des' im *Zodiakus* und die ‚Erwehlung, Gewitter und Aspecte auf beede Calender'." (Meise, Diagnose [wie Anm. 1], S. 936.)

11 Nach Grimmelshausens *Ewig-währendem Calender* ist der ‚Planet' Mond „ein Mutter deß Tawes" (V, 137) und „ein ursach deß zu- und abgang deß Wassers" (V, 139).

12 Weydt, *Nachahmung und Schöpfung* (wie Anm. 3), S. 256–262.

13 Hans Jacob Christoffel von Grimmelshausen: *Simplicissimus Teutsch.* Hrsg. von Dieter Breuer. Frankfurt a. M. 2005 (Deutscher Klassiker Verlag im Taschenbuch 2), S. 347. Der Roman wird im Folgenden nach der Edition von Breuer im Text dieser Abhandlung mit Sigle *ST* und Seitenangabe in runden Klammern zitiert. – Vgl. Haberkamm, *„Sensus astrologicus"* (wie Anm. 5), S. 238–257.

mit den Mächtigen unter Wasser zur Streckung des lunarischen Stoffes führen lassen und Kapitelüberschriften mit Wasser-Metaphorik o. Ä. entwerfen, beispielsweise: „Wie *Simplicius* Calender macht/ und als ihm das Wasser ans Maul gieng/ schwimmen lernte." (*ST* IV, 7; 347) oder unmittelbar im Anschluss an die Mummelsee-Sequenz: „Etwas wenigs von den Ungarischen Widertäuffern/ und ihrer Art zu leben." (*ST* V, 19; 446) Bei zehn Jahrgängen des *Newen Wurtz- vnd Kräuter-Calenders* seit 1643 musste sich zudem, scheint es, der relativ kärgliche lunarische Stoff auch bei lebhafter Imagination des Autors umso schneller erschöpfen. Für einen hohen thematischen Verschleiß gerade im lunarischen Horizont spricht denn auch dessen Bemerkung in einem seiner Kalender bald nach 1654, in der „Practica" des Jahrgangs 1658: „Anstatt einer Lunarischen Historia will ich etwas von der weisen Sibyllen erzehlen/ seyn vor Zeiten weise/ gelehrte Frauens Personen gewesen [...]."[14] Eine Begründung für diese Kompensation erfolgt nicht, was den Verdacht der lunarisch-stofflichen Auspowerung umso mehr nährt, zumal Grimmelshausens *Ewig-währender Calender* in diesem Punkt auch nicht erläuternd einspringen kann.

Der tatsächliche Grund für das Defizit einer „Luna"-Geschichte ist banal genug: Es standen nach Meises Beobachtung konstant nur vier Druckbögen zur Verfügung.[15] Und da konnte es schon sein – hätte der Kalendermann für seine relativ billige und kurzlebige Ware etwa aufwändige und einengende Vorauskalkulationen vornehmen sollen? –, dass für die auf die letzte Stelle fixierte Mond-Erzählung kein Raum mehr übrig war. So kam es, dass solche häufiger – mitunter auch die an vorletzter Stelle zu erwartenden merkurialischen Historien – ausfielen.[16] Mit einiger Sicherheit gab es eine Lücke im Mond-Bereich, wenn eine Saturn-Geschichte, wie im Jahrgang auf 1654, besonders lang geriet. Dazu verleitete der für den Planeten Saturn von der Astrologie bereitgestellte reichhaltige Stoff immer wieder, galt die astrale Gottheit, die „große Infortuna", doch im Volksglauben wie dargelegt als überaus böse und besaß daher ein großes narratives Potenzial. Verantwortlich für die ‚Kürzung' um eine lunarische „Histori" konnten auch Fortsetzungs-Erzählungen sein, die im laufenden Jahrgang zu Ende gebracht werden mussten oder ebenda zu spät einen Abbruch erfuhren. Beispielsweise folgt im Jahrgang 1654 „der übrige Theil einer Solarischen

14 Zitiert nach Meise, Textformen (wie Anm. 1), S. 288.

15 Meise, Textformen (wie Anm. 1), S. 277.

16 „‚Merkurialische' Geschichten bleiben tatsächlich oft ganz auf der Strecke (*Practica* 1663–1665)." (Meise, Diagnose [wie Anm. 1], S. 942.)

Historia/ davon vergangen Jahr Meldung geschehen ist.“ (P fol. CIII^{v}) Umgekehrt endet die Venus-Erzählung dieses Jahrgangs, geschicktes Marketing, mit dem Hinweis: “Vbers Jahr ein mehrers.“ (P fol. DII^{v}) Kalendergeschichten mit lunarischem Inhalt gab es grundsätzlich allemal, so die „Episoden aus dem Leben des Kaisers Heinrich I. (*Practica* 1661) oder des Erzherzogs Friedrichs des Schönen von Österreich (*Practica* 1662)“.[17] Letztere ist überschrieben: „Folget nun eine Lunarische Historia/ da es wol hat geheissen: Glück und Glas/ wie bald bricht das.“[18] Hier, so kann vermutet werden, spielt das Prinzip des schnellen Wechsels des menschlichen Schicksals und der Vergänglichkeit alles Irdischen die astrologische Rolle, von denen zwar der *Wurtz-Calender* unter dem Druck des Raum-Mangels nichts vermeldet, wohl aber Grimmelshausens *Ewig-währender Calender*: „Der Mond gebieret [...] ungestümmen Sinn/ unstätes Wesen in allen Sachen/ ungleiche Menschen [...]“ (V, 33). Demzufolge sei der lunarische Mensch „unbeständig“ (V, 139) und „unstätt in seinem Wandel“ (V, 143).

Wie erwähnt hat die saturnische Geschichte im Kalenderjahrgang 1654 einen sehr großen Umfang; sie ist die längste aller sechs darin enthaltenen Historien. Das steht bei allen Modifikationen, vor allem radikalen Kürzungen, über die Jahre hinweg grundsätzlich im Einklang mit den übrigen Kalendarien der langen Reihe. In einer ersten Erklärung kann das eben auf die Faszination des Bösen für den Erzähler zurückgeführt werden. Am anderen Ende der Skala können die lunarischen Erzählungen, sofern sie nicht gleich wie im vorliegenden Falle fehlen, auf Episoden-Format schrumpfen. Dieser Gesamtbefund wirft die Frage auf, ob sich in diesen Größenordnungen auch ein astrologiegesteuerter Formwille neben dem inhaltlich-thematischen Interesse niederschlägt: Die Umfänge der Texte könnten sich an der Umlaufgeschwindigkeit des jeweilig abgehandelten Planeten bzw. an seinem von der „Chaldäischen Reihe“ gespiegelten Abstand von der Erde im geozentrischen Weltbild ausrichten. Der äußerst langsame Saturn zum Beispiel durchläuft „in 30. Jahren nur ein einig mal die 12. Zeichen“ (P fol. A^{v}) und nimmt, ohne dass diesen Gemeinplatz in ‚Rosenkreutzers‘ Kalender *expressis verbis* festzuhalten nötig wäre, die erdfernste Position ein. Sein Opponent Mond hingegen ist, in Umkehrung der zeiträumlichen Akzentuierung, der „vnterst vnd vns Erdbewohnern nechste Planet“ (P fol. DIV^{r}), weswegen seine Schnelligkeit nicht eigens erwähnt

17 Meise, Diagnose (wie Anm. 1), S. 942.

18 Zitiert nach Meise, Textformen (wie Anm. 1), S. 284.

zu werden braucht. Damit würden sich der durch die festgelegte Bogenzahl ergebende äußere Sachdruck und die artistische Intention des Kalendermannes ergänzen.[19]

IV

Es scheint, als werde der Verlust einer Luna-Histori im Kalender auf 1654 gewissermaßen durch einen methodologisch relevanten Erkenntnisgewinn für die Interpretation einschlägiger Texte wettgemacht. Zum einen: Fällt eine astrologische Kalendergeschichte aus welchen Gründen auch immer weg, tangiert das nicht das System der „Chaldäischen Reihe", das ansonsten das übergeordnete Strukturprinzip des Kalenders als Ganzen und aller seine Teile darstellt. Es liegt paradoxerweise trotzdem eine virtuell vollständige Serie vor. Damit ist gleichsam eine Variante zu den bekannten Modifikationen der „Chaldäischen Reihe" hinzugetreten, die bislang vor allem in der Form von Umstellungen einzelner Planeten-Positionen bekannt sind. Es ist nachgewiesen, dass es in der Literatur, der bildenden Kunst, der Musik und der Architektur ungefähr ebenso viele Änderungen dieser Reihe wie regelmäßige Abfolgen gibt.[20] Das bekannteste literarische Beispiel für eine solche

19 Idealtypisch müssten sich die ‚Binnengeschichten' zwischen Saturn und Mond diesem Schema fügen, d. h. stetig im Umfang abnehmen. In diesem Sinne ließe sich auch Meises Feststellung lesen: „Während ‚Saturn' in jeder Praktik durchgängig in allen vier Abschnitten des Kapitels eingehend behandelt wird, geraten die Ausführungen über die folgenden Planeten immer kürzer." (Meise, Diagnose [wie Anm. 1], S. 943.) Allerdings lassen sich die Erzählfreude des astrologisch versierten Kalenderautors und die narrative Attraktivität einzelner Planeten kaum in ein solches Prokrustesbett zwängen. Im gegebenen Jahrgang ist somit eine lineare Abnahme des Erzählvolumens eher nicht zu verzeichnen, wobei Verzerrungsfaktoren wie z. B. die Fortsetzungsanteile noch einzukalkulieren wären. Zu berücksichtigen ist auch die eingeschränkte Repräsentativität eines Einzeljahrgangs. Vorerst bleibt die überwölbende Spannung zwischen den Textproportionen der randständigen ‚Planeten' Saturn und Mond bemerkenswert.

20 Klaus Haberkamm: Ästhetische Varianten der „Chaldäischen Reihe". Grimmelshausens *Simplicissimus Teutsch* und der Skulpturenschmuck an Erbdrostenhof und Schloss in Münster. In: *Grimmelshausen und Simplicissimus in Westfalen*. Hrsg. von Peter Heßelmann. Bern, Berlin, Brüssel, Frankfurt a. M., New York, Oxford, Wien 2006 (Beihefte zu Simpliciana 2), S. 255–285; Klaus Haberkamm: Ästhetische Varianten der „Chaldäischen Reihe" in Münster. In: *Simplicissimus in*

Umplatzierung ist wohl die Stellung des Planetengottes Jupiter, den die intermittierend närrische Figur gleichen Namens repräsentiert, im *Simplicissimus Teutsch*. Da die „Chaldäische Reihe" den biblisch gestützten, festgefügten Kosmos des geozentrischen Weltbildes wiedergab, irritierten scheinbare Abweichungen vom Grundmodell die Astrologiegläubigen in der Vergangenheit nicht. Sie konnten souverän mit den Varianten spielen und verfolgten damit zuweilen eigene ästhetische Zwecke wie an der Fassade des Ottheinrichsbaus im Heidelberger Schloss. Möglicherweise ging es ihnen sogar um die artistische Wiedergabe ihres Geburtshoroskops. Einige Barock-Wissenschaftler der Neuzeit aber pochten im Rahmen ihrer kritischen Auseinandersetzung mit den astrologischen Thesen Günther Weydts zum *Simplicissimus*-Roman auf die vermeintlich sakrosankte Unabänderlichkeit der „Chaldäischen Reihe" – ohne freilich zu bemerken, dass sie damit Gefahr liefen, sich ungewollt mit der Astrologie zu identifizieren.

Weiterhin führt ‚Rosenkreutzer' in seinem Kalender auf 1654 dem Leser eine regelrechte onomastische Ersatzprobe für den zwischen Astrologie und Mythologie oszillierenden Bereich der Planetengottheiten vor, und zwar einmal mehr am lunarischen Exempel. Er stellt fest, „*Lvna* oder der Mond" habe „bey den Poeten vielerley Namen/ denn in den Wassern wird er Diana genant/ am Him̃el aber Luna/ in der Höllen *Proserpina*, Jtem *Lucina*, als welche denen/ so geboren werden/ das Liecht gibt/ alle Ding erhält vnd herfür bringet [...]" (P fol. DIV^{r}). Der Planet kann also qua Bezeichnungsänderung durch die „Poeten" scheinbar zu einem mythischen Gott werden, je nach Kontext. An der Ausgangslage, seiner astrologischen Eigenart, ändert sich dabei nichts. Im Umkehrschluss kann der Teufel, Inventarstück der christlichen Mythologie, „der höllische Saturnus" heißen, wird doch in der Astrologie „Saturnus für einen Fürsteher der Teuffelischen Gespensten/ Hexerey vnd Zauberey" gehalten.[21] Grimmelshausen verfährt sozusagen genau nach diesem Rezept der onomastischen Austauschbarkeit in der Astro-

---

Westfalen. Begleitheft zur Tagung der Grimmelshausen-Gesellschaft 23.–26. Juni 2005 in Münster. Hrsg. von Hans Galen, Klaus Haberkamm und Peter Heßelmann. Münster 2005, S. 16–19; Klaus Haberkamm: „[...] als da sind die Mahlerey/ Music/ und Poeterey." Der Aufzug „Die Tugendsterne" in Harsdörffers „Gesprächspielen" als „Sinnkunst". In: *Harsdörffer-Studien. Mit einer Bibliographie der Forschungsliteratur von 1847 bis 2005.* Hrsg. von Hans-Joachim Jakob und Hermann Korte. Bern, Berlin, Brüssel, Frankfurt a. M., New York, Oxford, Wien 2006 (Bibliographien zur Literatur- und Mediengeschichte 10), S. 135–156.

21 In der „Practica" 1649. Zitiert nach Meise, Diagnose (wie Anm. 1), S. 942.

logie. So hält der eindeutig als siderisch entworfene Narr Jupiter Simplicius beispielsweise für seinen Ganymed (vgl. *ST* 254). In der Vision des zweiten Teils des *Wunderbarlichen Vogel-Nests* charakterisiert umgekehrt Phoebus-Apollo [!] seine Kollegen im Götterrat und sich selbst ausdrücklich als „Planeten“; anwesend sind aber außer etwa Jupiter-Jovis auch Vulkan, Pluto-Plutus, Diana und Neptun.[22] Die kanonischen sieben astrologischen Gottheiten können auf dem Titelblatt von Benjamin Hederichs *Gründlichem LEXICON MYTHOLOGICUM* noch im Jahre 1724 figurieren.[23] Diese angebliche Vermischung von astrologischen und mythologischen Indizien wurde von Teilen der Forschung immer wieder zum Zweck der Entwertung der astrologischen These Günther Weydts bemüht – einmal mehr aus Ignoranz.

Beliebt war auch der puristische ‚Einwand‘, in den von diesem herausgearbeiteten astrologischen Phasen des großen simplicianischen Romans seien stellenweise anderslautende Planetennamen eingestreut, der Deutungsansatz somit hinfällig. In der Tat integriert Grimmelshausen in bestimmten astrologischen Phasen abweichende Planetennamen, etwa die handlungsmäßig weitreichende, strukturell überaus gewichtige „*Conjunction Saturni* und *Mercurii*“ in der Sonnen-Phase. Bei genauerer, kompetenter Betrachtung passen solche scheinbaren Divergenzen sehr wohl zueinander; sie differenzieren lediglich die Anlage der Großphasen. Aber auch ohne Assimilation des Mythologischen an das Astrologische läge kein Widerspruch vor. Einschlägige Kritik verfehlte schlicht die Eigenart des narrativen Verfahrens. Als wolle ‚Rosenkreutzer‘ Grimmelshausen im Voraus Schützenhilfe leisten, demonstriert er geradezu solche ‚Ungereimtheiten‘, die nur unflexiblen Systematikern von heute anstößig erscheinen. So spricht bei ‚Rosenkreutzer‘ mitten in der dezidiert als venerisch deklarierten Kalendergeschichte von 1654 der Liebende die umworbene Dame emphatisch mit „meine schöne Sonne“ (P fol. D II^{r}) an – eine gängige Apostrophe des höfischen Stils, die aber Pedanten sogar in diesem unzweifelhaften Venus-Kontext als gewichtigen Einwand betrachten dürften. Der Aufbau der „Saturnische[n] Historia“ ‚Rosenkreutzers‘ auf der Exposition einer elaboriert venerischen Teilgeschichte, wie sie der Kalender anschaulich vorführt, ist unter astrologischem Aspekt keineswegs der ins Große getriebene ‚Verstoß‘ gegen historische und poetologische Gepflogenheiten.

---

22 Vgl. Haberkamm, *„Sensus astrologicus“* (wie Anm. 5), S. 62–84.

23 Klaus Haberkamm: Sternen-Deutung Oder Replik auf „hoher gelehrter Leut Meinungen und Sentenz beydes von der *Astronomia* und *Astrologia*“ bei Grimmelshausen. In: *Simpliciana* IV/V (1983), S. 49–121, hier S. 50–51.

V

Die Venus-Geschichte in der „Practica“ von Rosenkreutzers Kalender sei hier auch für eine eingehendere Betrachtung ausgewählt, weil zu ihr selbst der astrologieunkundige oder -skeptische Interpret der Gegenwart einen relativ leichten Zugang findet. Er wird sie auf den ersten Blick schlicht für eine Liebesgeschichte üblicher Art halten, vor allem wenn er mit dem spezifisch astrologischen Begriff des Venerischen nicht oder allenfalls aus der Medizin vertraut ist.

„Die Beschreibung einer Venerischen Geschicht/ darinnen man ein Exempel einer sehr närrischen vngezähmten Lieb sehen kann.“ (P fol. D^{r}) handelt von der Liebe eines französischen Edelmanns zu einer verheirateten Dame, deren Ehemann Argwohn schöpft und die sich anbahnende Beziehung hintertreibt. Aus Liebe zu seiner Frau und aus Respekt vor der soldatischen Reputation des Nebenbuhlers sieht er von einer drastischen Bestrafung des Paares ab. „Vbers Jahr ein mehrers.“ (P fol. DII^{v}) bricht die Geschichte – wohl auch aus verkaufstaktischen Gründen – ab. Die im Jahrgang auf 1654 vorhandene partielle „Historia“ folgt trotz des Edelmutes des hintergangenen Ehemanns ganz der Vorgabe des fünften Kapitels des Kalenders „von der *Venere.*“ (P fol. CI^{v}):

> Es haben aber die Alten Heyden durch solch schön Weib die Bulerey/ durch deroselben blindes Kind aber *Cupidinem*, die Kindliche blinde Begierd oder Buler/ Freyer/ Bulerin/ etc. durch die beede Turturtäublein (vor dem Prunkwagen der Planetengöttin. K. H.) das Paren/ Gatten oder Zusammengesellen/ den bulenden Personen wollen fürmalen/ mit dem schönen hellen Glantz vmb den Wagen herumb haben sie wollen anzeigen/ daß alle Freyer/ Buler vnd Bulerin für reich/ stattlich/ schön vnd prächtig angesehen vnd gehalten werden wollen/ ob gleich Betrug und Betteley dahinden stecket. (P fol. CIV^{r-v})

Die detaillierte Parallelaussage dazu in Grimmelshausens *Ewigwährendem Calender* lässt sich auf den Nenner bringen, Venus sei „ein ursach der Liebe“, herrsche über „bueler täntzer/ leimstängler“ und „fürdert zum Ehestand und zu Wollustbarlichen so wohl ehelichen als unzüchtigē Beyschlaff“ (V, 129). Simplicius’ erotisch-sexuelle Abenteuer in Paris erfüllen diese astrologische Beschreibung aufs Beste. Auf den besonderen Ruf Frankreichs in amourösen Dingen ist beidesmal abgehoben.

Die besagte metaphorische Anrede der Geliebten als Sonne belegt exemplarisch lediglich, dass die erzählte Handlung ihren eigenen Gesetzen gehorcht, ohne dass die gewissermaßen darübergelagerte venerische Sinnsicht irgendwie tangiert wäre, schon gar nicht in beeinträchtigender Weise. Das ist im Falle ‚Rosenkreutzers' – und das macht seine Kalendergeschichten heuristisch so bedeutsam – geradezu beweiskräftig zu belegen. Seiner „Venerischen Geschicht" kommt ein Doppelcharakter zu; sie ist einmal bloße Erzählung und kann eben ohne weiteres als konventionelle Liebesgeschichte identifiziert werden.[24] Selbst im astrologisch geprägten siebzehnten Jahrhundert mögen Leser sie allein als solche rezipiert haben. Das dürfte auch der kommerzielle Grund für ihre Aufteilung in Fortsetzungen gewesen sein. Und der gegenwärtige, astrologieferne Rezipient dürfte dieser Interpretation in aller Regel folgen. Das ist legitim, selbst wenn die programmatische Überschrift zur Kenntnis genommen wird: „Beschreibung einer Venerischen Geschicht [...]". Dann sagt dem Heutigen entweder dieser Titel nichts oder er überliest bzw. verdrängt ihre markante Zusatz-Information. Vermutlich geht er unbewusst in die Falle der Verwechslung der Venus als Planeten mit der noch gegenwärtig allgemein bekannten mythologischen Gottheit und bewegt sich lediglich auf der Ebene des „sensus litteralis", eben der Liebesgeschichte. Das Wesentliche an der Geschichte aber, ihre astrologische Sinnschicht als Konstituens einer erzählten Kosmologie, versäumt er mit dieser reduzierten Lesart. Auf diese Weise entgeht ihm der Stellenwert der Erzählung, ihre Einbettung in einen astralen Zyklus. Das ist umso gravierender, als ihm der Autor sozusagen eine Leseanweisung am Beispiel der unterschiedlichen Bezeichnungen des Planeten Luna mitgegeben hat. Sie muss nur in ihren Konsequenzen weitergedacht werden. Zwar kann der Sterngott Mond je nach Anwendungsbereich differenziert Luna, Diana, Proserpina oder Lucina heißen; wo aber ein Name wie Venus so üblich ist, dass außer der selten gebrauchten Alternativbezeichnung „Aphrodite" praktisch keine weitere besteht, sollte so viel interpretatorische Flexibilität vorhanden sein zu begreifen, dass die vermeintlich exklusive mythologische Benennung auch astrologisch fungieren kann. Zugegebenermaßen bedarf es dazu einiger Sachkunde, die auf diesem entlegenen Gebiet zu

24 Die Venus-Geschichte Neżāmīs handelt von den Heimsuchungen zweier Liebender und ist dennoch auf den Tenor heiterer Lebenslust gestimmt. Die Struktur des Epos des persischen Dichters richtet sich nicht nach der „Chaldäischen Reihe", sondern nach der Folge der Wochentage, so dass die Serie der sieben Geschichten im Freitag, dem heiligen Tag der Muslime, aufgipfelt.

erwerben auch unter Wissenschaftlern nicht jedermanns Sache ist. Wäre sich der moderne Leser dessen bewusst, dass die gesamte Vorstellungswelt der antiken Mythologie auf die Astrologie für die Dauer von deren historischer Gültigkeit übergegangen ist, letztere jene gleichsam im populären Bildungskanon der Ära ersetzt hat, könnte er jedoch der Intention der Geschichte gerecht werden.

„‚Saturnische', ‚Martialische' und ‚Venerische Geschichten' enden in der Regel mit der Aufdeckung der Verbrechen und der Bekehrung der Schuldigen."[25] Ein solches Urteil verdankt sich mutmaßlich einer weitgehend auf der Litteralebene verharrenden Lektüre. Es gibt sehr wohl venerische Geschichten im astrologischen Sinne ohne Verbrechen und Schuldige auf der Handlungsebene, also mit happy ending. Es kommt auf das Venerische unabhängig von der Gestaltung der Geschichte im Detail an. Die zitierte Beschreibung suggeriert außerdem einen Konnex zwischen drei Planeten, der sachlich, d. h. astrologisch, irreführt: Die drei Astralgötter als „Große" und „kleine Infortuna" (Saturn und Mars) einerseits und „kleine Fortuna" (Venus)[26] andererseits werden pauschal unter einem gemeinsamen Kriterium des Erzählstoffes, der Kriminalität, nicht aber der jeweiligen übergeordneten astrologischen Idee subsumiert. Nochmals: Weder passen gegebenenfalls Aufdeckung von Verbrechen noch Schuld und Bekehrung genuin, also astrologisch, zu Venus. Vielmehr zeigt sich klar, dass astrologisch, hier: venerisch, strukturierte Erzählungen als allegorische Meta-Texte nicht ohne eine Handlungsebene, einen „sensus litteralis", auskommen, der sogar Elemente enthalten kann, die dem jeweils intendierten astrologischen Sinn zu widersprechen scheinen. Artet das Erotische wie in diesem Falle zur „närrischen und vngezähmten Lieb" aus, muss es geradezu zwangsläufig zur Bestrafung der Übeltäter kommen. Damit rückt die venerische Erzählung aber keinesfalls in die Nähe einer saturnischen oder martialischen „Historia". Zwei der sieben Erzählungen Neżāmīs – sieht man von der eigentlichen Venus-Geschichte mit scheinbar düsterer Atmosphäre ab[27] – haben die Liebe zum Inhalt, sind aber statt an Venus an Saturn und Luna orientiert.[28]

---

25 Meise, Textformen (wie Anm. 1), S. 282.

26 Als „Große Fortuna" gilt in der Astrologie Jupiter.

27 Vgl. Anm. 23.

28 „Was die indische Prinzessin am Samstag in der schwarzen Saturnkuppel erzählte: Die Geschichte von der unerfüllten Liebe." Sowie „Was die maurische Prinzessin am Montag in der grünen Mondkuppel erzählte: Die Geschichte vom verliebten Bischr." – Nizami: *Die sieben Geschichten der sieben Prinzessinnen.* Aus dem

Der Blick des modernen Lesers liegt auch zu sehr auf der Erzählung an sich, wenn bei der Erörterung saturnisch verweiskräftiger Geschichten gefolgert wird:

> Da auch die in den folgenden Jahren an dieser Stelle gebotenen Geschichten von Zauberei handeln, ist zu vermuten, daß der astrologische Saturnglaube nicht zuletzt deshalb beschworen wird, weil er Anlaß für eine hübsche Gespenstergeschichte bietet (*Practica* 1655–1657; 1661–1665).[29]

Es verhält sich andersherum: Der Stoff, mag er als solcher noch so spannend sein, wird allein um des „Saturnglaubens" willen ausgewählt – wobei es auf den astrologischen „Glauben" als solchen nicht unbedingt ankommt, da gelegentlich auch rein ästhetische Motivation ausreicht. ‚Rosenkreutzers' Erzählintention gehorcht der Darstellung der astro-kosmologischen Ordnung nach dem Muster der „Chaldäischen Reihe", was innerhalb der Textsorte Kalender als der Widerspiegelung des Universums besonderen Sinn macht. „Daß ‚Thiere' und ‚Historien', die die Geschicke einzelner unter dem Einfluß der Gestirne zeigen, an die Ausführungen über die Pflanzen angehängt werden, rekurriert vielmehr auf die noch im 17. Jahrhundert verbreitete astrologische *influxus*-Theorie und etabliert deren Gültigkeit aufs neue." Der *Wurtz- und Kräuter-Calender* beschränke „sich auf die Wiedergabe der überkommenen astronomischen und astrologischen Vorstellungen über deren Platz im Kosmos", ist doch mit vollem Recht im selben Argumentationszusammenhang bereits festgestellt worden.[30] Die Fehleinschätzung der Zwecksetzung der Schreibkalender ‚Rosenkreutzers' dürfte durch die Hypothese befördert worden sein, es sei bei den Kalendergeschichten über die Jahrzehnte hinweg eine Lockerung der Ausrichtung an der Astrologie, eine Tendenz zu ihrer Verselbstständigung und womöglich sogar ein Ansatz zur Aufklärung zu beobachten.

> Es ist letztlich die dem Medium eigene Dynamik – der Zwang, den Kalender permanent zu erneuern , um sich auf dem Kalendermarkt zu behaupten, die das Band zwischen dem Kalender als Textträger und den in ihn eingerückten Texten zerreißt und diese selbstständig werden lässt.[31]

Persischen verdeutscht und herausgegeben von Rudolf Gelpke. Zürich 1959 (Manesse Bibliothek der Weltliteratur), S. 95–96 sowie S. 7–9.

29 Meise, Diagnose (wie Anm. 1), S. 943.

30 Meise, Diagnose (wie Anm. 1), S. 940.

31 Meise, Textformen (wie Anm. 1), S. 290.

Diese Entwicklung hat es sicherlich gegeben. Doch wurde davon das astrologische Grundgerüst des ‚Rosenkreutzer'schen‘ Kalenders nicht berührt oder gar suspendiert. Die definitive Wahrheit lautet in der Formulierung Meises selbst: „Die ‚Historien‘ unterstreichen damit noch einmal den Befund, dass der *Newe Wurtz- vnd Kräuter-Calender* an überkommenen Sichtweisen festhält.“[32] Es mögen sich im Laufe der Jahrzehnte allerlei Verschleißerscheinungen an den Kalendertexten zeigen, Ermüdungen aller Art beim Kalendermann Marcus Freund einschleichen, sein Wille zur kreativen Durchgestaltung des Werks erlahmen – auch wenn er von Carl August Strohband abgelöst wurde –,[33] doch die astrologischen Substanz des Kalenders und der signifikativen Kalendergeschichten ändert sich nicht. Das kosmologische Modell muss erhalten bleiben oder der Kalender gibt sich auf.[34]

Innerhalb ihrer eigenen Reihe, d. h. derjenigen etwa der Saturn-Geschichten, variieren die astrologischen Geschichten durchaus. Schon die Belege der wenigen von Meise angeführten Gruppen von Jahreszahlen, 1655–1657 und 1661–1665, lassen darauf schließen, dass genügend andere Sujets als Zauberwesen und Teufelsspuk für die Saturn-Erzählungen zur Verfügung standen und ausgewählt wurden. Der vorliegende Jahrgang beispielsweise berichtet, „wie jämmerlich ein Mutter mit jhren zweyen Kindern vmbgangen.“ (P fol. AIII^{r}) Von Magie und

32 Meise, Textformen (wie Anm. 1), S. 286.

33 Vgl. Herbst, Verzeichnis der Schreibkalender, S. 140.

34 Das festzustellen ist gerade im Hinblick auf Meises Folgerungen wichtig: „Einerseits verweisen die durchgängig verwendeten Adjektive ‚saturnisch, jovialisch, martialisch etc.“, die in den Überschriften auftauchen, auf die Rückbindung der ‚Historia‘ an den Planeten, dem sie ‚unterworffen‘ ist. Andererseits neigen die Überschriften mehr und mehr dazu, sich von dieser Bindung freizumachen und über sie hinauszugreifen. Die Überschriften verdoppeln sich: Die anfänglich stereotyp knappen, wiederkehrenden Formulierungen ‚Folget nun eine Saturnische Historia‘ werden durch Qualifikationen und Präzisionen erweitert: ‚Folget nun eine Saturnische Historia/ der Diebische Zauberer genant.‘ (*Practica* 1656, Saturnische Historia […], fol. A 3^{r}). Es folgen noch zwei gleichartige Belege. In der Tat bleiben die planetarisch verweiskräftigen Adjektive und damit ihre astrologische Funktion „durchgängig“ erhalten. Zum anderen handelt es sich genauso unbestritten bei den Erweiterungen des Wortlauts der Überschriften um „Präzisionen“ – allerdings im astrologischen Sinne. In diesem Falle beispielsweise sind sowohl die Diebe als auch die Zauberer die typischen saturnischen „Planetenkinder“. Freilich mögen diese Amplifikationen und Präzisierungen, analytisch gesehen aber erst in zweiter Linie, mit der literarischen ‚Emanzipation‘ der primär astrologisch strukturierten Historien zusammenfallen.

Geisterwesen findet sich nichts in ihr.[35] Trotzdem handelt es sich um eine echte, d. h. „erschröckliche Saturnische Historia“ (P fol. AIII^r), wie die Einleitung bestätigt:

> Jn welchem Sythier Land ist eine solche grewliche That jemals verbracht worden/ so ich jetzt beschreiben will? Welche Wölffin Tygerthier vnd Drach/ ja aller grawsamstes Thier deß Landes *Hyrcaniœ* kan wol einer solchen verdambten Mutter verglichen werden? Es ist ein Exempel/ ohne Exempel/ so kaum zu glauben ist/ vnd sich doch in der Warheit mit einem/ Namens *Falante*, in einer Bischöfflichen Stadt in Franckreich begeben hat. (P fol. AIII^r)

Übrigens wird das geschilderte Unheil, das saturntypisch um Mord, Totschlag, Folter und Todesstrafe kreist, dadurch ausgelöst, dass sich eine alte Frau heftig in einen Jüngling verliebt. Diese Ausgangslage darf trotz eingehender Darstellung des *amour fou* nicht dazu verleiten, ein Venus-Motiv zu unterstellen, vielleicht sogar einen strukturellen Widerspruch zu konstruieren und schließlich eine astrologische Deutung abzulehnen. Unter derartigen Handicaps hat die astrologisch ausgerichtete Grimmelshausen-Forschung lange gelitten. In diesem Falle aber steht solchen Missverständnissen kategorisch die Deklaration entgegen, es handele sich um eine „Saturnische Historia“. Gleiches gilt natürlich für die anderen fünf Geschichten in diesem Jahrgang sowie das entsprechende kalendarische Gesamtœuvre ‚Rosenkreutzers‘ einschließlich der lunarischen Erzählungen.

„Die am Schluss eines jeden der sieben Kapitel eingerückte ‚Historie‘“, schreibt Helga Meise, „muss in der Regel ohne Verweis auf den Sternenglauben auskommen.“[36] Dem ist, zumindest was die hier zur Debatte stehenden sechs Geschichten des Jahrgangs auf 1654 angeht, voll zuzustimmen. Wäre der Satz als Ausdruck des Zweifels an der astrologischen Strukturiertheit der jeweiligen Texte zu verstehen, wäre er nicht zu akzeptieren. So aber ist er von enormer methodologischer Relevanz. Er hebt ins Bewusstsein, dass astrologisch signifikante Texte

35 Gleiches gilt für eine von Meise angeführte saturnische Historia: „Die Geschichte eines weder zeitlich noch örtlich genauer verankerten Inzests, ‚die sich wieder alle Natur zwischen einer Mutter und Sohn begeben hat‘, wird zwar nicht vor Gericht geahndet, führt aber Mutter und Sohn mitsamt ‚seiner Schwester Tochter und Hausfrauen‘ in ‚Hertznagen‘, Schwermut, Reue und Tod. [...] (*Practica* 1671, Saturnische Geschicht).“ (Meise, Textformen [wie Anm. 1], S. 283.) Nochmals: Gerade das Saturn-Repertoire kann mit einer Fülle einschlägiger Themen aufwarten und ist mitnichten allein auf den Teufels- und Gespensterstoff angewiesen.

36 Meise, Textformen (wie Anm. 1), S. 283.

gerade ohne explizite Signale zu Recht als allegorische zu verstehen sind. Die an sich verständlichen Sätze der narrativen Handlung haben eine eigene, in der Regel astrologiefreie Semantik, enthalten jedoch auf einer Metaebene eine – meist eben nicht offensichtliche – Zusatzqualität, die astrologische. Damit konstituiert sich nach traditionellen Konstituierungs- und Auslegungsmustern ein „sensus duplex", der dem aufgeklärten Menschen heutzutage umso schwerer zu vermitteln ist, als er selbst die historische Astrologie als okkult und obskur empfindet. Dank der programmatischen Überschriften der Geschichten des *Newen Wurtz- vnd Kräuter-Calenders* – einem hermeneutischen Glücksfall mit Seltenheitswert –[37] kann dem heutigen Leser die astrologische Allegorisierung zweifelsfrei nachgewiesen werden. Was ihm zunächst eine simple ‚Kurzgeschichte' nach Art anderer Erzählsammlungen der Zeit, etwa von Harsdörffers *Jämmerlichen Mordgeschichten*, zu sein scheint, entpuppt sich, die nötige Sachkenntnis vorausgesetzt, als astrologisch signifikativer Text. Selbst der Vergleich der Geschichten mit den Charakteristiken der je vom selben Autor zugeordneten Planetengötter allein könnte eventuell nicht ausreichen, die Skepsis des modernen Lesers gegenüber der These astrologischen Gehalts auszuräumen. Bliebe doch aus dessen Sicht neben einer bestimmten, unter Umständen kleinen astrologischen Schnittmenge ein Text-Quantum mangelnder Deckungsgleichheit oder gar scheinbarer Widersprüchlichkeit, den die rein diegetische Entwicklung fordert, bestehen. So ist eben in den diskutierten Saturn-Geschichten des *Wurtz-Kalenders* und des persischen Epos ein bestimmter Anteil für scheinbare Venus-Motivik reserviert, die lediglich die massiv saturnische Erzählung in Gang setzt. Dem Zweifler

37 Allein steht der *Wurtz-Calender* in dieser Hinsicht freilich nicht, was sicherlich vor allem an dem Autor Marcus Freund, einem, wie erinnerlich, „der natürlichen *Magiæ* vnd *Astronomischen* Künsten sonderlichen Liebhabern" (Titelblatt), liegt. Von Freund stammt auch der *Zeit- und Wunder-Calender*, der Meise in der Serie von 1670 bis 1693 vorlag. Im Unterschied zu den Geschichten in dessen Kalendarium „erscheinen die Geschichten, die die Praktik bietet, ‚astrologisch' motiviert, wenn sie mit der stereotypen Formel ‚Nachfolgende Historia hat sich in diesem Monat begeben und zugetragen.' an die gerade erstellte Monatsprognose zurückgebunden werden." (Helga Meise: „... bey einem jeden Monat eine wunderbare denckwürdige Historia". Die Freudschen Kalender des ausgehenden 17. Jahrhunderts. In: *Simpliciana* XVI (1994), S. 167–185, hier S. 169.) Es wäre zu prüfen, ob die astrologische „Monatsprognose" bei diesem Dutzend Erzählungen auf den zwölf Tierkreiszeichen statt der Planeten basiert. Mutmaßlich ist das der Fall, womit eine interessante Variante astrologisch signifikativen Erzählens gegeben wäre.

von heute wäre ohne die programmatischen Stichworte in den Überschriften kaum klarzumachen, dass im ungünstigen Falle die bloßen Proportionen des astrologisch spezifischen Stoffes den Ausschlag für eine Zuordnung der erzählten Geschichte zu einem bestimmten Planeten ausmachen können – zumal nach Meises Beobachtung explizite astrologische Signale in den Texten nur selten oder gar nicht zu verzeichnen sind.

VI

Mit der Interpretation der Merkur-Geschichte des Kräuter-Kalenders ‚Rosenkreutzers' auf 1654 dürfte sich der Leser der Gegenwart noch schwerer als mit der ausgesuchten Venus-Erzählung tun. Die „Mercurialische Historia von einem frantzösischẽ Capitäin *Guillery* genannt." (P fol. DII^{v}) beginnt mit der Beschreibung des Protagonisten:

> DJser *Guillery* war auß dem Niedern-Britannien in Franckreich bürtig/ vnd eines Adelichen Geschlechts: vnd dieweil er in seiner Jugend wol studirte/ so wurde er von seinen Eltern nacher *Renes* geschickt/ allda seine Studien zu *continuieren.* Da er auff daß 18. Jahr seines Alters kame/ ward er von allen Studenten daselbst sehr gefürcht/ vnd geschahe bey Nacht kein Todschlag oder Rauffhandel/ daß er nicht deßwegen angeklagt wurde/ weiln er sich bey allen bösen Gesellschafften zuvorderst finden liesse. Sein Vatter/ als er dieses vernahm/ vermeinte zwar/ jhne von solchem bösen Leben abzuhalten: aber er gab weder vmb seine/ noch andere Vermahnungen etwas/ sondern wurde je länger je ärger [...] (P fol. DIII^{v}).

Guillery tut sich danach im Krieg hervor, wird aber nach Friedensschluss Anführer einer Räuberbande: „Jhrer viel/ so jhn in dem nechsten Krieg gekennt hatten/ verwunderten sich/ daß er auß einem so braven Capitain ein so grosser Rauber worden." (P fol. DIII^{v}) Er führt ein Briganten-Leben, teilweise indes im Stile Robin Hoods, und kündigt danach seine Räuber-Existenz auf, nicht zuletzt veranlasst durch den gewaltsamen Tod seines Bruders, der sich ihm nach dem Tod des bekümmerten Vaters angeschlossen hat. Guillery lässt sich an einem abgelegenen Ort nieder, wo „er dann seiner Qualitäten/ Höflichkeit vnd Freygebigkeit halber/ bald mit dem Adel bekandt wird; auch ein junge Wittib zum Weib bekombt/ mit welcher er drey oder vier Jahr hausen thut." (P fol. D IV^{r}) Schon diese Inhaltsskizze lässt erkennen, dass das

Leben des Titelhelden einschließlich seines Status sehr wechselhaft verläuft. Dieser Eindruck verstärkt sich, wenn man den Schluss der Geschichte hinzunimmt, der für den Folgejahrgang angekündigt wird. Diese Andeutung genügt, um einen letztmaligen Umschwung anzuzeigen: „Vbers Jahr ein mehrers vnd das vnglückselige Ende dieser Historien." (P fol. DIV^{r})[38]

Würde man diese Erzählung aus dem Zyklus lösen und/oder der Überschrift mit dem Hinweis auf Merkur oder wenigstens des Letzteren berauben, könnte kaum ein heutiger Leser die Geschichte als merkurisch signifikante identifizieren. Er würde wohl am ehesten an eine historische Exempelgeschichte mit moraldidaktischer Funktion denken. Dagegen wäre die adäquate Auslegung für die mit der Astrologie vertrauten Zeitgenossen bei denselben erschwerten Bedingungen mindestens nicht ausgeschlossen gewesen. Sie hätten den mehrmaligen, extremen und äußerst schnellen Wechsel im Schicksal des Protagonisten, den sie in einer Epoche äußerster Veränderlichkeit aus eigener Erfahrung nur zu gut gekannt haben dürften, mit einiger Wahrscheinlichkeit dem Planeten Merkur zugeschrieben, und das im kausalen, keineswegs nur ästhetischen Sinne. An ihrer ursprünglichen Stelle im zyklischen Kontext der Geschichten hätte die Erzählung auch ohne das planetarische Stichwort dem Menschen des 17. Jahrhunderts erst recht keine Deutungsschwierigkeiten bereitet. Er verfügte, möglicherweise sogar als Gegner dieser Ideologie, über die Grundausstattung astrologischer Vorstellungen, d. h. hier die Kenntnis des Planeten Merkur, und die vom Autor angebotene unzweifelhafte Textur für die adäquate Interpretation. Im Besitz der Information, es liege eine „Mercurialische Historia" vor, hätte er kein Problem damit gehabt, diese Vorgabe aus der Erzählung heraus zu begründen. Der heutige Leser dagegen dürfte selbst in Kenntnis aller Schlüssel dem Text einigermaßen unbedarft begegnen. Allenfalls könnte sich der Grimmelshausen-Kenner an die inhaltlich ähnliche Jugendgeschichte Oliviers erinnert fühlen, die dieser nicht zufällig in der von Günther Weydt ermittelten Merkur-Phase des

38 Die Merkur-Geschichte bei Nežāmī ähnelt – kaum überraschend – der bei ‚Rosenkreutzer'. Konzeptionelle Unterschiede sind vor allem durch das historische orientalische Milieu bedingt. Ein junger, verwöhnter Mann lebt mit seinen Freunden im Luxus. „Aber konnte das immer so bleiben?" (Nizami, *Die sieben Geschichten* [wie Anm. 28], S. 161.) Er gerät in eine Kette gefährlicher Abenteuer, die er kaum meistert, und zieht das merkurisch bezeichnende Zwischenfazit: „Wie seltsam ist doch dieses Leben, das uns aus Gärten in Wüsten und aus Wüsten wiederum in Gärten immerzu weiterhetzt – wozu, wohin?" (S. 204).

Simplicissimus Teutsch erzählt. Auch Olivier – um nur einen kurzen Auszug aus seinem zunehmend kriminellen Leben wiederzugeben – vernachlässigt seine Pflichten, gerät in schlechte Gesellschaft und ignoriert die guten Ratschläge seines besorgten Vaters. Zusammen mit seinem Präzeptor gesellt er sich „zu einer Bursch/ die den Leuten deß Nachts auff der Gassen die Mäntel abzwacken/ oder sie gar in der Maaß ersäufften/ was wir dann solcher gestalt mit höchster Gefahr eroberten/ verschlemmten wir mit unsern Huren/ und liessen das *Studir*en bey nahe gantz unterwegen.“ (*ST* 418)[39]

Erst der Blick auf die knappen Ausführungen „von dem *Mercurio.*“ (P fol. DII^{v}) in ‚Rosenkreutzers‘ Kalender hilft dem – gutwilligen – Interpreten heutzutage weiter. Sie sind ganz auf die ständige Veränderlichkeit des Planetengottes und damit der ihm unterstellten Menschen bzw. ihrer astrologischen Schicksale abgestellt: Bezeichnenderweise sind schon – anders als im Falle der übrigen Planeten mit eindeutigen Farben – die „Farben/ die jhm zugeeignet seyn [...] vermischt vnd mancherley“ (P fol. DII^{v}), also nicht einheitlich oder gleichbleibend. Entsprechend sei Merkur „vnbeständiger Natur vnd Eigenschafft dann mit guten Planeten ist er gut/ vnd mit den Bösen böse [...]“, folglich ist er „mit den Glückseligen [...] glückselig/ mit den Vnglückseligen vnglückhafftig [...]“ (P fol. DIIv). Gemeint ist, dass Merkur mit anderen Planeten in „Konjunktion“ oder eine andere Kon-Stellation treten kann, z. B. mit dem bösen Saturn oder dem gütigen Jupiter, und dann je dessen astrologische Eigenart annimmt. Das genau ist die Signatur von Guillerys Leben; mit dem angekündigten schlimmen Ende nähert er sich vollends der Biographie Oliviers bei Grimmelshausen an. Auch die Figur des simplicianischen Romans folgt dem Tenor des Merkur im *Ewig-währenden Calender*, der selbstverständlich dem in der Merkur-Beschreibung bei ‚Rosenkreutzer‘ gleicht. Teilweise ist wörtliche Übereinstimmung festzustellen, was nicht etwa auf die Abhängigkeit Grimmelshausens von ‚Rosenkreutzer‘, sondern auf eine gemeinsame astrologische Quelle schließen lässt. Ohnehin sind die astrologischen Analogien und sonstigen Denkfiguren historisch konstant. Merkur ist, heißt es im *Ewig-währenden Calender*, „unbeständiger Natur und Eigenschafft/ dann mit den guten Planeten ist er gut/ und mit den bösen

39 Damit stimmen Neżāmī, ‚Rosenkreutzer‘ und Grimmelshausen strukturell überein, und zwar auch in Bezug auf die den anderen Planetengottheiten subsumierten Geschichten. Vgl. zu Olivier und zu weiteren merkurischen Kriterien in der entsprechenden astrologischen Phase des *Simplicissimus Teutsch*: Haberkamm, *„Sensus astrologicus“* (wie Anm. 5), S. 252–257.

auch böß/ [...] sonderlich hat er seine Zuneigung zu den Planeten so jhm zugethan oder mit denen er sich *conjungirt* [...]" (V, 133). Grimmelshausen ergänzt tautologisch, dass der „unbeständige Wetterhan den Mandel nach dem Wind henckt/ und mit den guten Planeten gut/ mit den bösen böß" (V, 133) sei. „[...] die Menschen so unter jhm geboren/ haben gemeiniglich lange Finger/ sein unbeständiger Natur und wollen jmmer was news erdencken/ seynd unruhig/ listig verschmitzt und handeln selten offentlich [...]" (V, 133). Das trifft sowohl auf Olivier als auch auf Guillery zu.

VII

In den von Günther Weydt ermittelten Planeten-Phasen des *Simplicissimus Teutsch* wählt Grimmelshausen die gleiche allegorische Erzähl-Methode wie ‚Rosenkreutzer' in seinen Schreibkalendern rund anderthalb Jahrzehnte zuvor, parallel zum simplicianischen Autor und über ihn hinaus. Weydts etwas unglückliche Terminologie der „Planetensymbolik", die sich eher an der Goethe-Zeit als am Barock orientiert, mag anfangs die Schwierigkeiten bei der Akzeptanz der Astrologie-These noch erhöht haben. Vielleicht wäre diese Skepsis graduell abgebaut worden, wenn die Forschung die frühzeitigen Modifikationen der These zur Kenntnis genommen hätte, statt sich in teils unreflektierter Ablehnung aus Unkenntnis der fremdartig erscheinenden Materie zu ergehen.[40] Die Modifikationen differenzieren die Planeten-Phasen innerhalb des Romans mit Hilfe teils wörtlicher Querverweise zum Kalender-Traktat, tangieren aber die grundsätzliche Gültigkeit der astrologischen Allegorisierung und der durch sie konstituierten Großphasen nicht.

Von den Verfechtern einer totalen (Selbst-)Satirisierung des *Ewigwährendem Calender* wurde nicht erkannt, dass sich Grimmelshausens

40 Vgl. Klaus Haberkamm: Grimmelshausen am Wendepunkt der astrologischen Tradition. In: *Simplicius Simplicissimus. Grimmelshausen und seine Zeit.* Hrsg. von Peter Berghaus und Günther Weydt. Westfälisches Landesmuseum für Kunst und Kulturgeschichte Münster in Zusammenarbeit mit dem Germanistischen Institut der Universität Münster. Münster 1976, S. 141–152 [Ausstellungskatalog]; Haberkamm, Sternen-Deutung (wie Anm. 23), passim. – Es wurde von einigen Kritikern sogar die Existenz der Astrologie im 17. Jahrhundert pauschal verneint.

Kritik an der Astrologie zum einen nur gegen die verwerfliche, dennoch zu duldende *astrologia artificialis*[41], nicht aber gegen die *astrologia naturalis* und zum anderen lediglich gegen bestimmte Jahres- bzw. Schreibkalender, nicht aber gegen immergültige richtet.[42] Der Traktat des simplicianischen Autors kann somit uneingeschränkt für die astrologische Interpretation seines simplicianischen Opus herangezogen werden. Grimmelshausen ist prinzipiell ebenso versierter Kalendermann wie ‚Rosenkreutzer' und ebenso mit der Astrologie seiner Epoche vertraut wie dieser. Der Unterschied besteht in der jeweiligen Haltung zur Astrologie. Bekennt sich der Autor des *Wurtz-Calenders* dazu, ein dezidierter „Liebhaber" „der natürlichen *Magiæ vnd Astronomi*schen Künsten" zu sein, ist das für Grimmelshausen bei aller Affinität zu dieser Disziplin keineswegs erwiesen. Seine persönliche Einstellung zur Astrologie ist im Hinblick auf ihn als Erzähler auch gleichgültig.

Eine wesentliche Abweichung ‚Rosenkreutzers' von Grimmelshausen scheint in den – anderswo selten, wenn überhaupt anzutreffenden – heuristisch-hermeneutischen Hinweisen auf die astralen Götter in den Überschriften der Kalendergeschichten zu bestehen. Diese geradezu ostentativen Signale lassen keinen Zweifel am Vorhandensein allegorisch-astrologischer Diegese und müssen eventuell noch immer vorhandene Skeptiker überzeugen. Ihnen zufolge meint die Handlung der Kalendergeschichten ‚Rosenkreutzers' nicht nur sozusagen sich selbst, sondern zusätzlich das Andere, im Wortsinne Höhere, das Planetarisch-Astrologische. Eine *love story* zum Beispiel weist hier über sich hinaus und ist zusätzlich eine astrologisch-venerische Erzählung im makrokosmischen Kontext. Das bei ‚Rosenkreutzer' in Form eines Historien-Zyklus Bewältigte, die literarische Erstellung der kosmischen Analogie im Irdischen, vollzieht sich beim simplicianischen Autor innerhalb *eines*, eines romanhaften Textes mit sich überschneidenden narrativen Phasen. Und auch die bei ‚Rosenkreutzer' zu findenden entscheidenden Signalbegriffe, etwa das Martialische, Joviale oder Venerische, gibt es bei Grimmelshausen durchaus, so dass auch in dieser Hinsicht Ähnlichkeit zwischen beiden Autoren besteht. Indessen sind die Stichworte

41 Vgl. Klaus Haberkamm: „Edle Wissenschafft" und „freye Kunst". Zur Begriffsbestimmung der Astronomie/Astrologie bei Grimmelshausen. In: *Simpliciana* XXVI (2004), S. 163–183.

42 Vgl. Klaus Haberkamm: Eucharius Rößlins „Kalender mit allen Astronomischen haltungen" (1533) und Johann Jakob Christoffel von Grimmelshausens „Ewigwährender Calender" (1670 [?]). Immergültige gegen jährliche Kalender (in diesem Band).

bei Grimmelshausen meist nicht plakativ aufgesetzt, sondern in die erzählten Kapitel integriert und befinden sich damit auf weitaus höherem artistischem Niveau, so die Mars-Allegorie, die Jupiter-Figur oder der Venus-Berg, aus denen sich jeweils zentrale Motive des Romans entwickeln, die wiederum Teile der planetarischen Großphasen sind. Die Saturn-Gestalt des Einsiedlers (vgl. V, 101), die „Winterliche Sonnenwende" (*ST* 140) als Zeitpunkt der Hanauer Prachtentfaltung mitten im Elend, die Verkörperung Merkurs durch den einen „*Mercurium Sublimatum*" (*ST* 379) verhökernden Simplicius, den ‚Jupiter' expressis verbis unter dieser Bezeichnung anspricht (*ST* 444, 464), sowie der König der Seen und Sylphen im Erdzentrum als idealtypischer lunarischer Herrscher, in dessen Umkreis der Mond nicht weniger als sechsmal erwähnt wird (*ST* 494, 496 [2x], 511 [2x], 518), komplettieren das Tableau der astrologisch gewichtigen Indizien im *Simplicissimus*. Hinzukommen weitere Verweise wie die strukturell bedeutsame Metapher der „*Conjunction Saturni* und *Mercurii*" (*ST* 196),[43] wohingegen nach Meises zutreffender Feststellung ‚Rosenkreutzer' sich auf die einzelnen planetarischen Attribute in den Überschriften der Geschichten beschränkt. Die Überschaubarkeit und Eindeutigkeit seiner Historien lassen diese Beschränkung zu. Grimmelshausen aber hatte es mit einer bunten, narrativ überschüssigen Stofffülle zu tun, deren astrologischer Eingängigkeit gewissermaßen ‚nachgeholfen' werden musste. Im gleichen Sinne hinzu nimmt er das astrologisch fundierte Weissagungs-Motiv. Beispielsweise erkennt der alte Herzbruder als unfehlbarer „*Mathematicus*" (*ST* 201), d. h. Astrologe, und „*Nativit*ätensteller" (*ST* 201), also Horoskopdeuter, Simplicius' vergangenes (!) Leben bestens und sagt ihm treffsicher seine Zukunft voraus. Der Protagonist ist sogar davon überzeugt, dass alles über seine Erzählgegenwart Hinausreichende ebenfalls eintreffen wird, und das trotz eventuell getroffener Gegenmaßnahmen.

Während ‚Rosenkreutzer' innerhalb seiner Kalender erzählt und sich den astrologischen Stoff dafür im selben Medium bereitstellt, muss Grimmelshausen – sieht man einmal von den simplicianischen Jahreskalendern ab – in dieser Beziehung auf seinen separaten *Ewig-währenden Calender* zurückgreifen. Das ist mehr als ein Unterschied im bloß Technischen und erweist sich bei den Interpreten der späten Neuzeit als nachteilig: Zum einen ist der Kalender selbst schon literarisch, ohne dass die vielfältigen simplicianischen Kalendergeschichten und Apophtheg-

43 Vgl. Haberkamm, „*Sensus astrologicus*" (wie Anm. 5), S. 5–36.

men astrologisch strukturiert wären. Ein Apophthegma wie die Nummer „LVIII. *Solares*“ (III, 160) bleibt die Ausnahme; und im Zweifelsfalle überwiegt die Satire. Zum anderen ist der *Ewig-währende Calender* um des breit Simplicianischen und Hausväterischen willen nicht so eklatant und ausschließlich auf das kosmologische Schema hin konzipiert wie ‚Rosenkreutzers‘ Kalendergeschichten in ihrem astrologisch stringenten Kontext. Da Grimmelshausen sich überdies in seinem Roman auf qualitativ weitaus anspruchsvollerem Niveau als der Kollege in seinem Schreibkalender bewegt, hat er größeren Bedarf an astrologisch funktionslosem Stoff und riskiert bis heute Unverständnis und Missverständnisse beim in dieser diffizilen Materie ungeschulten Rezipienten. Im Roman ist es dem simplicianischen Autor, im Gegensatz zu ‚Rosenkreutzer‘ in seinen Kalendern, auch nicht um die explizite Vermittlung der seinerzeit trotz aller zeitgenössischen Kritik noch immer selbstverständlich geltenden Astrologie als solcher zu tun; für diesen Zweck hat er den Kalender als Lehrtext konzipiert. Allerdings geht es Grimmelshausen wie seinem Mitstreiter im Geiste um die Darstellung des kosmologischen Modells. Er lässt seinen Helden ‚einfach‘, d. h. ohne didaktischen Nachdruck, durch die sieben Planetenphasen passieren, deren Signifikanz von vornherein von den sieben Masken auf dem weltbildhaft-emblemartigen Titelkupfer angezeigt wird. Die in der ‚*subscriptio*‘ angesprochenen vier Elemente des vorwissenschaftlichen Universums, durch die sich Simplicius nacheinander bewegt, sind nur – wie der *Ewig-währende Calender* zur Genüge darlegt – eine andere Auffassungsform des siderisch bestimmten und bestimmenden Kosmos: Die Planetengottheiten sind jeweils aus verschiedenen dieser Elemente konstituiert und weisen somit deren ‚physikalische‘ Eigenschaften auf. Beispielsweise ist Saturn „kalt/ dörr und trucken“, folglich „jrrdischer Art“ (V, 101). Unbeschadet solcher Differenzmerkmale ist das Substanzielle, das astrologisch signifikative Erzählen, beiden Kalendermachern und Schriftstellern gemeinsam.[44] Grimmelshausen erzählt astrologisch, obwohl oder gerade weil er weiß, dass das tradierte, biblisch gestützte Weltbild schon zu seinen Zeiten ins Wanken gerät. Dass es unterzugehen im Begriff ist, und mit ihm die offizielle Astrologie, brauchte er, zumal als in dieser Hinsicht wohl Konservativer, nicht vorauszusehen. ‚Rosenkreutzers‘ massiv astrologisch aufgebaute Kalender hielten sich immerhin bis zum Beginn des 18. Jahrhunderts.

44 Einfachheitshalber ist, da für die Argumentation irrelevant, vom Wechsel in der Verfasserschaft des *Newen Wurtz-vnd Kräuter-Calenders* abgesehen.

VIII

Helga Meises Forschungen haben das große Verdienst, auf Marcus Freunds alias Marx Friederich Rosenkreutzers Schreibkalender nachdrücklich hingewiesen und ihre durchgängige astrologische Verfasstheit eindeutig belegt zu haben. Daran ändern auch leise Vorbehalte der Verfasserin selbst nichts. Diese Schriften beweisen – wie indirekt schon Moḣamad Neżāmīs Epos *Haft Paikar* im sechsten islamischen Jahrhundert zusammen mit ähnlichen Werken der Weltliteratur – augenfällig: Es gibt im 17. Jahrhundert des Okzidents astrologisch signifikatives Erzählen! Dieses fügt sich in den barocken Zeitgeist ein, denn es gestaltet textsortenadäquat mikrokosmische Abbilder des Makrokosmos. Im Wesentlichen lassen sich die gewonnenen Erkenntnisse *per analogiam* auf Grimmelshausen übertragen – über die für den Kenner der astrologischen Materie zweifelsfrei gegebene Evidenz hinaus. Die dem simplicianischen Autor bislang gewidmete astrologische Forschung erfährt damit eine nicht mehr hintergehbare Absicherung.

Klaus Matthäus (Erlangen)

Simplicianische Kalender in Krakau. Die „Calender Sammlung" der Johann Andreä Endterischen Handlung in der „Biblioteka Czartoryskich"

Als ein kontinuierlicher Kalenderdruckort ist seit der Inkunabelzeit neben Städten wie Augsburg, Leipzig, Straßburg, Ulm auch Nürnberg ausgewiesen. Im 16. Jahrhundert war der dortige Kalenderverlag zunächst noch stärker regional ausgerichtet. In den folgenden beiden Jahrhunderten entwickelte sich Nürnberg dann wohl zum bedeutendsten Kalenderverlagsort des Reiches, was nicht zuletzt auf die im 17. Jahrhundert einsetzenden Aktivitäten der Endterschen Kalenderverlage zurückzuführen ist.[1] Weder Leipzig und Frankfurt a. M., noch das als wichtiger Kalenderverlagsort hinzugekommene Erfurt können für diese Zeit eine so große Kalenderproduktion aufweisen wie die fränkische Reichsstadt.[2] Die Endtersche Handlung wahrte auch im 18. Jahrhundert bei einer immer stärker werdenden Regionalisierung der Kalenderproduktion ihre Position. Erst die Epoche des politischen Umbruchs im Zuge der französischen Revolution brachte in dem als Verlagsort provinziell gewordenen Nürnberg eine erhebliche Reduzierung des Endterschen Kalenderverlages, der schließlich 1854 sein Ende fand.

Die Endter haben seit der Mitte des 17. Jahrhunderts ihre Kalenderproduktion jahrgangsweise durchgehend archiviert. Dieser Umstand ist in der Geschichte des Kalenderwesens wohl singulär – ebenso, dass diese Sammlung zum überwiegenden Teil erhalten ist, während man sonst nur von einer mehr oder weniger fragmentarischen Überlieferung der Kalenderliteratur ausgehen kann. Die Endtersche Kalendersammlung wurde bislang nur durch einen kleinen Katalog aus dem Jahre 1784 nachgewiesen (Abb. 1, 2, 3, 4):

1 Übersicht bei Klaus Matthäus: Zur Geschichte des Nürnberger Kalenderwesens. Die Entwicklung der in Nürnberg gedruckten Jahrskalender in Buchform. In: Archiv für Geschichte des Buchwesens IX (1969), Sp. 965–1396, hier Sp. 1371–1374.

2 Vgl. die nach Verlagsorten geordnete Aufstellung „Die Kalenderreihen des Jahres 1670" im Beitrag von Klaus-Dieter Herbst in diesem Band.

> Calender-Sammlung, welche von der Johann Andreä Endterischen Handlung von langen Jahren her, als vom Jahr 1400.(!) und so ferner, mit vielem Fleiß zusammen getragen worden, der Sammlung aber noch viele darzwischen abgehen; so wünschte man selbige gegen billige Bezahlung gütigst einzusenden.[3]

Über die Dokumentation der eigenen Produktion hinaus wollte man auch die Jahre davor lückenlos belegen. Die Sammlung galt bis jetzt als verschollen.[4] Dank der Angaben des *Handbuchs deutscher historischer Buchbestände in Europa* konnte sie in der Krakauer Biblioteka Czartoryskich, der Bibliothek der polnischen Fürsten Czartoryski, nachgewiesen werden.[5] Dort ist der wesentliche Teil der Sammlung, das Endtersche Kalenderarchiv von 1649 bis 1849 mit ungefähr 2000 Kalendern in 189 Jahresbänden nahezu lückenlos erhalten. Bis ins 18. Jahrhundert sind die Bände in Pergament, in Handschriftenfragmente, gebunden. Dreizehn Jahrgänge fehlen, darunter fünf aus den Jahren 1650 bis 1653 und 1655, die mit zwei bis drei Titeln auch nicht die gesamte Produktion dieser Jahre enthalten, sowie die Jahrgänge 1676, 1681, 1690, 1692, 1693, 1694, 1701 und 1818. Es fehlen weiter die im Katalog aufgeführten einzelnen Endterschen Kalender der Jahre 1623 bis 1648 sowie die für die Jahre ab 1490 genannten Kalenderausgaben.

Am Anfang des Endterschen Kalenderverlages[6] stand der in Norddeutschland wirkende Arzt und Astrologe David Herlicius[7], dessen in Stettin gedruckte Kalender im ganzen Reich gelesen wurden. Seine Prognostiken erschienen auch auf tschechisch, polnisch, schwedisch und dänisch. Von diesem bekannten Kalenderautor hatte 1620 Georg Endter der Ältere die Verlagsrechte für dessen auf Oberdeutschland und Nürnberg berechnete Kalender erwerben können. Sein Sohn Wolfgang Endter der Ältere gewann für den Verlag eine Reihe weiterer Kalender-

3 Stadtbibliothek Nürnberg. Einsehbar über: www.naa.net/ain/personen/images/endter.Nor., Abruf 19. 07. 2009.

4 Die Aussage von Manfred Hanisch, bei den Kalenderbeständen des Staatsarchivs Nürnberg handele es sich um Teile der Endterschen Kalendersammlung, trifft nicht zu. Vgl. Manfred Hanisch: Politik in und mit Kalendern (1500–1800). Eine Studie zur Endterschen Kalendersammlung in Nürnberg. In: *Jahrbuch für fränkische Landesforschung* 49 (1989), S. 59–76, hier S. 62, Anm. 16 u. 17.

5 *Handbuch deutscher historischer Buchbestände in Europa*. Hrsg. von Bernhard Fabian. Bd. 6. Polen. Hildesheim 1999, S. 120, 2.12

6 Zum Kalenderverlag der Endterschen Handlung vgl. Matthäus, Geschichte des Nürnberger Kalenderwesens (wie Anm. 1), Sp. 1141–1158 und Sp. 1295–1301.

7 Zu Herlicius und seinen Verbindungen mit Nürnberger Kalenderverlagen vgl. Matthäus, Geschichte des Nürnberger Kalenderwesens (wie Anm. 1), Sp. 1050–1056.

schreiber hinzu, die sich wie Herlicius als „beschreyete Astrologi“[8] auf dem gesamten deutschen Kalendermarkt durchsetzen konnten. Als die Kalender der alten Kalenderastrologen dann nach der Mitte des 17. Jahrhunderts an Bedeutung verloren, gelang es den Endtern weiterhin neue gängige Kalendertitel auf den Markt zu bringen, die bei einem Publikum ankamen, das nun auch ein unterhaltendes Moment im Kalender erwartete. Ein solches Genre bot damals zum rechten Moment erfolgreich der geschäftstüchtige fränkische Pfarrer Marcus Freund, von dem zuletzt jährlich sechs verschiedene Jahreskalender im Endterschen Verlag herauskamen. Nach Freunds Tod erschienen weiterhin Kalender unter seinem Namen wie dies auch bei dem „gelehrten Bauern“ Nikolaus Schmidt der Fall war. Ihre Namen mutierten zu Markenzeichen des Endterschen Kalenderverlages, die zweihundert Jahre lang, bis zum Ende der Firma Endter in Gebrauch blieben, was bei anderen erfolgreichen Kalendertiteln des Verlages ebenso gehandhabt wurde.[9]

Die ersten Jahrgangsbände der „Calender-Sammlung“ enthalten 12 bis 14 Titel. Höhepunkt der Kalenderproduktion waren die Jahre um 1680 mit 21 Titeln. Allein von 1662 bis 1690 wurden 39 neue Titel herausgebracht. Die Endtersche Handlung behauptete sich in der Novitätenflut jener Zeit, auch wenn viele Titel nur kurzlebig blieben. Bis zum Anfang des 18. Jahrhunderts ging der Kalenderverlag auf 10 Titel zurück, die, wie der Katalog von 1784 ausweist, unverändert durch das 18. Jahrhundert erschienen. 1747 konnte die J. A. Endtersche Handlung den Kalenderverlag des bisherigen Konkurrenten Felsecker übernehmen.[10] Unter den vier Quartkalendern, die fortgesetzt wurden

---

8 Vgl. Johannes Kepler: Tertius Interveniens. Warnung an etliche Gegner der Astrologie das Kind nicht mit dem Bade auszuschütten (1610). Hrsg. von Jürgen Hamel. Frankfurt a. M. 2004 (Ostwalds Klassiker der exakten Wissenschaften 295), S. 45. Kepler konstatierte, dass „kein Buch unter der Sonnen ist, dessen soviel Exemplaria verkaufft, unnd alle Jahr wider erneuwert werden, als eben die Calendaria und Prognostica eines beschreyeten Astrologi“.

9 Vgl. Matthäus, Geschichte des Nürnberger Kalenderwesens (wie Anm. 1), Sp. 1236–1243 (Marcus Freund) und Sp. 1372–1374 (Auflistung der Endterschen Kalender). Auch Philomusus Adelsheim und Jakob Holderbusch werden von 1664/65 bis 1849 als Kalenderautoren geführt.

10 Nach dem Kaufvertrag vom 3. März 1747 betrug der Kaufpreis 475 Gulden in Münze. Vgl. Matthäus, Geschichte des Nürnberger Kalenderwesens (wie Anm. 1), Sp. 1313. Nach der im Jahrgangsband 1748 der Endterschen Sammlung beigefügten handschriftliche Notiz wurden außer den vier im Katalog genannten Kalendertiteln auch drei „Almanache“ in Sedez fortgesetzt, die als Autoren P. C. B. Ha(a)n, Freymund und Simplicissimus nennen.

und die ebenfalls bis 1784 im Katalog aufgeführt werden, war auch der *Simplicianische Wunder Geschichts Calender*. Bis 1800 reduzierte sich die Kalenderproduktion auf acht Titel und von 1815 bis 1849 kamen jährlich nur noch vier Titel heraus.

Die in Krakau erhaltene nahezu lückenlose Dokumentation der Endterschen Kalenderproduktion ab 1649 zeigt exemplarisch Kontinuitäten und Veränderungen des Mediums Kalender in zwei Jahrhunderten. So wird die Ausdifferenzierung des Nürnberger Kalendermarktes in der zweiten Hälfte des 17. Jahrhunderts mit seiner weitgespannten Themenvielfalt deutlicher sichtbar, als es die bislang häufig nur lückenhaften Belege bieten konnten. Es stehen die Arbeiten ausgewiesener Kalendermacher wie Gottfried Kirch neben den Arrangements der pseudonymen oder nur schwer fassbaren Kalenderredakteure. Der umfangreiche Endtersche Kalenderverlag wird transparent in den Längsschnitten der verschiedenen Kalenderfolgen und die jeweiligen Jahresproduktionen können in einem in dieser Breite sonst nicht vorkommenden Querschnitt verglichen werden. Die kontinuierlichen Folgen der Kalendertexte, der archivierte Bestand der Kupferstichtitel und Titelholzschnitte ermöglichen eine lückenlose Betrachtung des Mediums Kalender über einen Zeitraum von zweihundert Jahren. Für das lange 18. Jahrhundert werden die Kontinuitäten eines gleichbleibenden, aber enger werdenden Kalendermarktes ohne größere obrigkeitliche Reglementierungen sichtbar, während das folgende Jahrhundert einen nun stärker durch Zensurbedingungen geprägten, auf den einfachen Leser ausgerichteten Kalenderverlag zeigt, der gleichbleibend weiterläuft, aber dann offenbar ins Abseits gerät.

Nach der Liquidation des Verlages J. A. Endter wird das Endtersche Kalender-Archiv wohl über den Antiquariatsmarkt in die Bibliothek der Fürsten Czartoryski gekommen sein. Die im Archiv der Biblioteka Czartoryskich erhaltenen Belege über die Ankäufe jener Zeit sind gegenwärtig noch nicht bearbeitet, so dass Hinweise zum Erwerb dieses Dokuments zur Nürnberger Druck- und Verlagsgeschichte, das sich auf den ersten Blick nicht recht in die Ausrichtung der Bibliothek auf Polonica und Osteuropa einfügt, zur Zeit nicht zugänglich sind. Aber vielleicht geben die Kalender selbst eine ausreichend plausible Begründung dafür, dass sie den Weg nach Krakau fanden. Die Fürsten Czartoryski, die zu den bedeutendsten Magnaten des Königreichs Polen zählten, waren nach den polnischen Teilungen über ihre Besitzungen im nun österreichischen Galizien auch Fürsten des österreichischen Kaiserstaates. Fürst Konstantin (1773–1860) ließ sich 1828 in Wien nieder, wo er sich als Kunstsammler und Kunstmäzen einen Namen machte. Seine beiden Söhne nahmen am Theater- und Musikleben Wiens regen Anteil.[11]

In Wien war im 19. Jahrhundert der gängigste Volkskalender der „Krakauer Kalender". Er erschien dort, anfangs als deutsche Übersetzung Krakauer Kalenderausgaben, unter diesem Namen seit Anfang des 17. Jahrhunderts und wurde bis 1957(!) fortgesetzt.[12] Der Namensbezug des populärsten Wiener Kalenders zum heimatlichen Krakau könnte vielleicht das Interesse eines der Fürsten Czartoryski an der Nürnberger Kalendersammlung geweckt haben.[13] Aber wie dem auch sei – dem Sammeleifer des Hauses Czartoryski ist es zu verdanken, dass dieses bedeutende Dokument zur Nürnberger Verlagsgeschichte nicht verloren gegangen ist, und durch diesen Umstand sind auch die letzten 62 Jahrgänge des *Simplicianischen Wunder-Geschichten Calenders* von 1748 bis 1809 lückenlos erhalten (Abb. 5).[14]

Auf dem Kalendermarkt des Reiches war der simplicianische Kalender des Simplicius Simplicissimus bis zu dessen Ende präsent ge-

---

11 Vgl. Constantin von Wurzbach: *Biographisches Lexikon des Kaiserthums Österreichs*. Bd. 3. Wien 1858, S. 85–91; www.de.wikipedia.org/wiki/Haus_Czartoryski, Abruf 16. 07. 2009.

12 Vgl.: Josef Seethaler: Das Wiener Kalenderwesen des 15. bis 17. Jahrhunderts. In: *Jahrbuch des Vereins für Geschichte der Stadt Wien* 41 (1985), S. 79–80; ders.: *Das Wiener Kalenderwesen von seinen Anfängen bis zum Ende des 17. Jahrhunderts. Ein Beitrag zur Geschichte des Buchdrucks*. Diss. Wien 1982, Bd. 1, S. 127–133.

13 Zur Biblioteka Czartoryskich vgl. neben den Angaben des *Handbuchs der deutschen historischen Buchbestände in Europa* (vgl. Anm. 5): Biblioteka Ksiazat Czartoryskich. Informator o Zbiorach. Kraków 2004. Die erste Veröffentlichung zu den dortigen Kalenderbeständen stammt von Janina Bula: Katalog kalendarzy Polskich od XVI do XVIII wieku w Zbiorach Biblioteki Czartoryskich. Kraków 1994. Frau Janina Bula und Frau Dorota Otwinowska danke ich vielmals für ihre Mithilfe, aus der Ferne die „Endtersche Calender-Sammlung" zu identifizieren. Ebenso danke ich ihnen, sowie Herrn Janusz Nowak, dem Leiter des Archivs und der Handschriftenabteilung der Bibliothek, für die freundliche Aufnahme beim Ortstermin im März 2007 in der Biblioteka Czartoryskich und für die bereitwillige Verfügungstellung der Endterschen Kalendersammlung.

14 Die erhaltenen Jahrgänge des 17. Jahrhunderts sind aufgeführt bei Klaus-Dieter Herbst: *Verzeichnis der Schreibkalender des 17. Jahrhunderts*. Jena 2008 (Acta Calendariographica. Forschungsberichte 1), S. 149. Die Jahrgänge des 18. Jahrhunderts aus nicht Krakauer Provenienz bei Italo Michele Battafarano und Hildegard Eilert: *Probleme der Grimmelshausen-Bibliographie. Mit Beispielen der Rezeption.* Trento 2008 (Testi e Ricerche di Germanistica. Texte und Forschungen zur Germanistik 3. Labirinti 113), S. 83, Anm. 118 c.

blieben. Der *SWGC* hat bei der Neuausrichtung des Kalenderwesens in der 2. Hälfte des 17. Jahrhunderts das neue Unterhaltungsmoment der Felseckerischen Kalenderwerkstatt wohl am originellsten eingeführt und er konnte es am nachhaltigsten weiterführen – zum Schluss in durchnummerierten Endlosfolgen. Ein etwas lockerer Ton scheint den simplicianischen Kalender durchs ganze 18. Jahrhundert begleitet zu haben. 1716 fand der Konvent der Nürnberger Geistlichkeit Anlass, sich über „viel ärgerliche ding" des *SWGC* zu beschweren, was Adam Jonathan Felsecker, den Enkel des Wolf Eberhard Felseckers für drei Tage ins Turmgefängnis brachte. Natürlich war wieder die Zensur übergangen worden – aber das sollte auch weiterhin in Nürnberg die Regel bleiben.[15] Dies änderte sich grundlegend, als Nürnberg seine reichsstädtische Freiheit mit dem Ende des alten Reiches 1806 verloren hatte und bayerisch wurde.

Nun konnte eine effiziente Bürokratie endlich daran gehen, ins Kalenderwesen eine offenbar notwendige Ordnung zu bringen. Allerdings ist darüber der Kalenderverlagsort Nürnberg zur Bedeutungslosigkeit reduziert worden.[16] Bereits im Jahrgang 1807 ahnte Simplicissimus, dass sich die Geschäftsbedingungen verändert hatten, als er vermeldete:

> Ein fatales Geschick hatte unseren alten rühmlich bekannten Ehren Simplex im vorigen Jahr betroffen; – er war von seinem Amte die Calender des Heil. Römischen Reiches zu schreiben, abgesetzt worden, Wir wißen nicht wie das zugegangen war, ob es aus kluger Sparsamkeit geschah, [...] oder hatte er sich durch sein gewöhnlich gottloses und hämisches Maul dieses Unheil zugezogen.

Nur für diesen einen Kalender zeichne er noch verantwortlich; er habe sich jetzt ein Maulschloss angelegt, um sich nicht in Dinge zu mischen, die ihn nichts angingen.[17]

Doch diese neue Zurückhaltung konnte nicht verhindern, dass die neue Regierung sogleich dem Kalenderwesen größere Aufmerksamkeit widmete. Bereits im November 1806 wurde aus München ein Verzeichnis sämtlicher in den neuen fränkischen Gebieten kursierenden Kalen-

15 Matthäus, Geschichte des Nürnberger Kalenderwesens (wie Anm. 1), Sp. 1325–1326.

16 Matthäus, Geschichte des Nürnberger Kalenderwesens (wie Anm. 1), Sp. 1327–1340 zu den folgenden Ausführungen. Sie fußen auf den Akten der Polizeidirektion Nürnberg: Den Handel mit Kalendern und deren zweckmäßige Einrichtung betreffend. Stadtarchiv Nürnberg, Rep. C 2, Nr. 2375.

17 SWGC für 1807, fol. E 1^{r}. Germanisches Nationalmuseum Nürnberg und Biblioteka Czartoryskich Krakau.

der angefordert.[18] Die detaillierte Auflistung der Polizeidirektion Nürnberg führte 19 Kalenderausgaben des J. A. Endterschen Verlags auf. Er gab damals neun Quartkalender, einen Almanach in Folio und einen Wandkalender in Quart, drei Kalender in Oktav, vier in Sedez und einen im Kleinformat von 32° heraus. Es wurde festgehalten, dass die Namen der Verfasser von den ehemaligen Kalkulatoren beibehalten seien, und als Verfasser der Kalendergeschichten und Erzählungen wurde ein „gewisser Dr. Bischoff" in Fürth genannt.[19] Behördlicherseits ging man davon aus, dass es an der Zeit wäre, mit Hilfe des Staates „einen der Forderungen der Vernunft entsprechenden brauchbaren Volkskalender" auf den Weg zu bringen, um den „Mangel an Volksaufklärung" sowie den „Hang des großen Haufens zum Grotesken und Wunderbaren" zu beheben.[20] Es galt nunmehr „alle Absurditäten unnachsichtlich zu unterdrücken".[21]

Der wichtigste Punkt aller Zensurmaßnahmen war zunächst das Problem der „abgewürdigten" katholischen Feiertage. Seit 1784 galt im Kurfürstentum Bayern die Regelung, dass zahlreiche kirchliche Festtage in den Jahreskalendern, nunmehr entgegen den Notierungen des Heiligenkalenders, stets von den Wochentagen auf die vorangegangenen Sonntage zu verlegen seien. Im Einverständnis mit der Kurie sollten sie nicht mehr unter der Woche als arbeitsfreie Feiertage gelten. Die Bevölkerung wollte aber von ihren alten Feiertagen nicht ablassen und suchte daher mit Vorliebe solche Kalender zu kaufen, welche den Kirchenkalender in der alten Form brachten und dies sollten die Behörden strikt unterbinden.[22] Den Kalenderdruckern der ehemaligen Reichsstadt war diese Problematik fremd und auch die eher protestantischen Beam-

18 Matthäus, Geschichte des Nürnberger Kalenderwesens (wie Anm. 1), Sp. 1329. Anforderung München vom 14.11.1806.

19 Matthäus, Geschichte des Nürnberger Kalenderwesens (wie Anm. 1), Sp. 1329. Ob es sich bei dem „gewissen Dr. Bischoff" in Fürth um Karl August Bischof (geb. 1762), zeitweise Rektor und Lehrer der Fürther Armen- und Waisenschule, gest. 1814 in München als Diurnist, handelt, muss offen bleiben. Vgl. Georg Christoph Hamberger, Johann Georg Meusel: *Das gelehrte Teutschland. Register zur 5. Ausgabe.* Bearb. von Maria-Theresia Kirchberg und Rainer Pörzgen. München 1979, S. 32: Bischof, Karl August Leberecht.

20 Matthäus, Geschichte des Nürnberger Kalenderwesens (wie Anm. 1), Sp. 1328. Polizeidirektion Nürnberg vom 25.06.1806.

21 Generalkommissariat des Pegnitzkreises an die Polizeidirektion Nürnberg vom 05.11.1808.

22 Vgl. hierzu ferner die gründliche Arbeit von Katharina Masel: *Kalender und Volksaufklärung in Bayern. Zur Entwicklung des Kalenderwesens 1750 bis 1830.* St. Ottilien 1991, S. 64–71.

ten taten sich mit dieser Materie schwer. Es gab wegen der Feiertagsprobleme Beschlagnahmungen und Verkaufsstopp der Kalender. Sie wurden einmal Makulatur, da nach einem Verkaufsverbot die Verkaufsmessen verstrichen und sie konnten einmal wegen Verzögerung der Zensur nicht rechtzeitig gedruckt werden. Solche Maßnahmen beeinträchtigten vor allem die Endtersche Handlung, die stark für den Export arbeitete. Auch richteten sich in den protestantischen Staaten die Termine von Messen und Jahrmärkten weiterhin nach dem alten Kirchenkalender. Die neuen bayerischen Vorschriften machten Nürnberger Kalender fürs Ausland unbenutzbar.[23]

Die Nürnberger Kalenderverleger mussten ab 1807 alljährlich ihre Kalendermanuskripte zur Zensur vorlegen und nach dem Druck zur Kontrolle Belegexemplare abliefern.

Die obere Zensurbehörde in Ansbach ließ bereits bei der Vorlage der Kalender für 1808 einige lustige Histörchen wegen ihres „zu schmutzigen Inhalts" streichen. Denn auch das „geringe Publikum" für welches die Kalender geschrieben seien, dürfte nicht durch Unanständigkeiten beleidigt werden.[24] Auch an den bisherigen „abenteuerlichen und abgeschmackten" Titeln der Kalender nahm man hohen Orts Anstoß. Im Frühjahr 1809 legte die Endtersche Handlung wie in den beiden vorangegangen Jahren die Manuskripte ihrer neun Kalendertitel vor. Ein simplicianischer Kalender war dabei wieder vorgesehen. Dem Verlag wurde nun beschieden, dass bei sechs Ausgaben der Titel geändert werden müsse. So etwas wie „Kriegs-, Mord- und Tod- Calender" wurde nicht mehr genehmigt.[25]

Der Verleger fügte sich notgedrungen. Allerdings verzichtete er nun auf den Ausdruck von drei Titeln und darunter war der *Wunder Geschichts Calender* des *Simplicius Simplicissimus von Simplexhausen*, der nach 140 Jahrgängen für 1810 nicht mehr erschienen ist. Er ver-

---

23 Matthäus, Geschichte des Nürnberger Kalenderwesens (wie Anm. 1), Sp. 1335–1336. 1818 wurde auf eindringliche Empfehlung der Bayerischen Akademie der Wissenschaften, die seit 1813 für die Kalenderzensur zuständig war, die reguläre Angabe des Heiligenkalenders – in der Woche ohne Rotdruck – in den Jahreskalendern wieder gestattet. Für den überregionalen Nürnberger Kalenderverlag kam diese Regelung zu spät.

24 Matthäus, Geschichte des Nürnberger Kalenderwesens (wie Anm. 1), Sp. 1338.

25 Matthäus, Geschichte des Nürnberger Kalenderwesens (wie Anm. 1), Sp. 1339. Als 1818 wiederum eine Übersicht der im Königreich Bayern erscheinenden Kalender erstellt wurde, erinnerte man sich noch an die früheren „zum Theil...sehr seltsamen Titel" des Endterschen Verlages. Polizeidirektion Nürnberg vom 30.04.1818.

schwand aus der Kalenderwelt, obwohl sich Simplex in den letzten Jahren bemüht hatte, „gescheuter zu werden“ und „seine Leser mit immer ernsthaftern und moralischen Gegenständen zu unterhalten“.[26] Die Kalendergeschichte für 1808 hatte unter der Überschrift „Simplex Verlegenheit wegen litterarischer Nothdurft“ die lächerlichen Vorstellungen von Möchtegern-Literaten glossiert, denen „von Obrigkeits wegen das Schreiben bey Strafe (zu) untersagen“ sei. Da dies aber noch nicht gesetzlich geregelt wäre, „so muß man ihnen eine Stelle im Simplex-Calender anweisen, weil die Unterhaltung im Tollhaus zu kostspielig ist“.[27] Im Jahrgang für 1809 folgten dann „lesenswürdige Anekdoten“, an denen der Zensor bestimmt nicht Anstoß nehmen konnte, die der Leser aber vermutlich nicht in diesem belehrenden Ton von seinem Simplicius Simplicissimus erwartete.

Für 1814 brachte die Endtersche Handlung dann nur noch vier Kalendertitel heraus und dabei blieb es bis 1849. Das, was die Kalenderstadt Nürnberg ausgemacht hat, der überregionale Vertrieb, war durch eine Bürokratie abgewürgt worden, die sich zwar der Volksaufklärung verpflichtet fühlte, aber durch eine starre und dazu noch widersprüchliche Verwaltungspraxis ein wirtschaftliches Arbeiten unmöglich machte. In den neuen Zeiten ist die Endtersche Handlung daher nicht mehr angekommen. Für neue Überlegungen, für neue Wege hat sie nicht mehr die Kraft, die Möglichkeiten gehabt.

Zu diesem Zeitpunkt stand Nürnberg immer noch an erster Stelle der Verlagsorte des Königreichs Bayern. Ab der Mitte des 19. Jahrhunderts nahm diesen Rang dann München ein. Dort erschien ab 1896 wieder ein Periodikum, das den Namen „Simplicissimus“ im Titel führte und das auch seine Zeit, auf eine besondere Art, fokussierte.

---

26 SWGC für 1809, fol. E 1ʳ (Biblioteka Czartoryskich). Die Zensurbehörde erwartete statt „fader Liebesgeschichten und Anekdoten, die weder in moralischer noch wissenschaftlicher Hinsicht den geringsten Wert haben“, statt „schaler Anecdoten“ nun mehr gemeinnützige Aufsätze und nützliche Abhandlungen wie z. B. statistische Notizen vom Königreich Bayern. Generalkommissariat an die Polizeidirektion vom 11.07.1810 und 31.03.1812.

27 SWGC für 1808, fol. E 4ʳ (Biblioteka Czartoryskich).

Abbildungen

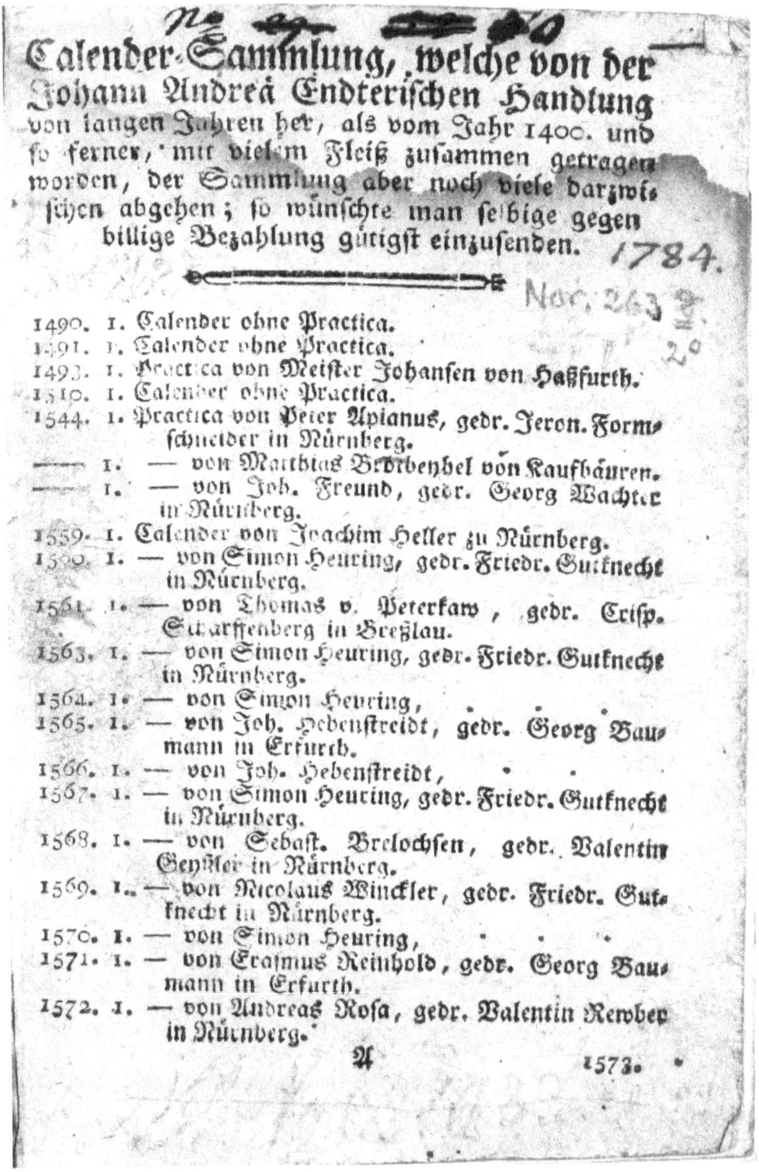

Calender-Sammlung, welche von der Johann Andreä Endterischen Handlung von langen Jahren her, als vom Jahr 1400. und so fernen, mit vielem Fleiß zusammen getragen worden, der Sammlung aber noch viele darzwischen abgehen; so wünschte man selbige gegen billige Bezahlung gütigst einzusenden. 1784.

1490. 1. Calender ohne Practica.
1491. 1. Calender ohne Practica.
1493. 1. Practica von Meister Johansen von Haßfurth.
1510. 1. Calender ohne Practica.
1544. 1. Practica von Peter Apianus, gedr. Jeron. Formschneider in Nürnberg.
—— 1. — von Matthias Brotbeyhel von Kaufbäuren.
—— 1. — von Joh. Freund, gedr. Georg Wachter in Nürnberg.
1559. 1. Calender von Joachim Heller zu Nürnberg.
1560. 1. — von Simon Heuring, gedr. Friedr. Gutknecht in Nürnberg.
1561. 1. — von Thomas v. Peterkaw, gedr. Crisp. Scharffenberg in Breßlau.
1563. 1. — von Simon Heuring, gedr. Friedr. Gutknecht in Nürnberg.
1564. 1. — von Simon Heuring, . . .
1565. 1. — von Joh. Hebenstreidt, gedr. Georg Baumann in Erfurth.
1566. 1. — von Joh. Hebenstreidt, . .
1567. 1. — von Simon Heuring, gedr. Friedr. Gutknecht in Nürnberg.
1568. 1. — von Sebast. Brelochsen, gedr. Valentin Geyßler in Nürnberg.
1569. 1. — von Nicolaus Winckler, gedr. Friedr. Gutknecht in Nürnberg.
1570. 1. — von Simon Heuring, . . .
1571. 1. — von Erasmus Reinhold, gedr. Georg Baumann in Erfurth.
1572. 1. — von Andreas Rosa, gedr. Valentin Rewber in Nürnberg.

A 1573.

Abb. 1: Katalog der „Calender-Sammlung der Johann Andreä Endterischen Handlung“. 1784 (Stadtbibliothek Nürnberg).

18

1678. 1 Cal. von Georg Christian Sattler, verl. Christoph Endter in Nürnberg.
1 Siegs Cal. von Jacob Holderbusch,
1 Garten Cal. von Georg Sommerfeld,
1 Monarchen Cal. von Theophr. Wahrmund,
1 Gold Kunst Cal. von Joh. Mich. Silberbott.
1 Frauenz. Spiegel, von Joh. Mich. Silberbott.
1 Wein Bau Cal. von Bonifac. Hausmann,
1 Mordt u. Todt Cal. von Philom. Adelsheim,
1679. Ein Band, worinnen folgende Sorten sich befinden:
1 Haupt Cal. von Marco Freund,
1 Z. u. Wund. Cal von Marco Freund,
1 Fränckl. Crais Cal. von Joh. Georg Freund,
2 Historl. Cal. von Marco Freund,
1 Siegs Cal. von Marco Freund,
1 Arzney Cal. von Carl Aug. Strohbandt,
1 Himmels Both von Georg Fabricius,
1 Cal. von Nicol. Schmidt,
1 Oesterl. Gesch. Cal. v. Joh. Georg Freund,
1 Cal. von Marco Freund,
1 Mord u. Tod Cal. von Philom. Adelsheim,
1 Sächßl. Cal. von Abrah. Seidel,
1 Cal. von Joh. Ulr. Oeler,
1 — von Joh. Ulr. Oeler,
1 Wein Bau Cal. von Bonifac. Hausmann,
1 Garten Cal. von Georg Sommerfeld,
1 Monarchen Cal. von Theophr. Wahrmund,
1 Cal. von Georg Christian Sattler,
1 Gold Kunst Cal. von Joh. Mich. Silberbott,
1 Siegs Cal. von Jac. Holderbusch,
1 Frauenz. Spiegel, von Joh. Mich. Silberbott.
1680. Ein Band, worinnen folgende Sorten sich befinden:
1 Haupt Cal. von Marco Freund,
1 Z. u. Wund. Cal. von Marco Freund,
1 Siegs Cal. von Marco Freund,
1 Cal. von Marco Freund,
1 Historl. Cal. von Marco Freund,
1 Franckl. Crais Cal. v. Joh. Georg Freund,
1 Oesterl. Gesch. Cal. v. Joh. Georg Freund,
1 Cal. von Nicol. Schmidt,

1680.

19

1680. 1 Himmels Both von Georg Fabricius, verl. Christoph Endter in Nürnberg.
1 Siegs Cal. von Jac. Holderbusch,
1 Cal. von Georg Christian Sattler,
1 — von Joh. Ulr. Oeler,
1 — von Joh. Ulr. Oeler.
1 Gold Kunst Cal. von Joh. Mich. Silberbott,
1 Frauenz. Spiegel, von Joh. Mich. Silberbott,
1 Garten Cal. von Georg Sommerfeld,
1 Arzney Cal. von Carl August Strohbandt,
1 Wein Bau Cal. von Bonifac. Hausmann,
1 Monarchen Cal. v. Theophr. Wahrmund,
1 Sächßl. Cal. von Abrah. Seidel,
1 Mord u. Tod Cal. von Philom. Adelsheim,
1681. Ein Band, worinnen folgende Sorten sich befinden:
1 Haupt Cal. von Marco Freund, verl. Christoph Endter s. handl. Erben in Nürnberg.
1 Z. u. Wunder Cal. von Marco Freund,
1 Siegs Cal. von Marc. Freund,
1 Historl. Cal. von Marco Freund,
1. Cal. von Marco Freund,
1 Franckl. Crais Cal. von Joh. Georg Freund,
1 Oesterreichl. Gesch. Cal. v. Joh. Georg Freund,
1 Cal. von Nicol. Schmidt,
1 Himmels Both von Georg Fabricius,
1 Mord u. Tod, von Philom. Adelsheim,
1 Siegs Cal. von Jac. Holderbusch,
1 Cal. von Georg Christian Sattler,
1 Sächßl. Cal. von Abrah. Seidel,
1 Arzney Cal. von C. A. Strohbandt,
1 Cal. von Marc. Ant. Zimmer Kinden,
1 — von Joh. Ulr. Oeler,
1 — von Joh. Ulr. Oeler,
1 Garten Cal. von Georg Sommerfeld,
1 Wein Bau Cal. von Bonifac. Hausmann,
1 Monarchen Cal. von Theophr. Wahrmund,
1 Simplicius, von E. A. Argutissimus,
1682. Ein Band, worinnen folgende Sorten sich befinden:
1 Haupt Cal. von Marco Freund, verl. Christoph Endter s. handl. Erben in Nürnberg.

B 2 1682.

Abb. 2: Katalog der „Calender-Sammlung der Johann Andreä Endterischen Handlung". 1784 (Stadtbibliothek Nürnberg).

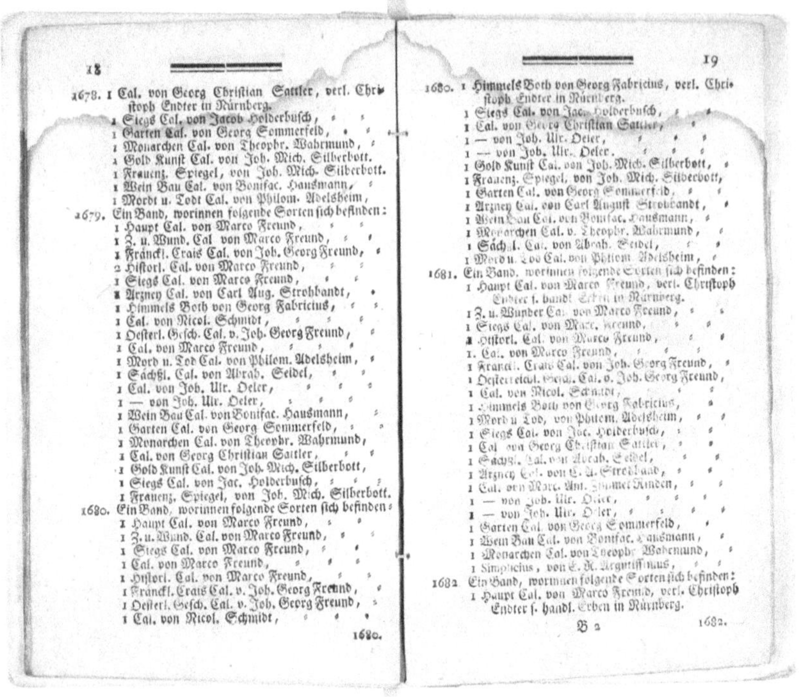

18

1678. 1 Cal. von Georg Christian Sattler, verl. Christoph Endter in Nürnberg.
1 Siegs Cal. von Jacob Holderbusch,
1 Garten Cal. von Georg Sommerfeld,
1 Monarchen Cal. von Theophr. Wahrmund,
1 Gold Kunst Cal. von Joh. Mich. Silberbott.
1 Frauenz. Spiegel, von Joh. Mich. Silberbott.
1 Wein Bau Cal. von Bonifac. Hausmann,
1 Mordt u. Todt Cal. von Philom. Adelsheim,
1679. Ein Band, worinnen folgende Sorten sich befinden:
1 Haupt Cal. von Marco Freund,
1 Z. u. Wund. Cal von Marco Freund,
1 Fränckl. Crais Cal. von Joh. Georg Freund,
2 Historl. Cal. von Marco Freund,
1 Siegs Cal. von Marco Freund,
1 Arzney Cal. von Carl Aug. Strohbandt,
1 Himmels Both von Georg Fabricius,
1 Cal. von Nicol. Schmidt,
1 Oesterl. Gesch. Cal. v. Joh. Georg Freund,
1 Cal. von Marco Freund,
1 Mord u. Tod Cal. von Philom. Adelsheim,
1 Sächßl. Cal. von Abrah. Seidel,
1 Cal. von Joh. Ulr. Oeler,
1 — von Joh. Ulr. Oeler,
1 Wein Bau Cal. von Bonifac. Hausmann,
1 Garten Cal. von Georg Sommerfeld,
1 Monarchen Cal. von Theophr. Wahrmund,
1 Cal. von Georg Christian Sattler,
1 Gold Kunst Cal. von Joh. Mich. Silberbott,
1 Siegs Cal. von Jac. Holderbusch,
1 Frauenz. Spiegel, von Joh. Mich. Silberbott.
1680. Ein Band, worinnen folgende Sorten sich befinden:
1 Haupt Cal. von Marco Freund,
1 Z. u. Wund. Cal. von Marco Freund,
1 Siegs Cal. von Marco Freund,
1 Cal. von Marco Freund,
1 Histori. Cal. von Marco Freund,
1 Franckl. Crais Cal. v. Joh. Georg Freund,
1 Oesterl. Gesch. Cal. v. Joh. Georg Freund,
1 Cal. von Nicol. Schmidt,

1680.

19

1680. 1 Himmels Both von Georg Fabricius, verl. Christoph Endter in Nürnberg.
1 Siegs Cal. von Jac. Holderbusch,
1 Cal. von Georg Christian Sattler,
1 — von Joh. Ulr. Oeler,
1 — von Joh. Ulr. Oeler.
1 Gold Kunst Cal. von Joh. Mich. Silberbott,
1 Frauenz. Spiegel, von Joh. Mich. Silberbott,
1 Garten Cal. von Georg Sommerfeld,
1 Arzney Cal. von Carl August Strohbandt,
1 Wein Bau Cal. von Bonifac. Hausmann,
1 Monarchen Cal. v. Theophr. Wahrmund,
1 Sächßl. Cal. von Abrah. Seidel,
1 Mord u. Tod Cal. von Philom. Adelsheim,
1681. Ein Band, worinnen folgende Sorten sich befinden:
1 Haupt Cal. von Marco Freund, verl. Christoph Endter s. handl. Erben in Nürnberg.
1 Z. u. Wunder Cal. von Marco Freund,
1 Siegs Cal. von Marc. Freund,
1 Histori. Cal. von Marco Freund,
1. Cal. von Marco Freund,
1 Franckl. Crais Cal. von Joh. Georg Freund,
1 Oesterreichl. Gesch. Cal. v. Joh. Georg Freund,
1 Cal. von Nicol. Schmidt,
1 Himmels Both von Georg Fabricius,
1 Mord u. Tod, von Philom. Adelsheim,
1 Siegs Cal. von Jac. Holderbusch,
1 Cal. von Georg Christian Sattler,
1 Sächßl. Cal. von Abrah. Seidel,
1 Arzney Cal. von C. A. Strohband,
1 Cal. von Marc. Ant. [illegible] Kinden,
1 — von Joh. Ulr. Oeler,
1 — von Joh. Ulr. Oeler,
1 Garten Cal. von Georg Sommerfeld,
1 Wein Bau Cal. von Bonifac. Hausmann,
1 Monarchen Cal. von Theophr. Wahrmund,
1 Simplicius, von E. R. Arguti[illegible]nus,
1682 Ein Band, worinnen folgende Sorten sich befinden:
1 Haupt Cal. von Marco Freund, verl. Christoph Endter s. handl. Erben in Nürnberg.

B 2 1682.

Abb. 3: Katalog der „Calender-Sammlung der Johann Andreä Endterischen Handlung“. 1784 (Stadtbibliothek Nürnberg).

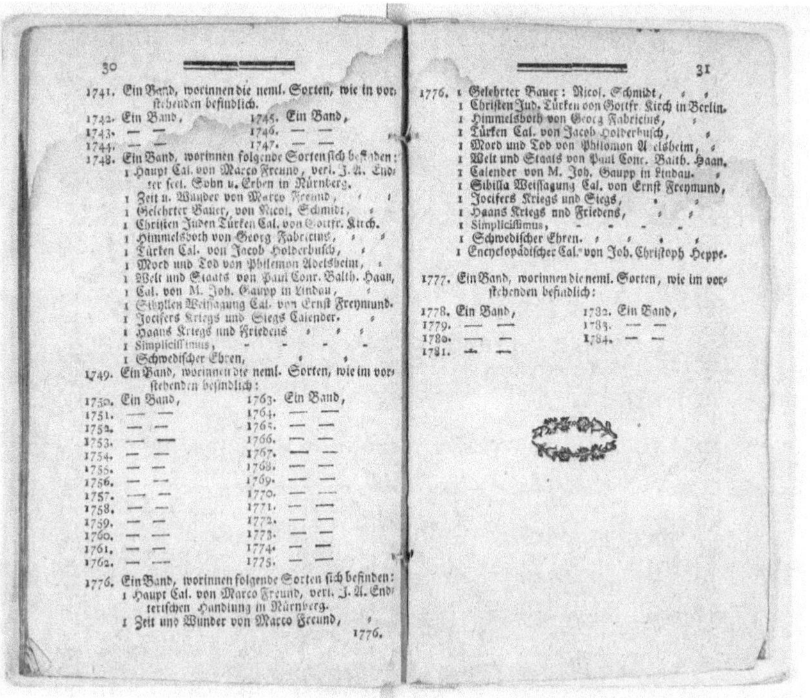

30

1741. Ein Band, worinnen die neml. Sorten, wie in vorstehenden befindlich.
1742. Ein Band,
1743. — —
1744. — —
1745. Ein Band,
1746. — —
1747. — —
1748. Ein Band, worinnen folgende Sorten sich befinden:
1 Haupt Cal. von Marco Freund, verl. J. A. Endter seel. Sohn u. Erben in Nürnberg.
1 Zeit u. Wunder von Marco Freund,
1 Gelehrter Bauer, von Nicol. Schmidt,
1 Christen Juden Türken Cal. von Gottfr. Kirch.
1 Himmelsbotb von Georg Fabricius,
1 Türken Cal. von Jacob Holderbusch,
1 Mord und Tod von Philemon Adelsheim,
1 Welt und Staats von Paul Conr. Balth. Haan,
1 Cal. von M. Joh. Gaupp in Lindau,
1 Sibyllen Weissagung Cal. von Ernst Freymund.
1 Jocifers Kriegs und Siegs Calender.
1 Haans Kriegs und Friedens
1 Simplicissimus,
1 Schwedischer Ehren,
1749. Ein Band, worinnen die neml. Sorten, wie im vorstehenden befindlich:
1750. Ein Band,
1751. — —
1752. — —
1753. — —
1754. — —
1755. — —
1756. — —
1757. — —
1758. — —
1759. — —
1760. — —
1761. — —
1762. — —
1763. Ein Band,
1764. — —
1765. — —
1766. — —
1767. — —
1768. — —
1769. — —
1770. — —
1771. — —
1772. — —
1773. — —
1774. — —
1775. — —
1776. Ein Band, worinnen folgende Sorten sich befinden:
1 Haupt Cal. von Marco Freund, verl. J. A. Endterischen Handlung in Nürnberg.
1 Zeit und Wunder von Marco Freund,

1776.

31

1776. 1 Gelehrter Bauer: Nicol. Schmidt,
1 Christen Jud. Türken von Gottfr. Kirch in Berlin.
1 Himmelsboth von Georg Fabricius,
1 Türken Cal. von Jacob Holderbusch,
1 Mord und Tod von Philomon Adelsheim,
1 Welt und Staats von Paul Conr. Balth. Haan.
1 Calender von M. Joh. Gaupp in Lindau.
1 Sibilla Weissagung Cal. von Ernst Freymund,
1 Jocifers Kriegs und Siegs,
1 Haans Kriegs und Friedens,
1 Simplicissimus,
1 Schwedischer Ehren.
1 Encyclopädischer Cal. von Joh. Christoph Heppe.
1777. Ein Band, worinnen die neml. Sorten, wie im vorstehenden befindlich:
1778. Ein Band,
1779. — —
1780. — —
1781. — —
1782. Ein Band,
1783. — —
1784. — —

Abb. 4: Katalog der „Calender-Sammlung der Johann Andreä Endterischen Handlung“. 1784 (Stadtbibliothek Nürnberg).

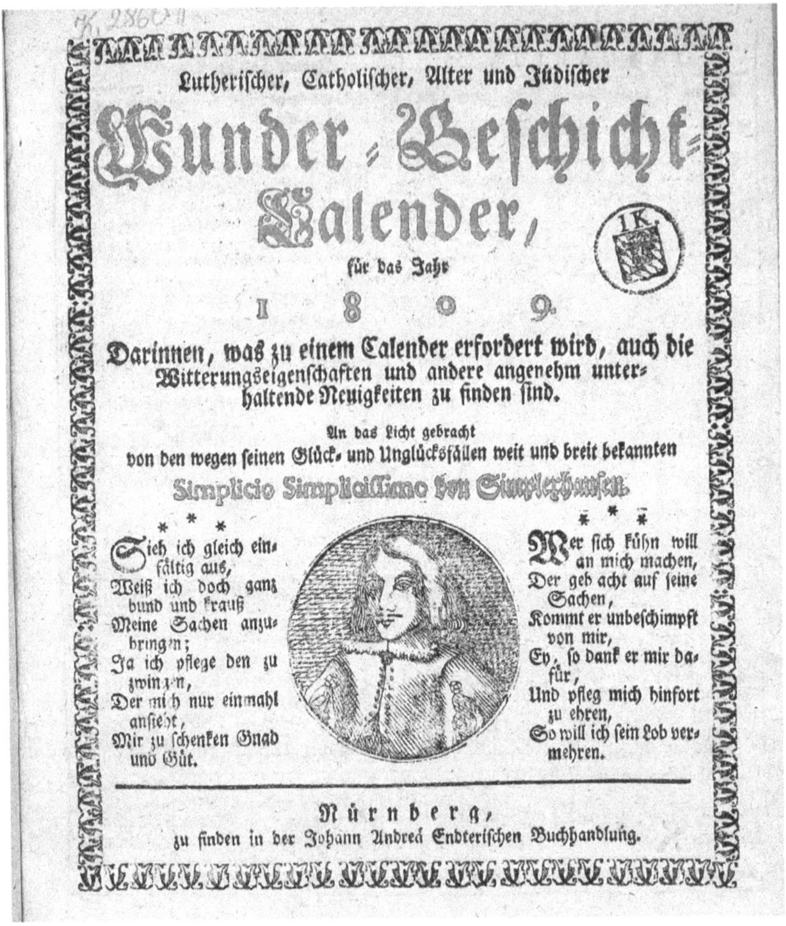

Lutherischer, Catholischer, Alter und Jüdischer

Wunder-Geschicht-Kalender,

für das Jahr

1 8 0 9.

Darinnen, was zu einem Calender erfordert wird, auch die Witterungseigenschaften und andere angenehm unterhaltende Neuigkeiten zu finden sind.

An das Licht gebracht
von den wegen seinen Glück- und Unglücksfällen weit und breit bekannten

Simplicio Simplicissimo von Simplexhausen.

* * *

Sieh ich gleich einfältig aus,
Weiß ich doch ganz bund und krauß
Meine Sachen anzubringen;
Ja ich pflege den zu zwingen,
Der mich nur einmahl ansieht,
Mir zu schenken Gnad und Güt.

* * *

Wer sich kühn will an mich machen,
Der geb acht auf seine Sachen,
Kommt er unbeschimpft von mir,
Ey, so dank er mir dafür,
Und pfleg mich hinfort zu ehren,
So will ich sein Lob vermehren.

Nürnberg,
zu finden in der Johann Andreä Endterischen Buchhandlung.

Abb. 5: Der letzte Jahrgang des *Simplicianischen Wunder-Geschichts-Kalenders für das Jahr 1809* (Biblioteka Czartoryskich Krakau).

KLAUS-DIETER HERBST (Jena)

Der Kalendermacher Johannes Vulpius und seine Kritik am *Ewig-währenden Calender* Grimmelshausens im Jahr 1696

Im letzten Drittel des 17. Jahrhunderts nahm die Zahl der auf dem Kalendermarkt neu auftauchenden Titel und Verfasser rasant zu. Einer der neuen Kalendermacher war Johannes Vulpius. Heute relativ unbekannt, widmete ihm aber schon das *Grosse vollständige Universal Lexicon* von Johann Heinrich Zedler einen Beitrag. Darin wird vor allem auf die vielen historischen Traktate, die Vulpius verfasst hatte, verwiesen. Das Wissen über Vulpius ist dürftig, Geburts- und Sterbejahr sind nicht bekannt. Beachtet man die Erscheinungsjahre seiner Druckschriften, dann lebte er von vor 1664 bis nach 1713. Geboren wurde Vulpius in Salsitz[1] bei Zeitz, gewirkt hat er viele Jahre als Schulrektor in Großkorbetha bei Weißenfels. Einen der wenigen erhaltenen Briefe unterzeichnete Vulpius mit „Not. Publ. Caes. Ludirector & Org. l.“[2] Weitere Lebensspuren könnte eine Analyse der Paratexte in den zahlreichen historischen Abhandlungen liefern. So lassen zwei auf die Stadt Weißenfels bzw. auf die 1674 vorgelegte Schrift über diese Stadt gerichtete Lobpreisungsgedichte von Johannes Riemer (1648–1714) und von Christian Weise (1642–1708),[3] beide in den 1670er Jahren Profes-

1 Aus diesem kleinen Ort stammt auch ein Joseph Fuchs (lat. Vulpius), der sich am 3. Mai 1715 an der Universität Jena immatrikulieren ließ. Vgl. *Die Matrikel der Universität Jena.* Bd. 2. 1652 bis 1723. Bearb. von Reinhold Jauernig †, weitergeführt von Marga Steiger. Weimar 1977, S. 285. Der hier behandelte Johannes Vulpius aus Salsitz konnte in den Matrikeln der Universitäten Altdorf, Jena, Leipzig, Erfurt, Wittenberg und Rostock nicht nachgewiesen werden.

2 Johannes Vulpius an Gottfried Kirch, Großkorbetha 9./19. Mai 1692. Gedruckt in Klaus-Dieter Herbst: *Die Korrespondenz des Astronomen und Kalendermachers Gottfried Kirch (1639–1710).* Bd. 2. Jena 2006, S. 138–140. Auflösung der Unterschrift: Notarius Publicus Caesareus, Ludirector & Organarius loci (Öffentlicher Kaiserlicher Sekretär, Schulrektor und Organist des Ortes).

3 Die Gedichte sind enthalten in Johannes Vulpius: *Einige Der Berühmeten Alt-Teutsch-Wänd-Meißnischen Fürstl. S. Residentz-Stadt Weissenfelsz/ Sonderbahre Nützliche Gedächtnisse/* [...]. Weißenfels 1674. Eingesehenes Exemplar der

soren am Weißenfelser Gymnasium, auf eine Querverbindung dieser beiden zu Vulpius schließen.

Die von Vulpius unter seinem Namen veröffentlichten Schriften können in vier Gruppen eingeteilt werden, in Schreibkalender, astronomisch-astrologische Flugschriften, historische Beschreibungen und in sonstige Schriften. Von den großen Schreibkalendern sind folgende Stücke überliefert:[4]

Schreib- und Haußhaltungs-Calender, Jg. 1671*, 1698* (Druckort: Eisleben)
Allmanach oder Jahr-Buch, Jg. 1674* (Zeitz)
Magdeburgischer Hertzogthums-Calender, Jg. 1682 (Halle)
Historien- und Hauß-Calender, Jg. 1689*, 1691, 1694* (Weißenfels)
Chur-Brandenburgischer Land- Kriegs- Siegs- und Helden-Calender, Jg. 1694, 1696 (Magdeburg)
Budißinischer Haupt- und Historien-Calender, Jg. 1695 (Bautzen)
Schreib-Kalender, Jg. 1698, 1699 (Leipzig)

Von den astronomisch-astrologischen Flugschriften seien vier hervorgehoben, mit denen Vulpius in der Zeit um 1680 für Aufsehen sorgte.[5]

1. *Nuncius Pacis: Oder Höchsterwündschter Friedens-Currirer* [...], [Eisleben] (1. Aufl.) bzw. Hamburg (2. Aufl.) 1678. Hierin legt

ThULB Jena, Sign.: 4 Sax. IV, 29 (5), hier S. E 1^{r}–2^{r}. Vgl. Gerhard Dünnhaupt: *Personalbibliographien zu den Drucken des Barock*. 6 Tle. Stuttgart 1990–1993, hier Tl. 5, S. 3321 und Tl. 6, S. 4193. Zwei weitere Lobgedichte von Zacharias Rhost und von Johann Andreas Lüders loben Johann Melchior Wogau, Buchhändler und Verleger der Schrift (S. E 2^{r-v}).

4 Zu den diese Exemplare aufbewahrenden Institutionen siehe Klaus-Dieter Herbst: *Verzeichnis der Schreibkalender des 17. Jahrhunderts*. Jena 2008 (Acta Calendariographica. Forschungsberichte 1), S. 160. Die mit Sternchen (*) gekennzeichneten Jahrgänge befinden sich in der Kalendersammlung des Stadtarchivs Altenburg. Sie werden bis Ende 2009 digitalisiert und in das „Portal historischer Kalender“ gestellt. Der Aufbau dieses Internetportals wird von der Deutschen Forschungsgemeinschaft gefördert und an der Thüringer Universitäts- und Landesbibliothek Jena in einem Gemeinschaftsprojekt mit dem Institut für Deutsche Presseforschung der Universität Bremen und dem Stadtarchiv Altenburg realisiert.

5 Eingesehene Exemplare: 1. HAB Wolfenbüttel, Sign.: Ne 307 (2) für die erste Auflage und ThULB Jena, Sign.: 2005 A 1859 (11) für die zweite Auflage; 2. HAB Wolfenbüttel, Sign.: Ne 307 (1); 3. FB Gotha, Sign.: Math 4° 00127 (03); 4. FB Gotha, Sign.: Math 4° 00127 (04) und ThULB Jena, Sign.: 4 Diss. philos. 3 (25).

Vulpius den astrologischen Grund „des durch Gottes Gnade bald erfolgenden Güldnen Friedens/ So sonderlich gegen Ende des 1678. und im 1679. Christen-Jahr publiciret werden möchte" dar, wobei er sich auch auf eigene astronomische Beobachtungen beruft. Dass diese Prognose Betrug sei, wurde ihm von Zeitgenossen in scharfem Ton vorgeworfen (vgl. unten).

2. *Himmels-Spiegel* [...], gedruckt in Eisleben 1680. Darin beschreibt Vulpius für das Jahr 1680 auf der Basis astronomischer Rechnungen die Sichtbarkeit der Planeten, die Finsternisse an Sonne und Mond sowie die Planeten- und Sternbedeckungen. Astronomiehistorisch bedeutsam ist, dass Vulpius in dieser Schrift seine Beobachtungen des veränderlichen Sterns Mira am Hals des Sternbildes Walfisch mitteilt, die er vom März 1678 bis zum Februar 1679 angestellt hatte.
3. *Jetziger frvh auffgestiegene bleich-gestriemte Wvnder-Stern* [...], gedruckt in Halle [1680]. Das ist eine Flugschrift über den am 4./14. November 1680 von Gottfried Kirch entdeckten Kometen. Kirch gelang diese Entdeckung erstmals mit einem Fernrohr. Erst ab dem 10./20. November war er mit bloßem Auge am Osthimmel zu sehen. Der Komet rief eine Vielzahl von Veröffentlichungen hervor.[6]
4. *Das nevlich frvh/ Jetzt aber Abends/ Vielfältig gesehene Lang-geschwäntzte Schrekk-Liecht* [...], gedruckt in Halle [1681]. Das ist eine Schrift über die zweite Erscheinung desselben großen Kometen von 1680. Vom 10./20. Dezember 1680 bis zum 10./20. März 1681 war er am Westhimmel zu sehen und entwickelte einen bis zu 90 Grad langen und 2 Grad breiten Schweif,[7] der bei vielen Menschen Furcht hervorrief, unter den Kalendermachern und Gelehrten aber auch wiederholt eine breite Diskussion über das Wesen von Kometen auslöste.

Die zweite Schrift verdeutlicht, dass Vulpius in der Lage war, die komplizierten Rechnungen für die astronomischen Ephemeriden eines Jahres selbst auszuführen. Er soll sich sogar um 1680 mit dem Gedanken getragen haben, solche Ephemeriden für zehn Jahre vorauszuberechnen und zu veröffentlichen.[8] Ferner hat sich ein Papier erhalten, auf dem er

6 Vgl. z. B. Volker Fritz Brüning: *Bibliographie der Kometenliteratur*. Stuttgart 2000, S. 246–282.

7 Vgl. z. B. Gary W. Kronk: *Cometography. A Catalog of Comets*. Vol. 1. Ancient–1799. Cambridge 1999, S. 369–373.

8 Siehe Herbst, *Korrespondenz* (wie Anm. 2), Bd. 3, S. 755 (Verweis auf die Belegstellen).

die Ergebnisse der Finsternisrechnungen für 1693, ausgeführt nach verschiedenen astronomischen Tafeln, niedergeschrieben hat.[9] Diese Fertigkeiten waren für einen Kalendermacher wichtig, wenn er die astronomischen Daten, die Eingang in einen Jahreskalender finden, nicht bloß aus den zwar vorhandenen, aber mit Fehlern behafteten Ephemeridenwerken abschreiben wollte. Ungeachtet dieses Könnens machte sich Vulpius unter den rechtschaffenen Astronomen und Kalendermachern keine Freunde, denn er ließ unter einem Pseudonym Beobachtungswerte drucken, die nicht von ihm selbst stammten. So urteilte zum Beispiel Gottfried Kirch scharfzüngig:

> Ein Gottloser verwegener Mann, bey Weißenfels wohnend, giebt in einem Tractätlein vor, welches er unter einem ertichteten Nahmen herausgegeben, daß er den Cometen am 4 Nov. zum ersten mahl gesehen (eben an dem Tage, da ich ihn zu Coburg zu erst observiret) vergißet sich aber selbst, und bekennet in einem andern Tractätlein, da er seinen eignen Nahmen setzet, daß es nicht eher geschehen, als am 13 Novembr. Also wird die Welt offt mahls durch böse Leute geäffet.[10]

Der gottlose Mann ist Vulpius, der unter dem Namen Matthaeus Damerwaldt ebenfalls eine Schrift über den Kometen, den Kirch am 4./14. November 1680 in Coburg entdeckt hatte, heraus gebracht hatte.[11] Noch drastischer brach Kirch den Stab über Vulpius in einem anderen Brief:

> Ich will itzt nichts erwehnen von etlichen solchen Kalendern, die von Gelehrten geschrieben werden, die aber ebenfals nichts nütze seyn, als sonderlich der Weißenfelsische Kalender einer ist. Ich weiß daß der Herr (wo fern er ihn gesehen) mit höchstem Verdruß wird gelesen haben. Es hat zwar selbiger Autor von dem Schulmeister zu Pluthen Joh. Vulpio, die Peitsche bekommen (ist ein Tractätlein, und hier zu feilem Kauffe) aber gedachter Vulpius hat sonst selbst sehr schlechtes Lob: nicht zwar, daß Er der SternKunst so gar unerfahren seyn solte, sondern, daß er so viel falschheiten begehet, und wißentlich die Leute betreuget, daher ich selbigem Menschen von Hertzen gram bin. War dieses nicht ein abscheuelicher Betrug, daß Er (Vulpius) ein Tractätlein schriebe, nach dem der Niemwegische Frie-

9 Beilage eines nicht mehr erhaltenen Briefes von Johannes Vulpius an Gottfried Kirch, Großkorbetha vor 21. Februar / 2. März 1692. Gedruckt in Herbst, *Korrespondenz* (wie Anm. 2), Bd. 2, S. 126–127.

10 Gottfried Kirch an Johann Georg Wellner, Leipzig 8./18. Juli 1682. Gedruckt in Herbst, *Korrespondenz* (wie Anm. 2), Bd. 1, S. 149–153, Zitat S. 151.

11 Matthaeus Damerwaldt: *Wunder-neuer Glücks-Comet* [...]. [Leipzig] 1681. Eingesehenes Exemplar der UB Halle, Sign.: Pon IIp 398, QK (1), online http://nbn-resolving.org/urn:nbn:de:gbv:3:1-18079, Abruf 27.05.2009. Der Druckort Leipzig erschließt sich aus dem nachfolgenden Zitat.

de geschloßen war, und stalte sich, als wann es verfertiget und gedruckt worden wäre, ehe der Friede geschloßen worden? Es stand auff der Chartecke, daß es Anno 1678 zu Hamburg gedruckt wäre: aber als ich hin schrieb, das Tractätchen selbst mitschickete, und mich bey allen Buchdruckern erkundigte, hatte es keiner iemals gesehen. Pfuy des schändlichen Betrugs! War es nicht erschrecklich, daß Er hier in Leipzig ein Tractätlein vom Cometen drucken ließ, unter dem Nahmen Dammerwald, darinnen Er aus dem Cometen alles Guts prognosticirte, und die Jenigen auslachete, und hönisch hielt, die eine Böse deutung von ihn macheten: Er aber selbst hat doch zu Halle zwey andere Tractätchen drücken laßen, unter seinen Nahmen, darinnen Er alles Böses von den Cometen prognosticiret. Solte man einen solchen bösen Menschen nicht an speien? Ja Er hat an einem Orte gesetzet, daß Er den Cometen am 4 Nov. zum ersten mahl gesehen, und in einem andern gestehet Er, daß es nicht ehe als am 13 Nov. (wo ich es recht behalten) geschehen. Anderer handgreifflicher wißentlicher vorsetzlicher Lügen mehr, damit der falsche Fuchß die Welt betreuget, zu geschweigen. Ich weiß der Herr ist solchen Leichtfertigkeiten auch spinne feind.[12]

Unschwer ist zu erkennen, dass die im Zitat bezeichnete „Chartecke" der oben an Nr. 1 gesetzte *Friedens-Currirer* ist.[13] Der von Kirch erwähnte Friede von Nimwegen war am 26. Januar / 5. Februar 1679 zwischen Frankreich und dem Deutschen Reich geschlossen worden. Dass sich hinter „Damerwald" Vulpius verbirgt, wie Kirch behauptet, kann auch mit einer weiteren Briefstelle belegt werden, in der es heißt: „Vulpius und Damerwald ist eins, seine Ephemerides verlegt Johann Simon Fick in Halle."[14] Von einem Matthias Damerwald wurde auch

12 Gottfried Kirch an Johann Caesar, Leipzig 7./17. März 1682. Gedruckt in Herbst, *Korrespondenz* (wie Anm. 2), Bd. 1, S. 118–120, Zitat S. 118–119. Der hier im Jahr 1682 mit „Pluthen" angegebene Wirkungsort von Vulpius wird Plotha sein, ein Dorf 5 km südwestlich von Weißenfels. Später ist Vulpius in Großkorbetha, 10 km nordöstlich von Weißenfels, zu finden. Die von Kirch mit Kritik überzogene Schrift ist die von Damerwaldt (wie Anm. 11). Im ersten Kapitel wird unter Berufung auf antike Autoren und auf Historien die Möglichkeit betont, dass Kometen auch Gutes bedeuten können, was im 4. Kapitel mit nur guten Prophezeiungen bekräftigt wird. Im 3. Kapitel zum Lauf des Kometen heißt es unter anderem: „Demnach erschiene mir am 4 Novembr. abgelegtes 1680 Jahres der Comet früh Morgens erstlich am Halse des Löwen", was den Zorn von Kirch verständlich werden lässt.

13 Vgl. dazu auch die drei Briefe von Christoph Richter an Gottfried Kirch, Gnandstein 19./29. Januar, 6./16. und 9./19. März 1680. Gedruckt in Herbst, *Korrespondenz* (wie Anm. 2), Bd. 1, S. 56–61, wo dieses Traktätlein mit Titel genannt und Vulpius der „Landbetrügery" bezichtigt wird.

14 Johann Abraham Ihle an Gottfried Kirch, Leipzig 22. April / 2. Mai 1681. Gedruckt in Herbst, *Korrespondenz* (wie Anm. 2), Bd. 1, S. 78. Die Ephemeriden von Vulpius konnten bisher nicht nachgewiesen werden.

eine Kalenderreihe mit dem Titel *Rechte Bauer-Practica; Oder Haußhaltungs- Ackerbau- Fruchtwart- Viehzuchts- Bienen- und Gesundheits Calender* veröffentlicht, die somit zu den Schriften von Vulpius hinzuzuzählen ist.[15] Setzt man voraus, dass Matthias bzw. Matthaeus Damerwald[t] mit dem Ende 1664 als Verfasser einer Kometenschrift aufgetretenen Matthias Dannewaldt[16] identisch ist, dann könnte diese Schrift die erste von Vulpius sein. Interessant ist ferner, dass dieser Dannewaldt (bzw. Dannenwald) in derselben Zeit eine Flugschrift zum Kometen von 1664 gemeinsam mit dem Kalendermacher Johann Philipp Hahn in Dresden herausgebracht hat.[17] Sollte hier tatsächlich eine Verbindung zwischen Vulpius alias Danne[n]wald[t] und Hahn nachweisbar sein, dann könnte Vulpius von diesem Hahn das Kalendermachen gelernt haben. Dass Vulpius sich bereits zu dieser Zeit den Beobachtungen der Natur widmete, kann aus dessen Bemerkung „Das Gewitter habe ich auf Jahr, nemlich von A. 1666 biß dato auffgeschrieben“ gefolgert werden.[18]

In den historischen Abhandlungen, von denen im Zedler die Anzahl mit „etliche 40“ beziffert wird, geht es vor allem um die Beschreibung von Städten, zum Beispiel Frankenberg (veröffentlicht 1704), Crimmitschau (1704), Merseburg (1700), Altenburg (1699), Weißenfels (1674),[19] Naumburg, Eisleben, Magdeburg, Kaufungen, Aschersleben, Riga, Lauban, Elbingen und Quedlinburg.[20] Hinzu kommen zwei Publikationen über Ludwig den Springer (1713) und über Friedrich I., König in Preußen (1702). Zur Gruppe der sonstigen Literatur zählen unter

15 Überliefert sind die Jahrgänge 1688, 1689*, 1692, 1696*, 1698*, jeweils gedruckt in Leipzig. Vgl. Anm. 4.

16 Matthias Dannewaldt: *Cometologia Oder Historischer Discurs* [...]. Leipzig [1664]. Eingesehene Exemplare der HAB Wolfenbüttel, Sign.: 48.2 Astron (1) und der FB Gotha, Sign.: N 8° 02012 (02).

17 Johann Philipp Hahn und Matthias Dannenwald: *Kurtz eilfertiger Bericht Von dem im Decembr. Anno 1664 neulichst erschienenen und anjetzo noch stehenden Cometen* [...]. Gedruckt in Dresden und erschienen in Rudolstadt [1665]. Nachgewiesenes Exemplar der HAAB Weimar, Sign.: 4° XVI: 77.

18 Johannes Vulpius an Gottfried Kirch, Großkorbetha 21. Februar / 2. März 1692. Gedruckt in Herbst, *Korrespondenz* (wie Anm. 2), Bd. 2, S. 128–130, Zitat S. 130.

19 Alle ermittelt im Bestand der Thüringer Universitäts- und Landesbibliothek Jena.

20 Siehe Johann Heinrich Zedler: *Grosses vollständiges Universal Lexicon Aller Wissenschaften und Künste/ welche bißhero durch menschlichen Verstand und Witz erfunden und verbessert worden.* [...]. 64 Bde. und 4 Supplementbde. Halle, Leipzig 1732–1754, Bd. 51 (1747), Sp. 1285–1286. Vgl. *Deutsches Biographisches Archiv* I 1318, Fiche 251–252.

anderem ein Bericht über den Jüngsten Tag (1679) und ein Rechenbuch (1691).

Ein in Magdeburg bei Johann Daniel Müller gedruckter Schreibkalender für das Jahr 1696 verrät nun, dass Vulpius auch den *Ewigwährenden Calender* (*EwC*) von Grimmelshausen kannte. Der *Alte und Neue Chur-Brandenburgischer Land- Kriegs- Siegs- und Helden-Calender*,[21] verfasst von Johannes Vulpius „alias Fuchs/ Jun. Saltz. Magd. Sax. SS. Theol. Histor. & Astron. Stud. Rechenmeister zu Hertzbett in Sachsen“,[22] zeigt auf dem Titelkupfer „Friedr: Der III. Churfürst zu Brandenbu:“ (Reiterbild) und darunter die Stadtansicht von Berlin. Das Kalendarium bringt auf den Recto-Seiten neben der unbedruckten Schreibspalte zwei Rubriken mit Text: „Continuatio Der Beschreibung Sr. Churfürstl. Durchl. zu Brand. Landschafften/ und sonderlich folget nun Jülich/ Cleve und Bergen/ hernach Pommern mit ihren fürnehmen Städten“ und „Continuatio Der Chur-Brandenburgischen rühmlichen Thaten/ darunter sonderlich die Stifftung der Universität zu Halle Fridericiana genandt höchst solenne Inauguration.“ Bemerkenswert hieran ist, dass die erst wenige Jahre zuvor gegründete Universität in Halle Gegenstand der Berichterstattung ist.

Der „Ander Theil“ (Blattzählung ab E 2) beinhaltet die traditionellen Kapitel eines Prognostikums. Den einzelnen Kapiteln sind Texte zur Geschichte Brandenburgs beigegeben. Der zweite Kalenderteil endet mit dem Verzeichnis der Märkte. Im ersten Kapitel „Vom Jahre insgemein/ dessen Regenten und Eingang dem in der Ordnung folgenden Planeten [Merkur]“ behandelt Vulpius den astronomischen Lauf des Planeten Merkur. Hierzu bemerkt er unter anderem: „Was in dem Erfurtischen alten grossen Planeten-Buche/ item/ in Simplicissimi Ewigwärendem Calender p. 137. stehet/ daß er 7. Jahr vor der Sonne lauffe/ ist irrig und falsch“ (fol. E 3^{r}). Sodann referiert er über alte und neue Beobachtungen des Merkur in der Sonnenscheibe. Astronomiehistorisch interessant ist, dass Vulpius erklärt, er habe den Merkur 1693 und 1694 selbst beobachtet, ferner, dass er auf den Merkurtransit von 1690 verweist, der von Gottfried Kirch, Adam Adamandus Kochanski, Sebald Braun, Johann Philipp Wurzelbaur und Christoph Arnold beobachtet worden war (fol. E 3^{v}). Die Beobachtungen dieser fünf wurden bis dahin nur in Kirchs *Christen-, Juden- und Türken-Kalender* für

21 Überliefert in der Universitätsbibliothek Halle, Handschriftenabteilung, Sign.: Stolb.-Wern. Yd 26m.

22 Die von Vulpius alias Fuchs vorgegebene biographische Notiz scheint erfunden zu sein, denn einen Ort „Hertzbett“ gibt es nicht.

1692 veröffentlicht, den Vulpius also gekannt haben muss. Dass die im 17. Jahrhundert selten beobachteten Merkurpassagen intensiv in der Fachwelt diskutiert wurden, zeigen die Beispiele von 1631, 1661, 1677 und 1690.[23] Das Interesse daran beruht auf der Möglichkeit, bei solchen Beobachtungen die Merkurparallaxe und den scheinbaren Durchmesser des Planeten zu ermitteln. Doch diese Diskussionen lagen sicherlich jenseits des Horizonts von Grimmelshausen.

In der für die Rezeption Grimmelshausens *EwC* zitierten Passage bezieht sich Vulpius auf den folgenden Text in der fünften Materie: „Er [Mercurius, K.-D. H.] laufft allernegst under Venus und 7. Jahr vor der Sonn/ erfült sein Lauff durch den Zodiacum in 359. Tägen [...]" Zuvor wurde schon auf zwei Seiten Merkur mit seinen astrologischen Wirkungen beschrieben.

Die von Vulpius vorgebrachte Kritik an der Aussage, Merkur würde sieben Jahre vor der Sonne laufen, ist vollkommen berechtigt. Astronomisch ist diese Aussage Unsinn, was jeder, der sich mit dem Planetensystem beschäftigt, sofort erkennen wird. Gemeint war vermutlich der Umstand, dass eine Merkurpassage durch die Sonnenscheibe („vor der Sonn") im Durchschnitt alle sieben Jahre einmal auftritt, besser formuliert: im Durchschnitt vierzehnmal in einem Jahrhundert, z. B. im 20. Jahrhundert in den Jahren 1907, 1914, 1924, 1927, 1937, 1940, 1953, 1957, 1960, 1970, 1973, 1986, 1993, 1999.[24] Liegt in der zitierten Stelle also ein Versehen des Druckers vor, der statt „und aller 7. Jahr" lediglich „und 7. Jahr" setzte, oder hatte der Verfasser des Textes den astronomischen Inhalt dieser (falschen) Aussage nicht begriffen? Oder hat er einfach ohne selbst nachzudenken die ebenso fehlerhafte Darstellung in Wolfgang Hildebrandts *Planeten-Buch* übernommen,[25] die Vulpius in seinem Kalender auch anprangert? In der Ausgabe von 1620 heißt es: „Er läufft aller nechst vnter Venus, leufft 7. jahr vor der Sonnen/ erfüllet seinen Lauff durch den Zodiacum in 359. Tagen." Ein Textvergleich zeigt, dass Grimmelshausen ganze Passagen aus Hildebrandts

---

23 Vgl. Albert van Helden: *Measuring the Universe. Cosmic Dimensions from Aristarchus to Halley*. Chicago 1985, S. 95–104, 125–126, 144.

24 Eli Maor: *June 8, 2004. Venus in Transit*. Princeton, New Jersey 2000, S. 73, 173.

25 Wolfgang Hildebrandt: *Magiae Naturalis Dritter Theil. Das ist: Ein new außerlesen Planeten Buch* [...]. Online eingesehene Ausgabe Leipzig 1620 unter http://digital.slub-dresden.de/ppn266473962, Abruf 27.05.2009. Dort steht die betreffende Stelle auf S. 68–69. Vgl. die (nicht eingesehenen) Ausgaben Leipzig 1617, Leipzig 1629 und Frankfurt a. M. 1690.

Buch[26] fast wörtlich übernommen, einige Stellen gekürzt und nur wenig umformuliert hat. Eine Prüfung des Textes in der Erstausgabe von 1613 erbrachte allerdings, dass nicht diese die Vorlage für die Textübernahme war, denn allein die Beschreibung des Merkur gerät hier etwa zwei Seiten kürzer als in der eingesehenen Ausgabe von 1620. Einzelne Angaben finden sich im Buch von 1613 gegenüber dem von 1620 auch in anderer Zuordnung. Die astronomischen Details weichen in beiden Ausgaben zum Teil gravierend voneinander ab. So heißt es zum Beispiel:

> 1613: Mercurius ist der kleinste Stern/ denn wenn die gantze Kugel des Erdreichs/ vnd Wassers in 22000.theil zerspalten werden möchte/ were der Stern Mercurij, derselben einen gleich.
> [...]Von dem Mittel Punct der Welt/ oder des Erdreiches/ biß an den Himmel. [...] Des Planeten Mercurij 50287 Gemeine Deutsche Meilen.[27]
> 1620: [die Größe des Merkur] wird geschätzet für das 22. Theil des Erdenkreises/ [...] stehet vber der Erden 48109 1/33. Deutsche Meylen [...][28]

Die oben diskutierte Passage zur Häufigkeit eines Merkurtransits fehlt in der Ausgabe von 1613 gänzlich. Stattdessen schreibt Hildebrandt über den Lauf der zwei sonnennahen Planeten lediglich:

> Es helt sich auch mit dem Mercurio und Venere also/ daß jhre kleine Sphaerlein/ gerichts vnter der Sonnen bleiben/ vnd nimmer von jhr hinweg kommen/ derohalben können dieselbe Sterne von der Sonnen nicht weiter kommen/ denn so ferne sie der vmbkreiß jhrer kleinen Sphaerlein von jhr/ entweder gegen dem

26 Zur Charakterisierung von Hildebrands *Planeten-Buch* als eine der „wichtigsten Quellen für die vierte und fünfte Kalenderspalte" siehe z. B. Barbara Bauer: „Es bleibt doch bey dem alten Brauch: M(undus) V(ult) D(ecipi)." Veraltete Astrologie in Grimmelshausens „Ewig-währendem Calender". In: *Simpliciana* XVI (1994), S. 81–115, hier S. 82.

27 Wolfgang Hildebrandt: *Ein new außerlesen Planeten-Buch* [...]. Erfurt 1613, unpag., fol. H 1^r u. H 1^v. Eingesehenes Exemplar der UB Halle, Sign.: AB 155181 (8). Zum Vergleich: Der Erdumfang wird mit 5400 und der Erddurchmesser mit 1718 Deutschen Meilen angegeben. Mit dem „22000.theil" bezieht sich Hildebrandt auf das Volumen, nicht auf den Durchmesser. Exakt diese Zahl gibt auch der berühmte Astronom al-Farghani (Alfraganus, 820–870) an. Den Durchmesser des Merkur beziffert al-Farghani mit dem 28. Teil des Erddurchmessers, also nicht mit dem 22. Teil wie in der Ausgabe von 1620 genannt. Dort wiederum fehlt der Vergleich der Volumina. Zu den verschiedenen Werten, die von den Astronomen seit Ptolomaeus angegeben wurden, siehe van Helden, *Measuring* (wie Anm. 23), S. 27 (Ptolomaeus), 30 (al-Farghani), 50 (Brahe), 103 (Hortensius), 115 (Riccioli).

28 Hildebrandt, *Planeten Buch* 1620 (wie Anm. 25), S. 67.

> Vntergange/ oder gegen dem Auffgange/ von der Sonnen tragen thut/ Derohalben geschichts/ daß der Planet Venus vnter zeiten Abendstern/ vnter zeiten Morgenstern sein muß.[29]

Die Textanalyse ergibt, dass Grimmelshausen die fehlerhafte und von Vulpius mit Recht kritisierte Stelle über den Lauf des Planeten Merkur aus einer Ausgabe von Hildebrandts in Leipzig gedrucktem Werk *Magiae Naturalis Dritter Theil* übernommen hat. Dass diese Kritik auch auf eine Stelle in dem 1613 in Erfurt gedruckten *Planeten-Buch* zu beziehen sei, wie von Vulpius behauptet, konnte nicht nachvollzogen werden. Wahrscheinlicher ist, dass auch Vulpius eine der späteren Ausgaben vorlag.[30]

---

29 Hildebrandt, *Planeten-Buch* 1613 (wie Anm. 27), fol. H 1r.

30 Die oben genannten Kalenderreihen von Johannes Vulpius sind um weitere zu ergänzen, die Ende 2009 in der Altenburger Kalendersammlung gesichtet wurden und im 18. Jahrhundert erschienen waren. Die Publikation dieser Reihen wird in einem weiteren Band der Schriftenreihe „Acta Calendariographica" erfolgen.

Personenregister

Abele von und zu Lilienberg, M. 116
Ackermann, A. 39
Adelsheim, Ph. 40, 51, 61, 75, 409
Adelungk, W. H. 27
Adler, J. J. 373
Äsop 182
Albertinus, Ä. 83
Albrecht, Markgraf v. Brandenburg 73
Albrecht, P. 19
Alemán, M. 83, 115
Alethophilus v. Uranien 40, 51, 61
Al-Farghani 429
Al-Mamun, A., Kalif v. Bagdad 319
Altstäd, C. 40, 51
Amling, J. 42
Ammon, J. 257, 262–263, 265–266, 270, 272
Andreánszky, A. S. 264
Anton Ulrich, Herzog v. Braunschweig-Lüneburg 91
Archimedes 308
Argoli, A. 322–326, 328, 339
Arhardt, J. J. 193
Aristoteles 49, 380
Arnold, Chr. 427
Augustinus 300
Aventinus, P. 39, 42–43, 49

Backer, A. de 197–199
Bächtold-Stäubli, H. 32
Bär, H. 188
Bärensprung, W. 373
Bahl, P. 348
Baldinger, J. A. 257–258, 265–266, 270
Baldinger, J. L. 257
Bandello, M. 298
Barth, H. 333
Bartha, L. 331
Barthelmaeus, J. 41, 57, 61, 349
Basilides, J. 50, 52, 300
Basilonitz, J. 57
Battafarano, I. M. 9, 90–92, 94–95, 109, 118, 121, 126, 163, 176, 411
Bauer, B. 33, 429
Bauer, J. 336
Bauer, J. M. 39, 50, 61, 71
Bechtold, A. 175
Beck, A. 316
Becker, P. 369
Beer, J. Chr. 80, 86, 117–120, 163
Beer, H. 313
Beham, S. 81
Belkin, J. 87
Belleforest, F. 298
Bender, W. 87, 93, 108, 113, 382
Benzing, J. 104, 188, 314, 318
Berg, B. 19
Berghaus, P. 80–81, 230, 401
Bernhard, J. J. 264, 271
Bernhard, P. J. 264, 271
Berns, J. J. 77, 91, 104, 112, 113, 159
Bertsche, J. 256, 269–270
Beuther, G. 309, 334

Bielstädt, G. A. 75, 81–83, 85–86, 107, 116, 143
Biller, J. H. 122
Birckner, J. 318, 327, 335, 341–342
Birken, S. v. 79, 127, 181
Bischof, K. A. L. 413
Blaser, F. 259
Blome, A. 17, 68, 91, 221
Bloß, M. 104
Blühm, E. 30
Bodmer, J. J. 253, 255–256, 272
Böning, H. 17, 19–21, 25–26, 32, 68, 91, 221
Bogel, E. 30
Boiastuau, P. 298
Borgia, F. 201
Bormann, G. 29
Bossuet, J. B. 209
Bournonville, A. de 154, 181
Brahe, T. 329, 429
Braun, S. 427
Brecht, B. 128, 212
Brednich, R. W. 258, 265
Breitkopf, B. Chr. 328
Breuer, D. 9, 86–87, 91, 105, 112, 119, 122, 125, 159–161, 163, 173, 177, 180, 215, 224, 385
Brewer, L. 337
Brosseder, C. 14
Bruder, J. 264, 271
Brückner, W. 302
Brüning, V. F. 337, 423
Buchbach, R. 71, 308, 309
Buchinger, Chr. 191, 202
Büchele, Chr. 213
Bürger, Th. 95
Büthner, F. 38
Bugatti, E. 187
Bula, J. 411
Burger, D. 187
Butkewitsch, A. W. 226–228, 230

Caesar, J. 425
Caesius, G. 82
Callus, O. 217
Canisius, P. 103, 198
Cardanus, H. 285
Carl I., König v. England 52
Carolus, J. 23, 24
Carolus Magnus 57
Caspar, M. 14
Cattani, A. 252
Céard, J. 301
Christian V., König v. Dänemark 55
Christina, Herzogin v. Sachsen-Eisenach 316–317
Christina, Königin v. Schweden 297
Ciz, C. H. 175
Clemens IX., Papst 196
Clemens X., Papst 200, 204, 206
Cluever, J. 258
Cnape, J. 34
Cnoll, Chr. 226
Coler, J. 99
Coley, H. 318
Concius, A. 39
Convillo 53
Coulaux, J. 187
Creutzberger, P. 52
Cunitz, M. 329
Czartoryski 408, 410–411
Czartoryski, K. Fürst v. 410

Damerwald, M. 71, 424–426
Daston, L. 301
Deák, A. 343
Decker, J. J. 269
Defoe, D. 372
Deneke, G. 166
Deppe, J. A. 189
Derendinger, E. 256
Des Hayes 53
Dethlefs, G. 125
Diefenbacher, M. 313
Dierauer, J. 262
Dillherr, J. M. 295, 303
Döring, D. 308
Dollhopff, G. A. 80, 121–123, 130, 131, 176, 199
Domagalla, L. 78, 128
Doosry, Y. 107
Dorner, L. 264, 271
Drusus 167
Dünnhaupt, G. 95, 116, 422
Dyck, W. van 14

Eber, P. 99
Eckard, C. 35
Egenolff, Chr. 212
Eggestein, H. 187
Eichstädt, L. 46, 326, 328, 329, 350
Eilert, H. 9, 90–92, 94–95, 109, 117, 121, 126, 163, 176, 411
Emanuel, König v. Portugal 47
Endter 28, 75, 104, 109, 110, 114, 216, 251, 310, 311, 315, 409–411, 414–415
Endter, G. d. Ä. 408
Endter, J. A. 15–16, 407–410, 413, 416–419
Endter, J. G. 116
Endter, W. d. Ä. 277, 279, 309, 312, 323, 327, 329, 337, 340, 408
Erbe, M. 120
Erler, G. 308
Ernst, Herzog v. Sachsen, Cleve u. Berg 297
Ernst, J. N. 374
Euklid 308

Faber, W. 167
Fabian, B. 408
Fabricius, G. 15–16
Felßecker 28–29, 75, 77, 79, 81–86, 89–92, 95–96, 101, 106, 117, 119, 125–126, 130, 218–219, 409, 412
Felßecker, A. J. 412
Felßecker, W. E. 7, 72–73, 75, 80, 102, 104–105, 107, 108, 111, 113, 116, 127, 129, 159, 161, 162–166, 168–169, 172–175, 180–181, 216–217, 244, 412
Ferdinand, König v. Böhmen 287
Feselius, Ph. 13, 14
Feyerabend, M. 314
Fick, J. S. 425
Fincel, H. 302
Fischer-Pache, W. 313
Foucault, M. 282
Francisci, E. 291
Francke, G. 324–326, 337
Francke, G. W. 40, 52, 61
Frank, B. 333
Frauler, H. 193
Freund, M. 40, 44, 51–53, 75, 114, 216, 239, 285, 291, 293–306, 311–312, 315–

316, 318, 327, 329, 335–337, 380, 395, 397, 405, 409
Freymund, W. E. 40, 53, 72–73, 75, 82, 85, 106, 113, 140, 409
Friedländer, E. 347
Friedrich I., König v. Preußen 426
Friedrich der Schöne, Erzherzog v. Österreich 387
Friedrich Wilhelm, Kurfürst v. Brandenburg 348
Friedrich Wilhelm, Markgraf v. Brandenburg 427
Friesen, J. 253, 272
Frisch, J. 26
Fröhlich, J. 266, 269, 271, 273
Fröhlich, M. 271
Froschauer, Chr. D. J. 252
Frühsorge, G. 99
Fuchs, J. 421, 427
Führer, G. 305
Fürstenberg, F. E. v. 154, 175, 183, 196–197, 200, 204, 206–207
Fuhrmann, B. 355
Fuhrmann, S. 39, 47, 58, 61, 70, 355

Gabriel, I. 325
Gadbury, J. 318
Gaede, F. 180
Gärtner, J. G. 39
Galen 380
Galen, H. 389
Galgemayr, G. 216
Garzoni, Th. 231
Geiger, J. R. 253–256, 272
Gelpke, R. 394
Genath, J. J. 270
Georg Friedrich, Markgraf v. Baden 13
Gerhard, Chr. 165, 167
Gerlach, S. 83
Germann, M. 252
Gersch, H. 107
Gerstl, D. 106
Giess, S. 253
Glauning, O. 254
Gleditsch, J. F. 318
Godwin, F. 95
Goertzen 187
Goethe, J. W. 186, 401
Goldfriedrich, J. 22
Goldmayer, A. 38, 216, 259, 265, 271, 329, 330
Gräuf, J. 38, 43, 44, 61
Graf, A. 304
Graf, J. 40, 50, 61–62, 256, 265, 269
Gregor XIII., Papst 359
Greilich, S. 17, 270
Grieb, M. H. 106
Griesser, M. 264, 271
Grimm, J. 175, 177
Grimm, W. 175, 177
Grimmelshausen, J. J. Chr. v. 7, 8–9, 17, 33, 72, 75–81, 83–87, 89–113, 116–130, 153–155, 159–165, 168–170, 172–181, 184–185, 192–193, 211–217, 219, 221–222, 224–225, 230–234, 236–246, 251, 255, 292, 299, 304, 362, 379, 380–391, 396, 399–405, 411, 421, 427–430
Gross, J. G. 213
Grosse, J. G. 42–43, 59, 61
Gruber, P. 59

Grüneberg, Chr. 41, 47, 58, 61
Grüninger, J. 187
Grünthal, P. 38, 42–44, 61
Gütner, R. 38, 43–44, 62
Guevara, A. de 49
Gustav Adolph, Herzog v. Mecklenburg-Güstrow 69, 345, 349–350, 352–355, 361, 365, 368, 370
Gut, S. 308
Gutenberg, J. 23, 187
Gwerben, J. R. 253, 255, 272

Haag, H. J. 252
Haas, C. M. 39, 46
Haberkamm, K. 85, 102, 108–109, 112, 159, 211, 215, 230, 379, 381–382, 385, 388–390, 400–403
Habermann, W. D. 350
Haebler, K. 18
Haefs, W. 128
Händel, G. 130
Härtel, J. Chr. 327
Hagelweide, G. 26
Hagen, G. 339
Hagenauer, J. Chr. 39, 47, 61
Hahn, J. Ph. 39, 47–48, 426
Hain, J. P. 331
Halcke, J. 30
Halcke, P. 27
Haller, A. v. 305
Halley, E. 333
Hamberger, G. Chr. 413
Hamberger, H. 272
Hamel, J. 69, 225, 345–347, 359, 360, 363, 409
Hammer, W. 116
Han, P. C. B. 409
Hanisch, M. 408
Hansen, F.-P. 21
Harmening, D. 298
Harnack, A. 23
Harsdörffer, G. Ph. 47, 79, 83, 106, 118, 256, 262, 291, 293, 295, 297–298, 300, 389, 397
Hartmann, J. 187
Hase, O. v. 327
Haselbeck 334
Hautt 263, 266
Hautt, A.-F. 259, 262, 271
Hautt, D. 72, 259, 260, 262, 265, 271
Hautt, G. 259, 261, 271
Hebel, J. P. 128, 212, 293
Hebestreit, Chr. 38, 45, 61
Hederich, B. 390
Hegaur, E. 111
Heinrich I., röm.-dt. Kaiser 387
Heinrich V., König v. England 254
Heitz, P. 18
Helden, A. van 428, 429
Henninger, K. 176
Herbst, K.-D. 7, 8, 15–17, 19, 27, 33, 36–37, 43, 60, 68–69, 72, 75, 81–82, 89–92, 106, 113, 117, 120, 153, 162, 165–166, 211, 214, 216–217, 220–225, 239–240, 253, 256, 259, 266, 276, 291–292, 294–295, 308, 329, 343, 348–350, 352, 355, 362, 380, 395, 407, 411, 421–426
Herlicius, D. 312, 408
Hermann IV., Landgraf v. Hessen 316
Hermann, D. 332, 339

Hermann, S. 38, 45
Herold, J. 302
Hersche, P. 120, 153
Herschel, W. 333
Hertz, G. 34, 336, 341
Heß, W. 348
Heßelmann, P. 104, 117, 128, 130, 178, 388–389
Hiebner, I. 307–321, 324–339
Hildebrand, W. 245, 249, 428–430
Hiller, E. 21
Hintzsch, P. 39, 49
Hipschmann, S. G. 54, 57, 106, 107
Hoffmann, J. 159, 165–166, 168–169, 174, 177, 181, 251
Hoffmann-Krayer, E. 32
Hofmannswaldau, Chr. H. v. 95
Hofmeister, A. 34, 347, 350
Holderbusch, J. 40, 53, 75, 409
Holl, Ph. 294
Holstein 35
Holwein, E. 226
Honterus, J. 333
Hood, R. 398
Hopff, C. 203
Horky, M. 40, 53, 61, 312, 315
Hortensius 429
Hudler, P. C. 41, 58, 61
Hülle, H. Chr. 30
Hütterodt, J. 316
Humboldt, A. v. 346
Humm, A. 315, 335
Hurter, E. 257
Huss, S. 270
Hutter, G. 332, 339

Ihle, J. A. 425
Imhof, H. 95
Indagine, J. ab 112, 216, 241
Innozenz XI., Papst 207
Iwan IV., Zar v. Rußland 300

Jacobsen, R. 72
Jäger, H.-W. 25
Jakob, H.-J. 389
Jakob, König v. Schottland 255
Jakubowski-Tiessen, M. 303
Jauernig, R. 421
Jöcher, Chr. G. 318
Johann Ernst, Herzog v. Sachsen-Eisenach 316
Johann Georg I., Herzog v. Sachsen 319–320, 331
Jorio, M. 262
Juhrmann, J. F. 40, 53, 54, 61–62, 75, 81–83, 85–86, 106, 116, 126, 142, 217, 292
Jungius, J. 350

Kaiser, B. 35
Kapp, F. 22
Karl I., Herzog v. Bourbon 299
Kaufmann, Th. 303
Kayser, W. 26
Kedd, J. 331
Keil, G. 213
Kepler, J. 14, 19, 21, 30, 46, 112, 246, 308, 329, 333, 347, 409
Keyser, J. 39, 50
Keyl, J. 349
Keyl, N. 349
Khunrath, H. 319–320
Kilius, J. 350
Kirch, G. 15, 16, 27, 31, 36, 39, 42, 47, 61–62, 362, 374–375, 410, 421, 423–427
Kirchberg, M.-Th. 413

Kircher, A. 59
Kirchner, Chr. 335
Kirsten, M. 350
Kissel, K. 245
Klaj, J. 293, 295
Knappich, W. 319
Knoepfli, A. 267
Knopf, J. 128, 212–213, 219, 233, 239–241, 293
Kochanski, A. A. 427
Köhler, H. 324, 327–328, 337
König, L. 257, 265, 270
Könnecke, G. 170, 175, 176, 179, 183
Könnyü, J. 331
Könnyü Pischné, E. 331
Körber, E.-B. 28
Kolb, G. 205
Kopernikus, N. 13
Kopp, P. 196, 197
Korte, H. 389
Koschlig, M. 8, 79–80, 86, 90, 93–98, 101–102, 104–106, 108, 111, 115, 117–121, 123–124, 125, 126, 127, 129–130, 163–164, 176, 180, 181
Kraemer 187
Kratochwil, S. 17, 291, 329
Kratzer, M. 314
Krebs, S. 330
Krey, J. B. 348
Kromayer, H. 319
Kronk, G. W. 423
Krügener, M. 38–39, 48, 61
Kühlmann, W. 160, 179
Kürner, L. M. 42
Kürner, U. 342
Kunze, H. 107, 108

Ladenburg, A. 319
Länä, G. H. v. 40, 54
Lambert, J. H. 333
Langen, Chr. 35
Latomus, S. 319
Leeman-van Elck, P. 252
Le Fèvre des Caumartin, J. 262
Lefftz, J. 269
Lehni, R. 186
Leibniz, G. W. 21, 23, 346
Le Minor, J.-M. 188
Leopold I., röm.-dt. Kaiser 106, 120, 125, 153, 176, 185, 192, 207, 367
Leube, H. 307
Limmer, A. 28
Limprecht, A. 41, 58
Linck 186
Lindberg, J. D. 92
Lischer, M. 259
Lombard, E. 253
Ludwig XIV., König v. Frankreich 153, 183, 186, 192
Ludwig der Springer 426
Lüders, J. A. 422
Luther, M. 81, 285, 365
Lycosthenes 302
Lyra 201

Madey, J. 331
Magdalena Sibylla, Königin v. Dänemark 55
Magirus, J. 40–41, 54, 61–62, 216
Mahlmann-Bauer, B. 239, 276, 380
Manderscheid, J. v. 185
Manlius, J. 116
Mann, Th. 181
Mannack, E. 292

Mantzel, E. J. F. 350
Maor, E. 428
March, C. 325–326, 345–347, 348
Mariophilius 200, 202
Masaniello, T. 52
Masel, K. 413
Matthäus, K. 8–9, 14, 16–17, 19–20, 22, 27–31, 72, 75–76, 80, 82, 89–90, 94, 97, 104–106, 111–120, 122, 127, 153–154, 162–164, 166, 180, 181, 211, 222–223, 253, 255–257, 259, 275–276, 292, 294, 307, 309–310, 312–314, 362, 380, 407–409, 412–414
Matthias, röm.-dt. Kaiser 287
Matz, K. J. 120
Maximilian, Kurfürst v. Sachsen 287
Mayß, G. 331
Mechel, J. K. v. 269–270
Meder, M. 326
Meid, V. 91, 128
Meise, H. 44, 72, 239, 254, 275, 276, 278–279, 281, 286, 291, 293, 379–380, 382, 385–389, 390, 393–398, 403, 405
Melanchthon, Ph. 14, 116
Meles, B. 262
Mentelin, J. 187
Mercurius, Th. 39, 48, 61
Merz, W. 257
Messerli, A. 251
Meusel, J. G. 20, 413
Mexía, P. 291, 300
Meyer, C. 316
Meyer, J. 38, 46
Michelsen, P. 77, 101, 103, 112, 215, 217, 218
Micrelius, J. 304
Miltenberger, J. Ph. 309
Mix, Y.-G. 17, 128, 270, 278
Möller, F. 39, 47, 61
Moepps, E. 19
Moscherosch, J. M. 160
Moscherosch, Q. 79–80, 181, 295, 305
Müller, H. 350
Müller, J. D. 427
Müller, Ph. 308
Mutscher, B. 334

Nerlinger, H. 327
Nero, röm. Kaiser 261
Neubarth, Chr. 38, 61
Neubarth, J. 40, 50
Neumann, C. 27
Neumetzler, C. M. 193
Neunheuser, J. 198
Nežāmī, M. 379, 393, 399, 400, 405
Nicolai, D. 48, 50–52, 57
Nicolai, Ph. 68
Nietzsche, F. 21
Nowak, J. 411

Oberlin, J. 257
Oberth, H. 333
Oeftering, W. E. 111, 233
Ohneberger, J. 195, 198
Opitz, M. 223, 238
Origanus, D. 329
Otten, Chr. 201
Otto, K. F. 299
Otwinowska, D. 411
Ovid 183, 293

Paas, J. R. 106
Pancovius, Th. 39
Paracelsus 167, 285, 319
Park, K. 301
Pastenaci, H. 154–155, 181
Pencz, G. 385
Penkert, S. 107, 175, 184
Peterle, M. 320
Petersen, J. 77
Petrat, G. 17, 20, 29
Petri, H. 270
Peucer, C. 14
Pfister, Chr. 305
Pietro della Valle 168
Pigrin, H. 314
Platon 21, 49
Pörzgen, R. 413
Poltz, J. M. 69, 225, 345, 347, 349–352, 355, 357–365, 367–368, 372, 375
Pontesegger, A. 111, 112
Praetorius, J. 179
Praetorius, M. 40, 43, 50, 61
Prauedan, L. de 39
Printz, W. C. 264
Prüss, J. 187
Ptolomaeus 429

Quietanus, J. R. 70

Redinger, J. 266–269, 271, 273
Regiomontanus 252, 335
Regnarius, I. 325
Reinhold, J. 29
Reske, Chr. 104, 121, 123
Rhambau, J. 357
Rhost, Z. 422
Riccioli, G. B. 429
Richel, J. 349–352, 363, 365–366
Richter, Chr. 40, 50–51, 61–63, 68–69, 425
Riemer, J. 421
Rist, J. 291–293, 300
Ritter, F. 239, 276, 305, 380
Ritzsch, T. 28, 336, 341–342
Rodorphius, J. 40
Röder, G. 336
Röder, J. 319–321, 338
Rössler, C. 189, 198–199, 201, 208
Rößlin, E. 211–213, 219–221, 223–224, 227–233, 237–238, 240–248, 402
Roger, A. 46
Rohner, L. 293
Roos, A. M. 318
Roos, F. K. 263, 266, 272
Rosenkreutzer, M. F. 41, 55, 61, 216, 239, 275, 277, 278, 305, 379, 380, 382–385, 387, 389–392, 394–396, 398–405
Rosenthal, J. H. 38
Rosius, J. 256–257, 265, 269–270
Rot, S. 252
Roth, J. F. 20
Rudolf II., röm.-dt. Kaiser 320
Rüegger, H. 252
Rüpke, J. 293
Rußworm, J. H. 371

Sacchino, R. P. 201
Sahl ben Bishr ben Hani ben Otman 319
Sarasa, A. A. 201
Sartorius, J. F. 312
Sattler, G. Chr. 41, 55
Schäfer, W. E. 121, 160

Schärer, M. 13
Schauenburg, R. v. 176
Scheel, H. 32
Schenda, R. 298, 302
Scheuchzer, J. J. 253, 272
Schilling, H. 302
Schindler, W. E. 41, 58, 61
Schlaefli, L. 121–122, 155, 185, 187–188, 190, 195, 196
Schlosser, M. 116
Schmeler, G. 264, 271
Schmidberger, U. 41, 58, 61
Schmidt 61, 365
Schmidt, G. 15
Schmidt, N. 15–16, 41, 55, 109, 145, 216, 409
Schmidt, Ph. C. W. 104
Schmitt, H. 32
Schneider, B. 40, 51, 70
Schnitzler, J. 332
Schoch, R. 107
Schöndorf, J. 95
Schönfeld, V. 41, 55
Schönigk, V. 21
Scholte, J. H. 78, 87, 93, 99, 101, 102
Schorer, Chr. 41–42, 59, 61, 71, 257, 265, 270
Schota, M. 263, 266, 272
Schottenloher, K. 254
Schröter, E. 316
Schroeter, J. F. 329
Schultheiss 187
Schultz, G. 70
Schumann, J. 125
Schwartz, C. 348, 349
Schwetschke, K. G. 121
Schwiegerow, N. 352
Scultetus, B. 224, 355, 357
Seethaler, J. 17, 21, 411
Seidel, A. 41, 56, 61, 75, 308
Selikson, M. S. 226–228, 230
Siegert, R. 32
Sieveke, F. G. 87, 93, 107, 113, 382
Simmler, F. 291
Singerhoff, G. 241
Sippel, W. 316
Sleidanus, J. 304
Smith 335
Sodmann, T. 75, 81, 87, 91–92, 94, 105, 108, 115, 119
Sommervogel, C. 197–199
Sophia-Margaretha, Markgräfin v. Brandenburg 73
Sorgmann, A. 265, 270
Spahr, B. L. 181
Sperber, J. G. 38, 46
Sperling, O. d. J. 346
Spierling, J. 353–354
Staal, H. J. v. 251, 262
Stanihurst, W. 208
Steiger, M. 421
Stern, H. 312, 340
Stern, J. 312, 340
Stieffenberger, V. 312, 315
Stiegler, J. 198
Stieler, K. 26
Stilsovius, J. 33–36, 39, 42, 46
Stiltzfuß, J. 34–35
Stöer, J. A. 41, 58, 61
Stoeffler, J. 233
Straubhaar, J. H. 8–9, 121–123, 153, 155, 159, 174, 176, 185, 187–193, 195–209
Strauch, G. 52
Strehler, H. 267
Strohband, C. A. 395
Stuber, M. 305
Stumpf, J. 304

Sturm, J. Chr. 15, 27
Styrtzel, J. G. 293, 305
Sudhoff, K. 318, 323
Sührig, H. 17
Summermatter, S. 305
Szeghy, I. 331, 333

Taddey, G. 154
Tarot, R. 79, 87, 91, 92, 93, 96, 107, 110, 113, 164, 382
Taubheim, A. M. 189
Taubheim, M. M. 189
Tersch, H. 72
Teutsch, G. D. 332
Theodor, Ph. 205
Thomas, O. 333
Thomasius, Chr. 69
Thorndike, L. 318
Thura, A. 346
Tidemann, J. W. 176
Trappen, S. 96, 130
Trausch, J. 332–333, 336–337, 342, 343
Trew, A. 112, 309–310, 312–313, 322–323, 326–330, 332, 335, 338, 339
Tripet, M. 20–21
Tschudin, P. 252
Tschui, T. 18, 262
Turenne, H. de 125, 153

Valentin, J.-M. 91
Venator, B. 95
Verdugo, W. 57
Vergil 76, 109
Verweyen, Th. 79, 83, 86, 87, 91
Vitense, O. 352
Vogeleis, M. 197
Voglmar, F. A. 41
Voigt, J. H. 39, 50, 61, 355
Voigt, H. 28
Vulp, J. A. 271
Vulpius, J. 38, 42–43, 46, 70–71, 421–428, 430

Wagner, J. Chr. 41, 56, 75, 81–83, 86, 105, 106, 116, 126, 129, 141
Wagner, T. 116
Wahn, H. 27
Waibler, H. 179
Wald, N. 187
Wander, C. F. W. 32
Weber, J. 24–26, 331, 336
Wehrli, A. 267
Wehrlin, M. 264, 271
Weigel, E. 330
Weinrich, K. 307, 317–318, 331–333, 339, 341
Weise, Chr. 421
Weislinger, J. N. 195
Weissenborn, H. 34
Welke, M. 23
Wellner, J. G. 424
Welper, E. 38, 188–189, 191–192, 215, 216, 322
Welper, J. 188
Weppling, J. 350, 368
Werner, M. 35
Werner, N. S. 41, 57
Wernicke, N. D. 42, 72, 251, 282, 286
Werve, H. de 41, 57, 61, 307, 316–317, 323, 325, 329, 335, 337
Weydt, G. 78–81, 83, 91, 105, 128, 164, 170, 230, 232–233, 241, 245, 380, 385, 389, 390, 399, 401

Wiering, Th. v. 26
Wilhelm IV., Landgraf v. Hessen-Kassel 316
Wilhelm, Herzog v. Sachsen, Cleve u. Berg 297
Wilke, J. 23
Will, J. 202
Willgeroth, G. 350
Winkel, F. 213
Wimmer, E. 298
Wimmer, R. 159, 213
Wogau, J. M. 422
Wolf, J. 67
Wolter, H. 41, 57
Wurzbach, C. v. 411
Wurzelbaur, J. Ph. 427

Zahel 319
Zebel 319–320, 338
Zedler, J. H. 213, 421, 426
Zeger, M. 346
Zeger, Th. 346
Zeiler, M. 293, 298
Zeller, R. 103, 122, 213, 251, 256, 291, 302, 304
Zetzner, L. 13
Ziegesar, H. v. 77–79, 89–90, 93, 99–101, 105, 110, 116, 126, 129
Zierling, J. G. 191, 203
Zimmermann, W. 28
Zinner, E. 224, 226, 252
Ziseck 56
Zollikofer 267
Zoltner, L. 332, 333
Zorawsky, N. 42–43, 59, 61

Verzeichnis der Autoren

Prof. Dr. Holger Böning, Universität Bremen, Deutsche Presseforschung, Postfach 330160, D-28359 Bremen

Prof. Dr. Dieter Breuer, Rolandstr. 34, D-52070 Aachen

Hans Gaab, Ludwig-Erhard-Str. 3, D-90762 Fürth

Dr. Klaus Haberkamm, Nienborgweg 37, D-48161 Münster

Dr. Jürgen Hamel, Archenhold-Sternwarte, Alt-Treptow 1, D-12435 Berlin

Dr. Klaus-Dieter Herbst, Brändströmstr. 17, D-07749 Jena

Prof. Dr. Peter Heßelmann, Westfälische Wilhelms-Universität Münster, Germanistisches Institut, Abteilung Neuere deutsche Literatur, Hindenburgplatz 34, D-48143 Münster

Dr. Klaus Matthäus, Burgbergstr. 33d, D-91054 Erlangen

Prof. Dr. Helga Meise, Université de Reims Champagne-Ardenne, UFR Lettres et Sciences Humaines, Département d'Allemand, 57, Rue Pierre Taittinger, F-51096 Reims

Dr. Louis Schlaefli, 13, Rue des Jardins, F-67800 Bischheim

Dr. Timothy Sodmann, Sickinghook 9, D-46354 Südlohn

Dr. Norbert D. Wernicke, Zürichstr. 123, CH-8700 Küsnacht

Prof. Dr. Rosmarie Zeller, Universität Basel, Deutsches Seminar, Nadelberg 4, CH-4051 Basel